머리말

본 교재는 취업 유망한 전기 기능사 필기시험 대비용으로써 다년간 대학강의, 학원강의와 산업 현장 경험을 바탕으로 구성하였다.

집필자는 강의를 통해 전기를 처음 접해 보는 비전공자 및 정년 은퇴자 등을 합격시켰으며, 이를 통해서 완벽한 이론과 기출문제를 중심으로 풀이 해설을 설명하였다.

최근 출제되는 CBT 방식을 적용하는 동시에 표준화되고 이슈화된 전기 관련 규정 내용을 수록하였고 수험생에게 취약한 3과목 중 [전기이론, 전기기기, 전기설비]를 철저히 분석하여 계산 문제와 암기 문제를 쉽게 학습할 수 있도록 배려하였다.

단기간에 체계적인 학습이 가능하도록 단원을 세분화하여 수험생 여러분들이 최소 노력으로 최대 능력을 발휘할 수 있도록 편집됨을 알린다.

현명걸, 김동진

차 례

PART. 1 전기이론

1장 직류회로 ·· 11
   1. 물질의 구조 ·································· 11
   2. 전압과 전류 ·································· 11
   3. 저항의 접속법 ······························ 14
   4. 전력과 전력량 ······························ 16
   5. 열전 효과 ···································· 17
   6. 전기 저항 ···································· 18
   7. 전류의 화학작용과 전지 ················ 21
   ▶◀ 예상문제 ······································ 28

2장 정전계 ·· 48
   1. 쿨롱의 법칙 ·································· 48
   2. 전장과 전기력선 ··························· 50
   3. 정전유도와 콘덴서 ······················· 53
   4. 콘덴서의 축적된(저축된, 저장된) 에너지 ⇒ "정전 에너지" ············ 56
   ▶◀ 예상문제 ······································ 58

3장 정자계 ·· 70
   1. 쿨롱의 법칙 ·································· 70
   2. 전류에 의한 자기현상 ··················· 72
   3. 자장의 세기 ·································· 74
   4. 자기회로 ······································ 77
   5. 전자력과 전자유도 ······················· 78
   6. 전자유도 ······································ 79
   7. 도체운동에 의한 유도 기전력 ········ 80
   8. 인덕턴스 ······································ 81
   9. 히스테리시스곡선과 손실 ············· 85
   ▶◀ 예상문제 ······································ 89

4장 교류회로 ·· 111
   1. 정현파 교류 ································ 111
   2. 3상 교류 ····································· 119
   3. 비정현파 교류 ···························· 125
   4. 과도현상 ···································· 127
   ▶◀ 예상문제 ···································· 128

PART. 2　전기기기

1장 직류기 — 144
  1. 직류기의 원리와 구조 — 144
  2. 직류발전기의 특성 — 149
  3. 직류전동기의 이론 — 153
  4. 손실과 효율 — 157
  ▶◀ 예상문제 — 159

2장 동기기 — 179
  1. 동기기의 원리와 구조 — 179
  2. 동기발전기의 특성 — 181
  3. 동기전동기의 특성 — 183
  ▶◀ 예상문제 — 185

3장 변압기 — 196
  1. 변압기의 원리와 구조 — 196
  2. 변압기의 특성 — 198
  3. 변압기의 결선 — 199
  ▶◀ 예상문제 — 202

4장 유도 전동기 — 213
  1. 유도 전동기의 구조와 이론 — 213
  2. 3상 유도전동기의 특성 — 215
  3. 3상 유도전동기의 운전 — 216
  4. 단상 유도 전동기 — 216
  ▶◀ 예상문제 — 219

5장 반도체와 전력변환 — 232
  1. 사이리스트 — 232
  2. 전력 변환 — 237
  ▶◀ 예상문제 — 241

PART. 3 전기설비

1장 전기설비(KEC)의 개요 — 248
1. KEC 목적 및 용어의 정의 — 248
2. 전압의 종류 및 대지 전압 제한 — 253
3. 저압전로의 절연과 절연성능(SELV, PELV, FELV) — 254
4. 분기회로와 부하의 상정 — 257
5. 수용 설비와 공급 설비 — 260
6. 전기 배선용 심볼 — 262
   ▶ 예상문제 — 263

2장 배선재료 및 공구 — 272
1. 전선 및 케이블 — 272
2. 전선의 종류·기호·약호 — 275
3. 절연 전선 등의 허용 전류 — 278
4. 배선재료·기구와 공구·계기 — 285
   ▶ 예상문제 — 295

3장 전선의 접속 — 307
1. 전선의 접속 — 307
   ▶ 예상문제 — 315

4장 옥내배선공사 — 322
1. 애자 사용·몰드·덕트 배선 공사 — 322
2. 합성수지관, 가요전선관, 케이블 배선 공사 — 328
3. 금속관 배선 공사 — 337
4. 케이블 트레이 배선공사 및 엑세스 플로어 내의 케이블 배선공사 — 344
   ▶ 예상문제 — 347

5장 전선 및 기계기구의 보안 — 368
1. 전선 및 전선로의 보안 — 368
2. 접지 시스템 — 374
3. TN 계통 — 376
4. TT 계통 — 378
5. IT 계통 — 379
   ▶ 예상문제 — 386

6장 가공인입선 및 배전반 공사 ·· 397
   1. 가공 인입선 및 배전반 공사 ···································· 397
   2. 고압 및 저압 배전반 공사 ······································ 405
   3. 지중전선로의 매설방식 ·· 410
   ✕◀ 예상문제 ·· 412

7장 특수장소 및 전기응용시설공사 ······································ 423
   1. 위험한 장소와 응용 시설공사 ································ 423
   ✕◀ 예상문제 ·· 431

PART. 4   실전 모의고사

✕◀ 실전 모의고사 1회 ·· 446
✕◀ 실전 모의고사 2회 ·· 455
✕◀ 실전 모의고사 3회 ·· 464
✕◀ 실전 모의고사 4회 ·· 473
✕◀ 실전 모의고사 5회 ·· 482
✕◀ 실전 모의고사 6회 ·· 491
✕◀ 실전 모의고사 7회 ·· 500
✕◀ 실전 모의고사 8회 ·· 509
✕◀ 실전 모의고사 9회 ·· 519
✕◀ 실전 모의고사 10회 ·· 529
✕◀ 실전 모의고사 11회 ·· 539
✕◀ 실전 모의고사 12회 ·· 549
✕◀ 실전 모의고사 13회 ·· 558
✕◀ 실전 모의고사 14회 ·· 568
✕◀ 실전 모의고사 15회 ·· 577

MEMO

PART 1
전기이론

▶ 그리스문자

A	α	알파	alpha	N	ν	뉴	nu
B	β	베타	beta	E	ξ	크사이	xi
Γ	γ	감마	gamma	O	o	오미크론	omicron
Δ	δ	델타	delta	Π	π	파이	pi
E	ε	입시론	epsilon	P	ρ	로	rho
Z	ζ	제타	zeta	Σ	σ	시그마	sigma
H	η	에타	eta	T	τ	타우	tau
Θ	θ	세타	theta	γ	υ	입실론	upsilon
I	ι	요타	iota	Φ	ϕ	파이	phi
K	κ	카파	kappa	X	χ	카이	chi
Λ	λ	람다	lambda	Ψ	ψ	프사이	psi
M	μ	뮤	mu	Ω	ω	오메가	pmega

▶ 단위의 승수

p	피코	pico	$10^{-12} = 0.000000000001$
n	나노	nano	$10^{-9} = 0.000000001$
μ	마이크로	micro	$10^{-6} = 0.000001$
mm	밀리	mili	$10^{-3} = 0.001$
c	센티	centi	$10^{-2} = 0.01$
d	데시	deci	$10^{-1} = 0.1$
k	킬로	kilo	$10^{3} = 1,000$
M	메가	maga	$10^{6} = 1,000,000$
G	기가	giga	$10^{9} = 1,000,000,000$
T	테라	tera	$10^{12} = 1,000,000,000,000$

1장 직류회로

1 물질의 구조

① 물질은 분자 또는 원자의 결합이며, 원자는 양전기를 가진 원자핵과 음전기를 가진 전자로 구성되고 원자핵은 전자와 같은 수의 양자와 중성자로 구성되어 있다.
② 양성자와 전자가 가지는 전기의 절대값은 1.60219×10^{-19}[C]을 가지고 있다.
③ 전자의 질량 … 9.10955×10^{-31}[kg]
   양자의 질량 … 1.67261×10^{-27}[kg]으로 약 전자의 1840배
④ 자유전자
   • 물체가 마찰에 의해서 전기를 띠는 것
   • 자유전자 이동이나 증감에 의한 것
   • 금속류에 많고 금속의 내부에는 무수히 많은 원자가 결합
   • 원자핵으로부터 벗어나 물질내를 자유로이 이동하는 전자
   • 전기의 여러 가지현상은 대부분 자유전자의 작용에 의한 것
⑤ 대전 … 절연체를 서로 마찰시키면 물체는 전기를 띄게 되는 현상
⑥ 전하 … 대전에 의해서 물체가 띠고 있는 전기
⑦ 1[C]의 전자 수 … 6.24×10^{18} 개

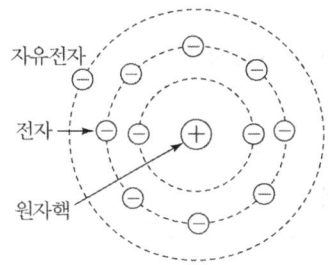

2 전압과 전류

(1) 전류

도체 내에 존재하는 전하(자유전자)가 일정한 방향으로 이동하는 것을 전류의 흐름이라 한다. 즉, 도체의 단면을 단위 시간에 이동한 전기량으로 정의한다.

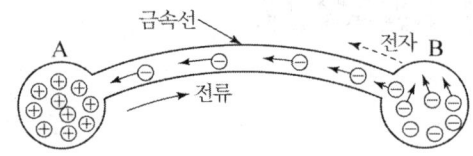

전류 $I = \dfrac{Q}{t}$ [A]

Q : 전하량[C], t : 시간[sec], I : 기호, 단위 : [A]

(2) 전압

① 두 점간의 전위에너지 차가 전하를 이동 시켜서 일을 하게하는 원동력이 되는 것이다. 이 두 점간의 전기 에너지차를 전압 V[V]라 하며
② 단위 전하당 Q[C]의 에너지 또는 일 W[J]로 표현한다.

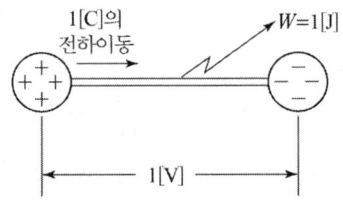

$$V = \dfrac{W}{Q} [J/C] \text{ 또는 } [V]$$

W : 일(에너지)[J], Q : 전기량[C]

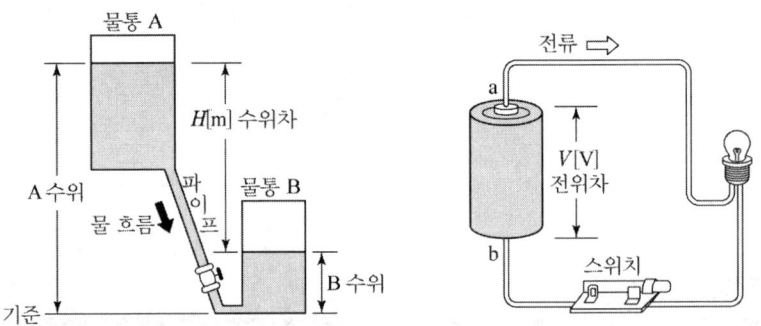

③ 전하의 흐름인 전류를 물에 비유하면, 물은 수위가 높은 곳에서 낮은 곳으로 흐르는 것은 전류가 높은 전위에서 낮은 전위 위치로 흐르는 것에 비유할 수 있다.

(3) 저항(전기저항)
① 정의 : 전류의 흐름을 방해하는 정도를 나타내는 상수를 말한다.
② 저항 : R
③ 단위 : [Ω]로 사용한다.

(4) 컨덕턴스
① 정의
  ㉮ 저항(전기저항) R의 역수
  ㉯ 전류가 흐르기 쉬운 정도를 나타내는 상수를 말한다.
② 컨덕턴스 : G
③ 단위 : mho[℧], 지멘스(siemens) [S]로 사용한다.
④ 공식 : $G = \dfrac{1}{R}$ [1/Ω]

(3) 옴의 법칙
도체에 전류가 흐를 경우 도체 양단에 나타나는 전압강하는 전류 I에 비례관계가 성립한다.
이 때 비례상수는 도체의 모양 종류에 따라 달라진다.
이 때의 비례상수를 전류의 흐름을 저항하는 요소라 할 수 있기 때문에 이를 도체의 저항이라 하며 R로 표시하고 단위는 [Ω]로 쓰고, 옴(ohm)으로 읽는다.

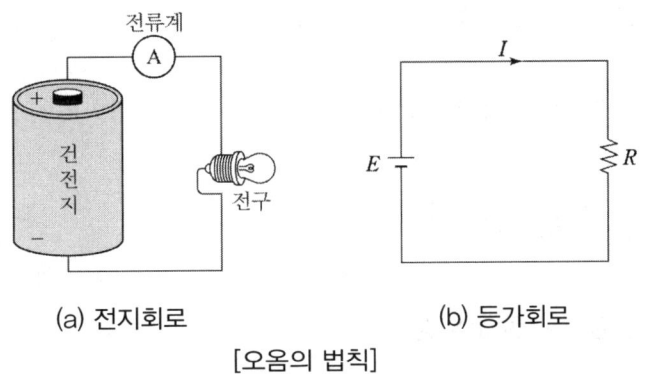

(a) 전지회로   (b) 등가회로
[오옴의 법칙]

그림에서 저항은 전압에 비례하고, 전류에 반비례 한다.
이것을 대수식으로 나타내면

저항(전기저항) $R = \dfrac{V}{I}[\Omega]$

전류 $I = \dfrac{V}{R}[A]$

전압 $V = I \times R[V]$

3 저항의 접속법

(1) 저항의 직렬연결 ⇨ "전류 일정"

그림과 같이 저항을 연결한 것을 직렬연결이라 한다.

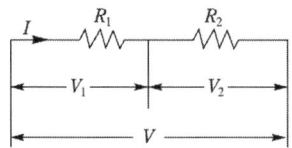

직렬회로에서 각 저항에 흐르는 전류가 같다.
① 전체 합성 저항 $R_0 = R_1 + R_2[\Omega]$
  $V_1 = I_0 R_1[V], \ V_2 = I_0 R_2[V]$

② $V = V_1 + V_2[V] = IR_1 + IR_2 = I(R_1 + R_2)[V]$
  $V = IR_0[V]$ 두 식을 비교하면 $R_0 = R_1 + R_2[\Omega]$

③ $V_1 = I \times R_1 = \dfrac{R_1}{R_1 + R_2} \times V[V]$

④ $V_2 = I \times R_2 = \dfrac{R_2}{R_1 + R_2} \times V[V]$

(2) 저항의 병렬연결 ⇨ "전압 일정"

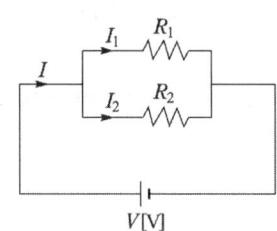

각 저항에 흐르는 전류 I_1, I_2는 각 저항에 반비례 한다.

① 전체 합성 저항 $R_0 = \dfrac{1}{\dfrac{1}{R_1}+\dfrac{1}{R_2}} = \dfrac{R_1 R_2}{R_1 + R_2}[\Omega]$

② $V = V_1 = V_2 [V]$ 전압 일정이므로

③ $I_1 = \dfrac{R_0}{R_1} I = \dfrac{R_1 R_2}{R_1(R_1 + R_2)} I[A] = \dfrac{R_2}{R_1 + R_2} \times I[A]$

④ $I_2 = \dfrac{R_0}{R_1} I = \dfrac{R_1 R_2}{R_2(R_1 + R_2)} I[A] = \dfrac{R_1}{R_1 + R_2} \times I[A]$

(3) 키르히호프의 법칙

① 키르히호프의 제1법칙

회로망내의 한 점에서 유입하는 전류의 총합과 유출하는 총합은 같다.

$$I = I_1 + I_2 + I_3 + \cdots + I_n [A]$$

일반적으로 한 점에서 $\sum I = 0$ 이다.

(유입전류는 +, 유출전류는 −)

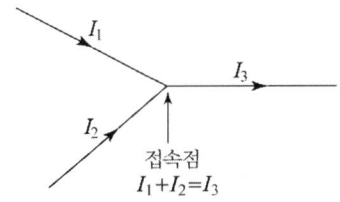
접속점
$I_1 + I_2 = I_3$

② 키르히호프의 제2법칙

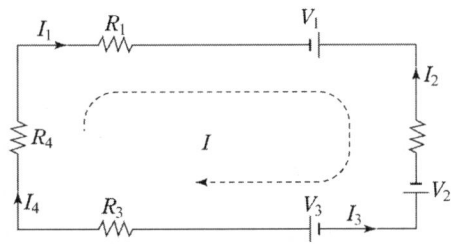

회로망 중에서 임의의 폐회로에 있어서 전원 전압의 합은 전압강하의 합과 같다.

$$V_1 + V_2 - V_3 = I(R_1 + R_2 + R_3 + R_4)[\text{V}]$$

일반적으로 $\sum V = \sum IR$ 이다.

(4) 브리지 회로의 해석

SW$_1$, SW$_2$을 ON하였을 때 검류계 G에 눈금이 0이라면 브리지 회로는 평행 상태이다.

$I_1 P = I_2 Q$, $I_1 X = I_2 R$ 에서

$\dfrac{I_1}{I_2} = \dfrac{Q}{P}$, $\dfrac{I_1}{I_2} = \dfrac{R}{X}$ 이다.

$\dfrac{Q}{P} = \dfrac{R}{X}$ 그러므로

∴ $XQ = PR$

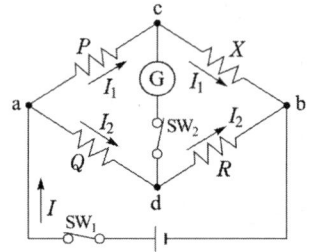

4 전력과 전력량

(1) 전력

단위 시간에 전기가 한 일로 단위는 [W]로 나타낸다.

$$\text{전력 } P = \frac{W}{t} = \frac{QV}{t} = VI [\text{W}]$$

$V = IR[\text{V}]$ 이므로 $P = VI = I^2 R = \dfrac{V^2}{R} [\text{W}]$

1[HP] = 746[W]

> ※ 전력은 마력으로 환산할 수 있다.

(2) 에너지[J]

전기가 한 일 ⇨ 에너지 $W = Pt = VIt = I^2 Rt = \dfrac{V^2}{R} t [\text{W}\cdot\text{sec}]$

※ 단위 $W = Pt = VIt = I^2 Rt = \dfrac{V^2}{R} t [\text{W}\cdot\text{sec}]$

[J] = [C]·[V] = [W]·[sec] = [VA]·[sec]

(3) 전력량[W·h]

전력량 $k = Pt = VIt = I^2Rt = \dfrac{V^2}{R}t\,[\text{W·h}]$

단위 $W = Pt = VIt = I^2Rt = \dfrac{V^2}{R}t\,[\text{W·h}]$

※ 전력량과 전력은 다르다.

(4) 전류의 발열작용 ⇨ 줄의 법칙

저항 $R[\Omega]$에 $I[\text{A}]$의 전류를 $t[\sec]$ 동안에 흘릴 때 열을 줄열 또는 저항열이라고 한다. 줄의 법칙이라 한다.

∴ 발열량 $H = 0.24\,Pt = 0.24I^2Rt = 0.24\dfrac{V^2}{R}t\,[\text{cal}]$

$1[\text{J}] = 0.24[\text{cal}]$, $1[\text{cal}] = \dfrac{1}{0.24} = 4.2[\text{J}]$, $1[\text{kWh}] = 860[\text{kcal}]$

5 열전 효과

(1) 제어벡 효과

서로 다른 두 종류의 금속으로 폐회로를 만들고, 두 금속의 접합점에 열을 가하여 온도 차이를 만들면 기전력이 발생하여 전류가 흐른다.

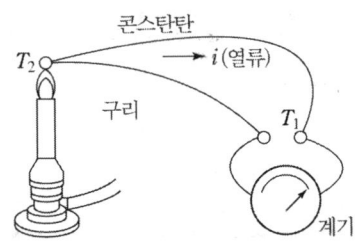

두 종류의 금속을 열전대라 하며,
철-콘스탄탄, 구리-콘스탄탄, 크로멜-알루멜, 백금-백금로듐 등이 있다.
열전 온도계 등에 이용

(2) 펠티어 효과

두 종류 금속의 접합점에 전류를 흘려주면 접합점 주변에서 열의 흡수 또는 발생이 일어나는 현상.

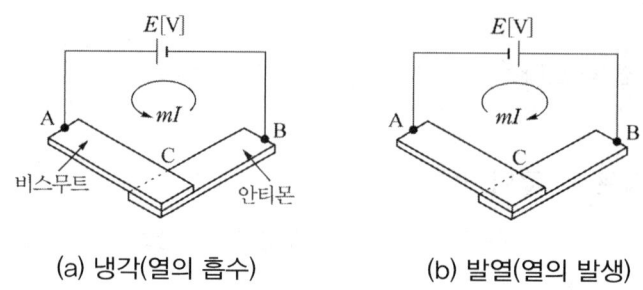

(a) 냉각(열의 흡수)   (b) 발열(열의 발생)

펠티어 효과는 전자 냉동기의 원리에 이용된다.

(3) 톰슨 효과

같은 종류의 금속으로 된 회로내에서 도체의 길이에 따라 온도 분포를 다르게 하여 전류를 흘릴 경우 각각의 온도 분포가 다른 두 지점에서 열의 발생이나 흡수가 일어나는 현상. 즉, 고온부에서 저온부로 열류가 이동하는 현상을 톰슨 효과라 한다.

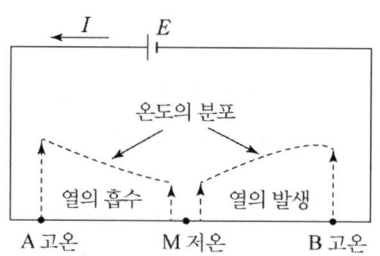

6 전기 저항

(1) 고유저항

① 도체가 가지고 있는 본래의 저항값으로 도체의 종류에 따라 그 값이 다르다.
그림과 같이 길이 ℓ, 단면적 A의 도체 내에 정상 전류가 흐르고 있을 때, R을 전기 저항이라 한다. 전류의 흐름을 방해하는 소자.

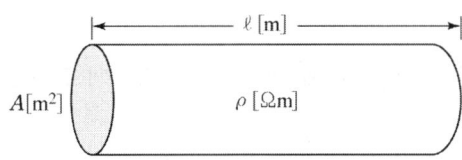

$$R = \frac{\ell}{\sigma A} = \rho \frac{\ell}{A} [\Omega]$$

단위 : $[\Omega \cdot m] = [\Omega \cdot m^2/m] = 10^6 [\Omega \cdot mm^2/m]$

② 공식

- 전압 $V = I \times R[V]$, 전류 $I = \frac{V}{R}[A]$, 저항(전기저항) $R = \frac{V}{I}[\Omega]$

- 전기저항 $R = \rho \frac{\ell}{A}[\Omega] = \rho \frac{\ell}{\pi r^2}[\Omega] = \frac{4\rho\ell}{\pi D^2}[\Omega] = \frac{\ell}{kA}[\Omega]$

    ℓ : 도체의 유효길이[m]
    ρ : 고유저항(저항률)[$\Omega \cdot m$]
    A : 도체의 단면적[m^2] ⇨ $A = \pi r^2 [m^2] = \pi \left(\frac{D}{2}\right)^2 = \frac{\pi D^2}{4} [m^2]$
    D : 전선의 지름(직경)[m]
    r : 전선의 반지름(반경)[m]
    k : 도전율(전도율)[℧/m]=[s/m] ⇨ 고유저항(저항률)의 역수
    $k = \frac{1}{\rho}$[℧/m]=[s/m]

③ 전도율(도전율)

전류가 흐르기 쉬운 정도를 나타내며 고유저항의 역수.

$$k = \frac{1}{\rho} [℧/m] = [s/m] \quad 단위는 [℧/m] = [s/m]$$

④ 각종 도체의 고유저항(저항율)

- 표준 연동선의 $\rho = \frac{1}{58} \times 10^{-6} [\Omega \cdot m] = \frac{1}{58} [\Omega \cdot mm^2/m]$

- 경동선의 $\rho = \frac{1}{55} \times 10^{-6} [\Omega \cdot m] = \frac{1}{55} [\Omega \cdot mm^2/m]$

- Al선(알루미늄선)의 $\rho = \frac{1}{35} \times 10^{-6} [\Omega \cdot m] = \frac{1}{35} [\Omega \cdot mm^2/m]$

⑤ [%]도전율

국제 표준연동의 도전율 σ_s에 대한 다른 도체의 도전율 σ에 대한 비율 퍼센트 도전율 이라 한다.

$$[\%]도전율 = \frac{\sigma}{\sigma_s} \times 100[\%]$$

국제표준연동의 도전율 $\sigma_s = 5.8 \times 10^7 [\mho/m]$

(2) 온도 변화에 따른 저항의 변화

① 온도계수

온도가 1[℃] 상승할 때 기준 저항값에 대한 저항의 증가 비율.

② 0[℃]에서 표준연동의 온도계수

$$\alpha_0 = \frac{1}{234.5}$$

③ $t[℃]$에서의 온도계수

$$\alpha_t = \frac{1}{234.5+t}$$

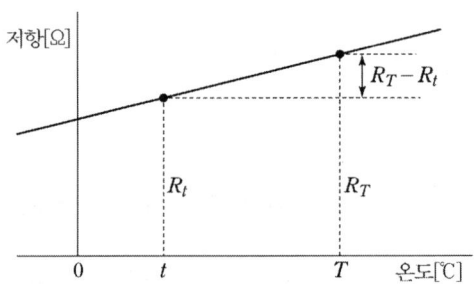

④ 온도 변화에 따른 저항변화

온도 $t[℃]$에서 저항값이 $R[\Omega]$인 도체가 $T[℃]$로 온도가 상승할 때 저항값 R_T는

$$R_T = R_t + \alpha_t(T-t)[\Omega]$$

⑤ 저항체의 구비조건
- 고유저항(저항율)이 클 것
- 저항의 온도계수가 작을 것
- 내열성, 내식성이 크고 고온에서 산화되지 않을 것
- 다른 금속에 대한 열기전력이 작을 것
- 가공 접속이 용이하고 경제적일 것

⑥ 절연재료의 저항 특성
- 저항률이 클 것
- 저항 온도 계수가 클 것
- 저항 온도계수가 (+)일 것

⑦ 저항기의 종류
- 가변저항기 : 슬라이드 저항기, 다이얼형 저항기, 플러그형 저항기
- 고정저항기 : 표준저항기, 권선 저항기, 탄소피막 저항기
- 물저항기

7 전류의 화학작용과 전지

(1) 전기분해

① 전해질
물에 녹아서 양이온과 음이온으로 나누어지는 현상을 전리라 하며 이러한 물질을 전해질이라 한다. 전해질의 수용액을 전해액이라 한다.

② 전기분해
전해액에 전류를 흘리면
㉠ Cu^{++} : 음극판에서 전자을 받아드려 Cu를 석출한다.
㉡ SO_4^{--} : 양극판에 전자를 내주고 SO_4로 된다.
㉢ SO_4가 양극판으로부터 Cu를 취하여 $CuSO_4$가 된다.
㉣ $CuSO_4$: $CuSO_4 \Rightarrow Cu^{++} + SO_4^{--}$ 로 전리하여

㉠ ⇨ ㉡ ⇨ ㉢의 반응이 반복하여 행한다.

이와 같이 전해액에 전류를 흘려주면 전해액이 화학적으로 분해하여 금속을 석출하는 것을 전기분해라 한다.

(2) 전기분해 현상

① **전기도금** : 양극에 구리막대, 음극에 은막대를 두고 전기를 가하여 은막대에 구리색을 띄는 현상

② **전주** : 전기도금을 계속하여 두꺼운 금속층을 만든 후 원형을 떼어서 복제하는 방법

③ **전해 정련** : 불순물에서 순 금속을 채취

④ **전해 연마** : 금속을 양극에 두고 전해액 중에서 단시간 전류를 통하면 금속표면이 먼저 분해되어 거울과 같은 표면을 얻는 것 (터어빈 날개)

(3) 패러데이의 법칙

전기 분해에 의해 전극에 석출되는 물질의 석출량 $W[g]$는 전해액 속을 통과한 전기량 $Q[C]$에 비례한다.

$$\therefore 석출량\ W = KQ = KIt\ [g]$$

총 전기량이 같으면 물질의 석출량은 그 물질의 전기화학당량에 비례
전기화학당량(K) : 1[C]의 전하로 석출하는 물질의 량

$$전기화학당량 = \frac{원자량}{원자가}$$

(4) 전지

화학적인 변화에 의해서 발생하는 에너지 또는 빛, 열 등의 물리적인 에너지를 전기 에너지로 변환하는 장치
- 1차 전지 : 방전 후 충전이 불가능한 전지, 알칼리 전지, 망간 전지
- 2차 전지 : 방전 후 충전이 가능한 전지, 납 축전지, 알칼리 축전지, 리튬 이온 축전지, 리튬 폴리머 축전지

1) 전지의 원리

① 볼타 전지

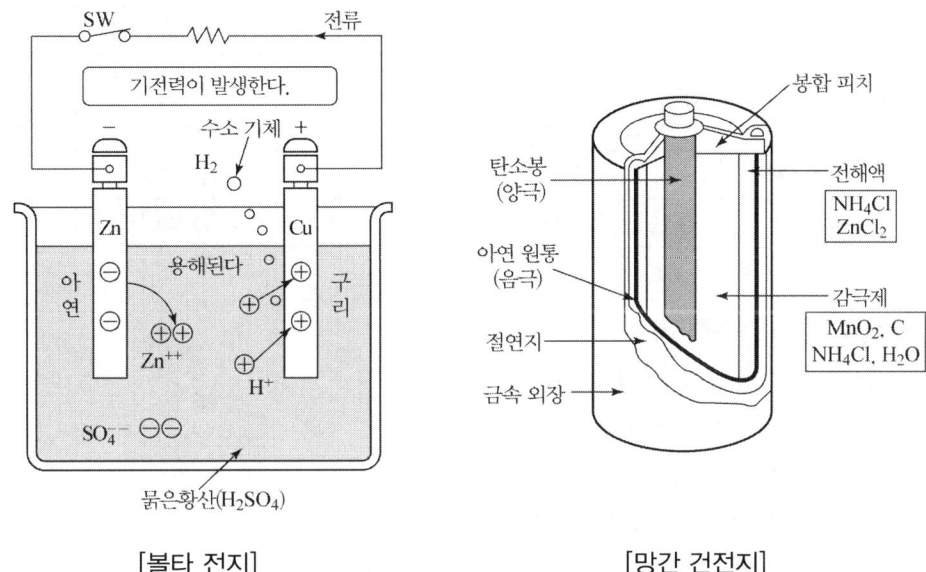

[볼타 전지]   [망간 건전지]

묽은 황산용액에 구리 와 아연판을 넣으면 아연판, 구리판은 각각 음극, 양극으로 되어 그 사이에 약 1[V]의 기전력이 발생 된다.(아연이 먼저 이온화된다)

$$Zn \Rightarrow Zn^{++} + 2e^-$$
$$H_2SO_4 \Rightarrow 2H^+ + SO_4$$
$$2H^+ + 2e^- \Rightarrow H_2(\uparrow)$$

아연판 ⇨ 음극, 구리판 ⇨ 양극

② **분극 작용** : 전지에 부하를 걸면 양극에 수소가스가 생겨 이온의 이동을 방해하여 기전력을 감소시키는 현상

③ **감극제** : 전기의 분극 작용을 제거하기 위하여 이산화망간(MnO_2)을 넣어 수소를 물로 산화시키는 물질

④ **국부작용** : 전극이나 전해액 중에 포함된 불순물(구리, 납, 카드늄) 등으로 인하여 전극이 부분적으로 용해되면서 국부적인 자체 방전이 일어나는 현상
    방지책으로 음극에 순수금속이나 수은 도금하여 사용

2) 각종 1차 전지의 특성

전지의 종류	망간 건전지(MnO₂) (르크랑세건전지)	수은(HgO) 건전지	표준전지 웨스턴 카드늄	클라크 전지
양 극	C	Ni	Hg	Hg
음 극	Zn	Zn	Cd아말감	Zn
전해액	$NH_4Cl+ZnCl_2$	KOH	$CdSO_4$	$ZnSO_4$
감극제	MnO_2	HgO	Hg_2SO_4	Hg_2SO_4
기전력	1.5~1.6[V]	1.3~1.4[V]	1.01830[V]	1.4[V

3) 납축전지(연축전지)

① 축전지 용량의 단위 : [Ah]
② 납축전지(연축전지)용량 ⇨ 10[Ah]
③ 공칭전압 ⇨ 1.2[V]
④ 축전지 비중 ⇨ 묽은 황산(1.2~1.3)
⑤ 효율이 좋고, 장시간 일정 전류공급이 가능
⑥ 화학 반응식

$$\underset{(이산화납)}{\underset{양극}{PbO_2}} + \underset{(황산)}{\underset{전해액}{2H_2SO_4}} + \underset{(납)}{\underset{음극}{Pb}} \underset{충전}{\overset{방전}{\Leftrightarrow}} \underset{(황산납)}{\underset{양극}{PbSO_4}} + \underset{(물)}{\underset{물}{2H_2O}} + \underset{(황산납)}{\underset{음극}{PbSO_4}}$$

4) 알칼리 축전지

① 알칼리 축전지 용량 ⇨ 5[Ah]
② 공칭전압 ⇨ 1.2[V]
③ 양극 ⇨ 수산화 니켈 $Ni(OH)_3$
④ 음극 ⇨ Fe
⑤ 장점
 ㉮ 수명이 길다.
 ㉯ 진동에 강하다.
 ㉰ 낮은 온도에 방전 특성이 양호하다.
⑥ 단점
 ㉮ 효율이 나쁘다.
 ㉯ 전압 변동이 심하다.

㉢ 값이 비싸다.
㉣ 내부 저항이 크다.

5) 전지의 접속
① 전지의 직렬접속

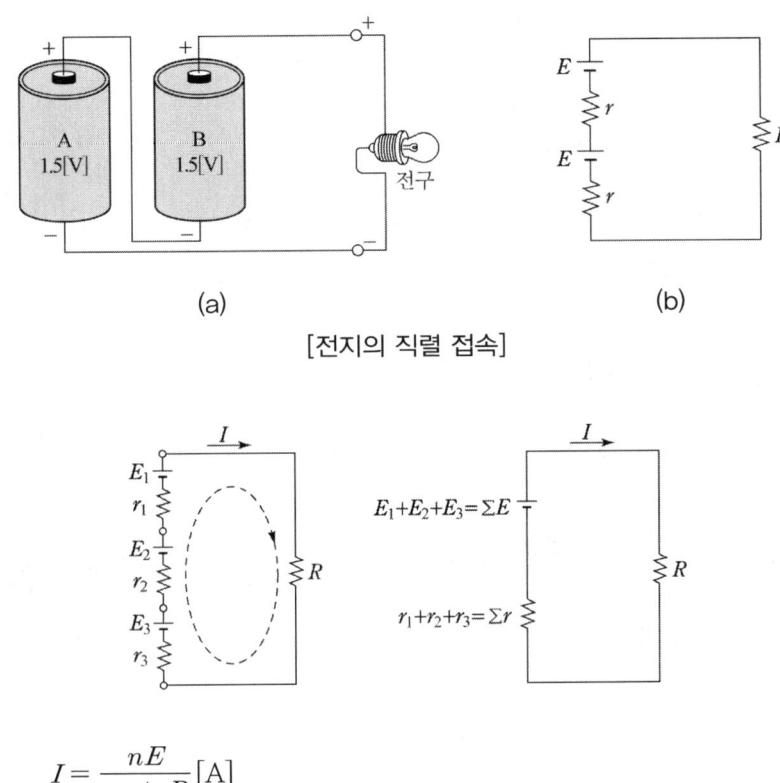

[전지의 직렬 접속]

$$I = \frac{nE}{nr + R} [A]$$

n : 전지의 직렬 개수, R : 부하 저항, r : 내부저항, E : 전지의 기전력

② 전지의 병렬접속

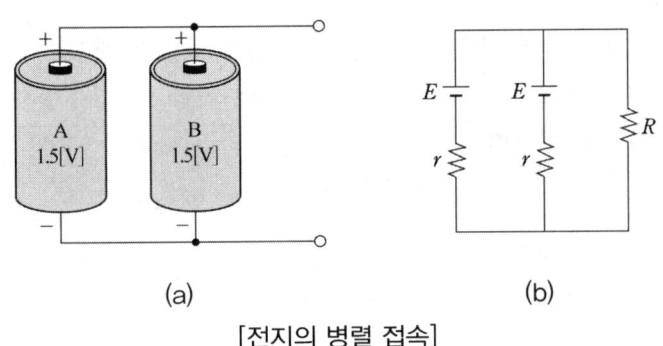

[전지의 병렬 접속]

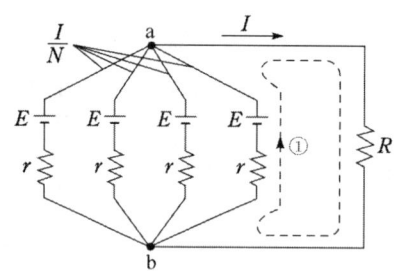 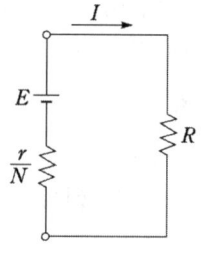

$$I = \frac{E}{\frac{r}{m}+R}\,[A]$$

m : 전지의 병렬 개수 R : 부하 저항
r : 내부저항, E : 전지의 기전력

③ 전지의 직·병렬접속

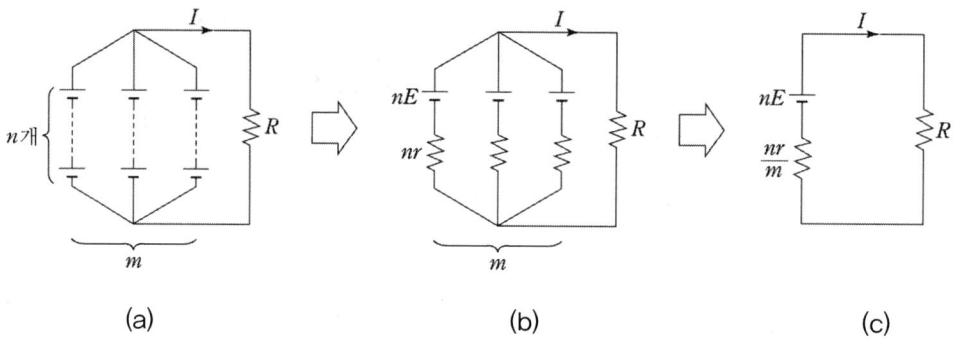

[전지의 직·병렬 접속]

$$I = \frac{nE}{\frac{nr}{m}+R}\,[A]$$

n : 전지의 직렬 개수 m : 전지의 병렬 개수
R : 부하 저항 r : 내부저항
E : 전지의 기전력

(5) 전압과 전류의 측정

① 배율기

전압계의 측정 범위를 넓히기 위하여 전압계에 직렬로 저항을 접속하여 측정

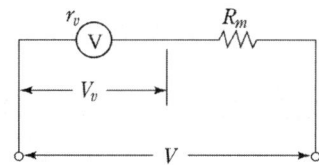

$$I = \frac{V_v}{R_m + r_v} = \frac{V}{r_v} [A]$$

$$V_0 = V \cdot \frac{R_m + r_v}{r_v} [V] = V\left(\frac{R_m}{r_v} + 1\right)$$

측정배율은 $m = \frac{R_m}{r_v} + 1$ 이다.

V_v : 측정할 전압, V : 전압계 눈금

R_m : 배율기의 저항[Ω], r_v : 전압계 내부저항[Ω]

② 분류기

전류계의 측정 범위를 넓히기 위하여 전류계에 병렬로 저항을 접속하여 측정

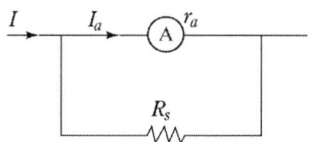

$$I = \frac{R_s}{R_s + r_a} I_a [A] \text{ 에서}$$

$$I_a = I\left(\frac{r_a}{R_s} + 1\right)[A]$$

측정배율은 $m = \frac{r_a}{R_s} + 1$ 이다.

I_a : 측정할 전류, I : 전류계 눈금

R_s : 분류기의 저항[Ω], r_a : 전류계 내부 저항[Ω]

1장 직류회로 예상문제

전기기능사 필기

1. "물질 중의 자유전자가 과잉된 상태"란?
   ① (−)대전상태
   ② 발열상태
   ③ 중성상태
   ④ (+)대전상태

   [해설] (−)대전상태 : 물질 중의 자유전자가 과잉된 상태(절연체를 서로 마찰시키면서 물체는 전기를 띠게 되는 상태)

2. 1개의 전자 질량은 약 몇 [kg]인가?
   ① 1.679×10^{-31}
   ② 9.109×10^{-31}
   ③ 1.67×10^{-27}
   ④ 9.019×10^{-27}

   [해설] 1개의 전자 질량은 9.109×10^{-31}[kg]

3. 다음 중 전자의 전기량[C]은?
   ① 약 9.109×10^{-31}
   ② 약 1.672×10^{-27}
   ③ 약 1.602×10^{-19}
   ④ 약 9.109×10^{-27}

   [해설] 전자의 전기량 약 1.602×10^{-19}[C]
   $1[eV] = 1.602 \times 10^{-19}$[J]

4. 정상상태에서의 원자를 설명한 것으로 틀린 것은?
   ① 양성자와 전자의 극성은 같다.
   ② 원자는 전체적으로 보면 전기적으로 중성이다.
   ③ 원자를 이루고 있는 양성자의 수는 전자의 수와 같다.
   ④ 양성자 1개가 지니는 전기량은 전자 1개가 지니는 전기량과 크기가 같다.

   [해설] 양성자는 (+), 전자의 (−)로써 극성이 다르다.

5. 원자의 구속력을 벗어나서 물질 내에서 자유로이 이동할 수 있는 것은?
   ① 중성자   ② 양자
   ③ 분자   ④ 자유전자

   [해설] 자유전자
   - 자유전자 이동이나 증감에 의한 것
   - 전기의 여러 가지 현상은 대부분 자유전자의 작용에 의한 것
   - 원자핵으로부터 벗어나 물질 내를 자유로이 이동할 수 있다.

6. 쿨롱(Coulomb)의 단위를 갖는 것은?
   ① 자계의 세기   ② 힘
   ③ 전위   ④ 전기량

정답 1.① 2.② 3.③ 4.① 5.④ 6.④

해설 전기량 Q[C] (전기량은 쿨롱(Coulomb)의 단위를 갖는다.)

7 다음 중 전기량의 단위는?

① [C] ② [W]
③ [W·s] ④ [Ah]

해설 전기량 Q[C] (전기량은 쿨롱(Coulomb)의 단위를 갖는다.)

8 전하의 성질을 잘못 설명한 것은?

① 같은 종류의 전하는 흡인하고 다른 종류의 전하는 반발 한다.
② 대전체에 들어 있는 전하를 없애려면 접지 시킨다.
③ 대전체의 영향으로 비대전체에 전기가 유도 된다.
④ 전하의 가장 안정한 상태를 유지하려는 성질이 있다.

해설 $+Q$ 전하 같은 종류는 반발한다.
$-Q$ 전하 다른 종류는 흡인한다.

9 음전하와 양전하를 금속선으로 직접 연결하면 음전하는 양전하에 끌려 금속선을 통하여 이동하고 중화된다. 이 때 금속선에서 무엇이 흐르는가?

① 전압
② 전류
③ 전력
④ 전력량

해설 전류는 금속선을 통해 흐른다.

10 어떤 도체에 t 초 동안에 C[C] 전기량이 이동하면 이 때 흐르는 전류[A]는?

① $I = Q \cdot t$[A] ② $I = Q^2 \cdot t$[A]
③ $I = \dfrac{t}{Q}$[A] ④ $I = \dfrac{Q}{t}$[A]

해설 전류 $I = \dfrac{Q}{t}$[A]는 전기량에 비례하고, 시간에 반비례한다.

11 어떤 전지에서 5[A]의 전류가 10분간 흘렀다면 이 전지에서 나온 전기량은?

① 0.83[C] ② 50[C]
③ 250[C] ④ 3000[C]

해설 전류 $I = \dfrac{Q}{t}$[A] 에서
$Q = It = 5 \times (10 \times 60) = 3000$[C]

12 어떤 도체에 5초간 4[C]의 전하가 이동했다면 이 도체에 흐르는 전류는?

① 0.12×10^3[mA]
② 0.8×10^3[mA]
③ 1.25×10^3[mA]
④ 8×10^3[mA]

해설 전류 $I = \dfrac{Q}{t} = \dfrac{4}{5} = 0.8$[A] $= 0.8 \times 10^3$[mA]
(1[A] $= 10^3$[mA])

13 1[Ah]는 몇 [C]인가?

① 7,200 ② 3,600
③ 120 ④ 60

해설 전기량 $Q = It = 1 \times 3600 = 3600$[C]
1[h] $= 60 \times 60 = 3600$[sec]

14 다음 중 [J/C]과 같은 단위는?

① [N]   ② [V]
③ [H]   ④ [F]

해설 전압 $V = \dfrac{W(\text{전력량})[J]}{Q(\text{전기량})[C]} = [V]$

15 Q[C]의 전기량이 이동하여 W[J]의 일을 했을 때 전위차 V[V]는?

① $V = QW$ ② $V = \dfrac{W}{Q}$
③ $V = \dfrac{Q}{W}$ ④ $V = \dfrac{W}{Q^2}$

해설 전위차 $V = \dfrac{W(\text{전력량})[J]}{Q(\text{전기량})[C]} = [V]$

16 2[C]의 전기량이 두 점 사이를 이동하여 48[J]의 일을 하였을 때, 두 점 사이의 전위차는 몇 [V]인가?

① 12[V]   ② 24[V]
③ 48[V]   ④ 64[V]

해설 전위차 $V = \dfrac{W[J]}{Q[C]} = \dfrac{48}{2} = 24[V]$

17 100[V]의 기전력을 가했을 때 20[C]의 전기량이 이동했다면 이 때의 전기가 행한 일은 몇 [J]인가?

① 200[J]   ② 2,000[J]
③ 5,000[J]   ④ 6,000[J]

해설 전기가 행한 일
$W = VQ = 100 \times 20 = 2000[J]$

18 1[eV]는 몇 [J]인가?

① $1.602 \times 10^{-19}[J]$
② $1 \times 10^{-19}[J]$
③ $1[J]$
④ $1.16 \times 10^4[J]$

해설 전자의 전기량 약 $1.602 \times 10^{-19}[C]$
$1[eV](1[\text{전자볼트}]) = 1.602 \times 10^{-19}[J]$

19 100[V]의 전위차로 가속된 전자의 운동에너지는?

① $1.6 \times 10^{-20}[J]$
② $1.6 \times 10^{-19}[J]$
③ $1.6 \times 10^{-18}[J]$
④ $1.6 \times 10^{-17}[J]$

해설 100[V]의 전위차로 가속된 전자의 운동에너지 $= 1.602 \times 10^{-19} \times 100$
$= 1.602 \times 10^{-17}[J]$

20 다음 중 전기저항의 역수는?

① 저항률   ② 고유저항
③ 서셉턴스   ④ 컨덕턴스

해설 전기저항의 역수는 컨덕턴스이다.
$G[S] = \dfrac{1}{R[\Omega]}$

21 5[Ω]의 저항의 컨덕턴스[S]는?

① 0.8[S]   ② 0.7[S]
③ 0.5[S]   ④ 0.2[S]

해설 컨덕턴스 $G[S] = \dfrac{1}{R[\Omega]} = \dfrac{1}{5} = 0.2[S]$

정답 14. ②   15. ②   16. ②   17. ②   18. ①   19. ④   20. ④   21. ④

22 전류를 계속 흐르게 하려면 전압을 연속적으로 만들어 주는 어떤 힘이 필요하게 되는데, 이 힘을 무엇이라 하는가?

① 자기력　　② 전자력
③ 기전력　　④ 전기량

해설 기전력은 전류를 계속 흐르게 하려면 전압을 연속적으로 만들어 주는 어떤 힘전류를 계속 흐르게 하려면 전압을 연속적으로 만들어 주는 힘이다.

23 전류가 전압에 비례하고 저항에 반비례한다. 다음 중 어느 것과 관계가 있는가?

① 키르히호프의 제1법칙
② 키르히호프의 제2법칙
③ 옴의 법칙
④ 중첩의 원리

해설 옴의 법칙 $I[A] = \dfrac{V[V]}{R[\Omega]}$에서 전류는 전압에 비례하고, 저항에 반비례한다.

24 옴의 법칙을 바르게 설명한 것은?

① 전류의 크기는 도체의 저항에 비례한다.
② 전류의 크기는 도체의 저항에 반비례한다.
③ 전압은 전류에 반비례한다.
④ 전압은 전류의 2승에 비례한다.

해설 옴의 법칙 $I[A] = \dfrac{V[V]}{R[\Omega]}$에서 전류는 전압에 비례하고, 저항에 반비례한다.

25 10[Ω]의 저항에 2[A]의 전류가 흐를 때 저항의 단자 전압은 얼마인가?

① 5[V]　　② 10[V]
③ 15[V]　　④ 20[V]

해설 $V[V] = I[A] \times R[\Omega] = 2 \times 10 = 20[V]$

26 100[V]에서 5[A]가 흐르는 전열기에 120[V]을 가하면 흐르는 전류는?

① 4.1[A]　　② 6.0[A]
③ 7.2[A]　　④ 8.4[A]

해설 $I[A] = \dfrac{V[V]}{R[\Omega]}$에서
전압과 전류는 비례하므로
100[V] : 5[A] = 120[V] : I'[A] 에서
$I' = \dfrac{5 \times 120}{100} = 6[A]$

27 어떤 저항 R에 전압 V를 가하니 전류 I가 흘렀다. 이 회로의 저항 R을 20[%] 줄이면 전류 I는 처음의 몇 배가 되는가?

① 0.8배　　② 0.88배
③ 1.25배　　④ 2.04배

해설 전류 $I = \dfrac{V}{R}$에서
$I = \dfrac{V}{0.8R} \propto \dfrac{1}{0.8} \propto 1.25$배

28 30[Ω], 40[Ω], 30[Ω]의 저항 3개의 저항을 직렬로 접속했을 때의 합성 저항[Ω]은?

① 50[Ω]　　② 70[Ω]
③ 80[Ω]　　④ 100[Ω]

정답 22. ③　23. ③　24. ②　25. ④　26. ②　27. ③　28. ④

해설 합성저항 $R = 30 + 40 + 30 = 100[\Omega]$

29 3[Ω]의 저항 5개, 4[Ω]의 저항 5개, 5[Ω]의 저항 3개가 있다. 이들을 모두 직렬 접속할 때 합성 저항[Ω]은?

① 75[Ω]　② 50[Ω]
③ 45[Ω]　④ 35[Ω]

해설 합성저항
$R = (3 \times 5) + (4 \times 5) + (5 \times 3) = 50[\Omega]$

30 저항 R_1, R_2을 병렬로 접속하면 합성 저항은?

① $R_1 + R_2$　② $\dfrac{1}{R_1 + R_2}$
③ $\dfrac{R_1 R_2}{R_1 + R_2}$　④ $\dfrac{R_1 + R_2}{R_1 R_2}$

해설 병렬접속의 합성저항
$R = \dfrac{1}{\dfrac{1}{R_1} + \dfrac{1}{R_2}} = \dfrac{R_1 \times R_2}{R_1 + R_2} [\Omega]$

31 4[Ω], 6[Ω], 8[Ω]의 3개의 저항을 병렬 접속할 때 합성저항은 약 몇 [Ω]인가?

① 1.8[Ω]　② 2.5[Ω]
③ 3.6[Ω]　④ 4.5[Ω]

해설 병렬접속의 합성저항
$R = \dfrac{1}{\dfrac{1}{R_1} + \dfrac{1}{R_2} + \dfrac{1}{R_3}} = \dfrac{1}{\dfrac{1}{4} + \dfrac{1}{6} + \dfrac{1}{8}}$
$= 1.8[\Omega]$

32 10[Ω]의 저항 5개를 가지고 얻을 수 있는 가장 작은 합성 저항값은?

① 1[Ω]　② 2[Ω]
③ 4[Ω]　④ 5[Ω]

해설 병렬접속의 합성저항
$R_0 = \dfrac{R}{n개} = \dfrac{10}{5개} = 2[\Omega]$

33 동일한 저항 4개를 접속하여 얻을 수 있는 최대저항 값은 최소저항 값의 몇 배인가?

① 2배　② 4배
③ 8배　④ 16배

해설 $\dfrac{\text{직렬연결의 } R(\text{최대저항})}{\text{병렬연결시 } R(\text{최소저항})}$
$= \dfrac{nR}{\dfrac{R}{n}} = \dfrac{4R}{\dfrac{R}{4}} = 16$배

34 그림과 같이 R_1, R_2, R_3의 저항 3개를 직병렬 접속하였을 때 합성저항은?

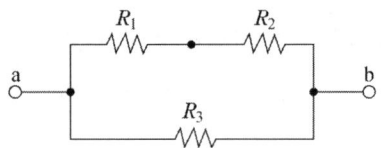

① $R = \dfrac{(R_1 + R_2)R_3}{R_1 + R_2 + R_3}$

② $R = \dfrac{(R_2 + R_3)R_1}{R_1 + R_2 + R_3}$

③ $R = \dfrac{(R_1 + R_3)R_2}{R_1 + R_2 + R_3}$

④ $R = \dfrac{R_1 R_2 R_3}{R_1 + R_2 + R_3}$

해설 $R = \dfrac{(R_1 + R_2)R_3}{R_1 + R_2 + R_3} [\Omega]$

정답 29. ②　30. ③　31. ①　32. ②　33. ④　34. ①

35 그림과 같은 회로의 합성 저항값은?

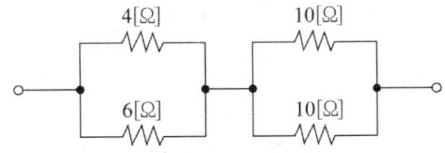

① 6.6[Ω]　　② 7.4[Ω]
③ 8.7[Ω]　　④ 9.4[Ω]

[해설] $R = \dfrac{4 \times 6}{4+6} + \dfrac{10 \times 10}{10+10} = 7.4[\Omega]$

36 그림과 같은 회로의 합성 저항값은?

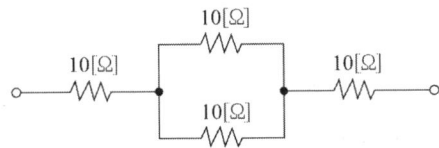

① 10[Ω]　　② 15[Ω]
③ 20[Ω]　　④ 25[Ω]

[해설] $R = 10 + \dfrac{10 \times 10}{10+10} + 10 = 25[\Omega]$

37 6[Ω], 8[Ω], 9[Ω]의 저항 3개를 직렬 접속한 회로에 5[A]의 전류를 흘릴 때 회로에 공급한 전압은?

① 85[V]　　② 100[V]
③ 115[V]　　④ 125[V]

[해설] $V = IR = 5 \times (6+8+9) = 115[V]$

38 그림과 같은 회로에서 $R_1 = 2[\Omega]$, $R_2 = 3[\Omega]$, $R_3 = 5[\Omega]$, $R_4 = 10[\Omega]$일 때 회로에 흐르는 전류와 R_3에 걸리는 전압은?

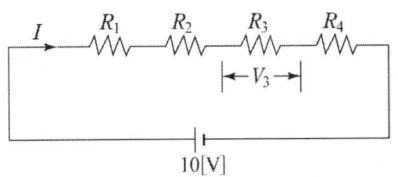

① 2[A], 3[V]
② 1[A], 5[V]
③ 0.5[A], 2.5[V]
④ 0.1[A], 0.5[V]

[해설] 전류 $I = \dfrac{10}{2+3+5+10} = 0.5[A]$
　　　R_3에 걸리는 전압
　　　$V_3 = I \times R_3 = 0.5 \times 5 = 2.5[V]$

39 5[Ω], 10[Ω], 15[Ω]의 저항을 직렬로 접속하고 전압을 가하였더니 10[Ω]의 저항 양단에 30[V]의 전압이 측정되었다. 이 회로에 공급 되는 전 전압은 몇 [V]인가?

① 30[V]　　② 60[V]
③ 90[V]　　④ 120[V]

[해설] 전류 $I = \dfrac{30}{10} = 3[A]$
　　　전압 $V = IR = 3 \times (5+10+15) = 90[V]$

40 그림에서 전류 I_1은 몇 [A]인가?

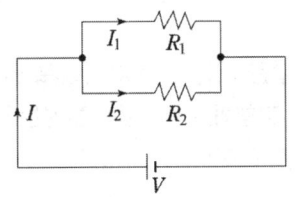

① $I + I_2$　　② $\dfrac{R_2}{R_1 + R_2} I$
③ $\dfrac{R_1}{R_1 + R_2} I$　　④ $\dfrac{R_1 + R_2}{R_2} I$

정답　35. ②　36. ④　37. ③　38. ③　39. ③　40. ②

[해설] 전류분배법칙 $I_1 = \dfrac{R_2}{R_1+R_2} \times I [A]$

[해설] 서로 같은 저항 n개를 직렬로 연결한 회로의 한 저항에 나타나는 전압은 $\dfrac{V}{n}$

41 그림에서 2[Ω]에 흐르는 전류는 몇 [A]인가?

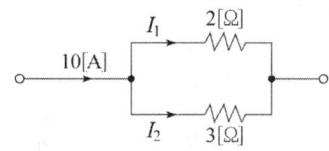

① 6[A] ② 5[A]
③ 4[A] ④ 3[A]

[해설] 전류분배법칙 $I_1 = \dfrac{3}{2+3} \times 10 = 6 [A]$

44 저항 R_1, R_2을 직렬로 접속 했을 때 합성 컨덕턴스는?

① $R_1 + R_2$
② $\dfrac{1}{R_1 + R_2}$
③ $\dfrac{R_1 R_2}{R_1 + R_2}$
④ $\dfrac{R_1 + R_2}{R_1 R_2}$

[해설] 전기저항의 역수는 컨덕턴스 이다.
$G[S] = \dfrac{1}{R[\Omega]} = \dfrac{1}{R_1 + R_2}$

42 10[Ω]과 15[Ω]의 병렬회로에서 10[Ω]에 흐르는 전류가 3[A]이라면 전체 전류 [A]는?

① 2[A] ② 3[A]
③ 4[A] ④ 5[A]

[해설] 전류분배법칙
$I_1 = \dfrac{R_2}{R_1+R_2} \times I = \dfrac{15}{10+15} \times I = 3[A]$
여기서, $I = \dfrac{(10+15) \times 3}{15} = 5[A]$ 이다.

45 3[℧]와 4[℧]의 컨덕턴스를 병렬로 접속할 때의 합성값은?

① 2[℧] ② 5[℧]
③ 7[℧] ④ 9[℧]

[해설] 병렬연결의 합성컨덕턴스
$G = G_1 + G_2 = 3 + 4 = 7[℧]$

43 서로 같은 저항 n개를 직렬로 연결한 회로의 한 저항에 나타나는 전압은? 단, 전체 전압은 V이다.

① nV ② $\dfrac{V}{n}$
③ $\dfrac{1}{nV}$ ④ $n+V$

46 4[S]과 6[S]의 컨덕턴스를 병렬로 접속하면 합성 컨덕턴스는 몇 [S]인가?

① 2.4[S] ② 10[S]
③ 12[S] ④ 24[S]

[해설] 병렬연결의 합성컨덕턴스
$G = G_1 + G_2 = 4 + 6 = 10[S]$

[정답] 41. ① 42. ④ 43. ② 44. ② 45. ③ 46. ②

47 2[Ω]의 저항과 3[Ω]의 저항을 직렬로 접속할 때 합성 컨덕턴스는 몇 [℧]인가?

① 5[℧]　　② 2.5[℧]
③ 1.5[℧]　　④ 0.2[℧]

해설 $G = \dfrac{1}{R[\Omega]} = \dfrac{1}{R_1 + R_2} = \dfrac{1}{2+3} = 0.2[S]$

48 그림의 휘스톤 브리지의 평형 조건은?

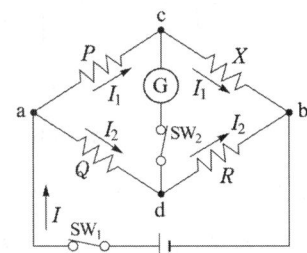

① $X = \dfrac{Q}{P}R$　　② $X = \dfrac{P}{Q}R$
③ $X = \dfrac{Q}{R}P$　　④ $X = \dfrac{P^2}{R}Q$

해설 휘스톤 브리지 평형 조건 :
$PR = QX$ (대각선 저항곱)
$X = \dfrac{P \cdot R}{Q}$

49 그림과 같은 회로에서 $P = 2[\Omega]$, $Q = 4[\Omega]$, $R = 50[\Omega]$일 때 전류계에 흐르는 전류는 0이 되었다. X는 몇 [Ω]이 되는가?

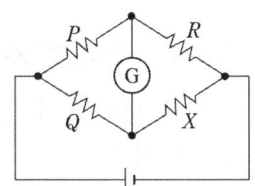

① 25[Ω]　　② 50[Ω]
③ 100[Ω]　　④ 200[Ω]

해설 휘스톤 브리지 평형조건
: $PR = QX$ (대각선 저항곱)
$X = \dfrac{P \cdot R}{Q} = \dfrac{4 \times 50}{2} = 100[\Omega]$

50 키르히호프의 법칙을 맞게 설명한 것은?

① 제1법칙은 전압에 관한 법칙이다.
② 제1법칙은 전류에 관한 법칙이다.
③ 제1법칙은 회로망의 임의의 한 폐회로 중 전압강하의 대수합과 기전력의 대수합은 같다.
④ 제2법칙은 회로망에 유입하는 전류의 합은 유출하는 전류의 합과 같다.

해설 키르히호프의 법칙
• 제1법칙은 전류에 관한 법칙이다.
• 제2법칙은 전압에 관한 법칙이다.

51 "회로의 접속점에서 볼 때 접속점에 흘러 들어오는 전류의 합은 흘러 나가는 전류의 합과 같다"라고 정의되는 법칙은?

① 키르히호프의 제1법칙
② 키르히호프의 제2법칙
③ 플레밍의 오른손 법칙
④ 앙페르의 오른 나사 법칙

해설 키르히호프의 제1법칙은 회로의 접속점에서 볼 때 접속점에 흘러 들어오는 전류의 합은 흘러 나가는 전류의 합과 같다.

52 회로망의 임의의 접속점에 유입하는 전류는 $\Sigma I = 0$ 라는 법칙은?

① 쿨롱의 법칙　　② 옴의 법칙
③ 패러데이 법칙　　④ 키르히호프의 법칙

[해설] 키르히호프의 제1법칙($\sum I = 0$)은 회로의 접속점에서 볼 때 접속점에 흘러들어오는 전류의 합은 흘러나가는 전류의 합과 같다.

53 그림과 같은 회로망에 있어서 전류를 산출하는 식은?

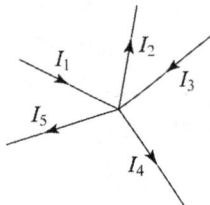

① $I_1 + I_3 = I_2 + I_4 + I_5$
② $I_1 + I_3 = I_2 - I_4 + I_5$
③ $I_1 + I_3 = I_2 - I_4 - I_5$
④ $I_1 - I_3 = I_2 + I_4 - I_5$

[해설] 키르히호프의 제1법칙 : $\sum I = 0$
$I_1 + I_3 - I_2 - I_4 - I_5 = 0$
$I_1 + I_3 = I_2 + I_4 + I_5$

54 그림의 회로에서 I[A]는?

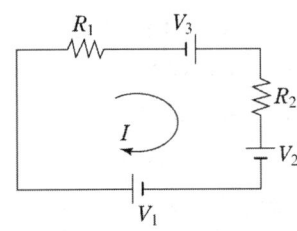

① $I = \dfrac{V_1 + V_2 + V_3}{R_1 - R_2}$[A]
② $I = \dfrac{V_1 - V_2 - V_3}{R_1 - R_2}$[A]
③ $I = \dfrac{V_1 - V_2 + V_3}{R_1 + R_2}$[A]
④ $I = \dfrac{V_1 + V_2 - V_3}{R_1 - R_2}$[A]

[해설] 키르히호프 제2법칙 : $\sum V = \sum IR$
$V_1 + V_3 - V_2 = I \times R_1 + R_2$
전류 $I = \dfrac{V_1 - V_2 + V_3}{R_1 + R_2}$[A]

55 그림에서 폐회로에 흐르는 전류는 몇 [A]인가?

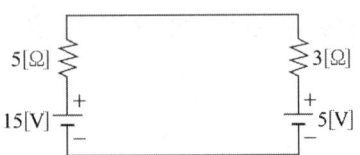

① 1[A]　　② 1.25[A]
③ 2[A]　　④ 2.5[A]

[해설] 키르히호프 제2법칙 : $\sum V = \sum IR$
전류 $I = \dfrac{15 - 5}{5 + 3} = 1.25$[A]

56 전력에 대한 설명 중 틀린 것은?

① 단위는 [J/sec] 이다.
② 단위 시간의 전기에너지이다.
③ 전력은 칼로리 단위로 환산할 수 없다.
④ 열량으로 환산할 수 있다.

[해설] 전력은 전압과 전류의 곱으로서 열량으로는 환산할 수 없다.

57 전력에 대한 설명 중 가장 옳은 것은?

① 전기 장치가 행한 일이다.
② 전기적인 일이다.
③ 전기적인 힘의 속도이다.
④ 전기적인 일의 속도이다.

정답　53. ①　54. ③　55. ②　56. ④　57. ④

해설 전력은 전기적인 일의 속도이다.

58 1[W]와 같은 것은?

① 1[J] ② 1[J/sec]
③ 1[cal] ④ 1[cal/sec]

해설 전력량 $W = P(전력) \times t(시간)$
$= [W \cdot sec] = [J]$
$P = \dfrac{W}{t} = \left[\dfrac{J}{sec}\right]$

59 3분 동안에 180,000[J]의 일을 하였다면 전력은?

① 1[kW] ② 30[kW]
③ 1,000[kW] ④ 3,240[kW]

해설 $P = \dfrac{W}{t} = \dfrac{180,000}{3 \times 60} = 1000[W] = 1[kW]$

60 50[V]를 가하여 30[C]을 3초 걸려서 이동시켰다. 이 때의 전력은?

① 1.5[kW] ② 1[kW]
③ 400[kW] ④ 0.5[kW]

해설 전류 $I = \dfrac{Q}{t} = \dfrac{30}{3} = 10[A]$
전력 $P = VI = 50 \times 10 = 500[W] = 0.5[kW]$

61 1[HP]은 몇 [W]인가?

① 764 ② 746
③ 674 ④ 647

해설 1[HP][마력]=746[W]

62 5마력을 와트 [W]단위로 환산하면?

① 4,300[W] ② 3,730[W]
③ 1,317[W] ④ 17[W]

해설 1[HP][마력]=746[W] 이므로
$5[HP] = 5 \times 746 = 3730[W]$

63 저항 100[Ω]에 부하에서 10[kW]의 전력이 소비되었다면 이때 흐르는 전류는 몇 [A]인가?

① 1[A] ② 2[A]
③ 5[A] ④ 10[A]

해설 전력 $P = VI = I^2 R = \dfrac{V^2}{R}[W]$
여기서, 전류 $I = \sqrt{\dfrac{P}{R}} = \sqrt{\dfrac{10,000}{100}} = 10[A]$

64 100[V], 100[W] 필라멘트의 저항은 몇 [Ω]인가?

① 1[Ω] ② 10[Ω]
③ 100[Ω] ④ 1,000[Ω]

해설 전력 $P = VI = I^2 R = \dfrac{V^2}{R}[W]$
여기서, 저항 $R = \dfrac{V^2}{P} = \dfrac{100^2}{100} = 100[Ω]$

65 4[Ω]의 저항에 200[V]의 전압을 인가할 때 소비되는 전력은?

① 20[W] ② 400[W]
③ 2.5[kW] ④ 10[kW]

해설 전력 $P = VI = I^2 R = \dfrac{V^2}{R}[W]$
여기서, 전력 $P = \dfrac{V^2}{R} = \dfrac{200^2}{4}$
$= 10,000[W] = 10[kW]$

정답 58. ② 59. ① 60. ④ 61. ① 62. ② 63. ④ 64. ③ 65. ④

66 1[W·sec]와 같은 것은?

① 1[J] ② 1[P]
③ 1[cal] ④ 860[kWh]

[해설] 전력량 $W = P(\text{전력}) \times t(\text{시간})$
$= [\text{W·sec}] = [\text{J}]$
$1[\text{W·sec}] = 1[\text{J}]$

67 다음 중 전력량 1[J]과 같은 것은?

① 1[cal] ② 1[W·sec]
③ 1[kg·m] ④ 1[N·m]

[해설] 전력량 $W = P(\text{전력}) \times t(\text{시간})$
$= [\text{W·sec}] = [\text{J}]$
$1[\text{W·sec}] = 1[\text{J}]$

68 5[Wh]는 몇 [J]인가?

① 3,600[J] ② 18,000[J]
③ 12,000[J] ④ 6,000[J]

[해설] 전력량 $W = P(\text{전력}) \times t(\text{시간})$
$= [\text{W·sec}] = [\text{J}]$
$5[\text{W·h}] = 5 \times 3600 = 180,000[\text{J}]$

69 [VA sec]는 다음 중 어느 단위와 같은가?

① [J] ② [kW]
③ [J/sec] ④ [g/C]

[해설] 전력량 $W = P \times t = VI \times t$
$= [\text{W·sec}] = [\text{VI sec}] = [\text{J}]$

70 1.5[V]의 전위차로 3[A]의 전류가 3분 동안 흘렀을 때 한 일은?

① 1.5[J] ② 13.5[J]
③ 810[J] ④ 2,430[J]

[해설] 전력량 $W = P \times t = VI \times t$
$= 1.5 \times 3 \times 3 \times 60 = 810[\text{J}]$

71 300[V]를 가하여 5[A]가 흐르는 직류 전동기를 3시간 동안 사용할 때 전력량은 얼마인가?

① 1.5[kWh]
② 4.5[kWh]
③ 90[kWh]
④ 150[kWh]

[해설] 전력량 $W = P \times t = VI \times t$
$= 300 \times 5 \times 3$
$= 4500[\text{Wh}] = 4.5[\text{kWh}]$

72 전류의 열작용과 관계가 있는 것은 어느 것인가?

① 옴의 법칙
② 키르히호프의 법칙
③ 줄의 법칙
④ 플레밍의 법칙

[해설] 줄의 법칙은 전류의 열작용이다.

73 1[kWh]는 몇 [kcal]인가?

① 860[kcal]
② 2,400[kcal]
③ 4,800[kcal]
④ 8,600[kcal]

[해설] $1[\text{kWh}] = 0.24 \times 3600 = 864[\text{kcal}]$
$1[\text{kcal}] = \dfrac{1}{860}[\text{kWh}]$
$1[\text{W·sec}] = 0.24[\text{cal}]$

정답 66.① 67.② 68.② 69.① 70.③ 71.② 72.③ 73.①

74 1[kcal]은 몇 [kWh]인가?

① 680[kWh]
② 660[kWh]
③ $\dfrac{1}{580}$[kWh]
④ $\dfrac{1}{860}$[kWh]

[해설] 1[kWh] = 0.24 × 3600 = 864[kcal]
1[kcal] = $\dfrac{1}{860}$[kWh]
1[W·sec] = 0.24[cal]

75 줄의 법칙에서 발생하는 열량의 계산식이 옳은 것은?

① $H = 0.24RI^2t$ [cal]
② $H = 0.024RI^2t$ [cal]
③ $H = 0.24RI^2$ [cal]
④ $H = 0.024RI^2$ [cal]

[해설] 발열량 $H = 0.24W = 0.24VIt = 0.24RI^2t$
$= 0.24\dfrac{V^2}{R}t$ [cal]

76 500[Ω]의 저항에 1[A]의 전류가 1분 동안 흐를 때에 발생하는 열량은 몇 [cal]인가?

① 3,600[cal]
② 5,000[cal]
③ 6,200[cal]
④ 7,200[cal]

[해설] 발열량 $H = 0.24W = 0.24VIt = 0.24RI^2t$
$= 0.24\dfrac{V^2}{R}t$ [cal]
$H = 0.24I^2Rt = 0.24 × 1^2 × 500 × 60$
$= 7200$[cal]

77 500[W]의 전열기를 정격 상태에 2시간 사용하였을 때의 열량[kcal]은?

① 430[kcal] ② 520[kcal]
③ 720[kcal] ④ 860[kcal]

[해설] $H = 0.24Wt$
$= 0.24 × 500 × 60 × 60 × 2 × 10^{-3}$
$= 860$[kcal]

78 서로 다른 금속으로 폐회로를 만들고 두 접점을 상이한 온도로 유지시키면 전류가 흐르는데 이 현상을 무엇이라고 하는가?

① 열전 현상   ② 표피 현상
③ 과도 현상   ④ 발열 현상

[해설] 열전 현상 : 제벡 효과, 펠티에 효과, 톰슨 효과 가 있다.

79 온도계의 물리적 성질을 이용한 것은?

① 패러데이 법칙
② 줄열 효과
③ 펠티에 효과
④ 제어벡 효과

[해설] 제어벡 효과 : 열기전력, 열전온도계 응용

80 열전 온도계의 원리는?

① 펠티어 효과
② 제어백 효과
③ 톰슨 효과
④ 광전 효과

[해설] 제어벡 효과 : 열기전력, 열전온도계 응용

정답 74. ④ 75. ① 76. ④ 77. ④ 78. ① 79. ④ 80. ②

81 두 금속의 접속점에 온도차를 주면 열기전력이 생기는 현상은?

① 펠티어 효과
② 제어백 효과
③ 톰슨 효과
④ 광전 효과

해설 제어백 효과 : 두 금속의 접속점에 온도차를 주면 열기전력이 생기는 현상(열기전력, 열전 온도계 응용)

82 서로 다른 종류의 안티몬과 비스무드의 두 금속을 접속하여 여기에 전류를 통하면, 줄열 외에 그 접점에서 열의 발생 흡수가 일어난다. 이와 같은 현상은?

① 제3금속의 법칙
② 제백 효과
③ 페르미 효과
④ 펠티에 효과

해설 펠티에 효과는 서로 다른 종류의 안티몬과 비스무드의 두 금속을 접속하여 여기에 전류를 통하면, 줄열 외에 그 접점에서 열의 발생 흡수가 일어나는 현상으로 전자냉동기 원리로 이용된다.

83 전자 냉동기의 원리로 이용 되는 것은?

① 펠티어 효과
② 제어백 효과
③ 톰슨 효과
④ 광전 효과

해설 펠티에 효과는 서로 다른 종류의 안티몬과 비스무드의 두 금속을 접속하여 여기에 전류를 통하면, 줄열 외에 그 접점에서 열의 발생 흡수가 일어나는 현상으로 전자냉동기 원리로 이용된다.

84 같은(동종) 금속의 접점에 전류를 통하면 전류 방향에 따라 열을 발생하거나 흡수하는 현상은?

① 줄의 법칙(Joule's law)
② 톰슨 효과(Thomson effect)
③ 펠티어 효과(Peltier effect)
④ 제백 효과(seebeck effect)

해설 톰슨 효과는 같은(동종) 금속의 접점에 전류를 통하면 전류 방향에 따라 열을 발생하거나 흡수하는 현상이다.

85 도체의 전기저항에 대한 설명으로 옳은 것은?

① 길이와 단면적에 비례한다.
② 길이와 단면적에 반비례한다.
③ 길이에 비례하고 단면적에 반비례한다.
④ 길이에 반비례하고 단면적에 비례한다.

해설 $R = \rho \cdot \dfrac{l}{A} = \rho \cdot \dfrac{l}{\frac{\pi D^2}{4}} = \rho \cdot \dfrac{4\ell}{\pi D^2}[\Omega]$

(고유저항 ρ, 길이 l, 지름 D, 면적 A)에서 도체의 전기저항 $R = \rho \cdot \dfrac{l}{A}[\Omega]$ 길이에 비례하고 단면적에 반비례한다.

86 고유저항 ρ의 단위로 맞는 것은?

① $[\Omega]$
② $[\Omega \cdot m]$
③ $[AT/Wb]$
④ $[\Omega^{-1}]$

해설 전기저항 $R = \rho \cdot \dfrac{l}{A}[\Omega]$에서
고유저항 $\rho[\Omega \cdot m]$, 길이 $l[m]$, 면적 $A[m^2]$

정답 81. ② 82. ④ 83. ① 84. ② 85. ③ 86. ②

87 고유저항 ρ, 길이 ℓ, 지름 D인 전선의 저항은?

① $\rho \cdot \dfrac{4\ell}{\pi D^2}$ ② $\rho \cdot \dfrac{2\ell}{\pi D^2}$
③ $\rho \cdot \dfrac{\ell}{2\pi D^2}$ ④ $\rho \cdot \dfrac{\ell}{\pi D^2}$

[해설] $R = \rho \cdot \dfrac{\ell}{A} = \rho \cdot \dfrac{\ell}{\dfrac{\pi D^2}{4}} = \rho \cdot \dfrac{4\ell}{\pi D^2} [\Omega]$

88 표준 연동선의 고유 저항값 $[\Omega \cdot mm^2/m]$은?

① $\dfrac{1}{55}$ ② $\dfrac{1}{56}$
③ $\dfrac{1}{57}$ ④ $\dfrac{1}{58}$

[해설] 연동선의 고유 저항값 $\rho = \dfrac{1}{58} [\Omega \cdot mm^2/m]$
경동선의 고유 저항값 $\rho = \dfrac{1}{55} [\Omega \cdot mm^2/m]$
알루미늄선의 고유 저항값 $\rho = \dfrac{1}{35} [\Omega \cdot mm^2/m]$

89 표준 경동선의 고유 저항값 $[\Omega \cdot mm^2/m]$은?

① $\dfrac{1}{55}$ ② $\dfrac{1}{56}$
③ $\dfrac{1}{57}$ ④ $\dfrac{1}{58}$

[해설] 연동선의 고유 저항값 $\rho = \dfrac{1}{58} [\Omega \cdot mm^2/m]$
경동선의 고유 저항값 $\rho = \dfrac{1}{55} [\Omega \cdot mm^2/m]$
알루미늄선의 고유 저항값 $\rho = \dfrac{1}{35} [\Omega \cdot mm^2/m]$

90 어떤 도체의 길이를 n배로 하고 단면적을 $\dfrac{1}{n}$로 하였을 때의 저항은 원래 저항보다 어떻게 되는가?

① n배로 된다. ② n^2배로 된다.
③ $\sqrt{n}$배로 된다. ④ $\dfrac{1}{n}$배로 된다.

[해설] 전기저항 $R = \rho \cdot \dfrac{l}{A} [\Omega] \propto \dfrac{nl}{\dfrac{A}{n}} \propto n^2$

91 어떤 도체의 길이를 2배로 하고 단면적을 $\dfrac{1}{3}$로 했을 때의 저항은 원래 저항의 몇 배가 되는가?

① 3배 ② 4배
③ 6배 ④ 9배

[해설] 전기저항
$R = \rho \cdot \dfrac{l}{A} [\Omega] \propto \dfrac{2l}{\dfrac{A}{3}} \propto 2 \times 3 \propto 6$배

92 다음 중 도전율의 단위는?
(※ 전도율 = 도전율)

① $[\Omega \cdot m]$ ② $[\mho \cdot m]$
③ $[\Omega/m]$ ④ $[\mho/m]$

[해설] 도전율 $\sigma = \dfrac{1}{\rho} = \left[\dfrac{1}{\Omega \cdot m}\right] = \left[\dfrac{\mho}{m}\right]$

93 다음에 열거된 저항기 중에서 가변 조절이 가능한 것은 어느 것인가?

① 표준 저항기 ② 슬라이드 저항기
③ 권선 저항기 ④ 탄소피막 저항기

[해설] 탄소피막 저항기는 가변 조절이 가능하다.

94 다음 중 저항값이 클수록 좋은 것은?

① 접지저항   ② 절연저항
③ 도체저항   ④ 접촉저항

[해설] 절연저항은 저항값이 클수록 좋다.

95 절연 재료의 저항 특성 중 옳지 못한 것은?

① 저항률이 클 것
② 저항 온도 계수가 클 것
③ 저항 온도 계수가 적을 것
④ 저항 온도 계수가 +일 것

[해설] 절연 재료의 저항 특성
- 저항률이 클 것
- 저항 온도 계수가 클 것
- 저항 온도 계수가 +일 것

96 전기를 전달하기가 어려운 물질은 어느 것인가?

① 전도 재료   ② 부도체
③ 도체   ④ 도전 재료

[해설] 전기를 전달하기가 어려운 물질은 부도체(절연체)이다.

97 절연물을 전극 사이에 삽입하고 고전압을 가하면 약한 전류가 흐르는 것을 무엇이라 하는가?

① 전기저항   ② 전해 콘덴서
③ 누설전류   ④ 정전 유도

[해설] 누설전류는 절연물을 전극 사이에 삽입하고 고전압을 가하면 약한 전류가 흐르는 것이다.

98 전선에 안전하게 흘릴 수 있는 최대 전류를 무슨 전류라 하는가?

① 과도 전류   ② 전도 전류
③ 허용 전류   ④ 맥동 전류

[해설] 허용 전류는 전선에 안전하게 흘릴 수 있는 최대 전류이다.

99 황산구리가 물에 녹아 양이온과 음이온으로 분리되는 현상을 무엇이라 하는가?

① 전리   ② 분해
③ 전해   ④ 석출

[해설] 전리현상은 황산구리가 물에 녹아 양이온과 음이온으로 분리되는 현상이다.

100 전해액에 전류가 흘러 화학 변화를 일으키는 현상을 무엇이라 하는가?

① 전리   ② 전기 분해
③ 화학 분해 ④ 전기 변화

[해설] 전기 분해현상은 전해액에 전류가 흘러 화학 변화를 일으키는 현상이다.

101 전기 분해에 가장 적합한 전기는?

① 교류 100[V]
② 직류전압
③ 60[Hz]의 교류
④ 고압의 교류

정답 94.② 95.③ 96.② 97.③ 98.③ 99.① 100.② 101.②

해설 전기 분해에 가장 적합한 전기는 직류이다.

102 황산 용액에 양극으로 구리 막대, 음극으로는 은막대를 두고 전기를 통하면 막대는 구리색이 난다. 이를 무엇이라고 하는가?

① 전기도금
② 이온화 현상
③ 전기 분해
④ 분극 작용

해설 전기도금은 황산 용액에 양극으로 구리 막대, 음극으로는 은막대를 두고 전기를 통하면 막대는 구리색을 띠게 된다.

103 액체 속에 미립자를 넣고 전압을 가하면 많은 입자가 양극을 향해서 이동하는 현상을 무엇이라 하는가?

① 정전 현상
② 전기 영동
③ 정전 산별
④ 비산 현상

해설 전기 영동은 액체 속에 미립자를 넣고 전압을 가하면 많은 입자가 양극을 향해서 이동하는 현상이다.

104 전기분해를 이용하여 순수한 금속만을 음극에 석출하여 정제하는 것을 무엇이라 하는가?

① 전착
② 전해연마
③ 전해정련
④ 전식

해설 전해정련이란 전기분해를 이용하여 순수한 금속만을 음극에 석출하여 정제하는 것이다.

105 전기 분해에 의하여 전극에 석출되는 물질의 양은 전해액을 통과하는 총 전기량에 비례하고 또 그 물질의 화학당량에 비례하는 법칙은?

① 암페어(Ampere)의 법칙
② 패러데이(Faraday)의 법칙
③ 톰슨(Thomson)의 법칙
④ 줄(Joule)의 법칙

해설 패러데이(Faraday)의 법칙 : 전기분해에 의하여 전극에 석출되는 물질의 양은 전해액을 통과하는 총 전기량에 비례하고 또 그 물질의 화학당량에 비례하는 법칙

106 화학 당량이란 어떤 값인가?

① $\dfrac{원자량}{원자가}$
② $\dfrac{원자가}{원자량}$
③ $\dfrac{분자량}{분자가}$
④ $\dfrac{분자가}{분자량}$

해설 화학당량 = $\dfrac{원자량}{원자가}$

107 니켈의 원자가는 2.0이고 원자량은 58.7이다. 이 때 화학당량의 값은?

① 117.4
② 60.70
③ 56.70
④ 29.35

해설 화학당량 = $\dfrac{원자량}{원자가} = \dfrac{58.7}{2} = 29.35$

108 볼타 전지로부터 전류를 얻게 되면 양극의 표면이 수소 기체에 의해 둘러싸이게 되는데 이를 무엇이라 하는가?

① 전해작용
② 화학작용
③ 전기분해
④ 분극작용

정답 102. ① 103. ② 104. ③ 105. ② 106. ① 107. ④ 108. ④

[해설] 분극작용 : 볼타 전지로부터 전류를 얻게 되면 양극의 표면이 수소 기체에 의해 둘러싸이게 되는 현상 으로, 일정한 전압을 가진 전지에 부하를 걸면 단자 전압이 저하된다.

109 일정한 전압을 가진 전지에 부하를 걸면 단자 전압이 저하된다. 그 원인은?

① 이온화 경향
② 분극 작용
③ 전해액의 변색
④ 주위 온도

[해설] 분극작용 : 볼타 전지로부터 전류를 얻게 되면 양극의 표면이 수소 기체에 의해 둘러싸이게 되는 현상으로 일정한 전압을 가진 전지에 부하를 걸면 단자 전압이 저하된다.

110 전지(battery)에 관한 사항이다. 감극제 (depolarizer)는 어떤 작용을 막기 위해 사용되는가?

① 분극작용
② 방전
③ 순환전류
④ 전기분해

[해설] 분극작용을 막기 위해서는 감극제를 사용한다.

111 전지를 쓰지 않고 오래 두면 못쓰게 되는 까닭은?

① 성극 작용
② 분극 작용
③ 국부 작용
④ 전해 작용

[해설] 전지를 쓰지 않고 오래 두면 국부작용이 발생하여 전지를 사용할 수가 없다.

112 전지에서 자체 방전 현상이 일어나는 것은 다음 중 어느 것과 가장 관련이 있는가?

① 전해액 농도
② 전해액 온도
③ 이온화 경향
④ 불순물 혼합

[해설] 전지에서 자체 방전 현상이 일어나는 원인은 불순물 혼합 때문이다.

113 전지의 국부 작용을 방지하는 방법은?

① 감극제
② 니켈 도금
③ 완전 밀폐
④ 수은 도금

[해설] 전지에 수은도금을 하는 이유는 국부 작용을 방지하기 위해서이다.

114 다음 중 1차 전지에 해당하는 것은?

① 망간 건전지
② 납축전지
③ 니켈 카드뮴 전지
④ 리튬 이온 전지

[해설] 1차 전지는 망간건전지, 알카리전지가 있다.

115 망간 건전지의 양극으로 무엇을 사용하는가?

① 아연판
② 구리판
③ 탄소막대
④ 묽은황산

[해설] 망간 건전지의 양극은 탄소막대로 사용한다.

116 축전지 용량을 표시하는 단위는?

① [Var]
② [W]
③ [Ah]
④ [VA]

정답 109. ② 110. ① 111. ③ 112. ④ 113. ④ 114. ① 115. ③ 116. ③

[해설] 축전지 용량 $Q=It$ [Ah] 이다.

117 용량 30[Ah]의 전지는 2[A]의 전류로 몇 시간 사용할 수 있겠는가?

① 3[h] ② 7[h]
③ 15[h] ④ 30[h]

[해설] 축전지 용량 $Q=It$ [Ah] 에서
$$t=\frac{Q}{I}=\frac{30}{2}=15[h]$$

118 10[A]의 방전 전류로 6시간 방전하였다면 축전지의 방전용량은 몇 [Ah]인가?

① 30[Ah] ② 40[Ah]
③ 50[Ah] ④ 60[Ah]

[해설] 축전지 용량 $Q=It=10\times 6=60$[Ah]

119 전지를 직렬로 연결하면?

① 출력전압의 증가
② 전류용량의 증가
③ 내부저항의 감소
④ 소요되는 충전전압의 감소

[해설] 전지를 직렬로 연결하면 출력전압이 증가한다.

120 규격이 같은 축전지 2개를 병렬로 연결하였다. 다음 설명 중 옳은 것은?

① 용량과 전압이 모두 2배가 된다.
② 용량과 전압이 모두 $\frac{1}{2}$ 배가 된다.
③ 용량은 불변이고 전압은 2배가 된다.
④ 용량은 2배가 되고 전압은 불변이다.

[해설] 축전지 2개를 병렬로 연결시 용량은 2배가 되고 전압은 불변이다.

121 기전력 1.2[V], 용량 20[Ah]인 축전지를 5개 직렬로 연결하여 사용할 때의 기전력은 6[V]로 된다. 이 때 용량[Ah]은?

① 10[Ah] ② 20[Ah]
③ 40[Ah] ④ 60[Ah]

[해설] 용량=기전력×개수=$1.2\times 5=6$[V]가 된다. 이때 사용전압도 6[V]이므로 용량은 20[Ah]로 동일하다.

122 동일 전압의 전지 3개를 접속하여 각각 다른 전압을 얻고자 한다. 접속방법에 따라 몇 가지의 전압을 얻을 수 있는가? (단, 극성은 같은 방향으로 설정한다.)

① 1가지 전압 ② 2가지 전압
③ 3가지 전압 ④ 4가지 전압

[해설] 전지 3개 연결로 얻을 수 있는 전압은 직렬, 병렬, 직병렬 3가지 전압을 얻을 수 있다.

123 기전력 E, 내부저항 r[Ω]인 전지 n개를 직렬로 연결하여 이것에 외부저항 R을 직렬 연결하였을 때 흐르는 전류[A]는?

① $I=\dfrac{E}{nr+R}$ [A]

② $I=\dfrac{nE}{r+R}$ [A]

③ $I=\dfrac{nE}{r+nR}$ [A]

④ $I=\dfrac{nE}{nr+R}$ [A]

정답 117. ③ 118. ④ 119. ① 120. ④ 121. ② 122. ③ 123. ④

해설 전류 $I = \dfrac{nE}{nr+R}$ [A]

124 기전력이 1.5[V], 내부 저항 0.1[Ω]인 전지 10개를 직렬로 연결하고 2[Ω]의 저항을 가진 전구에 연결할 때, 전구에 흐르는 전류[A]는?

① 2[A]   ② 3[A]
③ 4[A]   ④ 5[A]

해설 전류 $I = \dfrac{nE}{nr+R} = \dfrac{10 \times 1.5}{(10 \times 0.1)+2} = 5[A]$

125 기전력이 1.5[V], 내부저항 0.15[Ω]의 전지 10개를 직렬로 접속한 전원에 저항 4.5[Ω]의 전구를 접속하면 전구에 흐르는 전류는 몇 [A]가 되겠는가?

① 0.25[A]   ② 2.5[A]
③ 5[A]   ④ 7.5[A]

해설 전류 $I = \dfrac{nE}{nr+R} = \dfrac{10 \times 1.5}{(10 \times 0.15)+4.5}$
$= 2.5[A]$

126 기전력 4[V], 내부저항 0.2[Ω]의 전지 10개를 직렬로 접속하고 두 극 사이에 부하저항을 접속하였더니 4[A]의 전류가 흘렀다. 이 때의 외부저항은 몇 [Ω]이 되겠는가?

① 6[Ω]   ② 7[Ω]
③ 8[Ω]   ④ 9[Ω]

해설 전류 $I = \dfrac{nE}{nr+R}$ [A]
$4 = \dfrac{10 \times 4}{(10 \times 0.2)+R} = \dfrac{40}{2+R}$

여기서, $R = \dfrac{40}{4} - 2 = 8[Ω]$

127 내부 저항 0.1[Ω]인 전지 10개를 병렬 연결하면 전체 내부 저항은?

① 0.01[Ω]   ② 0.05[Ω]
③ 0.1[Ω]   ④ 1[Ω]

해설 병렬 연결시 내부 저항
$r_0 = \dfrac{r}{n} = \dfrac{0.1}{10} = 0.01[Ω]$

128 내부저항 0.1[Ω]인 건전지 10개를 직렬로 연결하고 이것을 한 조로하여 5조 병렬로 접속하면 합성 내부저항은 얼마인가?

① 0.2[Ω]   ② 0.3[Ω]
③ 1[Ω]   ④ 5[Ω]

해설 내부저항 0.1[Ω]인 건전지 10개를 직렬로 연결하면
$r_0 = nR = 10 \times 0.1 = 1[Ω]$
이것을 한 조로하여 5조 병렬로 접속하면
$R = \dfrac{r_0}{5조} = \dfrac{1}{5} = 0.2[Ω]$

129 전압계의 측정범위를 넓히기 위한 목적으로 전압계에 직렬로 접속하는 저항기를 무엇이라 하는가?

① 전위차계(potenttial meter)
② 분압기(voltage divider)
③ 분류기(shunt)
④ 배율기(multiplier)

해설 전압계의 측정범위를 넓히기 위한 목적으로 전압계에 직렬로 접속하는 저항기를 배율기라 한다.

정답 124. ④ 125. ② 126. ③ 127. ① 128. ① 129. ④

130 다음 (1) 과 (2)에 들어갈 내용으로 알맞은 것은? "배율기는 (①)의 측정범위를 넓히기 위한 목적으로 사용하는 것으로서 (②)로 접속하는 저항기를 말한다."

① (①) 전압계, (②) 병렬
② (①) 전류계, (②) 병렬
③ (①) 전압계, (②) 직렬
④ (①) 전류계, (②) 직렬

[해설] 배율기는 (① 전압계)의 측정범위를 넓히기 위한 목적으로 사용하는 것으로서 (② 직렬)로 접속하는 저항기를 말한다.

131 다음 (①)과 (②)에 들어갈 내용으로 알맞은 것은? "분류기는 (①)의 측정범위를 넓히기 위한 목적으로 사용하는 것으로서 (②)로 접속하는 저항기를 말한다."

① (1) 전압계, (2) 병렬
② (1) 전류계, (2) 병렬
③ (1) 전압계, (2) 직렬
④ (1) 전류, (2) 직렬

[해설] 분류기는 (① 전류계)의 측정범위를 넓히기 위한 목적으로 사용하는 것으로서 (② 병렬)로 접속하는 저항기를 말한다.

132 어떤 전압계의 측정범위를 10배로 하자면 배율기의 저항을 전압계 내부저항의 몇 배로 하여야 하는가?

① 10배 ② $\frac{1}{10}$배
③ 9배   ④ $\frac{1}{9}$배

[해설] 배율기 저항
$R_m = R(m-1) = R(10-1) = 9R$
R : 배율기 내부저항, m : 배율

133 최대눈금 1[A], 내부저항 10[Ω]의 전류계로 최대 101[A]까지 측정하려면 몇 [Ω]의 분류기가 필요한가?

① 0.01[Ω]   ② 0.02[Ω]
③ 0.05[Ω]   ④ 0.1[Ω]

[해설] 분류기 저항
$$R_s = \frac{R}{(m-1)} = \frac{10}{(101-1)} = 0.1[\Omega]$$
$$m = \frac{101}{1} = 101배$$
R : 분류기 내부저항
m : 배율 = $\frac{측정해야\ 할\ 전류}{전류계\ 전류}$

134 부하의 전압과 전류를 측정하기 위한 전압계와 전류계의 접속방법으로 옳은 것은?

① 전압계 : 직렬, 전류계 : 병렬
② 전압계 : 직렬, 전류계 : 직렬
③ 전압계 : 병렬, 전류계 : 직렬
④ 전압계 : 병렬, 전류계 : 병렬

[해설]
- 부하의 전압과 전류를 측정하기 위한 전압계 : 병렬로 접속한다.
- 부하의 전압과 전류를 측정하기 위한 전류계 : 직렬로 접속한다.

정답 130. ③ 131. ② 132. ③ 133. ④ 134. ③

2장 정전계

1 쿨롱의 법칙

(1) 원자의 구성
① 원자는 양(+)전기를 가진 원자핵과 그 일정한 궤도를 따라 돌고 있는 음(-)전기를 전자로 구성
② 원자핵은 양전기를 가진 양성자, 전기적으로 중성인 중성자로 구성

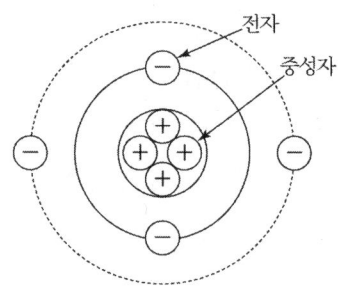

(2) 전자의 종류
① 자유전자(전도전자) : 도체 재질 내에 존재하는 전자
  ⇨ 도전체(도체, 전도율, 도전율)
② 구속전자 : 부도체(절연체, 유전체) 재질 내의 전자

(3) 자유전자
① 물체가 마찰에 의해서 전기를 띠는 것
② 자유전자 이동이나 증감에 의한 것
③ 금속류에 많고 금속의 내부에는 무수히 많은 원자가 결합
④ 원자핵으로부터 벗어나 물질 내를 자유로이 이동하는 전자
⑤ 전기의 여러 가지 현상은 대부분 자유전자의 작용에 의한 것

2.1 전 하

(1) 마찰전기 – 마찰에 의해서 발생된 전기

(2) 대 전(대전 현상)
① 전기적 성질이 띠는 현상
② 물체가 전기를 띠는 현상
③ 전자를 주고 받음으로써 전자의 과부족이 생기는 현상

(3) 대전체
① 대전되는 물체
② (+) 또는 (-) 전기를 띤 물체

(4) 전 하(전기)
① 대전에 의해서 물체가 띠고 있는 전기
② 양전하(양전기)와 음전하(음전기)로 구성
③ 전하의 크기(수) = 전하량 = 전기량 ⇨ 단위 : [C]
  전자 1개 갖는 전하량 $e = -1.602 \times 10^{-19}[C]$
④ 전류 $I[A] = \dfrac{Q}{t}\left[\dfrac{C}{\sec}\right]$ ⇨ 전기(전하량) $Q = I \times t\,[C]$

(5) **정전기** : 전하가 절연체 위에서 더 이상 이동하지 않고 정지하고 있는 상태

(6) **정전계** : 전계에너지가 최소가 되는 전하분포의 전장(전기장, 전계)이다.

2.2 쿨롱의 법칙

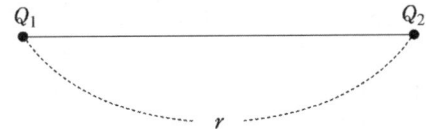

(1) 두 전하 사이에 작용하는 힘

$$F = \frac{Q_1 Q_2}{4\pi\varepsilon r^2}[N] = \frac{Q_1 Q_2}{4\pi\varepsilon_0 \epsilon_s r^2} = \frac{1}{4\pi\epsilon_0} \times \frac{Q_1 Q_2}{\epsilon_s r^2} = 9 \times 10^9 \times \frac{Q_1 Q_2}{\epsilon_s r^2}[N]$$

$$\left(\frac{1}{4\pi\epsilon_0} = \frac{1}{4\pi \times 8.855 \times 10^{-12}} = 9 \times 10^9\right)$$

$$\varepsilon(\text{유전율}) = \varepsilon_0 \times \varepsilon_s [\text{F/m}]$$

: 유전체가 전하를 축적할 수 있는 성질
유전체에 의해 결정되는 상수

$$\varepsilon_0(\text{진공 중의 유전율}) = 8.855 \times 10^{-12} [\text{F/m}]$$

ε_s : 비유전율 (단, 진공 중, 공기 중 = 1)

(2) 진공 중(공기 중)일 때 두 전하 사이에 작용하는 힘

ε_s : 비유전율 (단, 진공 중, 공기 중 = 1)

$$F = \frac{Q_1 Q_2}{4\pi\varepsilon_o r^2} [\text{N}] = \frac{1}{4\pi\epsilon_0} \times \frac{Q_1 Q_2}{r^2} = 9 \times 10^9 \times \frac{Q_1 Q_2}{r^2} [\text{N}]$$

$$(\frac{1}{4\pi\epsilon_0} = \frac{1}{4\pi \times 8.855 \times 10^{-12}} = 9 \times 10^9)$$

2 전장과 전기력선

(1) 전장(전기장, 전계) : 전기력선(전력선)이 존재하는 공간

(2) 전장의 세기(전기장의 세기, 전계의 세기, 절연내력) : E

(3) 정 의
  ① +1[C]에 작용하는 힘의 크기와 방향
  ② 단위 정전하에 작용하는 힘의 크기와 방향

(4) 단위 : $[\frac{\text{V}}{\text{m}}] = [\frac{\text{N}}{\text{C}}]$

(5) 도체가 대전된 경우의 도체의 성질과 전하분포의 특징
  ① 도체 내부의 전장의 세기(전기장의 세기, 전계의 세기)는 0이다.
  ② 전하는 도체 내부에는 존재하지 않고 도체 표면에만 분포한다.

2.1 전기력선(전력선)

(1) 정의 : 전장(전기장, 전계)이 모양을 도시하기 위한 가상한 선

(2) 성질

① 정전하에 시작(출발)하여 부전하에서 끝난다.(종착, 도착)
② 전기력선(전력선)의 접선(수평, 평행) 방향은 전계의 방향이다.
③ 전기력선(전력선)의 밀도는 그 점에서의 전계의 세기와 같다.
④ 전기력선(전력선)은 상호간에 교차하지 않는다.
⑤ 전기력선(전력선)은 불연속적이다.
⑥ 전하가 없으면 전기력선의 발생, 소멸도 없다.
⑦ 도체 내부의 전계는 0이므로 도체 내부에는 전기력선(전력선)이 없다.
⑧ 전기력선(전력선)은 폐곡선이 되지 않는다.
⑨ 도체표면에 수직 작용한다.
⑩ 전기력선 수(전력선 수) $N = \dfrac{Q}{\epsilon} = \dfrac{Q}{\epsilon_0 \epsilon_s}$ [개]

단, 진공 중(공기 중)일 때 전기력선 수(전력선 수)는

$$N = \dfrac{Q}{\epsilon} = \dfrac{Q}{\epsilon_0 \epsilon_s} = \dfrac{Q}{\epsilon_0} [개]$$

2.3 전위

(1) 전위 : V

(2) 단위 : $[V] = [\dfrac{J}{C}]$

(3) 정의

① 단위 정전하가 갖는 전기적인 위치 에너지
② 단위 정전하가 옮기는 데 필요한 일의 양

(4) 공식

① $V = E \times r = E \times d = G \times r$ [V]
② 구도체 외부 전위

$$V = E \times r = \dfrac{Q}{4\pi\epsilon r} = 9 \times 10^9 \times \dfrac{Q}{\epsilon_s r} [V]$$

2.4 등전위면

(1) 정위 전위가 같은면을 연결하여 생기는 면

(2) 성질

① 등전위면 전위가 항상 같기 때문에 전위차가 0이 된다. 그러므로 일도 0이 된다.
② 등전위면과 전기력선은 서로 수직이다.
③ 도체표면이나 내부는 등전위면

2.5 전속과 전속밀도

(1) 전속

① 유전율에 관계없이 $Q[C]$ 나온다고 가상한선
② 전기력선의 묶음을 말하는 것으로 1[C]의 전하에서 1개의 전속이 나온다.
③ 전속수 : Q[개]

(2) 전속밀도(전하밀도)

① 전속밀도 : D
② 정의 : 단위면적당 전하(전속)의 수
③ 단위 : $[C/m^2]$
④ 공식 : $D = \dfrac{Q}{A} = \dfrac{Q}{4\pi\epsilon r^2} = \dfrac{Q}{4\pi r^2} = \epsilon E = \epsilon_o \epsilon_s E \ [C/m^2]$

E : 전계의 세기(전장의 세기, 전기장의 세기)[V/m]
ε(유전율) $= \varepsilon_o \times \varepsilon_s$ [F/m]
ε_o(진공 중의 유전율) $= 8.855 \times 10^{-12}$[F/m]
Q : 전하량(전기량)[C]
ε_s : 비유전율 (단, 진공 중, 공기 중 $= 1$)
A : 면적[m^2]
r : 거리[m]
a : 반지름(반경)[m]

3 정전유도와 콘덴서

3.1 콘덴서

(1) 정의

두 도체 사이에 유전체를 넣어 전하를 축적할 수 있게 된 것

(2) 정전용량(electrostatic capacity)

콘덴서가 전하를 축적할 수 있는 능력을 표시하는 양(량)

(3) 단위 : $[F] \leftrightarrow \dfrac{1}{[F]}$: 정전용량의 역수 : 엘라스턴스

(4) [F] : 정전용량의 공식

① $C = \dfrac{Q\,[C]}{V\,[V]} = [F]$

② 구 $C = 4\pi\epsilon a\,[F]$

③ 평행판 도체의 정전용량 (평행판 콘덴서의 정전용량)

$$C = \dfrac{\epsilon A}{d}[F] = \dfrac{\epsilon_0 \epsilon_s A}{d}[F]$$

3.2 콘덴서의 종류 및 선정시 고려사항

(1) 콘덴서의 종류

1) 가변 콘덴서 : 용량을 변화시킬 수 있는 콘덴서(바리콘 콘덴서)

2) 고정 콘덴서 : 용량을 변화시킬 수 없는 콘덴서
   (전해 콘덴서, 마일러 콘덴서, 세라믹 콘덴서, 탄탈 콘덴서, 마이카 콘덴서)

3) 고정 콘덴서의 종류

① 전해콘덴서(electrolytic condenser)

㉮ 케미콘(chemical condenser)이라고도 부르는 이 콘덴서는 얇은 산화막을 유전체로 사용하고 전극으로는 알루미늄을 사용하고 있다.

㉯ 전원의 평활 회로, 저주파 바이패스 등에 주로 사용된다.
그러나 주파수 특성이 나쁜 코일 성분이 많고 고주파에는 적합하지 않는다.

㉰ 극성을 가지므로 직류 회로에 사용된다.

② 마일러 콘덴서(mylar condenser)
　㉮ 얇은 폴리에스테르(polyester)필름의 양면에 금속박을 대고 원통형으로 감은 것이다.
　㉯ 극성이 없으며 가격이 싸지만 높은 정밀도는 기대할 수 없다.

③ 세라믹 콘덴서(ceramic condenser)
　㉮ 세라믹 콘덴서는 전극간의 유전체로 티탄산 바륨과 같은 유전율이 큰 재료를 사용하며 극성이 없다.
　㉯ 이 콘덴서는 인덕턴스(코일의 성질)가 적어 고주파 특성이 양호하여 바이패스에 흔히 사용된다.

④ 탄탈 콘덴서(tantal condenser)
　㉮ 전극에 탄탈륨이라는 재료를 사용하는 전해 콘덴서의 일종이다.
　㉯ 알루미늄 전해 콘덴서와 마찬가지로 비교적 큰 용량을 얻을 수 있으며 온도가 변화해도 용량이 변화하지 않고 주파수 특성도 전해 콘덴서보다 우수하다.
　㉰ 극성이 있으며 콘덴서 자체에 (+)의 기호로 전극을 표시한다.

⑤ 마이카 콘덴서(mica condenser)
　㉮ 운모(mica)와 금속 박막으로 되어 있거나 운모 위에 은을 발라서 전극으로 만든다.
　㉯ 온도 변화에 의한 용량 변화가 작고 절연 저항이 높은 우수한 특성을 가지므로 표준 콘덴서로도 이용된다.

(2) 콘덴서 선정시 고려 사항
① 정전용량 (capacitance) 값
② 최대 허용 전압
③ 정밀도와 허용 오차
④ 적정 사용 온도 범위
⑤ 누설 전류
⑥ 극성 표시

3.3 콘덴서의 접속법

(1) 콘덴서의 직렬연결 ⇨ "전하량(전기량) 일정"

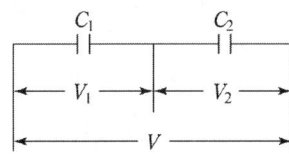

① 합성 정전용량(합성 콘덴서용량)

$$C_0 = \frac{1}{\frac{1}{C_1} + \frac{1}{C_2}} = \frac{C_1 \cdot C_2}{C_1 + C_2} [\text{F}]$$

② 전하량(전기량)

$$Q = C_0 \times V = \frac{C_1 C_2}{C_1 + C_2} \times V [\text{C}]$$

$$Q = Q_1 = Q_2 [\text{C}] \quad \Rightarrow \quad Q = C_1 V_1 = C_2 V_2 [\text{C}]$$

③ C_1에 분배되는 전압 : V_1

$$V_1 = \frac{Q}{C_1} = \frac{1}{C_1} \times Q = \frac{1}{C_1} \times C_0 \times V = \frac{1}{C_1} \times \frac{C_1 C_2}{C_1 + C_2} \times V$$

$$= \underline{\frac{C_2}{C_1 + C_2} V [\text{V}]} \quad \Rightarrow \quad \text{전압 분배 법칙}$$

④ C_2에 분배되는 전압 : V_2

$$V_2 = \frac{Q}{C_2} = \frac{1}{C_2} \times Q = \frac{1}{C_2} \times C_0 \times V = \frac{1}{C_2} \times \frac{C_1 C_2}{C_1 + C_2} \times V$$

$$= \underline{\frac{C_1}{C_1 + C_2} V [\text{V}]} \quad \Rightarrow \quad \text{전압 분배 법칙}$$

(2) 콘덴서의 병렬연결 ⇨ "전압 일정"

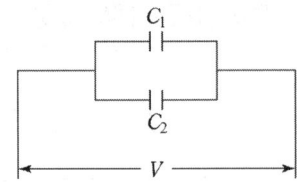

① 합성 정전용량(합성 콘덴서용량)

$C_0 = C_1 + C_2 [\text{F}]$

② 전압

$Q = C_0 \times V [\text{C}] \quad \Rightarrow \quad V = \dfrac{Q}{C_0} = \dfrac{Q}{C_1 + C_2} [\text{V}]$

$V = V_1 = V_2 [\text{V}] \quad \Rightarrow \quad V = \dfrac{Q_1}{C_1} = \dfrac{Q_2}{C_2} [\text{V}]$

③ C_1에 충전된 전기량(전하량) : Q_1

$Q_1 = C_1 V_1 = C_1 V = C_1 \times \dfrac{Q}{C_0} = C_1 \times \dfrac{Q}{C_1 + C_2} = \dfrac{C_1}{C_1 + C_2} \times Q [\text{C}]$

④ C_2에 충전된 전기량(전하량) : Q_2

$Q_2 = C_2 V_2 = C_2 V = C_2 \times \dfrac{Q}{C_0} = C_2 \times \dfrac{Q}{C_1 + C_2} = \dfrac{C_2}{C_1 + C_2} \times Q [\text{C}]$

4 콘덴서의 축적된(저축된, 저장된) 에너지 ⇒ "정전 에너지"

(1) 에너지 : W

(2) 단위 : [J]

(3) 공식 : $W[\text{J}] = \dfrac{1}{2} C V^2 [\text{J}] = \dfrac{1}{2} \dfrac{1}{C} Q^2 [\text{J}] = \dfrac{1}{2} Q V [\text{J}]$

(Q : 전기(전하), 전기(전하)량[C], V 전압[V], C : 정전용량[F])

4.1 단위 체적(부피)당 에너지

(1) 단위 체적(부피)당 에너지 : W_0

(2) 단위 : $[J/m^3]$

(3) 유전체의 단위 체적(부피)당 에너지

$$W_0 = \frac{1}{2}\epsilon E^2 = \frac{1}{2} \times \frac{1}{\epsilon} \times D^2 = \frac{1}{2}ED\,[J/m^3]$$

D : 전속밀도$[C/m^2]$

E : 전장의 세기(전계의 세기, 전기장의 세기)$[V/m]$

유전율 $\epsilon = \epsilon_0 \times \epsilon_s [F/m]$

진공 중의 유전율 $\epsilon_0 = 8.855 \times 10^{-12}[F/m]$

ϵ_s : 비유전율 (진공중, 공기중 = 1)

2장 정전계 예상문제

1 정전계란?

① 전계에너지가 최소로 되는 전하 분포의 전계이다.
② 전계에너지가 최대로 되는 전하 분포의 전계이다.
③ 전계에너지가 항상 0인 전기장을 말한다.
④ 전계에너지가 항상 ∞인 전기장을 말한다.

[해설] 정전계란 전계에너지가 최소로 되는 전하 분포의 전계이다.
(여기서 최소란 단어가 중용하다.)

2 대전(帶電)이란 무엇을 말하는가?

① 물질이 가지고 있는 양자
② 물질이 가지고 있는 전자
③ 양(+)전하와 음(−)전하 사이에 작용하는 힘
④ 전자를 주고 받음으로써 전자의 과부족이 생기는 현상

[해설] 대전(帶電)이란 전자를 서로 주고 받는 현상이다.

3 어느 도체의 단면을 1시간에 18,000[C]의 전기량이 지났다면 전류의 크기는?

① 3[A]   ② 1[A]
③ 5[A]   ④ 10[A]

[해설] $I = \dfrac{Q}{t} = \dfrac{18,000}{3600} = 5[A]$
(1시간 = 3600초)

4 임의의 절연체에 대한 유전율의 단위로 옳은 것은?

① $\left[\dfrac{F}{m}\right]$ ② $\left[\dfrac{V}{m}\right]$
③ $\left[\dfrac{N}{m}\right]$ ④ $\left[\dfrac{C}{m^2}\right]$

[해설] 유전율 $\varepsilon = \varepsilon_0 \cdot \varepsilon_s \left[\dfrac{F}{m}\right]$

5 진공의 유전율 ε_0의 값은?

① $8 \times 10^9 [F/m]$
② $8.855 \times 10^{-12} [F/m]$
③ $6.33 \times 10^9 [F/m]$
④ $4\pi \times 10^7 [F/m]$

[해설] 진공의 유전율 $\varepsilon_0 = 8.855 \times 10^{-12} [F/m]$
비유전율 $\varepsilon_s = 1[F/m]$(공기, 진공일 때)

6 진공 중에서 비유전율 ε_s의 값은?

① 1   ② 6.33×10^4
③ 8.855×10^{-12} ④ 9×10^9

[해설] 진공의 유전율 $\varepsilon_0 = 8.855 \times 10^{-12} [F/m]$
비유전율 $\varepsilon_s = 1[F/m]$(공기, 진공일 때)

정답 1. ① 2. ④ 3. ③ 4. ① 5. ② 6. ①

7 비유전율이 9인 물질의 유전율은?

① 80×10^{-12} [F/m]
② 80×10^{-8} [F/m]
③ 1×10^{-12} [F/m]
④ 1×10^{-8} [F/m]

[해설] 유전율 $\varepsilon = \varepsilon_0 \cdot \varepsilon_s$
$= 8.855 \times 10^{-12} \times 9$
$= 80 \times 10^{-12}$ [F/m]

8 다음 중 진공 중의 두 점전하 Q_1, Q_2가 거리 r [m] 사이에서 작용하는 정전력[N]의 크기를 올바르게 나타낸 것은?

① $\dfrac{Q_1 Q_2}{4\pi\epsilon_0 r}$ [N] ② $\dfrac{Q_1 Q_2}{2\pi\epsilon_0 r}$ [N]

③ $\dfrac{Q_1 Q_2}{4\pi\epsilon_0 r^2}$ [N] ④ $\dfrac{Q_1 Q_2}{2\pi\epsilon_0 r^2}$ [N]

[해설] $F = \dfrac{Q_1 Q_2}{4\pi\epsilon_0 r^2} = 9 \times 10^9 \times \dfrac{Q_1 Q_2}{r^2}$ [N]

9 쿨롱의 법칙에서 2개의 점전하 사이에 작용하는 정전력의 크기는?

① 두 전자량의 곱에 비례하고 전자량 사이의 거리 제곱에 반비례한다.
② 두 전기량의 곱에 비례하고 전기량 사이의 거리 제곱에 비례한다.
③ 두 전하의 곱에 비례하고 전하 사이의 거리의 제곱에 비례한다.
④ 두 전기량의 곱에 비례하고 전기량 사이의 거리의 제곱에 반비례한다.

[해설] 정전력의 크기는 두 전기량의 곱에 비례하고, 거리제곱에 반비례한다.

$F = \dfrac{Q_1 Q_2}{4\pi\epsilon_0 r^2} = 9 \times 10^9 \times \dfrac{Q_1 Q_2}{r^2}$ [N]

10 비유전율 9인 유전체 중에서 1[cm]의 거리를 두고 1[μC]과 2[μC]의 두 점전하가 있을 때 서로 작용하는 힘은 몇 [N]인가?

① 18[N] ② 20[N]
③ 180[N] ④ 200[N]

[해설] $F = 9 \times 10^9 \times \dfrac{Q_1 Q_2}{\epsilon_s r^2}$
$= 9 \times 10^9 \times \dfrac{1 \times 10^{-6} \times 2 \times 10^{-6}}{9 \times 0.01^2}$
$= 20$ [N]

11 진공 중에서 같은 크기의 두 전하를 1[m] 거리에 놓았을 때 작용하는 힘이 9×10^9 [N]이 되는 전하의 단위는?

① 1[N] ② 1[Wb]
③ 1[C] ④ 1[J]

[해설] 전하의 단위 Q[C] [쿨롱]

12 전장의 세기의 단위 [V/m]와 같은 것은 어느 것인가? (단, [C]는 쿨롱, [N]은 뉴턴, [m]은 미터를 표시한다.)

① $\left[\dfrac{C}{N}\right]$ ② $\left[\dfrac{N}{C}\right]$

③ $\left[\dfrac{N^2}{m}\right]$ ④ $\left[\dfrac{C^2}{m}\right]$

[해설] 전장의 세기 E[V/m] 의미는 전장
$E = \dfrac{F}{Q}$ [N/C]

정답 7. ① 8. ③ 9. ④ 10. ② 11. ③ 12. ②

13
10[V/m]의 전장에 어떤 전하를 놓으면 0.1[N]의 힘이 작용한다. 전하의 양 [C]은?

① 10^{-5}[C]
② 10^{-4}[C]
③ 10^{-3}[C]
④ 10^{-2}[C]

[해설] 전하 $Q = \dfrac{F}{E} = \dfrac{0.1}{10} = 0.01 = 10^{-2}$[C]

14
전장의 세기 1,500[V/m]의 전장에 5[μC]의 전하를 놓으면 얼마의 힘이 작용하는가?

① 4.5×10^{-3}[N]
② 5.5×10^{-3}[N]
③ 6.5×10^{-3}[N]
④ 7.5×10^{-3}[N]

[해설] 힘 $F = EQ = 1500 \times 5 \times 10^{-6}$
$= 7.5 \times 10^{-3}$[N]

15
진공 중에 놓인 1[μC]의 점전하에서 3[m]되는 점의 전계[V/m]는?

① 10^{-3}[V/m]
② 10^{-1}[V/m]
③ 10^{2}[V/m]
④ 10^{3}[V/m]

[해설] 전계의 세기
$E = 9 \times 10^9 \times \dfrac{Q}{r^2} = 9 \times 10^9 \times \dfrac{1 \times 10^{-6}}{3^2}$
$= 10^3$[V/m]

16
전기력선의 설명 중 틀린 것은?

① 전기력선의 방향은 그 점은 전계의 방향과 일치하며 밀도는 그 점에서의 전계의 세기와 같다.
② 전기력선은 부전하에서 시작하여 정전하에서 끝난다.
③ 단위 전하에서는 $\dfrac{1}{\varepsilon}$개의 전기력선의 출입한다.
④ 전기력선은 전위가 높은 점에서 낮은 점으로 향한다.

[해설] 전기력선의 성질
- 정(+)전하 시작 부(-) 전하 끝남
- 전기력선은 전위가 높은 점에서 낮은 점으로 향한다.
- 단위 전하에서는 $\dfrac{1}{\varepsilon}$개의 전기력선의 출입한다.
- 전기력선의 방향은 그 점은 전계의 방향과 일치하며 밀도는 그 점에서의 전계의 세기와 같다.
- 서로 교차하지 않는다.
- 폐곡선이 되지 않는다.
- 높은 곳에서 낮은 곳으로 작용한다.

17
전기력선의 기본 성질에 관한 설명으로 옳지 않은 것은?

① 전기력선의 방향은 그 점의 전계의 방향과 일치한다.
② 전기력선은 전위가 높은 점에서 낮은 점으로 향한다.
③ 전기력선은 그 자신만으로 폐곡선이 된다.
④ 전계가 0이 아닌 곳에서 전기력선은 도체 표면에 수직으로 만난다.

정답 13. ④ 14. ④ 15. ④ 16. ② 17. ③

[해설] 전기력선의 성질
- 정(+)전하 시작 부(−)전하 끝남
- 전기력선은 전위가 높은 점에서 낮은 점으로 향한다.
- 단위 전하에서는 $\frac{1}{\epsilon}$개의 전기력선의 출입한다.
- 전기력선의 방향은 그 점은 전계의 방향과 일치하며 밀도는 그 점에서의 전계의 세기와 같다.
- 서로 교차하지 않는다.
- 폐곡선이 되지 않는다.
- 높은 곳에서 낮은 곳으로 작용한다.

18 다음은 전기력선의 성질이다. 옳지 않은 것은?

① 전기력선의 방향은 그 점의 전계의 방향과 일치한다.
② 전기력선은 전위가 높은 점에서 낮은 점으로 향한다.
③ 전기력선 밀도는 전계의 세기와 무관하다.
④ 두 개의 전기력선은 교차하지 않으며 그 자신만으로 폐곡선이 되지 않는다.

[해설] 전기력선의 성질
- 정(+)전하 시작 부(−)전하 끝남
- 전기력선은 전위가 높은 점에서 낮은 점으로 향한다.
- 단위 전하에서는 $\frac{1}{\epsilon}$개의 전기력선의 출입한다.
- 전기력선의 방향은 그 점은 전계의 방향과 일치하며 밀도는 그 점에서의 전계의 세기와 같다.
- 서로 교차하지 않는다.
- 폐곡선이 되지 않는다.
- 높은 곳에서 낮은 곳으로 작용한다.

19 공기 중에서 단위 전계의 세기 1[V/m]인 점에서의 전기력선의 밀도[개/m²]는?

① 1　　② $\frac{1}{\epsilon_0}$
③ ϵ_0　　④ 0

[해설] 공기 중에서 단위 전계의 세기 1[V/m]인 점에서의 전기력선의 밀도는 1[개/m²]이다.

20 전기력선에 수직한 1[m²]의 단면을 3개의 전기력선이 지났다면 이 곳의 전기장의 세기[V/m]는 얼마인가?

① $\frac{1}{3}$　　② 3
③ 9　　④ 27

[해설] 전기력선에 수직한 1[m²]의 단면을 3개의 전기력선이 지났다면 이 곳의 전기장의 세기도 3[V/m] 이다.

21 Q[c]의 전하에서 발산되는 전기력선의 수는?

① ϵ_s　　② ϵ_0
③ $\frac{Q}{\epsilon}$　　④ $\frac{Q}{\epsilon_0}$

[해설] 전기력선의 수 $N = \frac{Q}{\epsilon} = \frac{Q}{\epsilon_s \epsilon_0}$[개]

22 유전율 $\epsilon_0 \epsilon_s$의 유전체내에서 있는 전하 Q에서 나오는 전기력선의 수는?

① Q[개]　　② $\frac{Q}{\epsilon_0 \epsilon_s}$[개]
③ $\frac{Q}{\epsilon_0}$[개]　　④ $\frac{Q}{\epsilon_s}$[개]

정답 18. ③　19. ①　20. ②　21. ③　22. ②

[해설] 전기력선의 수 $N = \dfrac{Q}{\epsilon} = \dfrac{Q}{\epsilon_s \epsilon_0}$ [개]

23 진공 중에 놓인 C[C]의 전하에서 발산되는 전기력선의 수는?

① ϵ_s ② ϵ_0
③ $\dfrac{Q}{\epsilon}$ ④ $\dfrac{Q}{\epsilon_0}$

[해설] 진공중의 전기력선의 수 $N = \dfrac{Q}{\epsilon} = \dfrac{Q}{\epsilon_0}$ [개]
여기서, 진공중의 비유전율 $\epsilon_s = 1$ 이다.

25 5[C]의 전하가 비유전율 $\epsilon_s = 2.5$인 매질 내에 있다고 한다면, 이 전하에서 나오는 전체 전기력선의 수는?

① $\dfrac{5}{\epsilon_0}$ 개   ② $\dfrac{12.5}{\epsilon_0}$ 개
③ $\dfrac{2}{\epsilon_0}$ 개   ④ $\dfrac{1}{2\epsilon_0}$ 개

[해설] 전기력선의 수
$N = \dfrac{Q}{\epsilon} = \dfrac{Q}{\epsilon_s \epsilon_0} = \dfrac{5}{2.5\epsilon_0} = \dfrac{2}{\epsilon_0}$ [개]

25 점전하에 의한 전장는 쿨롱의 법칙을 사용하면 되지만 분포되어 있는 전하에 의한 전장를 구할 때는 무엇을 이용하는가?

① 렌츠의 법칙
② 가우스의 정리
③ 라플라스 방정식
④ 스토크스의 정리

[해설] 점전하에 의한 전장는 쿨롱의 법칙을 사용하면 되지만 분포되어 있는 전하에 의한 전장를 구할 때 가우스 정리로 정한다.

26 전기력선의 밀도를 이용하여 주로 대칭 정전계의 세기를 구하기 위하여 이용되는 법칙은?

① 패러데이의 법칙
② 가우스의 법칙
③ 쿨롱의 법칙
④ 톰슨의 법칙

[해설] 전기력선의 밀도를 이용하여 주로 대칭 정전계의 세기를 구하기 위하여 이용되는 법칙은 가우스의 법칙이다.

27 가우스(Gauss)의 정리를 이용하여 구하는 것은?

① 자장의 세기   ② 전하간의 힘
③ 전장의 세기   ④ 전위

[해설] 가우스(Gauss)의 정리식은 전장의 세기이다.

28 3[C]의 전기량이 이동을 하여 12[J]의 일을 하였다면 두 점사이의 전위차는?

① 36[V]   ② 12[V]
③ 4[V]   ④ 3[V]

[해설] 전위차 $V = \dfrac{W}{Q} = \dfrac{12[J]}{3[C]} = 4$[V]

29 평행판 콘덴서의 전계의 세기가 2,000 [V/m]이며, 극판 간격이 3[cm]이면 극판에 가한 전압 [V]은?

① 6,000[V]   ② 600[V]
③ 60[V]   ④ 6[V]

[해설] 전압 $V = E \cdot d = 3 \times 10^{-2} \times 2000 = 60$[V]

정답 23. ④ 24. ③ 25. ② 26. ② 27. ③ 28. ③ 29. ③

30 전위의 단위로 옳지 않은 것은?

① [V] ② [$\frac{J}{C}$]
③ [$\frac{N \cdot m}{C}$] ④ [$\frac{V}{m}$]

[해설] 전위의 단위 $V=[V]=[\frac{J}{C}]=[\frac{N \cdot m}{C}]$
전계 $E=[\frac{V}{m}]$의 단위이다.

31 다음 등전위면에 대한 설명 중 맞지 않는 것은?

① 전계 내에서 동일한 전위의 점을 연결하여 얻어지는 것을 등전위면이라 한다.
② 등전위면과 전기력선은 교차하지 않는다.
③ 서로 다른 전위를 가진 등전위면은 교차 하지 않는다.
④ 등전위면을 따라서 전하를 운반할 때 일은 필요하지 않다.

[해설] 등전위면 성질
- 등전위면과 전기력선과 교차한다.
- 전계 내에서 동일한 전위의 점을 연결하여 얻어지는 것을 등전위면이라 한다.
- 서로 다른 전위를 가진 등전위면은 교차 하지 않는다.
- 등전위면을 따라서 전하를 운반할 때 일은 필요하지 않다.

32 등전위면을 따라 전하 Q[C]을 운반하는 데 필요한 일은?

① 전하의 크기에 따라 변한다.
② 전위의 크기에 따라 변한다.
③ QV
④ 0

[해설] 등전위면을 따라 전하 Q[C]을 운반하는 데 필요한 일은 0 이다.

33 유전율 $\epsilon_0 \epsilon_s$의 유전체내에서 있는 전하 Q에서 나오는 총 전속은?

① $\frac{Q}{\epsilon_s}$[개] ② $\frac{Q}{\epsilon_0}$[개]
③ $\frac{Q}{\epsilon_0 \epsilon_s}$[개] ④ Q[개]

[해설] 유전율 $\epsilon_0 \epsilon_s$의 유전체내에서 있는 전하 Q에서 나오는 총 전속 개수 $N=Q$[개] 이다.

35 다음 전속의 성질 중 맞지 않은 것은?

① 전속은 양전하에서 나와서 음전하에서 끝난다.
② 전속이 나오는 곳 또는 끝나는 곳에서는 전속과 같은 전하가 있다.
③ $+Q$[C]의 전하로부터 $\frac{Q}{\varepsilon}$개의 전속이 나온다.
④ 전속은 금속판에 출입하는 경우 그 표면에 수직이다.

[해설] 전속 개수 $N=Q$[개] 의 전속이다.

35 M·K·S 유리화 단위계에서 유전속 밀도의 단위는 어느 것인가?

① [F/m] ② [C]
③ [Wb] ④ [C/m^2]

[해설] 유전속 밀도 $D = \varepsilon \cdot E$[C/m^2]

36 유전율 ε, 전장의 세기 E, 전속밀도 D의 관계는?

① $D = \varepsilon E$ ② $D = \varepsilon E^2$
③ $D = \dfrac{E}{\varepsilon}$ ④ $D = \dfrac{E^2}{\varepsilon}$

[해설] 유전속 밀도 $D = \varepsilon \cdot E [C/m^2]$

37 유전율이 10인 유전체를 5[V/m]인 전계 내에 놓으면 유전체의 전속 밀도는 몇 $[C/m^2]$인가?

① $0.5[C/m^2]$
② $10[C/m^2]$
③ $50[C/m^2]$
④ $250[C/m^2]$

[해설] 유전속 밀도
$D = \varepsilon \cdot E = 10 \times 5 = 50[C/m^2]$

38 비유전율 2.5의 유전체의 전속밀도가 $2 \times 10^{-6}[C/m^2]$되는 점의 전기장의 세기는?

① $18 \times 10^4 [V/m]$
② $9 \times 10^4 [V/m]$
③ $6 \times 10^4 [V/m]$
④ $3.6 \times 10^4 [V/m]$

[해설] $D = \varepsilon \cdot E[C/m^2]$ 에서
$E = \dfrac{D}{\varepsilon} = \dfrac{2 \times 10^{-6}}{8.855 \times 10^{-12} \times 2.5}$
$= 9 \times 10^4 [V/m]$

39 정전용량의 단위 [F]와 같은 것은?
(단, V는 전위, Q는 전기량, N은 힘, m은 길이 이다.)

① $\left[\dfrac{N}{C}\right]$ ② $\left[\dfrac{V}{m}\right]$
③ $\left[\dfrac{V}{C}\right]$ ④ $\left[\dfrac{C}{V}\right]$

[해설] $C = \dfrac{Q}{V} = \left[\dfrac{C}{V}\right] = [F]$

40 어떤 콘덴서에 1,000[V]의 전압을 가하였더니 $5 \times 10^{-3}[C]$의 전하가 축적되었다. 이 콘덴서의 용량은?

① $2.5[\mu F]$ ② $5[\mu F]$
③ $250[\mu F]$ ④ $5,000[\mu F]$

[해설] $C = \dfrac{Q}{V} = \dfrac{5 \times 10^{-3}}{1000} = 5 \times 10^{-6}[F] = 5[\mu F]$

41 $1[\mu F]$의 콘덴서에 100[V]의 전압을 가할 때 충전되는 전하량은?

① 1×10^{-4} ② 1×10^{-5}
③ 1×10^{-8} ④ 1×10^{-10}

[해설] 전하량
$Q = CV = 1 \times 10^{-6} \times 100 = 1 \times 10^{-4}[C]$

42 $0.02[\mu F]$의 콘덴서에 $12[\mu C]$의 전하를 공급하면 몇 [V]의 전위차를 나타내는가?

① $600[V]$ ② $900[V]$
③ $1,200[V]$ ④ $2,400[V]$

[해설] 전위 $V = \dfrac{Q}{C} = \dfrac{12 \times 10^{-6}}{0.02 \times 10^{-6}} = 600[V]$

정답 36.① 37.③ 38.② 39.④ 40.② 41.① 42.①

43 평행판의 정전용량은 간격 d, 평행판 면적을 A라 하면 콘덴서의 정전용량 식은?

① $C = \varepsilon A d$ ② $C = \dfrac{d}{\varepsilon A}$
③ $C = \dfrac{\varepsilon A}{d}$ ④ $C = \dfrac{A}{\varepsilon d}$

[해설] 콘덴서의 정전용량 $C = \dfrac{\varepsilon A}{d}$ [F]

44 평행판 도체의 정전용량에 대한 설명 중 틀린 것은?

① 평행판 간격에 비례한다.
② 평행판 사이의 유전율에 비례한다.
③ 평행판 면적에 비례한다.
④ 평행판 사이의 비유전율에 비례한다.

[해설] 정전용량 $C = \dfrac{\varepsilon A}{d}$ [F] $\propto \dfrac{1}{d}$
정전용량 C는 간격 d에 반비례한다.

45 평행판 콘덴서의 면적을 $\dfrac{1}{2}$로 줄이고, 간격을 $\dfrac{1}{2}$로 줄었다면 용량은 처음의 몇 배로 되는가?

① 변하지 않는다.
② $\dfrac{1}{2}$ 배
③ 2배
④ 4배

[해설] 정전용량 $C = \dfrac{\varepsilon A}{d}$ [F] 에서
$C = \dfrac{\varepsilon \frac{1}{2} A}{\frac{1}{2} d} = \dfrac{\varepsilon A}{d}$ [F] 변하지 않는다.

46 콘덴서 중 극성을 가지고 있는 콘덴서로서 교류회로에 사용할 수 없는 것은?

① 마일러 콘덴서
② 마이카 콘덴서
③ 세라믹 콘덴서
④ 전해 콘덴서

[해설] 전해콘덴서, 탄탈콘덴서는 직류회로에 사용한다.

47 온도 변화에 의한 용량 변화가 작고 절연 저항이 높은 우수한 특성을 갖고 있어 표준 콘덴서로도 이용하는 콘덴서는?

① 전해 콘덴서
② 마이카 콘덴서
③ 세라믹 콘덴서
④ 마일러 콘덴서

[해설] 마이카 콘덴서는 온도 변화에 의한 용량 변화가 작고 절연 저항이 높은 우수한 특성을 갖고 있는 표준 콘덴서이다.

48 비유전율이 큰 산화티탄 등을 유전체로 사용한 것으로 극성이 없으며 가격에 비해 성능이 우수하여 널리 사용되고 있는 콘덴서의 종류는?

① 마일러 콘덴서
② 마이카 콘덴서
③ 전해 콘덴서
④ 세라믹 콘덴서

[해설] 세라믹 콘덴서는 비유전율이 큰 산화티탄 등을 유전체로 사용한 것으로 극성이 없으며 가격에 비해 성능이 우수하여 널리 사용된다.

정답 43. ③ 44. ① 45. ① 46. ④ 47. ② 48. ④

49 다음 중 용도에 적합한 콘덴서 선정시 고려해야 할 점이 아닌 것은?

① 커패시턴스 값
② 사용시 소자가 파괴되지 않는 최대 전압
③ 정밀도와 허용 오차 특성
④ 직류를 가했을 때의 누설 전압

[해설] 콘덴서 선정시 고려해야 할 점
- 커패시턴스 값
- 사용시 소자가 파괴되지 않는 최대 전압
- 정밀도와 허용 오차 특성

50 두 콘덴서 C_1, C_2가 직렬로 접속하여 있을 때 합성 정전 용량은?

① $C_1 + C_2$
② $C_1 \cdot C_2$
③ $\dfrac{C_1 C_2}{C_1 + C_2}$
④ $\dfrac{C_1 + C_2}{C_1 C_2}$

[해설] 콘덴서의 접속

직렬접속 : $\dfrac{C_1 C_2}{C_1 + C_2}$

병렬접속 : $C_1 + C_2$

51 다음 회로와 같이 접속된 회로에서 콘덴서의 합성 용량을 구하는 식은?

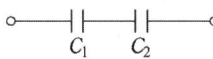

① $C_1 + C_2$
② $C_1 \cdot C_2$
③ $\dfrac{C_1 C_2}{C_1 + C_2}$
④ $\dfrac{C_1 + C_2}{C_1 C_2}$

[해설] 콘덴서의 직렬접속 : $\dfrac{C_1 C_2}{C_1 + C_2}$

52 0.4[μF]과 0.6[μF]의 두 콘덴서를 직렬로 접속했을 때의 합성 정전용량은?

① 0.024[μF]
② 0.6[μF]
③ 0.4[μF]
④ 0.24[μF]

[해설] 콘덴서의 직렬접속 :

$\dfrac{C_1 C_2}{C_1 + C_2} = \dfrac{0.4 \times 0.6}{0.4 + 0.6} = 0.24[\mu F]$

53 두 콘덴서 C_1, C_2가 병렬로 접속하여 있을 때 합성 정전 용량은?

① $C_1 + C_2$
② $\dfrac{1}{C_1} + \dfrac{1}{C_2}$
③ $\dfrac{C_1 C_2}{C_1 + C_2}$
④ $\dfrac{C_1 + C_2}{C_1 C_2}$

[해설] 콘덴서의 접속

직렬접속 : $\dfrac{C_1 C_2}{C_1 + C_2}$

병렬접속 : $C_1 + C_2$

54 그림에서 ab간의 합성 정전 용량 C는?

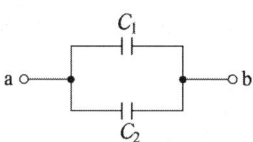

① $C_1 + C_2$
② $\dfrac{1}{C_1} + \dfrac{1}{C_2}$
③ $\dfrac{C_1 C_2}{C_1 + C_2}$
④ $\dfrac{C_1 + C_2}{C_1 C_2}$

[해설] 콘덴서의 병렬접속 : $C_1 + C_2$

55 2[μF], 3[μF], 4[μF]의 콘덴서 3개를 병렬로 연결할 때 합성 정전용량[μF]은?

① 0.7[μF] ② 9[μF]
③ 1.5[μF] ④ 1.2[μF]

[해설] 콘덴서의 병렬접속 :
$C_1 + C_2 + C_3 = 2 + 3 + 4 = 9[\mu F]$

56 그림과 같은 회로에서 합성 정전 용량은?

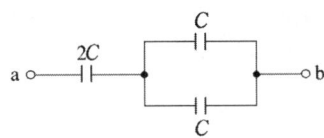

① C ② $2C$
③ $3C$ ④ $4C$

[해설] 직병렬콘덴서의 합성정전용량
$C = \dfrac{2C \times (C+C)}{2C+(C+C)} = \dfrac{4C^2}{4C} = C$

57 A-B 사이의 콘덴서의 합성 정전 용량은 얼마인가?

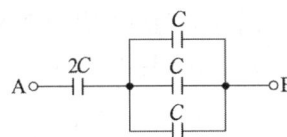

① $1C$ ② $1.2C$
③ $2C$ ④ $2.4C$

[해설] 직병렬콘덴서의 합성정전용량
$C = \dfrac{2C \times (C+C+C)}{2C+(C+C+C)} = \dfrac{6C^2}{5C} = 1.2C$

58 회로에서 콘덴서의 합성 정전 용량의 값은?

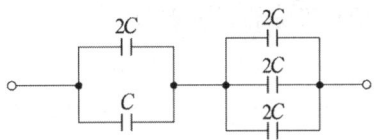

① $2C$ ② $4C$
③ $6C$ ④ C

[해설] 직병렬콘덴서의 합성정전용량
$C = \dfrac{(2C+C) \times (2C+2C+2C)}{(2C+C)+(2C+2C+2C)}$
$= \dfrac{18C^2}{9C} = 2C$

59 다음 중 콘덴서 접속법에 대한 설명으로 알맞은 것은?

① 직렬로 접속하면 용량이 커진다.
② 병렬로 접속하면 용량이 적어진다.
③ 콘덴서는 직렬접속만 가능하다.
④ 직렬로 접속하면 용량이 적어진다.

[해설] 콘덴서의 접속시 직렬접속은 용량이 적어지고, 병렬접속은 용량이 커진다.

60 두 콘덴서 C_1, C_2를 직렬로 접속하고 양단에 E[V]의 전압을 가할 때 C_1에 걸리는 전압은?

① $\dfrac{C_1}{C_1+C_2}E$ ② $\dfrac{C_2}{C_1+C_2}E$
③ $\dfrac{C_1+C_2}{C_1}E$ ④ $\dfrac{C_1+C_2}{C_2}E$

[해설] 두 콘덴서 C_1, C_2를 직렬로 접속하고 양단에 E[V]의 전압을 가할 때 C_1에 걸리는 전압
$V_1 = \dfrac{C_2}{C_1+C_2} \times E$

정답 55. ② 56. ① 57. ② 58. ① 59. ④ 60. ②

61 0.2[F]콘덴서와 0.1[F]콘덴서를 병렬 연결하여 40[V]의 전압을 가할 때 0.2[F]의 콘덴서에 충전되는 전하는?

① 2[C]   ② 45[C]
③ 8[C]   ④ 12[C]

[해설] $Q = CV = 0.2 \times 40 = 8[C]$

62 30[μF]과 40[μF]의 콘덴서를 병렬로 접속한 다음 100[V]의 전압을 가했을 때 전 전하량은 몇 [C]인가?

① $17 \times 10^{-4}[C]$ ② $34 \times 10^{-4}[C]$
③ $56 \times 10^{-4}[C]$ ④ $70 \times 10^{-4}[C]$

[해설] $Q = CV = (30+40) \times 10^{-6} \times 100$
$= 70 \times 10^{-4}[C]$

63 용량 C[F]의 콘덴서에 전압 V[V]를 가할 때 축적되는 에너지는?

① CV^2 ② $2CV^2$
③ $\dfrac{CV^2}{2}$ ④ $\dfrac{CV}{2}$

[해설] 전계에 축적되는 에너지
$W = \dfrac{1}{2}QV = \dfrac{1}{2}CV^2 = \dfrac{1}{2}\dfrac{Q^2}{C}[J]$

64 어떤 콘덴서에 V[V]의 전압을 가해서 Q[C]의 전하를 충전할 때 저장되는 에너지[J]는?

① $2QV$ ② $\dfrac{1}{2}QV^2$
③ $2QV^2$ ④ $\dfrac{1}{2}QV$

[해설] 전계에 축적되는 에너지
$W = \dfrac{1}{2}QV = \dfrac{1}{2}CV^2 = \dfrac{1}{2}\dfrac{Q^2}{C}[J]$

65 정전 콘덴서의 전위차와 축적된 에너지와의 관계식을 나타내는 식은?

① 직선   ② 포물선
③ 타원   ④ 쌍곡선

[해설] 전계에 축적되는 에너지 $W = \dfrac{1}{2}CV^2[J]$는 콘덴서의 전위차와 축적된 에너지와 제곱 비례시 포물선을 나타낸다.

66 5[μF]의 콘덴서를 1,000[V]로 충전하면 축적되는 에너지는 몇 [J]인가?

① 2.5[J]   ② 4[J]
③ 1[J]   ④ 10[J]

[해설] $W = \dfrac{1}{2}CV^2 = \dfrac{1}{2} \times 5 \times 10^{-6} \times 1000^2$
$= 2.5[J]$

67 전계 E[V/m], 전속밀도 D[C/m²], 유전율 ϵ[F/m]인 유전체 내에 저장되는 에너지 밀도 E[J/m³]는?

① ED ② $\dfrac{1}{2}ED$
③ $\dfrac{E^2}{2\epsilon}$ ④ $\dfrac{1}{2}\epsilon D^2$

[해설] 전계에 축적되는 에너지밀도
$W = \dfrac{1}{2}ED = \dfrac{1}{2}\varepsilon E^2 = \dfrac{1}{2}\dfrac{D^2}{\varepsilon}[J/m^3]$

정답 61. ③ 62. ④ 63. ③ 64. ④ 65. ② 66. ① 67. ②

68 유전율이 ε, 전장의 세기가 E일 때 유전체의 단위 부피에 축적되는 에너지[J/m³]는?

① $\dfrac{E}{2\varepsilon}$ ② $\dfrac{\varepsilon E}{2}$

③ $\dfrac{\varepsilon E^2}{2}$ ④ $\dfrac{E\varepsilon^2}{2}$

해설 전계에 축적되는 에너지밀도
$$W = \dfrac{1}{2}ED = \dfrac{1}{2}\varepsilon E^2 = \dfrac{1}{2}\dfrac{D^2}{\varepsilon}\,[\text{J/m}^3]$$

69 유전체 내의 전계의 세기가 100[V/m]일 때 유전체 내에 저장되는 에너지 밀도[J/m³]는? (단, 유전율 9이다.)

① $5.55 \times 10^4\,[\text{J/m}^3]$
② $4.5 \times 10^4\,[\text{J/m}^3]$
③ $9 \times 10^9\,[\text{J/m}^3]$
④ $4.05 \times 10^5\,[\text{J/m}^3]$

해설 $W = \dfrac{1}{2}\varepsilon E^2 = \dfrac{1}{2} \times 9 \times 100^2$
$\qquad = 4.5 \times 10^4\,[\text{J/m}^3]$

70 전계의 세기가 50[V/m], 전속밀도 100[C/m²]인 유전체의 단위 체적에 축적되는 [J/m³]는?

① $2\,[\text{J/m}^3]$
② $250\,[\text{J/m}^3]$
③ $2,500\,[\text{J/m}^3]$
④ $5,000\,[\text{J/m}^3]$

해설 $W = \dfrac{1}{2}ED = \dfrac{1}{2} \times 50 \times 100 = 2500\,[\text{J/m}^3]$

정답 68. ③ 69. ② 70. ③

3장 정자계

1 쿨롱의 법칙

(1) 정자계

▶ 정지 상태의 자화(자하)에 의해 자기력(자력)이 미치는 공간

① 자기 : 자석이 금속을 끌어당기는 성질
② 자기력(자력) : 자석이 금속을 끌어당기는 힘
③ 자극 : 자석에 있어 작용하는 힘이 가장 강한 부분·자석의 양 끝
④ 자계(자기장, 자장) : 자기력선(자력선)이 미치는 공간
⑤ 자기 유도 : 자하(자화)하는 현상

(2) 매질의 종류

① **유전체** : 전장(전기장, 전계)에서 분극 현상

$$\text{유전율 } \epsilon = \epsilon_0 \times \epsilon_S [\text{F/m}]$$

(진공(공기) 중의 유전율 $\epsilon_0 = 8.855 \times 10^{-12}[\text{F/m}]$)
[비유전율 ϵ_s (단, 진공중(공기중)일 때 $\epsilon_s = 1$)]

② **자성체** : 자장(자기장, 자계)에서 자하(자화) 현상

$$\text{투자율 } \mu = \mu_0 \times \mu_s [\text{H/m}]$$

(진공(공기) 중의 투자율 $\mu_0 = 4\pi \times 10^{-7}[\text{H/m}]$)
[비투자율 μ_s (단, 진공중(공기중)일 때 $\mu_s = 1$)]

③ 도체

도전율(전도율) $\left[\dfrac{\mho}{\text{m}}\right]$, $\left[\dfrac{\text{S}}{\text{m}}\right]$

(3) 자하의 특징

① 어떤 물체에 자장(자기장, 자계)을 인가하면 자기적 성질을 나타내는데 이 물체를 자하(자화)되었다고 한다.

② 외부 자장(자계, 자기장)에 의하여 자하(자화)된 물체를 자성체, 자하(자화)되지 않는 물체를 비자성체라 한다.

(4) 자성체의 종류

① 강자성체 : $\mu_s \gg 1$ (μ_s : 비투자율)
자기유도에 의해 강하게 자화되며 쉽게 자화되는 물질.
철(Fe), 니켈(Ni), 코발트(CO), 망간(Mn) 등 …

② 상자성체 : $\mu_s > 1$ (μ_s : 비투자율)
강자성체와 같은 방향으로 자화되는 물질.
텅스텐(W), 알루미늄(Al), 공기, 산소(O), 백금(Pt), 주석(Si), 나트륨(Na) 등 …

③ 반(역,약)자성체 : $\mu_s < 1$ (μ_s : 비투자율)
자성체와 반대로 자화되는 물질(역자성체).
금(Au), 은(Ag), 구리(Cu), 아연(Zn), 비스무드(Bi), 납(Pb), 게르마늄(Ge), 탄소(C), 물(H_2O) 등…

(5) 쿨롱의 법칙

두 자하(자극) 사이의 작용하는 힘

$$F = \frac{m_1 m_2}{4\pi \mu r^2} [\text{N}] = \frac{m_1 m_2}{4\pi \mu_0 \mu_s r^2} [\text{N}]$$

m_1, m_2 : 자하(량), 자극의 세기[Wb]

r : 두 자하(자극) 사이의 거리[m]

투자율 $\mu = \mu_0 \times \mu_s [\text{H/m}]$

(진공(공기)중의 투자율 $\mu_0 = 4\pi \times 10^{-7} [\text{H/m}]$)

[비투자율 μ_s (단, 진공중(공기중)일 때 $\mu_s = 1$)]

2 전류에 의한 자기현상

(1) 정의

- 전류에 의한 자계의 방향을 결정하는 법칙
- 전류에 의해 만들어진 자계의 자기력선(자력선)의 방향을 알아내는 법칙

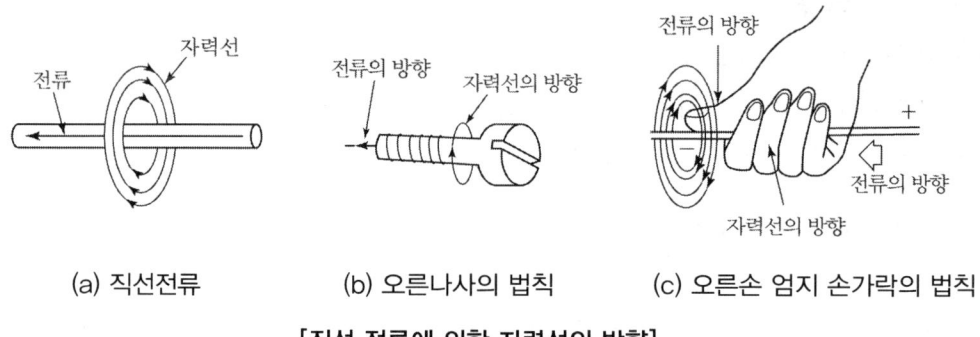

(a) 직선전류   (b) 오른나사의 법칙   (c) 오른손 엄지 손가락의 법칙

[직선 전류에 의한 자력선의 방향]

(2) 의미

▶ 나사를 돌리는 방향 = 오른나사의 회전 방향 : 자계(자기장, 자장)
▶ 나사를 진행 방향 = 오른나사의 진행 방향 : 전류

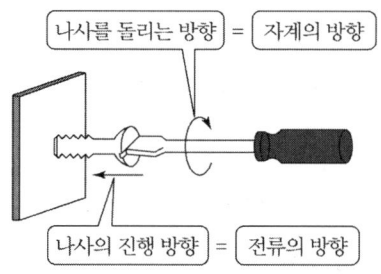

(3) 무한장 직선 자장의 세기(자기장의 세기, 자계의 세기)

"암페어의 오른나사 법칙의 이용"

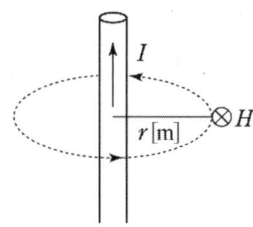

자장의 세기(자기장의 세기, 자계의 세기)

$$H = \frac{I}{2\pi r} [\text{AT/m}]$$

여기서, I : 전류[A], r : 거리[m]

(4) 솔레노이드에 의한 자계(자기장,자장)의 세기

1) 솔레노이드(Solenoid) : 도체를 균등하고 밀접하게 원통으로 감은 코일

2) 솔레노이드의 종류
   ① 직선형 솔레노이드(무한장 솔레노이드)
   ・내부 자기장는 어느 방향으로나 크기가 같은 평등 자기장이고, 측면에는 자기장이 발생하지 않는다.
   ② 환상 솔레노이드 : 내부에만 자기장(자장, 자계)이 발생시킨다.

3) 솔레노이드의 자계의 세기
   ① 환상 솔레노이드의 자계의 세기

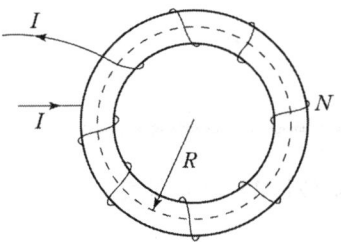

내부의 자계의 세기 $H = \dfrac{NI}{\ell} = \dfrac{NI}{2\pi a} [\text{AT/m}]$

   ② 무한장 솔레노이드의 자계의 세기
   ・거리에 관계없는 평등 자계(자기장, 자장)이다.

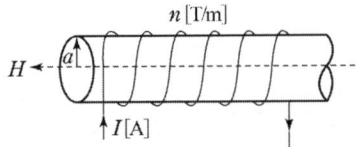

내부의 자계의 세기 $H = \dfrac{NI}{\ell} = nI [\text{AT/m}]$

③ 원형코일중심의 자계의 세기

$$H = \frac{NI}{2a} [\text{AT/m}]$$

(5) 비오샤바르의 법칙

꾸불꾸불한 도선이나 원형코일등의 전류에 의한 임의의 자계의 세기를 구하는 데 주로 이용된다.

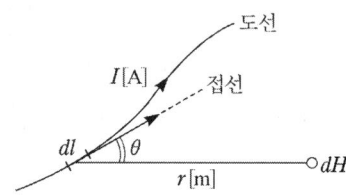

$$\Delta H = \frac{Id\ell}{4\pi r^2} \sin\theta \, [\text{AT/m}]$$

3. 자장의 세기

(1) 자장의 세기(자기장의 세기, 자계의 세기)

① 자계의 세기 : H

② 단위 : $[\frac{\text{AT}}{\text{m}}] = [\frac{\text{N}}{\text{Wb}}]$

③ 정의
- 단위 정자하에 작용하는 힘
- +1[Wb]에 작용하는 힘

④ 공식

$$H = \frac{m}{4\pi\mu r^2}[\text{AT/m}] = \frac{m}{4\pi\mu_0\mu_s r^2}[\text{AT/m}]$$

m : 자하(량), 자극의 세기[Wb]
r : 두 자하(자극)사이의 거리[m]

투자율 $\mu = \mu_0 \times \mu_s [\text{H/m}]$

(진공(공기) 중의 투자율 $\mu_0 = 4\pi \times 10^{-7}$ [H/m])
[비투자율 μ_s (단, 진공 중(공기 중)일 때 $\mu_s = 1$)]

(2) 자기력선(자력선)

① 정의 : 자장의 세기와 방향을 가상적으로 나타낸 선
② 성질
    ㉮ 자기력선은 N극으로 시작하여 S극으로 끝난다.
    ㉯ 자기력선의 접선방향은 그 점에서의 자장(자기장, 자계)의 방향이다.
    ㉰ 자기력선의 밀도는 그 점의 자계의 세기와 같다.
    ㉱ 자기력선은 그 자신만으로는 폐곡선이선이 되는 일이 없다.
    ㉲ 자기력선은 수축하려는 성질이 있으며 같은 자기력선(자력선)은 반발한다.
    ㉳ 자기력선은 서로 만나거나 교차하지 않는다.
③ 자기력선(자력선)의 총수

$$N = \frac{m}{\mu} = \frac{m}{\mu_0 \mu_s} \text{[개]}$$

단, 진공(공기)중의 자기력선(자력선)의 총수 $N = \frac{m}{\mu} = \frac{m}{\mu_0 \mu_s} = \frac{m}{\mu_0}$ [개]

(3) 자속

① 정의 : 주위매질의 종류에 관계없이 m[Wb]의 자하에서 m[개]의 역선이 나온다고 가상한 선
② 자속의 성질
    ㉮ 자속은 N극으로 시작하여 S극으로 끝난다.
    ㉯ 자속이 나오는 곳 또는 끝나는 곳에는 자속과 같은 자하가 있다.
    ㉰ 자속은 도체에 출입하는 경우 그 표면에 수직이다.
③ 자속수 : m[개]

(4) 자속밀도

① 자속밀도 : B
② 단위 : $\left[\dfrac{\text{Wb}}{\text{m}^2}\right]$
③ 정의
    ㉮ 단위면적당 자속의 수

㉯ 단위면적당 자하의 수

④ 공식 : $B = \dfrac{m(=\phi)}{A} = \dfrac{m(=\phi)}{4\pi r^2} = \mu H = \mu_0 \mu_s H \, [\text{Wb/m}^2]$

m : 자하(량), 자극의 세기, 자속[Wb]

r : 두 자하(자극)사이의 거리[m]

투자율 $\mu = \mu_0 \times \mu_s [\text{H/m}]$ (진공(공기) 중의 투자율 $\mu_0 = 4\pi \times 10^{-7} [\text{H/m}]$)

[비투자율 μ_s (단, 진공 중(공기 중)일 때 $\mu_s = 1$)]

(5) 자위

① 자위 : U

② 단위 : $[\text{AT}], [\text{A}] = [\dfrac{\text{J}}{\text{Wb}}]$

③ 정의

㉮ 자기적인 위치에너지

※ 전장(전계)와 자장(자계)의 비교

	전장(전계, 전기장)		자장(자계, 자기장)	
전하, 전기 (전하량, 전기량)	$Q[\text{C}]$		자하, 자기 (자하량, 자기량)	$m[\text{Wb}]$
유전율	$\epsilon = \epsilon_0 \times \epsilon_s [\text{F/m}]$ 진공 중의 유전율 $\epsilon_0 = 8.855 \times 10^{-12} [\text{F/m}]$		투자율	$\mu = \mu_0 \times \mu_s [\text{H/m}]$ 진공 중의 투자율 $\mu_0 = 4\pi \times 10^{-7} [\text{H/m}]$
기전력(전압)	$V[\text{V}]$		기자력	$F[\text{AT}] = I[\text{A}] \cdot N[\text{T}]$
힘-정전력	$F[\text{N}]$		힘-자기력	$F[\text{N}]$
전기력선의 총수 (전력선의 총수)	$N = \dfrac{Q}{\epsilon} = \dfrac{Q}{\epsilon_0 \epsilon_s} [\text{개}]$		자기력선의총수 (자력선의총수)	$N = \dfrac{m}{\mu} = \dfrac{m}{\mu_0 \mu_s} [\text{개}]$
전계의 세기 전장의 세기 전기장의 세기 절연내력(절연강도)	$E[\text{V/m}] = [\text{N/C}]$		자계의 세기 자장의 세기 자기장의 세기 자화력(자계강도)	$H[\text{AT/m}] = [\text{N/Wb}]$
전속밀도 (전하밀도)	$D = \dfrac{Q}{A} [\text{C/m}^2]$ $= \dfrac{Q}{4\pi r^2} [\text{C/m}^2]$ $= \epsilon E = \epsilon_0 \epsilon_s E [\text{C/m}^2]$		자속밀도	$B = \dfrac{m(=\phi)}{A} [\text{Wb/m}^2]$ $= \dfrac{m(=\phi)}{4\pi r^2} [\text{Wb/m}^2]$ $= \mu H = \mu_0 \mu_s H [\text{Wb/m}^2]$
전속수	$Q[\text{C}]$		자속수	$m[\text{Wb}]$
전위	$V[\text{V}]$		자위	$[\text{AT}], [\text{A}]$

4 자기회로

전기회로	자기회로
기전력[V]	기자력[AT]
전기저항[Ω]	자기저항[$\frac{AT}{Wb}$]
전류[A]	자속[Wb]
전류 밀도[$\frac{A}{m^2}$]	자속 밀도[$\frac{Wb}{m^2}$]
도전율(전도율)[$\frac{\mho}{m}$], [$\frac{S}{m}$]	투자율[$\frac{H}{m}$]

(1) 기자력

① 기자력 : F

② 단위 : [AT]

③ 정의 : 자속을 발생시키는 원동력

④ 공식 : $F[\text{AT}] = I[\text{A}] \cdot N[\text{T}]$ ($I[\text{A}]$: 전류, N : 권수[T], [회])

(2) 자기저항

① 자기저항 : R

② 단위 : $[\frac{AT}{Wb}]$

③ 정의 : 자속의 흐름을 방해하는 정도를 나타내는 상수

④ 공식 $R = \frac{기자력}{자속} = \frac{F[\text{AT}]}{m(=\psi)} [\text{AT/Wb}] = \frac{\ell}{\mu A} = \frac{\ell}{\mu_0 \mu_s A} [\text{AT/Wb}]$

(3) 자속

① 자속 : $m(=\psi)$

② 단위 : [Wb]

③ 정의 : 기자력에 비례하고 자기저항에 반비례한다.

④ 공식 : $\psi[\text{Wb}] = \frac{기자력}{자기저항} = \frac{F[\text{AT}]}{R[\text{AT/Wb}]} = \frac{\mu A}{\ell} \times NI = \frac{\mu_0 \mu_s A}{\ell} \times NI [\text{Wb}]$

5. 전자력과 전자유도

(1) 전자력의 방향과 크기

① 전자력 : 자계(자기장, 자장) 내에 있는 도체에 전류를 흘릴 때 작용하는 힘
② 플레밍의 왼손 법칙 : 전자력의 방향을 결정하는 법칙

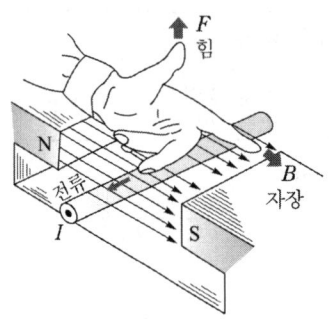

- 직류전동기의 회전원리
- 엄지 손가락 : 힘의 방향(F)
- 집게 손가락 : 자계의 방향(B)
- 가운데 손가락 : 전류의 방향(I)

(2) 전자력의 크기

자속밀도 $B[\text{Wb/m}^2]$의 평등 자계(자기장, 자장)내에서 자계와 직각방향으로 길이 ℓ[m]의 도체를 놓고 전류 I[A]의 전류를 흘리면 도체가 받는 힘

$$F = IB\ell \sin\theta [\text{N}]$$

(3) 평행도선간에 단위 길이당 작용하는 힘

① 전류가 같은 방향 : 흡인력
② 전류가 반대 방향 : 반발력
③ $F = \dfrac{2I_1 I_2}{d} \times 10^{-7} = \dfrac{\mu_0 I_1 I_2}{2\pi d} [\text{N/m}]$

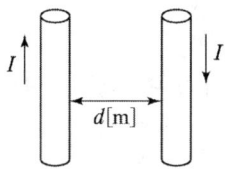

(4) 평행코일(직사각형)이 받는 회전력(토크)

면적 $A[\text{m}^2]$인 권수 N인 단형(평판) 코일에 자계 $B[\text{Wb/m}^2]$ 속에 면이 자계와 θ의 각을 이룰 때 받는 회전력(토크) [N·m]

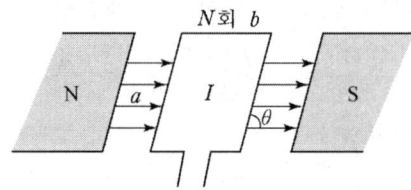

$$T = NBAI\cos\theta = NBabI\cos\theta [\text{N·m}]$$

$A[\text{m}^2]$: 단면적, $A[\text{m}^2] = a[\text{m}] \times b[\text{m}]$, $a[\text{m}]$: 가로, $b[\text{m}]$: 세로
$[I[\text{A}]$: 전류, N : 권수 [T], [회], $B[\text{Wb/m}^2]$: 자속밀도]

(5) 막대자석이 받는 회전력(토크)

① 자기 쌍극자 모멘트 (자기 모멘트)

$$M[\text{Wb·m}] = m\ell [\text{Wb·m}]$$

② 막대자석이 받는 회전력(토크)

$$T[\text{N·m}] = m\ell H\sin\theta [\text{N·m}]$$

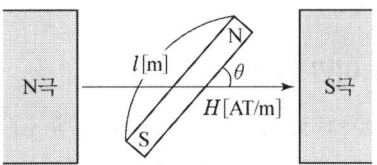

6 전자유도

(1) 전자유도 작용

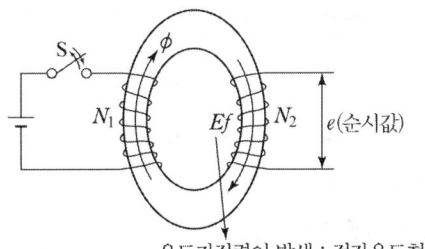

유도기전력이 발생 : 전자유도현상

① 전자유도 : 코일을 관통하는 자속을 변화시킬 때 유도(유기)기전력이 발생
② 유도 기전력(유기 기전력) : 전자유도에 의하여 발생한 전압
③ 유도 전류 : 전자유도에 의하여 발생한 전류

(2) 패러데이 법칙

① $\psi[\text{Wb}]$가 시간에 따라서 변화할 때 기전력이 발생한다.
② 전자유도에 의한 유기(유도) 기전력의 크기
③ 전자유도에 의해 회로에 발생되는 기전력은 자속 쇄교수의 시간에 대한 변화율
④ 유도(유기) 기전력 $e = -\dfrac{d\psi}{dt}[\text{V}]$ (−) : 유기(유도) 기전력의 방향

(3) 렌츠의 법칙

① 유도 기전력은 자속의 변화를 방해하는 방향으로 일어난다.
② 자속 ψ[Wb]가 시간적으로 변화할 때 자속 ψ[Wb]의 증감을 방해하는 방향으로 유도(유기) 기전력이 일어난다.
③ 유도(유기) 기전력 $e = -\dfrac{d\psi}{dt}$[V]   (−) : 유기(유도) 기전력의 방향

(4) 노이만 공식

전자유도에 의해서 생기는 유도(유기)기전력의 크기는 코일을 쇄교하는 자속의 변화율과 코일의 권수의 곱에 비례한다.

$$\text{유도(유기) 기전력 } e = -N\dfrac{d\psi}{dt}[V] = -N\dfrac{dB}{dt}A[V]$$

(−) : 유기(유도) 기전력의 방향

7 도체운동에 의한 유도 기전력

(1) 플레밍의 오른손 법칙

① 자계중의 도체가 운동을 하여 유도(유기)되는 기전력의 방향을 결정하는 법칙
② 직류발전기의 회전원리
③ 엄지 손가락 : 도체의 운동 방향(v)
④ 집게 손가락 : 자속의 방향(B)
⑤ 가운데 손가락 : 유기(유도)기전력의 방향(e)

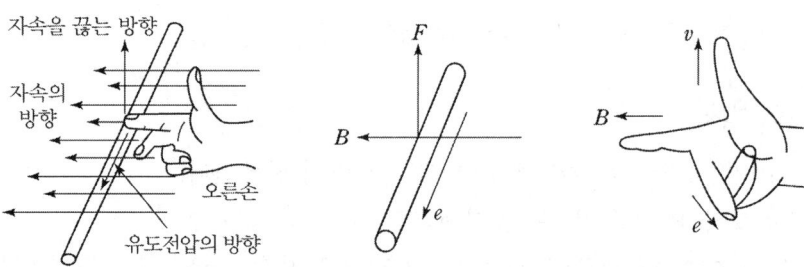

길이 ℓ[m]의 도체가 속도 v[m/sec]로 자속밀도 B[Wb/m^2]인 자속을 끊을 때 도체에 유도되는 기전력 e[V]는 유도(유기) 기전력

$$e[\text{V}] = (v \times B)\ell = vB\ell\sin\theta[\text{V}]$$

8 인덕턴스

(1) 자체유도
코일에 흐르는 전류가 변화하면 코일중의 자속이 변화되어 코일자신에 기전력이 유도(유기) 되는 현상

(2) 자체 인덕턴스 (자기 인덕턴스)
코일의 자체 유도능력 정도를 나타내는 양

(3) 상호 인덕턴스

1) 상호유도
한 쪽 코일의 전류가 변화할 때 다른쪽 코일에 유도(유기)기전력이 발생하는 현상

2) 상호인덕턴스
① 1차 전류의 시간 변화량과 2차 유도 전압의 비례상수
② 기호는 M 단위는 [H]

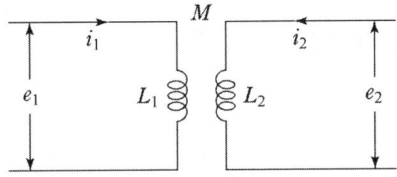

3) 1차 코일에 유도되는 기전력 : $e_1 = -L_1 \dfrac{di_1}{dt}[\text{V}]$

4) 2차 코일에 유도되는 기전력 : $e_2 = -M \dfrac{di_1}{dt}[\text{V}]$

5) 자체(자기)인덕턴스 : $e = -L\dfrac{di}{dt} = -N\dfrac{d\varnothing}{dt}[\text{V}]$ ⇨ $\underline{LI = N\psi}$

$$\therefore L = \dfrac{N}{I}\psi = \dfrac{N}{I} \times \dfrac{\mu ANI}{\ell} = \dfrac{\mu AN^2}{\ell} = \dfrac{N^2}{R}[\text{H}]$$

자체(자기)인덕턴스 $L \propto A \propto \mu \propto N^2 \propto \dfrac{1}{\ell}$

6) 자기저항과 자체(자기) 인덕턴스와의 관계

$$\text{자체(자기) 인덕턴스 } L = \frac{N}{I}\psi = \frac{N}{I} \times \frac{\mu A N I}{\ell} = \frac{\mu A N^2}{\ell} = \frac{N^2}{R} [\text{H}]$$

$$\text{상호인덕턴스 } N_2\psi = MI_1$$

$$\Rightarrow M = \frac{N_2}{I_1} \times \psi = \frac{N_2}{I_1} \times \frac{\mu a N_1 I_1}{\ell} = \frac{\mu A N_1 N_2}{\ell} = \frac{N_1 N_2}{R} [\text{H}]$$

$$\text{자기 저항 } R = \frac{N_1^2}{L_1} = \frac{N_2^2}{L_2} = \frac{N_1 N_2}{M} [\text{AT/Wb}]$$

(4) 상호인덕턴스의 계산

$$M = \frac{\mu A N_1 N_2}{\ell} = k\sqrt{L_1 L_2} \ [\text{H}]$$

여기서, k : 결합계수

① 2개 코일이 밀접하게 상호 유도된 정도를 나타내는 양이다.
② 두 코일의 모양, 크기, 상대적인 위치 등에 의해 결정되는 상수
③ $k = 1$ ⇨ 누설 자속이 하나도 없는 완전 결합 상태
④ $k = 0$ ⇨ 전부 누설되어 무결합상태 (직교시)

(5) 솔레노이드의 자체(자기) 인덕턴스 계산

$$L = \frac{\mu A N^2}{\ell} = \frac{N^2}{R} [\text{H}]$$

(6) 환상 솔레노이드의 자체(자기) 인덕턴스

1) 내부의 자계의 세기

$$H = \frac{NI}{\ell} = \frac{NI}{2\pi a} [\text{AT/m}]$$

2) 자체 인덕턴스

$$L = \frac{\mu A N^2}{\ell} = \frac{\mu A N^2}{2\pi a} [\text{H}]$$

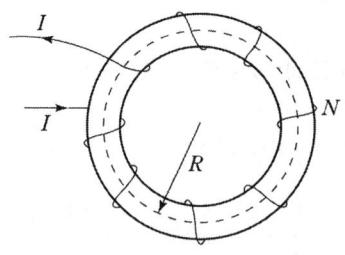

(7) 인덕턴스의 접속법

1) 직렬연결

① 가동결합(화동결합)

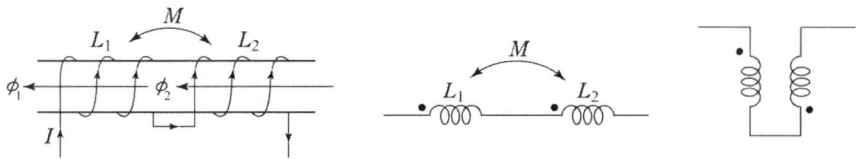

합성 인덕턴스 $L = L_1 + L_2 + 2M = L_1 + L_2 + 2k\sqrt{L_1 L_2}$ [H]

② 차동결합

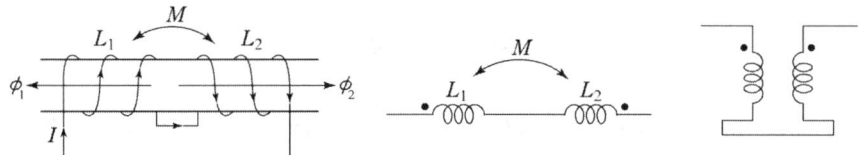

합성 인덕턴스 $L = L_1 + L_2 - 2M$ [H] $= L_1 + L_2 - 2k\sqrt{L_1 L_2}$ [H]

① 직렬연결		② 병렬접속	
㉠ 가동결합	㉡ 차동결합	㉠ 가동결합	㉡ 차동결합
(회로도)	(회로도)	(회로도)	(회로도)
$L = L_1 + L_2 + 2M$	$L = L_1 + L_2 - 2M$	$L = \dfrac{L_1 L_2 - M^2}{L_1 + L_2 - 2M}$	$L = \dfrac{L_1 L_2 - M^2}{L_1 + L_2 + 2M}$

(8) 코일(인덕턴스)에 축적되는 에너지

= (코일에 저장되는 에너지)

= (인덕턴스에 저축되는 에너지)

= (전자에너지, 자계에너지)

① 전자 에너지 : W
② 단위 : [J]
③ 공식 : $W = \frac{1}{2}LI^2[J] = \frac{\psi^2}{2L} = \frac{1}{2}\psi I = \frac{1}{2}F\psi[J]$

  L : 자체(자기)인덕턴스, 코일[H]
  I : 전류[A]

(9) 단위 체적(부피)당 에너지

① 단위 체적(부피)당 에너지 : W_0
② 단위 : [J/m³]
③ 자성체의 단위 체적(부피)당 에너지

$$W_E = \frac{B^2}{2\mu} = \frac{1}{2}\mu H^2 = \frac{1}{2}HB\,[\text{J/m}^3]$$

H : 자계의 세기[AT/m], B : 자속 밀도[Wb/m²], 투자율 $\mu = \mu_0 \times \mu_s$ [H/m]

진공 중의 투자율 $\mu_0 = 4\pi \times 10^{-7}$[H/m]

[μ_s : 비투자율 (진공 중, 공기 중=1)]

(10) 누설자속

① 자기회로 밖의 공간을 누설하는 자속
② 누설계수(누설자속) = $\frac{\text{전자속}}{\text{유효자속}} = \frac{\text{유효자속} + \text{누설자속}}{\text{유효자속}}$
③ 자기차폐 : 누설 자속과 같은 불필요한 자속이 존재하는 공간 상태를 없애기 위해서 강자성체로 싸주는 것

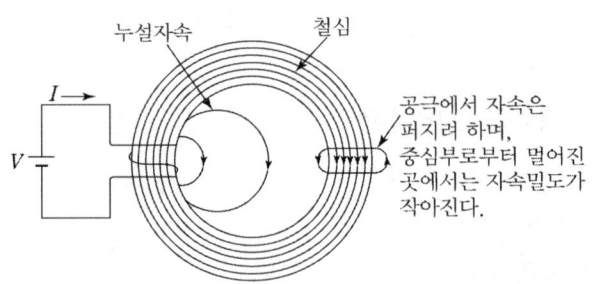

9. 히스테리시스곡선과 손실

(1) 강자성체($\mu_s \gg 1$)의 특징

① 자구가 존재한다.
② 고투자율을 갖는다.
③ 자기포화현상(특성)이 있다.
　(자기포화현상 ; 더 이상 자구의 변화가 일어나지 않은 것)
④ 히스테리시스현상(특성)이 있다.

(2) 자성체의 특성 곡선

1) B-H 곡선[포화곡선, 자하(자화) 곡선]

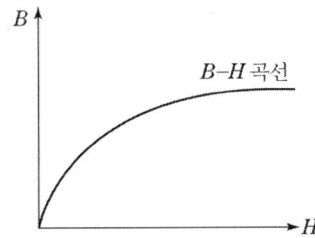

2) 투자율 곡선

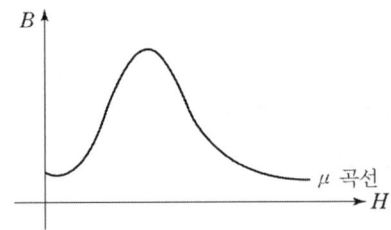

3) 퀴리 온도 (큐리온도, 임계 온도)
　온도가 오르면서 강자성체가 상자성체로 급격하게 변화는 온도

4) 자하(자화)의 근원
　전자의 자전[스핀(spin)]운동

(3) 히스테리시스 현상 (자기 이력 현상)

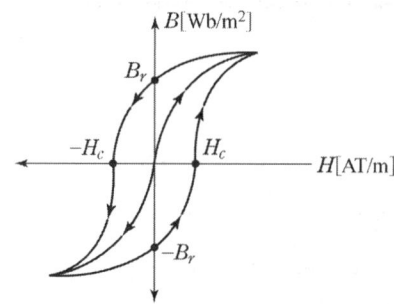

1) 잔류자기 : $B_r[\text{Wb/m}^2]$

   외부에서 가한 자계의 세기를 0으로 해도 자성체 남는 자속밀도의 크기

2) 보자력 : $H_c[\text{AT/m}]$

   자하(자화)된 자성체 내부의 잔류 자속을 0으로 하기 위해 자하(자화)된 반대방향으로 외부에서 가하는 자계의 세기

3) 히스테리시스 손실

   ① 히스테리시스 손실 $P_h = nfB_m^{1.6}[\text{Wb/m}^2]$

   ② 방지책 : 규소 강판을 사용한다.

4) 히스테리시스 곡선의 횡축과 종축

   ① 횡축 : 자계의 세기 $H[\text{AT/m}]$

   ② 종축 : 자속 밀도 $B[\text{Wb/m}^2]$

5) 횡축과 만나는 점 : 보자력 $H_c[\text{AT/m}]$

   종축과 만나는 점 : 잔류자기 $B_r[\text{Wb/m}^2]$

(4) 전자석과 영구자석

1) 전자석

   ① 솔레노이드에 철심을 넣으면 막대자석과 같으며 전류를 흘림으로써 만들어진 자석

   ② 보통 자석과 다른 점은 전류를 흘렸을 때만 자석이 된다.

2) 영구자석

   ① 강한 자하(자화)상태를 오래 보존하는 자석으로 외부로부터 전기에너지를 공급받지 않아도 자성을 안정하게 유지한다.

   ② 잔류자기와 보자력이 큰 물질을 이용하여 제작한다.

	영구 자석	전자석
잔류자기	大(대)	小(소)
보자력	大(대)	小(소)
히스테리시스 곡선 면적	大	小

(5) 와전류

1) 정의
    ① 교류 자계에 의해 도체안에 유도된 원형의 전류
    ② 철심등을 관통하고 있는 자속이 시간적으로 변화하거나 도체와 자속이 상대적으로 운동하는 경우에는 도체 내부에 유도 전류가 발생하게 되며 이 전류를 와전류 또는 맴돌이 전류라 한다.

2) 성질
    ① 와전류는 교번 자속에서만 존재한다.
    ② 와전류는 항상 연속적인 회로에서 흐른다.
    ③ 와전류는 자계(자기장, 자장)이 발생하는 동일 주파수에서 진동한다.
    ④ 와전류는 전류가 일정한 진동성을 갖고 영구자석이 아닌 전자석에 해당되는 것이다.
    ⑤ 와전류는 도체내에서 국부적으로 형성되는 것이다.

3) 와전류손(실)
    ① 정의
        ㉮ 와류손은 히스테리시스손과 함께 철손이라고 한다.
        ㉯ 도체 내에서 와전류가 발생하면 도체의 저항으로 손실이 발생하고 줄열이 발생하며 도체의 온도 상승요인이 된다. 이 와전류에 의한 전력손실을 와류손(실)이라 한다.
    ② 공식 : $P_e \propto f^2 \propto B_m^2$
        P_e : 와류손(실)
        f : 주파수[Hz]
        B_m : 최대자속밀도[Wb/m^2]

③ 와류손을 줄이기 위한 대책
   ㉮ 철심을 자속방향으로 서로 절연한 얇은 철판을 겹쳐서 만든 성형 철심을 사용
   ㉯ 분말 상태의 철을 절연성의 접착제로 가압 성형하며 열처리한 압분철심
   ㉰ 고저항의 산화철 분말을 소결한 페라이트 철심 사용

④ 와전류 현상을 응용
   ㉮ 유도 전동기, 전자 제동, 고주파 가열로
   ㉯ 변압기, 전동기, 발전기 등의 교류 기기에는 와전류가 매우 크다.

3장 정자계 예상문제

1 투자율 μ의 단위는?

① [AT/m] ② [Wb/m²]
③ [AT/Wb] ④ [H/m]

[해설] 투자율 μ의 단위는 $[\frac{H}{m}] = [\frac{henry}{meter}]$

2 진공에서의 투자율[H/m]의 값은?

① 8.855×10^{-12}
② 9×10^9
③ 6.33×10^4
④ 12.56×10^{-7}

[해설] 진공에서의 투자율
$\mu = 4\pi \times 10^{-7} = 12.56 \times 10^{-7}$[H/m]

3 비투자율 μ_s는 강자성체에서 다음 어느 값을 갖는가?

① $\mu_s = 1$ ② $\mu_s < 1$
③ $\mu_s \gg 1$ ④ $\mu_s > 1$

[해설] 비투자율 μ_s 강자성체 값은 $\mu_s \gg 1$
비투자율 μ_s 구리값은 $\mu_s < 1$

4 비투자율 μ_s는 강자성체에서 다음 어느 값을 갖는가?

① 철   ② 니켈
③ 백금 ④ 코발트

[해설] 강자성체 종류 : 철, 니켈, 코발트

5 물질에 따라 자석에 반발하는 물체를 무엇이라 하는가?

① 비자성체 ② 상자성체
③ 반자성체 ④ 가역성체

[해설] 자석반발 물체 : 반자성체, 역자성체

6 비투자율 μ_s는 역자성체(逆磁性體)에서 다음 어느 값을 갖는가?

① $\mu_s = 1$ ② $\mu_s < 1$
③ $\mu_s > 1$ ④ $\mu_s = 0$

[해설] 역자성체 값은 $\mu_s < 1$ 이다.

7 다음 중 역자성체 속하는 것은?

① 철(Fe)   ② 니켈(Ni)
③ 코발트(Co) ④ 구리(Cu)

[해설] 역자성체 : 구리(Cu)

8 다음 중 반자성체는?

① 안티몬 ② 알루미늄
③ 코발트 ④ 니켈

[해설] 반자성체 : 안티몬

정답 1.④ 2.④ 3.③ 4.③ 5.③ 6.② 7.④ 8.①

9 자극의 세기의 단위로 사용되는 것은?

① [C]   ② [Wb]
③ [W]   ④ [F]

[해설] 자극의 세기의 단위는 [Wb]이다.

10 다음 자기학의 쿨롱의 법칙을 설명한 것 중 틀린 것은?

① 두 자극 사이에 작용하는 힘의 크기는 두 자극의 세기의 곱에 비례한다.
② 두 자극 사이에 작용하는 힘의 크기는 두 자하 사이의 거리의 제곱에 반비례한다.
③ 그 힘의 방향은 두 자극을 이은 직선 위에 있다.
④ 같은 부호인 경우 두 자극은 끌어당긴다.

[해설] 쿨롱의 법칙
- 두 자극 사이에 작용하는 힘의 크기는 두 자극의 세기의 곱에 비례한다.
- 두 자극 사이에 작용하는 힘의 크기는 두 자하 사이의 거리의 제곱에 반비례한다.
- 그 힘의 방향은 두 자극을 이은 직선위에 있다.
- 같은 부호인 경우 두 자극은 밀어낸다.

11 두 자극 사이에 작용하는 힘[N]의 크기를 나타낸 식은? (단, m_1, m_2 : 자극의 세기 [Wb], μ : 투자율[H/m], r : 자극간의 거리[m])

① $F = \dfrac{m_1 m_2}{4\pi\mu r}$ [N]

② $F = \dfrac{m}{4\pi\mu r}$ [N]

③ $F = \dfrac{m_1 m_2}{4\pi\mu r^2}$ [N]

④ $F = \dfrac{m}{4\pi\mu r^2}$ [N]

[해설] 두 자극 사이에 작용하는 힘

$F = \dfrac{m_1 m_2}{4\pi\mu r^2} = 6.33 \times 10^4 \times \dfrac{m_1 m_2}{r^2}$ [N]

12 진공 속에서 1[m]의 거리를 두고 10^{-3} [Wb]와 10^{-5}[Wb]의 자극이 놓여 있다면 그 사이에 작용하는 힘[N]은?

① $4\pi \times 10^{-5}$ [N]
② $4\pi \times 10^{-4}$ [N]
③ 6.33×10^{-5} [N]
④ 6.33×10^{-4} [N]

[해설] $F = 6.33 \times 10^4 \times \dfrac{m_1 m_2}{r^2}$

$= 6.33 \times 10^4 \times \dfrac{10^{-3} \times 10^{-5}}{1^2}$

$= 6.33 \times 10^{-4}$ [N]

13 다음 중 공기 중에 있는 2.5×10^{-4}[Wb]와 4×10^{-3}[Wb]의 두 자극이 10[cm]떨어져 있을 때 작용하는 힘[N]은?

① 9×10^9 [N]
② 9×10^5 [N]
③ 6.33×10^4 [N]
④ 6.33 [N]

[해설] $F = 6.33 \times 10^4 \times \dfrac{m_1 m_2}{r^2}$

$= 6.33 \times 10^4 \times \dfrac{2.5 \times 10^{-4} \times 4 \times 10^{-3}}{0.1^2}$

$= 6.33$ [N]

정답   9. ②   10. ④   11. ③   12. ④   13. ④

14 자장 중의 한 점에 1[Wb]의 자계 중에 어떤 자극을 놓았을 때 이에 작용하는 힘의 크기와 방향을 그 점에 대한 무엇이라 하는가?

① 자장의 세기 ② 자위
③ 자속밀도 ④ 자기 쌍극자

[해설] 자장의 세기는 한 점에 1[Wb]의 자계 중에 어떤 자극을 놓았을 때 이에 작용하는 힘의 크기와 방향을 나타냄

15 다음 중 자장의 세기의 단위는?

① [AT/m] ② [H/m]
③ [AT/Wb] ④ [Wb/m^2]

[해설] 자장의 세기의 단위 [AT/m], [A/m]

16 1,000[AT/m]의 자계 중에 어떤 자극을 놓았을 때 3×10^2[N]의 힘을 받았다고 한다. 자극의 세기[Wb]는?

① 0.1[Wb] ② 0.2[Wb]
③ 0.3[Wb] ④ 0.4[Wb]

[해설] $F = mH$에서
$$m = \frac{F}{H} = \frac{3 \times 10^2 [\text{N}]}{1000 [\text{AT/m}]} = 0.3 [\text{Wb}]$$

17 자극의 크기 4[Wb]의 점자극으로부터 4[m] 떨어진 점의 자장의 세기[AT/m]는?

① 7.9×10^2 [AT/m]
② 6.3×10^4 [AT/m]
③ 1.6×10^4 [AT/m]
④ 1.3×10^2 [AT/m]

[해설]
$$F = 6.33 \times 10^4 \times \frac{m}{r^2}$$
$$= 6.33 \times 10^4 \times \frac{4}{4^2}$$
$$= 1.6 \times 10^4 [\text{AT/m}]$$

18 다음 자석의 성질 중 틀린 것은?

① 자석의 양 끝에서 가장 강하다.
② 자석에는 언제나 두 종류의 극성이 있다.
③ 자석이 가지는 자기량은 항상 N극이 강하다.
④ 같은 극성의 자석은 서로 반발하고 다른 극성은 서로 흡입한다.

[해설] 자석의 성질
- 자석의 양 끝에서 가장 강하다. (N극, S극)
- 자석에는 언제나 두 종류의 극성이 있다.
- 같은 극성의 자석은 서로 반발하고 다른 극성은 서로 흡입한다.

19 자기력선의 설명 중 맞는 것은?

① 자기력선은 자석의 N극에서 시작하여 S극에서 끝난다.
② 자기력선 상호간에 교차 한다.
③ 자기력선은 자석의 S극에서 시작하여 N극에서 끝난다.
④ 자기력선은 가시적으로 보인다.

[해설] 자기력선의 성질
- 자기력선은 자석의 N(+) 극에서 시작하여 S(-)극에서 끝난다.
- 상호간 교차하지 않는다.
- $\frac{1}{\mu_0}$개 자하 출입한다.

정답 14. ① 15. ① 16. ③ 17. ③ 18. ③ 19. ①

20 자력선은 다음과 같은 성질이 있다. 옳지 않은 것은?

① N극에서 나와서 S극에서 끝난다.
② 한 점의 자력선의 밀도는 그 점의 자계의 세기의 크기와 같다.
③ m[Wb]에서 나오는 자력선의 수는 m개이다.
④ 자력선에 그은 접선은 그 점에서의 자계의 방향을 나타낸다.

[해설] m[Wb]에서 나오는 자력선의 수는 $\dfrac{m}{\mu}$개이다.

21 m[Wb]의 자극으로부터 나오는 자력선의 총수는 얼마인가?

① m ② $\dfrac{m}{\mu}$
③ $\mu_0 m$ ④ $\dfrac{m}{\mu_0}$

[해설] m[Wb]의 자극으로부터 나오는 자력선의 총수 $N = \dfrac{m}{\mu} = \dfrac{m}{\mu_0 \mu_s}$ 개이다.

22 공기 중에서 m[Wb]의 자극으로부터 나오는 자력선의 총수는 얼마인가?

① m ② $\mu_0 m$
③ $\dfrac{m}{\mu}$ ④ $\dfrac{m}{\mu_0}$

[해설] 공기 중에서 m[Wb]의 자극으로부터 나오는 자력선의 총수
$N = \dfrac{m}{\mu} = \dfrac{m}{\mu_0 \mu_s} = \dfrac{m}{\mu_0}$ 개이다.
(공기 중에 $\mu_s = 1$ 이다.)

23 공기 중에서 m[Wb]에서 나오는 자속수 [개]는?

① $\dfrac{m}{\mu_s}$ ② m
③ $\dfrac{m}{\mu_0}$ ④ $\dfrac{m}{\mu_0 \mu_s}$

[해설] 공기 중 자속 수 $N = m$[개] 이다.

24 다음 중 자속밀도의 단위는?

① [AT/m]   ② [H/m]
③ [AT/Wb]   ④ [Wb/m²]

[해설] 자속밀도 $B = \dfrac{\Phi}{S} = \mu H$ [Wb/m²]

25 단면적 5[cm²]인 철심의 자계가 100 [AT/m], 자속 밀도가 15×10^{-2}[Wb/m²]일 때 이 철심의 투자율[H/m]은 얼마인가?

① 1,200[H/m]   ② 667[H/m]
③ 15[H/m]   ④ 15×10^{-4}[H/m]

[해설] 자속밀도 $B = \mu H$ 에서
$\mu = \dfrac{B}{H} = \dfrac{15 \times 10^{-2}}{100} = 15 \times 10^{-4}$[H/m]

26 비투자율 800의 환상 철심 중의 자계가 150[AT/m]일 때 철심의 자속밀도 [Wb/m²]는 약 얼마인가?

① 12×10^{-2}[Wb/m²]
② 12×10^{2}[Wb/m²]
③ 15×10^{-2}[Wb/m²]
④ 15×10^{2}[Wb/m²]

정답 20. ③ 21. ② 22. ④ 23. ② 24. ④ 25. ④ 26. ③

[해설] $B = \mu H = 4\pi \times 10^{-7} \times 800 \times 150$
$= 15 \times 10^{-2} [\text{Wb/m}^2]$

27 자위(magnetic potential)의 단위로 옳은 것은?

① [C/m] ② [N·m]
③ [AT]   ④ [J]

[해설] 자위단위는 [AT], [A] 둘 중 하나를 사용한다.

28 자위의 단위 [J/Wb]와 같은 것은?

① [A]   ② [A/m]
③ [A·m] ④ [Wb]

[해설] 자위의 단위 [J/Wb] = [AT] = [A]와 같다.

29 m [Wb]의 점자극에 의한 자장 중에서 r [m] 거리에 있는 점의 자위는?

① r에 비례한다.
② r^2에 비례한다.
③ r에 반비례한다.
④ r^2에 반비례한다.

[해설] 자위공식 $U = 6.33 \times 10^4 \times \dfrac{m}{r}$ [A]
여기서, 자위는 거리(r)에 반비례한다.

30 전류에 의한 자장의 방향을 결정하는 법칙은?

① 렌츠의 오른손 법칙
② 플레밍의 오른손 법칙
③ 플레밍의 왼손 법칙
④ 암페어의 오른손 법칙

[해설] 전류에 의한 자장의 방향 : 암페어의 오른손 법칙

31 다음 중 자장의 세기를 구할 때 쓰이는 법칙은?

① 가우스의 법칙
② 패러데이 법칙
③ 암페어의 주회적분 법칙
④ 플레밍의 오른손 법칙

[해설] 자장의 세기 : 암페어의 주회적분 법칙

32 암페어의 주회적분의 법칙은 직접적으로 다음의 어느 관계를 표시하는가?

① 전하와 전계
② 전류와 인덕턴스
③ 전류와 자계
④ 전하와 전위

[해설] 암페어의 주회적분의 법칙의 관계식 : 전류와 자계

33 직선 전류에 의해서 그 주위에 생기는 환상의 자장의 방향은?

① 전류의 방향
② 전류와 반대방향
③ 오른 나사의 진행 방향
④ 오른나사의 회전 방향

[해설] 직선 전류에 의해서 그 주위에 생기는 환상의 자장의 방향은 오른나사의 회전 방향이다.

정답 27. ③ 28. ① 29. ③ 30. ④ 31. ③ 32. ③ 33. ④

34 "전류의 방향과 자장의 방향은 각각 나사의 진행 방향과 회전 방향에 일치한다." 와 관계가 있는 것은?

① 플레밍의 왼손법칙
② 암페어의 오른손 법칙
③ 가우스의 법칙
④ 플레밍의 오른손 법칙

[해설] 암페어의 오른손 법칙 : 전류의 방향과 자장의 방향은 각각 나사의 진행 방향과 회전 방향에 일치한다.

35 I[A]의 무한장 직선 전류로부터 r[m] 떨어진 곳의 자장의 세기[AT/m]는?

① $\dfrac{I}{2r}$
② $\dfrac{I}{2\pi r}$
③ rI
④ $\dfrac{I}{2\pi r^2}$

[해설] I[A]의 무한장 직선 전류로부터 r[m] 떨어진 곳의 자장의 세기 $H = \dfrac{I}{2\pi r}$ [AT/m]

36 전류 10[A]가 흐르고 있는 무한직선도체로부터 10[cm] 떨어진 곳의 자장의 세기 [AT/m]는?

① 0.159
② 1.59
③ 15.9
④ 159

[해설] 자장의 세기
$H = \dfrac{I}{2\pi r} = \dfrac{10}{2\pi \times 10 \times 10^{-2}} = 15.9$ [AT/m]

37 무한장 직선 도체의 전류에 의한 자계가 직선 도체로부터 1[m] 떨어진 점에서 1[AT/m]로 될 때 도체의 전류 크기는 몇 [A]인가?

① $\dfrac{\pi}{2}$[A]
② π[A]
③ $\dfrac{3\pi}{2}$[A]
④ 2π[A]

[해설] 자장의 세기 $H = \dfrac{I}{2\pi r}$ [AT/m] 에서
$I = 2\pi r \times H = 2\pi \times 1 \times 1 = 2\pi$[A]

38 무한장 솔레노이드에 전류가 흐를 때 발생되는 자장에 관한 설명 중 옳은 것은?

① 내부 자장은 평등 자장이다.
② 외부와 내부 자장의 세기는 같다.
③ 외부 자장은 평등 자장이다.
④ 내부 자장의 세기는 0이다.

[해설] 무한장 솔레노이드에 전류가 흐를 때 발생되는 자장값은 내부 자장은 평등 자장이다.

39 무한장 솔레노이드에 전류가 흐를 때 발생되는 자장에 관한 설명 중 옳은 것은?

① 솔레노이드 내부는 평등 자계이다.
② 외부와 내부의 자계의 세기는 같다.
③ 외부 자계의 세기는 nI[AT/m] 이다.
④ 내부 자계의 세기는 nI^2[AT/m] 이다.

[해설] 무한장 솔레노이드에 전류가 흐를 때 발생되는 자장값은 솔레노이드 내부는 평등 자계이다.

정답 34. ② 35. ② 36. ③ 37. ④ 38. ① 39. ①

40 1[cm]마다 권수가 50인 무한장 솔레노이드에 500[mA]의 전류를 흘릴 때 그 내부의 자장의 세기[AT/m]는?

① 1,250[AT/m]
② 2,500[AT/m]
③ 12,500[AT/m]
④ 25,000[AT/m]

[해설] 무한장 솔레노이드 자장의 세기
$$H = \frac{nI}{l} = \frac{50 \times 500 \times 10^{-3}}{1 \times 10^{-2}}$$
$$= 2,500 [AT/m]$$

41 그림과 같은 무단 환상 솔레노이드 내의 철심 중심의 자장의 세기는 몇 [AT/m]인가? (단, 환상 철심의 평균 반지름 R[m], 코일의 권수 N[회], 코일에 흐르는 전류 I[A]라 한다.)

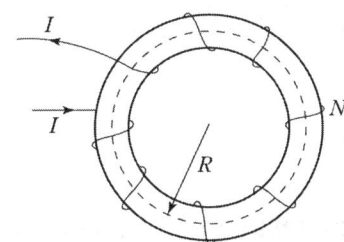

① $\frac{NI}{\pi R}$
② $\frac{NI}{2\pi R}$
③ $\frac{NI}{4\pi R}$
④ $\frac{NI}{2R}$

[해설] 환상 솔레노이드 $H = \frac{NI}{2\pi R}$ [AT/m]

42 평균 반지름 10[cm], 권수 200회인 환상 솔레노이드에서 5[A]의 전류를 흘리면 내부의 자장은 약 몇 [AT/m]인가?

① 1,000[AT/m] ② 1,590[AT/m]
③ 5,000[AT/m] ④ 10,000[AT/m]

[해설] 환상 솔레노이드
$$H = \frac{NI}{2\pi R} = \frac{200 \times 5}{2\pi \times 0.1} = 1590 [AT/m]$$

43 반지름 a[m], 권수 N 회의 원형 코일에 I[A]의 전류가 흐를 때 그 코일 중심점에서의 자장의 세기[AT/m]는?

① $\frac{NI}{2\pi a}$
② $\frac{NI}{4\pi a}$
③ $\frac{NI}{2a}$
④ $\frac{NI}{4a}$

[해설] 원형 코일 중심 자장의 세기
$$H = \frac{NI}{2a} [AT/m]$$

44 반지름이 a[m]인 원형 코일에 I[A]의 전류가 흐를 때 코일의 중심 자장의 세기는?

① a에 비례한다.
② a^2에 비례한다.
③ a에 반비례한다.
④ a^2에 반비례한다.

[해설] 원형 코일 중심 자장의 세기
$H = \frac{NI}{2a}$ [AT/m] a(반지름)에 반비례한다.

45 반지름이 40[cm], 권수가 10회인 원형 코일에 전류가 10[A]흐르고 있다. 중심에서의 자장의 세기[AT/m]는?

① 25[AT/m] ② 75[AT/m]
③ 125[AT/m] ④ 200[AT/m]

[해설] 원형 코일 중심 자장의 세기
$$H = \frac{NI}{2a} = \frac{10 \times 10}{2 \times 0.4} = 125 [\text{AT/m}]$$

46 전류에 의해 발생되는 자장의 크기는 전류의 크기와 전류가 흐르고 있는 도체와 고찰하려는 점까지의 거리에 의해 결정 된다. 이러한 관계를 무슨 법칙이라 하는가?

① 비오-샤바르 법칙
② 플레밍의 법칙
③ 쿨롱의 법칙
④ 패러데이 법칙

[해설] 비오-샤바르 법칙 : $H = \frac{Id\ell\sin\theta}{4\pi r^2}[\text{AT/m}]$
전류에 의해 발생되는 자장의 크기는 전류의 크기와 전류가 흐르고 있는 도체와 고찰하려는 점까지의 거리에 의해 결정된다.

47 전류에 의한 자계를 구하는 비오-사바르의 법칙을 MKS 합리화 단위계로 표시하면?

① $\frac{Id\ell\sin\theta}{4\pi r}[\text{AT/m}]$
② $\frac{Id\ell\sin\theta}{r^2}[\text{AT/m}]$
③ $\frac{Id\ell\sin\theta}{4\pi r^2}[\text{AT/m}]$
④ $\frac{4\pi Id\ell\sin\theta}{r^2}[\text{AT/m}]$

[해설] 비오-샤바르 법칙 :
$$H = \frac{Id\ell\sin\theta}{4\pi r^2}[\text{AT/m}]$$

48 그림과 같은 도선에 전류 $I[\text{A}]$의 전류가 흐를 때 도선의 미소 부분 $\Delta l[\text{m}]$에 의하여 P점에 생기는 자장 $\Delta H[\text{AT/m}]$는?

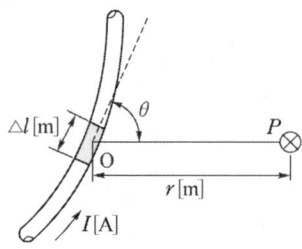

① $\Delta H = \frac{I\Delta l\sin\theta}{4\pi r^2}[\text{AT/m}]$
② $\Delta H = \frac{I\Delta l\sin\theta}{r^2}[\text{AT/m}]$
③ $\Delta H = \frac{I\Delta l\cos\theta}{4\pi r}[\text{AT/m}]$
④ $\Delta H = \frac{I\Delta l\cos\theta}{r}[\text{AT/m}]$

[해설] 비오-샤바르 법칙 :
$$\Delta H = \frac{I\Delta l\sin\theta}{4\pi r^2}[\text{AT/m}]$$

49 비오 사바르의 법칙은 어떤 관계를 나타낸 것인가?

① 전위와 전장의 세기
② 기자력과 자속밀도
③ 기전력과 자속
④ 전류와 자장의 세기

[해설] 비오 사바르의 법칙은 전류와 자장의 세기 관계를 나타낸 것이다.

50 전자력의 방향과 관계가 있는 법칙은?

① 렌츠의 법칙
② 패러데이 법칙
③ 플레밍의 오른손 법칙
④ 플레밍의 왼손 법칙

[해설] 플레밍의 왼손 법칙 : 전자력의 방향과 관계 - 전동기의 원리

51 다음 중 전자력 작용을 응용한 대표적인 것은?

① 전동기   ② 전열기
③ 축전기   ④ 전등

[해설] 전자력 작용을 응용한 대표적은 전동기이다.

52 전동기의 회전 방향을 알기 위한 법칙은?

① 플레밍의 오른손 법칙
② 플레밍의 왼손 법칙
③ 렌츠의 법칙
④ 앙페르의 오른나사의 법칙

[해설] 전동기의 회전 방향을 알기 위한 법칙
: 플레밍의 왼손 법칙

53 플레밍의 왼손법칙에서 엄지손가락이 뜻하는 것은?

① 자기력선의 방향
② 힘의 방향
③ 기전력의 방향
④ 전류의 방향

[해설] 플레밍의 왼손법칙에서 엄지손가락
: 힘의 방향

54 플레밍의 왼손법칙에서 전류의 방향을 나타내는 손가락은?

① 약지   ② 중지
③ 검지   ④ 엄지

[해설] 플레밍의 왼손법칙에서 전류의 방향 : 중지

55 같은 평등 자장 중의 자장와 수직방향으로 전류 도선을 놓으면 N, S극이 만드는 자장와 전류에 의한 자장와의 상호작용에 의하여 자장의 합성이 이루어지고 전류 도선은 힘을 받는다. 이러한 힘을 무엇이라 하는가?

① 전자력   ② 기전력
③ 기자력   ④ 정전력

[해설] 같은 평등 자장 중의 자장와 수직 방향으로 전류 도선을 놓으면 N, S극이 만드는 자장와 전류에 의한 자장와의 상호작용에 의하여 자장의 합성이 이루어지고 전류 도선은 힘을 받는다. 이러한 힘을 전자력이라 한다.

56 평등 자장 내에 놓여 있는 직선 전류 도선이 받는 힘에 대한 설명 중 옳지 않은 것은?

① 힘은 전류에 비례한다.
② 힘은 자장의 세기에 비례한다.
③ 힘은 도선의 길이에 반비례한다.
④ 힘은 전류의 방향과 자장의 방향과의 사이각의 정면에 관계된다.

[해설] 평등 자장 내에 놓여 있는 직선 전류 도선이 받는 힘
• 힘은 전류에 비례한다.
• 힘은 자장의 세기에 비례한다.
• 힘은 도선의 길이에 비례한다.
• 힘은 전류의 방향과 자장의 방향과의 사이각의 정면에 관계된다.

정답 50. ④ 51. ① 52. ② 53. ② 54. ② 55. ① 56. ③

57 전류 및 자장의 관계로 거리가 가장 먼 것은?

① 플레밍의 왼손 법칙
② 비오-샤바르의 법칙
③ 가우스의 법칙
④ 암페어의 오른 나사의 법칙

[해설] 플레밍의 왼손 법칙 : $F = NIl\sin\theta$ (전류 I)

비오-샤바르 법칙 : $H = \dfrac{Id\ell\sin\theta}{4\pi r^2}$ (전류 I)

암페어의 오른 나사의 법칙
: $H = \dfrac{I}{2\pi r}$ (전류 I)

58 그림과 같이 AB 도체에 같은 방향의 전류가 동일하게 흐를 때 두 도체 간에 작용하는 힘은?

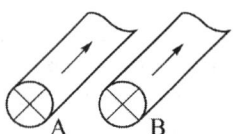

① 반발력이 작용한다.
② A가 B쪽으로 흡입된다.
③ B가 A쪽으로 흡입된다.
④ 흡인력이 작용한다.

[해설] • 같은 방향의 전류가 동일하게 흐를 때 두 도체 간에 작용하는 힘 : 흡인력이 작용한다.
• 반대 방향의 전류가 동일하게 흐를 때 두 도체 간에 작용하는 힘 : 반발력이 작용한다.

59 전류 I_1[A], I_2[A]가 각각 같은 방향으로 흐르는 평행 도선이 d[m] 간격으로 공기 중에 놓여 있을 때 도선간에 작용하는 힘 [N/m]은?

① $\dfrac{2I_1I_2}{d} \times 10^{-7}$[N/m] , 흡인력

② $\dfrac{2I_1I_2}{d} \times 10^{-7}$[N/m] , 반발력

③ $\dfrac{2I_1I_2}{d^2} \times 10^{-7}$[N/m] , 흡인력

④ $\dfrac{2I_1I_2}{d^2} \times 10^{-7}$[N/m] , 반발력

[해설] $F = \dfrac{2I_1I_2}{d} \times 10^{-7}$[N/m]

같은 방향의 전류가 동일하게 흐를 때 두 도체 간에 작용하는 힘 : 흡인력이 작용한다.

60 일정한 간격을 두고 떨어진 두 개의 긴 평행 도선에 전류가 각각 서로 반대방향으로 흐를 때 단위 길이당 두 도선 간에 작용하는 힘은 어떻게 되는가?

① 두 전류의 곱에 비례하고 도선간의 거리의 제곱에 반비례하며 반발력이다.
② 두 전류의 곱에 비례하고 도선간의 거리에 반비례하며 반발력이다.
③ 두 전류의 곱에 비례하고 도선간의 거리의 3승에 반비례하며 흡인력이다.
④ 두 전류의 곱에 비례하고 도선간의 거리에 무관하고 흡인력이다.

[해설] $F = \dfrac{2I_1I_2}{d} \times 10^{-7}$[N/m]

일정한 간격을 두고 떨어진 두 개의 긴 평행 도선에 전류가 각각 서로 반대방향으로 흐를 때 두 전류의 곱에 비례하고 도선간의 거리에 반비례하며 반발력이다.

61 평행한 왕복 도체에 흐르는 전류에 의한 작용력은?

① 흡입력 ② 반발력
③ 회전력 ④ 0

[해설] 평행한 왕복 도체에 흐르는 전류에 의한 작용력 : 반발력

62 평행도선에 같은 크기의 왕복 전류가 흐를 때 두 도선 사이에 작용하는 힘과 관계되는 것 중 옳은 것은?

① 간격의 제곱에 반비례하며 흡인력이다.
② 간격의 제곱에 반비례하고 투자율에 반비례한다.
③ 전류의 제곱에 비례하며 반발력이다.
④ 주위 매질의 투자율에 반비례하며 반발력이다.

[해설] 평행도선에 같은 크기의 왕복 전류가 흐를 때 두 도선 사이에 작용하는 힘은 전류의 제곱에 비례하며 반발력이다.

63 간격 4[cm]인 2개의 평행한 도선에 각각 전류 10[kA]가 흐르고 있을 경우 도선의 단위 길이당 작용한 힘[N/m]은?

① 500[N/m]
② 600[N/m]
③ 700[N/m]
④ 800[N/m]

[해설] $F = \dfrac{2I_1 I_2}{d} \times 10^{-7}$[N/m]

$F = \dfrac{2 \times (10 \times 10^3)^2}{0.04} \times 10^{-7} = 500$[N/m]

64 자극의 세기가 10^{-5}[Wb], 길이가 10[cm]인 막대자석의 자기 모멘트는 얼마인가?

① 10^{-4}[Wb·m]
② 10^{-5}[Wb·m]
③ 10^{-6}[Wb·m]
④ 10^{-7}[Wb·m]

[해설] 자기 모멘트
$M = m \times l = 10^{-5} \times 0.1 = 10^{-6}$[Wb·m]

65 자극의 세기가 $\pm 10^{-4}$[Wb]인 막대자석의 자기모멘트 10^{-5}[Wb·m]일 때 막대자석의 길이는 몇 [cm]인가?

① 1[cm] ② 10[cm]
③ 100[cm] ④ 1,000[cm]

[해설] 막대자석의 자기모멘트 $M = m \times l$[Wb·m]
이 때 길이 $l = \dfrac{M}{m} = \dfrac{10^{-5}}{10^{-4}} = 10^{-1} = 10$[cm]

66 자기 회로와 전기 회로의 대응 관계에서 자기 회로의 자속과 대응되는 전기 회로의 양은?

① 기전력 ② 전류
③ 도전율 ④ 저항

[해설]

전기회로	자기회로
기전력 E	$F = N \cdot I$ (기자력)
전류 I	ϕ (자속)
저항 R	R (자기저항)

67 자속을 만드는 원동력이 되는 것은?

① 전자력 ② 회전력
③ 기자력 ④ 전기력

[해설] 자속을 만드는 원동력은 기자력이다.

68 기자력의 단위는?

① [V]　　　② [Wb]
③ [AT]　　　④ [N]

[해설] 기자력 $F = N \cdot I$ [AT]

69 400회 감은 코일에 2.5[A]의 전류가 흐른다면 기자력은 몇 [AT]이겠는가?

① 250　　　② 500
③ 1,000　　　④ 2,000

[해설] 기자력 $F = N \cdot I = 400 \times 2.5 = 1000$ [AT]

70 환상 철심에서 감은 코일에 5[A]의 전류를 흘렸을 때 2,000[AT]의 기자력이 생겼다. 코일의 권수는 얼마인가?

① 100　　　② 250
③ 400　　　④ 10,000

[해설] 기자력 $F = N \cdot I$ [AT]
$N = \dfrac{F}{I} = \dfrac{2000}{5} = 400$ [회]

71 다음 중 자기 저항의 단위는?

① [Ω]　　　② [AT/m]
③ [H/m]　　　④ [AT/Wb]

[해설] 자기저항 $R_m = \dfrac{F}{\Phi} = \dfrac{NI}{\Phi} = \left[\dfrac{\text{AT}}{\text{Wb}}\right]$

72 철심에 도선을 250회 감고 1.2[A]의 전류를 흘렸더니 1.5×10^{-3}[Wb]의 자속이 생겼다. 이 때 자기저항[AT/Wb]은?

① 2×10^5 [AT/Wb]
② 3×10^5 [AT/Wb]
③ 4×10^5 [AT/Wb]
④ 5×10^5 [AT/Wb]

[해설] 자기저항 $R_m = \dfrac{F}{\Phi} = \dfrac{NI}{\Phi} = \dfrac{250 \times 1.2}{1.5 \times 10^{-3}}$
$= 2 \times 10^5$ [AT/Wb]

73 자기 회로의 단면적 S[m²], 길이 l[m], 비투자율 μ_s, 진공의 투자율 μ_0[H/m]일 때의 자기 저항은?

① $\dfrac{l}{\mu_0 \mu_s S}$　　② $\dfrac{\mu_0 \mu_s l}{S}$
③ $\dfrac{S}{\mu_0 \mu_s l}$　　④ $\dfrac{\mu_0 \mu_s S}{l}$

[해설] 자기저항
$R_m = \dfrac{F}{\Phi} = \dfrac{NI}{\Phi} = \dfrac{l}{\mu \cdot S} = \dfrac{l}{\mu_0 \mu_s S} \left[\dfrac{\text{AT}}{\text{Wb}}\right]$

74 자기 회로의 자기저항에 대한 설명으로 옳지 않은 것은?

① 자기회로의 단면적에 반비례한다.
② 자기회로의 길이에 반비례한다.
③ 자성체의 비투자율에 반비례한다.
④ 단위는 [AT/Wb]이다.

[해설] 자기저항
$R_m = \dfrac{F}{\Phi} = \dfrac{NI}{\Phi} = \dfrac{l}{\mu \cdot S} = \dfrac{l}{\mu_0 \mu_s S} \left[\dfrac{\text{AT}}{\text{Wb}}\right]$
• 자기회로의 단면적에 반비례한다.
• 자성체의 비투자율에 반비례한다.

정답 68. ③ 69. ③ 70. ③ 71. ④ 72. ① 73. ① 74. ②

- 자기회로의 길이에 비례한다.
- 단위는 [AT/Wb]이다.

75 철심의 단면적, 길이, 투자율을 전부 2배로 하면 자기 저항은 몇 배가 되는가?

① $\frac{1}{4}$ ② 4
③ $\frac{1}{2}$ ④ 2

[해설] 자기저항

$$R_m = \frac{l}{\mu \cdot S} = \frac{2l}{2\mu \times 2S} = \frac{1}{2} \frac{l}{\mu \cdot S} \left[\frac{AT}{Wb}\right]$$

76 불필요한 자속이 존재하는 공간의 어떤 점을 자속이 없는 상태로 하기 위해 자성체로 싸주는 장치를 무엇이라 하는가?

① 자기 차폐   ② 전기 차폐
③ 자속 차폐   ④ 접지 차폐

[해설] 불필요한 자속이 존재하는 공간의 어떤 점을 자속이 없는 상태로 하기 위해 자성체로 싸주는 장치를 자기차폐라 한다.

77 내부 장치 또는 공간을 물질로 포위시켜 외부 자계의 영향을 차폐시키는 방식을 자기 차폐라 한다. 자기 차폐에 좋은 물질은?

① 강자성체 중에서 비투자율이 큰 물질
② 강자성체 중에서 비투자율이 작은 물질
③ 비투자율이 1보다 작은 역자성체
④ 비투자율에 관계없이 물질의 두께에만 관계되므로 되도록 두꺼운 물질

[해설] 내부 장치 또는 공간을 물질로 포위시켜 외부 자계의 영향을 차폐시키는 방식을 자기 차폐라 한다.
이때 자기 차폐에 좋은 물질은 강자성체 중에서 비투자율이 큰 물질이다.

78 전자 유도 현상에서 의한 유기 기전력에 관한 법칙은?

① 렌츠의 법칙
② 패러데이의 법칙
③ 암페어의 법칙
④ 쿨롱의 법칙

[해설] 패러데이의 법칙 : 전자 유도 현상에서 의한 유기 기전력에 관한 법칙

79 다음 ㉠, ㉡에 대한 법칙으로 알맞은 것은?

> 전자유도에 의하여 회로에 발생되는 기전력은 쇄교 자속수의 시간에 대한 감소비율에 한다는 (㉠)에 따르고 특히, 유도된 기전력의 방향은 (㉡)에 따른다.

① ㉠ 패러데이의 법칙
   ㉡ 렌츠의 법칙
② ㉠ 렌츠의 법칙
   ㉡ 패러데이의 법칙
③ ㉠ 플레밍의 왼손법칙
   ㉡ 패러데이의 법칙
④ ㉠ 패러데이의 법칙
   ㉡ 플레밍의 왼손법칙

[해설] 전자유도에 의하여 회로에 발생되는 기전력은 쇄교 자속수의 시간에 대한 감소 비율에 한다는 (㉠ 패러데이의 법칙)에 따르고 특히, 유도된 기전력의 방향은 (㉡ 플레밍의 왼손법칙)에 따른다.

정답 75. ③ 76. ① 77. ① 78. ② 79. ④

80 "유도 기전력은 자신의 발생 원인이 되는 자속의 변화를 방해하려는 방향으로 발생한다" 이것을 나타내는 법칙은?

① 렌츠의 법칙
② 플레밍의 법칙
③ 패러데이 법칙
④ 줄의 법칙

[해설] 렌츠의 법칙 : "유도 기전력은 자신의 발생 원인이 되는 자속의 변화를 방해하려는 방향으로 발생한다" 이것을 나타내는 법칙

81 자속의 변화에 의한 기전력의 방향 결정은?

① 렌츠의 법칙
② 패러데이의 법칙
③ 앙페르의 법칙
④ 줄의 법칙

[해설] 렌츠의 법칙 : "유도 기전력은 자신의 발생 원인이 되는 자속의 변화를 방해하려는 방향으로 발생한다" 이것을 나타내는 법칙

82 코일에 전류가 흘러 그 양단에 역기전력을 일으킬 때 전류방향과 관계되는 법칙은?

① 렌츠의 법칙
② 플레밍의 법칙
③ 패러데이의 법칙
④ 줄의 법칙

[해설] 렌츠의 법칙 : "유도 기전력은 자신의 발생 원인이 되는 자속의 변화를 방해하려는 방향으로 발생한다" 이것을 나타내는 법칙

83 전자유도에 의해서 회로에 발생되는 기전력에 관계되는 두 개의 법칙은?

① 가우스 법칙과 옴의 법칙
② 플레밍의 법칙과 옴의 법칙
③ 패러데이 법칙과 렌츠의 법칙
④ 암페어의 법칙과 비오-샤바르 법칙

[해설] 전자유도에 의해서 회로에 발생되는 기전력에 관계되는 두 개의 법칙은 패러데이 법칙과 렌츠의 법칙이다.

84 다음에서 전자 유도 법칙과 관계가 먼 것은?

① 노이만의 법칙
② 렌츠의 법칙
③ 암페어 오른나사의 법칙
④ 패러데이의 법칙

[해설] 전자 유도 법칙과 관계있는 법칙
- 노이만의 법칙
- 렌츠의 법칙
- 패러데이의 법칙

85 전류 및 자계에 직접 관련이 없는 것은?

① 암페어 오른나사의 법칙
② 플레밍의 왼손법칙
③ 비오-사바르의 법칙
④ 렌츠의 법칙

[해설] 전류 및 자계와 관계있는 법칙
- 암페어 오른나사의 법칙
- 플레밍의 왼손법칙
- 비오-사바르의 법칙

정답 80. ① 81. ① 82. ① 83. ③ 84. ③ 85. ④

86 패러데이 법칙에서 유도 기전력 e [V]를 옳게 표현한 것은?

① $e = -N \dfrac{d\psi}{dt}$ [V]
② $e = N\psi$ [V]
③ $e = 2\pi N\psi$ [V]
④ $e = -\dfrac{1}{N}\dfrac{d\psi}{dt}$ [V]

[해설] 패러데이 법칙에서 유도 기전력
$e = -N\dfrac{d\psi}{dt}$ [V]

87 권수 1회의 코일에 5[Wb]의 자속이 쇄교하고 있을 때 10^{-1}[s] 사이에 자속이 0으로 변화하였다면 이때 코일에 유도되는 기전력[V]은?

① 500[V] ② 100[V]
③ 50[V] ④ 10[V]

[해설] 기전력
$e = -N\dfrac{d\psi}{dt} = -1 \times \dfrac{0-5}{10^{-1}} = 50$ [V]

88 발전기의 유도 전압의 방향을 나타내는 법칙은?

① 플레밍의 오른손 법칙
② 플레밍의 왼손 법칙
③ 렌츠의 법칙
④ 암페어의 오른나사의 법칙

[해설] 발전기의 유도 전압의 방향을 나타내는 법칙은 플레밍의 오른손 법칙이다.

89 플레밍의 오른손 법칙에서 엄지손가락이 나타내는 것은?

① 도체의 운동 방향
② 자속의 방향
③ 자장의 방향
④ 유도 기전력의 방향

[해설] 플레밍의 오른손 법칙에서 엄지손가락이 나타내는 것은 도체의 운동 방향이다.

90 플레밍의 오른손 법칙에서 가운데 손가락이 나타내는 것은?

① 도체의 운동 방향
② 자속의 방향
③ 자장의 방향
④ 유도 기전력의 방향

[해설] 플레밍의 오른손 법칙에서 가운데 손가락이 나타내는 것은 발전기 유도 기전력의 방향이다.

91 자속 밀도 5[Wb/m^2]인 평등 자계 내에 있는 10[cm]의 도선이 자계와 수직 방향으로 6[m/sec]의 속도로 운동할 때 발생되는 유기 기전력[V]은?

① 1.5[V]
② 2.5[V]
③ 3[V]
④ 5[V]

[해설] 유도기전력
$e = Blv\sin\theta$
$= 5 \times 10 \times 10^{-2} \times 6 \times \sin 90$
$= 3$ [V]

정답 86. ① 87. ③ 88. ① 89. ① 90. ④ 91. ③

92 권수 N인 코일에 I[A]의 전류가 흘러 자속 ψ[Wb]가 생겼다면 이 코일의 자기 인덕턴스[H]는?

① $L = \dfrac{I\psi}{N}$ ② $L = I\psi N$

③ $L = \dfrac{NI}{\psi}$ ④ $L = \dfrac{N\psi}{I}$

[해설] 유도 기전력 $e = -L\dfrac{dI}{dt} = -N\dfrac{d\psi}{dt}$[V]에서

인덕턴스 $L = \dfrac{N\psi}{I}$[H]

93 자기 인덕턴스 0.5[H]의 회로에 흐르는 전류가 매초 54[A]의 비율로 증가할 때 자기 유도 기전력[V]을 구하면?

① 9.3[V] ② -9.3[V]
③ 27[V] ④ -27[V]

[해설] 유도 기전력 $e = -L\dfrac{dI}{dt} = -0.5\dfrac{54}{1} = -27$[V]

94 권수 500회인 코일에 2[A]의 전류를 흐르게 했을 때 자로에 1×10^{-2}[Wb]자속이 생겼다. 이 코일의 자기 인덕턴스[H]는 얼마인가?

① 2.5[H] ② 3.5[H]
③ 4.5[H] ④ 5.5[H]

[해설] 인덕턴스

$L = \dfrac{N\psi}{I} = \dfrac{500 \times 1 \times 10^{-2}}{2} = 2.5$[H]

95 권수가 N인 철심이 든 환상 솔레노이드가 있다. 철심의 투자율이 일정하다고 하면, 이 솔레노이드의 자기 인덕턴스 L은? 단, 여기서 R_m은 철심의 자기 저항이고 솔레노이드에 흐르는 전류를 I라 한다.

① $L = \dfrac{R_m}{N^2}$ ② $L = \dfrac{N}{R_m}$

③ $L = R_m N^2$ ④ $L = \dfrac{N^2}{R_m}$

[해설] 인덕턴스 $L = \dfrac{N\psi}{I} = \dfrac{\mu A N^2}{l} = \dfrac{N^2}{R_m}$[H]

96 솔레노이드의 자기 인덕턴스는 권수를 N이라 하면 어떻게 되는가?

① N에 비례 ② $\sqrt{N}$에 비례

③ N^2에 비례 ④ $\dfrac{1}{N^2}$에 비례

[해설] 인덕턴스 $L = \dfrac{\mu A N^2}{l} = \dfrac{N^2}{R_m} \propto N^2$

97 코일의 권수를 2배로 하면 인덕턴스의 값은 몇 배가 되는가?

① $\dfrac{1}{2}$배 ② $\dfrac{1}{4}$배

③ 4배 ④ 2배

[해설] 인덕턴스

$L = \dfrac{\mu A N^2}{l} = \dfrac{N^2}{R_m} \propto N^2 \propto 2^2 \propto 4$배

98 코일의 자기 인덕턴스는 다음 어떤 매체 상수에 따라 변하는가?

① 도전율 ② 투자율
③ 유전율 ④ 절연 저항

[정답] 92. ④ 93. ④ 94. ① 95. ④ 96. ③ 97. ③ 98. ②

[해설] 코일의 자기 인덕턴스는 $(L = \dfrac{\mu A N^2}{l} \propto \mu)$ 투자율에 비례한다.

99 그림과 같이 환상의 철심에 일정한 권선이 감겨진 권수 N회, 단면적 $S[m^2]$, 평균 자로의 길이 $l[m]$인 환상 솔레노이드에 전류 $I[A]$를 흘렸을 때 이 환상 솔레노이드의 자기 인덕턴스를 옳게 표현한 식은?

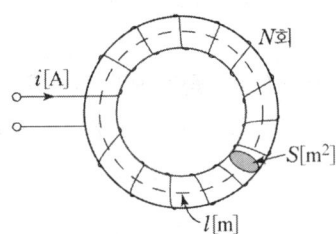

① $\dfrac{\mu^2 SN}{l}$ ② $\dfrac{\mu S^2 N}{l}$

③ $\dfrac{\mu SN}{l}$ ④ $\dfrac{\mu SN^2}{l}$

[해설] 환상 솔레노이드의 자기인덕턴스
$L = \dfrac{\mu SN^2}{l}$ [H]

100 2개의 코일을 서로 근접시켰을 때 한쪽 코일의 전류가 변화하면 다른 쪽 코일에 유도 기전력이 발생하는 현상을 무엇이라 하는가?

① 상호 결합
② 자체 유도
③ 상호 유도
④ 자체 결합

[해설] 2개의 코일을 서로 근접 시켰을 때 한쪽 코일의 전류가 변화하면 다른 쪽 코일에 유도 기전력이 발생하는 현상은 상호유도 작용이다.

101 다음 설명 중 틀린 것은?

① 결합계수는 두 코일의 형상, 크기, 상태, 위치 등으로 결정된다.
② 결합계수 k가 작으면 누설자속이 많아진다.
③ 상호 인덕턴스 M이 작으면 누설자속이 많아진다.
④ 두 회로가 완전 결합된 상태이면 $k = 0$ 이다.

[해설] 완전 결합된 상태이면 $k = 1$ 이다.
(누설자속이 없다)

102 자기 인덕턴스와 상호 인덕턴스와의 관계에서 결합계수 k의 값은?

① $0 \leq k \leq \dfrac{1}{2}$
② $0 \leq k \leq 1$
③ $1 \leq k \leq 2$
④ $1 \leq k \leq 10$

[해설] 결합계수 k의 범위 : $0 \leq k \leq 1$

103 자체 인덕턴스 L_1, L_2, 상호 인덕턴스 M인 두 회로가 완전 결합되었다면 관계식은?

① $M = \sqrt{L_1 L_2}$
② $M > \sqrt{L_1 L_2}$
③ $M < \sqrt{L_1 L_2}$
④ $M = L_1 L_2$

[해설] 완전 결합시 상호인덕턴스
$M = k\sqrt{L_1 L_2} = \sqrt{L_1 L_2}$ [H]
(완전결합시 $k = 1$ 이다.)

정답 99. ④ 100. ③ 101. ④ 102. ② 103. ①

104 자기 인덕턴스가 L_1, L_2인 두 솔레노이드가 서로 직교하고 있을 때 상호 인덕턴스는?

① $L_1 + L_2$ ② $\sqrt{L_1 \cdot L_2}$
③ $\dfrac{L_1 + L_2}{2}$ ④ 0

[해설] 자기 인덕턴스가 L_1, L_2인 두 솔레노이드가 서로 직교하고 있을 때 상호 인덕턴스 $M = 0$이다.

105 자기 인덕턴스가 L_1, L_2와 상호 인덕턴스 M과의 결합 계수는 어떻게 표시되는가?

① $\dfrac{\sqrt{L_1 L_2}}{M}$ ② $\dfrac{M}{\sqrt{L_1 L_2}}$
③ $\dfrac{M}{L_1 L_2}$ ④ $\dfrac{L_1 L_2}{M}$

[해설] 상호인덕턴스 $M = k\sqrt{L_1 L_2}$ [H]에서
결합계수 $k = \dfrac{M}{\sqrt{L_1 \times L_2}}$

106 두 코일이 있다. 각 코일의 자기 인덕턴스가 $L_1 = 0.15$[H], $L_2 = 0.2$[H], 상호 인덕턴스가 $M = 0.1$[H]라고 하면 두 코일의 결합 계수 k는?

① 0.456   ② 0.577
③ 0.628   ④ 0.725

[해설] 결합계수
$k = \dfrac{M}{\sqrt{L_1 \times L_2}} = \dfrac{0.1}{\sqrt{0.15 \times 0.2}} = 0.577$

107 자체 인덕턴스 L_1, L_2, 상호 인덕턴스 M의 코일이 자기적으로 결합을 했을 때 합성 인덕턴스는?

① $L_1 + L_2 + M$
② $L_1 - L_2 + M$
③ $L_1 + L_2 \pm 2M$
④ $L_1 + L_2 \pm M$

[해설] 합성 인덕턴스 $L = L_1 + L_2 \pm 2M$[H]

108 그림에서 (a)의 등가 인덕턴스를 (b)라 할 때 L[H]의 값은 얼마인가? 단, 모든 인덕턴스의 단위는 [H]이다.

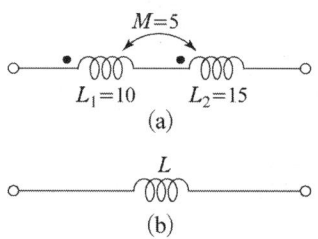

① 15[H]   ② 20[H]
③ 30[H]   ④ 35[H]

[해설] 가동코일 $L = L_1 + L_2 + 2M$
$= 10 + 15 + 2 \times 5 = 35$[H]

109 인덕턴스 L[H]인 코일에 I[A]의 전류가 흐른다면 이 코일에 축적되는 에너지[J]는?

① LI^2 ② $2LI^2$
③ $\dfrac{1}{2}LI^2$ ④ $\dfrac{1}{4}LI^2$

[해설] 코일에 축적되는 에너지 $W = \dfrac{1}{2}LI^2$[J]이다.

110 자기인덕턴스 L[H]인 코일에 I[A]의 전류가 흐를 때 이 코일에 축적되는 에너지와 전류 사이에 그려지는 곡선은?

① 원 ② 직선
③ 쌍곡선 ④ 포물선

해설 코일에 축적되는 에너지와 전류 사이에 그려지는 곡선은 전류제곱에 비례하므로 포물선 곡선이다. ($W = \frac{1}{2}LI^2 \propto I^2$)

111 자기 인덕턴스 20[H]의 코일에 5[A]의 전류가 흐를 때 저장되는 자기 에너지[J]는?

① 500[J] ② 300[J]
③ 250[J] ④ 150[J]

해설 코일에 축적되는 에너지
$$W = \frac{1}{2}LI^2 = \frac{1}{2} \times 20 \times 5^2 = 250[J]$$

112 자기 인덕턴스 5[mH]의 코일에 2[A]의 전류를 흘렸을 때 코일에 축적되는 에너지[J]는?

① 0.01[J] ② 0.02[J]
③ 0.04[J] ④ 0.16[J]

해설 코일에 축적되는 에너지
$$W = \frac{1}{2}LI^2 = \frac{1}{2} \times 5 \times 10^{-3} \times 2^2 = 0.01[J]$$

113 $I = 4$[A]인 전류가 흐르는 코일과의 쇄교 자속수가 $\Phi = 4$[Wb]일 때 이 회로에 축적되어 있는 자기 에너지[J]는?

① 2[J] ② 4[J]
③ 6[J] ④ 8[J]

해설 코일에 축적되는 에너지
$$W = \frac{1}{2}LI^2 = \frac{1}{2}I\Phi[J]에서$$
$$W = \frac{1}{2}I\Phi = \frac{1}{2} \times 4 \times 4 = 8[J]$$

114 자성체를 자화시키기 위하여 공급한 에너지는 자계 에너지로 저축된다. 자장의 세기 H[AT/m], 자속 밀도 B[Wb/m²], 투자율 μ[H/m]인 곳의 자계 에너지 밀도[J/m³]는?

① BH
② $\frac{1}{2\mu}H^2$
③ $\frac{1}{2}\mu H$
④ $\frac{1}{2}BH$

해설 자계의 에너지 밀도
$$W = \frac{1}{2}BH = \frac{1}{2}\mu H^2 = \frac{1}{2}\frac{B^2}{\mu}[J/m^3]$$

115 자기 인덕턴스 L[H]인 코일에 전류 I[A]를 흘렸을 때 자장의 세기 H[AT/m]였다. 이 코일을 진공 중에서 자화시키는데 필요한 에너지 밀도[J/m³]는?

① $\frac{1}{2}LI^2$
② LI^2
③ $\frac{1}{2}\mu_0 H^2$
④ $\mu_0 H^2$

해설 자계의 에너지 밀도
$$W = \frac{1}{2}BH = \frac{1}{2}\mu H^2 = \frac{1}{2}\frac{B^2}{\mu}[J/m^3]$$

정답 110. ④ 111. ③ 112. ① 113. ④ 114. ④ 115. ③

116 두 개의 자극판이 있다. 자극판 사이 중 자속 밀도 B[Wb/m²], 자장의 세기 H [AT/m], 투자율 μ[H/m]인 점의 자계 에너지 밀도[J/m³]는?

① $\frac{1}{2}BH^2$ ② BH
③ $\frac{1}{2\mu}H^2$ ④ $\frac{1}{2\mu}B^2$

[해설] 자계의 에너지 밀도
$$W = \frac{1}{2}BH = \frac{1}{2}\mu H^2 = \frac{1}{2}\frac{B^2}{\mu} \text{[J/m}^3\text{]}$$

117 일반적으로 자구(磁區)를 가지는 자성체는?

① 상자성체
② 강자성체
③ 역자성체
④ 비자성체

[해설] 자구(磁區)를 가지는 자성체는 강자성체 이다.

118 강자성체에서 자구의 크기에 대한 설명으로 옳은 것은?

① 역자성체를 제외한 다른 자성체에서는 모두 같다.
② 원자나 분자의 질량에 따라 달라진다.
③ 물질의 종류에 관계없이 크기가 모두 같다.
④ 물질의 종류 및 상태에 따라 다르다.

[해설] 강자성체에서 자구의 크기는 물질의 종류 및 상태에 따라 다르다.

119 히스테리시스 곡선에서 횡축과 만나는 것은 다음 중 어느 것인가?

① 투자율 ② 잔류자기
③ 자력선 ④ 보자력

[해설] 히스테리시스 곡선에서 횡축 : 보자력
히스테리시스 곡선에서 종축 : 잔류자기

120 히스테리시스 곡선에서 종축과 만나는 것은 다음 중 어느 것인가?

① 잔류자기 ② 보자력
③ 기자력   ④ 포화자속

[해설] 히스테리시스 곡선에서 횡축 : 보자력
히스테리시스 곡선에서 종축 : 잔류자기

121 히스테리시스 곡선에서 횡축과 종축은 각각 무엇을 나타내는가?

① 자속 밀도(횡축), 자계(종축)
② 기자력(횡축), 자속 밀도(종축)
③ 자계(횡축), 자속 밀도(종축)
④ 자속 밀도(횡축), 기자력(종축)

[해설] 히스테리시스 곡선에서 횡축 : 보자력
히스테리시스 곡선에서 종축 : 잔류자기

122 히스테리시스손은 주파수 및 최대자속밀도와 어떤 관계에 있는가?

① 주파수와 최대자속밀도에 비례한다.
② 주파수에 비례하고 최대자속밀도의 1.6승에 비례한다.
③ 주파수와 최대자속밀도에 반비례한다.
④ 주파수에 반비례하고 최대자속밀도의 1.6승에 비례한다.

정답 116. ④ 117. ② 118. ④ 119. ④ 120. ① 121. ③ 122. ②

[해설] 히스테리시스손 $P_h \propto f B_m^{1.6}$
즉 주파수에 비례하고 최대자속밀도의 1.6승에 비례한다.

123 전기기계기구의 자심재료로 규소 강판을 사용하는 이유는?

① 동손을 줄이기 위해
② 와전류손을 줄이기 위해
③ 히스테리시스손을 줄이기 위해
④ 제작을 쉽게 하기 위하여

[해설] • 규소강판 사용 이유 : 히스테리시스손을 줄이기 위해
• 성층 이유 : 와류손을 줄이기 위해

124 전자석에 사용하는 연철(soft iron)은 다음 어느 성질을 가지는가?

① 잔류 자기, 보자력이 모두 크다.
② 보자력이 크고 히스테리시스 곡선의 면적이 작다.
③ 보자력과 히스테리시스 곡선의 면적이 모두 작다.
④ 보자력이 크고 잔류 자기가 작다.

[해설] 전자석에 사용하는 연철은 보자력과 히스테리시스 곡선의 면적이 모두 작다.

125 영구 자석의 재료로 사용되는 철에 요구되는 사항은?

① 잔류 자기 및 보자력이 작은 것
② 잔류 자기가 크고 보자력이 작은 것
③ 잔류 자기는 작고 보자력이 큰 것
④ 잔류 자기 및 보자력이 큰 것

[해설] 영구 자석은 잔류 자기 및 보자력이 모두 크다.

126 와전류손은?

① 도전율이 클수록 작다.
② 주파수에 비례한다.
③ 최대 자속 밀도의 1.6승에 비례한다.
④ 주파수의 제곱에 비례한다.

[해설] 와류손 $P_e \propto (t f B_m)^2$
여기서, t : 두께, f : 주파수, B_m : 자속밀도 이다.
와류손은 주파수의 제곱에 비례한다.

127 다음 가운데서 주파수의 증가에 대하여 가장 급속히 증가하는 것은?

① 표피 두께의 역수
② 히스테리시스 손실
③ 교번 자속에 의한 기전력
④ 와전류 손실(eddy current loss)

[해설] 와류손 $P_e \propto (t f B_m)^2$
여기서, t : 두께, f : 주파수, B_m : 자속밀도 이다.
와류손은 주파수의 제곱에 비례한다.

128 코일의 철심에 성층 철심 또는 압분 철심을 사용하는 목적은?

① 표피 현상을 감소시키기 위하여
② 히스테리시스 손을 감소시키기 위하여
③ 와전류 손을 감소시키기 위하여
④ 동손을 감소시키기 위하여

정답 123. ③ 124. ③ 125. ④ 126. ④ 127. ④ 128. ③

[해설] 코일의 철심에 성층 철심 또는 압분 철심을 사용하는 목적은 와전류 손을 감소시키기 위해서 이다.

4장 교류회로

1. 정현파 교류

(1) 사인파 교류

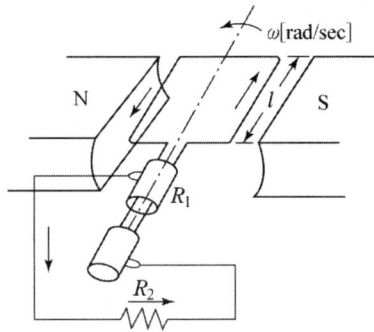

발전기를 화살표 방향으로 회전할 경우 자극 N극에서 S극으로 향하는 자속을 끊어 기전력을 유기한다. 발생되는 기전력의 크기는

$$e = B\ell v \sin\theta [V], \quad V_m = B\ell v$$

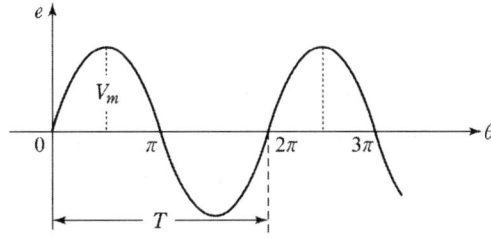

$$e = V_m \sin\theta [V]$$

이 식을 그래프로 나타내면 정현파 파형으로 된다. 이 그림에서 0에서 2π까지의 변화를 1사이클(cycle)이라 한다.

1) 주파수

1[sec] 동안에 반복하는 사이클의 수로 기호는 f 단위는 [Hz]을 사용

2) 주기

1사이클의 변화에 요하는 시간을 말한다. 기호는 T로 표시

$$T = \frac{1}{f} [\sec]$$

3) 각속도(회전 각속도)

정현파 교류는 발전기의 회전에 의해서 발생되므로 코일의 이동을 회전 각도로 표시 사용한다.

각도의 크기는 도수법과 호도법이 있는데 호도법은 원의 반지름과 같은 길이의 원호의 양 끝점과 원의 중심을 이은 두 직선이 이루는 각을 1라디안(radian, 단위 [rad])으로 한다.

각속도는 회전체가 1초 동안에 회전한 각도로 t초 동안에 θ[rad] 회전하면 각속도는

$$\omega = \frac{\theta}{t} [\text{rad/sec}]$$

가 된다.

각속도 ω와 주파수 f와의 관계는 $\omega = 2\pi f\,[\text{rad/sec}]$가 된다.

유기 기전력의 식은 $e = V_m \sin \omega t\,[V]$로 나타낸다.

4) 위상차

주파수가 같은 동일한 2개 이상의 교류 사이의 시간적인 차이를 위상차라 한다.

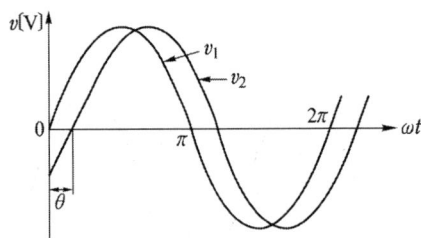

$$v_a = V_m \sin \omega t\,[V]$$
$$v_b = V_m \sin(\omega t - \theta)\,[V]$$

(2) 교류의 표시

1) 순시값 : 교류의 임의의 시간에 있어서 전압 또는 전류의 값
2) 최댓값 : 순시값 중에서 가장 큰 값

3) **평균값** : 한 주기 동안을 평균한 값

$$V_a = \frac{2V_m}{\pi} ≒ 0.637\,V_m\,[\text{V}]$$

4) **실효값** : 저항회로에 직류와 교류를 동일시간 인가하였을 때 소비되는 전력량이 같은 경우 이때의 직류 값을 정현파 교류의 실효값으로 정의한다.

$$V = \frac{V_m}{\sqrt{2}} ≒ 0.707\,V_m\,[\text{V}]$$

5) **파형률 및 파고률**

파형률 $= \dfrac{\text{실효값}}{\text{평균값}}$,   파고률 $= \dfrac{\text{최댓값}}{\text{실효값}}$,

여러 파형의 파형률과 파고율

파형	그림	실효값	평균값	파형률	파고율
정현파		$\dfrac{V_m}{\sqrt{2}}$	$\dfrac{2V_m}{\pi}$	1.11	$\sqrt{2}$
정현반파		$\dfrac{V_m}{2}$	$\dfrac{V_m}{\pi}$	1.57	2
삼각파 (톱니파)		$\dfrac{V_m}{\sqrt{3}}$	$\dfrac{V_m}{2}$	1.15	$\sqrt{3}$
구형파		V_m	V_m	1	1
구형반파		$\dfrac{V_m}{\sqrt{2}}$	$\dfrac{V_m}{2}$	$\sqrt{2}$	$\sqrt{2}$

(3) 백터 기호법에 의한 교류회로

1) 기호법

백터를 복소수로 표시하여 교류회로를 계산하는 방법

① 복소수의 표시

그림과 같이 벡터 $\overline{OA}$ 를 복소함수로 표시하면 x축을 실수축, y축을 허수축 이라 하고, 이와 같은 평면을 복소평면이라 한다.

허수 : 실수에 $j(=\sqrt{-1})$을 곱한 수

복소수 : $\dot{A} = a + jb$ 로 표시된 수

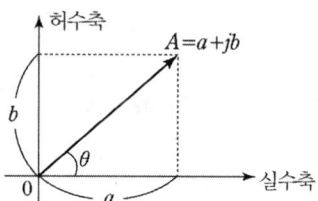

② 직각좌표 형식 : $\dot{A} = a + jb$

③ 극좌표 형식 : $\dot{A} = A \angle \theta$

  절대값 : $A = \sqrt{a^2 + b^2}$, 편각 : $\theta = \tan^{-1} \dfrac{b}{a}$

④ 삼각함수 형식 : $\dot{A} = A(\cos\theta + j\sin\theta)$

⑤ 지수함수 형식 : $\dot{A} = A\varepsilon^{j\theta}$, $\varepsilon^{j\theta} = \cos\theta + \sin\theta$

(4) 교류 전류에 대한 R, L, C의 작용

1) R만의 회로 해석

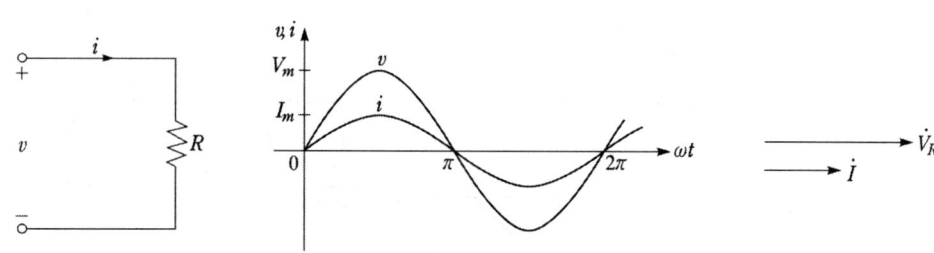

저항에 전압 : $v = V_m \sin\omega t \,[\text{V}]$을 가하면

회로에 흐르는 전류 : $i = \dfrac{v}{R} = \dfrac{V_m}{R} \sin\omega t \,[\text{A}]$가 흐른다.

∴ <u>전압과 전류는 동상</u>

2) L만의 회로 해석

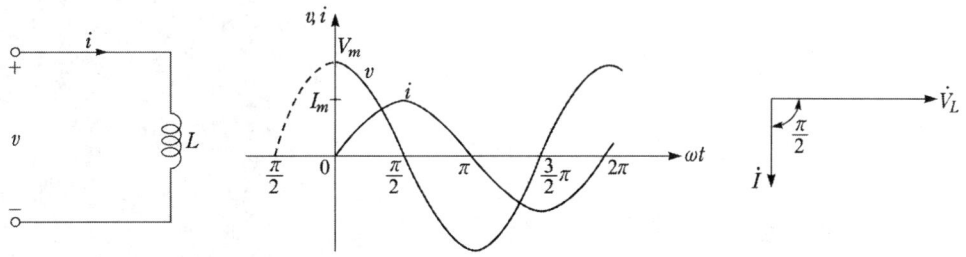

코일에 전류 $i = \sqrt{2}\,I\sin\omega t\,[A]$을 가하면

회로에 양단의 전압 $v = \sqrt{2}\,\omega LI\sin(\omega t + \dfrac{\pi}{2})[V]$가 흐른다.

> ∴ 전압과 전류의 위상관계는 전류가 전압보다 $\dfrac{\pi}{2}[rad]$ 뒤진다.
>
> ∴ 유도성 리액턴스 $X_L = \omega L\,[\Omega] = 2\pi f L\,[\Omega]$
>
> ※ 벡터로 표시 $\dot{X}_L = j\omega L\,[\Omega]$
>
> 참고 $v = -L\dfrac{\Delta i}{\Delta t}[V]$에서 $v = \sqrt{2}\,\omega LI\sin(\omega t + \dfrac{\pi}{2})$ 유도한다.

3) C만의 회로 해석

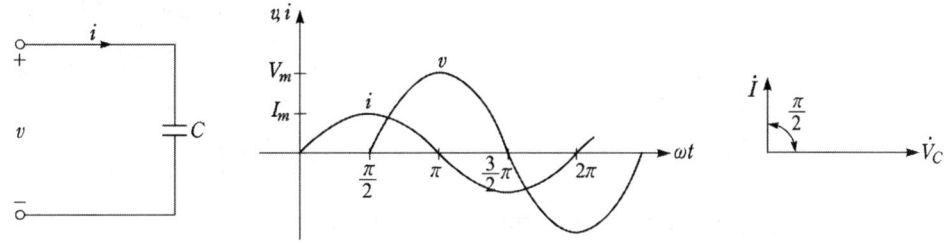

콘덴서에 전압 $v = \sqrt{2}\,V\sin\omega t\,[V]$을 가하면

회로에 흐르는 전류는 $i = \sqrt{2}\,\omega CV\sin(\omega t + \dfrac{\pi}{2})[A]$가 흐른다.

∴ 전압과 전류의 위상관계는 전류가 전압보다 $\dfrac{\pi}{2}$[rad] 앞선다.

∴ 용량성 리액턴스 $X_C = \dfrac{1}{\omega C}$[Ω]

※ 벡터로 표시 $\dot{X}_C = -j\dfrac{1}{\omega C}$[Ω]

참고 $i = \dfrac{\Delta q}{\Delta t} = \dfrac{\Delta(\sqrt{2}\,CV\sin\omega t)}{\Delta t}$ 에서

$i = \sqrt{2}\,\omega CV\sin(\omega t + \dfrac{\pi}{2})$[A] 유도한다.

4) R, L, C 직렬회로

R, L, C 직렬회로에 $\dot{V}$의 사인파 전압을 가하면 R, L, C에 걸리는 전압을 각각 $\dot{V}_R$, $\dot{V}_L$, $\dot{V}_C$라 하면 $\dot{V} = \dot{V}_R + \dot{V}_L + \dot{V}_C$가 된다.

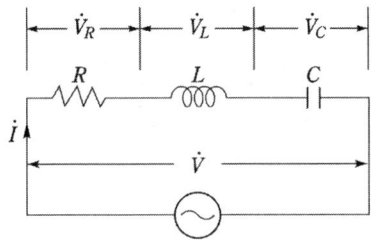
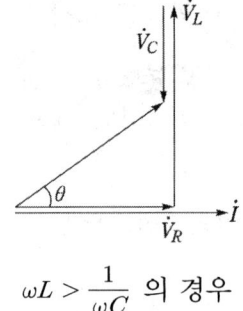

$\omega L > \dfrac{1}{\omega C}$ 의 경우

① $\omega L > \dfrac{1}{\omega C}$의 경우

$$V = \sqrt{V_R^2 + (V_L - V_C)^2} = I\sqrt{R^2 + (X_L - X_C)^2}\ [V]$$

② 벡터 그림으로부터 전류와 전압의 위상차 θ는

$$\tan\theta = \dfrac{V_L - V_C}{V_R} = \dfrac{X_L - X_C}{R} = \dfrac{\omega L - \dfrac{1}{\omega C}}{R}$$

$$\theta = \tan^{-1}\dfrac{\omega L - \dfrac{1}{\omega C}}{R}$$

③ R, L, C 직렬회로의 합성 임피던스는

$$Z = \sqrt{R^2 + (X_L - X_C)^2} = \sqrt{R^2 + (\omega L - \dfrac{1}{\omega C})^2}\ [Ω]$$

④ 임피던스의 유도성과 용량성

ⓐ $\omega L > \dfrac{1}{\omega C}$ 이면 유도성 임피던스로 전류는 전압보다 뒤진 전류가 된다.

ⓑ $\omega L < \dfrac{1}{\omega C}$ 이면 용량성 임피던스로 전류는 전압보다 앞선 전류가 된다.

ⓒ $\omega L = \dfrac{1}{\omega C}$ 이면 직렬공진 상태이다.

　직렬 공진시 임피던스는 최소로 $Z = R[\Omega]$이 된다.
　이 때 전압과 전류는 동상이 되며 전류(I)는 최대가 된다.

5) R, L, C 병렬회로

회로의 전압 전류의 벡터 관계를 그림으로 그리면,

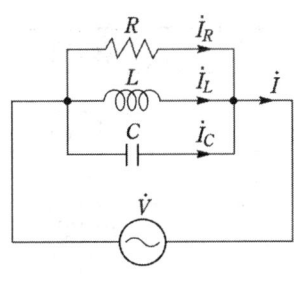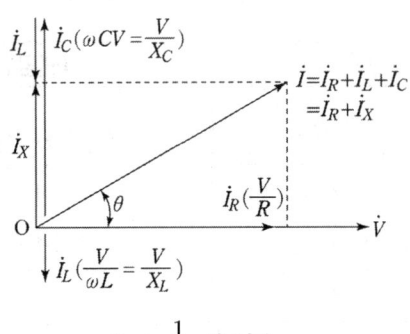

$\omega L < \dfrac{1}{\omega C}$ 의 경우

① 벡터 그림으로부터 $\dot{I} = \dot{I}_R + \dot{I}_L + \dot{I}_C [\text{A}]$ 이므로

$$I = \sqrt{I_R^2 + (I_C - I_L)^2} = V\sqrt{\left(\dfrac{1}{R}\right)^2 + \left(\omega C - \dfrac{1}{\omega L}\right)^2}$$

$$= \dfrac{V}{\dfrac{1}{\sqrt{\left(\dfrac{1}{R}\right)^2 + \left(\omega C - \dfrac{1}{\omega L}\right)^2}}} = \dfrac{V}{Z}$$

$$Z = \dfrac{1}{\sqrt{\left(\dfrac{1}{R}\right)^2 + \left(\omega C - \dfrac{1}{\omega L}\right)^2}}[\Omega]$$

$$\theta = \tan^{-1}\dfrac{I_X}{I_R} = \tan^{-1}\dfrac{\omega CV - \dfrac{V}{\omega L}}{\dfrac{V}{R}} = \tan^{-1}\left(\omega C - \dfrac{1}{\omega L}\right)R[\text{rad}]$$

② $\omega L < \dfrac{1}{\omega C}$ 이면 용량성 회로로 전류는 전압보다 위상이 앞선다.

③ $\omega L > \dfrac{1}{\omega C}$ 이면 유도성 회로로 전류는 전압보다 위상이 뒤진다.

④ $\omega L = \dfrac{1}{\omega C}$ 이면 병렬 공진 상태이다.

병렬 공진시 임피던스는 최대로 $Z = R[\Omega]$이 된다.

이 때 전압과 전류는 동상이 되며 전류(I)는 최소가 된다.

6) 직렬공진, 병렬공진

공진 조건에서 $\omega L = \dfrac{1}{\omega C}$ 이므로 $\omega^2 = \dfrac{1}{LC}$ 이다

정리하면 $f_r = \dfrac{1}{2\pi\sqrt{LC}}$ [Hz]

	직렬공진	병렬공진
주파수	$f_r = \dfrac{1}{2\pi\sqrt{LC}}$	$f_r = \dfrac{1}{2\pi\sqrt{LC}}$
역률	1	1
임피던스	최솟값	최댓값
전류	최대	최소

7) 기호법에 의한 교류회로 계산.

① R, L, C 직렬회로

$$\dot{Z} = R + j\left(\omega L - \dfrac{1}{\omega C}\right) = Z \angle \theta$$

단, $Z = \sqrt{R^2 + \left(\omega L - \dfrac{1}{\omega C}\right)^2}$ [Ω], $\theta = \tan^{-1}\dfrac{\omega L - \dfrac{1}{\omega C}}{R}$ [rad]

회로에 사인파 $\dot{V} = V \angle 0$을 가하면 전류 $\dot{I}$ [A]는

$$\dot{I} = \dfrac{V}{Z} = \dfrac{V \angle 0}{Z \angle \theta} = \dfrac{V}{Z} \angle -\theta [A]$$

※ 역률 $\cos\theta = \dfrac{R}{\sqrt{R^2 + X^2}}$

※ 무효율 $\sin\theta = \dfrac{X}{\sqrt{R^2 + X^2}}$

8) 교류전력

① 유효전력

유효전력 P는 부하회로의 저항성분 R을 통해 일을 하면서 실제로 소비하는 전력으로 단위는 와트(Watt, [W])가 사용된다.

$$P = VI\cos\theta = I^2R \,[\text{W}]$$

② 무효전력

무효전력 Q는 회로의 X_L, X_C의 성분에 의한 에너지 축적효과로 생기는 전력으로서 단지 전원 측과 에너지를 주고받을 뿐 에너지를 소비하지 않는다. 단위는 [Var]가 사용된다.

$$Q = VI\sin\theta = I^2X \,[\text{Var}]$$

③ 피상전력

피상전력 P_0는 위상관계를 고려하지 않고 크기만을 생각하기 때문에 겉보기 전력이라고 한다.

$$P_0 = V = I^2Z \,[\text{VA}]$$

④ 유효전력, 무효전력, 피상전력의 관계

$$P_0^2 = P^2 + Q^2 \;\Rightarrow\; P_0 = \sqrt{P^2 + Q^2}$$

2. 3상 교류

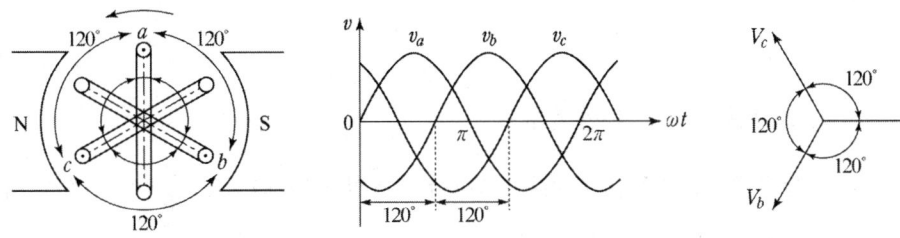

3상 발전기는 3개의 권선을 120°의 간격으로 배치하여 회전자가 균일 자장 내에서 일정 속도로 회전하면 각 권선의 양단에는 크기가 같고 120°의 위상차를 같은 교류 정현파가 발생한다.

$$v_a = \sqrt{2}\, V \sin \omega t\, [V] \quad \Rightarrow \quad V_a = V\angle 0\,[V]$$

$$v_b = \sqrt{2}\, V \sin (\omega t - \frac{2}{3}\pi)[V] \quad \Rightarrow \quad V_b = V\angle -\frac{2}{3}\pi\,[V]$$

$$v_c = \sqrt{2}\, V \sin (\omega t - \frac{4}{3}\pi)[V] \quad \Rightarrow \quad V_c = V\angle -\frac{4}{3}\pi\,[V]$$

1) 3상 교류의 결선법

① Y-Y 결선회로

㉠ 각 상전압과 선간전압의 관계

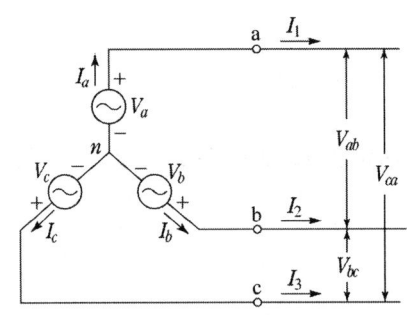

V_p : 상전압, V_l : 선간전압

$$V_{ab} = V_a - V_b = V_a + (-V_b) = \sqrt{3}\, V_a \angle 30°$$
$$V_{bc} = V_b - V_c = V_b + (-V_c) = \sqrt{3}\, V_b \angle 30°$$
$$V_{ca} = V_c - V_a = V_c + (-V_a) = \sqrt{3}\, V_c \angle 30°$$
$$※\ V_l = \sqrt{3}\, V_p \angle 30°$$

㉡ 상전류와 선전류의 관계

$$I_\ell = I_p$$

I_p : 상전류, I_ℓ : 선전류

㉢ 선간 전압은 상전압에 비해 크기가 $\sqrt{3}$ 배이며 위상은 $\frac{\pi}{6}$[rad] 빠르다.

② $\Delta - \Delta$ 결선회로
  ㉠ 각 상전압과 선간전압의 관계

  $$V_{ab} = V_a$$
  $$V_{bc} = V_b$$
  $$V_{ca} = V_c$$

  V_P : 상전압, V_ℓ : 선간전압

  $$V_P = V_\ell$$

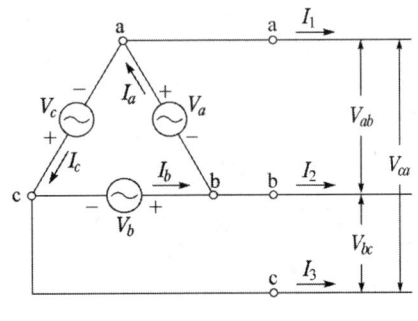

  ㉡ 상전류와 선전류의 관계
  $$I_l = I_a - I_c = I_a + (-I_c)$$
  $$= \sqrt{3}\, I_a \angle -30°$$
  $$I_l = I_b - I_a = I_b + (-I)$$
  $$= \sqrt{3}\, I_b \angle -30°$$
  $$I_l = I_c - I_b = I_c + (-I_b)$$
  $$= \sqrt{3}\, I_c \angle -30°$$

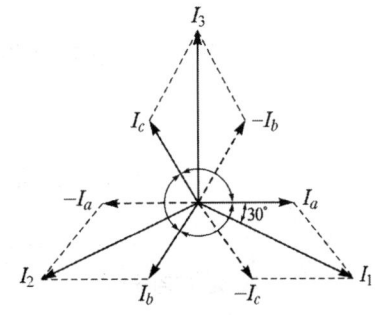

  I_P : 상전류 V_ℓ : 선전류(I_1, I_2, I_3) $I_\ell = \sqrt{3}\, I_P\,[\text{A}]$

  ㉢ 선 전류는 상전류에 비해 크기가 $\sqrt{3}$ 배이며 위상은 $\dfrac{\pi}{6}[\text{rad}]$ 늦다.

③ 3상 전력

  유효전력 $P = 3V_P I_P \cos\theta = \sqrt{3}\, V_\ell I_\ell \cos\theta = 3I_P^2 R\,[\text{W}]$
  무효전력 $P_r = 3V_P I_P \sin\theta = \sqrt{3}\, V_\ell I_\ell \sin\theta = 3I_P^2 X\,[\text{Var}]$
  피상전력 $P_a = 3V_P I_P = \sqrt{3}\, V_\ell I_\ell\,[\text{VA}]$

④ V결선

V결선된 전원에 부하를 접속하면 Δ결선된 부하를 전원과 동일하게 다룰 수 있다.

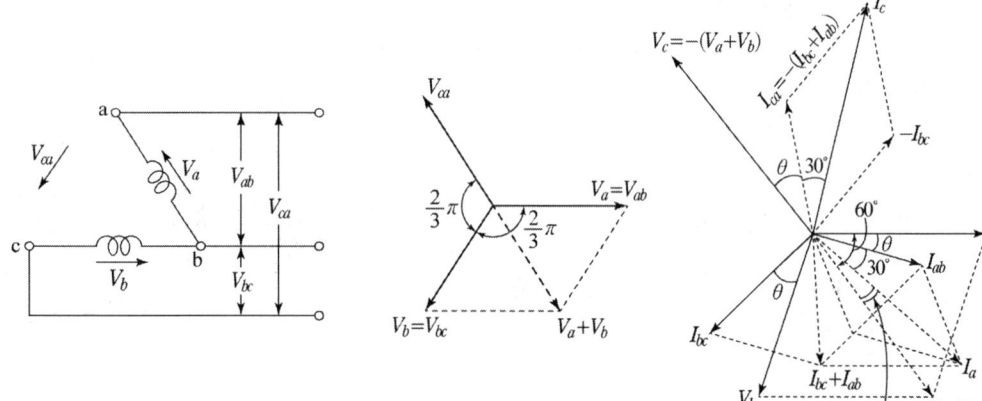

$$P_V = V_P I_P \cos(30°+\theta) + V_P I_P \cos(30°-\theta)$$

정리하면

$$P_V = \sqrt{3}\, V_P I_P \cos\theta\,[\text{W}]$$

> ※ 삼각함수공식
> $\cos(\alpha+\beta) = \cos\alpha \cdot \cos\beta - \sin\alpha \cdot \sin\beta$
> $\cos(\alpha-\beta) = \cos\alpha \cdot \cos\beta + \sin\alpha \cdot \sin\beta$

2) 전원이 Δ결선인 경우와 V결선인 경우 전력을 비교하면

$$\frac{P_V}{P} = \frac{\sqrt{3}\,V_P I_P \cos\theta}{3\,V_P I_P \cos\theta} = 0.577 \text{ 이다.}$$

3) 변압기의 이용률은

$$\frac{P_V}{P} = \frac{\sqrt{3}\,V_P I_P \cos\theta}{2\,V_P I_P \cos\theta} = 0.866 \text{ 이다.}$$

4) 임피던스의 변환

① $\Delta \Rightarrow$ Y변환

$$Z_a + Z_b = \frac{(Z_{ab} + Z_{bz})Z_{ca}}{Z_{ab} + Z_{bc} + Z_{ca}}$$

$$Z_b + Z_c = \frac{(Z_{bc} + Z_{ca})Z_{ab}}{Z_{ab} + Z_{bc} + Z_{ca}}$$

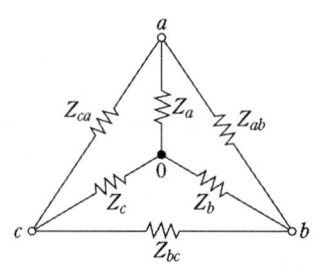

$$Z_c + Z_a = \frac{(Z_{ca} + Z_{ab})Z_{bc}}{Z_{ab} + Z_{bc} + Z_{ca}}$$

위 식을 Z_a, Z_b, Z_c에 대하여 정리하면

$$Z_a = \frac{Z_{ab} \cdot Z_{ca}}{Z_{ab} + Z_{bc} + Z_{ca}}$$

$$Z_b = \frac{Z_{bc} \cdot Z_{ab}}{Z_{ab} + Z_{bc} + Z_{ca}}$$

$$Z_c = \frac{Z_{ca} \cdot Z_{bc}}{Z_{ab} + Z_{bc} + Z_{ca}}$$

$Z_{ab} = Z_{bc} = Z_{ca} = Z$ 이면

$$Z_a = \frac{Z_{ab} \cdot Z_{bc}}{Z_{ab} + Z_{bc} + Z_{ca}} = \frac{Z^2}{3Z} = \frac{Z}{3}$$

임피던스 $Z \Rightarrow \frac{1}{3}$배, 선전류 $\Rightarrow \frac{1}{3}$배 소비전력 $\Rightarrow \frac{1}{3}$배이다.

② Y $\Rightarrow$ Δ변환

$$Z_{ab} + Z_{bc} + Z_{ca} = \frac{Z_{ab} \cdot Z_{ca}}{Z_a}$$

$$Z_{ab} + Z_{bc} + Z_{ca} = \frac{Z_{bc} \cdot Z_{ab}}{Z_b}$$

$$Z_{ab} + Z_{bc} + Z_{ca} = \frac{Z_{ca} \cdot Z_{bc}}{Z_c} \text{에서}$$

$$Z_{ca} = \frac{Z_a}{Z_b} \cdot Z_{bc} \text{ , } Z_{ab} = \frac{Z_a}{Z_c} \cdot Z_{bc}$$

$$\frac{Z_a}{Z_c} \cdot Z_{bc} + Z_{bc} + \frac{Z_c}{Z_a} \cdot Z_{bc} = \frac{Z_{bc} \cdot Z_{ab}}{Z_c}$$

정리하면 $Z_{ab} = \frac{Z_a Z_b + Z_c Z_b + Z_a Z_c}{Z_c}$

이므로 정리하면

$$Z_{ab} = \frac{Z_a Z_b + Z_b Z_c + Z_c Z_a}{Z_c} = \frac{3Z^2}{Z} = 3Z$$

$$Z_{bc} = \frac{Z_a Z_b + Z_b Z_c + Z_c Z_a}{Z_a} = \frac{3Z^2}{Z} = 3Z$$

$$Z_{ca} = \frac{Z_a Z_b + Z_b Z_c + Z_c Z_a}{Z_b} = \frac{3Z^2}{Z} = 3Z$$

$Z_a = Z_b = Z_c = Z$ 이면

$$Z_{ab} = \frac{Z_a Z_b + Z_c Z_b + Z_a Z_c}{Z_c} = 3Z$$

임피던스 Z ⇨ 3배, 선전류 ⇨ 3배, 소비전력 ⇨ 3배 이다.

5) 3상 전력의 측정

① 1전력계법(Y결선에서 사용)

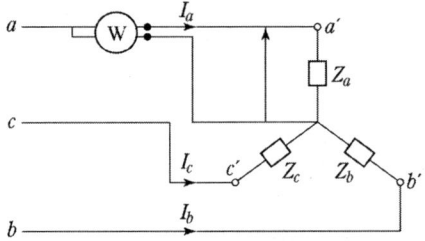

평행 4상 회로에서의 3상 전력은 1상 전력의 3배이다.

$$P = 3P_P$$

② 2전력계법

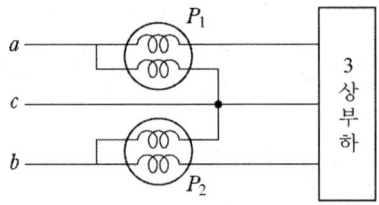

두 전력계의 지시값 P_1, P_2

$$P = P_1 + P_2$$

역률 $\cos\theta = \dfrac{P_1+P_2}{2\sqrt{P_1^2+P_2^2-P_1P_2}}$

※ 2전력계법의 3상 전력(P)은
$$P = P_1 + P_2 = V_{ac}I_a\cos(30°-\phi) + 2V_{bc}I_b\cos(30°-\phi)$$
$$= \sqrt{3}\,V_l I_l \cos\phi\,[\text{W}]$$

참고 $\cos(30°-\phi) + \cos(30°+\phi)$
$= \cos 30°\sin\phi + \sin 30°\sin\phi + \cos 30°\cos\phi - \sin 30°\sin\phi$
$= \sqrt{3}\cos\phi$

3상 무효전력은 $Q_3 = \sqrt{3}(P_1 - P_2) = \sqrt{3}\,V_l I_l \sin\phi\,[\text{Var}]$

※ 역률 $\cos\phi = \dfrac{\text{유효전력}}{\text{무효전력}}$

$= \dfrac{P_1+P_2}{\sqrt{(P_1+P_2)^2+3(P_1-P_2)^2}} = \dfrac{P_1+P_2}{2\sqrt{P_1^2+P_2^2-P_1P_2}}$

---

3 비정현파 교류

(1) 비정현파

파형이 상당히 일그러져서 사인파 형은 아니지만 규칙적으로 반복하는 교류를 말한다. (푸리에가 고안)

비정현파 교류 = 직류분 + 기본파 + 고조파

$$f(t) = a_0 + a_1\cos\omega t + a_2\cos 2\omega t + \cdots + b_1\sin\omega t + b_2\sin 2\omega t \cdots$$

$$= a_0 + \sum_{n=1}^{\infty} a_n\cos n\omega t + \sum_{n=1}^{\infty} b_n\sin n\omega t$$

$$= a_0 + c_1\sin(\omega t + \phi_1) + c_2\sin(2\omega t + \phi_2) + \cdots$$

$$= a_0 + \sum_{n=1}^{\infty} c_n\sin(n\omega t + \phi_n)$$

단, $c_n = \sqrt{a_n^2 + b_n^2}$, $\phi_n = \tan^{-1}\dfrac{a_n}{b_n}$

$$a_0 = \frac{1}{T}\int_0^T f(t)\,dt = \frac{1}{\pi}\int_0^{2\pi} f(\phi)\,d\phi$$

$$a_n = \frac{2}{T}\int_0^T f(t)\cos n\omega t\,dt = \frac{2}{2\pi}\int_0^{2\pi} f(\phi)\cos n\phi\,d\phi$$

$$b_n = \frac{2}{T}\int_0^T f(t)\sin n\omega t\,dt = \frac{2}{2\pi}\int_0^{2\pi} f(\phi)\sin n\phi\,d\phi$$

※ 진폭이 5인 직사각형 파를 푸리에 급수로 전개하라.

풀이 함수 $f(t)$가 기함수이면 $a_0=0$, $a_n=0$이다. b_n항은 반주기까지 적분하여 두 배 하면 되므로

$$b_n = 2\times\frac{2}{T}\int_0^{\frac{T}{2}} f(t)\sin n\omega t\,dt = 2\times\frac{2}{2\pi}\int_0^{\pi} f(\phi)\sin n\phi\,d\phi$$

(단, $n=1, 2, 3, 4, \cdots$) $0 \le \phi < \pi$, $v=5[\text{V}]$

$$b_n = \frac{2}{\pi}\int_0^{\pi} 5\cdot\sin n\phi\,d\phi = \frac{10}{\pi}\cdot\frac{1}{n}\int_0^{\pi}\sin n\phi\,d(n\phi)$$

$$= \frac{10}{\pi}\cdot\frac{1}{n}|-\cos n\phi|_0^{\pi} = \frac{10}{\pi}\cdot\frac{1}{n}(1-\cos n\pi)$$

$$b_n = \frac{10}{\pi\cdot\frac{1}{n}\cdot 2} \quad (단,\ n=1,\ 3,\ 5,\ 7,\ \cdots)$$

(왜냐하면 $\cos n\pi$에서 π, 3π, 5π에서 -1이고, 2π, 4π, 6π에서 1이므로)

$$v = \frac{20}{\pi}\left(\frac{1}{1}\sin\omega t + \frac{1}{3}\sin\omega t + \frac{1}{5}\sin 5\omega t + \cdots\right)$$

일반적으로 진폭이 V_0이면

$$v = \frac{4V_0}{\pi}\left(\sin\omega t + \frac{1}{3}\sin 3\omega t + \frac{1}{5}\sin 5\omega t + \cdots\right)\text{이다.}$$

---

(2) 비사인파 교류의 왜형률

왜형률 : 파형의 일그러진 척도

$$왜형률(D) = \frac{고조파\ 실효값의\ 합}{기본파의\ 실효값}$$

4 과도현상

(1) $R-C$ 직렬회로

① 충전전류

스위치 S을 ON한 후 콘덴서의 충전 특성으로 인한 정상전류 0[A]가 되기까지에 나타나는 과도전류

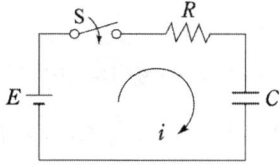

$$i = \frac{E}{R} e^{-\frac{1}{RC}t} [\text{A}]$$

② 초기전류

스위치 S를 ON하는 순간 RC 회로에 흐르는 전류 $i = \frac{E}{R}$[A] 이다.

③ 시정수

- $R-C$ 회로의 시정수

스위치 S를 ON한 후 초기전류 $i = \frac{E}{R}$[A]의 36.8[%]로 감소하는 데 걸리는 시간

$$\text{시정수(시상수) } \tau = RC [\text{sec}]$$

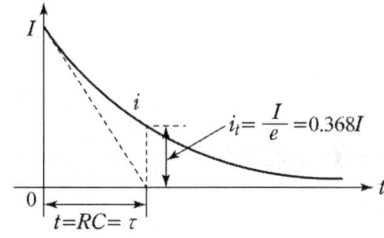

(2) $R-L$ 회로의 시정수

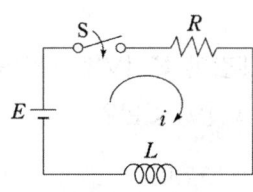 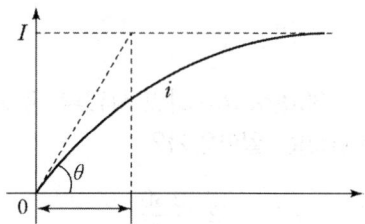

$$\text{시정수(시상수) } \tau = \frac{L}{R} [\text{sec}]$$

4장 교류회로 예상문제

1 각속도 $\omega=377$[rad/sec]인 사인파 교류의 주파수는 약 몇 [Hz]인가?

① 30[Hz] ② 60[Hz]
③ 90[Hz] ④ 120[Hz]

해설 $f=\dfrac{\omega}{2\pi}=\dfrac{377}{2\pi}=60$[Hz]

2 $e=100\sin\left(377t+\dfrac{\pi}{3}\right)$[V]의 파형의 주파수는?

① 50[Hz] ② 60[Hz]
③ 80[Hz] ④ 10[Hz]

해설 $f=\dfrac{\omega}{2\pi}=\dfrac{377}{2\pi}=60$[Hz]

3 주파수 100[Hz]의 주기는 몇 초인가?

① 0.05 ② 0.02
③ 0.01 ④ 0.1

해설 $T=\dfrac{1}{f}=\dfrac{1}{100}=0.01$[sec]

4 각속도 $\omega=300$[rad/sec]인 사인파 교류의 주파수[Hz]는 얼마인가?

① $\dfrac{70}{\pi}$ ② $\dfrac{150}{\pi}$
③ $\dfrac{180}{\pi}$ ④ $\dfrac{360}{\pi}$

해설 $f=\dfrac{\omega}{2\pi}=\dfrac{300}{2\pi}=\dfrac{150}{\pi}$

5 각 주파수 $\omega=100\pi$[rad/s]일 때 주파수 f[Hz]는?

① 50[Hz] ② 60[Hz]
③ 300[Hz] ④ 360[Hz]

해설 $f=\dfrac{\omega}{2\pi}=\dfrac{100\pi}{2\pi}=50$[Hz]

6 $e=E_m\sin(\omega t+30°)$[V]와 $i=I_m\cos(\omega t-90°)$[A]와의 위상차는 몇 도인가?

① 30° ② 60°
③ 90° ④ 120°

해설 $i=I_m\cos(\omega t-90°)$
　　　$=I_m\sin(\omega t-90+90°)$
　　　$=I_m\sin(\omega t)$[A]
위상차 = 앞선위상 - 뒤진위상
　　　$=30-0=30°$

7 최댓값이 V_m[V]인 사인파 교류에서 평균값 V_c[V] 값은?

① $0.577V_m$ ② $0.637V_m$
③ $0.707V_m$ ④ $0.866V_m$

정답 1.② 2.② 3.③ 4.② 5.① 6.① 7.②

해설 평균값 $= \dfrac{2V_m}{\pi} = 0.637 V_m$

8. 최댓값이 10[A]인 교류전류의 평균값은 약 몇 [A]인가?
   ① 0.2[A] ② 0.8[A]
   ③ 3.14[A] ④ 6.37[A]

   해설 평균값 $= \dfrac{2I_m}{\pi} = 0.637 I_m$
   $= 0.637 \times 10 = 6.37[A]$

9. 어느 교류의 순시값이 $v = 311\sin(120\pi t)$[V]라고 하면 이 전압의 실효값은 약 몇 [V]인가?
   ① 180[V] ② 220[V]
   ③ 440[V] ④ 622[V]

   해설 $V = \dfrac{V_m}{\sqrt{2}} = \dfrac{311}{\sqrt{2}} = 220[V]$

10. $i = I_m \sin \omega t$ [A]인 교류의 실효값은?
    ① $\dfrac{I_m}{\sqrt{2}}$ ② $\dfrac{2}{\pi} I_m$
    ③ I_m ④ $\sqrt{2} I_m$

    해설 $V = \dfrac{I_m}{\sqrt{2}}$

11. 교류는 시간에 따라 그 크기가 변하므로 교류의 크기를 일반적으로 나타내는 값은?
    ① 순시값 ② 최댓값
    ③ 실효값 ④ 평균값

해설 실효값 : 교류는 시간에 따라 그 크기가 변하므로 교류의 크기를 일반적으로 나타내는 값이다.

12. 교류 100[V]의 최댓값은 약 몇 [V]인가?
    ① 90[V]   ② 100[V]
    ③ 111[V] ④ 141[V]

    해설 $V_m = \sqrt{2} \, V = \sqrt{2} \times 100 = 141.4[V]$

13. 사인파 교류 전류에서 평균값 I_{av}과 최댓값 I_m 사이의 관계는?
    ① $I_{av} = \dfrac{1}{\sqrt{2}} I_m$
    ② $I_{av} = \dfrac{2}{\pi} I_m$
    ③ $I_{av} = \dfrac{\pi}{2} I_m$
    ④ $I_{av} = \dfrac{1}{2\sqrt{2}} I_m$

    해설 평균값 $I_{av} = \dfrac{2}{\pi} I_m$

14. 평균값이 220[V]인 교류전압의 최댓값은 약 몇 [V]인가?
    ① 110[V] ② 346[V]
    ③ 381[V] ④ 691[V]

    해설 평균값 $V_{av} = \dfrac{2}{\pi} V_m$
    최댓값 $V_m = \dfrac{\pi V_{av}}{2} = \dfrac{\pi \times 220}{2} = 346[V]$

정답 8. ④ 9. ② 10. ① 11. ③ 12. ① 13. ② 14. ②

15 어떤 주기 전류가 저항 R에 공급하는 것과 같은 전력을 공급하는 직류전류의 값을 무엇이라 하는가?

① 순시치   ② 실효치
③ 평균치   ④ 최대치

[해설] 실효값 : 어떤 주기 전류가 저항 R에 공급하는 것과 같은 전력을 공급하는 직류전류의 값

16 일반적으로 교류 전압계의 지시값은?

① 최댓값   ② 순시값
③ 평균값   ④ 실효값

[해설] 일반적으로 교류 전압계의 지시값은 실효값이다.

17 다음 중 정현파(사인파) 교류의 파형률은?

① $\dfrac{최대값}{실효값}$ ② $\dfrac{실효값}{최대값}$
③ $\dfrac{실효값}{평균값}$ ④ $\dfrac{평균값}{최대값}$

[해설] 파형률 $= \dfrac{실효값}{평균값}$

18 다음 중 정현파(사인파) 교류의 파고율은?

① $\dfrac{최대값}{실효값}$ ② $\dfrac{실효값}{최대값}$
③ $\dfrac{실효값}{평균값}$ ④ $\dfrac{평균값}{최대값}$

[해설] 파고율 $= \dfrac{최대값}{실효값}$

19 다음 중 정현파(사인파) 교류의 파형률은?

① $\dfrac{\pi}{2}$ ② $\dfrac{1}{\sqrt{2}}$
③ $\dfrac{2}{\pi}$ ④ $\dfrac{\pi}{2\sqrt{2}}$

[해설] 파형률 $= \dfrac{실효값}{평균값} = \dfrac{\dfrac{V_m}{\sqrt{2}}}{\dfrac{2V_m}{\pi}} = \dfrac{\pi}{2\sqrt{2}}$

20 다음 중 정현파(사인파) 교류의 파고율은?

① $\sqrt{2}$ ② $\dfrac{1}{\sqrt{2}}$
③ $\dfrac{2}{\pi}$ ④ $\dfrac{\pi}{\sqrt{2}}$

[해설] 파고율 $= \dfrac{최대값}{실효값} = \dfrac{V_m}{\dfrac{V_m}{\sqrt{2}}} = \sqrt{2}$

21 다음 중 삼각파의 파형률은 얼마인가?

① 1   ② 1.155
③ 1.414   ④ 1.732

[해설]

파형	실효값	평균값	파형률	파고율
삼각파	$\dfrac{V_m}{\sqrt{3}}$	$\dfrac{V_m}{2}$	1.15	1.73

22 파형률, 파고율이 다 같이 1인 파형은?

① 구형파   ② 사인파
③ 삼각파   ④ 고조파

[해설]

파형	실효값	평균값	파형률	파고율
구형파	V_m	V_m	1	1

정답 15. ②   16. ④   17. ③   18. ①   19. ④   20. ①   21. ②   22. ①

23 그림과 같은 시간 축에 대하여 대칭인 삼각파 전압의 평균값은?

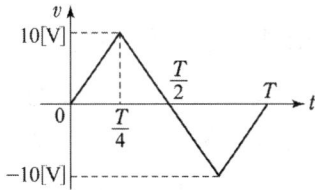

① 5.77　　　　② 5
③ 6　　　　　 ④ 15

해설 삼각파 $= \dfrac{V_m}{2} = \dfrac{10}{2} = 5[V]$

24 그림과 같은 파형의 파고율은?

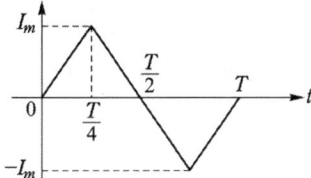

① $\dfrac{1}{\sqrt{3}}$　　　　② $\dfrac{2}{\sqrt{3}}$
③ $\sqrt{3}$　　　　　 ④ $\sqrt{6}$

해설

파형	실효값	평균값	파형률	파고율
삼각파	$\dfrac{V_m}{\sqrt{3}}$	$\dfrac{V_m}{2}$	1.15	$\sqrt{3}=1.73$

25 정현파 교류의 순시값이 $v = V_m \sin(\omega t + \dfrac{\pi}{3})[V]$인 교류의 파고율은?

① 1.01　　　　② 1.11
③ 1.414　　　 ④ 1.732

해설 파고율 $= \dfrac{최댓값}{실효값} = \dfrac{V_m}{\dfrac{V_m}{\sqrt{2}}} = \sqrt{2} = 1.414$

26 $\dot{Z} = a + jb$의 절대값은?

① $a^2 - b^2$　　　　② $\sqrt{a^2 + b^2}$
③ $a^2 + b^2$　　　　④ $\sqrt{a^2 - b^2}$

해설 $\dot{Z} = a + jb = \sqrt{a^2 + b^2}[\Omega]$

27 복소수 $3 + j4$의 절대값은 얼마인가?

① 2　　　　② 4
③ 5　　　　④ 7

해설 $\sqrt{3^2 + 4^2} = 5$

28 $A = 3 + j4$로 표시되는 벡터의 편각은?

① 30°　　　　② 53.13°
③ 60°　　　　④ 90°

해설 $\theta = \tan^{-1}\left(\dfrac{4}{3}\right) = 53.13°$

29 사인파 교류를 복소수로 나타내어 교류회로를 계산하는 방법을 기호법이라 하는데 이 복소수는 (　)와 (　)로 이루어진다. (　)안에 들어갈 말로 적당한 것은?

① 양수, 허수　　② 양수, 실수
③ 허수, 음수　　④ 실수, 허수

해설 사인파 교류를 복소수로 나타내어 교류회로를 계산하는 방법을 기호법이라 하는데 이 복소수는 (실수)와 (허수)로 이루어진다.

정답 23. ②　24. ③　25. ③　26. ②　27. ③　28. ②　29. ④

30 백열전구를 점등했을 경우 전압과 전류의 위상관계는 전류가 전압보다 위상이 어떻게 되는가?

① 90° 앞선다.
② 90° 뒤진다.
③ 동상이다.
④ 45° 뒤진다.

[해설] 백열전구는 저항성분으로 전압과 전류의 위상은 동상이다.

31 일반적인 경우 교류를 사용하는 전기난로의 전압과 전류의 위상에 대한 설명으로 옳은 것은?

① 전압과 전류는 동상이다.
② 전압이 전류보다 90° 앞선다.
③ 전류가 전압보다 90° 앞선다.
④ 전류가 전압보다 60° 앞선다.

[해설] 전기난로부하는 저항부하이므로 전압과 전류의 위상은 동상이다.

32 교류 회로에서의 유도 리액턴스는 어떤 역할을 하는가?

① 전류를 잘 흐르게 해준다.
② 전류의 위상을 90° 빠르게 한다.
③ 전류의 위상을 전압보다 $\frac{\pi}{2}$[rad]만큼 뒤지게 한다.
④ 전류의 위상을 45° 늦게 한다.

[해설] 교류 회로에서의 유도 리액턴스는 지상부하이므로 전류의 위상을 전압보다 $\frac{\pi}{2}$[rad]만큼 위상이 늦다.

33 어떤 회로에 $v = 20\sin\omega t$[V]의 전압을 가했더니 $i = 50\sin(\omega t + \frac{\pi}{2})$[A]의 전류가 흘렀다. 이 회로는?

① 저항 회로
② 유도성 회로
③ 용량성 회로
④ 임피던스 회로

[해설] 전류의 위상이 전압보다 $\frac{\pi}{2}$[rad] 앞서므로 이회로는 용량성회로이다. (진상회로)

34 용량 리액턴스와 반비례하는 것은?

① 전압
② 저항
③ 임피던스
④ 주파수

[해설] 용량성리액턴스 $X_c = \frac{1}{2\pi fC} \propto \frac{1}{f}$[Ω]
여기서, 주파수 f와 반비례한다.

35 다음 설명 중에서 틀린 것은?

① 리액턴스는 주파수의 함수이다.
② 콘덴서는 직렬로 연결할수록 용량이 커진다.
③ 저항은 병렬로 연결할수록 저항값이 작아진다.
④ 코일은 직렬로 연결할수록 인덕턴스가 커진다.

[해설] 콘덴서는 직렬로 연결할수록 용량이 작아진다.

36 저항 R과 유도리액턴스 X_L을 직렬 접속할 때 임피던스는?

① $R + X_L$
② $\sqrt{R + X_L}$
③ $R^2 + X_L^2$
④ $\sqrt{R^2 + X_L^2}$

해설 $Z = R + jX = \sqrt{R^2 + X_L^2}$

해설 $\cos\theta$: 역률, $\sin\theta$: 무효율

37 저항 9[Ω], 용량리액턴스 12[Ω]의 직렬회로의 임피던스는 몇 [Ω]인가?

① 3[Ω] ② 15[Ω]
③ 21[Ω] ④ 32[Ω]

해설 $Z = R - jX = \sqrt{R^2 + X_L^2}$
$= \sqrt{9^2 + 12^2} = 15$

41 어느 회로 소자에 일정한 크기의 전압으로 주파수를 증가시키면서 흐르는 전류를 관찰하였다. 주파수를 2배로 하였더니 전류의 크기가 2배로 되었다. 이 회로 소자는?

① 저항 ② 코일
③ 콘덴서 ④ 다이오드

해설 $I = wCV = 2\pi fCV \propto fC$

38 $I = 8 + j6$[A]로 표시되는 전류의 크기 I는 몇 [A]인가?

① 6[A] ② 8[A]
③ 10[A] ④ 12[A]

해설 $I = I_R + jI_X = \sqrt{I_R^2 + I_X^2}$
$= \sqrt{8^2 + 6^2} = 10$[A]

42 $\dot{Z}_1 = 2 + j11$[Ω], $\dot{Z}_2 = 4 - j3$[Ω]의 직렬회로에 교류전압 100[V]를 가할 때 합성 임피던스는?

① 6[Ω] ② 8[Ω]
③ 10[Ω] ④ 14[Ω]

해설 $Z = 2 + j11 + 4 - j3 = 6 + j8$
$= \sqrt{6^2 + 8^2} = 10$[Ω]

39 RL 직렬회로에서 임피던스 Z의 위상차 θ는?

① $\tan\dfrac{X_L}{R}$ ② $\tan\dfrac{R}{X_L}$
③ $\tan^{-1}\dfrac{X_L}{R}$ ④ $\tan^{-1}\dfrac{R}{X_L}$

해설 $\theta = \tan^{-1}\dfrac{X_L}{R}$

43 $R = 4$[Ω], $X = 3$[Ω]인 $R-L-C$ 직렬회로에 5[A]의 전류가 흘렀다면 이때의 전압은?

① 15[V] ② 20[V]
③ 25[V] ④ 125[V]

해설 $V = IZ = 5 \times \sqrt{4^2 + 3^2} = 25$[V]

40 교류회로에서 전압과 전류의 위상차를 θ[rad]이라 할 때 $\cos\theta$를 회로의 무엇이라 하는가?

① 전압 변동률 ② 파형률
③ 효율 ④ 역률

44 임피던스의 역수는?

① 어드미턴스 ② 컨덕턴스
③ 서셉턴스 ④ 인덕턴스

해설 임피던스의 역수는 어드미턴스이다.

정답 37. ② 38. ③ 39. ③ 40. ④ 41. ③ 42. ③ 43. ③ 44. ①

45 어드미턴스의 실수부는 무엇을 나타내는가?

① 임피던스 ② 리액턴스
③ 콘덕턴스 ④ 서셉턴스

[해설] 어드미턴스의 실수는 콘덕턴스, 허수는 서셉턴스 이다.

46 어드미턴스의 허수부는 무엇을 나타내는가?

① 임피던스 ② 리액턴스
③ 콘덕턴스 ④ 서셉턴스

[해설] 어드미턴스의 실수는 콘덕턴스, 허수는 서셉턴스 이다.

47 어드미턴스 $Y=4+j3[S]$를 임피던스 $[\Omega]$로 고치면?

① 0.16 ② 0.2
③ 0.31 ④ 0.5

[해설] $Y=4+j3=\sqrt{4^2+3^2}=5[S]$
$Z=\dfrac{1}{Y}=\dfrac{1}{5}=0.2[\Omega]$

48 임피던스 $\dot{Z}=r+jx$로 표시될 때 어드미턴스는 $\dot{Y}=g-jb$로 된다. 서셉턴스(susceptance)는 어느 것인가?

① Y ② x
③ g ④ b

[해설] $\dot{Z}=r+jx$: 실수 r(저항)$[\Omega]$,
　　　　　　　　허수 x(리액턴스)$[\Omega]$
$\dot{Y}=g-jb$: 실수 g(콘덕턴스)$[\Omega]$,
　　　　　　　　허수 b(서셉턴스)$[\Omega]$

49 $R=6[\Omega]$, $X_c=8[\Omega]$일 때 임피던스 $Z=6-j8[\Omega]$으로 표시되는 것은 일반적으로 어떤 회로인가?

① RL 직렬회로
② RL 병렬회로
③ RC 병렬회로
④ RC 직렬회로

[해설] $\dot{Z}=R-jX_C$: RC 직렬회로
$\dot{Z}=R+jX_L$: RL 직렬회로

50 RLC 직렬 회로에서 전압과 전류가 동위상이 되기 위한 조건은?

① $\omega L^2 C^2=1$
② $\omega^2 LC=1$
③ $\omega LC=1$
④ $\omega=LC$

[해설] RLC 직렬 회로에서 전압과 전류가 동위상 = 공진회로
$\omega L=\dfrac{1}{\omega C} \rightarrow \omega^2 LC=1$

51 $R-L-C$ 직렬 회로에서 직렬 공진인 경우 전압과 전류의 위상관계는 어떻게 되는가?

① 전류가 전압보다 $\dfrac{\pi}{2}[rad]$ 앞선다.
② 전류가 전압보다 $\dfrac{\pi}{2}[rad]$ 뒤진다.
③ 전류가 전압보다 $\pi[rad]$ 앞선다.
④ 전류와 전압은 동상이다.

[해설] $R-L-C$ 직렬 회로에서 직렬 공진시 전류와 전압은 동상이다.

정답 45. ③ 46. ④ 47. ② 48. ④ 49. ④ 50. ② 51. ④

52 $L-C$ 병렬 회로에 E[V]의 전압을 가할 때 전 전류가 0이 되려면 주파수 f[Hz]는?

① $f = 2\pi\sqrt{LC}$ ② $f = \dfrac{1}{2\pi\sqrt{LC}}$

③ $f = \dfrac{\sqrt{LC}}{2\pi}$ ④ $f = \dfrac{2\pi}{\sqrt{LC}}$

[해설] $L-C$ 병렬 회로에 E[V]의 전압을 가할 때 전 전류가 0이 되려면 병렬공진이 되므로

병렬공진 조건 $\omega L = \dfrac{1}{\omega C}$, $2\pi fL = \dfrac{1}{2\pi fC}$

여기서, $f = \dfrac{1}{2\pi\sqrt{LC}}$ [Hz]

53 직렬 공진 시 최대가 되는 것은?

① 전류 ② 전압
③ 저항 ④ 임피던스

[해설]
직렬공진	병렬공진
임피던스 최소	임피던스 최대
전류 최대	전류 최소

54 직렬 공진 시 그 값이 영이 되어야 하는 것은?

① 전류 ② 전압
③ 저항 ④ 리액턴스

[해설] 직렬공진시 $X = \omega L - \dfrac{1}{\omega C} = 0$ 리액턴스는 0이다.

55 병렬 공진 시 그 값이 최소가 되어야 하는 것은?

① 전류 ② 전압
③ 저항 ④ 임피던스

[해설]
직렬공진	병렬공진
임피던스 최소	임피던스 최대
전류 최대	전류 최소

56 병렬 공진 시 그 값이 최대가 되어야 하는 것은?

① 전류 ② 전압
③ 저항 ④ 임피던스

[해설]
직렬공진	병렬공진
임피던스 최소	임피던스 최대
전류 최대	전류 최소

57 유효 전력의 식으로 맞는 것은?
(단, 전압 E, 전류 I, 역률은 $\cos\theta$이다.)

① $EI\cos\theta$ ② $EI\sin\theta$
③ $EI\tan\theta$ ④ EI

[해설] 유효 전력(소비전력) $P = EI\cos\theta$[W]

58 100[V]의 단상 전동기를 입력 200[W], 역률 80[%]로 운전하고 있을 때의 전류는?

① 3[A] ② 2[A]
③ 1.6[A] ④ 2.5[A]

[해설] 유효 전력(소비전력) $P = EI\cos\theta$[W]에서

전류 $I = \dfrac{P[\text{W}]}{V\cos\theta} = \dfrac{200}{100 \times 0.8} = 2.5$[A]

59 다음 중 무효전력의 단위는?

① [W] ② [Var]
③ [kW] ④ [VA]

정답 52.② 53.① 54.④ 55.① 56.④ 57.① 58.④ 59.②

[해설] 무효전력 $P_r = VI\sin\theta$[Var]

60 교류에서 무효전력 P_r[Var]은?

① VI　　② $VI\cos\theta$
③ $VI\sin\theta$　　④ $VI\tan\theta$

[해설] 무효전력 $P_r = VI\sin\theta$[Var]

61 무효전력에 대한 설명으로 틀린 것은?

① $P = VI\cos\theta$로 계산된다.
② 부하에서 소모되지 않는다.
③ 단위로는 [Var]를 사용한다.
④ 전원과 부하 사이를 왕복하기만 하고 부하에 유효하게 사용되지 않는 에너지이다.

[해설] 무효전력 $P_r = VI\sin\theta$[Var]

62 다음 중 [VA]는 무엇의 단위인가?

① 유효전력　　② 무효전력
③ 피상전력　　④ 역률

[해설] 피상전력 $P_a = VI$[VA]

63 교류 기기나 교류전원의 용량을 나타낼 때 사용되는 것과 그 단위가 바르게 나열된 것은?

① 유효전력 - [VAh]
② 무효전력 - [W]
③ 피상전력 - [VA]
④ 최대전력 - [Wh]

[해설] 피상전력 - [VA]
유효전력 - [W]
무효전력 - [Var]

64 역률이 70[%]인 부하에 전압 100[V]를 가해서 전류 5[A]가 흘렀다. 이 부하의 피상전력은 몇 [VA]인가?

① 250[VA]　　② 350[VA]
③ 357[VA]　　④ 500[VA]

[해설] 피상전력 $P_a = VI = 100 \times 5 = 500$[VA]

65 교류 회로에서 피상전력을 P_a[VA], 무효전력을 P_r[Var]가 되는 회로에서 유효전력 P는 얼마인가?

① $P = \sqrt{P_a^2 - P_r^2}$
② $P = \sqrt{P_a^2 + P_r^2}$
③ $P = \sqrt{P_r^2 - P_a^2}$
④ $P = P_r^2 + P_a^2$

[해설] 유효 전력(소비전력)
$P = EI\cos\theta = I^2R = \sqrt{P_a^2 - P_r^2}$ [W]

66 교류 회로에서 유효전력을 P[W], 무효전력을 P_r[Var], 피상전력을 P_a[VA]이라 하면 역률을 구하는 식은?

① $\cos\theta = \dfrac{P}{P_a}$　　② $\cos\theta = \dfrac{P_a}{P}$
③ $\cos\theta = \dfrac{P}{P_r}$　　④ $\cos\theta = \dfrac{P_r}{P}$

[해설] 역률 $\cos\theta = \dfrac{P}{P_a}$, 무효율 $\sin\theta = \dfrac{P_r}{P_a}$

정답　60. ③　61. ①　62. ③　63. ③　64. ④　65. ①　66. ①

67 200[V], 40[W]의 형광등에 정격 전압이 가했을 때 형광등 회로에 흐르는 전류는 0.42[A] 이다. 이 형광등의 역률[%]은?

① 37.5 ② 47.6
③ 57.5 ④ 67.5

[해설] 역률 $\cos\theta = \dfrac{P}{P_a} \times 100$
$= \dfrac{40}{200 \times 0.42} \times 100 = 47.6[\%]$

68 그림의 회로에서 전압 100[V]의 교류전압을 가했을 때 전력은?

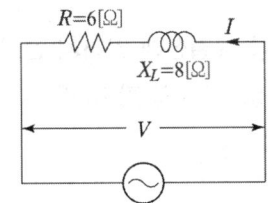

① 10[W]   ② 60[W]
③ 100[W] ④ 600[W]

[해설] $P = \dfrac{V^2}{R^2 + X^2} \times R = \dfrac{100^2}{6^2 + 8^2} \times 6 = 600[W]$

69 대칭 3상 교류를 올바르게 설명한 것은?

① 3상의 크기 및 주파수가 같고 상차가 60°의 간격을 가진 교류
② 3상의 크기 및 주파수가 다르고 상차가 60°의 간격을 가진 교류
③ 동시에 존재하는 3상의 크기 및 주파수가 같고 상차가 120°의 간격을 가진 교류
④ 동시에 존재하는 3상의 크기 및 주파수가 같고 상차가 90°의 간격을 가진 교류

[해설] 대칭 3상 교류는 동시에 존재하는 3상의 크기 및 주파수가 같고 상차가 120°의 간격을 가진 교류

70 대칭 3상 교류에서 기전력 및 주파수가 같을 경우 각 상간의 위상차는 얼마인가?

① π ② $\dfrac{\pi}{2}$
③ $\dfrac{2\pi}{3}$ ④ 2π

[해설] 대칭 3상 교류는 동시에 존재하는 3상의 크기 및 주파수가 같고 상차가 120°($\dfrac{2\pi}{3}$[rad])의 간격을 가진 교류

71 대칭 3상 교류의 성형결선에서 선간 전압이 220[V]일 때 상전압은?

① 73[V]   ② 127[V]
③ 172[V] ④ 380[V]

[해설] 성형결선(Y결선)
상전압 $= \dfrac{선간전압}{\sqrt{3}} = \dfrac{220}{\sqrt{3}} = 127[V]$

72 Y결선에서 상 전압이 220[V]이면 선간 전압은 약 몇 [V]인가?

① 110[V]
② 220[V]
③ 380[V]
④ 440[V]

[해설] 선간전압 $= \sqrt{3} \times$ 상전압
$= \sqrt{3} \times 220 = 380[V]$

73 평형 3상 Y결선에 있어서 선간전압(V_ℓ)과 상전압(V_P)의 관계는?

① $V_\ell = V_P$ ② $V_\ell = \dfrac{1}{\sqrt{3}} V_P$
③ $V_\ell = \sqrt{2} V_P$ ④ $V_\ell = \sqrt{3} V_P$

[해설] 성형결선(Y결선)
선간전압 $V_\ell = \sqrt{3} V_P$

74 △결선의 전원에서 선전류가 40[A]이고 선간 전압이 220[V]일 때의 상전류는?

① 13[A] ② 23[A]
③ 69[A] ④ 120[A]

[해설] △결선
상전류 = $\dfrac{선전류}{\sqrt{3}} = \dfrac{40}{\sqrt{3}} = 23$[A]

75 대칭 3상 교류의 순시값의 합은?

① 0[V] ② 50[V]
③ 115[V] ④ 220[V]

[해설] 대칭 3상 교류의 순시값의 합은 0이다.

76 평형 3상 Y결선에서 선간 전압과 상전압의 위상차는 약 몇 [rad]인가?

① $\dfrac{2\pi}{3}$ ② $\dfrac{\pi}{3}$
③ $\dfrac{\pi}{2}$ ④ $\dfrac{\pi}{6}$

[해설] 평형 3상 Y결선에서 선간 전압과 상전압의 위상차는 $\theta = \dfrac{\pi}{6}$[rad]= 30° 이다.

77 대칭 3상 △결선에서 선전류와 상전류의 위상관계는?

① 상전류가 $\dfrac{\pi}{6}$[rad] 앞선다.
② 상전류가 $\dfrac{\pi}{6}$[rad] 뒤진다.
③ 선전류가 $\dfrac{2\pi}{3}$[rad] 앞선다.
④ 선전류가 $\dfrac{2\pi}{3}$[rad] 뒤진다.

[해설] 대칭 3상 △결선에서 선전류와 상전류의 위상은 상전류가 $\dfrac{\pi}{6}$[rad]= 30° 앞선다

78 평형 3상 △결선에 있어서 선간전압(V_ℓ)과 상전압(V_P)의 관계는?

① $V_\ell = \dfrac{1}{3} V_P$
② $V_\ell = V_P$
③ $V_\ell = \dfrac{1}{\sqrt{3}} V_P$
④ $V_\ell = \sqrt{3} V_P$

[해설] 평형 3상 △결선에 있어서 선간전압(V_ℓ)과 상전압(V_P)의 크기는 같다.

79 평형 3상 △결선에 있어서 상전류(I_P)과 선전류(I_ℓ)의 관계는?

① $I_\ell = \dfrac{1}{\sqrt{3}} I_P$ ② $I_\ell = I_P$
③ $I_\ell = \sqrt{3} I_P$ ④ $I_\ell = 3 I_P$

[해설] 평형 3상 △결선
(선전류) $I_P = \dfrac{1}{\sqrt{3}} I_\ell$ (선전류)
(선전류) $I_\ell = \sqrt{3} I_P$ (상전류)

정답 73. ④ 74. ② 75. ① 76. ④ 77. ① 78. ② 79. ③

80 선간전압이 380[V]인 전원에 $Z = 8+j6$ [Ω]의 부하를 Y접속했을 때 선전류는?

① 12[A] ② 22[A]
③ 28[A] ④ 38[A]

[해설] 선전류 $I_l = I_P = \dfrac{V_P}{Z_P} = \dfrac{V_l}{\sqrt{3}\,Z_P}$
$= \dfrac{380}{\sqrt{3} \times \sqrt{8^2+6^2}} = 22[A]$

81 $\Delta - \Delta$ 평형회로에서 $E = 200$[V], 임피던스 $Z = 3+j4$[Ω]일 때 상전류 I_P[A]는 얼마인가?

① 30[A] ② 40[A]
③ 50[A] ④ 66.7[A]

[해설] $I_p = \dfrac{E}{Z_P} = \dfrac{200}{\sqrt{3^2+4^2}} = 40[A]$

82 평형 3상 회로에서 1상의 소비전력이 P[W]라면, 3상 회로 전체 소비전력 P_3[W]은?

① $P_3 = 2P$ ② $P_3 = \sqrt{2}\,P$
③ $P_3 = 3P$ ④ $P_3 = \sqrt{3}\,P$

[해설] 평형 3상 회로에서 1상의 소비전력이 P[W]라면, 3상 회로 전체 소비전력 $P_3 = 3P$[W]

83 다음 중 4상 교류전력을 나타내는 식으로 맞는 것은?

① $P = \sqrt{3}\,E_l I_l \cos\theta$
② $P = \sqrt{3}\,E_P I_P \cos\theta$
③ $P = \sqrt{3}\,E_l I_l \sin\theta$
④ $P = \sqrt{3}\,E_P I_P \sin\theta$

[해설] 3상 교류전력
$P = \sqrt{3}\,E_l I_l \cos\theta[W] = 3E_P I_P \cos\theta[W]$
E_l : 선간전압, I_l : 선전류
E_P : 상전압, I_P : 상전류

84 선간전압이 13,200[V], 선전류가 800[A], 역률 80[%] 부하의 소비전력은?

① 약 4,878[kW]
② 약 8,448[kW]
③ 약 14,632[kW]
④ 약 25,344[kW]

[해설] 3상 교류전력
$P = \sqrt{3}\,E_l I_l \cos\theta$
$= \sqrt{3} \times 13200 \times 800 \times 0.8 = 14,632[kW]$
E_l : 선간전압, I_l : 선전류

85 전압 220[V], 전류 10[A], 역률 0.8인 3상 전동기 사용 시 소비전력은?

① 약 1.5[kW] ② 약 3.0[kW]
③ 약 5.2[kW] ④ 약 7.1[kW]

[해설] 3상교류전력
$P = \sqrt{3}\,E_l I_l \cos\theta$
$= \sqrt{3} \times 220 \times 10 \times 0.8 \times 10^{-3} = 3[kW]$
E_l : 선간전압, I_l : 선전류

86 용량 P[kVA]인 동일 정격의 단상 변압기 2대로 낼 수 있는 3상 최대 출력 용량은?

① $\dfrac{2}{\sqrt{3}}P$ ② $\sqrt{3}\,P$
③ $4P$ ④ $3P$

[해설] V 결선 용량 $P_V = \sqrt{3}\,P$[kVA]

정답 80. ② 81. ② 82. ③ 83. ① 84. ③ 85. ② 86. ②

87 용량 50[kVA]인 동일 정격의 단상변압기로 2대로 낼 수 있는 3상 최대 출력 용량은?

① 100　　② $50\sqrt{3}$
③ $\dfrac{50}{\sqrt{3}}$　　④ 200

[해설] V결선 용량
$P_V = \sqrt{3}\,P = \sqrt{3} \times 50\,[\text{kVA}]$

88 용량이 250[kVA]인 단상 변압기 3대를 △결선으로 운전 중 1대가 고장이 나서 V결선으로 운전하는 경우 출력은 약 몇 [kVA]인가?

① 144[kVA]　　② 353[kVA]
③ 433[kVA]　　④ 525[5]

[해설] V결선 용량
$P_V = \sqrt{3}\,P = \sqrt{3} \times 250 = 433\,[\text{kVA}]$

89 용량 P[kVA]인 동일 정격의 단상 변압기 4대로 낼 수 있는 3상 최대 출력 용량은?

① $2\sqrt{3}\,P$　　② $\sqrt{3}\,P$
③ $4P$　　④ $3P$

[해설] 단상 변압기 4대로 낼 수 있는 3상 최대 출력 용량
$P' = P_V \times 2뱅크 = 2\sqrt{3}\,P$
(뱅크 : 변압기 또는 콘덴서 결선상단위)

90 3상 전원에서 한상에 고장이 발생하였다. 이 때 3상 부하에 3상 전력을 공급할 수 있는 결선 방법은?

① Y결선　　② △결선
③ 단상 결선　　④ V결선

[해설] 3상 운전시 1상고장 발생하면 V 결선으로 운전 가능한다.

91 V 결선 시 변압기의 이용률[%]은?

① 57.7　　② 66.6
③ 86.6　　④ 100

[해설] V결선 이용율 86.6[%]
V결선 출력비 57.7[%]

92 △결선 변압기 1대의 고장으로 제거되어 V결선으로 할 때 공급할 수 있는 전력은 고장 전 출력의 몇 [%]인가?

① 86.6　　② 75
③ 66.7　　④ 57.7

[해설] V결선 이용율 86.6[%]
V결선 출력비 57.7[%]

93 $Z[\Omega]$인 임피던스 3[개]로 된 △결선을 Y결선으로 환산할 때 한상의 임피던스는?

① $3Z$　　② $\dfrac{1}{3}Z$
③ $\dfrac{Z}{\sqrt{3}}$　　④ $\sqrt{3}\,Z$

[해설] △결선을 Y결선 등가변환시 임피던스는 $\dfrac{1}{3}$배가 된다.

94 세 변의 저항 $R_a = R_b = R_c = 15[\Omega]$인 Y결선 회로가 있다. 이것과 등가인 △결선 회로의 각 변의 저항은?

① 5　　② 10
③ 25　　④ 45

정답　87. ②　88. ③　89. ①　90. ④　91. ③　92. ④　93. ②　94. ④

[해설] Y결선을 △결선 등가변환시 저항은 3배가 된다. 즉 $3R = 3 \times 15 = 45[\Omega]$

95 평행 3상 교류회로의 Y회로로 부터 △회로로 변환하기 위해서는 어떻게 하여야 하는가?

① 각 상의 임피던스를 3배로 한다.
② 각 상의 임피던스를 $\sqrt{3}$ 배로 한다.
③ 각 상의 임피던스를 $\dfrac{1}{\sqrt{3}}$ 배로 한다.
④ 각 상의 임피던스를 $\dfrac{1}{3}$ 배로 한다.

[해설] Y결선을 △결선 등가변환시 저항은 3배가 된다.

96 평형 3상 회로에서 임피던스 △결선에서 Y결선으로 하면 소비전력은?

① $\dfrac{1}{3}$ 배   ② $\dfrac{1}{\sqrt{3}}$ 배
③ 3배   ④ $\sqrt{3}$ 배

[해설] △결선을 Y결선 등가변환시 소비전력은 $\dfrac{1}{3}$ 배가 된다.

97 단상 전력계 2대를 사용하여 3상 전력을 측정하고자 한다. 두 전력계의 지시 값이 각각 P_1, $P_2[W]$이었다. 3상 전력 $P[W]$를 구하는 옳은 식은?

① $P = 3 \times P_1 \times P_2$
② $P = P_1 - P_2$
③ $P = P_1 \times P_2$
④ $P = P_1 + P_2$

[해설] 2전력계법 3상부하전력
$P = P_1 + P_2[W]$

98 2전력계법으로 3상 전력을 측정할 때 $P_1 = 200[W]$, $P_2 = 200[W]$일 때 부하 전력은?

① 200[W]   ② $200\sqrt{3}[W]$
③ 400[W]   ④ $400\sqrt{3}[W]$

[해설] 2전력계법 3상부하전력
$P = P_1 + P_2 = 200 + 200 = 400[W]$

99 전력계 2개를 접속하여 역률을 계산 하고자 한다. 다음 중 옳은 계산식은 어느 것인가? (단, 전력계 W_1의 지시값은 P_1, 전력계 W_2의 지시값은 P_2라 한다.)

① $\dfrac{2\sqrt{P_1^2 + P_2^2 - P_1 P_2}}{P_1 + P_2}$

② $\dfrac{P_1 + P_2}{2\sqrt{P_1^2 + P_2^2 - P_1 P_2}}$

③ $\dfrac{2\sqrt{P_1^2 + P_2^2 - P_1 P_2}}{P_1 - P_2}$

④ $\dfrac{P_1 - P_2}{2\sqrt{P_1^2 + P_2^2 - P_1 P_2}}$

[해설] (역률) $\cos\theta = \dfrac{P_1 + P_2}{2\sqrt{P_1^2 + P_2^2 - P_1 P_2}} \times 100$

100 2전력계법에서 지시 $P_1 = 100[W]$, $P_2 = 200[W]$일 때 역률은?

① 0.866   ② 0.707
③ 1.0   ④ 0.5

정답 95.① 96.① 97.④ 98.③ 99.② 100.①

[해설] $\cos\theta = \dfrac{P_1 + P_2}{2\sqrt{P_1^2 + P_2^2 - P_1 P_2}}$

$= \dfrac{100 + 200}{2\sqrt{100^2 + 200^2 - 100 \times 200}}$

$= 0.866$

101 비사인파의 일반적인 구성이 아닌 것은?

① 삼각파　　② 고조파
③ 기본파　　④ 직류분

[해설] 사인파 = 직류분 + 기본파 + 고조파

102 비정현파가 발생하는 원인과 거리가 먼 것은?

① 자기포화
② 옴의 법칙
③ 히스테리시스
④ 전기자 반작용

[해설] 비정현파가 발생하는 원인
- 자기포화
- 히스테리시스
- 전기자 반작용

103 비정현파의 실효값을 나타내는 것은?

① 최대파의 실효값
② 각 고조파의 실효값의 합
③ 각 고조파의 실효값의 합의 제곱근
④ 각 고조파의 실효값의 제곱의 합의 제곱근

[해설] 비정현파의 실효값은 각 고조파의 실효값의 제곱의 합의 제곱근으로 구한다.

104 $R-L$ 직렬회로의 시정수(시정수) $T(s)$는 어떻게 되는가?

① $\dfrac{R}{L}$　　② $\dfrac{L}{R}$
③ RL　　④ $\dfrac{1}{RL}$

[해설] $R-L$ 직렬회로의 시정수 $T(s) = \dfrac{L}{R}$

105 RC 회로의 시정수(시상수) $T(s)$는 어떻게 되는가?

① RC　　② $\dfrac{1}{RC}$
③ $\dfrac{R}{C}$　　④ $\dfrac{C}{R}$

[해설] RC 회로의 시정수(시상수) $T(s) = RC$

정답 101. ① 102. ② 103. ④ 104. ② 105. ①

PART 2
전기기기

1장 직류기

1 직류기의 원리와 구조

(1) 발전기의 원리

① **자석** : 쇠붙이를 끌어당기는 성질인 자기를 가진 물체를 자석, 자기적인 힘을 자력, 자력이 미치는 공간을 자장(자계), N극에서 S로 자력선이 향하고 자력선 묶음을 자속 ϕ[Wb], 자속밀도를 B[Wb/m²]라 한다.

② **전자석** : 도선에 전류가 흐르면 주위에는 자장이 생긴다(전류의 자기작용). 자장과 전류의 방향은 앙페에르의 오른나사의 법칙에 따른다. 즉 그림에서 "전류의 방향과 자장의 방향은 각각 나사의 진행방향과 회전방향에 일치한다."
철심에 코일을 감고 전류를 흘리면 철심은 전자석이 되고 무부하 포화곡선($\phi - I_f$, $B - H$ 곡선)과 같이 자속은 계자전류 I_f가 크면 커진다.

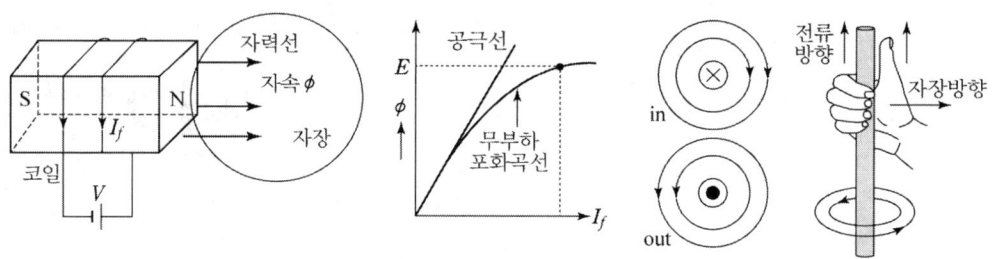

③ **전자유도법칙** : 도체에 자속이 변화(쇄교)하든가 자장 중에 놓인 도체가 운동하여 자속을 쇄교하면 도체에 기전력이 유도되는 현상이다. 유도 기전력의 크기는 코일과 쇄교하는 자속과 코일의 권회수의 곱에 비례한다.(패러데이(Faraday) 법칙).

$$e = -N\frac{\Delta\phi}{\Delta t} \text{[V]}$$

자장 중에 도체가 운동할 때 검지가 자장의 방향, 엄지가 도체의 운동방향이면 중지는 유도 기전력의 방향을 나타낸다.(플레밍의 오른손 법칙)

④ **교류 발전기** : 그림과 같이 자극 N, S의 자장 B[Wb/m²] 중에 길이 l의 도체를 직각으로 놓고 코일의 양끝을 서로 절연한 2개의 원형 금속편인 슬립 링(slip ling) S_1 S_2에 각각 접속하고 코일을 자장과 θ도의 방향으로 v[m/sec]의 속도로 운동하면 교류 기전력이 코일에 유도된다.

$$e = N\frac{\Delta\phi}{\Delta t} = Blv\sin\theta, \quad 즉\ e = V_m \sin\omega t [V]$$

이 기전력은 브러시(brush) B_1 B_2 양단에 나타나는 전압으로 도체가 원주를 반 회전할 때마다 방향(극성)이 바뀌는 사인파 교류가 된다.

⑤ **직류 발전기** : 슬립 링 S_1 S_2 대신에 서로 절연된 2개의 반원형 링인 정류편 C_1 C_2를 사용하면 코일의 위치에 관계없이 B_1은 (−), B_2는 (+)극성으로 항상 일정하게 되어 교류를 직류로 정류한 맥류가 되고 크기는 평균값으로 주어진다.

⑥ **직류기 구성** : 자속을 만드는 **계자**, 기전력을 유도하는 **전기자**, 교류를 직류로 바꾸는 **정류자**로 구성된다.

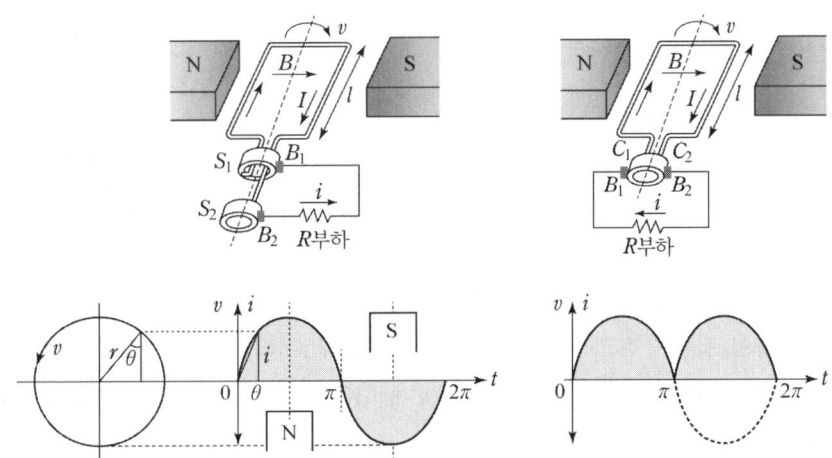

(2) 계자

① 계자 : 전자석을 만들어 자속을 발생시킨다. 계철(바깥틀)에 계자철심을 붙이고 계자 권선을 감아 계자전류를 흘려 전자석을 만들고 자극편을 부쳐 자속분포를 고르게 한다. 공극은 3~8 mm 정도이다.

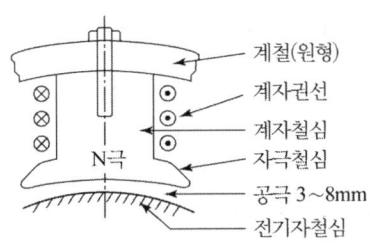

(3) 전기자

① 전기자 : 도체가 자속을 끊어 기전력을 유도한다.

규소강판을 성층한 원통형 철심 표면에 홈을 파고 권선(도체)을 넣는다.

전기기기의 철에 생기는 열인 철손을 줄이기 위하여 규소강판을 성층하여 사용하는데 규소는 저항과 투자율이 커 히스테리시스손이 적어지고 철판 두께를 얇게 하면 맴돌이전류손이 감소하므로 규소함량(회전기 1~2 %, 변압기 3~4.5 %), 두께(직류기 0.35~0.5 mm, 변압기 0.35 mm)의 얇은 규소강판을 성층하여 사용한다.

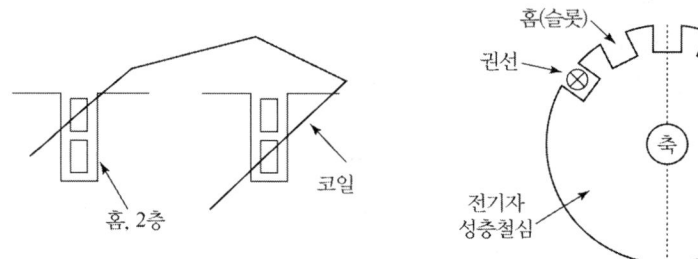

(4) 정류자

① 정류자 : 교류를 직류로 변환한다.

경동재의 정류자편과 편간 운모 절연을 교대로 겹쳐 원통형으로 조립한 것으로 전기자축에 붙어있다. 정류편수 K를 24개, 36개 등으로 늘리면 전압의 평균값이 증가하고 맥동이 많이 줄어든다.

$$E_a = \frac{2}{\pi} K V_m [\text{V}]$$

또 정류자편에 접촉하여 전기자 권선과 외부회로를 연결하여 주는 브러시(brush) 및 그 부속장치로 되어있다. 브러시는 접촉저항이 큰 탄소(혹은 흑연)브러시가 소형에서 주로 쓰인다.

부속장치는 브러시 잡이(holder), 과열 방지용 pig tail, 홀더 지지 및 이동용 rocker, 정류자편과 전기자 권선의 접속용 도체인 riser로 되어 있다.

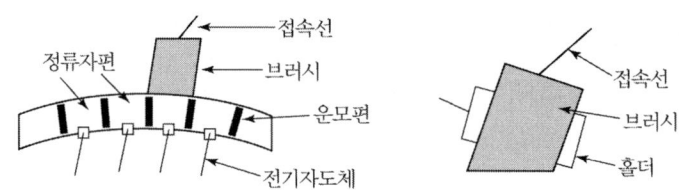

(5) 브러시

정류자와 외부회로를 연결하는 부분 탄소, 전기흑연, 금속 흑연 브러시가 있다. 기울기는 회전 방향이 바뀌어지는 기계는 수직, 일직 방향의 기계는 회전 방향으로 30~35도 역방향으로 10~15이다.
(압력은 보통 $0.15 \sim 0.25$ kg/cm^2, 전철용은 $0.35 \sim 0.4$ kg/cm^2 정도이다.)

> 탄소질 브러쉬 (접촉저항↑) : 저전류, 저속기

(6) 전기자 권선법

① **전기자 권선법** ; 고상권, 폐회로권, 2층권의 중권과 파권이 있고 환상권, 개로권, 단층권은 사용하지 않는다.
② **고상권** ; 원통철심 외부에만 코일을 배치한 것.
③ **폐로권** ; 코일 전체가 폐회로를 이룬다.
④ **2층권** ; 한 홈에 2개의 코일변군을 상 하 2층으로 넣는다.
⑤ **중권(병렬권)** ; 병렬수가 자극수와 같아서($a = p$) 대전류용에 사용한다.
⑥ **파권(직렬권)** ; 병렬수가 항상 2이고($a = 2$), 고전압용에 사용한다.
⑦ **코일변** ; 홈(slot) 속의 도체부분으로 자속을 끊어 기전력을 유도한다.
⑧ **코일끝** ; 홈 밖 도체부분으로 누설자속을 끊어 리액턴스전압이 된다
⑨ 극간격, 코일간격은 전기각, 홈수로 나타낸다.
⑩ **균압환(고리)** ; 4극 이상의 중권기에서 병렬회로간에 자속 불평형이 생겨 순환전류가 흐르므로 동일 극성의 자극 밑의 정류자편 간을 도체(균압고리)로 접속하여 전기자 전류를 조절한다.

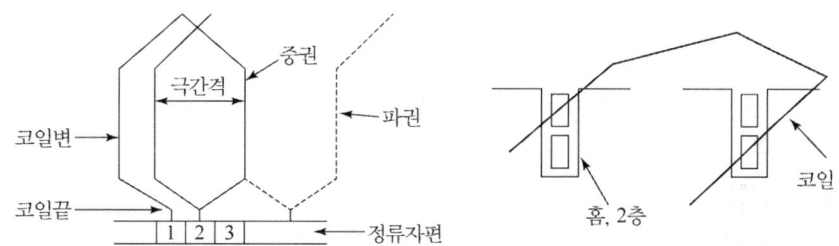

(7) 유도 기전력

① **주변속도** ; 도체가 자속을 수직으로 끊는 속도 $v = \dfrac{\pi DN}{60}[\text{m/sec}]$

② **유도기전력** ; $e = Blv[\text{V}]$, 자속 $P\phi = B\pi D\, l$, 직렬 도체수 Z/a에서

$$E = P\phi\, \dfrac{N}{60}\, \dfrac{Z}{a} = k\phi N[\text{V}], \quad \left(k = \dfrac{ZP}{60a}\right)$$

(8) 전기자 반작용

① **전기자 반작용** : 그림의 (a)는 무부하 계자자속이고, 전기자 전류가 흐르면 (b)와 같이 주자속과는 직각으로 전기자 자속이 생겨 합성자속은 (c)와 같이 회전방향으로 치우쳐 일그러진파가 된다. 즉 전기자 자속이 계자자속에 영향을 주는 것을 전기자 반작용이라 한다.

② **영향** : 교차자화작용(편자작용과 감자작용)

감자작용 : 주자속 감소하여 유기기전력이 감소한다.

편자작용 : 자속이 회전방향으로 치우쳐 중성축이 회전방향으로 이동한다.

정류불량 : 편자작용으로 중성점에 자속이 생겨 브러시에 불꽃이 생긴다.

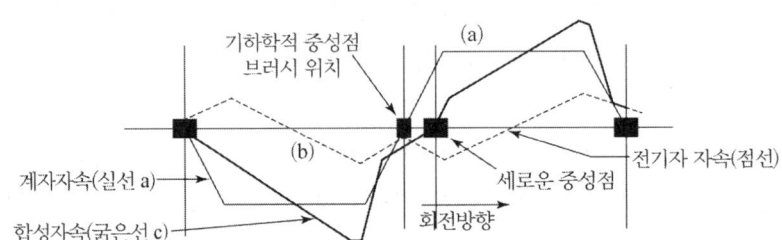

③ **감소방법** : 대형은 보상권선을 설치하여 반작용 자속을 줄이고, 또 보극을 설치하여 중성축 이동을 방지하며 계자기자력과 자기회로의 자기저항을 크게 한다.

④ **보상권선** : 계자극에 홈을 파 권선하고 전기자 전류방향과 반대로 하여 전기자 자속을 상쇄시킨다.

⑤ **보극(정류극)** : 주자극 사이 중성점에 설치한 소자극으로 회전방향으로 앞의 자극과 같은 자극이고 전기자권선에 직렬로 전기자 전류와 반대 방향으로 권선하여 리액턴스 전압을 보상하고 중성축 이동을 방지한다.

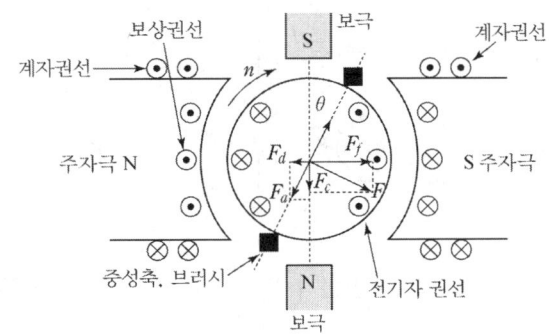

(9) 정류 작용

① **정류** ; 브러시에 의한 단락코일의 전류방향이 바뀌는 것을 이용하여 교류를 직류로 변환한다.

② **저항정류(자연정류, 직선정류)** : 브러시 접촉저항이 클 때 전류밀도가 균일하여 직선정류가 된다.

③ **전압정류(강제정류)** : 보극으로 코일의 리액턴스 전압을 상쇄하여 강제정류 한다.

④ **정류개선** : 보극을 설치하고, 탄소 브러시의 접촉저항을 크게 한다.

인덕턴스를 줄이고 정류 주기를 길게 하여 리액턴스 전압($L\,di/dt$)을 줄인다.

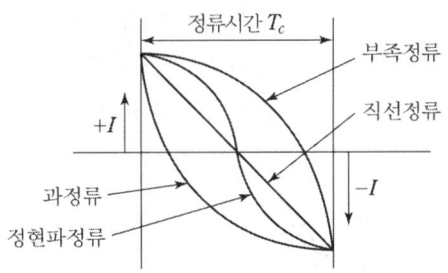

2 직류발전기의 특성

(1) 타여자 발전기

① **여자** : 계자권선에 직류전류를 흘려 자속(전자석)을 만드는 것

② **타여자 발전기** : 외부에서 여자에 필요한 직류전류를 공급한다.

전기자 저항의 전압강하 $R_a I_a$, 브러시 강하 v_b, 반작용강하 v_a 전압이 줄어든다. 그러나 전압강하가 적으므로 정전압 발전기가 되고 화학공장, 실험실용, 여자기용, 속도제어용 등에 사용한다.

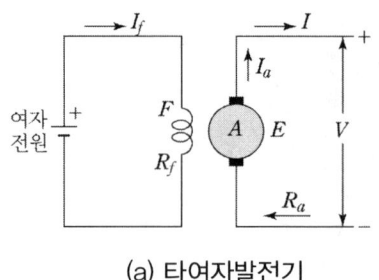 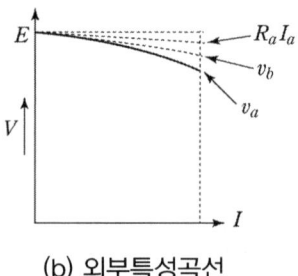

(a) 타여자발전기　　　　(b) 외부특성곡선

(2) 자여자 발전기

① 자여자 발전기 ; 계자를 전기자에 접속하여 잔류자기로 여자한다.
② 자여자 조건 ; 무부하 포화곡선에서
　㉮ 잔류자기가 있고
　㉯ 자기포화가 있을 것
　㉰ 극성(회전방향)이 옳을 것
　㉱ 계자 저항이 임계저항보다 작을 것.
③ 자여자 전압확립 ; 계자저항 R_f에서 발전기가 회전하면 $E = k\phi N$에서 속도 N과 잔류자속 ϕ_r로 작은 전압이 유도되고 계자전류가 흐르며 이 계자전류로 자속이 증가되어 전압이 유도 증가되고 이 전압으로 계자전류가 증가하는 식으로 포화점 m까지 전압이 확립되고 무부하 유도 기전력 E가 유도된다.
계자저항 R_f가 임계저항 R_m보다 적어야 m점이 결정된다.

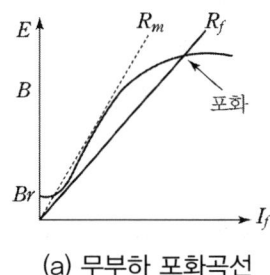 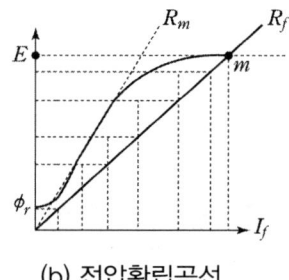

(a) 무부하 포화곡선　　　　(b) 전압확립곡선

※ 회전방향이 반대이면 잔류자기가 소멸하여 발전하지 않는다.

(3) 분권 발전기

① 전기자 A에 계자 F를 병렬로 접속한 것으로 F가 분권 계자이다.

② 단자전압이 줄어들면 유도 기전력도 줄어들므로 전압강하를 v_f라 하면 단자전압 V는 $V = E - R_a I_a - v_a - v_b - v_f$, $v_a - v_b - v_f$를 무시하면

$$\text{기본식} \quad E = V + R_a I_a \, [\text{V}],$$
$$I_a = I + I_f [\text{A}],$$
$$I_f = \frac{V}{R_f} [\text{A}]$$

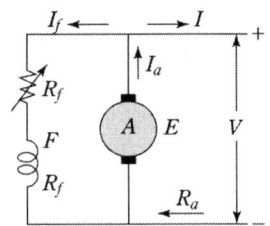 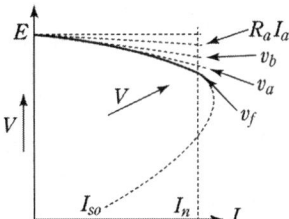

③ 분권기는 단락이 되면 전기자 반작용에 의하여 전류가 줄어든다(I_{so})

④ 계자저항 R_F로 전압조정 한다

⑤ 분권기는 타여자기와 같이 전압강하가 작으므로 정전압 발전기로 일반 전원용, 화학 공장, 실험실용, 여자기용, 충전용 등에 사용된다.

(4) 직권 발전기

계자를 전기자에 직렬로 접속한 발전기이고 계자전류가 부하전류이므로 부하에 따라 전압강하가 심하여 승압기에 사용된다.

$$E = V + (R_a + R_f) I \, [\text{V}]$$
$$I_a = I = I_f [\text{A}]$$

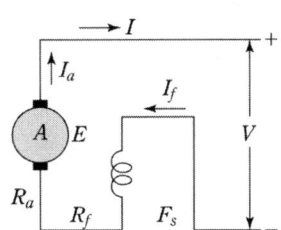 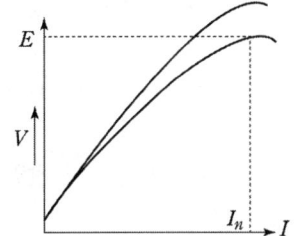

(5) 복권 발전기

① 복권 발전기는 직권계자와 분권계자가 있는 발전기이다. 여기에 내분권기/외분권기가 있고 각각 평복권기/과복권기/차동복권기가 있다.
② 과복권기는 직권계자가 강하여 승압기용으로 사용되며,
③ 평복권기는 직권계자가 전부하 전압강하를 보상하여 전부하 전압이 무부하 전압과 같게 설계하여 일반용으로 사용되고,
④ 차동복권기는 직권계자의 방향을 반대로 하여 수하특성을 얻어 용접기, 아크등 등에 사용된다.

(6) 병렬 운전

① 발전기 1대의 용량이 부족할 때 2대 이상을 병렬로 접속한다.
② 조건 : 단자전압, 극성, 외부특성이 같아야 순환전류가 흐르지 않는다.
③ 부하분담 : 기전력 E가 크던가, 전기자 저항 R_a가 작은 쪽이 크다.
④ 균압선 : 직권과 복권기의 직권 계자 전류는 부하전류이므로 부하 변화에 따라 전압 변동이 심하다.
각 전기자와 직권 계자 간을 선(균압선)으로 연결하여 전류를 분류시켜 계자 변동에 따른 전압변동을 줄여 병렬운전을 안전하게 한다.

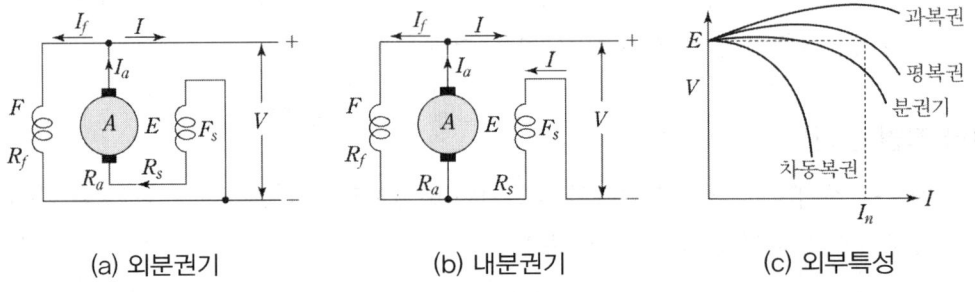

(a) 외분권기　　　　(b) 내분권기　　　　(c) 외부특성

(7) 전압 변동률

전부하 전압에 대한 무부하 전압의 변동 비율[%].

$$\epsilon = \frac{V_0 - V_n}{V_n} \times 100 [\%]$$

여기서, 무부하전압 V_0, 정격전압 V_n

3 직류전동기의 이론

(1) 직류전동기의 이론

① 자장 중에 놓인 도체가 운동하면 도체에 전압이 발생하여 발전기가 된다. 반대로 자장 중에 놓인 도체에 전류를 흘리면 전자력($F = BIl$[N])이 생기고 전기 입력은 VI[W], 출력 EI[W]가 된다. 전기자 반지름 r[m]이면 플레밍의 왼손법칙에 따라 회전력 $T = Fr$[Nm]이 발생 전동기가 된다. 즉, 전동기는 전기적 에너지를 받아 기계적 동력을 얻는 기계로서 발전기의 구조와 같고 발전기를 전동기로 또 전동기를 발전기로 사용할 수 있다.

② 역기전력 $E = \dfrac{Z}{a} P\phi \dfrac{N}{60} = k\phi N$[V]

 단자전압 $V = E + R_a I_a$[V]

③ 출력 $P = 2\pi \dfrac{N}{60} T = \omega T$[W]

④ 토크 $T = k\phi I_a$[N·m] ($k = \dfrac{PZ}{2\pi a}$)

$T = \dfrac{P}{2\pi N/60}$[N·m] $= 0.975 \dfrac{P}{N}$[kg·m]

(1[kg·m]=9.8[N·m], $\omega = \dfrac{2\pi N}{60}$)

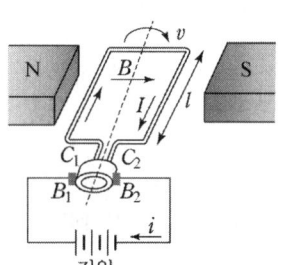

(2) 분권전동기 특성

① 타여자 전동기 및 분권전동기는 전압(V)과 자속(Φ)이 일정하면 속도변동이 거의 없는 정속도 전동기가 되고 토크는 전류에 비례한다.

$N = k \dfrac{V - R_a I_a}{\Phi}$[rpm]에서 $N \propto (V - R_a I_a)$

$T = k\Phi I_a$[N·m]에서 $T \propto I_a$

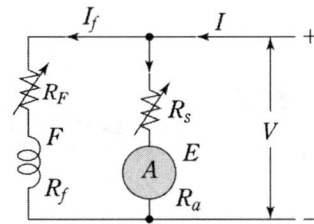 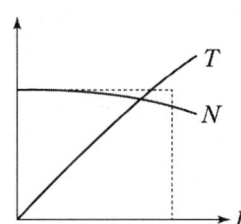

② 분권기는 계자회로 단선 등의 무여자($\Phi = 0$)시 고속의 위험이 있다.

③ 타여자기는 전압제어로 압연기, 권상기, 크레인, 엘리베이터 등에,
④ 분권기는 선박 펌프용, 환기용 송풍기, 공작기계 등에 사용된다.

(3) 직권 전동기 특성

① 직권전동기 : 직권기는 부하전류가 계자전류와 같으므로 자속이 부하에 비례하여 무부하시(벨트사용) 과속 위험이 있다.

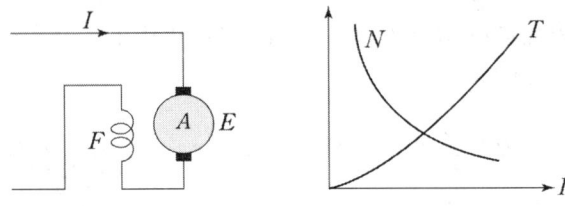

$N = k \dfrac{V - R_a I_a}{\Phi} [\text{rpm}]$ 에서

$N \propto \dfrac{1}{I_a}$ ⇨ 속도는 전류에 반비례하고

$T = k \Phi I_a [\text{N} \cdot \text{m}]$ 에서

$T \propto I_a^2$ 또는 $T \propto \dfrac{1}{N^2}$ ⇨ 토크는 전류의 제곱에 비례한다.

가변속도 전동기로 기동토크가 크고 입력이 작으므로 전차, 권상기, 크레인 등 기동이 빈번하고 토크변동이 큰 곳에 사용된다.

(4) 복권전동기 특성

가동 복권기는 분권기 특성과 비슷하고 차동 복권기는 잘 쓰이지 않는다.

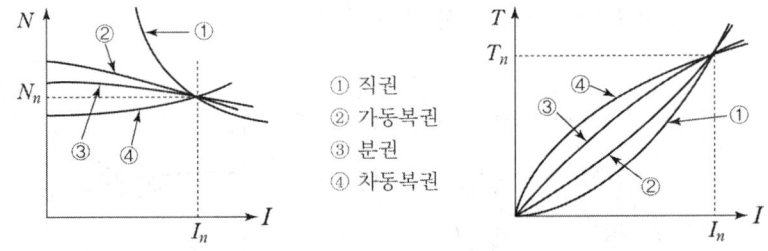

(5) 직류전동기의 기동

① 계자저항 R_F를 최소로 하여 기동토크 T_S를 크게 하며
② 기동저항 R_S를 크게 하여 기동전류 I_s를 줄인다.

$$I_s = \frac{V}{R_a + R_S}[\text{A}]$$

③ R_F를 조정하여 속도제어를 할 수 있다.

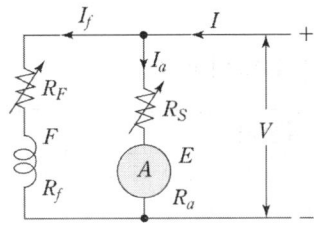

(6) 직류전동기의 속도제어

$$\text{속도제어 : 식 } N = k\frac{V - R_a I_a}{\Phi}[\text{rpm}]\text{에서}$$

① 계자제어 : 계자저항으로 자속을 조정하며 정출력 제어한다.
② 저항제어 : 전기자에 저항을 넣어 전압강하를 이용한다.
③ 전압제어 : 단자전압을 조정하는 정토크 제어이다.
　㉮ 워드 레너드 방식 : 3상 유도전동기로 타여자 발전기를 운전하고 발전기의 계자 제어로 전동기를 운전, 전압제어하며 전동기 자체는 계자 제어하는 MGM set이다. 광범위하고 원활한 제어가 되나 설비가 커서 제철용 압연기, 권상기, 운전기, 공작기계, 방직기, 승용 엘리베이터 등에 사용된다.
　　반도체 제어회로를 사용한 정지형 레너드 방식도 있다.
　㉯ 일그너 방식 : 레너드 방식에 플라이휠을 설치한 것으로 부하의 변동이 심한 곳에 사용한다.
　㉰ 직병렬제어 : 전동기가 2대 이상일 때 전동기를 직병렬로 하고 저항제어를 추가하여 전차용 제어에 사용한다.
　㉱ 초퍼제어 : 초퍼로 전기자 전압을 제어한다. 전차용은 효율이 좋다.

(7) 전동기의 제동

① **발전제동** : 전기자를 전원에서 끊고 저항을 접속하여 전동기의 운동 에너지를 열에너지로 소비시켜 제동한다. 천장 기중기, 압연기, 권상기 등에 사용된다.
② **회생제동** : 케이블 카, 기중기 등에서 전동기의 속도를 빠르게 하여 발전기로 동작시켜 발생하는 전력을 전원으로 반환한다.
③ **역전제동(역상제동, plugging)** : 제강공장의 압연기 등 전기자 접속을 반대로 접속하여 역회전으로 급정지시킨다.

(8) 직류발전기와 직류전동기의 특성 비교

종류	발전기	전동기
타여자	• 잔류자기가 없어도 발전이 가능 • 운전 중 회전 방향 반대 +, - 극성이 반대로 되어 발전한다.	• +, - 극성을 반대로 하면 ⇨ 회전 방향이 반대로 된다. • 정속도 전동기

분권	• 잔류자기 없으면 발전불가능
	• 운전 중 회전 방향반대
	  ⇨ 발전불가능
	• 운전 중 계자회로를 갑자기 열면
	  ⇨ 고압이 발생된다.
		• 정속도 특성의 전동기
		• 운전중 계자회로가 단선이 되면
		  ⇨ 회전속도가 갑자기 고속이 된다.
		• 위험상태 ⇨ 정격전압, 무여자상태
		• +, - 극성을 반대로 하면
		  ⇨ 회전 방향이 불변이다.

직권	• 운전 중 회전 방향반대
	  ⇨ 발전불가능
	• 무부하시 자기여자로 전압을 확립할 수 없다.
		• 변속도 전동기
		• 부하에 따라 속도가 심하게 변한다.
		• 운전중 무부하 상태가 되면 갑자기 고속이 된다.
		• +, - 극성을 반대로 하면
		  ⇨ 회전 방향이 불변이다.
		• 직류전차용 전동기
		  ⇨ 토오크가 클 때 속도가 작고 속도가 클 때 토오크가 작다.
		• 벨트부하를 걸수 없다.
		  ⇨ 벨트가 벗겨지면 갑자기 고속이 된다.
		• 위험상태 ⇨ 정격전압 무부하상태

(9) 균압선 접속

(병렬운전을 안정히 하기 위해서는 직권계자가 있는 곳에 균압선을 접속한다.)
직권발전기, 복권발전기는 균압선을 접속한다.

4. 손실과 효율

(1) 정격

① 정격이란 지정된 조건하에서 기기의 사용한도를 정한 것으로 명판에 표시된 것이다. 연속정격(일반용), 공칭정격(전기철도용), 반복정격, 단시간 정격(5분, 10분, 1시간 등)이 있다.

(2) 손실

① **무부하손(고정손, 불변손)** ; 부하에 관계없이 생기는 손실로서 기계손(풍손+마찰손), 철손(히스테리시스손과 맴돌이 전류손), 브러시손, 계자저항손이 있으나 철손이 대부분이다.

② **부하손(가변손)** ; 부하에 따라 변하는 손실로 부하손(저항손)이 대부분이고, 측정이나 계산이 불가능한 표류 부하손이 있다.

(3) 효율

① 실측효율 $\eta = \dfrac{출력}{입력} \times 100 [\%]$

② 발전기(변압기) 규약효율 $\eta = \dfrac{출력}{출력 + 손실} \times 100 [\%]$

　　전동기 규약효율 $\eta = \dfrac{입력 - 손실}{입력} \times 100 [\%]$

(4) 절연물의 종류

전기기기의 주위 온도[℃]의 기준은 40[℃]이고 최고 허용온도는 절연물의 종류에 따라 다르다.

절연물의 허용온도

종류	Y종	A종	E종	B종	F종	H종	C종
온도 [℃]	90	105	120	130	155	180	180초과

Y종은 면, 견, 종이 등이고
A종은 Y종에 바니쉬, 기름을 채운 것
E종은 에폭시, 멜라민, 폴리우레탄 수지
B종은 운모 석면 유리섬유 등으로 접착제와 함께 사용한 것 등이다.

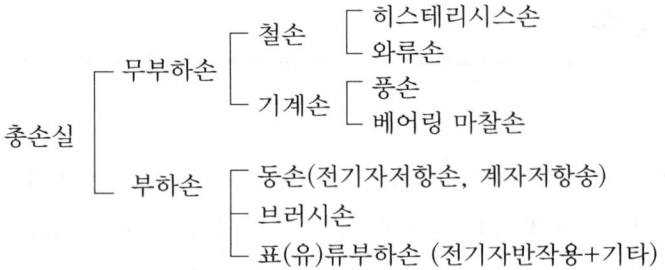

1장 직류기 예상문제

직류기의 구조

1 직류기의 주요 구성 3요소가 아닌 것은?

① 전기자
② 정류자
③ 계자
④ 보극

[해설] 계자, 전기자, 정류자

2 직류 발전기 전기자의 구성으로 옳은 것은?

① 전기자 철심, 정류자
② 전기자 권선, 전기자 철심
③ 전기자 권선, 계자
④ 전기자 철심, 브러시

[해설] 전기자의 구성 : 전기자 권선과 전기자 철심

3 직류 발전기 전기자의 주된 역할은?

① 기전력을 유도한다.
② 자속을 만든다.
③ 정류작용을 한다.
④ 회전자와 외부회로를 접속한다.

[해설] 전기자-기전력을 유기한다.

4 직류기에서 브러시의 역할은?

① 기전력 유도
② 자속생성
③ 정류작용
④ 전기자 권선과 외부회로 접속

[해설] 내부회로와 외부회로를 전기적으로 접속하는 장치

5 직류발전기를 구성하는 부분 중 정류자란?

① 전기자와 쇄교하는 자속을 만들어 주는 부분
② 자속을 끊어서 기전력을 유기하는 부분
③ 전기자 권선에서 생긴 교류를 직류로 바꾸어 주는 부분
④ 계자 권선과 외부 회로를 연결시켜 주는 부분

[해설] 정류자는 직류를 교류로 바꾸는 부분이다.

6 전기기기의 철심 재료로 규소 강판을 많이 사용하는 이유로 가장 적당한 것은?

① 와류손을 줄이기 위해
② 구리손을 줄이기 위해
③ 맴돌이 전류를 없애기 위해
④ 히스테리시스손을 줄이기 위해

[해설] 규소 : 히스테리시스손 감소,
성층 : 와류손 감소

정답 1.④ 2.② 3.① 4.④ 5.③ 6.④

7 직류발전기의 철심을 규소 강판으로 성층하여 사용하는 주된 이유는?

① 브러시에서의 불꽃방지 및 정류개선
② 맴돌이 전류손과 히스테리시스손의 감소
③ 전기자 반작용의 감소
④ 기계적 강도 개선

[해설] 규소 : 히스테리시스손 감소.
성층 : 와류손(맴돌이전류손) 감소

8 전기기계의 철심을 성층하는 가장 적절한 이유는?

① 기계손을 적게 하기 위하여
② 표유 부하손을 적게 하기 위하여
③ 히스테리시스손을 적게 하기 위하여
④ 와류손을 적게 하기 위하여

[해설] 성층 : 와류손 감소

9 전기기계에 있어 와전류손(eddy current loss)을 감소하기 위한 적합한 방법은?

① 규소강판에 성층철심을 사용한다.
② 보상권선을 설치한다.
③ 교류전원을 사용한다.
④ 냉각 압연한다.

[해설] 규소 : 히스테리시스손 감소
성층 : 와류손(맴돌이전류손) 감소

10 전기기계의 철심을 규소강판으로 성층하는 이유는?

① 동손 감소   ② 기계손 감소
③ 철손 감소   ④ 제작이 용이

[해설] 규소강판으로 성층하는 이유는 철손(히스테리시스손+와류손) 감소시킨다.

11. 직류발전기에서 자속을 만드는 부분은 어느 것인가?

① 계자철심
② 정류자
③ 브러시
④ 공극

[해설] 계자 : 자속 ϕ[Wb] 발생

직류기의 권선법

12 8극 파권 직류발전기의 전기자 권선의 병렬 회로수 a는 얼마로 하고 있는가?

① 1   ② 2
③ 6   ④ 8

[해설] 중권 : a(병렬회로수)= P(극수)
파권 : $a = 2$

13 단중중권의 극수가 P인 직류기에서 전기자 병렬 회로수 a는 어떻게 되는가?

① 극수 P와 무관하게 항상 2가 된다.
② 극수 P와 같게 된다.
③ 극수 P의 2배가 된다.
④ 극수 P의 3배가 된다.

[해설] 중권 : a(병렬회로수)= P(극수)

정답   7. ② 8. ④ 9. ① 10. ③ 11. ① 12. ② 13. ②

14 전기기기의 권선법으로 사용되는 것은?

① 환상권, 폐로권, 2층권
② 고상권, 폐로권, 2층권
③ 환상권, 개로권, 단층권
④ 고상권, 개로권, 2층권

[해설] 폐로권, 고상권, 2층권

직류발전기의 유기기전력

15 직류 발전기에서 유기기전력 E를 바르게 나타낸 것은? (단, 자속은 ϕ, 회전속도는 n이다)

① $E \propto \phi n$ ② $E \propto \phi n^2$
③ $E \propto \dfrac{\phi}{n}$ ④ $E \propto \dfrac{n}{\phi}$

[해설] $E = \dfrac{Z}{a} p \phi \dfrac{N}{60} \propto \phi n$

16 10극의 직류 파권 발전기의 전기자 도체 수 400, 매극의 자속수 0.02[Wb], 회전수 600[rpm]일 때 기전력은 몇 [V]인가?

① 200 ② 220
③ 380 ④ 400

[해설] $E = \dfrac{Z}{a} p \phi \dfrac{N}{60}$
$= \dfrac{400}{2} \times 10 \times 0.02 \times \dfrac{600}{60}$
$= 400[V]$

17 6극 직렬권 발전기의 전기자 도체 수 300, 매극 자속 0.02[Wb], 회전수 900[rpm]일 때 유도기전력[V]은?

① 90 ② 110
③ 220 ④ 270

[해설] $E = \dfrac{Z}{a} p \phi \dfrac{N}{60}$
$= \dfrac{300}{2} \times 6 \times 0.02 \times \dfrac{900}{60}$
$= 270[V]$

18 직류 발전기가 있다. 자극 수는 6, 전기자 총 도체수 400, 매극 당 자속 0.01[Wb], 회전수는 600[rpm]일 때 전기자에 유기되는 기전력은 몇 [V]인가? (단, 전기자 권선은 파권이다.)

① 40[V] ② 120[V]
③ 160[V] ④ 180[V]

[해설] $E = \dfrac{Z}{a} p \phi \dfrac{N}{60}$
$= \dfrac{400}{2} \times 6 \times 0.01 \times \dfrac{600}{60}$
$= 120[V]$

19 직류 분권발전기가 있다. 전기자 총도체수 220, 매극의 자속수 0.01[Wb], 극수 6, 회전수 1500[rpm] 일 때 유기기전력은 몇 [V]인가?(단, 전기자 권선은 파권이다.)

① 60 ② 120
③ 165 ④ 240

[해설] $E = \dfrac{Z}{a} p \phi \dfrac{N}{60}$
$= \dfrac{220}{2} \times 6 \times 0.01 \times \dfrac{1500}{60} = 165[V]$

정답 14. ② 15. ① 16. ④ 17. ④ 18. ② 19. ③

20 전기자 지름 0.2[m]의 직류 발전기가 1.5[kW]의 출력에서 1800[rpm]으로 회전하고 있을 때 전기자 주변속도는 약 몇 [m/s]인가?

① 9.42 ② 18.82
③ 21.43 ④ 42.86

[해설] $v = \pi D \dfrac{N}{60} = \pi \times 0.2 \times \dfrac{1800}{60}$
$= 18.82 [\text{m/sec}]$

직류기의 전기자 반작용

21 직류발전기에 있어서 전기자 반작용이 생기는 요인이 되는 전류는?

① 동손에 의한 전류
② 전기자 권선에 의한 전류
③ 계자 권선의 전류
④ 규소 강판에 의한 전류

[해설] 전기자 반작용 원인 : 전기자 권선에 의한 전류
결과 : 계자 자속 ϕ[Wb] 감소

22 직류기에서 전기자 반작용을 방지하기 위한 보상권선의 전류 방향은 어떻게 되는가?

① 전기자 권선의 전류방향과 같다.
② 전기자 권선의 전류방향과 반대이다.
③ 계자권선의 전류 방향과 같다.
④ 계자권선의 전류 방향과 반대이다.

[해설] 전기자 반작용을 방지하기 위한 보상권선의 전류 방향은 전기자 권선의 전류방향과 반대이다.

23 보극이 없는 직류기의 운전 중 중성점의 위치가 변하지 않는 경우는?

① 무부하일 때 ② 전부하일 때
③ 중부하일 때 ④ 과부하일 때

[해설] 무부하일 때 보극이 없는 직류기의 운전 중 중성점의 위치가 변하지 않는다.

24 다음 중 직류발전기의 전기자 반작용을 없애는 방법으로 옳지 않은 것은?

① 보상권선 설치
② 보극 설치
③ 브러시 위치를 전기적 중성점으로 이동
④ 균압환 설치

[해설] 균압환-전압불평형방지

25 직류 발전기에서 전기자 반작용을 없애는 방법으로 옳은 것은?

① 브러시 위치를 전기적 중성점이 아닌 곳으로 이동시킨다.
② 보극과 보상 권선을 설치한다.
③ 브러시의 압력을 조정한다.
④ 보극은 설치하되 보상 권선은 설치하지 않는다.

[해설] 반작용방지에 효과적인 방법 : 보상권선 설치

정답 20. ② 21. ② 22. ② 23. ① 24. ④ 25. ②

26 전기자 반작용이란 전기자 전류에 의해 발생한 기자력이 주자속에 영향을 주는 현상으로 다음 중 전기자 반작용의 영향이 아닌 것은?

① 전기적 중성축 이동에 의한 정류의 약화
② 기전력의 불균일에 의한 정류자편간 전압의 상승
③ 주 자속 감소에 의한 기전력 감소
④ 자기 포화 현상에 의한 자속의 평균치 증가

27 직류 발전기의 전기자 반작용에 의하여 나타나는 현상은?

① 코일이 자극의 중성축에 있을 때도 브러시 사이에 전압을 유기시켜 불꽃을 발생한다.
② 주자속 분포를 찌그러뜨려 중성축을 고정시킨다.
③ 주자속을 감소시켜 유도 전압을 증가시킨다.
④ 직류 전압이 증가한다.

[해설] 반작용영향
- 발전기 기전력 감소
- 전동기 토크 감소
- 중성축 이동
- 자속 감소
- 속도 증가

정류

28 직류기에서 보극을 두는 가장 주된 목적은?

① 기동 특성을 좋게 한다.
② 전기자 반작용을 크게 한다.
③ 정류 작용을 돕고 전기자 반작용을 약화시킨다.
④ 전기자 자속을 증가시킨다.

[해설] 보극 : 정류개선(전압정류), 전기자 반작용을 약화시킨다.

29 직류기에 있어서 불꽃 없는 정류를 얻는데 가장 유효한 방법은?

① 보극과 탄소브러시
② 탄소브러시와 보상권선
③ 보극과 보상권선
④ 자기포화와 브러시 이동

[해설]
- 보극 : 전압정류
- 탄소브러시(접촉저항이 큰 브러시) : 저항정류

30 직류발전기에서 전압 정류의 역할을 하는 것은?

① 보극
② 탄소브러시
③ 전기자
④ 리액턴스 코일

[해설]
- 보극 : 전압정류
- 탄소브러시(접촉저항이 큰 브러시) : 저항정류

정답 26. ④ 27. ① 28. ③ 29. ① 30. ①

31 직류발전기의 정류를 개선하는 방법 중 틀린 것은?

① 코일의 자기 인덕턴스가 원인이므로 접촉저항이 작은 브러시를 사용한다.
② 보극을 설치하여 리액턴스 전압을 감소시킨다.
③ 보극 권선은 전기자 권선과 직렬로 접속한다.
④ 브러시를 전기적 중성축을 지나서 회전방향으로 약간 이동시킨다.

[해설] 탄소브러시(접촉저항이 큰 브러시) : 저항정류

32 직류기에서 정류를 좋게 하는 방법 중 전압정류의 역할은?

① 보극
② 탄소
③ 보상권선
④ 리액턴스 전압

[해설] 전압정류는 보극을 설치하는 방법이다.

33 다음의 정류곡선 중 브러시의 후단에서 불꽃이 발생하기 쉬운 것은?

① 직선정류
② 정현파정류
③ 과정류
④ 부족정류

[해설]
• 부족정류 : 정류곡선 중 브러시의 후단에서 불꽃이 발생
• 과정류 : 정류곡선 중 브러시의 앞단에서 불꽃이 발생

직류 발전기의 특성

34 계자 권선이 전기자와 접속되어 있지 않은 직류기는?

① 직권기
② 분권기
③ 복권기
④ 타여자기

[해설] 타여자기는 전기자와 계자가 분리 되어 있다.

35 부하의 변화가 있어도 그 단자 전압의 변화가 작은 직류 발전기는?

① 가동 복권 발전기
② 차동복권 발전기
③ 직권 발전기
④ 분권 발전기

[해설] 분권 발전기-전압변동이 작다.

36 직류 발전기에서 계자 철심에 잔류 자기가 없어도 발전을 할 수 있는 발전기는?

① 분권 발전기
② 직권 발전기
③ 복권 발전기
④ 타여자 발전기

[해설] 전압 확립 : 분권발전기는 잔류 자속에 의해서 잔류 전압을 만들고 이때 여자 전류가 잔류 자속을 증가시키는 방향으로 흐르면, 여자 전류가 점차 증가하면서 단자 전압이 상승하게 된다

37 분권 발전기의 회전 방향을 반대로 하면?

① 전압이 유기된다.
② 발전기가 소손된다.

정답 31.① 32.① 33.④ 34.④ 35.④ 36.④ 37.④

③ 고전압이 발생한다.
④ 잔류자기가 소멸된다.

[해설] 분권 발전기의 회전 방향을 반대로 하면 잔류자기 소멸하여 발전하지 않는다.

38 직류 분권 발전기를 역회전하면 어떻게 되는가?

① 섬락이 일어난다.
② 과전압이 일어난다.
③ 정회전 때와 마찬가지이다.
④ 발전되지 않는다.

[해설] 직류 분권 발전기(자여자 발전기)를 역회전 시 발전하지 않는다.

39 다음 중 전기 용접기용 발전기로 가장 적당한 것은?

① 직류분권형 발전기
② 차동복권형 발전기
③ 가동복권형 발전기
④ 직류타여자식 발전기

[해설] 차동복권형 발전기는 용접기용 발전기로 수하특성을 가지고 있다.

40 아크 용접용 발전기로 가장 적당한 것은?

① 타여자기
② 분권기
③ 차동복권기
④ 화동복권기

[해설] 차동복권형 발전기는 용접기용 발전기로 수하특성을 가지고 있다.

41 다음 그림은 직류발전기의 분류 중 어느 것에 해당되는가?

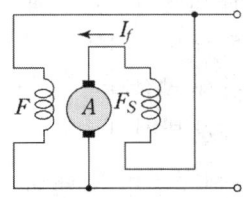

① 분권발전기 ② 직권발전기
③ 자석발전기 ④ 복권발전기

[해설] 복권발전기: 직권권선과 복권 권선을 모두 가지고 있는 발전기이다.

42 직류 발전기의 무부하 특성 곡선은?

① 부하전류와 무부하 단자전압과의 관계이다.
② 계자전류와 부하전류와의 관계이다.
③ 계자전류와 무부하 단자전압과의 관계이다.
④ 계자전류와 회전력과의 관계이다.

[해설] 직류 발전기의 무부하 특성 곡선은 계자전류와 무부하 단자전압과의 관계이다.

43 계자 권선이 전기자에 병렬로만 접속된 직류기는?

① 타여자기
② 직권기
③ 분권기
④ 복권기

[해설] 분권기 계자 권선이 전기자에 병렬로만 접속된 직류기

44 직류기에서 전압 변동률이 (−)값으로 표시되는 발전기는?

① 분권 발전기
② 과복권 발전기
③ 타여자 발전기
④ 평복권 발전기

[해설] 직류기에서 전압 변동률이 (−)값으로 표시되는 발전기는 과복권 발전기이다.

45 직류 복권 발전기의 직권 계자권선은 어디에 설치되어 있는가?

① 주자극 사이에 설치
② 분권 계자권선과 같은 철심에 설치
③ 주자극 표면에 홈을 파고 설치
④ 보극 표면에 홈을 파고 설치

[해설] 직류 복권 발전기의 직권 계자권선은 분권 계자권선과 같은 철심에 설치한다.

46 직류 발전기 중 무부하 전압과 전부하 전압이 같도록 설계된 직류 발전기는?

① 분권 발전기
② 직권 발전기
③ 평복권 발전기
④ 차동복권 발전기

[해설] 평복권 발전기는 무부하 전압과 전부하 전압이 같도록 설계된 직류 발전기이다.
(동기발전기 여자기로 사용)

47 직류발전기에서 급전선의 전압강하 보상용으로 사용되는 것은?

① 분권기 ② 직권기
③ 과복권기 ④ 차동복권기

[해설] 과복권 발전기는 급전선의 전압강하 보상용으로 사용된다.

48 부하의 변동에 대하여 단자전압의 변화가 가장 적은 직류 발전기는?

① 직권 ② 분권
③ 평복권 ④ 과복권

[해설] 평복권 발전기는 부하의 변동에 대하여 단자전압의 변화가 가장 적은 직류 발전기이다.

49 부하의 저항을 어느 정도 감소시켜도 전류는 일정하게 되는 수하특성을 이용하여 정전류를 만드는 곳이나 아크용접 등에 사용되는 직류발전기는?

① 직권발전기
② 분권발전기
③ 가동복권발전기
④ 차동복권발전기

[해설] 차동복권형 발전기는 용접기용 발전기로 수하특성을 가지고 있다.

50 전기자 저항 0.1[Ω], 전기자 전류 104[A], 유도 기전력 110.4[V]인 직류 분권 발전기의 단자 전압은 몇 [V]인가?

① 98 ② 100
③ 102 ④ 105

[해설] $V = E - I_a R_a$
$= 110.4 - 104 \times 0.1 = 100[V]$

정답 44. ② 45. ② 46. ③ 47. ③ 48. ③ 49. ④ 50. ②

직류 전동기의 특성

51 정속도 및 가변속도 제어가 되는 전동기는?

① 직권기   ② 가동복권기
③ 분권기   ④ 차동복권기

[해설] 분권전동기는 정속도 및 가변속도 제어가 되는 전동기이다.

52 직류 직권 전동기에서 벨트를 걸고 운전하면 안 되는 가장 큰 이유는?

① 벨트가 벗어지면 위험 속도에 도달하므로
② 손실이 많아지므로
③ 직결하지 않으면 속도 제어가 곤란하므로
④ 벨트가 마멸 보수가 곤란하므로

[해설] 직류 직권 전동기에서 벨트를 걸고 운전 중 벨트가 벗어지면 위험 속도에 도달한다.

53 직류 직권 전동기를 사용하려고 할 때 벨트(belt)를 걸고 운전하면 안 되는 가장 타당한 이유는?

① 벨트가 기동할 때나 또는 갑자기 중부하를 걸 때 미끄러지기 때문에
② 벨트가 벗겨지면 전동기가 갑자기 고속으로 회전하기 때문에
③ 벨트가 끊어졌을 때 전동기의 급정지 때문에
④ 부하에 대한 손실을 최대로 줄이기 위해서

[해설] 직류 직권 전동기에서 벨트를 걸고 운전중 벨트가 벗어지면 위험 속도에 도달한다.

54 다음은 직권 전동기의 특징이다. 틀린 것은?

① 부하전류가 증가할 때 속도가 크게 감소된다.
② 전동기 기동시 기동 토크가 작다.
③ 무부하 운전이나 벨트를 연결한 운전은 위험하다.
④ 계자권선과 전기자 권선이 직렬로 접속되어 있다.

[해설] 직권 전동기는 전동기 기동시 기동 토크가 크다.

55 분권전동기에 대한 설명으로 틀린 것은?

① 토크는 전기자 전류의 자승에 비례한다.
② 부하전류에 따른 속도 변화가 거의 없다.
③ 계자회로에 퓨즈를 넣어서는 안 된다.
④ 계자 권선과 전기자 권선이 전원에 병렬로 접속되어 있다.

[해설]
• 분권 전동기의 토크는 전기자 전류의 비례한다
• 직권 전동기의 토크는 전기자 전류의 자승에 비례한다.

56 직류 전동기를 기동할 때 전기자 전류를 제한하는 가감 저항기를 무엇이라 하는가?

① 단속기   ② 제어기
③ 가속기   ④ 기동기

정답 51.③ 52.① 53.② 54.② 55.① 56.④

[해설] 기동기는 직류 전동기를 기동할 때 전기자 전류를 제한하는 가감 저항기이다.

57 직류전동기의 회전방향을 바꾸기 위해서는 어떻게 하면 되는가?

① 전원의 극성을 바꾼다.
② 전류의 방향이나 계자의 극성을 바꾸면 된다.
③ 차동복권을 가동복권으로 한다.
④ 발전기로 운전한다.

[해설] 직류전동기의 회전방향을 바꾸기 위해서는 전류의 방향이나 계자의 극성을 바꾸면 된다.

58 직류 전동기의 회전 방향을 바꾸려면?

① 전기자 전류의 방향과 계자 전류의 방향을 동시에 바꾼다.
② 발전기로 운전시킨다.
③ 계자 또는 전기자의 접속을 바꾼다.
④ 차동 복권을 가동 복권으로 바꾼다.

[해설] 직류전동기의 회전방향을 바꾸기 위해서는 전류의 방향이나 계자의 극성을 바꾸면 된다.

59 직류복권 전동기를 분권 전동기로 사용하려면 어떻게 하여야 하는가?

① 분권계자를 단락시킨다.
② 부하단자를 단락시킨다.
③ 직권계자를 단락시킨다.
④ 전기자를 단락시킨다.

[해설] 직류복권 전동기를 분권 전동기로 사용하려면 직권계자를 단락시킨다.

60 다음 그림의 전동기는 어떤 전동기인가?

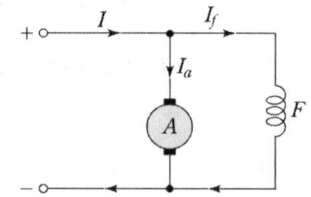

① 직권 전동기 ② 타여자 전동기
③ 분권 전동기 ④ 복권 전동기

[해설] 분권 전동기 : 전기자와 계자가 병렬로 연결된 전동기

61 다음 그림에서 직류 분권전동기의 속도특성 곡선은?

① A
② B
③ C
④ D

[해설] 직류 분권전동기의 속도특성 곡선 B 곡선이다.

62 그림과 같은 접속은 어떤 직류 전동기의 접속인가?

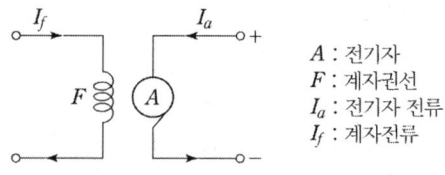

A : 전기자
F : 계자권선
I_a : 전기자 전류
I_f : 계자전류

① 타여자 전동기 ② 분권 전동기
③ 직권 전동기   ④ 복권 전동기

[해설] 타여자 전동기는 전기자와 계자가 별도로 연결되어 있다.

63 정속도 전동기로 공작기계 등에 주로 사용되는 전동기는?

① 직류 분권 전동기
② 직류 직권 전동기
③ 직류 차동 복권 전동기
④ 단상 유도 전동기

[해설] 직류 분권 전동기는 정속도 전동기로 공작기계 등에 주로 사용되는 전동기 이다.

64 다음 직류 전동기에 대한 설명으로 옳은 것은?

① 전기철도용 전동기는 차동 복권 전동기이다.
② 분권 전동기는 계자 저항기로 쉽게 회전속도를 조정할 수 있다.
③ 직권 전동기에서는 부하가 줄면 속도가 감소한다.
④ 분권 전동기는 부하에 따라 속도가 현저하게 변한다.

[해설] 분권 전동기는 계자 저항기로 쉽게 회전속도를 조정할 수 있다.

65 정격 속도에 비하여 기동 회전력이 가장 큰 전동기는?

① 타여자기　　② 직권기
③ 분권기　　　④ 복권기

[해설] 직권 전동기는 정격 속도에 비하여 기동 회전력이 가장 큰 전동기이다.

66 직류 직권 전동기의 공급전압의 극성을 반대로 하면 회전방향은 어떻게 되는가?

① 변하지 않는다.
② 반대로 된다.
③ 회전하지 않는다.
④ 발전기로 된다.

[해설] 직류 직권 전동기의 공급전압의 극성을 반대로 하면 회전방향은 변하지 않는다.

67 속도를 광범위하게 조정할 수 있으므로 압연기나 엘리베이터 등에 사용되는 직류 전동기는?

① 직권 전동기
② 분권 전동기
③ 타여자 전동기
④ 가동 복권 전동기

[해설] 타여자 전동기는 속도를 광범위하게 조정할 수 있으므로 압연기나 엘리베이터 등에 사용된다.

68 직류 전동기의 회전 방향을 바꾸는 방법으로 옳은 것은?

① 전기자 회로의 저항을 바꾼다.
② 전기자 권선의 접속을 바꾼다.
③ 정류자의 접속을 바꾼다.
④ 브러시의 위치를 조정한다.

[해설] 직류 전동기의 회전 방향을 바꾸려면 전기자 권선의 접속을 바꾸면 된다.

정답 63. ① 64. ② 65. ② 66. ① 67. ③ 68. ②

69 직류 전동기에서 무부하가 되면 속도가 대단히 높아져서 위험하기 때문에 무부하 운전이나 벨트를 연결한 운전을 해서는 안 되는 전동기는?

① 직권전동기　② 복권전동기
③ 타여자전동기　④ 분권전동기

[해설] 직권전동기는 무부하가 되면 속도가 대단히 높아져서 위험하기 때문에 무부하 운전이나 벨트를 연결한 운전을 해서는 안된다.
－ 속도변동이 제일 심한 전동기이다.

70 직류 전동기의 특성에 대한 설명으로 틀린 것은?

① 직권전동기는 가변속도 전동기이다.
② 분권전동기에서는 계자 회로에 퓨즈를 사용하지 않는다.
③ 분권전동기는 정속도 전동기이다.
④ 가동 복권전동기는 기동시 역회전할 염려가 있다.

[해설] 직류 전동기의 특성
- 직권전동기는 가변 속도 전동기이다.
- 분권전동기에서는 계자 회로에 퓨즈를 사용하지 않는다.
- 분권전동기는 정속도 전동기이다.

71 다음 중 정속도 전동기에 속하는 것은?

① 유도 전동기
② 직권 전동기
③ 분권 전동기
④ 교류 정류자 전동기

[해설] 분권 전동기는 정속도 특성을 갖는다.

72 전기 철도에 사용하는 직류전동기로 가장 적합한 전동기는?

① 분권전동기
② 직권전동기
③ 가동 복권전동기
④ 차동 복권전동기

[해설] 직류직권 전동기는 전기철도에 사용된다.

73 직류 분권전동기의 회전방향을 바꾸기 위해 일반적으로 무엇의 방향을 바꾸어야 하는가?

① 전원
② 주파수
③ 계자저항
④ 전기자전류

[해설] 직류 분권전동기의 회전방향을 바꾸기 위해서는 전기자전류 방향을 바꾸면 된다.

74 기중기, 전기 자동차, 전기철도와 같은 곳에 가장 많이 사용되는 전동기는?

① 가동 복권 전동기
② 차동 복권 전동기
③ 분권 전동기
④ 직권 전동기

[해설] 기중기, 전기 자동차, 전기철도와 같은 곳에 가장 많이 사용되는 전동기는 직권 전동기이다.

정답 69. ①　70. ④　71. ③　72. ②　73. ④　74. ④

75 직류 직권전동기의 특징에 대한 설명으로 틀린 것은?

① 부하전류가 증가하면 속도가 크게 감소된다.
② 기동토크가 작다.
③ 무부하 운전이나 벨트를 연결한 운전은 위험하다.
④ 계자권선과 전기자권선이 직렬로 접속되어 있다.

[해설] 직류 직권전동기의 특징
• 부하전류가 증가하면 속도가 크게 감소된다.
• 기동토크가 크다.
• 무부하 운전이나 벨트를 연결한 운전은 위험하다.
• 계자권선과 전기자권선이 직렬로 접속되어 있다.

76 직류 분권 전동기의 계자 저항을 운전 중에 증가시키는 경우 일어나는 현상으로 옳은 것은?

① 자속 증가   ② 속도 감소
③ 부하 증가   ④ 속도 증가

[해설] 직류 분권 전동기의 계자 저항을 운전 중에 증가시키면 속도가 증가한다.

77 직류분권 전동기의 기동방법 중 가장 적당한 것은?

① 기동저항기를 전기자 병렬접속한다.
② 기동 토크를 작게 한다.
③ 계자 저항기의 저항값을 크게 한다.
④ 계자 저항기의 저항값을 0으로 한다.

[해설] 직류분권 전동기의 기동시에는 계자 저항기의 저항값을 0으로 한다.

78 직류분권 전동기의 계자 전류를 약하게 하면 회전수는?

① 감소한다.   ② 정지한다.
③ 증가한다.   ④ 변화 없다.

[해설] 직류분권 전동기의 계자 전류를 약하게 하면 회전수는 증가한다.

79 직류 전동기의 속도 제어에서 자속을 2배로 하면 회전수는?

① 1/2로 줄어든다.
② 변함이 없다.
③ 2배로 증가한다.
④ 4배로 증가한다.

[해설] 직류 전동기의 속도 제어에서 자속을 2배로 하면 회전수는 반비례하므로 1/2로 줄어든다.

직류 전동기의 회전력

80 다음 중 토크(회전력)의 단위는?

① rpm   ② W
③ N·m   ④ N

[해설] 토크(T)의 단위는 [N·m] 또는 [kg·m]의 단위를 사용한다.

81 직류 전동기의 출력이 50[kW], 회전수가 1800[rpm]일 때 토크는 약 몇 [kg·m]인가?

① 12   ② 23
③ 27   ④ 31

해설 $T = 0.975 \times \dfrac{P[\mathrm{W}]}{N[\mathrm{rpm}]}$
$= 0.975 \times \dfrac{50{,}000}{1{,}800} = 27[\mathrm{kg \cdot m}]$

82 출력 15[kW], 1500[rpm]으로 회전하는 전동기의 토크는 약 몇 [kg · m]인가?

① 6.54   ② 9.75
③ 47.78 ④ 95.55

해설 $T = 0.975 \times \dfrac{P[\mathrm{W}]}{N[\mathrm{rpm}]}$
$= 0.975 \times \dfrac{15{,}000}{1{,}500} = 9.75[\mathrm{kg \cdot m}]$

83 직류 직권 전동기의 회전수(N)와 토크(T)와의 관계는?

① $T \propto \dfrac{1}{N}$ ② $T \propto \dfrac{1}{N^2}$
③ $T \propto N$ ④ $T \propto N^{\frac{3}{2}}$

해설 직류 직권 전동기토크 $T \propto \dfrac{1}{N^2}$

직류 발전기의 병렬운전

84 다극 중권 직류발전기의 전기자 권선에 균압 고리를 설치하는 이유는?

① 브러시에서 불꽃을 방지하기 위하여
② 전기자 반작용을 방지하기 위하여
③ 정류 기전력을 높이기 위하여
④ 전압 강하를 방지하기 위하여

해설 다극 중권 직류발전기의 전기자 권선에 균압 고리를 설치하는 이유는 브러시에서 불꽃을 방지하기 위해서 이다.

85 복권 발전기의 병렬 운전을 안전하게 하기 위해서 두 발전기의 전기자와 직권 권선의 접촉점에 연결해야 하는 것은?

① 균압선   ② 집전환
③ 안정저항 ④ 브러시

해설 복권 발전기의 병렬 운전을 안전하게 하기 위해서 균압선을 접속하여야 한다.

86 직류 복권 발전기를 병렬 운전할 때 반드시 필요한 것은?

① 과부하 계전기
② 균압선
③ 용량이 같을 것
④ 외부특성 곡선이 일치할 것

해설 복권 발전기의 병렬 운전을 안전하게 하기 위해서 균압선을 접속하여야 한다.

87 직류 분권 발전기의 병렬운전의 조건에 해당되지 않는 것은?

① 균압모선을 접속할 것
② 단자전압이 같을 것
③ 극성이 같을 것
④ 외부특성곡선이 수하특성일 것

해설 분권 발전기에는 균압선을 연결할 필요가 없다. 균압선이 필요한 발전기는 직권 발전기와 복권 발전기이다.

정답 82. ② 83. ② 84. ① 85. ① 86. ② 87. ①

88 직류 발전기의 병렬 운전 중 한쪽 발전기의 여자를 늘리면 그 발전기는?

① 부하 전류는 불변, 전압은 증가
② 부하 전류는 줄고, 전압은 증가
③ 부하 전류는 늘고, 전압은 증가
④ 부하 전류는 늘고, 전압은 불변

[해설] 직류 발전기의 병렬 운전 중 한쪽 발전기의 여자를 증가하면 부하 전류는 늘고, 전압은 증가한다.

제동

89 발전제동의 설명으로 잘못된 것은?

① 직류 전동기는 전기자 회로를 전원에서 끊고 저항을 접속한다.
② 유도 전동기는 1차 권선에 직류를 통하고 2차쪽(회전자)은 단락한다.
③ 전동기를 발전기로 운전하여 회전부분의 운동에너지를 전기회로 중의 저항에서 열로 소비시키면서 제동하는 방법이다.
④ 전동기의 유도 기전력을 전원 전압보다 높게 한다.

[해설] 발전제동
• 직류 전동기는 전기자 회로를 전원에서 끊고 저항을 접속한다.
• 유도 전동기는 1차 권선에 직류를 통하고 2차쪽(회전자)은 단락한다.
• 전동기를 발전기로 운전하여 회전부분의 운동에너지를 전기회로 중의 저항에서 열로 소비시키면서 제동하는 방법이다.

90 급정지하는 데 가장 좋은 제동법은?

① 발전제동   ② 회생제동
③ 단상제동   ④ 역전제동

[해설] 직류기급제동은 역전 제동이다.

91 직류 전동기의 회전 방향을 바꾸는 역회전의 원리를 이용한 제동 방법은?

① 역전제동   ② 유도제동
③ 발전제동   ④ 회생제동

[해설] 직류 전동기 역전제동은 회전 방향을 바꾸어 제동한다.

92 직류 전동기의 전기적 제동법이 아닌 것은?

① 발전 제동
② 회생 제동
③ 역전 제동
④ 저항 제동

[해설] 직류 전동기의 전기적 제동법은 발전제동, 회생제동, 역전제동이 있다.

93 전동기의 제동에서 전동기가 가지는 운동에너지를 전기에너지로 변화시키고 이것을 전원에 환원시켜 전력을 회생시킴과 동시에 제동하는 방법은?

① 발전제동(dynamic braking)
② 역전제동(plugging braking)
③ 맴돌이전류제동(eddy current braking)
④ 회생제동(regenerative braking)

[해설] 회생제동 : 전원에 환원시켜 전력을 회생시킴과 동시에 제동

전압변동률과 속도변동률

94 직류발전기를 정격속도, 정격부하전류에서 정격전압 V_n[V]를 발생하도록 한 다음, 계자 저항 및 회전 속도를 바꾸지 않고 무부하로 하였을 때 단자전압을 V_0[V]라 하면, 이 발전기의 전압 변동률[%]은?

① $\dfrac{V_0 - V_n}{V_0} \times 100[\%]$

② $\dfrac{V_0 + V_n}{V_0} \times 100[\%]$

③ $\dfrac{V_0 - V_n}{V_n} \times 100[\%]$

④ $\dfrac{V_0 + V_n}{V_n} \times 100[\%]$

[해설] 전압 변동률 $= \dfrac{V_0 - V_n}{V_n} \times 100[\%]$

95 발전기의 전압변동률을 표시하는 식은?
(단, V_0 : 무부하전압, V_n : 정격 전압)

① $\varepsilon = \left(\dfrac{V_0}{V_n} - 1\right) \times 100[\%]$

② $\varepsilon = \left(1 - \dfrac{V_0}{V_n}\right) \times 100[\%]$

③ $\varepsilon = \left(\dfrac{V_n}{V_0} - 1\right) \times 100[\%]$

④ $\varepsilon = \left(1 - \dfrac{V_n}{V_0}\right) \times 100[\%]$

[해설] 전압 변동률 $= \dfrac{V_0 - V_n}{V_n} \times 100[\%]$
$= \left(\dfrac{V_0}{V_n} - 1\right) \times 100[\%]$

96 무부하 전압 137[V], 정격전압 100[V]인 발전기의 전압 변동률은 몇 [%]인가?

① 21[%] ② 37[%]
③ 54[%] ④ 63[%]

[해설] 전압 변동률 $= \dfrac{V_0 - V_n}{V_n} \times 100$
$= \dfrac{137 - 100}{100} \times 100 = 37[\%]$

97 발전기를 정격 전압 220[V]로 운전하다가 무부하로 운전하였더니, 단자 전압이 253[V]가 되었다. 이 발전기의 전압 변동률은 몇 [%]인가?

① 15[%] ② 25[%]
③ 35[%] ④ 45[%]

[해설] 전압 변동률 $= \dfrac{V_0 - V_n}{V_n} \times 100$
$= \dfrac{253 - 220}{220} \times 100 = 15[\%]$

98 무부하에서 119[V]되는 분권 발전기의 전압 변동률이 6[%]이다. 정격 전부하 전압은 약 몇 [V]인가?

① 110.2 ② 112.3
③ 122.5 ④ 125.3

[해설] 전압 변동률 $= \dfrac{V_0 - V_n}{V_n} \times 100$
$= \dfrac{119 - V_n}{V_n} \times 100 = 6[\%]$
여기서, $V_n = 112.3[V]$이다.

정답 94. ③ 95. ① 96. ② 97. ① 98. ②

99 직류 발전기의 정격전압 100[V], 무부하 전압 109[V]이다. 이 발전기의 전압 변동률 ε[%]은?

① 1   ② 3
③ 6   ④ 9

[해설] 전압 변동률 $= \dfrac{V_0 - V_n}{V_n} \times 100$
$= \dfrac{109 - 100}{100} \times 100 = 9[\%]$

100 발전기를 정격전압 220[V]로 전부하 운전 하다가 무부하로 운전 하였더니 단자전압이 242[V]가 되었다. 이 발전기의 전압변동률[%]은?

① 10   ② 14
③ 20   ④ 25

[해설] 전압 변동률 $= \dfrac{V_0 - V_n}{V_n} \times 100$
$= \dfrac{242 - 220}{220} \times 100$
$= 10[\%]$

101 정격 전압 230[V], 정격 전류 28[A]에서 직류 전동기의 속도가 1680[rpm]이다. 무부하제어의 속도가 1733[rpm]이라고 할 때 속도 변동률[%]은 약 얼마인가?

① 6.1   ② 5.0
③ 4.6   ④ 3.2

[해설] 속도변동률 $= \dfrac{N_0 - N}{N} \times 100$
$= \dfrac{1733 - 1680}{1680} \times 100$
$= 3.2[\%]$

102 직류전동기에 있어 무부하일 때의 회전수 n_0은 1200[rpm], 정격부하일 때의 회전수 n_n은 1150[rpm]이라 한다. 속도 변동률[%]은 약 얼마인가?

① 약 3.45[%]   ② 약 4.16[%]
③ 약 4.35[%]   ④ 약 5.0[%]

[해설] 속도 변동률 $= \dfrac{N_0 - N}{N} \times 100$
$= \dfrac{1200 - 1150}{1150} \times 100$
$= 4.35[\%]$

103 직류 전동기에서 전부하 속도가 1500[rpm], 속도 변동률이 3[%]일 때 무부하 회전 속도는 몇 [rpm]인가?

① 1455   ② 1410
③ 1545   ④ 1590

[해설] 무부하시 속도 $N_0 = N(1 + 변동률)$
$= 1500(1 + 0.03)$
$= 1545[rpm]$

직류 전동기의 속도제어

104 전기자 전압을 전원 전압으로 일정히 유지하고, 계자 전류를 조정하여 자속 ϕ[Wb]를 변화시킴으로써 속도를 제어 하는 제어법은?

① 계자제어법
② 전기자전압제어법
③ 저항제어법
④ 전압제어법

[해설] 계자제어법은 전기자 전압을 전원 전압으로 일정히 유지하고, 계자 전류를 조정하여 자속 ϕ[Wb]를 변화시킴으로써 속도를 제어

105 직류기 전압제어에 의한 속도 제어가 아닌 것은?

① 정지형 레너드식
② 일그너식
③ 직병렬 제어
④ 회생제어

[해설] 직류기 속도제어중 회생제어는 없다.

106 워드레오나드 속도 제어는?

① 저항제어
② 계자제어
③ 전압제어
④ 직·병렬제어 방식이다.

[해설] 전압제어 : 원드레어나드방식, 일그너방식

107 직류 전동기의 속도 제어법에서 정출력 제어에 속하는 것은?

① 계자 제어법
② 전기자 저항 제어법
③ 전압 제어법
④ 워드 레오나드 제어법

[해설] 계자제어는 정출력 제어를 한다.

108 직류전동기의 속도 제어 방법 중 속도 제어가 원활하고 정토크 제어가 되며 운전 효율이 좋은 것은?

① 계자제어
② 병렬 저항제어
③ 직렬 저항제어
④ 전압제어

[해설] 전압제어는 속도 제어가 원활하고 정토크 제어가 되며 운전 효율이 좋다.

109 직류 전동기의 속도제어 방법이 아닌 것은?

① 전압제어   ② 계자제어
③ 저항제어   ④ 플러깅제어

[해설] 직류분권 전동기 속도제어 : 전압제어, 계자제어, 저항제어

110 직류전동기의 전기자에 가해지는 단자전압을 변화하여 속도를 조정하는 제어법이 아닌 것은?

① 워드 레오나드 방식
② 일그너 방식
③ 직·병렬 제어
④ 계자 제어

[해설] 계자제어법은 전기자 전압을 전원 전압으로 일정히 유지하고, 계자 전류를 조정하여 자속 ϕ[Wb]를 변화시킴으로써 속도를 제어하는 방식이다

111 직류전동기의 속도제어법이 아닌 것은?

① 전압제어법   ② 계자제어법
③ 저항제어법   ④ 주파수제어법

[해설] 직류분권 전동기 속도제어 : 전압제어, 계자제어, 저항제어

정답 105. ④ 106. ③ 107. ① 108. ④ 109. ④ 110. ④ 111. ④

손실과 효율

112 측정이나 계산으로 구할 수 없는 손실로 부하 전류가 흐를 때 도체 또는 철심내부에서 생기는 손실을 무엇이라 하는가?

① 구리손
② 히스테리시스손
③ 맴돌이 전류손
④ 표류부하손

[해설] 표류부하손은 측정이나 계산으로 구할 수 없는 손실로 부하 전류가 흐를 때 도체 또는 철심내부에서 생기는 손실이다.

113 직류기의 손실 중 기계손에 속하는 것은?

① 풍손
② 와전류손
③ 히스테리시스손
④ 표유 부하손

[해설] 기계손은 풍손과 베어링 마찰손이 있다.

114 직류전동기의 규약효율을 표시하는 식은?

① $\dfrac{출력}{출력+손실} \times 100[\%]$
② $\dfrac{출력}{입력} \times 100[\%]$
③ $\dfrac{입력-손실}{입력} \times 100[\%]$
④ $\dfrac{입력}{출력+손실} \times 100[\%]$

[해설] 전동기 규약효율 $= \dfrac{입력-손실}{입력} \times 100[\%]$

115 입력이 12.5[kW], 출력 10[kW]일 때 기기의 손실은 몇 [kW]인가?

① 2.5
② 3
③ 4
④ 5.5

[해설] 손실 = 입력 - 손실 = 12.5 - 10 = 2.5[kW]

116 출력 10[kW], 효율 90[%]인 기기의 손실은 약 몇 [kW]인가?

① 0.6
② 1.1
③ 2
④ 2.5

[해설] $\eta = \dfrac{출력}{출력+손실} \times 100$
$= \dfrac{10}{10+손실} \times 100 = 90[\%]$
여기서, 손실 = 1.1[kW] 이다.

117 효율 80[%], 출력 10[kW]일 때 입력은 몇 [kW]인가?

① 7.5
② 10
③ 12.5
④ 20

[해설] 효율 $= \dfrac{출력}{입력} \times 100 = \dfrac{10}{입력} \times 100 = 80[\%]$
여기서, 입력은 12.5[kW] 이다.

118 출력 10[kW], 효율 80[%]인 기기의 손실은 약 몇 [kW]인가?

① 0.6[kW]
② 1.1[kW]
③ 2.0[kW]
④ 2.5[kW]

[해설] 효율 $= \dfrac{출력}{출력+손실} \times 100$
$= \dfrac{10}{10+손실} \times 100 = 80[\%]$
여기서, 손실은 2.5[kW] 이다.

정답 112. ④ 113. ① 114. ③ 115. ① 116. ② 117. ③ 118. ④

119 E종 절연물의 최고 허용온도는 몇 [℃]인가?

① 40　　② 60
③ 120　　④ 125

[해설] E종 절연물의 최고 허용온도 120°이다.

120 동기기에서 사용되는 절연재료로 B종 절연물의 온도상승한도는 약 몇 [℃]인가? (단, 기준온도는 공기 중에서 40[℃]이다.)

① 65　　② 75
③ 90　　④ 120

[해설] B종 절연물의 허용온도는 130° 이므로,
B종 = 40 + 온도상승 = 130° 이므로
온도상승은 90° 이다.

121 다음 중 권선저항 측정 방법이 아닌 것은?

① 메거
② 전압 전류계법
③ 켈빈 더블 브리지법
④ 휘이스톤 브리지법

[해설] 메거 : 절연저항 측정

정답 119. ③ 120. ③ 121. ①

2장 동기기

1. 동기기의 원리와 구조

(1) 동기 속도

① 전자유도법칙에서 자장 중에 도체를 놓고 자장을 변화시키면 도체에 기전력이 생긴다. 코일 권수 N에 쇄교되는 자속 변화 $\dfrac{d\phi}{dt}$이면 유도 기전력 e는

$$e = N\dfrac{d\phi}{dt} = Blv\sin\theta [\text{V}]$$

이다. (직류기 참조)

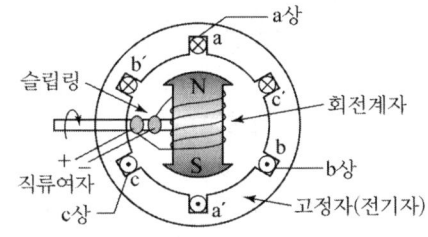
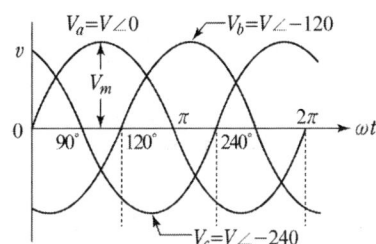

② 그림과 같이 여자기(직류분권 혹은 복권발전기)로 슬립 링을 통하여 회전자(계자권선)에 직류를 가하면(여자하면) 계자는 NS의 자석이 된다. 계자를 회전시키면 고정자 권선(전기자)에 자속이 쇄교되어 플레밍의 오른손 법칙에 따른 교류 기전력이 생긴다. 이것이 단상교류 발전기이다.

그러나 원형의 전기자에는 3상 권선이 감겨 있어 (b)와 같이 3상 교류가 발생하고 회전계자가 동기속도로 회전하므로 3상 동기발전기라고 한다.

③ 동기속도 : 자극수 P와 주파수 f로 정해지는 속도이고 회전 자기장의 회전수이다. NS 자극 간에 1[Hz]의 기전력이 생기므로 P극 발전기는 $P/2$[Hz]의 기전력이 생기고 1분 동안의 회전수 N[rpm]이면

$$\text{주파수 } f = \dfrac{P}{2} \times \dfrac{N}{60} [\text{Hz}]$$

따라서, $N = \dfrac{120f}{P}$ [rpm]

우리나라 60[Hz]에서
2극 N=3600[rpm], 4극 N=1800[rpm], 6극 N=1200[rpm], 8극 N=900[rpm]

(2) 동기기의 구조

① **고정자** : 전기자는 2층 중권 Y결선, 단절권, 분포권이고 철손을 줄이기 위하여 규소 함량 1~2[%] 두께 0.35~0.5[mm]의 규소강판을 성층한다.
② **회전자** : 계자는 회전계자형의 원통형과 철극형(돌극형)이 있다.

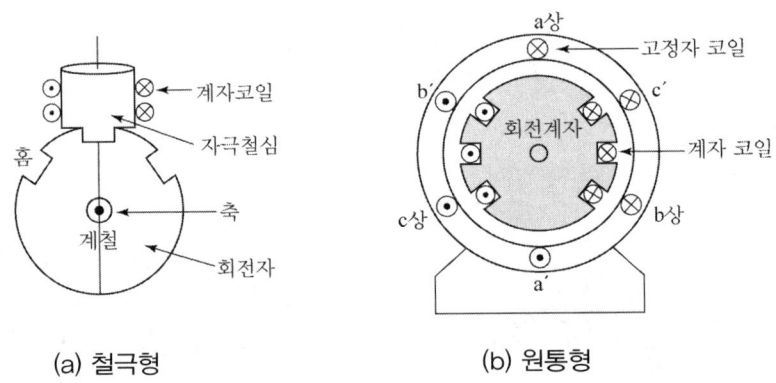

(a) 철극형 (b) 원통형

③ **수차 발전기** : 연강판을 성층한 자극을 회전자 계철에 붙인 철극형 회전계자형, 수축형, 우산형, 저속 대형기(6극이상), 폐쇄통풍형이다.
④ **터빈 발전기** : 원심력에 견디도록 축방향으로 길고 지름이 작은 원통형 회전계자형, 횡축형, 고속기(2-4극), 수소냉각형이다.
⑤ **수소냉각** : 고정자 코일내부에 덕트를 설치하고 냉각매체인 수소를 흘려 직접 냉각시키는 폐쇄 풍도 순환형이다.
  ㉮ 수소의 비중이 공기의 7배 정도로 가벼워 풍손이 공기의 1/10로 작고 운전 중 소음이 작으며 출력을 25[%] 늘일 수 있다.
  ㉯ 비열이 공기의 14배 정도로 열전도율이 좋고 냉각효과가 커서 냉각기가 작다.
  ㉰ 절연물의 산화작용이 없으므로 절연열화가 작고 수명이 길다.
  ㉱ 코로나 발생 전압이 높으나 공기와 혼합하면 폭발할 우려가 있어 방폭 구조로 되고 설비가 복잡하다.
⑥ **여자방식** : 직류분권 또는 복권발전기를 타여자기로 하는 복식여자방식으로 하던가 복권특성의 정류기 여자방식을 사용한다.

(3) 권선 계수

① **분포권** : 1극 1상당 홈수가 2개 이상인 권선법으로 전기자 철심의 이용률이 높고 기전력의 파형이 개선되며 누설 리액턴스가 감소한다. 냉각효과가 좋으나 유도 기전력이 감소한다.

기전력의 감소비율인 분포계수 K_d는

$$K_d = \frac{\sin \pi/2m}{q \sin \pi/2mq}$$

(매극 매상당 홈수 $q = 3 \sim 7$), ($K_d = 0.96$ 정도)

② **단절권** : 코일피치($\beta\pi$)가 자극피치(π)보다 작은 권선법으로 특정 고조파 제거, 코일 단부 단축, 구리양 감소, 기계 길이가 단축되지만 유도기전력이 감소한다.

기전력의 감소비율인 단절계수 K_p는

$$K_p = \sin \frac{\beta\pi}{2} \quad (K_d = 0.96 \text{ 정도})$$

③ 권선계수 $k_w = k_d \, k_p$

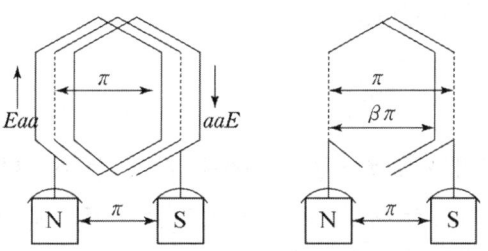

2 동기발전기의 특성

(1) 전기자 반작용

① 유도기전력 : $E = 4.44 f N k \phi [V]$
② 전기자 반작용 : 전기자 자속이 계자자속에 영향을 주는 것으로 역률 $\cos\theta$에 따라 반작용이 달라진다.
  ㉮ 횡축 반작용(가로축 반작용) : 역률 1인 유효전류 $I\cos\theta$에 의한 반작용으로 직류기와 같이 교차자화작용이 된다.

㉯ 직축 반작용(세로축 반작용) : 역률 0인 무효전류 $I\sin\theta$에 의한 반작용으로 무효전류에 의한 자속이 주자속과 수평으로 작용하므로 뒤진 역률에서 감자작용을, 앞선 역률에서 증자작용을 한다.

(2) 단락비

① 단락비 $K_s = \dfrac{\text{무부하 정격전압 유도에 필요한 계자전류}}{\text{정격과 같은 3상 단락전류를 흘리는데 필요한 계자전류}}$

$$K_s = \frac{I_s}{I_n} = \frac{100}{z_s} \text{ (퍼센트 동기임피던스의 역수)}$$

(수차기 - 0.9~1.2)(터빈기 - 0.6~1.0)

② K_s가 크면 임피던스, 전기자 반작용, 전압 변동율, 자기여자 등이 감소하고 출력, 안정도, 단락전류 등이 커지며, 공극이 넓고 기자력이 커 철손과 기계손이 큰 철기계가 되어 값이 비싸고 기기 형태와 중량이 크다.

③ 자기여자현상 ; 무부하 장거리 송전선의 충전전류의 증자작용으로 발전기가 자여자되어 위험 전압을 유도하는 현상이다.

단락비를 크게 하고, 정전용량 C를 줄이기 위하여 발전기 병렬연결, 조상기, 변압기, 리액터 등을 설치한다.

(3) 병렬운전

① 조건 ; 전압의 크기(V), 위상(θ), 주파수(f)가 같아야 한다.

기전력의 크기가 다르면 무효순환전류가 흐르고 계자저항으로 조정.
주파수가 다르면 순환전류가 주기적으로 흐르고 원동기 속도를 조정.
위상이 다르면 유효순환전류(동기화전류)가 흐르고 원동기 출력을 조정.

② 원동기 조건 ; 균일한 각속도, 적당한 속도 조정률, 조속기 감도 적정

③ 부하분담 ; 유효전력은 원동기 입력(조속기-위상)을 조정한다.
무효전력은 여자(계자-역률)를 조정한다.

(4) 난조현상

① 안정도 증진 ; 관성효과, 단락비, 역상 및 영상 리액턴스를 크게, 정상 리액턴스와 전기자 저항을 작게, 복식여자를 채용한다.

② 난조 ; 조속기 감도가 예민하거나, 계통저항이 커서 동기화력이 적을 때, 부하가 급변할 때 부하각 δ가 주기적으로 변하여 동기속도를 중심으로 감쇠진동을 하는 현상

을 말하며 심하면 탈조(동기이탈)가 된다.
제동권선(자극면에 설치된 농형 권선)을 설치하고 관성효과, 동기화력을 증대시켜 방지한다.

3. 동기전동기의 특성

(1) 동기 전동기의 이론

① **회전 원리** ; 철극형 동기 발전기 구조에서 고정자 3상 권선에 3상 교류를 가하면 회전자장이 동기속도로 회전하지만 회전자는 직류자장이므로 회전자장에 따라 회전할 수 없다. 따라서 기동회전력이 없어 자체기동이 불가능하나 회전자를 돌려주면 같이 자극 N, S에 이끌리어 같은 속도로 회전하며 부하를 걸면 부하각 δ만큼 밀린 상태에서 회전을 계속한다.

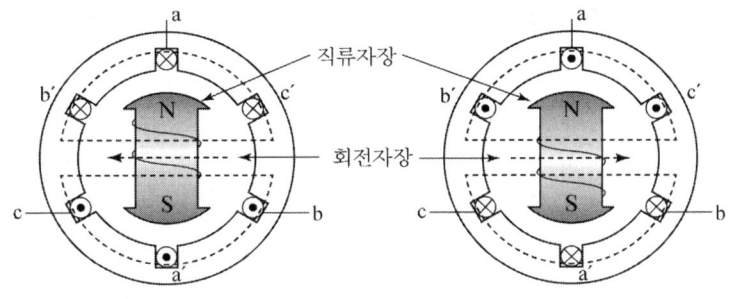

② 철극형 회전계자형, 동기속도로 회전하는 정속도기, 저속 대용량기, 공극이 넓어 튼튼하나 크고 비싸다. 기동토크가 없고 난조시 동기 이탈이 쉽다.
③ **전기자 반작용** ; 발전기와 전류 방향이 반대이므로 90°뒤진 전류는 증자작용을, 90° 앞선 전류는 감자작용을, 동상에서 교차자화작용을 한다
④ **용도** ; 동기조상기, 송풍기, 압축기, 압연기, 분쇄기 등에 사용된다.
⑤ **기동** ; 기동회전력이 없어 기동 장치가 필요하다.
  ㉮ **자기기동법** ; 제동권선을 이용하여 기동하며 전부하 토크의 50[%] 정도이므로 소형에 사용된다.
  ㉯ **기동전동기법** ; 2극 적은 유도전동기에 직결하여 동기 발전기로 기동하고 직류 여자하여 동기화 시킨 후 기동 전동기를 제거한다.

(2) 위상특성곡선

① 위상특성곡선(V곡선) ; $I_a - I_f$ 곡선에서 공급전압과 부하를 일정하게 하고 계자전류 I_f를 변화시킬 때 전기자 전류 I_a의 변화곡선으로 역률조정과 전압조정에 이용된다.

② 역률 1에서 계자를 강하게 하면 역률은 앞서고 전기자전류는 증가
　　　　　계자를 약하게 하면 역률은 뒤지고 전기자전류는 증가.

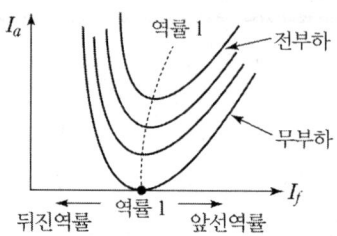

(3) 동기 조상기

① 동기조상기 ; 무부하 동기전동기를 송전계통에 연결하여 V곡선을 이용하여 전압조정과 역률개선에 이용된다.

2장 동기기 예상문제

동기기의 구조

1 우산형 발전기의 용도는?

① 저속도 대용량기
② 고속도 소용량기
③ 저속도 소용량기
④ 고속도 대용량기

[해설] 우산형(직축형)-저속도 대용량 발전기

2 전기자를 고정시키고 자극 N, S를 회전시키는 동기 발전기는?

① 회전 계자법
② 직렬 저항법
③ 회전 전기자법
④ 회전 정류자형

[해설] 동기발전기-회전계자형(전기자를 고정시키고 자극 N, S를 회전시키는 동기 발전기)

3 플레밍(Fleming)의 오른손 법칙에 따르는 기전력이 발생하는 기기는?

① 교류발전기
② 교류전동기
③ 교류정류기
④ 교류용접기

[해설] 교류발전기(동기발전기) : 플레밍의 오른손 법칙에 따르는 기전력이 발생

4 수차 발전기의 특징 중 잘못된 것은?

① 수축형 저속기
② 우산형 안내 축받이 설치
③ 철극형 대형기
④ 수소냉각 채용

[해설] 수소냉각 채용하는 발전기는 터빈 발전기이다.

5 터빈발전기의 특징이 아닌 것은?

① 고속도기
② 회전계자형 철극형
③ 2극 또는 4극
④ 축방향으로 긴 원통형 회전자

[해설] 터빈발전기는 회전계자형에 비철극형이다.

권선법

6 동기 발전기의 전기자 권선을 단절권으로 하면?

① 역률이 좋아진다.
② 절연이 잘된다.
③ 고조파를 제거한다.
④ 기전력을 높인다.

[해설] 동기 발전기의 전기자 권선을 단절권 : 고조파를 제거하여 파형을 개선한다.

정답 1. ① 2. ① 3. ① 4. ④ 5. ② 6. ③

7 동기발전기의 권선을 분포권으로 사용하는 이유로 옳은 것은?

① 파형이 좋아진다.
② 권선의 누설 리액턴스가 커진다.
③ 집중권에 비하여 합성 유기기전력이 높아진다.
④ 전기자 권선이 과열되어 소손되기 쉽다.

[해설] 동기발전기의 권선을 분포권으로 사용하는 이유는 고조파를 제거하여 파형을 개선하는 데에 있다.

8 동기 발전기의 전기자 권선을 단절권으로 하면?

① 고조파를 제거한다.
② 절연이 잘 된다.
③ 역률이 좋아진다.
④ 기전력을 높인다.

[해설] 동기 발전기의 전기자 권선을 단절권 : 고조파를 제거하여 파형을 개선한다.

동기속도

9 극수가 10, 주파수가 50[Hz]인 동기기의 매분 회전수는 몇 [rpm]인가?

① 300 ② 400
③ 500 ④ 600

[해설] $N = \dfrac{120}{P}f = \dfrac{120}{10} \times 50 = 600[\text{rpm}]$

10 4극인 동기 전동기가 1800[rpm]으로 회전할 때 전원 주파수는 몇 [Hz]인가?

① 50[Hz] ② 60[Hz]
③ 70[Hz] ④ 80[Hz]

[해설] $N = \dfrac{120}{P}f$
$\rightarrow f = \dfrac{PN}{120} = \dfrac{4 \times 1800}{120} = 60[\text{Hz}]$

11 극수 10, 동기속도 600[rpm]인 동기 발전기에서 나오는 전압의 주파수는 몇 [Hz]인가?

① 50 ② 60
③ 80 ④ 120

[해설] $f = \dfrac{PN}{120} = \dfrac{10 \times 600}{120} = 50[\text{Hz}]$

12 60[Hz], 20000[kVA]의 발전기의 회전수가 900[rpm]이라면 이 발전기의 극수는 얼마인가?

① 8극 ② 12극
③ 14극 ④ 16극

[해설] $P = \dfrac{120}{N}f = \dfrac{120}{900} \times 60 = 8극$

정답 7.① 8.① 9.④ 10.② 11.① 12.①

전기자 반작용

13 동기 전동기 전기자 반작용에 대한 설명이다. 공급전압에 대한 앞선 전류의 전기자 반작용은?

① 감자 작용 ② 증자 작용
③ 교자 자화 작용 ④ 편자 작용

[해설] 감자작용 : 동기전동기에서 공급전압에 대한 앞선 전류의 전기자 반작용

14 3상 동기 발전기에 무부하 전압보다 90° 뒤진 전기자 전류가 흐를 때 전기자 반작용은?

① 감자작용을 한다.
② 증자작용을 한다.
③ 교차 자화 작용을 한다.
④ 자기 여자 작용을 한다.

[해설] 감자작용 : 동기발전기 무부하 전압보다 90° 뒤진

15 3상 교류 발전기의 기전력에 대하여 $\frac{\pi}{2}$ [rad] 뒤진 전기자 전류가 흐르면 전기자 반작용은?

① 횡축 반작용으로 기전력을 증가시킨다.
② 증자작용을 하여 기전력을 증가시킨다.
③ 감자작용을 하여 기전력을 감소시킨다.
④ 교차 자화작용으로 기전력을 감소시킨다.

[해설] 3상 교류 발전기의 기전력에 대하여 $\frac{\pi}{2}$ [rad] 뒤진 전기자 전류가 흐르면 감자 작용을 하여 기전력을 감소시킨다.

16 동기발전기의 전기자 반작용 현상이 아닌 것은?

① 포화 작용 ② 증자 작용
③ 감자 작용 ④ 교차자화 작용

[해설] 반작용 중 포화 작용은 없다.

17 동기 발전기에서 전기자 전류가 기전력보다 90°만큼 위상이 앞설 때의 전기자 반작용은?

① 교차 자화 작용
② 감자 작용
③ 편자 작용
④ 증자 작용

[해설] 동기 발전기에서 전기자 전류가 기전력보다 90°만큼 위상이 앞설 때 반작용은 증자작용이다.

18 3상 동기발전기에서 전기자 전류가 무부하 유도기전력보다 $\frac{\pi}{2}$ [rad] 앞선 경우 (X_C만의 부하)의 전기자 반작용은?

① 횡축반작용 ② 증자작용
③ 감자작용 ④ 편자작용

[해설] 3상 동기발전기에서 전기자 전류가 무부하 유도기전력보다 $\frac{\pi}{2}$ [rad] 앞선경우의 반작용은 증자작용이다.

정답 13. ① 14. ① 15. ③ 16. ① 17. ④ 18. ②

19 동기전동기의 공급전압보다 앞선 전류는 어떤 작용을 하는가?

① 역률작용 ② 교차자화작용
③ 증자작용 ④ 감자작용

[해설] 동기전동기의 공급전압보다 앞선 전류는 감자작용이다.

20 동기 발전기에서 역률각이 90° 늦을 때의 전기자 반작용은?

① 증자작용 ② 편자작용
③ 교차작용 ④ 감자작용

[해설] 동기 발전기에서 역률각이 90° 늦은 경우 반작용은 감자작용이다.

동기기의 특성

21 동기발전기에서 비돌극기의 출력이 최대가 되는 부하각(power angle)은?

① 0° ② 45°
③ 90° ④ 180°

[해설] 동기발전기에서 비돌극기의 출력이 최대가 되는 부하각은 90°이다.
동기발전기에서 돌극기의 출력이 최대가 되는 부하각은 60°이다.

22 교류 발전기의 동기 임피던스는 철심이 포화하면?

① 증가한다. ② 진동한다.
③ 포화된다. ④ 감소한다.

[해설] 교류 발전기의 동기 임피던스는 철심이 포화하면 임피던스는 감소한다.

23 동기 발전기의 역률 및 계자 전류가 일정할 때 단자 전압과 부하 전류와의 관계를 나타내는 곡선은?

① 단락 특성 곡선
② 외부 특성 곡선
③ 토크 특성 곡선
④ 전압 특성 곡선

[해설] 외부 특성 곡선 : 단자 전압 – 부하 전류

24 동기 발전기의 돌발 단락 전류를 주로 제한하는 것은?

① 누설 리액턴스 ② 역상 리액턴스
③ 동기 리액턴스 ④ 권선저항

[해설] 돌발 단락 전류를 주로 제한은 누설 리액턴스로 제한한다.

25 단락비가 큰 동기 발전기를 설명하는 일 중 틀린 것은?

① 동기 임피던스가 작다.
② 단락 전류가 크다.
③ 전기자 반작용이 크다.
④ 공극이 크고 전압 변동률이 작다.

[해설] 단락비가 큰 동기 발전기
• 동기 임피던스가 작다.
• 단락 전류가 크다.
• 전기자 반작용이 작다.
• 공극이 크고 전압 변동률이 작다.
• 과부하내량이 크고 안정도 좋다.

[정답] 19. ④ 20. ④ 21. ③ 22. ④ 23. ② 24. ① 25. ③

26 다음 중 단락비가 큰 동기 발전기를 설명하는 것으로 옳은 것은?

① 동기 임피던스가 작다.
② 단락 전류가 작다.
③ 전기자 반작용이 크다.
④ 전압변동률이 크다.

해설 단락비가 큰 동기 발전기
- 동기 임피던스가 작다.
- 단락 전류가 크다.
- 전기자 반작용이 작다.
- 공극이 크고 전압 변동률이 작다.
- 과부하내량이 크고 안정도 좋다.

27 단락비가 큰 동기기에 대한 설명으로 옳은 것은?

① 기계가 소형이다.
② 안정도가 높다.
③ 전압 변동률이 크다.
④ 전기자 반작용이 크다.

해설 단락비가 큰 동기 발전기
- 동기 임피던스가 작다.
- 단락 전류가 크다.
- 전기자 반작용이 작다.
- 공극이 크고 전압 변동률이 작다.
- 과부하내량이 크고 안정도 좋다.

28 동기 발전기의 단락비가 크다는 것은?

① 기계가 작아진다.
② 효율이 좋아진다.
③ 전압변동률이 나빠진다.
④ 전기자 반작용이 작아진다.

해설 단락비가 큰 동기 발전기
- 동기 임피던스가 작다.
- 단락 전류가 크다.
- 전기자 반작용이 작다.
- 공극이 크고 전압 변동률이 작다.
- 과부하내량이 크고 안정도 좋다.

29 단락비가 1.25인 발전기의 %동기임피던스[%]는 얼마인가?

① 70 ② 80
③ 90 ④ 100

해설 $\%Z = \dfrac{100}{K_s} = \dfrac{100}{1.25} = 80[\%]$

30 단락비가 1.2인 동기 발전기의 %동기임피던스는 약 몇 [%]인가?

① 68 ② 83
③ 100 ④ 120

해설 $\%Z = \dfrac{100}{K_s} = \dfrac{100}{1.2} = 83[\%]$

31 정격전압 220[V]의 동기발전기를 무부하로 운전하였을 때의 단자전압이 253[V]이었다. 이 발전기의 전압 변동률[%]은?

① 13[%] ② 15[%]
③ 20[%] ④ 33[%]

해설 전압변동률 $= \dfrac{무부하시전압 - 정격전압}{정격전압} \times 100$
$= \dfrac{253 - 220}{220} \times 100$
$= 15[\%]$

정답 26. ① 27. ② 28. ④ 29. ② 30. ② 31. ②

병렬운전

32 다음 중 2대의 동기발전기가 병렬운전하고 있을 때 무효횡류(무효순환전류)가 흐르는 경우는?

① 부하 분담에 차가 있을 때
② 기전력의 주파수에 차가 있을 때
③ 기전력의 위상에 차가 있을 때
④ 기전력의 크기에 차가 있을 때

33 동기 발전기의 병렬 운전 중 주파수가 틀리면 어떤 현상이 나타나는가?

① 무효 전력이 생긴다.
② 무효 순환전류가 흐른다.
③ 유효 순환전류가 흐른다.
④ 출력이 요동치고 권선이 가열된다.

34 동기발전기를 계통에 병렬로 접속시킬 때 관계없는 것은?

① 주파수   ② 위상
③ 전압   ④ 전류

35 동기발전기의 병렬운전에서 같지 않아도 되는 것은?

① 위상   ② 주파수
③ 용량   ④ 전압

[해설] 동기발전기의 병렬운전
- 기전력의 크기 같을 것
- 기전력의 위상 같을 것
- 기전력의 주파수 같을 것
- 기전력의 파형 같을 것

36 3상 동기 발전기를 병렬운전 시키는 경우 고려하지 않아도 되는 것은?

① 주파수가 같을 것
② 회전수가 같을 것
③ 위상이 같을 것
④ 전압 파형이 같을 것

[해설] 동기발전기의 병렬운전
- 기전력의 크기 같을 것
- 기전력의 위상 같을 것
- 기전력의 주파수 같을 것
- 기전력의 파형 같을 것

37 동기 발전기의 병렬 운전 조건이 아닌 것은?

① 기전력의 주파수가 같은 것
② 기전력의 크기가 같을 것
③ 기전력의 위상이 같을 것
④ 발전기의 회전수가 같을 것

[해설] 동기발전기의 병렬운전
- 기전력의 크기 같을 것
- 기전력의 위상 같을 것
- 기전력의 주파수 같을 것
- 기전력의 파형 같을 것

38 2대의 동기 발전기가 병렬운전하고 있을 때 동기화 전류가 흐르는 경우는?

① 기전력의 크기에 차가 있을 때
② 기전력의 위상에 차가 있을 때
③ 부하분담에 차가 있을 때
④ 기전력의 파형에 차가 있을 때

[해설] 발전기가 병렬운전하고 있을 때 동기화 전류가 흐르는 경우는 기전력의 위상에 차가 있을 때 이다.

정답 32. ④ 33. ③ 34. ④ 35. ③ 36. ② 37. ④ 38. ②

39 동기 발전기의 병렬운전에 필요한 조건이 아닌 것은?

① 기전력의 주파수가 같을 것
② 기전력의 크기가 같을 것
③ 기전력의 용량이 같을 것
④ 기전력의 위상이 같을 것

[해설] 동기발전기의 병렬운전
- 기전력의 크기 같을 것
- 기전력의 위상 같을 것
- 기전력의 주파수 같을 것
- 기전력의 파형 같을 것

40 동기 발전기의 병렬 운전에 필요한 조건이 아닌 것은?

① 기전력의 크기가 같을 것
② 기전력의 위상차가 최대가 될 것
③ 기전력의 주파수가 같을 것
④ 기전력의 파형이 같을 것

[해설] 동기발전기의 병렬운전
- 기전력의 크기 같을 것
- 기전력의 위상 같을 것
- 기전력의 주파수 같을 것
- 기전력의 파형 같을 것

41 동기기를 병렬운전 할 때 순환전류가 흐르는 원인은?

① 기전력의 저항이 다른 경우
② 기전력의 위상이 다른 경우
③ 기전력의 전류가 다른 경우
④ 기전력의 역률이 다른 경우

[해설] 기전력의 위상이 다른 경우는 유효순환전류가 흐른다.

42 동기 발전기의 병렬운전 중에 기전력의 위상차가 생기면?

① 위상이 일치하는 경우보다 출력이 감소한다.
② 부하 분담이 변한다.
③ 무효 순환전류가 흘러 전기자 권선이 과열된다.
④ 동기화력이 생겨 두 기전력의 위상이 동상이 되도록 작용한다.

[해설] 동기 발전기의 병렬운전 중에 기전력의 위상차가 생기면 동기화력이 생겨 두 기전력의 위상이 동상이 되도록 작용한다.

43 동기 발전기의 병렬 운전에서 한 쪽의 계자 전류를 증대시켜 유기기전력을 크게 하면 어떤 현상이 발생하는가?

① 주파수가 변화되어 위상각이 달라진다.
② 두 발전기의 역률이 모두 낮아진다.
③ 속도 조정률이 변한다.
④ 무효순환 전류가 흐른다.

[해설] 동기 발전기의 병렬 운전에서 한 쪽의 계자 전류를 증대시켜 유기기전력을 크게 하면 무효순환 전류가 흐른다.

44 6극 1200[rpm]의 교류 발전기와 병렬 운전하는 극수 8의 동기 발전기의 회전수 [rpm]는?

① 1200 ② 1000
③ 900   ④ 750

[해설] $f = \dfrac{PN}{120} \rightarrow PN = P'N'$ 이므로

$N' = \dfrac{P}{P'}N = \dfrac{6}{8} \times 1200 = 900\,[\text{rpm}]$

45 2극 3600[rpm]인 동기발전기와 병렬 운전하려는 12극 발전기의 회전수는 몇 [rpm]인가?

① 600 ② 1200
③ 1800 ④ 3600

해설 $N' = \dfrac{P}{P'}N = \dfrac{2}{12} \times 3600 = 600[\text{rpm}]$

46 8극 900[rpm]의 교류발전기로 병렬 운전하는 극수 6의 동기발전기의 회전수는?

① 975[rpm] ② 900[rpm]
③ 1200[rpm] ④ 1800[rpm]

해설 $N' = \dfrac{P}{P'}N = \dfrac{8}{6} \times 900 = 1200[\text{rpm}]$

47 동기임피던스 5[Ω]인 2대의 3상 동기 발전기의 유도 기전력에 100[V]의 전압 차이가 있다면 무효 순환전류는?

① 10[A] ② 15[A]
③ 20[A] ④ 25[A]

해설 무효순환전류 $I_c = \dfrac{E_c}{2Z_s} = \dfrac{100}{2 \times 5} = 10$

Z_s : 동기임피던스, E_c : 전압차

난조

48 동기 발전기에서 난조 현상에 대한 설명으로 옳지 않은 것은?

① 부하가 급격히 변화하는 경우 발생할 수 있다.
② 제동 권선을 설치하여 난조 현상을 방지한다.
③ 난조 정도가 커지면 동기 이탈 또는 탈조라고 한다.
④ 난조가 생기면 바로 멈춰야 한다.

해설 동기 발전기에서 난조현상
• 부하가 급격히 변화하는 경우 발생
• 제동 권선을 설치하여 난조 현상을 방지
• 난조 정도가 커지면 동기 이탈 또는 탈조라고 한다.

49 난조 방지와 관계가 없는 것은?

① 제동 권선을 설치한다.
② 전기자 권선의 저항을 작게 한다.
③ 축 세륜을 붙인다.
④ 조속기의 감도를 예민하게 한다.

해설 난조 방지를 위하여 속기의 감도를 어느정도 둔감하게 해야 한다.

50 3상 전동기에 제동 권선을 설치하는 주된 목적은?

① 출력증가
② 효율증가
③ 역률개선
④ 난조방지

해설 난조방지대책 - 제동권선을 설치한다.

정답 45. ① 46. ③ 47. ① 48. ④ 49. ④ 50. ④

51 동기 전동기에서 난조를 방지하기 위하여 자극면에 설치하는 권선을 무엇이라 하는가?

① 제동권선   ② 계자권선
③ 전기자권선 ④ 보상권선

[해설] 난조방지대책 - 제동권선을 설치한다.

52 동기기에 제동권선을 설치하는 이유로 옳은 것은?

① 역률 개선 ② 출력 증가
③ 전압 조정 ④ 난조 방지

[해설] 난조방지대책 - 제동권선을 설치한다.

동기조상기

53 전력계통에 접속되어 있는 변압기나 장거리 송전시 정전 용량으로 인한 충전특성 등을 보상하기 위한 기기는?

① 유도 전동기 ② 동기 발전기
③ 유도 발전기 ④ 동기 조상기

[해설] 전력계통에 접속되어 있는 변압기나 장거리 송전시 정전 용량으로 인한 충전특성 등을 보상하기 위한 기기는 동기조상기이다.

54 동기 전동기를 송전선의 전압 조정 및 역률 개선에 사용한 것을 무엇이라 하는가?

① 동기이탈 ② 동기조상기
③ 댐퍼   ④ 제동권선

[해설] 동기조상기(동기전동기)는 동기 전동기를 송전선의 전압 조정 및 역률 개선에 사용된다.

55 동기조상기를 부족여자로 운전하면 어떻게 되는가?

① 콘덴서로 작용한다.
② 리액터로 작용한다.
③ 여자 전압의 이상 상승이 발생한다.
④ 일부 부하에 대하여 뒤진 역률을 보상한다.

[해설] 동기조상기를 부족여자로 운전시 리액터로 작용한다.
동기조상기를 과여자로 운전시 콘덴서로 작용한다.

56 동기조상기가 전력용 콘덴서보다 우수한 점은?

① 손실이 적다.
② 보수가 쉽다.
③ 지상 역률을 얻는다.
④ 가격이 싸다.

[해설] 동기조상기가 전력용 콘덴서보다 우수한 점은 진상전류 뿐만 아니라 지상전류까지 얻을 수 있다.

57 그림은 동기기의 위상 특성 곡선을 나타낸 것이다. 전기자전류가 가장 작게 흐를 때의 역률은?

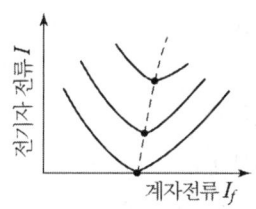

① 1   ② 0.9[진상]
③ 0.9[지상] ④ 0

정답 51.① 52.④ 53.④ 54.② 55.② 56.③ 57.①

[해설] 동기기의 위상 특성 곡선에서 최저점의 역률은 1 이다.

58 3상 동기 전동기의 특징이 아닌 것은?

① 부하의 변화로 속도가 변하지 않는다.
② 부하의 역률을 개선 할 수 있다.
③ 전부하 효율이 양호하다.
④ 공극이 좁으므로 기계적으로 견고하다.

[해설] 3상 동기 전동기의 특징
- 부하의 변화로 속도가 변하지 않는다.
- 부하의 역률을 개선할 수 있다.
- 전부하 효율이 양호하다.

59 동기전동기에 관한 내용으로 틀린 것은?

① 기동토크가 작다.
② 역률을 조정할 수 없다.
③ 난조가 발생하기 쉽다.
④ 여자기가 필요하다.

[해설] 동기전동기는 역률을 조정할수 있다.
- 동기조상기로 사용

60 동기 전동기의 전기자 전류가 최소일 때 역률은?

① 0.5
② 0.707
③ 0.866
④ 1.0

[해설] 동기 전동기의 전기자 전류가 최소일 때 역률은 1이다.

61 동기 전동기의 계자 전류를 가로축에, 전기자 전류를 세로축으로 하여 나타낸 V곡선에 관한 설명으로 옳지 않은 것은?

① 위상 특성 곡선이라 한다.
② 곡선의 최저점은 역률 1에 해당한다.
③ 부하가 클수록 V곡선은 아래쪽으로 이동한다.
④ 계자 전류를 조정하여 역률을 조정할 수 있다.

[해설] 동기 전동기의 계자 전류를 가로축에, 전기자 전류를 세로축으로 하여 나타낸 V곡선에서 최저점은 역률은 1 이다.

62 다음 중 제동권선에 의한 기동토크를 이용하여 동기전동기를 기동시키는 방법은?

① 저주파 기동법
② 고주파 기동법
③ 기동 전동기법
④ 자기 기동법

[해설] 자기 기동법은 제동권선에 의한 기동토크를 이용하여 동기전동기를 기동시킨다.

63 동기조상기를 과여자로 사용하면?

① 리액터로 작용
② 저항손의 보상
③ 자기여자발생
④ 콘덴서로 작용

[해설] 동기조상기를 과여자시 콘덴서로 작용한다.

64 동기전동기의 기동 토크는 몇 [N·m]인가?

① 0
② 150
③ 100
④ 200

정답 58. ④ 59. ② 60. ④ 61. ③ 62. ④ 63. ④ 64. ①

[해설] 동기전동기의 기동 토크는 0 이다.

65 동기기의 자기여자 현상의 방지법이 아닌 것은?

① 단락비 증대
② 리액턴스 접속
③ 발전기 직렬연결
④ 변압기 접속

[해설] 자기여자 현상방법
- 단락비 증대
- 리액턴스 접속
- 변압기 접속

66 동기기의 손실에서 고정손에 해당되는 것은?

① 계자철심의 철손
② 브러시의 전기손
③ 계자 권선의 저항손
④ 전기자 권선의 저항손

[해설] 동기기의 손실에서 고정손 :
계자철심의 철손=히스테리시스손+와류손

67 동기기 손실 중 무부하손(no load loss)이 아닌 것은?

① 풍손
② 와류손
③ 전기자 동손
④ 베어링 마찰손

[해설] 전기자 동손은 부하손에 해당한다.

정답 65. ③ 66. ① 67. ③

3장 변압기

 변압기의 원리와 구조

(1) 변압기의 원리

① **변압기** ; 전원쪽을 1차, 부하쪽을 2차라 하며 전자유도법칙에 의하여 동일 주파수의 교류전압의 크기를 변환하는 기기를 변압기라 한다.

② **유도기전력** ; 1차에 교류를 가하면 교번자속 ϕ가 생겨 1차권선과 2차권선에 각각 기전력이 유도되며 전원전압과는 방향이 반대이다. 즉,

$$v_1 = -e_1 = N_1 \frac{d\phi}{dt}$$
$$-v_2 = -e_2 = N_2 \frac{d\phi}{dt}$$

실효값은

$$E_1 = 4.44 f N_1 \phi_m [\text{V}]$$
$$E_2 = 4.44 f N_2 \phi_m [\text{V}]$$

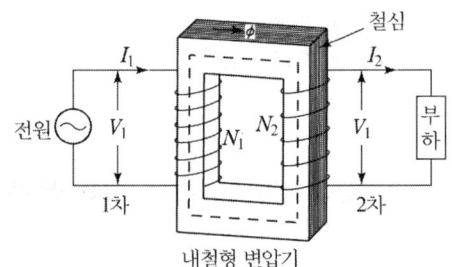

내철형 변압기

③ **권수비** a ; 전압은 권수에 비례하고 전류는 권수에 반비례한다.

$$a = \frac{N_1}{N_2} = \frac{V_1}{V_2} = \frac{I_2}{I_1}$$

(2) 변압기의 구조

① 형식 ; 내철형 외철형, 권철심형이 있다.
권철심형 ; 냉간 압연한 방향성 규소강대를 두루마리 형식으로 감은 구조로 자기특성이 좋고 이음매가 없어 철손, 여자전류, 자기저항, 단면적, 중량이 적어 건식 변압기에 사용된다.

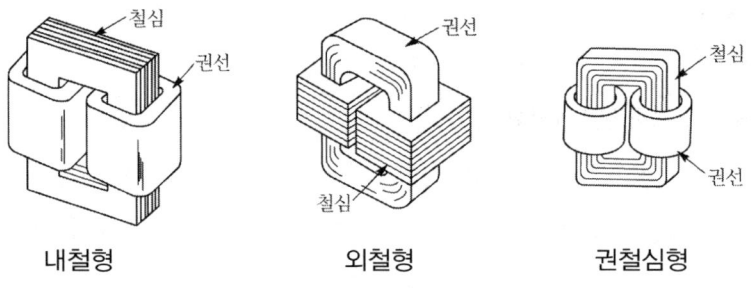

내철형　　　　　외철형　　　　　권철심형

② 철심 ; 두께 0.35[mm] 함량 3.5[%]의 규소강판을 성층하여 철손을 줄인다.
③ 도체 ; 둥근선, 평각동선을 에나멜, 무명실, 종이 테이프로 피복한다.
　　층간, 권선 간에 페놀수지 통이나 니스 처리한 프레스보드로 절연한다.

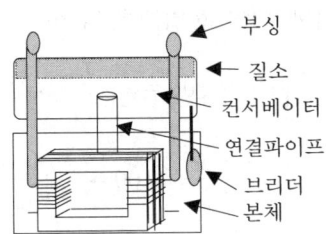

④ 변압기유 ; 냉각과 절연용으로 광유, 불연성 합성 절연유를 사용한다.
　㉮ 절연내력이 크고 인화점이 높고 응고점이 낮을 것
　㉯ 점도가 낮고 냉각효과가 크며 화학작용 석출물 산화현상이 없을 것
⑤ 기름의 열화 방지 ; 컨서베이터(질소봉입) 설치, 호흡작용(실리카 겔)
⑥ 냉각방식 ; 건식 자냉식, 건식 풍냉식, 유입자냉식, 유입 풍냉식, 유입 수냉식, 송유식 등이 있다.

(3) 등가회로

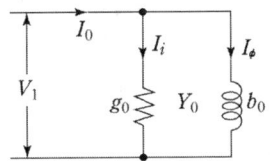

① 여자 어드미턴스　$Y_0 = g_0 - jb_0$
　여자전류(무부하전류) $I_0 = I_i - jI_\phi$
$$I_0 = Y_0 V_1 = (g_0 - jb_0)V_1$$
　철손　$P_i = g_0 V^2 = V_1 I_i [\text{W}]$

② 부하에 상당한 1차전류 $I_1' = \dfrac{I_2}{a}$
　　1차전류 $I_1 = I_1' + I_0$

2. 변압기의 특성

(1) 전압 변동률

① 퍼센트전압강하 ; 정격전압에 대한 전압강하의 비

퍼센트저항(전압)강하 $p = \dfrac{r_{21}I_{2n}}{V_{2n}} \times 100 = \dfrac{r_{12}I_{1n}}{V_{1n}} \times 100 = \dfrac{동손}{용량} \times 100 [\%]$

퍼센트리액턴스(전압)강하 $q = \dfrac{x_{21}I_{2n}}{V_{2n}} \times 100 = \dfrac{x_{12}I_{1n}}{V_{1n}} \times 100 [\%]$

퍼센트임피던스(전압)강하 $z = \sqrt{p^2 + q^2} = \dfrac{V_s}{V_n} \times 100 = \dfrac{I_n Z}{V_n} \times 100 [\%]$

② 전압변동률 ; $\varepsilon = \dfrac{V_{20} - V_2}{V_2} \times 100 = p\cos\theta + q\sin\theta [\%]$

최대전압변동률 ; $\varepsilon_m = z \quad \cos\theta_m = \dfrac{p}{z}$

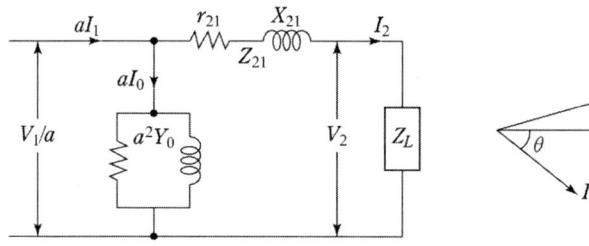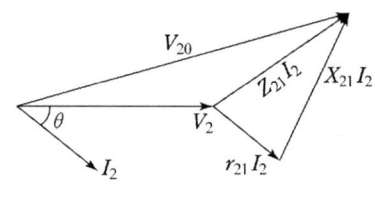

(2) 특성시험

① 임피던스전압 ; 변압기 2차 단락상태에서 1차전류(단락전류)가 정격전류와 같을 때의 인가전압 V_s를 임피던스 전압(전압강하)이라고 하고 이때의 입력을 임피던스와트(부하손 P_s)라 한다.

② 단락전류 ; $I_s = \dfrac{V_{1n}}{V_s} I_{1n} = \dfrac{100}{z} I_{1n} [A]$

③ 특성시험 ; 무부하시험, 단락시험(구속시험), 권선 저항측정의 3가지
   ㉮ 무부하 시험(무부하손 측정) ; 고압 쪽을 개방하고 저압 쪽에 정격전압을 가할 때 철손 P_i, 무부하 전류 I_0, 여자 어드미턴스 Y_0를 구한다.
   ㉯ 단락시험(부하손 측정) ; 저압 쪽을 단락하고 고압 쪽에 임피던스 전압을 가할 때 부하손과 임피던스 Z, 전압 변동률 ε 등을 구한다.

(3) 손실

① 손실 ; 무부하손(철손+유전체손)과 부하손(동손+표류부하손)

히스테리시스손 $P_h = \sigma_h f B_m^{1.6 \sim 2}$[W/kg] (전압일정 $- P_h = kf^{-1}$)

맴돌이 전류손 $P_c = \sigma_e (tfk_f B_m)^2$[W/kg] (전압일정 $- P_e = k$)

(4) 효율

① 규약효율 ; $\eta = \dfrac{출력}{출력 + 손실} \times 100[\%]$

$$= \dfrac{\dfrac{1}{m} V_2 I_2 \cos\theta}{\dfrac{1}{m} V_2 I_2 \cos\theta + P_i + (\dfrac{1}{m})^2 P_c} \times 100[\%]$$

② 전손실 $P_l = P_i + (\dfrac{1}{m})^2 P_c$

최대효율 조건(철손=동손) $P_i = (\dfrac{1}{m})^2 P_c$

③ **절연내력 시험** ; 가압시험(권선 철심 외함간), 유도시험(층간절연), 충격전압시험(충격파 절연파괴)이 있다.

3 변압기의 결선

(1) 변압기 결선

① 극성 ; 변압기 단자의 유도기전력의 방향을 말한다.

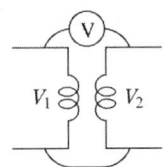

그림에서 $V = V_1 - V_2$일 때 감극성이고 표준이다.

명판에는 고압측에서 보아 오른쪽이 U-u 단자로 표기된다.

② △-△결선 ; 3조파 순환전류가 없으나 중성점 접지가 되지 않아 지락사고 보호가 곤란하여 60[kV] 이하의 저압 대전류 용에 사용되며 V결선이 된다.

③ Y-Y결선 ; 중성점 접지가 되지만 3조파 전류로 유도장해를 일으킨다. 절연이 $1/\sqrt{3}$ 로 쉽고 송전용 Y-Y-△결선으로 사용되며 역V결선이 된다.

④ Y-△ **강압용/△-Y 승압용** ; 고조파가 제거되고, 중성점 접지가 되지만 30°의 각변위가 생긴다.

(2) V-V결선

① △결선의 고장처치, 장래 부하증가 예정지에 사용한다.

② 출력 ; $P_v = \sqrt{3}\,P$

③ 이용률 ; $\dfrac{\text{변압기 출력}}{\text{변압기 용량}} = \dfrac{\sqrt{3}\,P}{2P} = \dfrac{\sqrt{3}}{2} = 0.866\ (86.6[\%])$

④ 출력비 ; $\dfrac{\text{V결선 출력}}{\text{△결선 출력}} = \dfrac{\sqrt{3}\,P}{3P} = \dfrac{1}{\sqrt{3}} = 0.577$

(3) 병렬 운전

① **병렬운전조건** ; 용량이 부족할 때 2대 이상 병렬 운전한다
  ㉮ 극성, 전압, 권수, 상회전, 각변위가 같을 것 ; 순환전류가 없다.
  ㉯ 임피던스(%강하)가 정격용량에 반비례할 것 ; 자기용량에 비례하여 부하가 분담된다. $V_z = Z_a I_a = Z_b I_b$
  ㉰ 내부저항 r과 리액턴스 x의 비가 각각 같을 것 ; 전류 위상이 같아서 분담전류가 대수 합($I_z = I_a + I_b$)이 된다.(위상이 다르면 벡터 합)

② **부하분담** ; 내부 임피던스에 반비례하여 분담한다.

$$P_A = \dfrac{Z_b}{Z_a + Z_b} P\,[\text{kVA}]$$

$$P_B = \dfrac{Z_a}{Z_a + Z_b} P\,[\text{kVA}]$$

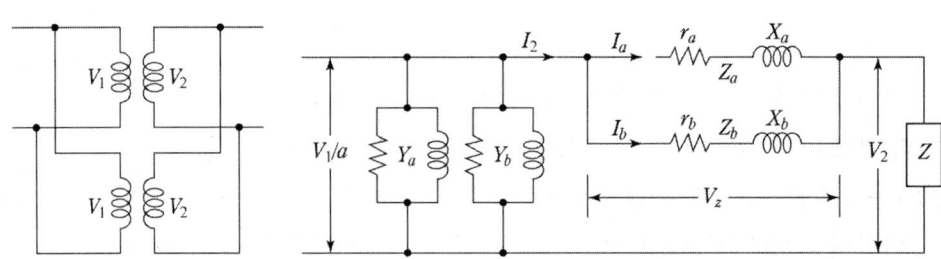

(4) 특수 변압기

① 스코트(scott, T)결선 ; 3상-2상 변환 결선.

1차는 주 변압기 중앙점 N에서 단자를 내고, T형 변압기의 $\sqrt{3}/2$점에서 단자를 내며 2차는 (-)극성을 연결하는 구조이고 전철 등 집중부하에 사용된다.

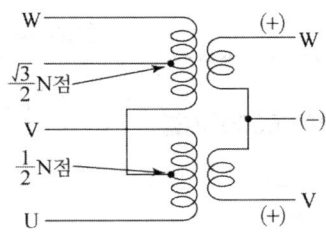

3장 변압기 예상문제

권수비

1 권수비 30인 변압기의 1차에 6600[V]를 가할 때 2차 전압은?

① 220[V] ② 380[V]
③ 420[V] ④ 660[V]

[해설] 권수비 $a = \dfrac{V_1}{V_2}$ 에서

$$V_2 = \dfrac{V_1}{a} = \dfrac{6600}{30} = 220[V]$$

2 1차 전압이 13200[V], 2차 전압 220[V]의 단상 변압기의 1차에 6000[V]의 전압을 가하면 2차 전압은 몇 [V]인가?

① 100 ② 200
③ 1000 ④ 2000

[해설] $a = \dfrac{V_1}{V_2} = \dfrac{E_1}{E_2}$ 에서

$$E_2 = \dfrac{E_1}{\dfrac{V_1}{V_2}} = \dfrac{6000}{\dfrac{13200}{220}} = 100[V]$$

3 3,300/220[V] 변압기의 1차에 20A의 전류가 흐르면 2차 전류는 몇 [A]인가?

① $\dfrac{1}{30}$ ② $\dfrac{1}{3}$
③ 30 ④ 300

[해설] $a = \dfrac{V_1}{V_2} = \dfrac{I_2}{I_1}$ 에서 $\dfrac{3300}{220} = \dfrac{I_2}{20}$ 이므로

$$I_2 = 20 \times \dfrac{3300}{220} = 300$$

4 1차 권수 6000, 2차 권수 200인 변압기의 전압비는?

① 30 ② 60
③ 90 ④ 120

[해설] $a = \dfrac{N_1}{N_2} = \dfrac{6000}{200} = 30$

5 1차 권수 3000, 2차 권수 100인 변압기에서 이 변압기의 전압비는 얼마인가?

① 20 ② 30
③ 40 ④ 50

[해설] $a = \dfrac{N_1}{N_2} = \dfrac{3000}{100} = 30$

6 권수비가 100인 변압기에 있어서 2차측의 전류가 1000[A]일 때, 이것을 1차측으로 환산하면?

① 16[A] ② 10[A]
③ 9[A] ④ 6[A]

[해설] $a = \dfrac{I_2}{I_1}$ 에서 $I_1 = \dfrac{I_2}{a} = \dfrac{1000}{100} = 10[A]$

정답 1. ① 2. ① 3. ④ 4. ① 5. ② 6. ②

7 권수비 $a=2$, 2차 전압 100[V], 2차 전류 5[A], 2차 임피던스 20[Ω]인 변압기의 ㉠ 1차 환산 전압 및 ㉡ 1차 환산 임피던스는?

① ㉠ 200[V], ㉡ 80[Ω]
② ㉠ 200[V], ㉡ 40[Ω]
③ ㉠ 50[V], ㉡ 10[Ω]
④ ㉠ 50[V], ㉡ 5[Ω]

[해설] $a = \dfrac{V_1}{V_2}$에서 $V_1 = aV_2 = 2 \times 100 = 200[V]$
$Z_1 = a^2 Z_2 = 2^2 \times 20 = 80[\Omega]$

8 변압기의 2차 저항이 0.1[Ω]일 때 1차로 환산하면 360[Ω]이 된다. 이 변압기의 권수비는?

① 30   ② 40
③ 50   ④ 60

[해설] $a = \sqrt{\dfrac{R_2}{R_1}} = \sqrt{\dfrac{360}{0.1}} = 60$

9 6600/220[V]인 변압기의 1차에 2850[V]를 가하면 2차 전압[V]은?

① 90   ② 95
③ 120 ④ 105

[해설] $E_2 = \dfrac{2850}{\frac{6600}{220}} = 95[V]$

10 변압기의 권수비가 60일 때 2차측 저항이 0.1[Ω]이다. 이것을 1차로 환산하면 몇 [Ω]인가?

① 310   ② 360
③ 390   ④ 410

[해설] $R_1 = a^2 R_2 = 60^2 \times 0.1 = 360[\Omega]$

11 1차 전압 6300[V], 2차 전압 210[V], 주파수 60[Hz]의 변압기가 있다. 이 변압기의 권수비는?

① 30   ② 40
③ 50   ④ 60

[해설] $a = \dfrac{V_1}{V_2} = \dfrac{6300}{210} = 30$

변압기의 구조

12 변압기의 원리는 어느 작용을 이용한 것인가?

① 전자유도작용
② 정류작용
③ 발열작용
④ 화학작용

[해설] 변압기의 원리는 전자유도 작용이다.

13 변압기의 권선 배치에서 저압 권선을 철심에 가까운 쪽에 배치하는 이유는?

① 전류 용량   ② 절연 문제
③ 냉각 문제   ④ 구조상 편의

[해설] 절연 문제 때문에 변압기의 권선 배치에서 저압 권선을 철심에 가까운 쪽에 배치한다.

정답 7. ① 8. ④ 9. ② 10. ② 11. ① 12. ① 13. ②

14 변압기의 콘서베이터의 사용 목적은?

① 일정한 유압의 유지
② 과부하로부터의 변압기 보호
③ 냉각 장치의 효과를 높임
④ 변압 기름의 열화 방지

[해설] 콘서베이터는 변압기의 기름의 열화 방지 대책이다.

15 변압기유의 구비 조건으로 옳은 것은?

① 절연 내력이 클 것
② 인화점이 낮을 것
③ 응고점이 높을 것
④ 비열이 작을 것

[해설] 변압기유의 구비 조건
- 절연내력이 클 것
- 응고점이 낮을 것
- 인화점이 높을 것
- 절연내력은 클 것
- 침전물 생기지 말 것

16 변압기유의 열화 방지를 위해 쓰이는 방법이 아닌 것은?

① 방열기
② 브리더
③ 컨서베이터
④ 질소봉입

[해설] 컨서베이터 : 변압기유의 열화 방지

17 변압기유가 구비해야 할 조건 중 맞는 것은?

① 절연 내력이 작고 산화하지 않을 것
② 비열이 작아서 냉각 효과가 클 것
③ 인화점이 높고 응고점이 낮을 것
④ 절연재료나 금속에 접촉할 때 화학작용을 일으킬 것

[해설] 변압기유의 구비 조건
- 절연내력이 클 것
- 응고점이 낮을 것
- 인화점이 높을 것
- 절연내력은 클 것
- 침전물 생기지 말 것

18 유입 변압기에 기름을 사용하는 목적이 아닌 것은?

① 열 방산을 좋게 하기 위하여
② 냉각을 좋게 하기 위하여
③ 절연을 좋게 하기 위하여
④ 효율을 좋게 하기 위하여

[해설] 변압기유의 구비 조건
- 절연내력이 클 것
- 응고점이 낮을 것
- 인화점이 높을 것
- 절연내력은 클 것
- 침전물 생기지 말 것

19 변압기 기름의 구비조건이 아닌 것은?

① 절연내력이 클 것
② 인화점과 응고점이 높을 것
③ 냉각 효과가 클 것
④ 산화현상이 없을 것

[해설] 변압기유의 구비 조건
- 절연내력이 클 것
- 응고점이 낮을 것
- 인화점이 높을 것
- 절연내력은 클 것
- 침전물 생기지 말 것

정답 14. ④ 15. ① 16. ① 17. ③ 18. ④ 19. ②

20 변압기에 콘서베이터(conservator)를 설치하는 목적은?

① 열화 방지   ② 코로나 방지
③ 강제 순환   ④ 통풍 장치

해설 컨서베이터 : 변압기유의 열화 방지

21 부흐홀츠 계전기의 설치 위치는?

① 변압기 주 탱크 내부
② 콘서베이터 내부
③ 변압기의 고압측 부싱
④ 변압기 본체와 콘서베이터 사이

해설 부흐홀츠 계전기의 설치 위치는 변압기 본체와 콘서베이터 연결되는 파이프 사이 설치한다.

22 변압기, 동기기 등의 층간 단락 등의 내부고장 보호에 사용되는 계전기는?

① 차동 계전기   ② 접지 계전기
③ 과전압 계전기 ④ 역상 계전기

해설 차동 계전기, 비율차동계전기는 발전기와 변압기 단락고장 보호용으로 사용된다.

23 부흐홀츠 계전기의 설치 위치로 가장 적당한 곳은?

① 변압기 주 탱크 내부
② 콘서베이터 내부
③ 변압기 고압측 부싱
④ 변압기 주 탱크와 콘서베이터 사이

해설 부흐홀츠 계전기의 설치 위치는 변압기 본체와 콘서베이터 연결되는 파이프 사이 설치한다.

24 전력용 변압기의 내부 고장 보호용 계전방식은?

① 역상 계전기
② 차동 계전기
③ 접지 계전기
④ 과전류 계전기

해설 차동 계전기 : 전력용 변압기의 내부 고장 보호용

25 보호구간에 유입하는 전류와 유출하는 전류의 차에 의해 동작하는 계전기는?

① 거리 계전기
② 비율차동 계전기
③ 방향 계전기
④ 부족전압 계전기

해설 비율차동 계전기는 보호구간에 유입하는 전류와 유출하는 전류의 차에 의해 동작

26 변압기 내부고장 시 급격한 유류 또는 가스(gas)의 이동이 생기면 동작하는 브흐홀츠 계전기의 설치 위치는?

① 변압기 본체
② 변압기의 고압측 부싱
③ 컨서베이터 내부
④ 변압기 본체와 컨서베이터를 연결하는 파이프

해설 부흐홀츠 계전기의 설치 위치는 변압기 본체와 콘서베이터 연결되는 파이프 사이 설치한다.

정답 20. ① 21. ④ 22. ① 23. ④ 24. ② 25. ② 26. ④

여자회로

27 변압기의 무부하인 경우 1차 권선에 흐르는 전류는?

① 정격전류　② 단락전류
③ 부하전류　④ 여자전류

[해설] 변압기 여자전류는 무부하인 경우 1차 권선에 흐르는 전류이다.

28 부하에 관계없이 변압기에 흐르는 전류로 자속만을 만드는 것은?

① 1차전류　② 철손전류
③ 여자전류　④ 자화전류

[해설] 자화전류는 부하에 관계없이 변압기에 흐르는 전류로 자속만을 만드는 전류이다.

손실

29 다음 중 변압기 무부하손의 대부분을 차지하는 것은?

① 유전체손　② 동손
③ 철손　　　④ 저항손

[해설] 변압기 무부하손 :
철손 = 히스테리시스손 + 와류손

30 변압기의 부하전류 및 전압이 일정하고 주파수만 낮아지면?

① 철손이 증가한다.
② 동손이 증가한다.
③ 철손이 감소한다.
④ 동손이 감소한다.

[해설] 변압기의 부하전류 및 전압이 일정하고 주파수만 낮아지면 철손이 증가한다.

31 일정 전압 및 일정 파형에서 주파수가 상승하면 변압기 철손은 어떻게 변하는가?

① 증가한다.
② 감소한다.
③ 불변이다.
④ 어떤 기간 동안 증가한다.

[해설] 일정 전압 및 일정 파형에서 주파수가 상승하면 변압기 철손은 감소한다.

32 변압기의 손실에 해당되지 않는 것은?

① 동손
② 와전류손
③ 히스테리시스손
④ 기계손

[해설] 기계손은 회전기기에서 발생하는 손실로 변압기는 고정기기 이므로 기계손이 없다.

33 변압기의 부하와 전압이 일정하고 주파수만 높아지면 어떻게 되는가?

① 철손 감소
② 철손 증가
③ 동손 증가
④ 동손 감소

[해설] 변압기의 부하와 전압이 일정하고 주파수만 높아지면 철손은 감소한다.

정답　27. ④　28. ④　29. ③　30. ①　31. ②　32. ④　33. ①

34 변압기의 자속에 관한 설명으로 옳은 것은?

① 전압과 주파수에 반비례한다.
② 전압과 주파수에 비례한다.
③ 전압에 반비례하고 주파수에 비례한다.
④ 전압에 비례하고 주파수에 반비례한다.

[해설] 전압에 비례하고 주파수에 반비례한다.
($\phi = \dfrac{E}{4.44fN}$ [Wb])

%임피던스강하와 전압변동률

35 변압기에서 전압변동률이 최대가 되는 부하의 역률은? (단, P : 퍼센트 저항 강하, q : 퍼센트 리액턴스 강하, $\cos\theta_m$: 역률)

① $\cos\theta_m = \dfrac{P}{\sqrt{P+q}}$
② $\cos\theta_m = \dfrac{P}{\sqrt{P^2+q^2}}$
③ $\cos\theta_m = \dfrac{P}{P^2+q^2}$
④ $\cos\theta_m = \dfrac{P}{P+q}$

[해설] • 전압변동률 (지상) $\epsilon = p\cos\theta + q\sin\theta$
• 전압변동률 (진상) $\epsilon = p\cos\theta - q\sin\theta$
• 최대전압 변동률 $\epsilon_m = \sqrt{p^2+q^2}$
• 최대전압 변동률일 때 역률
$\cos\theta = \dfrac{p}{\sqrt{p^2+q^2}}$

36 어떤 변압기에서 임피던스 강하가 5[%]인 변압기가 운전 중 단락되었을 때 그 단락전류는 정격전류의 몇 배인가?

① 5   ② 20
③ 50   ④ 200

[해설] 단락전류 $I_s = \dfrac{100}{\%Z}I_n = \dfrac{100}{5}I_n = 20I_n$

37 변압기에서 퍼센트 저항강하 3[%], 리액턴스 강하 4[%]일 때 역률 0.8(지상)에서의 전압변동률은?

① 2.4[%]   ② 3.6[%]
③ 4.8[%]   ④ 6.0[%]

[해설] 전압변동률(지상)
$\epsilon = p\cos\theta + q\sin\theta$
$= 3 \times 0.8 + 4 \times 0.6 = 3.6$ [%]

38 변압기의 퍼센트 저항 강하 2[%], 리액턴스 강하 3[%], 부하 역률 80[%][늦음]이 일어날 때 전압 변동률은 몇 [%]인가?

① 1.6[%]   ② 2.0[%]
③ 3.4[%]   ④ 4.6[%]

[해설] 전압변동률 (지상)
$\epsilon = p\cos\theta + q\sin\theta$
$= 2 \times 0.8 + 3 \times 0.6 = 3.4$ [%]

39 퍼센트 저항강하 3[%], 리액턴스 강하 4[%]인 변압기의 최대 전압 변동률은 몇 [%]인가?

① 1   ② 3
③ 4   ④ 5

정답 34. ④ 35. ② 36. ② 37. ② 38. ③ 39. ④

[해설] 최대전압 변동률
$$\epsilon_m = \sqrt{p^2+q^2} = \sqrt{3^2+4^2}$$

40 퍼센트 저항강하 1.8[%], 퍼센트 리액턴스강하 2[%]인 변압기가 있다. 부하의 역률이 1일 때의 전압 변동률은?

① 1.8[%] ② 2.0[%]
③ 2.7[%] ④ 3.8[%]

[해설] 전압변동률 $\epsilon = p\cos\theta + q\sin\theta$
$= 1.8 \times 1 + 2 \times 0 = 1.8[\%]$

효율

41 정격 2차 전압 및 정격주파수에 대한 출력[kW]과 전체손실[kW]이, 주어졌을 때 변압기의 규약 효율을 나타내는 식은?

① $\dfrac{입력[kW]}{입력[kW]-전체손실[kW]} \times 100[\%]$

② $\dfrac{출력[kW]}{출력[kW]+전체손실[kW]} \times 100[\%]$

③ $\dfrac{출력[kW]}{입력[kW]-철손[kW]-동손[kW]} \times 100[\%]$

④ $\dfrac{출력[kW]-철손[kW]-동손[kW]}{입력[kW]} \times 100[\%]$

[해설] 변압기 규약효율
$$\eta = \dfrac{출력}{출력+손실} \times 100 [\%]$$

42 출력에 대한 전부하 동손이 2[%], 철손이 1[%]인 변압기의 전부하 효율[%]은?

① 95 ② 96
③ 97 ④ 98

[해설] 효율 $\eta = \dfrac{P}{P+P_i+P_c} \times 100$
$= \dfrac{100}{100+2+1} \times 100 = 97[\%]$

43 변압기의 규약 효율은?

① $\dfrac{출력}{입력} \times 100[\%]$

② $\dfrac{출력}{출력+손실} \times 100[\%]$

③ $\dfrac{출력}{입력-손실} \times 100[\%]$

④ $\dfrac{입력+손실}{입력} \times 100[\%]$

[해설] 변압기 규약효율
$$\eta = \dfrac{출력}{출력+손실} \times 100[\%]$$

44 변압기의 효율이 가장 좋을 때의 조건은?

① 철손 = 동손
② 철손 = 1/2동손
③ 동손 = 1/2철손
④ 동손 = 2철손

[해설] 철손 = 동손 이 같을 때가 효율이 제일 좋다.

45 10[kVA], 철손 120[W], 전부하 동손 240[W]인 변압기의 역률 80[%] 부하에서의 전부하 효율[%]은?

① 91.7 ② 93.7
③ 95.7 ④ 97.7

[해설] 전부하 $\eta = \dfrac{P_a \cos\theta}{P_a \cos\theta + P_i + P_c} \times 100$
$= \dfrac{10000 \times 0.8}{10000 \times 0.8 + 120 + 240} \times 100$
$= 95.7[\%]$

정답 40.① 41.② 42.③ 43.② 44.① 45.③

단상 변압기 결선

46 변압기를 △-Y 결선(delta-star connection) 한 경우에 대한 설명으로 옳지 않은 것은?

① 1차 선간전압 및 2차 선간전압의 위상차는 60°이다.
② 제 3조파에 의한 장해가 적다.
③ 1차 변전소의 승압용으로 사용된다.
④ Y결선의 중성점을 접지할 수 있다.

[해설] 변압기를 △-Y 결선 한 경우 1차 선간전압 및 2차 선간전압의 위상차는 30°이다.

47 변압기를 △—Y로 결선할 때 1, 2차 사이의 위상차는?

① 0°   ② 30°
③ 60° ④ 90°

[해설] 변압기를 △-Y 결선한 경우 1차 선간전압 및 2차 선간전압의 위상차는 30°이다.

48 수전단 발전소용 변압기 결선에 주로 사용하고 있으며 한쪽은 중성점을 접지할 수 있고 다른 한쪽은 제3고조파에 의한 영향을 없애주는 장점을 가지고 있는 3상 결선 방식은?

① Y-Y   ② △-△
③ Y-△   ④ V

[해설] 수전단 발전소용 변압기 결선에 주로 사용하고 있으며 한쪽은 중성점을 접지할 수 있고 다른 한쪽은 제3고조파에 의한 영향을 없애주는 장점을 가지고 있는 3상 결선은 Y-△ 결선이다.

49 낮은 전압을 높은 전압으로 승압할 때 일반적으로 사용되는 변압기의 3상 결선방식은?

① △-△   ② △-Y
③ Y-Y   ④ Y-△

[해설] △-Y : 전압을 승압할 때 일반적으로 사용한다.
Y-△ : 전압을 강압할 때 일반적으로 사용한다.

50 변압기의 결선에서 제3고조파를 발생시켜 통신선에 유도장해를 일으키는 3상 결선은?

① Y-Y   ② △-△
③ Y-△   ④ △-Y

[해설] Y-Y결선은 제3고조파를 발생시켜 통신선에 유도장해를 일으키는 결선이다.

51 다음 그림은 단상 변압기 결선도이다. 1, 2차는 각각 어떤 결선인가?

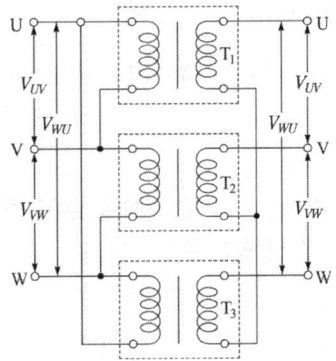

① Y-Y 결선   ② △-Y 결선
③ △-△ 결선 ④ Y-△ 결선

[해설] 1차 △, 2차는 Y 결선이다.

정답 46.① 47.② 48.③ 49.② 50.① 51.②

52 변압기에서 V결선의 이용률은?

① 0.577 ② 0.707
③ 0.866 ④ 0.977

[해설] V결선
- 이용률 86.6[%]
- 출력비 57.7[%]

53 결선 변압기의 한 대가 고장으로 제거되어 V결선으로 공급할 때 공급할 수 있는 전력은 고장 전 전력에 대하여 약 몇 [%]인가?

① 57.7[%] ② 66.7[%]
③ 70.5[%] ④ 86.6[%]

[해설] V결선 출력비 $= \dfrac{P_V}{P_\triangle} = \dfrac{\sqrt{3}\,P}{3P} \times 100 = 57.7$

54 20[kVA]의 단상 변압기 2대를 사용하여 V-V결선으로 하고 3상 전원을 얻고자 한다. 이때 여기에 접속시킬 수 있는 3상 부하의 용량은 약 몇 [kVA]인가?

① 34.6 ② 44.6
③ 54.6 ④ 66.6

[해설] $P_V = \sqrt{3}\,P = \sqrt{3} \times 20 = 34.6[\mathrm{kVA}]$

55 3상 전원에서 2상 전력을 얻기 위한 변압기의 결선 방법은?

① V ② △
③ Y ④ T

[해설] 스코트 결선(T 결선) : 특별고압, 고압 수전에서 단상부하(전기로 등으로 평형유지가 곤란한 경우) 2개의 경우에는 2차를 스코트 접속에 의할 것. 2개의 단상부하일 때의 접속 방법으로 1차 부하가 평형이 되므로 부하에 제한이 없다. 또한 200[kVA] 이하의 경우에는 일반변압기의 사용이 가능하다.

병렬운전

56 다음 설명 중 변압기의 병렬운전 조건이 잘못된 것은?

① 극성과 용량이 각각 같을 것
② 권수비가 같고 1차 2차 정격전압이 같을 것
③ 임피던스가 정격용량에 반비례 할 것
④ 권선의 저항과 누설 리액턴스의 비가 서로 같을 것

[해설] 변압기 병렬운전조건
- 정격전압
- 순환전류가 흘러 권선이 가열
- 극성
- 큰순환전류가 흘러 권선이 소손
- 내부저항과 누설리액턴스비
- 위상차가 생겨 동손이 증가
- %임피던스 강하
- 부하분담의 균형을 이룰수 없다.

57 3상 변압기군의 병렬운전 조건이 아닌 것은?

① 상회전 방향이 같을 것
② 극성이 같을 것
③ 손실과 용량이 같을 것
④ 각변위가 같을 것

[해설] 3상 변압기군의 병렬운전시 손실과 용량은 모두 달라도 된다.

58 3상 변압기의 병렬운전시 병렬운전이 불가능한 결선 조합은?

① △-△ 와 Y-Y
② △-△ 와 △-Y
③ △-Y 와 △-Y
④ △-△ 와 △-△

[해설] 병렬 운전 불가능
- △-Y 와 △-△
- Y-△ 와 △-△
- △-Y 와 Y-Y
- Y-△ 와 Y-Y

변압기 시험 및 특수 변압기

59 다음 중 변압기의 1차측이란?

① 고압측
② 저압측
③ 전원측
④ 부하측

[해설] 변압기의 1차측 : 전원측
변압기의 2차측 : 부하측

60 변압기의 정격 1차 전압이란?

① 정격 출력일 때의 1차 전압
② 무부하에 있어서의 1차 전압
③ 정격 2차 전압×권수비
④ 임피던스 전압×권수비

[해설] 변압기의 정격 1차 전압
= 정격 2차 전압×권수비

61 변압기의 정격출력으로 맞는 것은?

① 정격 1차 전압 × 정격 1차 전류
② 정격 1차 전압 × 정격 2차 전류
③ 정격 2차 전압 × 정격 1차 전류
④ 정격 2차 전압 × 정격 2차 전류

[해설] 정격출력 = 정격 2차 전압×정격 2차 전류

62 변압기의 임피던스 전압에 대한 설명으로 옳은 것은?

① 여자전류가 흐를 때의 2차측 단자전압이다.
② 정격전류가 흐를 때의 2차측 단자전압이다.
③ 정격전류에 의한 변압기 내부 전압강하이다.
④ 2차 단락전류가 흐를 때의 변압기 내의 전압강하이다.

[해설] 변압기의 임피던스 전압은 정격전류에 의한 변압기 내부 전압강하

63 다음 중 변압기의 온도 상승 시험법으로 가장 널리 사용되는 것은?

① 단락시험법
② 유도시험법
③ 절연전압시험법
④ 고조파억제법

[해설] 변압기의 온도 상승 시험법으로 가장 널리 사용되는 것은 단락시험법이다.

정답 58.② 59.③ 60.③ 61.④ 62.③ 63.①

64 권선저항과 온도와의 관계는?

① 온도와는 무관하다.
② 온도가 상승함에 따라 권선저항은 감소한다.
③ 온도가 상승함에 따라 권선저항은 상승한다.
④ 온도가 상승함에 따라 권선의 저항은 증가와 감소를 반복한다.

[해설] 온도가 상승함에 따라 권선저항은 상승한다.

65 변압기를 운전하는 경우 특성의 악화, 온도상승에 수반되는 수명의 저하, 기기의 소손 등의 이유 때문에 지켜야 할 정격이 아닌 것은?

① 정격 전류
② 정격 전압
③ 정격 저항
④ 정격 용량

[해설] 변압기를 운전하는 경우 특성의 악화, 온도 상승에 수반되는 수명의 저하, 기기의 소손 등의 이유 때문에 지켜야 할 정격 : 정격 전류, 정격 전압, 정격 용량 이다.

66 변압기 절연내력 시험 중 권선의 층간 절연시험은?

① 충격전압 시험
② 무부하 시험
③ 가압 시험
④ 유도 시험

[해설] 유도시험 : 변압기 절연내력 시험 중 권선의 층간 절연시험

67 전기기기의 냉각 매체로 활용하지 않는 것은?

① 물
② 수소
③ 공기
④ 탄소

[해설] 전기기기의 냉각 매체 : 물, 공기, 수소

68 변압기에 대한 설명 중 틀린 것은?

① 전압을 변성한다.
② 전력을 발생하지 않는다.
③ 정격출력은 1차측 단자를 기준으로 한다.
④ 변압기의 정격용량은 피상전력으로 표시한다.

[해설] 정격출력은 2차측 단자를 기준이다.

69 변압기의 용도가 아닌 것은?

① 교류 전압의 변환
② 주파수의 변환
③ 임피던스의 변환
④ 교류 전류의 변환

[해설] 변압기의 용도 : 교류 전압의 변환, 교류 전류의 변환, 임피던스의 변환

70 아크 용접용 변압기가 일반 전력용 변압기와 다른 점은?

① 권선의 저항이 크다.
② 누설 리액턴스가 크다.
③ 효율이 높다.
④ 역률이 좋다.

[해설] 아크 용접용 변압기가 일반 전력용 변압기와 다른 점은 누설 리액턴스가 크다는 점이다.

정답 64. ③ 65. ③ 66. ④ 67. ④ 68. ③ 69. ② 70. ②

4장 유도 전동기

1 유도 전동기의 구조와 이론

(1) 회전자장

① **회전원리** ; 알루미늄 원판(아라고 원판) 주변을 따라 자석을 시계 방향으로 움직(회전)이면 원판도 따라 움직인다.

이는 전자유도법칙에 따라 원판에 전압이 생겨 맴돌이 전류가 생기고, 이 전류로 자속이 발생하며 합성자속과 전류사이에 자석을 따라 움직이는 회전력(회전자장)이 발생한다.

② **회전자장** ; 2상과 3상 교류는 회전자장이 생기는데 회전자장 속에 회전자를 두면 회전자는 회전자장의 방향으로 이끌리어 회전한다.

3상권선에 평형 3상 교류를 흘리면 코일의 자장은 그림과 같이 2극 회전자장이 생기며 1[Hz]에 1회전한다. 따라서 f[Hz] P극일 때 동기속도 n_s는

$$n_s = \frac{120f}{p} \text{[rpm]}$$

즉 ⓐ에서 i_a, i_c는 (+), i_b는 (−)이므로 오른 나사의 법칙에 따라 ↙방향의 합성자장이 생긴다. 같은 방법으로 ⓑ에서 i_a는 (+), i_b, i_c는 (−)이므로 ←방향의 합성자장이 생기고, ⓖ에서 한바퀴 회전한다.

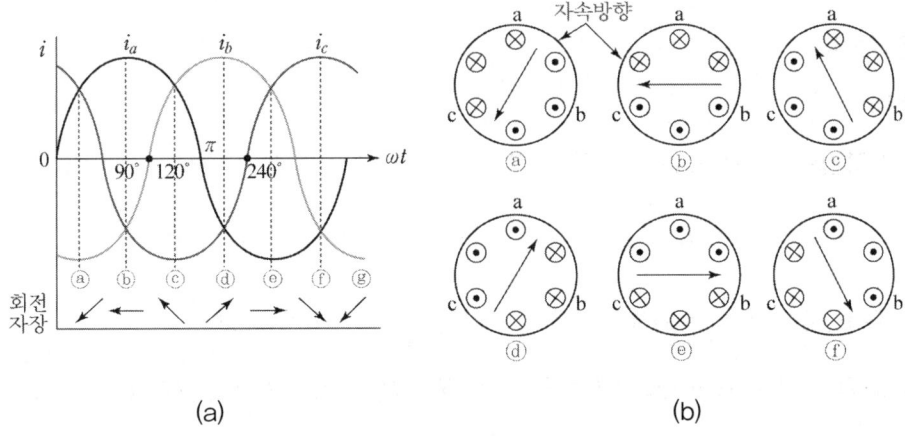

(a)   (b)

(2) 구조

① **고정자** ; 3상 유도전동기는 3상 권선으로 회전자장을 얻는다.
철심은 규소강판을 성층하고 2층, 중권, Δ결선, 단절권, 분포권이며, 소형은 4극, 24/36홈이 많다.

② **회전자** ; 규소강판을 성층한 농형과 권선형이 있다.
  ㉮ 농형 회전자는 Al 단락봉을 사구(skewed slot)에 넣은 것으로 구조가 간단하고 튼튼하며 운전이 쉽고 성능이 좋아 널리 사용되나 기동특성과 속도제어가 좋지 않다.
  ㉯ 권선형 회전자는 Y결선이고 대형은 파권을 사용하며 슬립 링을 통하여 기동용 저항을 삽입하여 비례추이를 이용한다. 따라서 기동이 좋고 속도제어가 잘되나 구조가 복잡하고 운전이 까다로우며 효율과 성능이 좋지 않다.

(3) 속도와 슬립

전동기에 부하를 걸 때 전동기 회전속도 n이 동기속도 n_s보다 느린 정도를 슬립 s라고 한다.

$$s = \frac{n_s - n}{n_s} \times 100[\%]$$

$$n = n_s(1-s)$$

> 무부하시 $s=0$, 전부하시 $s=5[\%]$ 정도,
> 기동시 $s=1$, 역회전시 $2-s$

(4) 등가회로

(5) 출력

① **2차입력** ; 2차 동손 ; 출력 = P_2 ; P_{C2} ; $P_0 = 1$; s ; $(1-s)$

$$P_2 = I_2^2 \frac{r_2}{s} = I_2^2(r_2 + R) = I_2^2 r_2 + I_2^2 R = P_{C2} + P_0$$

② **2차동손** ; $P_{C2} = sP_2$ ($\because P_{C2} = I_2^2 r_2 = I_2^2 \frac{r_2}{s} s = sP_2$)

③ **출력** ; $P_0 = (1-2)P_2$ ($\because P_0 = I_2^2 R = P_2 - P_{C2} = (1-s)P_2$)

④ **2차 효율** ; $\eta_2 = \frac{P_0}{P_2} = 1 - s = \frac{N}{N_S} = \frac{\omega}{\omega_0}$

2. 3상 유도전동기의 특성

(1) 속도-토크 특성

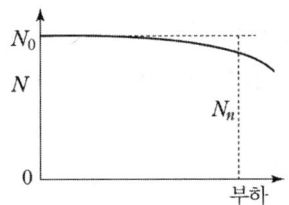

① 유도전동기는 슬립이 5[%] 정도이고 거의 일정하므로 속도 변동률이 작은 정속도 전동기 특성이다

② 출력 ; $P = \omega T = 2\pi \dfrac{N}{60} T [\text{W}]$

동기와트 $P_2 = \omega_0 T = 2\pi \dfrac{N_S}{60} T [\text{W}]$

③ 토크 ; $T = \dfrac{P}{2\pi N/60} [\text{N}\cdot\text{m}] = 0.975 \dfrac{P}{N} [\text{kg}\cdot\text{m}]$

※ 출력과 토크는 비례하므로 토크를 2차 입력으로 나타낼 때 이 2차 입력을 동기와트라 한다. 또 토크는 전압의 제곱에 비례한다.

(2) 비례 추이

① 권선형 유도전동기의 토크특성이 2차 합성저항의 변화에 비례하여 이동하는 것으로 토크는 변하지 않으나 같은 토크에서 슬립과 2차 저항은 비례하여 변한다. 즉 그림에서 같은 토크(혹은 전류)에서 저항을 2배하면 슬립도 2배가 된다.

② 비례추이는 $\dfrac{r2}{s}$의 함수로 되는 토크, 1차입력, 1차전류, 2차전류, 역률에 적용되고 출력, 효율, 2차동손, 동기속도 등은 할 수 없다

③ 기동특성(기동전류 감소, 기동토크 증대), 속도제어에 이용된다.

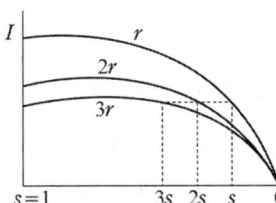 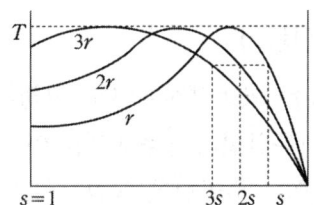

3 3상 유도전동기의 운전

(1) 기동방법
① **기동특성** ; 기동전류는 줄이고 기동 토크는 크게 해야 한다.
② **전전압기동** ; 5[kW] 이하의 소용량에 사용하며, 기동전류는 정격전류의 4~6배 정도이다.
③ **Y-△ 기동** ; 5~15[kW] 정도의 농형 전동기에서 Y결선 기동 후 △결선 운전하며 기동전류는 정격전류의 2-2.5배 정도이다.
Y결선 기동 시 공급전압이 $1/\sqrt{3}$이 되므로 기동전류와 기동 토크가 각각 1/3로 줄어든다.
④ **기동 보상기 기동** ; 15[kW] 이상의 농형전동기에 사용하며 단권 변압기의 탭(2~4단/40~85[%])을 사용하여 정격전류의 1.5배 정도로 제한한다.
⑤ **리액터 기동** ; 철심형 리액터를 넣어 전압강하를 이용하여 저전압 기동하며 기동 후 단락 한다. 소형의 자동운전, 원격제어 등에 사용한다.
⑥ **2차 저항기동** ; 권선형에서 외부저항을 넣어 비례추이를 이용한다.

(2) 속도제어

$$속도\ n_s = \frac{120f}{p}[\text{rpm}],\ n = n_s(1-s)에서$$

① 농형 ; 주파수 제어, 극수 제어, 전압 제어
② 권선형 ; 2차 저항법(비례추이 이용), 2차 여자법(슬립 주파수 이용)
③ 회전방향 변경 ; 3상의 3선 중 2선의 접속을 바꾼다. ← 역회전
④ 제동 ; 발전제동, 회생제동, 플러깅, 단상제동, 마찰제동

4 단상 유도 전동기

(1) 단상 유도 전동기
① 단상교류는 교번자장이므로 고정자에 기동권선(보조권선)을 설치하여 불완전 2상 교류로 기동하던가 이동자장을 이용한다. 회전자는 농형이다.
② **분상기동형** ; 주권선에 직각으로 가는 선의 기동권선을 넣어 불완전 2상 전류(I_M과

I_a)로 회전자장을 얻는데 위상α가 너무 적어 회전력이 대단히 작다. 원심력 개폐기 C_s는 동기속도의 80[%] 정도에서 동작하여 기동권선을 제거한다.(그림에서 콘덴서가 없는 구조)

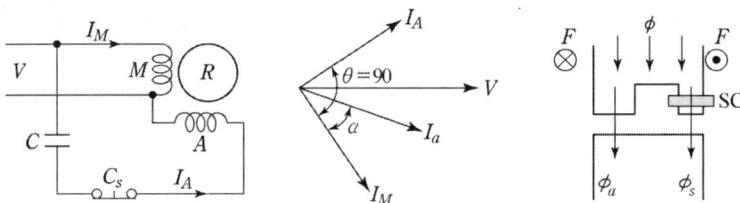

③ **콘덴서기동형** ; 분상기동형에 콘덴서를 넣어 2상 전류(I_M과 I_A)로 회전자장을 얻으며 위상 θ가 90도가 되어 기동전류가 작고 토크가 비교적 크며 역률, 효율이 좋으며 진동, 소음 등이 적어 가정용으로 사용된다. 소형은 주로 원심력 개폐기가 없는 콘덴서 전동기(영구 콘덴서형), 대형은 콘덴서 기동 콘덴서 전동기가 사용된다.

④ **셰이딩 코일형** ; 그림과 같이 고정자 양쪽에 단락(셰이딩)코일을 넣어 이동자장을 얻는 구조로 회전력이 작아 전축 등 극소형에 사용한다.

⑤ **반발기동형** ; 고정자는 단상권선이고 회전자는 직류전동기 구조로 정류자와 브러시 간을 단락하여 단락전류의 반발력으로 기동하며 기동 후 정류자를 단락하여 농형 회전자로 운전한다.

기동 토크가 커 농사용 소형에 사용되나 비싸고 구조가 복잡하다.

반발유도형도 있으나 기동토크가 다소 떨어진다.

(2) 특수 기기

① **특수 농형** ; 2중 농형과 심홈 농형이 있다.

2중 농형 ; 내부 홈이 크고 외부 홈이 작은 2중 홈의 구조로 기동시 겉보기 저항이 커서 기동토크를 크게, 기동전류를 줄인 것이다.

심홈 농형 ; 보통 농형보다 홈을 깊게 하고 얇은 도체를 사용하여 냉각효과를 좋게 한다. 기동 정지가 빈번한 장소에 적당하다.

② **3상 유도전압 조정기** ; 분로 권선을 회전자로 한 3개의 단권 변압기를 Y결선 한 권선형 3상 유도전동기 구조로 회전자 회전각도에 따라 전압이 조정된다. 규모가 크나 신뢰도가 좋다. V결선도 있다.

③ **서보모터** ; 각의 회전방향 변화로 위치를 결정하는 기구이며 속도, 거리, 방향 등을 제어한다.

교류용, 직류용, 펄스(스탭핑)형이 있고 속응성이 좋고 기동토크가 크다.

④ **교류 정류자 전동기** ; 단상과 3상이 있고 단상은 직권형, 반발형이, 3상에는 직권형, 분권형이 있다.

단상 직권 정류자 전동기 ; 직류 직권 전동기에 교류를 가한 것으로 만능 전동기이다. 소형은 믹서, 드릴, 재봉틀, 청소기, 치과용, 대폐기, 공구 등에 사용되고, 큰 것은 보상권선(단락권선)을 설치하여 역률을 개선한다.

4장 유도 전동기 예상문제

슬립

1 유도 전동기에서 슬립이 1이면 전동기의 속도 N은?

① 동기 속도보다 빠르다.
② 정지이다.
③ 불변이다.
④ 동기속도와 같다.

해설 유도 전동기에서 슬립이 1이면 정지상태이다.

2 유도 전동기에서 슬립이 0이란 것은 어느 것과 같은가?

① 유도 전동기가 동기 속도로 회전한다.
② 유도 전동기가 정지 상태이다.
③ 유도 전동기가 전부하 운전 상태이다.
④ 유도 제동기의 역할을 한다.

해설 유도 전동기가 동기 속도로 회전시 슬립은 0이다.

3 유도 전동기에서 슬립이 가장 큰 상태는?

① 무부하 운전시
② 경부하 운전시
③ 정격부하 운전시
④ 기동시

해설 유도 전동기에서 슬립이 가장 큰 상태는 기동시이다.(기동시 슬립=1)

4 주파수가 60[Hz]인 3상 4극의 유도 전동기가 있다. 슬립이 3[%]일 때 이 전동기의 회전수는 몇 [rpm]인가?

① 1,200
② 1,526
③ 1,746
④ 1,800

해설 $N = \dfrac{120}{P}f(1-s)$
$= \dfrac{120}{4} \times 60 \times (1-0.03) = 1746[\text{rpm}]$

5 $N_s = 1200[\text{rpm}]$, $N = 1176[\text{rpm}]$일 때의 슬립은?

① 6[%]
② 5[%]
③ 3[%]
④ 2[%]

해설 $s = \dfrac{N_s - N}{N_s} \times 100$
$= \dfrac{1200 - 1176}{1200} \times 100$
$= 2[\%]$

6 4극 60[Hz], 슬립 5[%]인 유도 전동기의 회전수는 몇 [rpm]인가?

① 1836
② 1710
③ 1540
④ 1200

해설 $N = \dfrac{120}{P}f(1-s)$
$= \dfrac{120}{4} \times 60 \times (1-0.05)$
$= 1710[\text{rpm}]$

정답 1. ② 2. ① 3. ④ 4. ③ 5. ④ 6. ②

7 유도전동기의 동기속도 N_s, 회전속도 N 일 때 슬립은?

① $S = \dfrac{N_s - N}{N}$ ② $S = \dfrac{N - N_s}{N}$

③ $S = \dfrac{N_s - N}{N_s}$ ④ $S = \dfrac{N_s + N}{N_s}$

[해설] $s = \dfrac{\text{상대속도}}{\text{동기속도}} = \dfrac{N_s - N}{N_s}$

8 회전수 1728[rpm]인 유도전동기의 슬립[%]? (단, 동기속도는 1800[rpm]이다.)

① 2 ② 3
③ 4 ④ 5

[해설] $s = \dfrac{N_s - N}{N_s} \times 100$
$= \dfrac{1800 - 1728}{1800} \times 100 = 4[\%]$

9 4극의 3상 유도 전동기가 60[Hz]의 전원에 연결되어 4[%]의 슬립으로 회전할 때 회전수는 몇 [rpm]인가?

① 1656 ② 1700
③ 1728 ④ 1880

[해설] $N = \dfrac{120}{P} f(1-s)$
$= \dfrac{120}{4} \times 60 \times (1 - 0.04)$
$= 1728[\text{rpm}]$

10 4극 60[Hz], 200[kW]의 유도 전동기의 전부하 슬립이 2.5[%]일 때 회전수는 몇 [rpm]인가?

① 1600 ② 1755
③ 1800 ④ 1965

[해설] $N = \dfrac{120}{P} f(1-s)$
$= \dfrac{120}{4} \times 60 \times (1 - 0.025)$
$= 1755[\text{rpm}]$

11 유도 전동기의 무부하시 슬립은 얼마인가?

① 4 ② 3
③ 1 ④ 0

[해설] 유도 전동기의 무부하시 슬립은 0 이다.

12 6극 60[Hz] 3상 유도 전동기의 동기속도는 몇 [rpm]인가?

① 200 ② 750
③ 1200 ④ 1800

[해설] $N_s = \dfrac{120}{P} f = \dfrac{120}{6} \times 60 = 1200[\text{rpm}]$

13 정지상태에 있는 3상 유도전동기의 슬립값은?

① ∞ ② 0
③ 1 ④ −1

[해설] 정지상태에 있는 3상 유도전동기의 슬립은 1 이다.

14 주파수 60[Hz]의 회로에 접속되어 슬립 3[%], 회전수 1164[rpm]으로 회전하고 있는 유도 전동기의 극수는?

정답 7. ③ 8. ③ 9. ③ 10. ② 11. ④ 12. ③ 13. ③ 14. ②

① 5극   ② 6극
③ 7극   ④ 10극

[해설] $P = \dfrac{120}{N}f(1-s)$

$= \dfrac{120}{1164} \times 60 \times (1-0.03) = 6[극]$

15 50[Hz], 6극인 3상 유도전동기의 전부하에서 회전수가 955[rpm]일 때 슬립[%]은?

① 4   ② 4.5
③ 5   ④ 5.5

[해설] 동기속도

$N_s = \dfrac{120}{P}f = \dfrac{120}{6} \times 50 = 1000[\text{rpm}]$

$s = \dfrac{N_s - N}{N_s} \times 100 = \dfrac{1000-955}{1000} \times 100$

$= 4.5[\%]$

16 3상 380[V], 60[Hz], 4P, 슬립 5[%], 55[kW] 유도전동기가 있다. 회전자속도는 몇 [rpm]인가?

① 1200   ② 1526
③ 1710   ④ 2280

[해설] $N = \dfrac{120}{P}f(1-s)$

$= \dfrac{120}{4} \times 60 \times (1-0.05)$

$= 1710[\text{rpm}]$

17 3상 유도전동기의 슬립의 범위는?

① $0 < s < 1$ ② $-1 < s < 0$
③ $1 < s < 2$ ④ $0 < s < 2$

[해설] 3상 유도전동기의 슬립의 범위 : $0 < s < 1$

18 회전수 540[rpm], 12극, 3상 유도전동기의 슬립[%]은? (단, 주파수는 60[Hz]이다.)

① 1   ② 4
③ 6   ④ 10

[해설] 동기속도

$N_s = \dfrac{120}{P}f = \dfrac{120}{12} \times 60 = 600[\text{rpm}]$

$s = \dfrac{N_s - N}{N_s} \times 100 = \dfrac{600-540}{600} \times 100$

$= 10[\%]$

19 슬립이 4[%]인 유도전동기에서 동기속도가 1200[rpm]일 때 전동기의 회전속도[rpm]는?

① 697   ② 1051
③ 1152   ④ 1321

[해설] $N = N_s(1-s) = 1200 \times (1-0.04)$

$= 1152[\text{rpm}]$

20 60[Hz], 4극 유도 전동기가 1700[rpm]으로 회전하고 있다. 이 전동기의 슬립은 약 얼마인가?

① 3.42[%]   ② 4.56[%]
③ 5.56[%]   ④ 6.64[%]

[해설] 동기속도

$N_s = \dfrac{120}{P}f = \dfrac{120}{4} \times 60 = 1800[\text{rpm}]$

$s = \dfrac{N_s - N}{N_s} \times 100 = \dfrac{1800-1700}{1800} \times 100$

$= 5.56[\%]$

정답 15. ②   16. ③   17. ①   18. ④   19. ③   20. ③

유도 전동기 특성

21 슬립 $s=5[\%]$, 2차 저항 $r_2=0.1[\Omega]$인 유도 전동기의 등가 저항 $R[\Omega]$은 얼마인가?

① 0.4 ② 0.5
③ 1.9 ④ 2.0

해설 $R = r_2(\frac{1}{s}-1) = 0.1(\frac{1}{0.05}-1) = 1.9[\Omega]$

22 회전자 입력 10[kW], 슬립 4[%]인 3상 유도전동기의 2차 동손은 몇 [kW]인가?

① 9.6 ② 4
③ 0.4 ④ 0.2

해설 $P_{C2} = s \times \frac{P_0}{1-s}$
$= 0.04 \times \frac{10}{1-0.04} = 0.41[\text{kW}]$

23 회전자 입력을 P_2, 슬립을 s라 할 때 3상 유도 전동기의 기계적 출력의 관계식은?

① sP_2 ② $(1-s)P_2$
③ $s^2 P_2$ ④ $\frac{P_2}{s}$

해설 $P_0 = (1-s)P_2$

24 슬립 4[%]인 3상 유도전동기의 2차 동손이 0.4[kW]일 때 회전자 입력[kW]은?

① 6 ② 8
③ 10 ④ 12

해설 $P_2 = \frac{P_{c2}}{s} = \frac{0.4}{0.04} = 10[\text{kW}]$

25 슬립이 0.05이고 전원 주파수가 60[Hz]인 유도전동기의 회전자 회로의 주파수[Hz]는?

① 1 ② 2
③ 3 ④ 4

해설 회전자 회로의 주파수
$= sf = 0.05 \times 60 = 3[\text{Hz}]$

26 회전자 입력 10[kW], 슬립 3[%]인 3상 유도전동기의 2차 동손[W]은?

① 300 ② 400
③ 500 ④ 700

해설 $P_{c2} = s \times \frac{P_0}{1-s}$
$= 0.04 \times \frac{10000}{1-0.03} = 309.27[\text{W}]$

27 동기 와트 P_2, 출력 P_0, 슬립 s, 동기속도 N_s, 회전속도 N, 2차 동손 P_{c2}일 때 2차 효율 표기로 틀린 것은?

① $1-s$ ② $\frac{P_{c2}}{P_2}$
③ $\frac{P_0}{P_2}$ ④ $\frac{N}{N_s}$

해설 2차 효율 $= \frac{P_0}{P_2} = 1-s = \frac{N}{N_s}$

정답 21. ③ 22. ③ 23. ② 24. ③ 25. ③ 26. ① 27. ②

토크(회전력)

28 슬립이 일정한 경우 유도전동기의 공급 전압이 1/2로 감소되면 토크는 처음에 비해 어떻게 되는가?

① 2배가 된다.
② 1배가 된다.
③ 1/2로 줄어든다.
④ 1/4로 줄어든다.

[해설] $T \propto V^2 = \left(\frac{1}{2}\right)^2 \propto \frac{1}{4}$

29 3상 유도전동기의 토크는?

① 2차 유도기전력의 2승에 비례한다.
② 2차 유도기전력에 비례한다.
③ 2차 유도기전력과 무관하다.
④ 2차 유도기전력의 0.5승에 비례한다.

[해설] 토크는 2차 유도기전력의 2승에 비례한다. ($T \propto E_2^2$)

30 3[kW], 1500[rpm] 유도 전동기의 토크 [N·m]는 약 얼마인가?

① 1.91[N·m]
② 19.1[N·m]
③ 29.1[N·m]
④ 114.6[N·m]

[해설] $T = 0.975 \times \frac{P}{N} \times 9.8$
$= 0.975 \times \frac{3000}{1500} \times 9.8$
$= 19.1[\text{N·m}]$

31 일정한 주파수의 전원에서 운전하는 3상 유도전동기의 전원 전압이 80[%]가 되었다면 토크는 약 몇 [%]가 되는가? (단, 회전수는 변하지 않는 상태로 한다.)

① 55
② 64
③ 76
④ 82

[해설] $T \propto V^2 = (0.8)^2 \propto 0.64$

비례추이

32 유도 전동기에서 비례추이를 적용할 수 없는 것은?

① 토크
② 1차 전류
③ 부하
④ 역률

[해설] 비례추이를 적용할 수 없는 것 : 부하, 출력, 효율, 2차동손, 동기속도

33 다음 중 유도전동기에서 비례추이를 할 수 있는 것은?

① 출력
② 2차 동손
③ 효율
④ 역률

[해설] 비례추이를 적용할 수 없는 것 : 부하, 출력, 효율, 2차동손, 동기속도

34 3상 유도 전동기에서 2차측 저항을 2배로 하면 그 최대 토크는 어떻게 되는가?

① 변하지 않는다.
② 2배로 된다.
③ $\sqrt{2}$ 배로 된다.
④ 1/2 배로 된다.

정답 28. ④ 29. ① 30. ② 31. ② 32. ③ 33. ④ 34. ①

[해설] 3상유도전동기 비례추이시 최대토크는 변하지 않는다.

35 비례추이를 이용하여 속도제어가 되는 전동기는?

① 권선형 유도 전동기
② 농형 유도전동기
③ 직류 분권전동기
④ 동기 전동기

[해설] 비례추이를 이용하여 속도제어가 되는 전동기는 권선형 유도 전동기이다.

36 권선형 유도전동기의 회전자에 저항을 삽입하였을 경우 틀린 사항은?

① 기동전류가 감소된다.
② 기동전압은 증가한다.
③ 역률이 개선된다.
④ 기동 토크는 증가한다.

[해설] 권선형 유도전동기의 회전자에 저항을 삽입 이유
- 기동전류가 감소
- 역률이 개선
- 기동 토크는 증가

37 권선형 유도전동기 기동시 회전자 측에 저항을 넣는 이유는?

① 기동 전류 증가
② 기동 전류 억제와 토크 증대
③ 기동토크 감소
④ 회전수 감소

[해설] 2차저항(비례추이) : 기동 전류 억제와 기동 토크 증대

38 3상 유도전동기의 2차 저항을 2배로 하면 그 값이 2배로 되는 것은?

① 슬립   ② 토크
③ 전류   ④ 역률

[해설] 3상 유도전동기의 2차 저항을 2배로 하면 그 값이 2배로 되는 것은 슬립이다.

기동법

39 유도 전동기의 Y-△ 기동시 기동 토크와 기동 전류는 전전압 기동시의 몇 배가 되는가?

① $\frac{1}{\sqrt{3}}$ ② $\sqrt{3}$

③ $\frac{1}{3}$ ④ 3

[해설] 유도 전동기의 Y-△ 기동시 기동 토크와 기동 전류는 전전압 기동시의 $\frac{1}{3}$ 배가 된다.

40 50[kW]의 농형 유도전동기를 기동하려고 할 때, 다음 중 가장 적당한 기동 방법은?

① 분상기동형
② 기동보상기법
③ 권선형기동법
④ 슬립부하기동법

[해설] 기동보상기법 : 30[kW] 이상의 농형유도 전동기 기동시 적당하다.

정답 35. ① 36. ② 37. ② 38. ① 39. ③ 40. ②

41 농형유도 전동기의 기동법이 아닌 것은?

① 기동보상기에 의한 기동법
② 2차 저항기동법
③ 리액터 기동법
④ Y-△ 기동법

[해설] 2차 저항기법은 권선형 유도전동기 기동방법이다.

42 다음 중 농형 유도 전동기의 기동법이 아닌 것은?

① Y-△ 기동법
② 리액터 기동법
③ 2차 저항법
④ 기동 보상기법

[해설] 2차 저항기법은 권선형 유도전동기 기동방법이다.

43 권선형에서 비례추이를 이용한 기동법은?

① 리액터 기동법   ② 기동 보상기법
③ 2차 저항법   ④ Y-△ 기동법

[해설] 권선형에서 비례추이-2차 저항법

44 5.5[kW], 200[V] 유도전동기의 전전압 기동시의 기동 전류가 150[A]이었다. 여기에 Y-△ 기동시 기동전류는 몇 [A]가 되는가?

① 50   ② 70
③ 87   ④ 95

[해설] 유도 전동기의 Y-△ 기동시 기동 토크와 기동 전류는 전전압 기동시의 $\frac{1}{3}$ 배가 되므로 $\frac{150}{3} = 50[A]$가 된다.

45 농형 유도전동기의 기동법이 아닌 것은?

① 전전압 기동
② △-△ 기동
③ 기동보상기에 의한 기동
④ 리액터 기동

[해설] 농형 유도전동기의 기동법
- 전전압(직입) 기동
- 기동보상기에 의한 기동
- 리액터 기동
- Y-△ 기동

46 3상 농형유도전동기의 Y-△ 기동시의 기동전류를 전전압 기동시와 비교하면?

① 전전압 기동 전류의 1/3로 된다.
② 전전압 기동 전류의 $\sqrt{3}$ 배로 된다.
③ 전전압 기동 전류의 3배로 된다.
④ 전전압 기동 전류의 9배로 된다.

[해설] 3상 농형유도전동기의 Y-△ 기동시의 전전압 기동 전류의 1/3로 된다.

속도제어

47 3상 농형 유도 전동기의 속도 제어는?

① 사이리스터 제어
② 2차 저항제어
③ 주파수 제어
④ 계자 제어

[정답] 41. ② 42. ③ 43. ③ 44. ① 45. ② 46. ① 47. ③

[해설] 3상 농형 유도 전동기의 속도 제어 : 극수제어, 주파수제어, 전압제어

48 유도 전동기의 회전자에 슬립 주파수와 전압을 공급하여 속도 제어를 하는 방법은?

① 주파수 변환법
② 2차 여자법
③ 극수 변환법
④ 2차 저항법

[해설] 2차 여자법 : 유도 전동기의 회전자에 슬립 주파수와 전압을 공급하여 속도 제어

49 인견 공업에 쓰여지는 포트 전동기의 속도 제어는?

① 극수 변환
② 1차 회전에 의한 제어
③ 주파수 변환에 의한 제어
④ 저항에 의한 제어

[해설] 주파수 변환에 의한 제어는 인견 공업에 쓰여 지는 포트 모터(전동기), 선박용 추진모터(전동기) 등이 있다.

50 반도체 사이리스터에 의한 전동기와 속도 제어 중 주파수 제어는?

① 초퍼제어
② 인버터제어
③ 컨버터제어
④ 브리지 정류제어

[해설] 인버터제어는 반도체 사이리스터에 의한 전동기와 속도 제어 중 주파수 제어이다.

51 다음 중 유도 전동기의 속도 제어에 사용되는 인버터 장치의 약호는?

① CVCF
② VVVF
③ CVVF
④ VVCF

[해설] 유도 전동기의 속도 제어는 : VVVF(가변전압 가변주파수)이다.

52 3상 유도전동기의 속도제어 방법 중 인버터(inverter)를 이용한 속도 제어법은?

① 극수 변환법
② 전압 제어법
③ 초퍼 제어법
④ 주파수 제어법

[해설] 주파수 제어법 : 3상 유도전동기 인버터(inverter)를 이용한 속도 제어

단상 유도 전동기

53 역률과 효율이 좋아서 가정용 선풍기, 전기세탁기, 냉장고 등에 주로 사용되는 것은?

① 분상 기동형 전동기
② 콘덴서 기동형 전동기
③ 반발 기동형 전동기
④ 셰이딩 코일형 전동기

[해설] 콘덴서 기동형 전동기는 역률과 효율이 좋아서 가정용 선풍기, 전기세탁기, 냉장고 등에 주로 사용된다.

[정답] 48. ② 49. ③ 50. ② 51. ② 52. ④ 53. ②

54 유도 전동기에서 회전 방향을 바꿀 수 없고, 구조가 극히 단순하며, 기동 토크가 대단히 작아서 운전 중에도 코일에 전류가 계속 흐르므로 소형 선풍기 등 출력이 매우 작은 0.05마력 이하의 소형 전동기에 사용되고 있는 것은?

① 셰이딩 코일형 유도 전동기
② 영구 콘덴서형 단상 유도 전동기
③ 콘덴서 기동형 단상 유도 전동기
④ 분상 기동형 단상 유도 전동기

[해설] 셰이딩 코일형 유도 전동기는 유도 전동기에서 회전 방향을 바꿀 수 없고, 구조가 극히 단순하며, 기동 토크가 대단히 작아서 운전 중에도 코일에 전류가 계속 흐르므로 소형 선풍기 등 출력이 매우 작은 0.05마력 이하의 소형 전동기에 사용된다.

55 선풍기, 드릴, 믹서, 재봉틀 등에 주로 사용되는 전동기는?

① 단상 유도 전동기
② 권선형 유도 전동기
③ 동기 전동기
④ 직류 직권 전동기

[해설] 단상 유도 전동기는 선풍기, 드릴, 믹서, 재봉틀, 가정용 펌프, 헤어 드라이기 등에 주로 사용된다.

56 단상 유도 전동기를 기동하려고 할 때 다음 중 기동 토크가 가장 작은 것은?

① 셰이딩 코일형
② 반발 기동형
③ 콘덴서 기동형
④ 분상 기동형

[해설] 기동토크 큰 것부터 작은 것 순서
반발 기동형 → 콘덴서 기동형 → 분상 기동형 → 셰이딩 코일형 → 모노사이클릭형

57 다음 단상 유도 전동기에서 역률이 가장 좋은 것은?

① 콘덴서 기동형   ② 분상 기동형
③ 반발 기동형   ④ 셰이딩 코일형

[해설] 콘덴서 기동형 전동기는 역률과 효율이 좋아서 가정용 선풍기, 전기세탁기, 냉장고 등에 주로 사용된다.

58 단상 유도 전동기 중 ㉠ 반발 기동형, ㉡ 콘덴서 기동형, ㉢ 분상 기동형, ㉣ 셰이딩 코일형이라 할 때, 기동 토크가 큰 것부터 옳게 나열한 것은?

① ㉠ > ㉡ > ㉢ > ㉣
② ㉠ > ㉣ > ㉡ > ㉢
③ ㉠ > ㉢ > ㉣ > ㉡
④ ㉠ > ㉡ > ㉣ > ㉢

[해설] 기동토크 큰 것부터 작은 것 순서
반발 기동형 → 콘덴서 기동형 → 분상 기동형 → 셰이딩 코일형 → 모노사이클릭형

59 다음 중 역률이 가장 좋은 단상 유도 전동기는?

① 셰이딩 코일형
② 분상형 전동기
③ 반발형 전동기
④ 콘덴서형 전동기

[해설] 콘덴서 기동형 전동기는 역률과 효율이 좋아서 가정용 선풍기, 전기세탁기, 냉장고 등에 주로 사용된다.

정답 54. ① 55. ① 56. ① 57. ① 58. ① 59. ④

60 다음 중 단상 유도전동기의 기동 방법에 따른 분류에 속하지 않는 것은?

① 분상 기동형
② 저항 기동형
③ 콘덴서 기동형
④ 세이딩 코일형

[해설] 반발 기동형 → 콘덴서 기동형 → 분상 기동형 → 세이딩 코일형 → 모노사이클릭형 (저항기동형은 없다)

61 다음 중 단상 유도 전동기의 기동방법 중 기동 토크가 가장 큰 것은?

① 분상 기동형
② 반발 유도형
③ 콘덴서 기동형
④ 반발 기동형

[해설] 기동토크 큰 것부터 작은 것 순서
반발 기동형 → 콘덴서 기동형 → 분상 기동형 → 세이딩 코일형 → 모노사이클릭형

62 다음 중 역률이 가장 좋은 전동기는?

① 반발 기동 전동기
② 동기 전동기
③ 농형 유도 전동기
④ 교류 정류자 전동기

[해설] 동기 전동기는 역률 100[%]로 운전이 가능한 역률이 제일 좋은 전동기이다.

63 단상 유도 전동기의 기동법 중에서 기동 토크가 가장 작은 것은?

① 반발 유도형   ② 반발 기동형
③ 콘덴서 기동형 ④ 분상 기동형

[해설] 기동토크 큰 것부터 작은 것 순서
반발 기동형 → 콘덴서 기동형 → 분상 기동형 → 세이딩 코일형 → 모노사이클릭형

64 기동 토크가 대단히 작고 역률과 효율이 낮으며 전축, 선풍기 등 수 [kW]이하의 소형 전동기에 널리 사용되는 단상 유도 전동기는?

① 반발 기동형
② 세이딩 코일형
③ 모노사이클릭형
④ 콘덴서형

65 선풍기, 가정용 펌프, 헤어 드라이기 등에 주로 사용되는 전동기는?

① 단상 유도전동기
② 권선형 유도전동기
③ 동기전동기
④ 직류직권전동기

[해설] 단상 유도 전동기는 선풍기, 드릴, 믹서, 재봉틀, 가정용 펌프, 헤어 드라이기 등에 주로 사용된다.

66 다음 단상 유도 전동기 중 기동 토크가 큰 것부터 옳게 나열한 것은?

| ㉠ 반발 기동형 | ㉡ 콘덴서 기동형 |
| ㉢ 분상 기동형 | ㉣ 세이딩 코일형 |

① ㉠ > ㉡ > ㉢ > ㉣
② ㉠ > ㉣ > ㉡ > ㉢
③ ㉠ > ㉢ > ㉣ > ㉡
④ ㉠ > ㉡ > ㉣ > ㉢

정답 60. ② 61. ④ 62. ② 63. ④ 64. ② 65. ① 66. ①

[해설] 기동토크 큰 것부터 작은 것 순서
반발 기동형 → 콘덴서 기동형 → 분상 기동형 → 셰이딩 코일형 → 모노사이클릭형

기타

67 유도전동기의 제동법이 아닌 것은?

① 3상제동 ② 발전제동
③ 회생제동 ④ 역상제동

[해설] 유도전동기의 제동법 : 발전제동, 회생제동, 역상제동

68 3상 유도 전동기의 운전 중 급속 정지가 필요할 때 사용하는 제동방식은?

① 단상제동 ② 회생제동
③ 발전제동 ④ 역상제동

[해설] 역상제동은 3상 유도 전동기의 운전 중 급제동에 해당한다.

69 3상 유도 전동기의 공급 전압이 일정하고 주파수가 정격 값보다 수 % 감소할 때 다음 현상 중 옳지 않은 것은?

① 동기 속도가 감소한다.
② 철손이 증가한다.
③ 누설 리액턴스가 증가한다.
④ 역률이 나빠진다.

[해설] 3상 유도 전동기의 공급 전압이 일정하고 주파수가 정격 값보다 수 % 감소하면 누설 리액턴스가 증가한다.

70 3상 유도전동기의 회전방향을 바꾸기 위한 방법은?

① 3상의 3선 접속을 모두 바꾼다.
② 3상의 3선 중 2선의 접속을 바꾼다.
③ 3상의 3선 중 1선에 리액턴스를 연결한다.
④ 3상의 3선 중 2선에 같은 리액턴스를 연결한다.

[해설] 3상 유도전동기의 회전방향을 바꾸기 위한 방법은 3상의 3선 중 2선의 접속을 바꾼다.

71 3상 유도전동기의 회전방향을 바꾸기 위한 방법으로 가장 옳은 것은?

① △-Y 결선으로 결선법을 바꾸어 준다.
② 전원의 전압과 주파수를 바꾸어 준다.
③ 전동기의 1차 권선에 있는 3개의 단자 중 어느 2개의 단자를 서로 바꾸어 준다.
④ 기동 보상기를 사용하여 권선을 바꾸어 준다.

[해설] 3상 유도전동기의 회전방향을 바꾸기 위한 방법은 3상의 3선 중 2선의 접속을 바꾼다.

72 3상 유도전동기의 회전 방향을 바꾸려면?

① 전원의 극수를 바꾼다.
② 전원의 주파수를 바꾼다.
③ 3상 전원 3선 중 두선의 접속을 바꾼다.
④ 기동 보상기를 이용한다.

[해설] 3상 유도전동기의 회전방향을 바꾸기 위한 방법은 3상의 3선 중 2선의 접속을 바꾼다.

정답 67. ① 68. ④ 69. ③ 70. ② 71. ③ 72. ③

73 무부하시 유도전동기는 역률이 낮지만 부하가 증가하면 역률이 높아지는 이유로 가장 알맞은 것은?

① 전압이 떨어지므로
② 효율이 좋아지므로
③ 전류가 증가하므로
④ 2차측 저항이 증가하므로

[해설] 무부하시 유도전동기는 역률이 낮지만 부하가 증가하면 전류가 증가하여 역률이 좋아진다.

74 3상 유도전동기의 출력이 4[kW], 효율 80[%]의 기계적 손실은 몇 [kW]인가?

① 0.5   ② 1.0
③ 1.5   ④ 1.75

[해설] 효율 = $\frac{4}{4+P_l} \times 100 = 80[\%]$ 이므로 손실은 1[kW] 이다.

75 기동전동기로써 유도전동기를 사용하려고 한다. 동기전동기의 극수가 10극인 경우 유도전동기의 극수는?

① 8극   ② 10극
③ 12극   ④ 14극

[해설] 유도전동기는 동기전동기보다 2극 적게 시설한다. 즉, 10-2=8극 이다.

76 유도 전동기 권선법 중 맞지 않는 것은?

① 고정자 권선은 단층 파권이다.
② 고정자 권선을 3상 권선이 쓰인다.
③ 소형 전동기는 보통 4극이다.
④ 홈 수는 24개 또는 36개이다.

[해설] 유도 전동기 권선법
- 고정자 권선을 3상 권선이 쓰인다.
- 소형 전동기는 보통 4극이다.
- 홈 수는 24개 또는 36개이다.

77 유도 전동기에 대한 설명 중 옳은 것은?

① 유도 발전기일 때의 슬립은 1보다 크다.
② 유도 전동기의 회전자 회로의 주파수는 슬립에 반비례 한다.
③ 전동기 슬립은 2차 동손을 2차 입력으로 나눈 것과 같다.
④ 슬립은 크면 클수록 2차 효율은 커진다.

[해설] 전동기 슬립은 2차 동손을 2차 입력으로 나눈 것과 같다.
슬립 $s = \frac{P_{c2}}{P_2} = \frac{sP_2}{P_2}$

78 농형 회전자에 비뚤어진 홈을 쓰는 이유는?

① 출력을 높인다.
② 회전수를 증가시킨다.
③ 소음을 줄인다.
④ 미관상 좋다.

[해설] 농형 회전자에 비뚤어진 홈을 쓰면 유소음을 줄어든다.

79 유도전동기의 슬립을 측정하는 방법으로 옳은 것은?

① 전압계법   ② 전류계법
③ 평형 브리지법   ④ 스트로보법

정답 73. ③ 74. ② 75. ① 76. ① 77. ③ 78. ③ 79. ④

[해설] 유도전동기의 슬립을 측정 : 스트로보법

80 유도 전동기가 회전하고 있을 때 생기는 손실 중에서 구리손이란?

① 브러시의 마찰손
② 베어링의 마찰손
③ 표유 부하손
④ 1차, 2차의 권선의 저항손

[해설] 유도 전동기가 회전하고 있을 때 생기는 손실 중에서 구리손은 1차, 2차의 권선의 저항손이다.

81 유도전동기가 많이 사용되는 이유가 아닌 것은?

① 값이 저렴하다.
② 취급이 어려움
③ 전원을 쉽게 얻음
④ 구조가 간단하고 튼튼함

[해설] 유도전동기가 많이 사용되는 이유
- 값이 저렴하다.
- 전원을 쉽게 얻을 수 있다.
- 구조가 간단하고 튼튼하다.
- 취급이 쉽다.

정답 80. ④ 81. ②

5장 반도체와 전력변환

1 사이리스트

(1) 반도체 소자

① **가전자** ; 원자는 원자핵과 핵의 궤도를 공전하는 전자로 구성되며 전자의 궤도를 각이라 하고 최외각 전자를 가전자라 하며 가전자는 외부의 적은 에너지로 쉽게 핵의 구속을 벗어나는 자유전자가 된다.

② **자유전자** ; 열 빛 마찰 등의 외부 에너지에 의하여 원자핵의 구속을 벗어나 쉽게 움직일 수 있는 전자를 자유전자라고 하고 자유전자의 이동을 전기가 생겼다, 전류가 흐른다고 한다.

③ **반도체 소자** ; Ge, Si, CuO, Se 등 저항률 $10^{-3} \sim 10^{6} [\Omega \cdot cm]$인 물질을 반도체라 하고 부성특성, 정류작용, 증폭작용, 스위칭 작용 등을 한다.

④ **진성 반도체** ; 순수 Si 원자는 그림과 같이 가전자대에 8개의 가전자로 공유결합하여 결정을 이룬다. 이들 결정체에 전지 등의 에너지를 가하면 상온에서 소량의 전자만이 전도대로 이동하므로 전류가 적어 사용할 수 없다. 따라서 결정체에 불순물 원소를 첨가시켜(이를 doping이라 한다) 불순물 반도체(N형, P형 반도체)를 만든다.

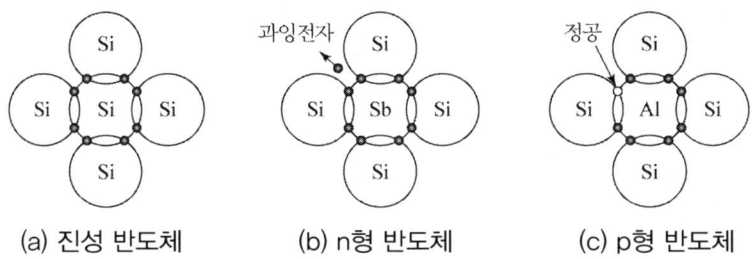

(a) 진성 반도체 (b) n형 반도체 (c) p형 반도체

⑤ **n형 반도체** ; 그림(b)와 같이 4가 원소인 si 결정체에 극소량의 5가 원소인 안티몬 (Sb, P, As)을 도핑시키면 전자 1개가 남는 상태로 공유 결합하므로 이 과잉전자가 전도대로 이동하여 전류가 생긴다.

이 5가 불순물을 donor 불순물이라 하며 많은 전자로 전류가 흐르므로 전자를 다수 반송자, 정공(hole)을 소수 반송자라 하고 n형 반도체라 한다.

⑥ p형 반도체 ; 그림(c)와 같이 4가 원소인 si결정체에 극소량의 3가 원소인 알루미늄(Al, B, Ga, In)을 도핑시키면 전자 1개가 부족한 정공(hole)의 상태로 공유 결합하므로 이 정공이 전도대로 이동하여 전류가 생긴다. 이 3가 불순물을 accepter 불순물이라 하며 많은 정공으로 전류가 흐르므로 정공을 다수 반송자, 전자를 소수 반송자라 하고 p형 반도체라 한다.

⑦ 전자, 정공은 전기장으로 이동하는 drift와 분포 농도로 이동하는 확산에 의하여 전기전도가 이루어진다.

(2) 다이오드(diode)

① pn 접합 다이오드는 한쪽방향으로만 전류를 흐르게 하는 정류작용이 있고 정류회로와 스위칭 회로 등에 사용된다.

② 그림(a)의 두 반도체를 (b)와 같이 접합하면 접합면에 전자 정공의 확산작용으로 (+)(−) 이온의 전위장벽(공핍층/문턱전압/전압강하)이 생기며, 크기는 1[V] 정도이다. (c)는 기호이고 전류 흐름의 방향을 나타낸다.

③ 그림(d)와 같이 P형에 (+), N형에 (−)의 순방향 전압을 가하면 전류가 잘 흐르고 (e)와 같이 역방향 전압을 가하면 누설전류 외는 흐르지 않는다. 즉, PN접합 다이오드는 한 방향으로만(정류) 전류가 흐른다.

④ 그림(f)는 전류특성으로 문턱전압은 임계전압이라고도 하며 회로에서 전압강하로 나타난다. 또 역전압이 증가하면 항복전압에서 원자의 충돌에 의한 전자사태(avalanche 효과)로 다이오드가 파괴되던가 전압은 증가하지 않고 전류만 급증하는 정전압 현상(Zener 현상)이 나타난다.

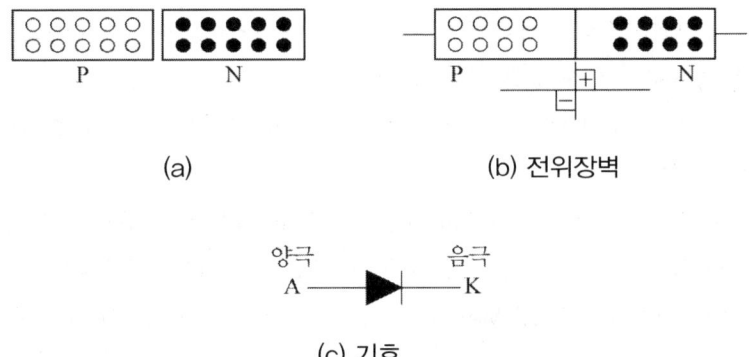

(a)　　　　　　　　(b) 전위장벽

(c) 기호

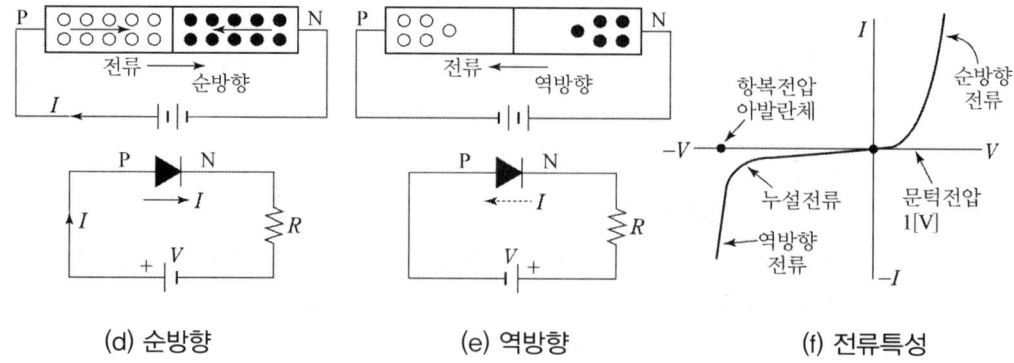

(d) 순방향   (e) 역방향   (f) 전류특성

(3) 트랜지스터(transistor)

① Transistor는 구조상 bipolar형(BJT)과 unipolar형(FET, 전계효과 트랜지스터)로 나누고 전류증폭과 스위칭회로에 사용된다.

그림과 같이 npn접합과 pnp접합이 있고 특성상 npn형이 많이 사용된다.

3단자는 이미터(emitter-전자방출), 베이스(base), 컬렉터(collector-전자 모음)이고 전류 방향으로 형을 표시한다.

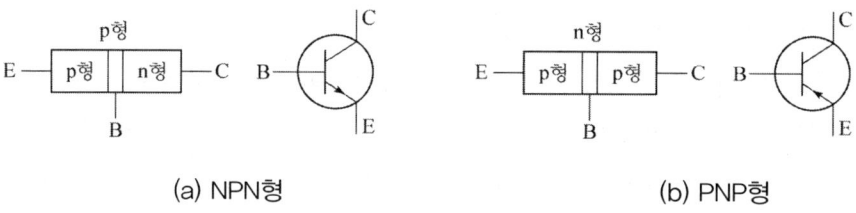

(a) NPN형   (b) PNP형

베이스 층은 약하게 도핑되어 매우 얇고 이미터는 강하게 도핑되어 있으며 컬렉터는 중간이다. 따라서 이미터에서 나온 전자는 베이스에 극소량 유입되고 95[%] 이상이 바로 컬렉터로 유입되도록 하고 있다.

동작은 그림(a)에서 베이스에 (+)1[V] 이상의 전압을 가하면 컬렉터에서 이미터로 전류가 흐른다.

② 전계 효과 트랜지스터 FET(Field Effect Transistor)는 구조상 접합형 전계 효과 트랜지스터 JFET(Junction Field Effect Transistor)와 금속 산화물 반도체 전계 효과 트랜지스터 MOSFET(Metal Oxide Semiconductor Field Effect Transistor)의 두 종류가 있다.

MOSFET는 게이트 전압으로 제어되는 고속 스위칭 소자이고 고입력 임피던스로 구동전력이 작고 전류 이득이 크며 고온에서 비교적 안정하다.

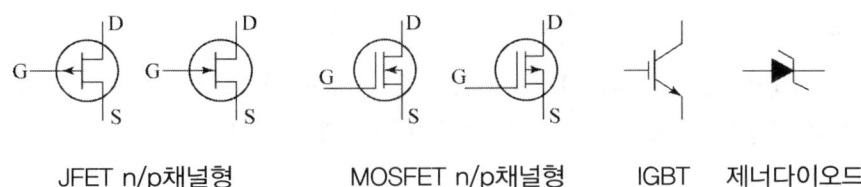

JFET n/p채널형   MOSFET n/p채널형   IGBT   제너다이오드

③ 게이트 절연 트랜지스터 IGBT(insulate gate bipolar transistor)는 BJT와 MOSFET를 복합한 Hybrid형 소자로 게이트 전압으로 제어되는 고속 스위칭 소자이고 동작특성이 좋아 전력전자회로에 많이 사용된다.
④ 스위칭 Switching 회로 ; diode와 transistor의 동작특성을 이용하여 스위치 기능을 갖게 한 회로, 순방향-스위치 ON, 역방향-OFF가 된다.

(4) SCR(silicon controlled rectifier)

① 사이리스터(thyristor)는 pn 접합을 3개 이상 조합한 스위칭 소자의 총칭이며 스위칭회로, 조명, 전열, 전동기의 위상제어회로 등에 사용된다.
② 실리콘 제어 정류기 SCR : pnpn의 4단 접합 구조로 접합부 J_1, J_3은 순방향전압(V_F)이 걸리지만 J_2에는 역방향 전압이 걸려 양극 A에서 음극 K로 전류가 흐르지 못하지만 게이트 G에 순방향전압(V_G)을 가하면 P_2, N_2의 전자와 정공의 운동이 심하여 J_2 접합부를 쉽게 넘어 큰 전류가 흐른다. 통전 중 V_G는 필요 없으므로 펄스면 되고, 소호는 순방향 전류를 유지전류 이하로 줄이거나 역방향 전압을 가하면 된다. 즉, 애노드 A에 (+)전압이 걸려있을 때 게이트 G에 트리거 펄스((+)직류)를 주면 A에서 캐소드 K로 전류가 흐르고(통전, 동작, turn on) A에 역전압이 걸리면 턴오프된다. 트리거 펄스의 도통각 α를 조정하면 직류출력의 평균값을 제어할 수 있으므로 다이오드 대신에 제어정류회로와 각종 제어회로에 사용된다.

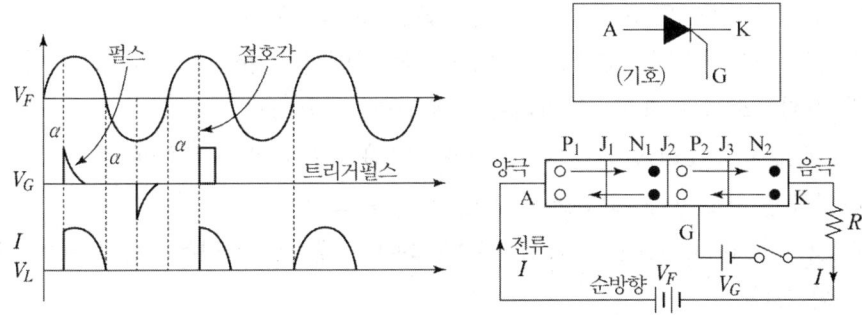

(5) TRIAC

① **TRIAC(triode AC switch)** : npnpn 5단 접합구조로 SCR 2개를 역병렬로 한 구조로 교류의 양방향 제어가 되고 각 단자의 극성에 관계없이 턴-온 된다.

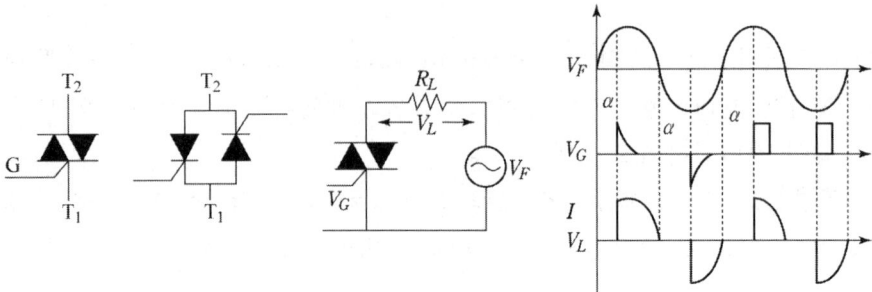

② **SSS(silicon symmetric switch, silicon diode for AC)** : TRIAC에서 게이트를 제거한 쌍방향 복합 2단자 구조로서 항복전압 이상에서 턴온 되는 TRIAC의 트리거 소자이며 옥외용으로 사용된다.

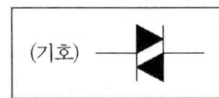

③ **DIAC(diode AC switch)** : npn의 3층 구조, 다이오드 2개가 역병렬로 연결된 모양으로 쌍방향의 대칭성이고 부성 저항특성이다. TRIAC의 트리거용으로 항복전압 이상에서 턴온된다.

(6) 기타 소자

① **GTO(gate turn off thyristor)** : SCR의 구조와 기호로 SCR이 턴온 중에 게이트에 (-)전압을 주면 턴 오프 되도록 한 자기소호소자이다.
② **역전통 사이리스터** : SCR과 다이오드를 역병렬로 한 구조이고 고압 대전류용의 고속 스위칭소자로 초퍼, 인버터에 사용된다. 그림(a)
③ **LASCR(light activated SCR, 포토 SCR)** : SCR의 베이스에 창을 내고 빛으로 트리거하는 SCR이다. 고압에서 절연이 좋다(그림b).
④ **SCS(silicon controlled switch)** : n층에도 게이트가 있는 4단자 SCR 이고 기호는 (c)와 같다.

⑤ UJT(unijunction transistor)는 에미터와 2개의 베이스 단자를 가진 단일접합 트랜지스터이고 부성저항 소자로 사이리스터의 트리거펄스 발생을 목적으로 한다. 소비전력이 적고 소형이다. 그림(d).

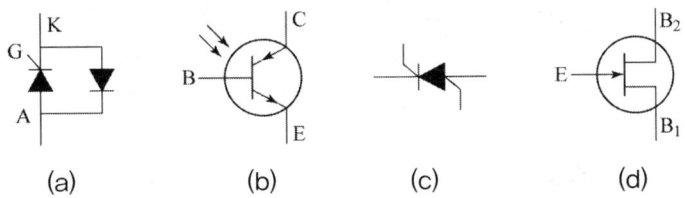

2 전력 변환

(1) 단상 반파 정류 회로

① **단상 반파 정류회로** : (+)반주기 동안만 부하 R에 순방향 전류가 흐르고 (−) 반주기에는 전류가 흐르지 못하는 맥동(ripple)하는 직류가 되고 평균값 E_d는 사인파 평균값의 반이다.

$$E_d = \frac{\sqrt{2}\,V}{\pi} = 0.45\,V\,[\text{V}]$$

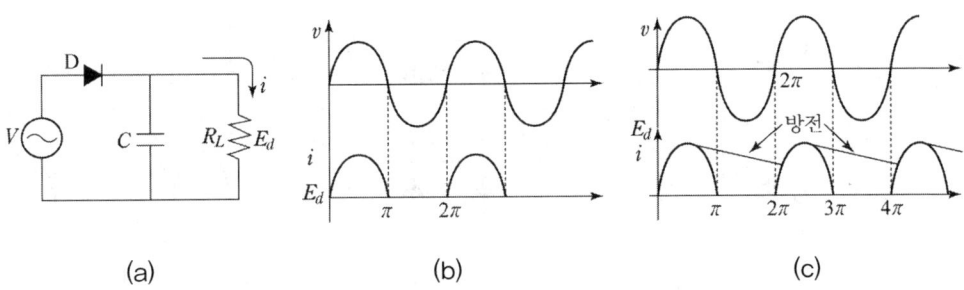

② **평활 회로(filter)** : 콘덴서 C와 코일 L 등을 부하단에 접속하여 C의 충방전과 L의 변화 억제력을 이용하여 맥동을 줄여 파형을 개선하는 회로이고 그림 (a), (c)는 콘덴서만의 회로를 보인 것이다.

③ **단상 반파 제어정류회로** : SCR 1개를 사용한 정류회로이다.
저항부하일 때 전압의 실효값 V, 제어각 α이면 평균값 E_d(직류)는

$$E_d = \frac{\sqrt{2}\,V}{\pi}\frac{(1+\cos\alpha)}{2} = 0.45\,V\frac{(1+\cos\alpha)}{2}\,[\text{V}]$$

부하가 RL 직렬이고 임피던스각이 β(소호각)이면

$$E_d = \frac{\sqrt{2}\,V}{\pi}\frac{(\cos\alpha + \cos\beta)}{2}\,[\text{V}]$$

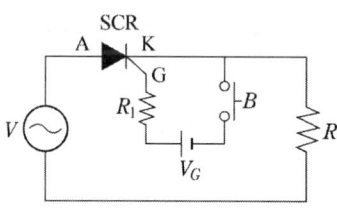 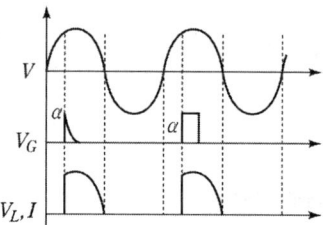

(2) 단상 전파 정류회로

① **변압기 탭 정류회로** : (+)반주기 동안은 D_1로 순방향 전류가 흐르고 (−)반주기 동안은 D_2로 순방향 전류가 흘러 부하 R에 전파정류 된 맥동 직류가 된다(그림(a)).

$$E_d = \frac{2\sqrt{2}\,V}{\pi} = 0.9\,V\,[\text{V}]$$

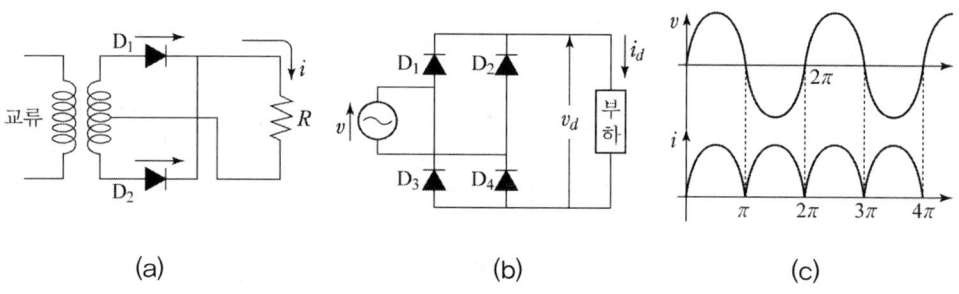

(a) (b) (c)

② **브리지 정류회로** : 그림(b)에서 (+)반주기 동안은 $D_1\,D_4$로, (−)반주기 동안은 $D_2\,D_3$으로 전류가 흘러 전파 정류된다.
③ **단상 전파제어 정류회로** : SCR 2개, 또는 브리지 정류회로에서 SCR 2개와 다이오드 2개를 사용하고 부하가 저항일 때는 그림과 같다.

저항 부하에서 $E_d = \dfrac{2\sqrt{2}\,V}{\pi}\dfrac{(1+\cos\alpha)}{2}\,[\text{V}]$

$\qquad\qquad\quad = 0.9\,V\dfrac{(1+\cos\alpha)}{2}\,[\text{V}]$

유도성 부하에서 $E_d = \dfrac{2\sqrt{2}\,V}{\pi}\dfrac{(\cos\alpha+\cos\beta)}{2}\,[\text{V}]$

$\alpha = \beta$인 연속전류인 경우 $E_d = \dfrac{2\sqrt{2}\,V}{\pi}\cos\alpha = 0.9\,V\cos\alpha\,[\text{V}]$

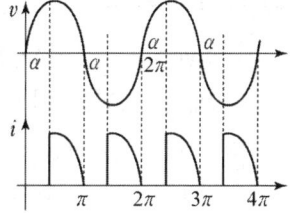

(3) 3상 정류회로

선간전압 V, 상전압 E일 때

① 3상 반파 정류 : $E_d = \dfrac{3\sqrt{2}\,V}{2\pi} = 0.675\,V\,[\text{V}]$

$\qquad\qquad\qquad E_d = 1.17\,E\,[\text{V}]$

$\qquad\qquad\qquad E_d = \dfrac{3\sqrt{2}\,V}{2\pi}\cos\alpha\,[\text{V}]$

② 3상 전파 정류 : $E_d = \dfrac{3\sqrt{2}\,V}{\pi} = 1.35\,V\,[\text{V}]$

$\qquad\qquad\qquad E_d = 2.34\,E\,[\text{V}]$

$\qquad\qquad\qquad E_d = \dfrac{3\sqrt{2}\,V}{\pi}\cos\alpha\,[\text{V}]$

(4) 초퍼 회로

① chopper : SCR, GTO, 파워 트랜지스터 등 스위칭 소자를 이용하여 직류를 펄스와 같이 임의로 단속하여 그 평균값을 조절하는 직류-직류 변환의 고속 스위칭 기기이다. 전철 등 직권전동기의 전기자 전압을 조정하여 속도제어 한다.

② 스위칭 주기 $T = T_{on} + T_{off}$에서

$E_2 = \dfrac{T_{on}}{T}E_1\,[\text{V}]$ (강압형)

$E_2 = \dfrac{T}{T_{off}}E_1\,[\text{V}]$ (승압형)

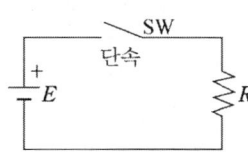

(5) 인버터 회로

① inverter : 전력용 반도체 스위칭 소자를 이용하여 직류를 교류로 변환하는 장치를 인버터, 역변환 기기라 하며 단상용, 3상용, 전압형, 전류형이 있다.

② 그림에서 sw1과 sw4를 닫을 때와 sw2와 sw3을 닫을 때 부하 R에 흐르는 전류가 반대로 되어 R에는 교류가 흐른다.

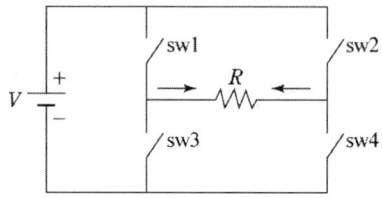

(6) 교류-교류 변환회로

① 교류 – 교류 변환 : 전압과 주파수가 다른 교류로 변환한다.
② SCR 2개를 역병렬(Triac)로 하여 점호각을 제어하여 전압제어한다.
③ 간접식(인버터 식) : 교류를 정류한 후 다시 인버터에 의하여 교류로 변환한다.
④ 사이클로 컨버터 : 교류를 직접 크기와 주파수가 다른 교류로 바꾸는 직접식으로 컨버터를 사용하여 제어각 α를 $\alpha = \cos^{-1} r \sin \omega_0 t$에 따라 변화시키도록 한 기기이다.

5장 반도체와 전력변환 예상문제

1 직류를 교류로 변환하는 장치로서 초고속 전동기의 속도 제어용 전원이나 형광등의 고주파 점등에 이용되는 것은?

① 인버터　　② 컨버터
③ 변성기　　④ 변류기

[해설] 인버터 : 직류를 교류로 변환하는 장치
컨버터 : 교류를 직류로 변환하는 장치

2 반도체 내에서 정공은 어떻게 생성되는가?

① 결합전자의 이탈
② 자유전자의 이동
③ 접합불량
④ 확산용량

[해설] 반도체 내에서 정공 : 결합전자의 이탈

3 인버터의 용도로 가장 적합한 것은?

① 교류-직류변환
② 직류-교류변환
③ 교류-증폭교류변환
④ 직류-증폭직류변환

[해설] 인버터 : 직류를 교류로 변환하는 장치
컨버터 : 교류를 직류로 변환하는 장치

4 인버터(inverter)란?

① 교류를 직류로 변환
② 직류를 교류로 변환
③ 교류를 교류로 변환
④ 직류를 직류로 변환

[해설] 인버터 : 직류를 교류로 변환하는 장치
컨버터 : 교류를 직류로 변환하는 장치

5 다이오드를 사용한 정류회로에서 다이오드를 여러 개 직렬로 연결하여 사용하는 경우의 설명으로 가장 옳은 것은?

① 다이오드를 과전류로부터 보호할 수 있다.
② 다이오드를 과전압으로부터 보호할 수 있다.
③ 부하출력의 맥동률을 감소시킬 수 있다.
④ 낮은 전압 전류에 적합하다.

[해설] • 다이오드를 여러 개 직렬로 연결 시 다이오드를 과전압으로부터 보호할 수 있다.
• 다이오드를 여러 개 병렬로 연결 시 다이오드를 과전류로부터 보호할 수 있다.

정답 1.① 2.① 3.② 4.② 5.②

6 ON, OFF를 고속도로 변환할 수 있는 스위치이고 직류 변압기 등에 사용되는 회로는 무엇인가?

① 초퍼 회로 ② 인버터 회로
③ 컨버터 회로 ④ 정류기 회로

[해설] 초퍼 : ON, OFF를 고속도로 변환할 수 있는 스위치이고 직류 변압기 등에 사용되는 회로이다.

7 전압을 일정하게 유지하기 위해서 이용되는 다이오드는?

① 발광 다이오드
② 포토 다이오드
③ 제너 다이오드
④ 바리스터 다이오드

[해설] 전압을 일정하게 유지하기 위해서 이용되는 다이오드는 제너다이오드 이다.

8 P형 반도체의 전기 전도의 주된 역할을 하는 반송자는?

① 가전자 ② 5가 불순물
③ 전자 ④ 정공

[해설] 정공 : P형 반도체의 전기 전도의 주된 역할을 하는 반송자

9 직류 전동기의 제어에 널리 응용되는 직류 – 직류 전압제어장치는?

① 인버터 ② 컨버터
③ 초퍼 ④ 전파정류

[해설] 초퍼 : 직류 전동기의 제어에 널리 응용되는 직류 – 직류 전압제어장치

10 양방향성 3단자 사이리스터의 대표적인 것은?

① SCR ② SSS
③ Diac ④ Triac

[해설] Triac : 양방향성 3단자 사이리스터

11 교류회로에서 양방향 점호(ON) 및 소호(OFF)를 이용하여 위상제어를 할 수 있는 소자는?

① TRIAC ② SCR
③ GTO ④ IGBT

[해설] TRIAC : 교류회로에서 양방향 점호(ON) 및 소호(OFF)를 이용하여 위상제어를 할 수 있다.

12 SCR의 특성 중 적합하지 않은 것은?

① pnpn 구조로 되어있다.
② 정류 작용을 할 수 있다.
③ 정방향 및 역방향의 제어특성이 있다.
④ 고속도의 스위칭 작용을 할 수 있다.

[해설] SCR의 특성
 • pnpn 구조로 되어있다.
 • 정류 작용을 할 수 있다.
 • 고속도의 스위칭 작용을 할 수 있다.

13 자기소호 기능이 가장 좋은 소자는?

① SCR ② GTO
③ TRIAC ④ LASCR

[해설] GTO : 자기소호 기능이 가장 좋은 소자이다.

정답 6. ① 7. ③ 8. ④ 9. ③ 10. ④ 11. ① 12. ③ 13. ②

14 역저지 3단자에 속하는 것은?
① SCR ② SSS
③ SCS ④ TRIAC

[해설] SCR : 역저지 3단자

15 다음 중 자기 소호 제어용 소자는?
① SCR ② TRIAC
③ DIAC ④ GTO

[해설] GTO : 자기소호 기능이 가장 좋은 소자이다.

16 게이트(gate)에 신호를 가해야만 동작되는 소자는?
① SCR ② MPS
③ UJT ④ DIAC

[해설] SCR : 게이트(gate)에 신호를 가해야만 동작되는 소자

17 양 방향으로 전류를 흘릴 수 있는 양방향 소자는?
① SCR ② GTO
③ TRIAC ④ MOSFET

[해설] TRIAC : 양방향성 3단자 사이리스터

18 다음 중에서 초퍼나 인버터용 소자가 아닌 것은?
① TRIAC ② GTO
③ SCR ④ BJT

[해설] TRIAC : 교류회로에서 양방향 점호(ON) 및 소호(OFF)를 이용하여 위상제어를 할 수 있다.

19 다음 중 2단자 사이리스터가 아닌 것은?
① SCR ② DIAC
③ SSS ④ Diode

[해설] SCR : 역저지 3단자

20 다음 중 전력 제어용 반도체 소자가 아닌 것은?
① LED ② TRIAC
③ GTO ④ IGBT

[해설] 전력 제어용 반도체 소자
- GTO
- TRIAC
- IGBT

21 다음 중 턴오프(소호)가 가능한 소자는?
① GTO ② TRIAC
③ SCR ④ LASCR

[해설] GTO : 턴오프(소호)가 가능하며 자기소호 기능이 가장 좋은 소자이다.

22 다음 사이리스터 중 3단자 형식이 아닌 것은?
① SCR ② GTO
③ DIAC ④ TRIAC

[해설] DIAC : 양방향 2단자 소자이다.

23 3단자 사이리스터가 아닌 것은?
① SCS ② SCR
③ TRIAC ④ GTO

정답 14. ① 15. ④ 16. ① 17. ③ 18. ① 19. ① 20. ① 21. ① 22. ③ 23. ①

[해설] SCS : 단방향 4단자

24 역병렬 결합의 SCR의 특성과 같은 반도체 소자는?

① PUT   ② UJT
③ Diac ④ Triac

[해설] Triac 은 SCR을 역병렬로 결합 한 특성과 같은 반도체이다.

25 대전류·고전압의 전기량을 제어할 수 있는 자기소호형 소자는?

① FET
② Diode
③ Triac
④ IGBT

[해설] IGBT : 대전류·고전압의 전기량을 제어할 수 있는 자기소호형 소자이다.

26 트라이액(TRIAC)의 기호는?

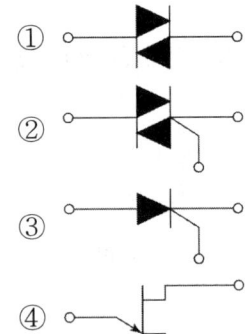

[해설] 트라이액(TRIAC) : 양방향 3단자 소자이다.

27 다음 기호 중 DIAC의 기호는?

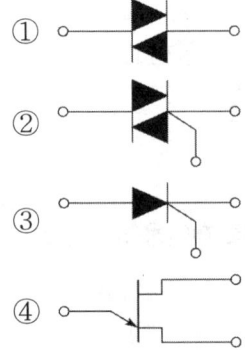

[해설] DIAC : 양방향 2단자 소자이다.

28 다음 중 SCR의 기호는?

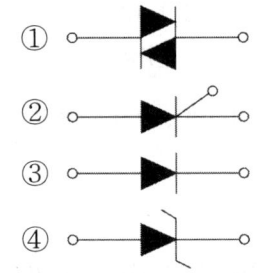

[해설] SCR : 단방향 3단자 소자

29 SCR 2개를 역병렬로 접속한 그림과 같은 기호의 명칭은?

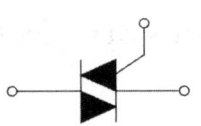

① SCR   ② TRIAC
③ GTO   ④ UJT

[해설] 트라이액(TRIAC) : 양방향 3단자 소자이다.

정답 24. ④ 25. ④ 26. ② 27. ① 28. ② 29. ②

30 그림의 기호는?

① SCR
② TRIAC
③ IGBT
④ GTO

[해설] IGBT : 대전류·고전압의 전기량을 제어할 수 있는 자기소호형 소자

31 전파정류회로의 브리지 다이오드 회로를 나타낸 것은?
(단, 왼쪽은 입력 오른쪽은 출력이다)

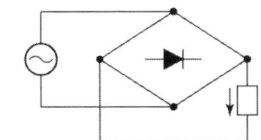
①

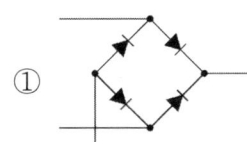
②

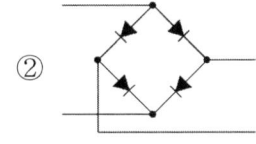
③

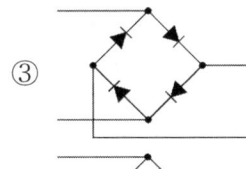
④

[해설] 브리지는 전파정류회로이다.

32 교류 전압의 실효값이 200[V]일 때 단상 반파 정류에 의하여 발생하는 직류 전압의 평균값은 약 몇 [V]인가?

① 45
② 90
③ 105
④ 110

[해설] 단상 반파 정류회로 :
$E_{do} = 0.45E = 0.45 \times 200 = 90[V]$

33 단상 반파 정류 회로의 전원 전압 200[V], 부하저항이 10[Ω]이면 부하 전류는 약 몇 [A]인가?

① 4
② 9
③ 13
④ 18

[해설] 단상 반파 정류회로 :
$I_d = \dfrac{0.45E}{R} = \dfrac{0.45 \times 200}{10} = 9[V]$

34 단상 반파 정류 회로의 전원전압 200[V], 부하저항이 20[Ω]이면 부하 전류는 약 몇 [A] 인가?

① 4
② 4.5
③ 6
④ 6.5

[해설] 단상 반파 정류회로 :
$I_d = \dfrac{0.45E}{R} = \dfrac{0.45 \times 200}{20} = 4.5[V]$

35 60[Hz] 3상 반파 정류회로의 맥동 주파수는?

① 60[Hz]
② 120[Hz]
③ 180[Hz]
④ 360[Hz]

[해설] 3상 반파 정류회로의 맥동 주파수
$= 3f = 3 \times 60 = 180 [Hz]$

36 단상 전파 정류회로에서 직류 전압의 평균값으로 가장 적당한 것은?
(단, E는 교류 전압의 실효값)

① $1.35E[V]$
② $1.17E[V]$
③ $0.9E[V]$
④ $0.45E[V]$

[해설] 단상 반파 정류회로 : $E_{do} = 0.45E[V]$
단상 전파 정류회로 : $E_{do} = 0.9E[V]$

37 단상 전파정류 회로에서 교류 입력이 100[V]이면 직류 출력은 약 몇 [V]인가?

① 45
② 67.5
③ 90
④ 135

[해설] 단상 전파 정류회로 :
$E_{do} = 0.9E = 0.9 \times 100 = 90[V]$

38 $e = \sqrt{2} E \sin \omega t$ [V]의 정현파 전압을 가했을 때 직류 평균값 $E_{do} = 0.45E$[V]로는?

① 단상 반파 정류회로
② 단상 전파 정류회로
③ 3상 반파 정류회로
④ 3상 전파 정류회로

[해설] 단상 반파 정류회로 : $E_{do} = 0.45E[V]$
단상 전파 정류회로 : $E_{do} = 0.9E[V]$

39 단상 전파 정류회로에서 전원이 220[V]이면 부하에 나타나는 전압의 평균값은 약 몇 [V]인가?

① 99
② 198
③ 257.4
④ 297

[해설] 단상 전파 정류회로 :
$E_{do} = 0.9E = 0.9 \times 220 = 198[V]$

40 일반적으로 반도체의 저항값과 온도와의 관계가 바른 것은?

① 저항값은 온도에 비례한다.
② 저항값은 온도에 반비례한다.
③ 저항값은 온도의 제곱에 반비례한다.
④ 저항값은 온도의 제곱에 비례한다.

[해설] 반도체의 저항값은 온도에 반비례한다.

정답 36. ③ 37. ③ 38. ① 39. ② 40. ②

PART 3
전기설비

전기설비(KEC)의 개요

> **기술기준의 제정 목적**
> ① 전기 설비가 인체에 위해를 주거나 물체에 손상을 주지 않도록 한다.
> ② 전기설비의 손괴에 의하여 전기의 공급에 현저한 지장을 주지 않도록 한다.
> ③ 전기설비가 다른 전기적 설비, 기타 물건의 기능에 전기적 또는 자기적인 장애를 주지 않도록 한다.

1 KEC 목적 및 용어의 정의

(1) 발전소
발전기, 원동력 연료전지, 태양 전지, 기타의 기계 기구를 시설하여 전기를 발생시키는 곳을 말한다.

(2) 변전소
구외로부터 전송되는 전기를 구내에 시설한 변압기, 전동 발전기, 회전변류기, 정류기, 기타의 기계 기구에 의하여 변성 하는 곳으로 변성한 전기를 다시 구외로 전송하는 곳을 말한다.

(3) 개폐소
구내에 시설한 개폐기, 기타 장치에 의하여 전로를 개폐하는 곳으로서 발전소, 변전소 및 수용장소 이외의 곳을 말한다.

(4) 급전소
전력계통의 운용에 관한 지시 및 급전 조작을 하는 곳

(5) 지지물
목주, 철주, 철근 콘크리트주 및 철탑과 이와 유사한 시설물을 말한다.

(6) 접근상태

1) 제1차 접근 상태
가공전선이 다른 시설물과 접근하는 경우에 가공전선이 다른 시설물의 위쪽 또는 옆쪽에서 수평거리로 가공 전선 지지물의 지표상 높이에 상당하는 거리에 시설됨으로써 가공전선로의 절단, 지지물의 도괴 등의 경우에 그 전선이 다른 자지물에 접촉할 우려가 있는 상태. (수평거리 3[m] 미만의 경우 제외)

2) 제2차 접근 상태
가공 전선이 다른 시설물과 접근하는 경우에 그 가공 전선이 다른 시설물의 위쪽 또는 옆쪽에서 수평거리로 3[m] 미만인 곳에 시설되는 상태를 말한다.

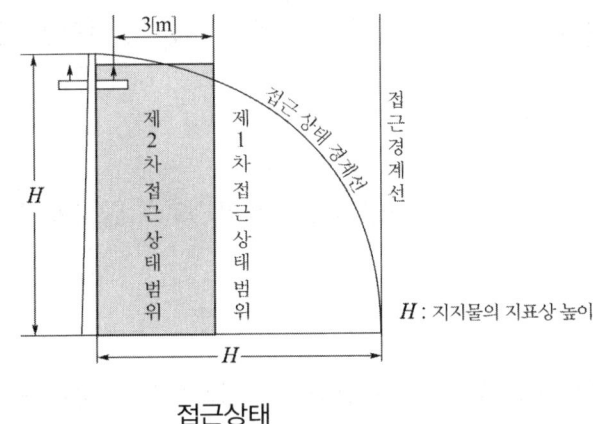

접근상태

(7) 대지전압

접지식 전로의 대지 전압은 전선과 대지 간 전압 , 비접지식 전로의 대지 전압은 전선 간 전압이다.

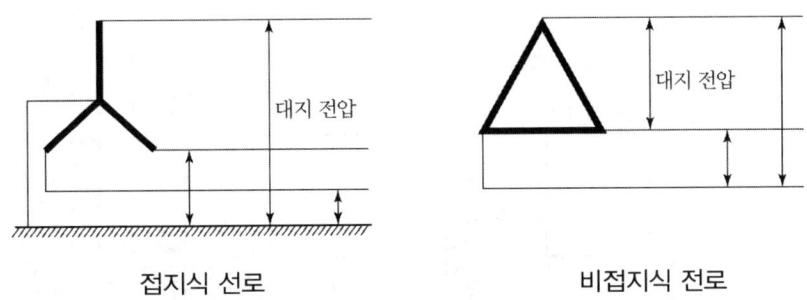

접지식 선로   비접지식 전로

(8) 접촉 전압

접촉전압이란 사람이나 동물 등이 도전부에 접촉할 경우 작용하는 전압

(9) 전압 밴드

교류 50[V] 이하, 직류 120[V] 이하의 전압을 말한다.

(10) 충전부

통상적인 운전 상태에서 전압이 걸리도록 되어 있는 도체 또는 도전부를 말한다.
중성선은 포함되나 PEN 도체 PEM 도체 PEL 도체는 포함하지 않는다.

(11) 노출 도전부

충전부는 아니지만 고장시에 충전될 위험이 있고, 사람이 쉽게 접촉할 수 있는 도전성 부분

(12) 기본보호

정상 운전시 기기의 충전부에 직접 접촉함으로써 발생할 수 있는 위험으로부터 인축의 보호를 말한다.

(13) 고장보호

고장 시 기기의 노출도전부에 간접 접촉함으로써 발생할 수 있는 위험으로부터 인축을 보호하는 것을 말한다.

(14) 감전전류

감전 전류란 사람 또는 동물의 신체를 통과 해서 생리학적인 현상을 야기하는 전류를 말한다.

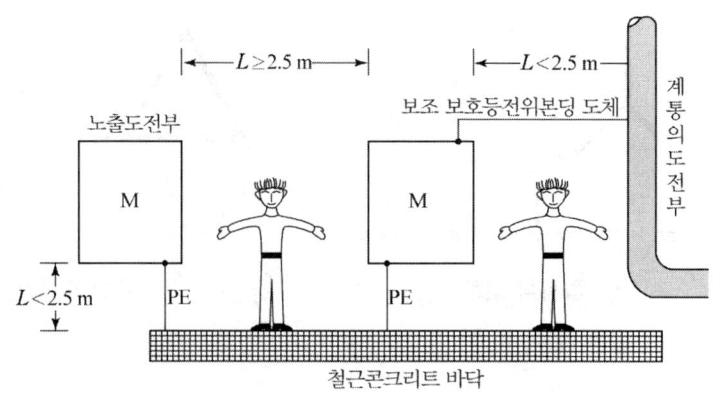

(15) 보호도체

안전을 목적(예: 감전 보호)으로 설치되는 도체

(16) PEN 도체

보호도체와 중성선 모두의 기능을 가진 도체를 말한다.

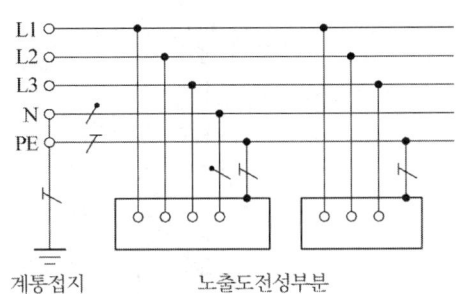
TN-S 계통의 보호도체

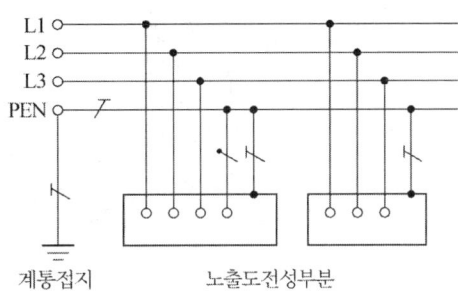
TN-C 계통의 보호도체

(17) 주 접지단자, 접지모선

주 접지단자 접지모선이란 접지하는 것을 목적으로 보호도체(등전위 본딩 및 기능 접지가 있게 되면 그 도체를 포함)의 접속에 사용되는 단자 또는 모선을 말한다.

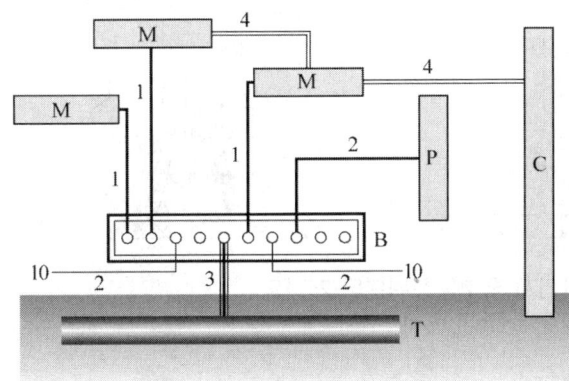

등전위 본딩의 구성

(18) 등전위 본딩

등전위를 형성하기위해 도전부 상호간을 전기적으로 연결하는 것을 말한다.
등전위 본딩은 다음과 같이 분류한다.

① 보호 등전위 본딩 : 계통의 도전부를 보호도체로 접지단자에 연결
② 보조 등전위본딩 : 동시에 접근 가능한 두 개의 노출도전부를 연결 또는 노출도전부와 계통외 도전부를 접속
③ 비접지 등전위 본딩 : 비전도성 장소에서 동시에 접근이 가능한 모든 노출부전부와 계통의 도전부를 상호접속

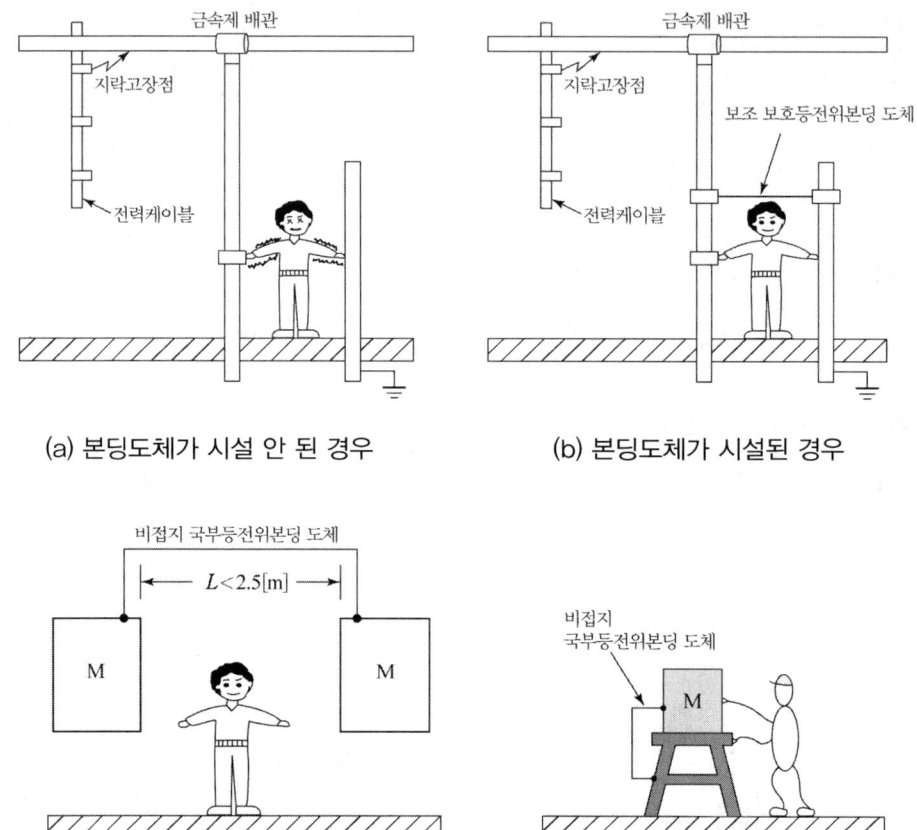

(a) 본딩도체가 시설 안 된 경우 (b) 본딩도체가 시설된 경우

(c) 비접지 국부등전위본딩 개념도

(19) 스트레스 전압 (Stress Voltage)

지락고장 중에 접지부분 또는 기기나 장치의 외함과 기기나 장치의 다른 부분 사이에 나타나는 전압을 말한다.

전압의 종류 및 대지 전압 제한

(1) 전압의 구분과 의미

① 전압의 구분에 따른 기준 ★★

전압의 종별	직류	교류
저 압	1.5[kV] 이하	1[kV] 이하
고 압	1.5[kV] 초과 7[kV] 이하	1[kV] 넘고 7[kV] 이하
특 고 압	7[kV]를 초과하는 전압	

② 전압의 의미
- ㉮ 공칭 전압 – 전선로를 대표하는 선간 전압
- ㉯ 사용 전압 – 실제로 사용하는 전압 또는 전기 기구, 전기 재료 등에 사용되는 정격전압
- ㉰ 대지 전압 – 어떤 측정점과 대지 사이의 전압
- ㉱ 정격 전압 (rated voltege)
  - 기계 기구에 대하여 사용 회로 전압의 사용 한도를 말하며, 사용상 기준이 되는 전압
  - 정격 출력일 때의 전압
  - 정격에 의해 표시된 전압으로 개폐기, 차단기, 콘덴서 등을 안전하게 사용할 수 있는 전압의 한도를 말한다.

(2) 옥내 전로의 대지 전압 제한과 시설

① 전기 기계 기구 내의 전로를 제외한 옥내전로의 대지 전압은 50[V]를 넘고 300[V] 이하로 하며, 다음의 각호에 의하여 시설하여야 한다. 단, 대지 전압 150[V]이하인 경우는 각호에 의하지 않는다.
- ㉮ 사용 전압은 400[V] 미만일 것
- ㉯ 주택의 전로의 인입구에는 인체 보호용 누전 차단기를 시설할 것
- ㉰ 백열전등의 전구 소켓은 키나 그 밖의 점멸기구가 없는 것 일 것

② 정격 소비 전력이 3[kW] 이상의 전기 기계 기구는 옥내 배선과 직접 접속시키고 이것에 전기를 공급하는 전로에는 전용의 개폐기 및 과전류 차단기를 시설하여야 한다.

③ 백열전등 및 방전등용 안정기는 저압의 옥내 배선과 직접 접속하여 시설하여야 한다.

④ 주택 이외의 장소에 전기를 공급하기 위한 옥내 배선을 사람이 접촉할 우려가 없는 은폐된 장소에 합성수지전선관, 금속 전선관, 케이블 공사에 의하여 시설하여야 한다.

(3) 설비 불평형률 (단상 3선식)

① 설비 불평형률은 중성선과 각 전압측 전선 간에 접속되는 부하 설비용량의 차[VA]와 총부하 설비 용량[VA]의 평균값의 비[%]로 나타낸다.

$$설비\ 불평형률 = \frac{중성선과\ 각\ 전압측\ 전선간에\ 접속되는\ 부하설비\ 용량의\ 차}{총\ 부하설비\ 용량의\ 1/2} \times 100[\%]$$

② 불평형 부하의 제한
  ㉮ 단상 3선식 - 40[%] 이하
  ㉯ 3상 3선식 또는 3상 4선식 - 30[%] 이하

3 저압전로의 절연과 절연성능(SELV, PELV, FELV)

(1) 전로의 절연

① 전로는 원칙적으로 대지로부터 절연하여야 한다. 다만, 다음의 경우에는 예외로 한다.
  ㉮ 수용장소의 인입구의 접지개소
  ㉯ 접지 공사를 하여야할 개소
  ㉰ 고압 계기용변성기의 2차측 전로의 접지점
  ㉱ 시험용 변압기, X선 발생장치 등과 같이 부득이 절연을 할 수 없는 부분

② 저압 전로의 절연저항
  ㉮ 사용 전압이 저압인 경우 전로에서 정전이 어려운 경우 절연저항 측정이 어려운 경우 저항성분의 누설 전류를 1[mA] 이하로 유지하여야 한다.
  ㉯ 저압전선로 중 절연 부분의 전선과 대지 사이 및 전선의 심선 상호 간의 절연저항은 사용 전압에 대한 누설 전류가 최대공급전류의 $\frac{1}{2000}$을 넘지 않도록 한다.
  ㉰ 절연 저항 $\geq \dfrac{사용전압}{누설전류} = \dfrac{사용전압}{최대공급전류 \times \dfrac{1}{2000}}$

③ 사용전압이 저압인 경우에 전로의 절연성능은 전선 상호간 및 전로와 대지 사이의 전선 상호간 및 전로와 대지간의 절연 저항은 다음 표에서 정한값 이상이어야 한다.

측정 시 영향을 주거나 손상을 받을 수 있는 SPD 또는 기타 기기 등은 측정 전에 분리시켜야 하고, 분리가 어려운 경우 시험전압을 250[V] DC로 낮추어 측정할 수 있지만 절연저항 값은 1[MΩ] 이상이어야 한다.

표. 저압전로의 절연성능

전로의 사용 전압[V]	DC 시험전압[V]	절연 저항[MΩ]
SELV 및 PELV	250	0.5
FELV, 500[V] 이하	500	1.0
500[V] 초과	1,000	1.0

특별저압

2차 전압이 AC 50[V], DC 120[V]이하로 SELV(접지회로 구성) 및 PELV(접지회로 구성)은 1차와 2차가 전기적으로 절연된 회로.
FELV는 1차와 2차가 전기적으로 절연되지 않는 회로

① 특별저압(extra low voltage) 2차 전압이 AC 50[V], DC 120[V]이하	SELV(비접지회로 구성)은 1차와 2차가 전기적으로 절연된 회로 PELV(접지회로 구성)은 1차와 2차가 전기적으로 절연된 회로 FELV는 1차와 2차가 전기적으로 절연되지 않은 회로
② SELV : 안전 특별 저압	KS C IEC 61558-2-6에 따른 안전절연변압기
③ PELV : 보호 특별 저압	KS C IEC 61558-2-6에 따른 안전절연변압기
④ FELV : 기능적 특별저압	권선 사이가 기본 절연인 변압기

(2) 고압 및 특 고압 전로의 절연 내력

고압 및 특 고압 전로는 표에서 정한 시험전압을 10분간 가하여 절연내력을 시험하였을 때, 이에 견뎌야 한다. 다만 전선에 케이블을 사용하는 교류전로는 표에서 정한 시험전압의 2배의 직류 전압을 전로와 대지 간에 연속해서 10분간 가하여 절연 내력을 시험하였을 때 이에 견디는 것에 대해서는 그렇지 않다.

전로의 종류	시험 전압
1. 최대사용전압 7[kV] 이하인 전로	최대사용전압의 1.5배의 전압
2. 최대사용전압 7[kV] 초과 25[kV] 이하인 중성점 접지식 전로	최대사용전압의 0.92배의 전압
3. 최대사용전압 7[kV] 초과 60[kV] 이하인 전로(상기 란의 것을 제외한다.)	최대사용전압의 1.25배의 전압 (10,500[V] 미만으로 되는 경우는 10,500[V])
4. 최대사용전압 60[kV] 초과 중성점 비접지식 전로	최대사용전압의 1.25배의 전압
5. 최대사용전압 60[kV] 초과 중성점 접지식 전로	최대사용전압의 1.1배의 전압 (75[kV] 미만으로 되는 경우에는 75[kV])
6. 최대사용전압이 60[kV] 초과 중성점 직접 접지식 전로	최대사용전압의 0.72배의 전압
7. 최대사용전압이 170[kV] 초과 중성점 직접 접지식 전로로서 그 중성점이 직접 접지되어 있는 발전소 또는 변전소 혹은 이에 준하는 장소에 시설하는 것	최대사용전압의 0.64배의 전압

(3) 접지(earth, grounding) 공사

① 지기(地氣), 지락(地洛), 어스(earth)라고도 부른다.
② 전기 계통 내에서 대지를 0전위로 하여 전위의 기준을 삼는다.

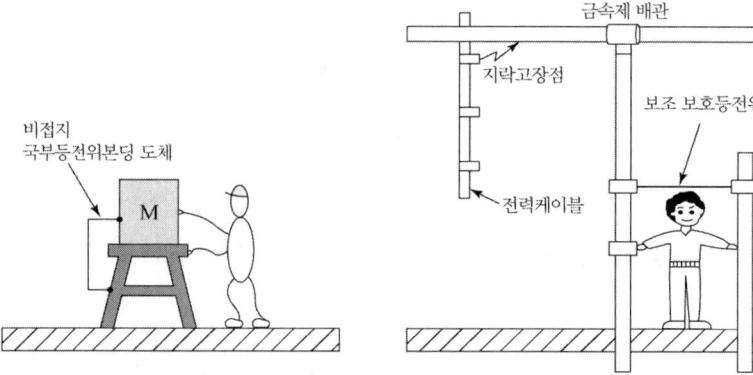

③ 전기적인 안전(감전사고)을 확보 하거나 신호의 간섭을 피하기 위해서 회로(배선)의 일부를 대지에 도선으로 접속, 전기적으로 잇는 것이다.

④ 전기기기 내에서 절연 파괴가 생기면, 기기의 금속제 외함은 충전되어 대지 전압을 가진다. 여기에 사람이 접촉하면 인체를 통하여 대지로 전류가 흘러 감전되므로, 금속제 외함을 접지하여 대지 전압을 가지지 않도록 하는 것이 접지 공사이다.

4 분기회로와 부하의 상정

(1) 분기 회로의 종류

전등, 콘센트 분기회로의 종류는 회로를 보호하는 과전류 차단기의 정격 전류에 따라 다음과 같이 분류되며, 모든 부하는 이들 분기 회로 중의 하나를 사용해야 한다.

분기회로의 종류

저압 옥내 전로의 종류	옥내배선의 굵기 및 MI 케이블	콘센트
15[A]분기회로	15[A]분기회로	단면적 2.5[mm^2] (MI 케이블 1.5[mm^2])
20[A]배선용 차단기분기회로	20[A]배선용 차단기분기회로	
20[A]분기회로	20[A]분기회로	단면적 6[mm^2] (MI 케이블 2.5[mm^2])
30[A]분기회로	30[A]분기회로	단면적 10[mm^2] (MI 케이블 6[mm^2])
40[A]분기회로	40[A]분기회로	단면적 16[mm^2] (MI 케이블 10[mm^2])
50[A]분기회로	50[A]분기회로	정격전류이상 허용전류를 가지는 것

(2) 부하의 상정

① 배선을 설계하기 위한 전등 및 소형 전기 기계 기구의 부하용량 산정에서 건물의 종류에 따른 표준 부하는 다음과 같다.

건물의 표준부하(내선규정 3315-1)

구분	건물의 종류	표준부하[VA/m^2]
P	공장, 공회당, 사원, 교회, 극장, 연회장 등	10
	기숙사, 여관, 호텔, 병원, 학교, 음식점, 다방, 대중목욕탕 등	20
	사무실, 은행, 상점, 이용소, 미장원	30
	주택, 아파트	40
Q	복도, 계단, 세면장, 창고, 다락	5
	강당, 관람석	10
C	주택, APT(세대별)에 대하여	1,000~500[VA]
	상점의 진열장은 폭 1[m]에 대하여	300[VA]
	옥외의 광고등, 광전사인, 네온사인 등	실[VA]수
	극장등의 무대조명, 영화관의 특수 전등 부하	실[VA]수

② 설비 부하 용량 = PA + QB + C

여기서, P : 주 건축물의 바닥 면적[m^2]

Q : 건축물의 부분 바닥 면적[m^2]

A : P부분의 표준 부하

B : Q부분의 표준 부하

C : 가산해야 할[VA]수

(3) 분기 회로수와 전선의 굵기

1) 분기 회로수

① 사용전압 220[V]의 15[A], 20[A](배선용 차단기) 분기회로 수는 부하의 상정에 따라 상정한 설비부하용량을 3,300[VA]로 나눈 값을 원칙으로 한다.

단, 사용 전압이 110[V]인 경우에는 1,650[VA]로 나눈 값으로 한다.

이 경우 계산 결과에 단수(端數)가 생겼을 때에는 절상 한다.

② 대형 전기기계 기구에 대해여는 별도로 전용 분기회로를 만들 것
③ 일반 주택의 바람직한 분기 회로 수는 다음과 같다.

일반 주택의 분기회로

주택의 면적 [m^2]	바람직한 분기회로 수								개별로 산출한 분기 회로수
	계		내역						
			전등용		일반 콘센트용				
					부엌용		부엌용 이외		
	110	220	110	220	110	220	110	220	
50 이하	4+α	3+α	1	1	2	1	2	1	*1
70 이하	5+α	3+α	2	1	2	1	2	2	
100 이하	6+α	4+α	2	1	2	2	4	2	
130 이하	8+α	5+α	3	2	2	2	5	2	
170 이하	10+α	6+α	3	2	2	2	6	3	
170 넘는 것	11+α	7+α	3	2	2	2	6	3	*2

※ 1 - α의 값은 주방용 대형기기 냉난방 장치용 등 필요에 따라서 증가되는 분기회로 수.
※ 2 - 대형기기란 100[V] 회로에서 1[kVA] 초과, 220[V] 회로에서 2[kVA] 초과를 말함.
※ 주택의 면적은 전용의 연면적을 말한다.

2) 전선의 굵기

① 전선의 굵기를 결정하는데 고려할 사항
- 기계적 강도
- 허용 전류
- 전압 강하

② 분기회로에 접속하는 전구선 또는 이동 전선의 굵기는 단면적 0.75[mm^2] 이상으로 하고 또한 그 부분을 통과하는 부하전류 이상의 것을 사용하여야 한다.

③ 분기회로의 수구
분기회로에 접속하는 수구는 분기회로의 종류에 따라 다음과 같이 설치하여야 한다.

분기회로의 종류	수구	
	콘센트의 정격전류[A]	나사형 접속기 및 소켓
① 15[A]	15[A] 이하	• 나사형의 소켓으로 공칭 지름이 39[mm] 이하의 것 • 나사형 이외의 소켓 • 공칭 지름이 39[mm]이하의 나사형 접속기
② 20[A] 배선용 차단기 분기회로	20[A] 이하 (참고 : 비고2)	
③ 20[A] 분기회로 (퓨즈에 한한다)	20[A] 이하 (참고 : 비고1)	
④ 30[A] 분기회로	20[A] 초과 30[A] 이하 (참고 : 비고1)	• 할로겐 전구용 소켓 • 백열전등용 공칭지름이 39[mm]인 소켓
⑤ 40[A] 분기회로	30[A] 초과 40[A] 이하	• 방전등(형광등, 나트륨등 등) 용의 소켓
⑥ 50[A] 분기회로	40[A] 초과 50[A] 이하	• 공칭 지름이 39[mm] 이하의 나사용 접속기

[비고] 1. ③, ④분기회로에 시설하는 콘센트는 15[A] 이하의 플러그가 삽입될 수 있는 20[A]콘센트 (15[A], 20[A] 겸용콘센트)는 사용해서는 안된다.
2. ②의 분기회로에 단면적 2.5[mm^2]의 0.6/1[kV] 비닐절연 비닐시스 케이블 등을 사용하는 경우는 원칙적으로 정격전류 20[A] 콘센트는 사용하지 말 것
3. 냉·난방장치 등의 전동기 전용회로에 시설하는 콘센트의 정격 전류는 위의 표에 관계없이 전동기의 정격 전류 이상의 것이면 된다.

5 수용 설비와 공급 설비

부하의 설비용량이 결정되면 각 부하별로 수용율, 부하율을 고려하여 최대수용 전력을 산출하고 부하의 역률과 장래 부하 증가를 고려하여 공급설비(변압기)의 용량을 결정한다.

(1) 수용률(demand factor)

① 수용률 = $\dfrac{\text{최대수용전력(1시간 평균)[kW]}}{\text{총 설비용량[kW]}} \times 100[\%]$

② 수용률을 적용하여 설비 용량으로부터 사용 최대 수용 전력을 결정한다.

건물의 종류	수용률	
	10[kVA] 이하	10[kVA] 초과분
주택, 아파트, 기숙사, 여관, 호텔, 병원, 창고	100	50
사무실, 은행, 학교	100	70
기타	100	

(2) 부등률

① 부등률 $= \dfrac{\text{각 개의 최대수용전력의 합[kW]}}{\text{합성최대수용전력[kW]}}$

② 부등률이 클수록 설비의 이용도가 큰 것을 나타낸다.

(3) 부하율(load factor)

① 부하율 $= \dfrac{\text{부하의 평균전력(1시간 평균)[kW]}}{\text{최대수용전력(1시간 평균)[kW]}} \times 100[\%]$

② 공급 설비는 부하율이 높을수록 유효하게 사용되는 셈이 된다.

(4) 공급 설비(배전 변압기) 용량

변압기 용량 $= \dfrac{\Sigma(\text{수용설비용량} \times \text{수용률})}{\text{부등률} \times \text{부하 역률}}$ [kVA]

6 전기 배선용 심볼

(1) 점멸기, 등기구, 콘센트, 기기

명칭	그림기호	적 용					
점멸기	●	① 용량의 표시는 15[A] 이상은 전류값 병기 ●15A ② 극수는 단극은 표시 안하며 2극, 3로, 4로는 2P, 3, 4의 숫자를 병기. ●2P, ●3, ●4 로 표시 ③ 방수형 ●WP , 방폭형 ●EX, 타이머 ●T, 리모콘 스위치 ●R					
형광등	⎯◯⎯	기구의 종류를 표시하는 경우는 병기 한다.					
	⎯●⎯	비상용					
유도등	⊗	객석 유도등	⊗S				
콘센트	◐	바닥 부착	(심볼)	용량 표시	◐20A	3극 이상	◐3P
룸 에어컨	RC	옥외용	RC B	옥내용	RC T		
소형변압기	Ⓣ	필요에 따라 벨 변압기는 ⓉB, 리모콘 변압기는 ⓉR 네온변압기는 ⓉN, 형광등용 안정기는 ⓉF HID(고효율 방전등)용 안정기는 ⓉH를 병기 한다.					
배전반 분전반 제어반	☐	종류를 구별하는 경우, 배전반	⊠				
		분전반	◣	제어반	⧖		

(2) 배선

명칭	그림 기호	적 요
천장 은폐 배선	———————	전선의 종류를 표시할 필요가 있는 경우 기호를 기입한다.
노출 배선	― ― ― ― ―	
바닥 은폐 배선	‒ ‒ ‒ ‒ ‒	
바닥면 노출 배선	—‧‧—‧‧—	
지중 매설 배선	—‧—‧—	

1장 전기설비의 개요 예상문제

전기기능사 필기

1. 전압에 구분에서 고압에 대한 설명으로 가장 옳은 것은?
   ① 직류는 1500[V]를, 교류는 1000[V] 이하인 것
   ② 직류는 1000[V]를, 교류는 1500[V] 이상인 것
   ③ 직류는 1500[V]를, 교류는 1000[V]를 초과하고, 7[kV] 이하인 것
   ④ 7[kV]를 초과하는 것

   [해설]

전압의 종별	직류	교류
저 압	1.5[kV] 이하	1[kV] 이하
고 압	1.5[kV] 초과 7[kV] 이하	1[kV] 넘고 7[kV] 이하
특 고 압	7[kV]를 초과하는 전압	

2. 1차와 2차가 전기적으로 절연되지 않은 회로의 절연저항의 최솟값은?
   ① 0.1[MΩ]   ② 0.2[MΩ]
   ③ 0.4[MΩ]   ④ 1[MΩ]

   [해설] 1차와 2차의 전기적으로 절연 되지않은 회로의 절연저항값 1[MΩ]

3. 대지전압 220[V]의 옥내전선로에서 분기회로의 절연저항 측정시 DC 시험전압[V]은 얼마로 하여야 하는가?
   ① 100   ② 250
   ③ 500   ④ 1000

   [해설] 대지전압 220[V]의 옥내전선로에서 분기회로의 절연저항 측정시 DC 시험전압[V]은 500[V]이다.

4. 가정용 저압 배전 전압을 100[V]에서 200[V]로 승압하면 어떤 이점이 있나?
   ① 공사가 간단하다.
   ② 역률이 좋다.
   ③ 전력 손실이 적다.
   ④ 정전이 적다.

   [해설] 전력손실은 1/4 로 줄어든다

5. 변전소의 역할로 볼 수 없는 것은?
   ① 전압의 변성
   ② 전력 생산
   ③ 전력의 집중과 배분
   ④ 전력계통의 보호

   [해설] 변전소 역할
   전압의 변성, 전력의 집중과 배분, 전력계통의 보호

6. 분기회로 구성 시 유의 사항으로 틀린 것은?
   ① 같은 방의 전등과 콘센트는 같은 분기회로를 사용하는 것이 원칙이다.

정답   1. ③   2. ④   3. ③   4. ③   5. ②   6. ②

② 복도, 계단 등은 될 수 있는 대로 별도의 분기회로로 한다.
③ 습기가 있는 장소의 수구는 될 수 있는 대로 별도의 분기회로로 한다.
④ 같은 스위치로 점멸하는 전등은 같은 분기회로로 구성한다.

7 전압의 종별에서 특별 고압이란?

① 7[kV]를 넘는 것
② 200[V]를 넘는 것
③ 14[kV]를 넘는 것
④ 20[kV]를 넘는 것

[해설] AC, DC : 특고압은 7[kV]를 초과하는 전압

8 $\dfrac{\text{부하의 평균전력(1시간 평균)}}{\text{최대수용전력(1시간 평균)}} \times 100[\%]$
의 관계를 가지고 있는 것은?

① 부하율
② 부등률
③ 수용률
④ 설비률

[해설]
수용률 = $\dfrac{\text{최대수용전력(1시간 평균)}[kW]}{\text{총설비용량}[kW]} \times 100[\%]$

부하율 = $\dfrac{\text{부하의 평균전력(1시간 평균)}[kW]}{\text{최대수용전력(1시간 평균)}[kW]} \times 100[\%]$

부등률 = $\dfrac{\text{각 개의 최대수용전력의 합}[kW]}{\text{합성최대수용전력}[kW]}$

9 건축물의 종류에서 표준부하를 20[VA/m²]으로 하여야 하는 건축물은 다음 중 어느 것인가?

① 교회, 극장
② 학교, 음식점
③ 은행, 상점
④ 주택, 아파트

[해설]

건물의 종류	수용률 10[kVA] 이하	수용률 10[kVA] 초과분
주택, 아파트, 기숙사, 여관, 호텔, 병원, 창고	100	50
사무실, 은행, 학교	100	70
기타	100	

10 각 수용가의 최대 수용전력이 각각 5[kW], 10[kW], 15[kW], 22[kW]이고 합성 최대 수용전력이 50[kW]이다. 이 수용가 상호간의 부등률은 얼마인가?

① 1.04
② 2.34
③ 4.25
④ 6.94

[해설] 부등률
$= \dfrac{\text{각 개의 최대수용전력의 합}[kW]}{\text{합성최대수용전력}[kW]}$
$= \dfrac{5+10+15+22}{50} = 1.04$

11 학교, 사무실, 은행의 간선 굵기 선정시 수용률은 몇 [%]를 적용하는가?

① 50[%]
② 60[%]
③ 70[%]
④ 80[%]

[해설]

건물의 종류	수용률 10[kVA] 이하	수용률 10[kVA] 초과분
주택, 아파트, 기숙사, 여관, 호텔, 병원, 창고	100	50
사무실, 은행, 학교	100	70
기타	100	

정답 7. ① 8. ① 9. ② 10. ① 11. ③

12 어느 수용가의 설비용량이 각각 1[kW], 2[kW], 3[kW], 4[kW]인 부하설비가 있다. 그 수용률이 60[%]인 경우, 그 최대 수용 전력은 몇 [kW]인가?

① 3[kW] ② 6[kW]
③ 30[kW] ④ 60[kW]

[해설] 최대 수용 전력
= 설비용량×수용률
= (1+2+3+4)×0.6 = 6[kW]

13 사무실, 은행, 상점, 이발소, 미장원에서 사용하는 표준 부하[VA/m²]는?

① 5[VA/m²]
② 10[VA/m²]
③ 20[VA/m²]
④ 30[VA/m²]

[해설]

건물의 종류	표준부하 [VA/m²]
공장, 공회당, 사원, 교회, 극장, 연회장 등	10
기숙사, 여관, 호텔, 병원, 학교, 음식점, 다방, 대중목욕탕 등	20
사무실, 은행, 상점, 이용소, 미장원	30
주택, 아파트	40

14 주택, 아파트에서 사용하는 표준부하 [VA/m²]는?

① 10[VA/m²]
② 20[VA/m²]
③ 30[VA/m²]
④ 40[VA/m²]

[해설]

건물의 종류	표준부하 [VA/m²]
공장, 공회당, 사원, 교회, 극장, 연회장 등	10
기숙사, 여관, 호텔, 병원, 학교, 음식점, 다방, 대중목욕탕 등	20
사무실, 은행, 상점, 이용소, 미장원	30
주택, 아파트	40

15 최대사용전압이 70[kV]인 중성점 직접접지식 전로의 절연내력 시험전압은 몇 [V]인가?

① 44,800 ② 35,000
③ 50,400 ④ 42,000

[해설] 최대사용전압60[kV] 초과 중성점 직접접지식회로=최대사용전압×0.72배
$V = 70 \times 0.72 = 50,400[V]$

16 절연내력을 시험할 때는 관련 규정에서 정한 시험전압을 연속하여 몇 분간 가하여야 하는가?

① 1분   ② 3분
③ 5분   ④ 10분

[해설] 절연내력시험 연속 10분

17 배전선로의 전압이 22,900[V]이며 중성선에 다중 접지하는 전선로의 절연내력 시험 전압은 최대 사용 전압의 몇 배인가?

① 0.72 ② 0.92
③ 1.1   ④ 1.25

정답 12. ② 13. ④ 14. ④ 15. ③ 16. ④ 17. ②

[해설] 중성선 다중접지방식 7[kV] 초과 25[kV] 이하시 0.92배

18 전로는 절연하여 사용하는 것이 원칙이나 보안상, 경제상의 이유 또는 구조상 절연할 수 없는 경우 전로의 절연 원칙에서 제외하고 있다. 틀린 것은?

① 계기용 변성기의 접지점
② 중성점의 접지점
③ 변압기의 1차측 접지점
④ 다중 접지 중성선의 접지점

[해설] 전로의 절연 원칙에서 제외장소
- 계기용 변성기의 접지점
- 중성점의 접지점
- 중성선 다중 접지 중성선의 접지점

19 전등 한 개를 2개소에서 점멸하고자 할 때 옳은 배선은?

①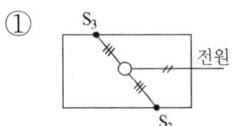
②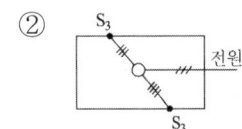
③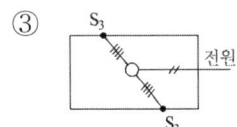
④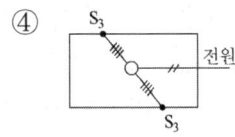

[해설] 전등 한 개를 2개소에서 점멸은 3로 스위치 배선이고, 3로 스위치는 3가닥, 전원은 2가닥 이다.

20 4개소에서 1개의 전등을 자유롭게 점등, 점멸할 수 있도록 하기 위해 배선하고자 할 때 필요한 스위치의 수는? (단, SW_3은 3로 스위치, SW_4는 4로 스위치이다.)

① SW_3 4개
② SW_3 1개, SW_4 3개
③ SW_3 2개, SW_4 2개
④ SW_4 4개

[해설] 한 개등 두 곳 점멸은 3로 스위치 2개
한 개등 세 곳 점멸은 3로 스위치 2개, 4로 스위치 1개
한 개등 네 곳 점멸은 3로 스위치 2개, 4로 스위치 2개

21 2개의 입력 가운데 앞서 동작한 쪽이 우선하고, 다른 쪽은 동작을 금지 시키는 회로는?

① 자기유지회로
② 한시운전회로
③ 인터록회로
④ 비상운전회로

[해설] 인터록 : 앞서 동작한 쪽이 우선하고, 다른 쪽은 동작을 금지 회로로 동시 투입을 방지하기 위한 회로이다.

22 전자접촉기 2개를 이용하여 유도전동기 1대를 정역 운전하고 있는 시설에서 전자접촉기 2개가 동시에 여자되어 상간 단락되는 것을 방지하기 위하여 구성하는 제어회로는?

① 순차적제어회로
② 인터록회로
③ 자기유지회로
④ Y-△기동 회로

정답 18. ③ 19. ① 20. ③ 21. ③ 22. ②

23 동력배선에서 경보를 표시하는 램프의 일반적인 색깔은?

① 백색　　② 오렌지색
③ 적색　　④ 녹색

[해설] 동력배선경보는 오렌지색 램프를 사용한다.

24 역률개선의 효과로 볼 수 없는 것은?

① 감전사고 감소
② 전력손실 감소
③ 전압강하 감소
④ 설비 용량의 이용률 증가

[해설] 역률개선시
전력손실 감소, 전압강하 감소, 설비용량의 여유율 증가, 전기요금 경감

25 설비용량 600[kW], 부등률 1.2, 수용률 0.6일 때 합성최대전력[kW]은?

① 240[kW]　　② 300[kW]
③ 432[kW]　　④ 833[kW]

[해설] 합성최대전력 = $\dfrac{600 \times 0.6}{1.2}$ = 300[kW]

26 전로 이외를 흐르는 전류로서 전로의 절연체 내부 및 표면과 공간을 통하여 선간 또는 대지사이를 흐르는 전류를 무엇이라 하는가?

① 지락전류　　② 누설전류
③ 정격전류　　④ 역상전류

[해설] 누설전류 : 전로이외를 흐르는 전류로 최소 1[mA] 이하 대지 사이를 흐르는 전류

27 사람이 쉽게 접촉하는 장소에 설치하는 누전차단기의 사용전압 기준은 몇 [V] 초과인가?

① 50　　② 110
③ 150　　④ 220

[해설] 누전차단기 사용전압기준
50[V] 초과
주택·옥내 경우 150[V]~300[V]

28 화재 시 소방대가 조명기구나 파괴용 기구, 배연기 등 소화 활동 및 인명 구조 활동에 필요한 전원으로 사용하기 위해 설치하는 것은?

① 상용전원장치　　② 유도등
③ 비상용 콘센트　　④ 비상등

[해설] 화재 시 소방대가 조명기구나 파괴용 기구, 배연기 등 소화 활동 및 인명 구조 활동에 필요한 전원 비상용 콘센트로 한다.

29 제2차 접근 상태라는 것은 가공 전선이 다른 공작물로부터 수평 거리 몇 [m]미만인 곳에 시설되는 것을 말하는가?

① 1.5[m]　　② 3[m]
③ 3.5[m]　　④ 5[m]

[해설] 제2차 접근상태 : 수평거리 3[m] 미만

30 백열전등을 사용하는 전광사인에 전기를 공급하는 전로의 사용 전압은 대지 전압을 몇 [V] 이하로 하는가?

① 200[V] 이하　　② 300[V] 이하
③ 400[V] 이하　　④ 600[V] 이하

정답 23. ② 24. ① 25. ② 26. ② 27. ① 28. ③ 29. ② 30. ②

해설 백열전등 대지전압 300[V] 이하

31 실링·직접부착등을 시설하고자 한다. 배선도에 표기할 그림기호로 옳은 것은?

① ─N─   ② ○
③ (CL)   ④ (R)

해설 (CL) : 실링·직접부착등

32 전기 회로에서 실제로 대지를 0[V]의 기준점으로 택하는 경우가 많다. 전기적인 안전을 확보하거나 신호의 간섭을 피하기 위해서 회로의 일부분을 대지에 접속하여 0 전위가 되도록 하는 것을 무엇이라 하는가?

① 접지(earth)
② 전압 강하(voltage drop)
③ 전기저항(electric resistance)
④ 부하(load)

해설 전기회로에서 실제로 대지를 0[V] 기준점은 접지라 한다.

33 단상 3선식에서 부하가 평형이 되게 하는 것을 원칙으로 하나 부득이한 경우에는 설비불평형률을 몇 [%]까지로 할 수 있는가?

① 10[%]   ② 20[%]
③ 30[%]   ④ 40[%]

해설 단상 3선식에서 부하설비 불평형률 : 40[%] 이하

34 저압, 고압 및 특별 고압 수전의 3상 3선식 또는 3상 4선식에서 설비 불평형률을 몇 [%] 이하로 하는 것을 원칙으로 하는가?

① 10[%]   ② 20[%]
③ 30[%]   ④ 40[%]

해설 3상3선식, 3상4선식 설비불평형률 : 30[%] 이하

35 220[V]로 인입하는 어느 주택의 총 부하설비 용량이 7,050[VA] 이다. 최소 분기회로수는 몇 회로로 하여야 하는가? (단, 전등 및 소형 전기 기계·기구이고 3,300 [VA] 이하마다 분기하게 되어 있다.)

① 1   ② 3
③ 5   ④ 8

해설 최소분기회로수 $= \frac{7050}{3300} = 2.13$, 3회로

36 전력 수용가의 수용률은?

① $\frac{평균전력}{최대전력} \times 100[\%]$
② $\frac{최대수용전력}{수용설비용량} \times 100[\%]$
③ $\frac{최대전력}{최대전력} \times 100[\%]$
④ $\frac{수용설비용량}{최대수용전력} \times 100[\%]$

해설 수용률 $= \frac{최대수용전력}{수용설비용량} \times 100[\%]$

정답 31. ③ 32. ① 33. ④ 34. ③ 35. ② 36. ②

37 수용 설비 용량이 2.2[kW]인 주택에서 최대 사용 전력이 0.8[kW]이었다면 수용률은 몇 [%]가 되겠는가?

① 26.5[%]　② 36.4[%]
③ 46.8[%]　④ 56.2[%]

[해설] 수용률 = $\frac{0.8}{2.2} \times 100 = 36.4[\%]$

38 최대 수용 전력이 50[kW]인 수용가에서 하루의 소비 전력이 600[kWh]이다. 일 부하율은 몇 [%]인가?

① 50[%]　② 65[%]
③ 80[%]　④ 95[%]

[해설] 부하율 = $\frac{600}{50 \times 24} \times 100 = 50[\%]$

39 각 수용가의 수용 설비 용량이 합이 50[kW], 수용률이 65[%], 각 수용가 사이의 부등률은 1.3, 부하 역률 80[%]일 때 공급 설비 용량은 몇 [kVA] 이겠는가?

① 25.38[kVA]　② 31.25[kVA]
③ 42.25[kVA]　④ 52.38[kVA]

[해설] 공급설비용량 = $\frac{수용설비용량 \times 수용률}{부등률 \times 역률}$
$= \frac{50 \times 0.65}{1.3 \times 0.8} = 31.25[kVA]$

40 아래의 그림기호가 나타내는 것은?

① 비상 콘센트
② 형광등
③ 점멸기
④ 접지저항 측정용 단자

[해설] ⊙⊙ 비상콘센트

41 전기 세탁기용에 사용하는 콘센트로서 적당한 것은?

① 2극 15[A]
② 2극 20[A]
③ 접지 극부 2극 15[A]
④ 2극 20[A] 걸이형

[해설] 전기세탁기 콘센트 : 접지 극부 2극 15[A]

42 다음 심벌의 명칭은?

① 전동기　② 유도등
③ 발전기　④ 점멸기

[해설] 유도등 : ⊗

43 ☐ 의 심벌은?

① 분배전반
② 단자반
③ 배전반, 분전반 및 제어반
④ 호출용 수신반

[해설] 배전반, 분전반 및 제어반 : ☐

44 전동기를 그림 기호로 표시하면?

① Ⓗ　② Ⓜ
③ Ⓣ　④ ∞

[해설] Ⓜ : 전동기

45 다음 중 방수형 콘센트의 심벌은?

① ◐ ② ●
③ ◐WP ④ ◐E

해설 ◐WP : 방수형 콘센트

46 다음 중 철주의 심벌은?

① ─/─●─/─
② ───●───
③ ───■───
④ ─/─○─/─

해설 ───■─── : 철주

47 다음 그림 중 바닥 은폐 배선은?

① ────────
② ─ ─ ─ ─ ─
③ ── ── ── ──
④ ────●────

해설 ─ ─ ─ ─ ─ : 바닥 은폐 배선
─ ─ ─ ─ ─ : 노출배선

48 다음 중 교류 차단기의 단선도 심벌은?

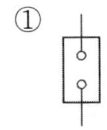 ① 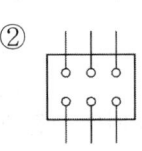 ②
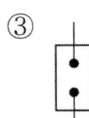 ③ 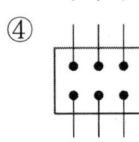 ④

해설 : 교류 차단기

49 다음 심벌의 명칭은?

◐

① 과전압 계전기
② 환풍기
③ 콘센트
④ 룸 에어컨

해설 ◐ : 콘센트

50 그림과 같은 심벌의 명칭은?

[MD]

① 금속 덕트
② 버스 덕트
③ 피터 버스 덕트
④ 플러그인 버스 덕트

해설 [MD] : 금속 덕트

51 배선용 차단기의 심벌은?

① [B]
② [E]
③ [BE]
④ [S]

해설 [B] : 배선용 차단기

정답 45. ③ 46. ③ 47. ② 48. ① 49. ③ 50. ① 51. ①

52 다음 기호의 명칭은?

―――――――

① 천장 은폐 배선
② 바닥 은폐 배선
③ 노출 배선
④ 바닥면 노출 배선

[해설] ――――――― : 천장 은폐 배선

53 다음 심벌의 명칭은 무엇인가?

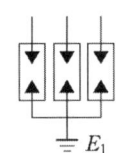

① 파워 퓨즈
② 단로기
③ 피뢰기
④ 고압 컷아웃 스위치

[해설] 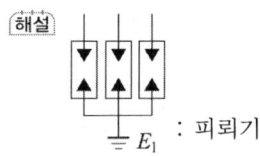 : 피뢰기

54 110/220[V] 단상 3선식 회로에서 110[V]전구 Ⓡ, 110 [V] Ⓒ, 220 [V] 전동기 Ⓜ의 연결이 올바른 것은?

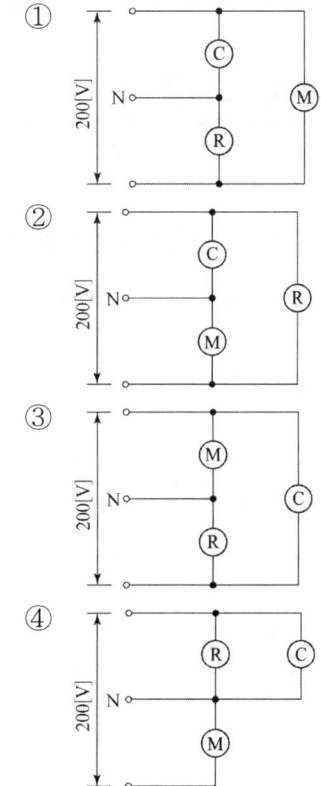

[해설] 단상3선식
110 [V] 전구 Ⓡ
110 [V] 전구 Ⓒ
220 [V] 전동기 Ⓜ

정답 52. ① 53. ③ 54. ①

2장 배선재료 및 공구

1. 전선 및 케이블

(1) 전선
나전선, 절연전선, 코드, 케이블로 이들은 각각 특성상의 특징을 가지고 있어 목적에 가장 적합한 것을 선정하여 사용하여야 한다.

(2) 전선의 구비조건
① 도전율이 클 것
② 기계적 강도가 클 것
③ 비중이 작을 것
④ 내구성이 있을 것
⑤ 공사가 쉬울 것
⑥ 값이 싸고 쉽게 구할 수 있을 것

1.1 나전선·절연전선·케이블의 명칭

(1) 나전선(裸電線)
나전선 등의 금속선은 다음의 것 또는 이들을 소선(素線)으로 하여 구성된 연선(撚線)을 사용하여야 한다.
① 경동선(硬銅線) : 지름 12[mm] 이하의 것에 한한다.
② 연동선(軟銅線)
③ 동합금선 : 단면적 25[mm^2] 이하의 것에 한한다.
④ 경알루미늄선 : 단면적 35[mm^2] 이하의 것에 한한다.
⑤ 알루미늄합금선 : 단면적 35[mm^2] 이하의 것에 한한다.
⑥ 아연도강선(亞鉛鍍鋼線)
⑦ 아연도철선 : 기타방청도금을 한 철선을 포함한다.

(2) 절연전선(코드)

절연전선(코드)은 다음의 것을 사용하여야 한다.
① 옥외용 비닐절연전선(OW전선)
② 인입용 비닐절연전선(DV전선)
③ 450/750[V] 이하 염화비닐절연전선 (표 1.2 참조)
④ 450/750[V] 이하 고무절연전선
⑤ 1,000[V]용 형광방전등용 전선
⑥ 네온관용 전선
⑦ 6/10[kV] 고압인하용 가교폴리에틸렌 절연전선
⑧ 6/10[kV] 고압인하용 가교 EP고무절연전선
⑨ 고압 절연전선
⑩ 특고압 절연전선(공칭전압이 22,900[V] 이하)

(3) 캡타이어 케이블(내선규정 1430-3)

① 저압용 캡타이어케이블은 다음과 같다
  ㉮ 0.6/1[kV] EP 고무절연 클로로프렌 캡타이어케이블
  ㉯ 0.6/1[kV] 비닐절연 비닐캡타이어케이블

② 고압용 캡타이어케이블은 다음과 같다.
  ㉮ 2종 클로로프렌 캡타이어케이블
  ㉯ 3종 클로로프렌 캡타이어케이블
  ㉰ 2종 클로로설폰화 폴리에틸렌 캡타이어케이블
  ㉱ 3종 클로로설폰화 폴리에틸렌 캡타이어케이블

(4) 저압 케이블

저압 케이블은 다음의 것을 사용하여야 한다.
① 알루미늄피 케이블
② 비닐절연 비닐시스케이블
③ 가교 폴리에틸렌 절연 비닐시스케이블
④ EP 고무 절연 비닐시스케이블
⑤ EP 고무 절연 클로로프렌시스케이블

⑥ 미네랄 인슈레이션(MI) 케이블
⑦ 수저 케이블
⑧ 선박용 케이블
⑨ 리프트 케이블
⑩ 통신용 케이블
⑪ 아크 용접용 케이블
⑫ 내 마모성 케이블
⑬ 상기한 케이블에 보호피복을 실시 할 것

[주] 보호피복을 한 것 중에서 2중으로 감은 강대(鋼帶) 혹은 황동대(黃銅帶)를 사용한 것 또는 파상형(波狀形)으로 성형한 강관(鋼管)을 사용한 것을 특히 "개장(鎧裝) 케이블"이라 한다.

(5) 고압 및 특고압 케이블

고압 및 특고압 케이블은 다음의 것을 사용하여야 한다.
① 알루미늄피 케이블
② 가교 폴리에틸렌 절연 비닐시스케이블
③ 가교 폴리에틸렌 절연폴리에틸렌 시스케이블
④ 콤바인덕트(CD)케이블
⑤ 비행장 등화(燈火)용 고압케이블
⑥ 수밀형 케이블
⑦ 수저 케이블
⑧ 상기의 케이블에 보호피복을 한 것

2 전선의 종류·기호·약호

(1) 정격전압 450/750[V] 이하 염화비닐 절연 케이블

① 배선용 비닐 절연 전선

표 3-12 KS C IEC 60227-3

종 류	기 호	절연체	약 호
450/750[V] 일반용 단심 비닐 절연전선	60227 KS IEC 01	PVC/C	SNR
450/750[V] 일반용 유연성 단심 비닐절연전선	60227 KS IEC 02	PVC/C	SNF
300/500[V] 기기 배선용 단심 비닐 절연전선(70[℃])	60227 KS IEC 05	PVC/C	SNRI(70)
300/500[V] 기기 배선용 유연성 단심 비닐 절연전선(70[℃])	60227 KS IEC 06	PVC/C	SNFI(70)
300/500[V] 기기 배선용 단심 비닐 절연전선(90[℃])	60227 KS IEC 07	PVC/E	SNRI(90)
300/500[V] 기기 배선용 유연성 단심 비닐 절연전선(90[℃])	60227 KS IEC 08	PVC/E	SNFI(90)

② 배선용 비닐 시스 케이블

표 3-13 KS C IEC 60227-4

종 류	기 호	절연체	시스	약호
300/500[V] 연질 비닐 시스 케이블	60227 KS IEC 10	PVC/C	PVC/ST4	LPS

③ 유연성 비닐 케이블(코드)

표 3-14 KS C IEC 60227-5

종류	기 호	절연체	시스	약호
300/300[V] 평형 금사 코드	60227 KS IEC 41	PVC/D	–	FTC
300/300[V] 평형 비닐 코드	60227 KS IEC 42	PVC/D	–	FSC
300/300[V] 실내 장식 전등 기구용 코드	60227 KS IEC 43	PVC/D	–	CIC
300/300[V] 연질 비닐 시스 코드	60227 KS IEC 52	PVC/D	PVC/ST5	LPC
300/500[V] 범용 비닐 시스 코드	60227 KS IEC 53	PVC/D	PVC/ST5	OPC
300/300[V] 내열성 연질 비닐 시스 코드(90[℃])	60227 KS IEC 56	PVC/E	PVC/ST10	HLPC
300/500[V] 내열성 범용 비닐 시스 코드(90[℃])	60227 KS IEC 57	PVC/E	PVC/ST10	HOPC

(2) 정격전압 450/750[V] 이하 고무 절연 케이블

① 내열 실리콘 고무 절연 전선

표 3-15 KS C IEC 60245-3

종 류	기 호	절연체	약호
300/500[V] 내열 실리콘 고무 절연전선 (180[℃])	60245 KS IEC 03	IE2	HRS

② 고무 코드, 유연성 케이블

종 류	기 호	절연체	시스	약호
300/300[V] 편조 고무 코드	60245 KS IEC 51	IE1	–	BRC
300/500[V] 범용 고무시스 코드	60245 KS IEC 53	IE1	SE3	ORSC
300/500[V] 범용 클로로프렌, 합성 고무시스 코드	60245 KS IEC 57	IE1	SE4	OPSC
450/750[V] 경질 클로로프렌, 합성 고무시스 유연성 케이블	60245 KS IEC 66	IE1	SE4	HPSC
300/500[V] 장식 전등 기구용 클로로프렌, 합성 고무시스 케이블	60245 KS IEC 58	IE1	SE4	PCSC
	60245 KS IEC 58	IE1	SE4	PCSCF

③ 아크용접 케이블

표 3-15 KS C IEC 60245-6

종 류	기 호	절연체	시스	약호
고무시스 용접용 케이블	60245 KS IEC 81	IE1	SE3	AWR
클로로프렌, 천연 합성고무시스 용접용 케이블	60245 KS IEC 82	IE1	SE4	AWP

(3) 정격전압 1~3[kV] 압출 성형 절연 전력 케이블 및 그 부속품

표 3-18 케이블(1[kV] 및 3[k/V]) : KS C IEC 60502-1

종 류	기 호	절연체	시스	약호
0.6/1[kV] 비닐절연 비닐시스 케이블	V V	PVC/A	PVC/ST1	V V
0.6/1[kV] 비닐절연 비닐시스 제어 케이블	C V V	PVC/A	PVC/ST1	C V V
0.6/1[kV] 비닐절연 비닐 캡타이어케이블	V C T	PVC/A	PVC/ST1	V C T
0.6/1[kV] 가교 폴리에틸렌 절연 비닐시스 케이블	C V	XLPE	PVC/ST2	C V 1
0.6/1[kV] 가교 폴리에틸렌 절연 폴리에틸렌시스 케이블	C E	XLPE	PE/ST7	CE1
0.6/1[kV] 가교 폴리에틸렌 절연 저독성 난연 폴리올레핀시스 전력 케이블	HFCO	XLPE	ST8	HFCO
0.6/1[kV] 가교 폴리에틸렌 절연 저독성 난연 폴리올레핀시스 제어 케이블	HFCCO	XLPE	ST8	HFCCO
0.6/1[kV] 제어용 가교 폴리에틸렌 절연 비닐시스 케이블	CCV	XLPE	PVC/ST2	CCV
0.6/1[kV] 제어용 가교 폴리에틸렌 절연 폴리에틸렌시스 케이블	CCE	XLPE	PE/ST7	CCE
0.6/1[kV] EP 고무절연 비닐시스 케이블	PV	EPR	PVC/ST2	PV
0.6/1[kV] EP 고무 절연 클로로프렌시스 케이블	PN	EPR	SE1	PN
0.6/1[kV] EP 고무 절연 클로로프렌 캡타이어케이블	PNCT	EPR	SE1	PNCT

(4) 네온관용 전선

표 3-19 KS C 3308-1988

기 호	분기 회로 일반			절연체 두께 [mm]	시스 두께 [mm]	평균완성 바깥지름 [mm]
	공칭단면적 [mm²]	소선수/소선지름 [mm]	바깥지름 [mm]			
15[kV]N-RV	2.0	19/0.35	1.8	3.2	1.0	10.2
15[kV]N-RC	2.0	19/0.35	1.8	3.2	1.0	10.2
15[kV]N-EV	2.0	19/0.35	1.8	2.0	0.8	7.4
15[kV]N-RV	2.0	19/0.35	1.8	2.0	0.8	7.4
7.5[kV]N-RC	2.0	19/0.35	1.8	2.0	0.8	7.4
7.5[kV]N-EV	2.0	19/0.35	1.9	1.0	0.8	6.4
7.5[kV] N-C	2.0	19/0.35	1.9	2.8	-	7.4

3 절연 전선 등의 허용 전류

인입용 비닐 절연 전선 및 옥외용 절연 전선이 허용 전류 (주위온도 30[℃] 이하)

도체의 종류	도 체		허 용 전 류[A]				
		지름 또는 소선 수와 공칭 단면적 [mm] 또는 [mm²]	인입용 비닐 절연 전선 (DV 전선)		옥외용 절연 전선		
			2개꼬임 또는 평형	3개꼬임 또는 평형	OW전선	OB 전선	OC 전선
동	단선	2.0	28	25	-	-	-
		2.6	38	34	44	-	-
		3.2	50	44	58	-	-
		4.0	-	-	78	-	-
		5.0	-	-	103	114	142
	연선	14.7/1.6	70	62	-	-	-
		22,7/2.0	92	80	112	124	154
		38,7/2.6	130	113	153	169	212
		60, 19/2.0	174	152	206	203	282
		100, 19/2.6	238	209	283	306	389

요점 정리

1. 전선 및 케이블

전선에는 나전선, 절연전선, 코드, 저압케이블, 고압케이블, 특별고압 케이블 제어용 케이블 등 많은 종류가 있다. 전선 케이블의 구비조건은 다음과 같다.

1) 전선의 일반적인 요구사항
   ① 전선은 통상 사용 상태에서의 온도에 견디는 것이어야 한다.
   ② 전선은 설치장소의 환경 조건에 적절하고 발생할 수 있는 전기·기계적 응력에 견디는 능력이 있는 것을 선정하여야 한다.
   ③ 도전율이 크고 고유저항은 작고, 기계적 강도 및 가요성(유연성)이 풍부할 것
   ④ 내구성이 크고 비중이 작을 것
   ⑤ 다량으로 값싸게 구입할 수 있고 취급이 용이할 것

2) 전선의 종류와 용도
   ① 절연전선은 나 전선에 고무나 비닐 등의 절연물을 피복하여 전기적으로 절연한 것으로 종류와 용도는 아래와 같다.

명칭	적용
옥외용 비닐 절연전선 (OW, OB, OC전선)	단심의 경동선 또는 경동 연선위에 내구성이 좋은 비닐을 피복한 것 (용도 : 저압가공 배선)
인입용 비닐 절연전선(DV)	단선 또는 연선의 연동선에 비닐을 피복한 것 용도 : 저압가공인입선
600[V] 내열 비닐 절연전선 (HIV)	단선 또는 연선의 경동선이나 연동선에 내열성의 비닐을 피복한 것 용도 : 내열성이 요구되는 600[V] 이하의 옥내 배선
네온 전선 N : 네온, E : 폴리에틸렌 C : 클로로프렌, V : 비닐 R : 고무	주석 도금한 $0.75[mm^2]$의 연동 연선에 절연 및 외부 피복을 한 것. 예) N-RV : 고무 절연 비닐시스 네온 전선 　　용도 : 네온사인 배선

   ② 나전선
   　　피복이 없는 전선으로 사용 장소는 전기설비기술기준의 판단기준에 의해 옥내에서는 사용해서는 아니 된다. (단, 다음의 장소에 사용할 수 있다.)

㉮ 전기로용 전선
㉯ 저압 접촉 전선
㉰ 전선의 피복 절연물이 부식하는 장소에 시설하는 전선
㉱ 취급자 이외의 자가 출입할 수 없도록 설비한 장소에 시설하는 전선
㉲ 버스 덕트 공사에 의하여 시설하는 경우
㉳ 라이팅 덕트 공사에 의하여 시설하는 경우

③ 평각 구리선
평각 구리선은 두께 0.5~10[mm], 너비 1.6~7.5[mm]의 것이 있고 크기의 표시 방법은(두께×너비)로 표시한다. 다음 표는 평각 구리선의 종류 및 기호를 나타낸 것이다.

평각동선의 종류 및 기호

종류	기호	비고
1호 평각동선	H	경질인 것
2호 평각동선	HA	반경질인 것
3호 평각동선	A	연질인 것
4호 평각동선	SA	에지 와이어(edge wire)로 구부려 사용하는 연질인 것

④ 단선과 연선
  ㉮ 단선
    단면이 원형인 1본의 도체로 크기는 지름[mm]으로 표시하고, 최소 0.1[mm], 최대 12[mm]까지 42종이 있다.
    저압옥내배선에서는 IEC60364 기준에 의해 사용되지 않으며 연선이 사용된다.
  ㉯ 연선
    ㉠ 1본의 중심선 위에 6배수의 층수 배수만큼 증가하는 구조로 되어 있고, 크기는 공칭 단면적 [mm^2]로 표시하며, 최소 0.9[mm^2], 최대 1,000[mm^2]로 하여 26종류가 있다.
    ㉡ 공칭 단면적은 전선의 실제 단면적과 반드시 같지 않으며 전선의 굵기를 나타내는 호칭이다.
      • 총 소선수 $N = 3n(n+1)+1$
      • 바깥지름 $D = (2n+1)d$

- 단면적 $A = aN = \dfrac{\pi d^2}{4} \times N$

여기서, n : 층수(가운데 한 가닥은 층수에 포함하지 않는다.)
d : 소선의 지름[mm]
a : 소선의 단면적[mm^2]

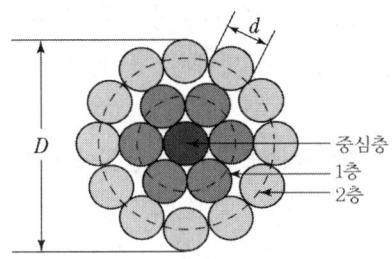

ⓒ 연선은 가요성이 커서 가선공사가 용이하다.

2. 전선의 식별

1) 전선의 색상은 다음과 같다.

상(문자)	색상
L1	갈색
L2	흑색
L3	회색
N	청색
보호도체(PE)	녹색-노란색

2) 색상 식별이 종단 및 연결지점에서만 이루어지는 다도체등은 전선의 종단부에 색상이 반영구적으로 유지될 수 있는 도색 밴드, 색 테이프 등의 방법으로 표시해야 한다.

3) 코드

코드는 이동성·가요성으로 피복 자체가 절연체인 전선이며, 전구선 또는 저압의 이동용 전선으로 사용된다.

① 고무 코드

공칭 단면적 0.5~5.5[mm^2]의 심선에 고무절연을 하고, 실로 겉을 편조한 코드를 말한다. 종류로는 단심 코드, 2개연 코드, 평형코드, 방습코드 등이 있다.

② 비닐 코드

공칭 단면적 0.5~5.5[mm^2]의 주석 도금한 연동 연선에 염화 비닐수지를 주절 연체로 만든 코드 사용처는 방전등, 라디오, 전기 스텐드와 같이 전열을 이용하지 않는 소형 전기 기계 기구에 사용한다.

③ 금사코드

도금하지 않는 연동박을 2질긴 무명실에 감은 것을 18가닥 모아, 다시 그 위에 순 고무테이프를 감고, 밑 편조을 한 2조를 꼬아 종이테이프를 감은 후 무명실로 대편형의 표면 편조를 한 구조로, 전기 이발기, 전기면도기, 헤어드라이어 등 이동용 기구에 사용한다.

④ 캡타이어 코드

연동선위에 테이프 또는 실을 감고, 고무절연 또는 절연 한 심선을 2~4가닥 꼬아 모으고, 그 위에 캡타이어 고무, 클로로프렌 또는 비닐로 심선 사이의 틈을 메워 피복한 코드를 말하며, 옥내교류 300[V] 이하의 소형 전기기계(열을 발생하지 않는)기구에 사용한다.

⑤ 전열용 코드

연동 세심 연선에 견사로 감고 고무 혼합물로 피복을 한 위에 석면사로 감고, 2본을 꼬아 면사로 편조한 것

4) 케이블의 종류와 용도

케이블은 도체 위에 절연 피복을 한 전선을 몇 가닥 모아서 보호 피복을 한 것으로 외부의 충격 등에 의한 절연 피복의 손상을 방지하고, 기계적·화학적 손상으로부터 방지할 보호 피복을 가지는 것으로서 저압용 케이블, 고압용 케이블, 특별고압용 케이블이 있다.

명칭(약호)	적용	
	용도	
OF 케이블	케이블과 직각 방향에 기름이 출입해서 절연층 내에 항상 유압이 가해지는 구조, OF케이블은 절연유 충전 후 공극이 발생하지 않아 부분방전이 적어 균일한 특성을 가지고 있으며, 온도의 변화에 대한 수축 팽창을 기름 탱크에서 흡수한다.	
	66[kV] 이상의 특별 고압 전선로 사용	
	구조	(단면도: 도체, 차폐층(카본지), 절연체(크라프트지), 기름통로, 차폐층(연동 테이프), 크라프트지, 바인더, 연피 방식층(네오프렌), 억제용 테이프, 차폐층(연동 테이프))
CV 케이블 (가교 폴리에틸렌 절연비닐시스 케이블)	폴리에틸렌의 결점인 열적 특성을 가교 반응에 의해 개선한 것 EV에 비하여 내열성, 내약품성, 기계적 특성이 우수.	
	설치 운용이 경제적이나 절연물이 쉽게 열화되는 결함으로 공급 신뢰도가 낮아지는 결점이 있다.	
	구조	(단면도: 도체, 내부 반도전층, XLPE 절연층, 외부 반도전층, 차폐층, 테이프, PVC/PE 피복체)
MI 케이블 (무기 절연 케이블)	전선과 외장인 동관 사이를 산화 마그네슘과 같은 무기질의 절연물로 충전한 것	
	중량물의 압력, 심한 기계적 충격을 받는 장소에 사용	
	구조	(사진)

명칭(약호)	적용
	용도
EV 케이블 (폴리에틸렌 절연 비닐 시스 케이블)	절연체로 폴리에틸렌을 사용하고 두께 0.1[mm] 정도의 연동 테이프로 차폐한 후, 외장으로 비닐 또는 폴리에틸렌을 사용한 것
	전기 특성이 우수하여 저압에서 고압까지 사용 단점으로 열에 비교적 약하다.
VV 케이블 (비닐 절연 비닐 시스 케이블)	절연과 외장에 비닐을 사용한 것
	600[V] 이하의 저압 전로에 사용
연피케이블	케이블 심선이 외부 습기의 영향을 받지 않도록 케이블 주위에 연피를 씌운 케이블. 연피는 순도 99.5[%] 이상의 납
	연피가 외부로부터 손상을 받을 우려가 없는 곳, 부식의 우려가 없는 관로식 지중 전선로 등에 사용한다.
고무절연 클로로프렌 시스 케이블(RN)	절연체로 천연고무, 외장으로 클로로프렌을 사용한 것으로 클로로프렌은 내후성, 기계적 특성이 우수하여 사용조건이 가혹한 곳에 견딜 수 있다.
	고압옥내 배선용, 고압가공 케이블용, 고압 인입용, 고압 지중 케이블로 사용한다.
캡타이어 케이블	주석 도금한 연동선의 연선을 심선으로 하고, 종이 또는 면사 등을 감고, 그 위를 30[%] 이상의 고무탄화수소를 포함하는 혼합물을 균일한 두께로 피복한 것이다.
	전기적 성질보다 기계적 성질이 우수하여 광산, 공장, 농사, 의료, 수중, 무대 등에 사용한다.
형식에 의한 분류	제1종	표면 피복에 캡타이어의 고무로 피복한 것.
	제2종	캡타이어의 고무 피복이 제1종 보다 고무질이 우수하다.
	제3종	캡타이어의 고무 피복 중간에 면포를 넣어서 강도를 보강
	제4종	제3종과 같고, 각 심선 사이를 고무로 채워서 보강

a 도체
b 고무 절연체
c 캡타이어 시드
d 범 포
e 고무 시드

1종, 2종   3종   4종

> **참고**

종 류	약 호	종 류	약 호
평형 금사코드	FTC	평형 고무 절연 연피 케이블	RLF
평형 비닐코드	FSC	편조 고무 시스	BRC
실내 장식전등 기구용 코드	CIC	범용 고무시스 코드	ORSC
연질비닐 시스 코드	LPC	고무시스 용접용 케이블	AWR
고무절연 비닐시스 케이블	PV	클로로프렌, 천합성고무시스 용접용 케이블	AWP
고무절연 비닐시스	PN	리드용 1종 케이블	WCT
고무절연 클로로프렌시스 케이블	RN	리드용 2종 케이블	WNCT
고무 절연 연피 케이블	RL	홀더용 1종 케이블	WRCT
		홀더용 2종 케이블	WRNCT

4 배선재료·기구와 공구·계기

▶ 배선기구·재료

개폐기 점멸 스위치, 콘센트, 플러그, 소켓, 과전류 차단기, 누전차단기

4.1 개폐기의 종류

(1) 나이프 스위치(knife switch)

① 용도

일반용에는 사용할 수 없고 전기실과 같이 취급자만 출입하는 장소의 배전반이나 분전반에 사용된다.

② 종별 및 정격

㉮ 단극, 2극, 3극용으로 분류되며 투입 방법에 따라 단투용과 쌍투용이 있다.

㉯ 정격전압 250[V], 정격전류 30, 60, 100, 200, 300, 400, 500, 600[A] 이다.

표. 개폐기의 기호

명 칭	기 호	명 칭	기 호
단극 단투형	SPST	단극 쌍투형	SPDT
2극 단투형	DPST	2극 쌍투형	DPDT
3극 단투형	TPST	3극 쌍투형	TPDT

(2) 커버 나이프 스위치(enclosed knife switch)

① 용도

전등, 전열 및 동력용의 인입 개폐기 또는 분기 개폐기가 사용되며 2P, 3P를 각각 단투형과 쌍투형으로 만들고 있다.

② 정격

정격전압 250[V], 정격전류 30, 60, 100, 200[A] 이다.

> **참고**
> 커버 나이프 스위치는 강도에 따라 A종, B종으로 구별한다. 이것은 커버의 기계적 강도가 가장 약하다고 생각되는 부분에 대하여 A종은 35.8[g](지름 20.64[mm]), B종은 151[g](지름 33.35[mm])의 강구를 1[m]의 높이에서 수직으로 떨어뜨릴 때 커버가 파손되지 않는 것으로 구별하여 규정하였다.

(3) 안전(세프티) 스위치(safety switch)

① 세프티 스위치는 나이프 스위치를 금속제의 함 내부에 장치하고 외부에서 핸들을 조작하여 개폐할 수 있도록 만든 것이다.

② 전류계나 표시등을 부착한 것도 있으며 전등과 전열기구 및 저압 전동기의 주 개폐기로 사용한다.

③ 최근에는 전면에 로터리식 핸들이 있고 내부에는 고정 접점과 가동 접점이 있어 슬라이드 방식을 택한 상자 개폐기가 사용되고 있다.

4.2 점멸 스위치(snap switch)

옥내 소형 스위치는 전등이나 소형 전기기구의 점멸에 사용되는 스위치로 사용 장소와 목적에 따라 그 종류가 많으며 일반 가정에 사용되는 것은 표와 같다.

표. 점멸 스위치

순위	명 칭	적 용
(1)	매입 텀블러 스위치 (tumbler switch)	스위치 박스에 고정하고 플레이트로 덮는다. 토클형과 파동형의 2종이 있고 단로, 3로, 4로의 것이 있다.
(2)	연용 매입 텀블러 스위치	2개, 3개를 연용으로 고정테에 조립하여 사용한다. 파일롯 램프나 콘센트와 조합하여 사용할 수도 있다.
(3)	버튼 스위치 (button switch)	버튼을 눌러서 점멸하는 것으로 매입형과 노출형이 있다. 전자 개폐기용과는 구별된다.
(4)	캐노피 스위치 (canopy switch)	전등기구의 플린저 안에 내장되어 있는 풀 스위치의 일종이다.
(5)	코드 스위치 (code switch)	중간 스위치라고도 하며, 전기 베개, 전기 담요 등의 코드 중간에 접속하여 사용한다.
(6)	팬던트 스위치 (pendant switch)	형광등 또는 소형 전기 기구의 코드 끝에 매달아 사용하는 스위치이며 단극용이다.
(7)	일광 스위치	정원등, 방범등 및 가로등을 주위의 조도(밝기)에 의하여 자동적으로 점멸하는 스위치이다.
(8)	타임 스위치 (time switch)	시계 기구를 내장한 스위치로 지정된 시간에 점멸할 수 있게 된 것과 일정 시간동안 동작하게 된 것이 있다.
(9)	조광 스위치	불의 밝기를 조절할 수 있는 스위치이다. (로터리 스위치 rotary switch)
(10)	리모컨 스위치	리모컨으로 램프를 점멸할 수 있는 근거리 스위치이다.
(11)	인체 감시 센서	사람이 램프에 접근하면 센서에 의해 동작하는 것으로 복도나 현관의 램프에 사용한다.

4.3 콘센트와 플러그 및 소켓

(1) 콘센트(consent)

① 형태에 따라 노출형과 매입형 콘센트가 있다.

② 용도에 따라

  ㉮ 방수용 콘센트

  ㉯ 시계용 콘센트

  ㉰ 선풍기용 콘센트

③ 플로어(floor) 콘센트 – 플로어 덕트 공사용
④ 턴 로크(turn lock) 콘센트
트위스트 콘센트라고도 하며 콘센트에 끼운 플러그가 빠지는 것을 방지하기 위하여 플러그를 끼우고 약 90°쯤 돌려두면 빠지지 않도록 되어있다.

(2) 플러그(plug)

2극용과 3극용이 있으며 2극용에는 평행형과 T형이 있다.
① 코드 접속기(cord connection) : 코드를 서로 접속할 때 사용한다.
② 멀티 탭(multi tap) : 하나의 콘센트에 2~3가지의 기구를 사용할 때 쓴다.
③ 테이블 탭(table tap) : 코드의 길이가 짧을 때 연장하여 사용한다.
④ 아이언 플러그(iron plug)
전기다리미, 온탕기 등에 사용한다. 한쪽은 꽂음 플러그로, 한 쪽은 전기 기구용 콘센트에 끼우도록 되어 있다.
⑤ 나사 플러그(attaching plug)
플러그 보디와 꽂임 플러그로 구성되며 리셉터클 또는 소켓 등에 접속할 때 사용한다.

(3) 소켓(socket)과 리셉터클(receptacle)

① 소켓은 전선의 끝에 접속하여 백열전구를 끼워 사용하며 리셉터클은 벽이나 천장 등에 고정시켜 소켓처럼 사용하는 배선기구이다.
② 정격전압은 250[V], 정격전류 6[A]이다.

4.4 과전류 차단기와 누전 차단기

(1) 전류차단기의 구분

① 과전류 차단기 : 퓨즈(fuse), 차단기(breaker)
② 누전 차단기
전로에 지락 사고가 일어났을 때 자동적으로 전로를 차단하는 장치이다.
③ 전류 제한기(current limiter)
전기의 정액 수용가가 계약 용량을 초과하여 사용하면 자동적으로 회로가 차단되어 경보를 하는 것이다.

(2) 퓨즈의 종류와 용도

① 과전류가 흐르면 줄열로 인한 열 때문에 용단되어 회로가 자동적으로 보호된다.
② [표]는 퓨즈의 종류를 분류하여 표시한 것이다.

표. 퓨즈의 종류

구 분	명 칭	적 용
비포장 퓨즈	실 퓨즈	납과 주석의 합금으로 선 모양으로 만든 것이다. 5[A] 이하의 것이 많고 10[A]의 것도 있으며, 로제트, 안정기 단극 스위치(매입용)등에 사용된다.
	훅 퓨즈 (관형퓨즈)	실 퓨즈와 같은 재료로 판 모양으로 되어 양단에 단자 걸이가 있어 나사 조임시 접촉이 안전하게 한 것이다. 10~600[A]의 정격 전류에 맞는 크기로 만들어 일반 나이프 스위치에 사용된다.
포장 퓨즈	통형 퓨즈 (원통퓨즈)	파이버 또는 베클라이트로 만든 원통안에 실 퓨즈를 넣고 양단에 동 또는 황동으로 캡을 씌워 접속한다. 정격전류는 60[A]이하이다.
	통형 퓨즈 (칼날단자)	통형 퓨즈와 같은 재료로 원통 내부에 판 퓨즈를 넣고 칼날형의 단자를 양단에 접속한 것이다. 75~600[A]의 것이 있다.
	플러그 퓨즈	자기 또는 특수 유리제의 나사식 통 안에 아연재료를 넣어 나사식으로 돌리어 조정한다. 충전 중에도 위험이 없어 바꿀 수 있다.
특수 퓨즈	텅스텐 퓨즈	유리관 안에 텅스텐선을 넣고 연동선의 리드를 빼어 낸 구조이며 정격전류는 0.2[A]의 미소 전류로 계기의 내부 배선 보호용으로 사용된다.
	유리관 퓨즈	유리관 안에 실 퓨즈를 넣고 양단에 캡을 씌워 접속하며 정격전류는 0.1~10[A]까지로 1~3[A]의 것이 많다. TV 등 가정용 전기기구의 전원 보호용으로 사용된다.
	온도 퓨즈 (서모퓨즈)	일반 퓨즈는 과전류에 의하여 용단되는데 비하여 이는 주위 온도에 의하여 용단된다. 100, 110, 120[℃]에서 동작하는 것이 있다. 주로 전기 난방 기구 (담요, 장판)의보호용으로 사용된다.
	전동기용 퓨즈	시동 전류와 같이 단시간의 과전류에 동작하지 않고 사용 중 과전류에 의하여 회로를 차단하는 특성을 가진 퓨즈이다. 정격 전류는 2~16[A]까지 있고 전동기의 과전류 보호용으로 사용된다.

4.5 전기 설비용 게이지 및 공구

(1) 게이지(gauge)

1) 와이어 게이지(Wire gauge)
   ① 전선의 굵기를 측정하는 것으로 측정할 전선을 홈에 끼워서 맞는 곳의 숫자가 전선 굵기의 표시가 된다.
   ② 선반용(AWG gauge)과 밀리미터용(millimeter gauge)이 있다.

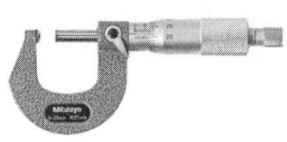
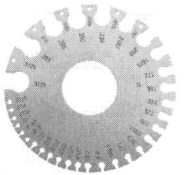

마이크로미터   와이어 게이지

2) 버니어 캘리퍼스(vernier calipers)
   어미자와 아들자의 눈금을 이용하여 길이, 바깥지름, 안지름, 깊이 등을 하나의 측정기로 측정할 수 있다.

3) 마이크로미터(micrometer)
   전선의 굵기, 철판, 절연지 등의 두께를 측정하는 것이다.

(2) 전기설비용 공구와 기구

1) 펜치(cutting plier)
   전선의 절단, 전선 접속, 전선 바인드 등에 사용하는 것이다.
   ① 150[mm] : 소기구의 전선 접속용
   ② 175[mm] : 옥내 일반 공사용
   ③ 200[mm] : 옥외 공사용

2) 와이어 스트리퍼(wire striper)
   ① 절연전선의 피복 절연물을 벗기는 자동 공구이다.
   ② 도체의 손상 없이 정확한 길이의 피복 절연물을 쉽게 처리할 수 있다.

3) 프레서 툴(pressure tool)
   솔더리스(solderless) 커넥터 또는 솔더리스 터미널을 압착하는 것이다.

펜치 　　　　　　　　와이어 스트리퍼 　　　　　　　프레서 툴

4) 클리퍼(clipper, cable cutter)

　　굵은 전선을 절단할 때 사용하는 가위이다.

5) 스패너(spanner)

　　너트를 죄는 데 사용하는 것이다.

클리퍼

6) 녹아웃 펀치(knock out punch)

　　① 배전반, 분전반 등의 배관을 변경하거나 이미 설치되어 있는 캐비닛에 구멍을 뚫을 때 필요한 공구이다.

　　② 수동식과 유압식이 있으며 크기는 15, 19, 25[mm] 등으로 각 금속관에 맞는 것을 사용한다.

7) 파이어 포트(fire pot)

　　① 납땜과 인두를 가열하거나 납땜 냄비를 올려놓아 납물을 만드는데 사용되는 일종의 화로이다.

　　② 목탄용과 가솔린용이 있다.

8) 토치 램프(torch lamp)

　　① 전선 접속의 납땜과 합성 수지관의 가공에 열을 가할 때 사용하는 것이다.

　　② 가솔린용과 알코올(alcohol)용으로 나눈다.

9) 드라이브이트 툴(driveit tool)

　　① 큰 건물의 공사에서 드라이브 핀을 콘크리트에 경제적으로 박는 공구이다.

　　② 화약의 폭발력을 이용하기 때문에 취급자는 보안상 훈련을 받아야 한다.

드라이베이트 틀 　　　　　　　토치 램프

10) 벤더(bender), 히키(hickey)
금속관을 구부리는 공구이다.

11) 파이프 커터(pipe cutter)
금속관을 절단할 때 사용한다.

12) 오스터(oster)
금속관 끝에 나사를 내는 공구로 손잡이가 달린 캐칫(ratchet)과 나사 날의 다이스(dies)로 구성된다.

벤더　　　파이프 커터　　　오스터

13) 파이프 렌치(pipe wrench)
금속관을 커플링으로 접속할 때 금속관과 커플링을 물고 죄는 것이다.

14) 리머(reamer)
금속관을 쇠톱이나 커터로 끊은 다음 관 안의 날카로운 것을 다듬는 것이다.

15) 홀 소(hole saw)
녹아웃 펀치와 같은 용도로 배·분전반 등의 캐비닛에 구멍을 뚫을 때 사용된다.

16) 펌프 플라이어(pump plier)
전선의 슬리브 접속에 있어서 펜치와 같이 사용되고, 금속관 공사에서 로크너트를 죌 때 사용한다.

17) 피시 테이프(fish tape)
① 전선관에 전선을 넣을 때 사용되는 평각 강철선이다.
② 폭 : 3.2~6.4[mm], 두께 : 0.8~1.5[mm]

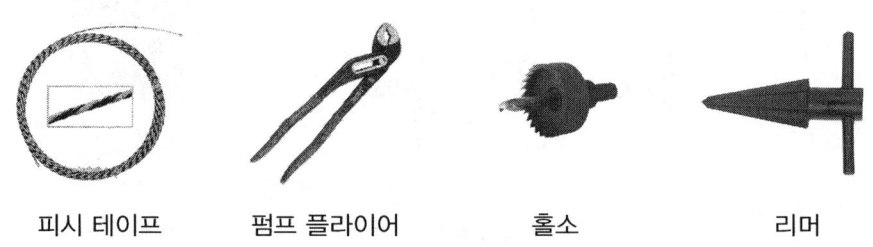

피시 테이프　　　펌프 플라이어　　　홀소　　　리머

18) 철망 그립(pulling grip)

여러 가닥의 전선을 넣을 때는 철망 그립을 사용하면 매우 편리하다.

19) 전선 피박기

가공 배전선에서 활선 상태인 전선의 피복을 벗기는 공구이다.

20) 와이어 통(Wire torg)

충전되어 있는 활선을 작업권 밖으로 밀어낼 때, 또는 활선을 다른 장소로 옮길 때 사용하는 절연봉

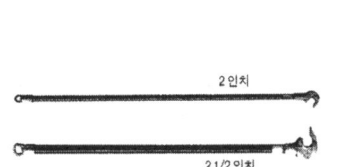

와이어 통   전선 피박기

4.6 전기 설비용 계기

(1) 저압 옥내배선의 검사순서

점검 ⇨ 절연 저항 측정 ⇨ 접지 저항 측정 ⇨ 통전시험

(2) 절연 저항 측정 : 메거(megger)

① 대지에 대한 전선의 절연 저항 측정
② 전선 피복의 절연 저항 측정
③ 저압 옥내 배선용에는 500[V]용 메거가 사용된다.

(3) 접지 저항 측정

① 콜라시 브리지(kohlrausch bridge)를 이용하는 콜라시 브리지법
② 접지 저항계(어스 테스터, earth tester)를 사용하는 법
③ 교류 전압계와 전류계를 이용한 방법

(4) 도통시험이 가능한 계기 – 테스터, 마그넷 벨

(5) 충전유무조사

네온(neon) 검전기
① 저압 배선의 충전유무를 검사하는 것이다.
② 전압측 전선(충전) : 네온램프가 점등되고 접지측에는 점등되지 않는다.
③ 저압 옥내 배선의 전압측과 접지측을 간단히 알아볼 수 있는 계기이다.

2장 배선재료 및 공구 예상문제

▶ 배선재료 예상문제

1 다음 중 전선이 구비해야 될 조건으로 틀린 것은?

① 도전율이 클 것
② 기계적인 강도가 클 것
③ 비중이 클 것
④ 내구성이 있을 것

[해설] 전선의 구비조건
- 도전율이 클 것
- 기계적 강도 클 것
- 비중(밀도) 작을 것
- 내구성 클 것
- 가선작업 용이할 것
- 가격 저렴할 것
- 신장율 클 것

2 다음 중 가공 전선에 사용되는 전선이 구비해야 할 조건이 아닌 것은?

① 접속하기 쉬울 것
② 기계적 강도가 클 것
③ 전기적으로 도전율이 작을 것
④ 비중이 작을 것

[해설] 전선의 구비조건
- 도전율은 클 것

3 나전선 등의 금속선에 속하지 않는 것은?

① 경동선(지름 12[mm] 이하의 것)
② 연동선
③ 동합금선(단면적 35[mm^2] 이하의 것)
④ 경알루미늄선(단면적 35[mm^2] 이하의 것)

[해설] 나전선 등의 금속선
- 경동선(지름 12[mm] 이하의 것)
- 연동선
- 동합금선(단면적 25[mm^2] 이하의 것)
- 경알루미늄선(단면적 35[mm^2] 이하의 것)

4 절연 전선의 피복에 '15[kV] NRV'라고 표시 되어 있다. 여기서 "NRV"는 무엇을 나타내는 약호인가?

① 형광등 전선
② 고무절연 폴리에틸렌 시스 네온전선
③ 고무절연 비닐 시스 네온전선
④ 폴리에틸렌 절연 비닐 시스 네온전선

[해설] 고무절연 비닐 시스 네온전선 : NRV

5 절연 전선 중 옥외용 비닐 절연 전선을 무슨 전선이라고 호칭 하는가?

① RB 전선   ② IV 전선
③ OW 전선   ④ DV 전선

[정답] 1.③ 2.③ 3.③ 4.③ 5.③

[해설] 옥외용 비닐 절연 전선
: OW전선, OB전선, OC전선

6 접지선의 절연 전선 색상은 특별한 경우를 제외하고는 어느 색으로 표시를 하여야 하는가?

① 청색 ② 황색
③ 녹황색 ④ 흑색

[해설] 접지선의 절연선선색 - 녹황색

7 600[V] 이하의 저압 전로에 사용하는 비닐절연 비닐외장 케이블의 약호로 맞는 것은?

① VV ② EV
③ FF ④ CV

[해설] VV : 저압 전로에 사용하는 비닐절연 비닐외장 케이블

8 ACSR 약호의 품명은?

① 경동연선
② 중공연선
③ 알루미늄선
④ 강심알루미늄 연선

[해설] 강심알루미늄 연선 : ACSR

9 인입용 비닐 절연 전선의 약호는?

① VV 전선 ② CV 전선
③ DV 전선 ④ HIV 전선

[해설] DV 전선 : 인입용 비닐 절연 전선

10 옥내 배선에 많이 사용하는 전선으로 가용성이 크고 전기 저항이 작은 구리선은?

① 경동선
② 단선
③ 연동선
④ 강심 알루미늄선

[해설] 옥내 배선에 많이 사용하는 전선으로 가용성이 크고 전기 저항이 작은 구리선은 연동선이다.

11 옥내배선의 지름을 결정하는 가장 중요한 요소는?

① 허용전류 ② 전압강하
③ 기계적 강도 ④ 공사방법

[해설] 전선의 지름을 결정하는 가장 중요한 요소
: 허용전류

12 전선의 종류에서 옥외용 비닐 절연 전선 (OW)의 규격품이 아닌 것은?

① 22[mm^2] ② 38[mm^2]
③ 58[mm^2] ④ 60[mm^2]

[해설] 옥외용 비닐 절연 전선(OW)의 규격
: 22[mm^2], 38[mm^2], 60[mm^2]

13 네온관용 전선의 공칭 단면적[mm^2]는?

① 1.5[mm^2]
② 2.0[mm^2]
③ 2.5[mm^2]
④ 4.0[mm^2]

[해설] 네온관용 전선의 공칭 단면적 2.0[mm^2]

정답 6. ③ 7. ① 8. ④ 9. ③ 10. ③ 11. ① 12. ③ 13. ②

14 폴리에틸렌 절연 비닐 시스 케이블의 약호는?

① DV   ② EE
③ EV   ④ OW

해설 EV : 폴리에틸렌 절연 비닐 시스 케이블

15 다음 중 단면적이 0.75[mm²]인 연동 연선에 염화 비닐 수지로 피복한 위에 1,000[VFL]의 기호가 표시된 것은?

① 네온 전선
② 비닐 코드
③ 형광 방전등 전선
④ 비닐 절연 전선

해설 단면적이 0.75[mm²]인 연동 연선에 염화 비닐 수지로 피복한 위에 1,000[VFL]의 기호는 형광 방전등 전선

16 전기 이발기, 전기 면도기, 헤어드라이어 등에 사용되는 코드는?

① 캡타이어 코드   ② 전열기용 코드
③ 금실 코드   ④ 극장용 코드

해설 금실 코드는 전기 이발기, 전기 면도기, 헤어드라이어 등에 사용되는 코드이다.

17 22.9[kV-y] 가공전선의 굵기는 단면적이 몇 [mm²] 이상이어야 하는가?
(단, 동선의 경우 이다.)

① 22   ② 32
③ 40   ④ 50

해설 22.9[kV-y] 가공전선의 굵기는 단면적이 몇 22[mm²] 이상

18 다음 중 옥외용 절연전선이 아닌 것은?

① OW   ② OB
③ OC   ④ OPC

해설 OW : 옥외용 절연전선

19 공칭 단면적 8[mm²] 되는 연선의 구성은 소선의 지름이 1.2[mm]일 때 소선 수는 몇 가닥으로 되었는가?

① 3   ② 4
③ 6   ④ 7

해설 소선의 가닥수 $N = \dfrac{8}{\dfrac{\pi \times 1.2^2}{4}} = 7$가닥

20 HIV 전선은 무슨 전선인가?

① 전열기용 캡타이어 케이블
② 전열기용 고무 절연 전선
③ 전열기용 평형 절연 전선
④ 내열용 비닐 절연 전선

해설 HIV 전선 : 내열용 비닐 절연 전선

21 OW 전선의 명칭은 무엇인가?

① 450/750[V] 일반용 단심 비닐 절연 전선
② 배선용 단심 비닐 절연 전선
③ 인입용 비닐 절연 전선
④ 옥외용 비닐 절연 전선

해설 OW 전선 : 옥외용 비닐 절연 전선

정답 14. ③ 15. ③ 16. ③ 17. ① 18. ① 19. ④ 20. ④ 21. ④

22 전선의 공칭 단면적에 대한 설명으로 옳지 않은 것은?

① 소선수와 소선의 지름으로 나타낸다.
② 단위는 [mm^2]로 표시한다.
③ 전선의 실제 단면적과 같다.
④ 연선의 굵기를 나타내는 것이다.

해설 전선의 공칭 단면적 설명
• 소선수와 소선의 지름으로 나타낸다.
• 단위는 [mm^2]로 표시한다.
• 연선의 굵기를 나타낸다.

23 다음 중 고압 지중 케이블이 아닌 것은?

① 알루미늄피 케이블
② 비닐절연 비닐외장 케이블
③ 미네럴인슈레이션 케이블
④ 클로로프렌외장 케이블

해설 미네럴인슈레이션 케이블 : 저압용으로 문화재, 박물관에 설치한다.

24 전기 저항이 적어 부드러운 성질이 있고, 구부리기가 용이하여 주로 옥내 배선에 사용하는 전선은?

① 경동선   ② 연동선
③ 합성연선   ④ 중공연선

해설 합성연선 : 전기 저항이 적어 부드러운 성질이 있고, 구부리기가 용이하여 주로 옥내 배선에 사용

25 표준 연동의 고유 저항값[Ω·mm^2/m]은?

① 1/55   ② 1/56
③ 1/57   ④ 1/58

해설 연동의 고유 저항 $\frac{1}{58}$[Ω·mm^2/m] 이다.

26 캡타이어 케이블은 몇 심까지 있는가?

① 3심   ② 2심
③ 4심   ④ 5심

해설 캡타이어 케이블은 5심기준이다.

27 중공 전선의 사용 목적 중 가장 적합한 것은 어느 것인가?

① 부식 방지
② 인장 강도를 크게 한다.
③ 코로나손 방지
④ 가공이 용이하다.

해설 중공 전선의 사용 목적은 코로나 방지에 있다.

28 절연물에 인조 고무를 쓴 케이블은?

① 클로로프렌 시스 케이블
② 캡타이어 케이블
③ 고무 절연 전선
④ 고무 시스 케이블

해설 • 절연물 인조 고무 케이블 : 클로로프렌 시스 케이블
• 절연물 천연 고무 케이블 : 캡타이어 케이블

29 전기적 특성이 우수하고 내식성도 좋으며 내열 전선으로 300[℃]의 고온에도 사용되는 전선을 무슨 전선이라 하는가?

① 폴리우레탄 전선
② 폴리에틸렌 전선
③ 폴리에스테르 전선
④ 테플론 전선

해설 내열 전선으로 300[℃]의 고온에도 사용되는 전선 : 테플론 전선테플론 전선

정답 22. ③ 23. ③ 24. ③ 25. ④ 26. ④ 27. ③ 28. ① 29. ④

30 0.75[mm²] 코드의 소선 구성은 다음 중 어느 것인가?

① $\dfrac{30}{0.16}$ ② $\dfrac{50}{0.16}$

③ $\dfrac{30}{0.18}$ ④ $\dfrac{50}{0.18}$

[해설] 0.75[mm²]코드의 소선 구성은 $\dfrac{30}{0.18}$

31 노출 배선하면 외부로부터 손상을 받을 우려가 있으므로 관에 넣어 시공하는 공사는?

① 연피 케이블
② 비닐 시스 케이블
③ 고무 시스 케이블
④ 주트권 연피 케이블

[해설] 노출 배선하면 외부로부터 손상을 받을 우려가 있으므로 관에 넣어 시공하는 공사는 연피케이블 공사이다.(알미늄 막으로 둘러쌓인 케이블)

32 비닐 절연 전선의 장·단점으로 잘못 설명된 것은?

① 온도가 높으면 절연도 저하
② 착색이 용이하다.
③ 시간이 지남에 따라 절연성 변화
④ 내수성 및 내약품성, 내유성 양호

[해설] 비닐절연전선은 시간이 지나도 절연성이 변화가 없다.

33 캡타이어 케이블의 주된 절연물은?

① 천연 고무
② 비닐
③ 폴리에틸렌
④ 기름에 절인 절연지

[해설] 캡타이어 케이블의 주된 절연물은 천연 고무이다.

34 소선의 직경이 3.2[mm] 인 37가닥 연선의 외경은 몇 [mm]인가?

① 16   ② 22.4
③ 32.5   ④ 48

[해설] 연선의 바깥지름
$$D = (2n+1)d = (2 \times 3 + 1) \times 3.2$$
$$= 22.4[mm]$$
7가닥 : $n=1$층
19가닥 : $n=2$층
37가닥 : $n=3$층 이다.

35 전선의 식별에 있어서 3선식일 경우 포함되지 않는 색깔은?

① 갈색   ② 회색
③ 황색   ④ 흑색

[해설] L_1 : 갈색, L_2 : 흑색, L_3 : 회색, N : 청색

36 연피케이블의 접속 시 반드시 사용하는 테이프는?

① 비닐테이프
② 자기 융착 테이프
③ 면 테이프
④ 리노 테이프

[해설] 연피케이블의 접속 시 반드시 사용하는 테이프는 리노테이프 이다.
접착력 없다.

37 다선식 옥내 배선인 경우 중선선의 색별 표시는?

① 적색   ② 흑색
③ 청색   ④ 황색

[해설] L_1 : 갈색, L_2 : 흑색, L_3 : 회색, N(중성선) : 청색

38 가공 전선으로 쓰이는 전선 중 내식성이 가장 큰 것은?

① 알루미늄선
② 알루미늄 합금선
③ 경동선
④ 강심 알루미늄선

[해설] 가공 전선으로 쓰이는 전선 중 내식성이 가장 큰 것은 경동선이다.

▶ 배선 기구와 공구·계기 예상문제

39 전선의 굵기를 측정할 때 사용되는 것은?

① 와이어 게이지
② 파이프 포트
③ 스패너
④ 프레셔 틀

[해설] 전선의 굵기를 측정 : 와이어 게이지

40 충전되어 있는 활선을 움직이거나 작업권 밖으로 밀어 낼 때 사용되는 활선 장구는?

① 애자 커버
② 데드엔드 커버
③ 와이어 통
④ 활선 커버

[해설] 충전되어 있는 활선을 움직이거나 작업권 밖으로 밀어낼 때 사용되는 활선 장구는 와이어 통이다.

41 하나의 콘센트에 둘 또는 세 가지에 기계 기구를 끼워서 사용할 때 사용되는 것은?

① 노출형 콘센트
② 키이리스 소켓
③ 멀티 탭
④ 아이언 플러그

[해설] 멀티탭은 하나의 콘센트에 둘 또는 세 가지에 기계 기구를 끼워서 사용할 때 사용한다.

42 금속관의 나사를 내는 공구는?

① 오스터   ② 파이프 커터
③ 리머   ④ 스패너

[해설] 오스터 – 금속관에 나사내는 공구

43 조명용 백열전등을 일반주택 및 아파트 각 호실에 설치할 때 현관 등에 최대 몇 분 이내에 소등되는 타임스위치를 시설하여야 하는가?

① 1   ② 2
③ 3   ④ 4

정답 37. ③ 38. ③ 39. ① 40. ③ 41. ③ 42. ① 43. ③

해설 현관 입구 타임스위치 :
주택·아파트 : 3분
호텔·여관 : 1분

44 전선의 슬리브 접속에 있어서 펜치와 같이 사용되고 금속관 공사에서 로크너트를 죌 때 사용하는 공구의 이름은?

① 펌프 플라이어(pump plier)
② 히키(hickey)
③ 비트 익스텐션(bit extension)
④ 클리퍼(clipper)

해설 금속관 공사에서 로크너트를 죌 때 사용공구는 펌프 플라이어

45 전선을 기구 단자에 접속할 때 진동 등의 영향으로 헐거워질 우려가 있는 경우에 사용하는 것은?

① 압착단자
② 코드 패스너
③ 십자머리 볼트
④ 스프링 와셔

해설 단자에 접속할 때 진동 등의 영향으로 헐거워질 우려가 있는 경우 사용하는 공구는 스프링 와셔

46 다음 중 접지 저항의 측정에 쓰이는 측정기는 어느 것인가?

① 회로 시험기   ② 변류기
③ 검류기   ④ 어스 테스터

해설 접지 저항의 측정 : 어스 테스터

47 금속관 공사에 필요한 공구가 아닌 것은?

① 파이프 바이스   ② 스트리퍼
③ 리머   ④ 오스터

해설 스트리퍼 : 전선의 피복을 벗길때 사용하는 공구

48 다음 중 옥내에 시설하는 저압 전로와 대지 사이의 절연 저항 측정에 사용되는 계기는?

① 코올라시 브리지
② 메거
③ 어스 테스터
④ 마그넷 벨

해설 절연 저항 측정 : 메거

49 절연전선으로 가선된 배전 선로에서 활선 상태인 경우 전선의 피복을 벗기는 것은 매우 곤란한 작업이다. 이런 경우 활선 상태에서 전선의 피복을 벗기는 공구는?

① 전선 피박기   ② 애자커버
③ 와이어 통   ④ 데드엔드 커버

해설 전선 피박기는 활선 상태에서 전선의 피복을 벗기는 공구

50 금속관에 여러 가닥의 전선을 넣을 때 사용하면 매우 편리한 것은?

① 비닐 전선   ② 철망 그립
③ 접지선   ④ 호밍사

해설 철망 그립 : 금속관에 여러 가닥의 전선을 넣을 때 사용한다.

정답 44. ① 45. ④ 46. ④ 47. ② 48. ② 49. ① 50. ②

51 금속관을 가공할 때 절단된 내부를 매끈하게 하기 위하여 사용하는 공구의 명칭은?

① 리이머
② 프레서 투울
③ 오스터
④ 노크 아우트 펀치

[해설] 리이머 : 금속관 다듬는 공구

52 어미자와 아들자의 눈금을 이용하여 두께, 깊이, 안지름 및 바깥지름 측정용으로 사용하는 것은?

① 버니어 캘리퍼스
② 채널 지그
③ 스트레인 게이지
④ 그테핑 머신

[해설] 버니어 캘리퍼스 : 어미자와 아들자의 눈금을 이용하여 두께, 깊이, 안지름 및 바깥지름 측정용

53 주상 변압기의 1차측 보호 장치로 사용하는 것은?

① 컷아웃 스위치 ② 유입 개폐기
③ 캐치홀더   ④ 리클로저

[해설] 컷아웃 스위치(비한류형퓨즈,COS) : 주상 변압기의 1차측 보호 장치

54 노크아웃펀치(knockout punch)와 같은 용도의 것은?

① 리머(reamer) ② 벤더(bender)
③ 클리퍼(eliper) ④ 홀쏘(hole saw)

[해설] 홀쏘(hole saw)는 노크아웃펀치(knockout punch)와 같은 용도로 금속관에 구멍을 뚫을 때 사용한다.

55 다음 중 피시 테이프(fish tape)의 용도는 무엇인가?

① 전선을 테이핑하기 위해서
② 전선관의 끝마무리를 위해서
③ 배관에 전선을 넣을 때
④ 합성수지관을 구부릴 때

[해설] 피시 테이프(fish tape)는 배관에 전선을 넣을 때 사용한다.

56 펜치로 절단하기 힘든 굵은 전선을 절단할 때 사용하는 공구는?

① 스패너
② 프레셔 툴
③ 파이프 바이스
④ 클리퍼

[해설] 클리퍼는 펜치로 절단하기 힘든 굵은 전선을 절단할 때 사용한다.

57 다음 중 과부하뿐만 아니라 정전 시나 저전압일 때 자동적으로 차단되어 전동기의 소손을 방지하는 스위치는?

① 안전 스위치
② 마그네트 스위치
③ 자동 스위치
④ 압력 스위치

[해설] 마그네트 스위치는 과부하뿐만 아니라 정전 시나 저전압일 때 자동적으로 차단되어 전동기의 소손을 방지하는 스위치

정답 51. ① 52. ① 53. ① 54. ④ 55. ③ 56. ④ 57. ②

58 전환 스위치의 종류로 한 개의 전등을 두 곳에서 전등을 자유롭게 점멸할 수 있는 스위치는?

① 펜던트 스위치
② 3로 스위치
③ 코드 스위치
④ 단로 스위치

[해설] 3로 스위치는 전환 스위치의 종류로 한 개의 전등을 두 곳에서 전등을 자유롭게 점멸할 수 있는 스위치

59 조명용 백열전등을 호텔 또는 여관 객실의 입구에 설치 할 때나 일반 주택 및 아파트 각 실의 현관에 설치할 때 사용되는 스위치는?

① 타임 스위치
② 누름 버튼 스위치
③ 토클 스위치
④ 로터리 스위치

[해설] 타임 스위치는 조명용 백열전등을 호텔 또는 여관 객실의 입구에 설치 할 때나 일반 주택 및 아파트 각 실의 현관에 설치할 때 사용되는 스위치

60 급수용으로 수조의 수면 높이에 의해 자동적으로 동작하는 스위치는?

① 펜던트 스위치
② 플로우트 스위치
③ 캐너피 스위치
④ 덤블러 스위치

[해설] 플로우트 스위치 : 급수용으로 수조의 수면 높이에 의해 자동적으로 동작하는 스위치이다.

61 다음 중 금속 상자 개폐기라고도 불리는 스위치는?

① 안전 스위치   ② 마그넷 스위치
③ 타임 스위치   ④ 부동 스위치

[해설] 상자 개폐기라고 불리는 스위치는 안전 스위치

62 금속관 배관공사를 할 때 금속관을 구부리는데 사용하는 공구는?

① 히키(hickey)
② 파이프렌치(pipe wrench)
③ 오스터(oster)
④ 파이프 커터(pipe cutter)

[해설] 히키(hickey)는 금속관을 구부리는데 사용하는 공구

63 배선 기구로서 플런저 내부에 사용되는 스위치는?

① 텀블러 스위치
② 캐노피 스위치
③ 팬던트 스위치
④ 플로트 스위치

[해설] 플런저 내부에 사용되는 배선기구 스위치 : 캐노피 스위치

64 조명기구를 배광에 따라 분류 하는 경우 특정한 장소만을 고조도로 하기 위한 조명기구는?

① 직접 조명기구
② 전반확산 조명기구
③ 광천장 조명기구
④ 반직접 조명기구

정답 58. ② 59. ① 60. ② 61. ① 62. ① 63. ② 64. ①

[해설] 조명기구를 배광에 따라 특정한 장소만을 고 조도로 하기 위한 조명 기구 : 직접조명기구

65 먼지가 많은 장소에 사용하는 소켓은 다음 중 어느 것인가?

① 키 소켓
② 분기 소켓
③ 키리스 소켓
④ 모걸 소켓

[해설] 키리스 소켓 : 먼지가 많은 장소에 사용하는 소켓

66 다음 중 전기 난방 기구의 보호용으로 사용되며 주위 온도에 의하여 용단되는 퓨즈는 어느 것인가?

① 유리관 퓨즈
② 플러그 퓨즈
③ 전동기용 퓨즈
④ 온도 퓨즈

[해설] 온도 퓨즈 : 전기 난방 기구의 보호용으로 사용되며 주위 온도에 의하여 용단되는 퓨즈

67 절연 전선의 피복 절연물을 벗기는 공구로서 도체의 손상없이 정확한 길이의 피복 절연물을 쉽게 처리할 수 있는 것은?

① 와이어 스트리퍼
② 클리퍼(clipper)
③ 프레셔 툴
④ 리머

[해설] 전선의 피복 절연물을 벗기는 공구 : 와이어 스트리퍼

68 드라이베이트 툴(driveit tool)은 어느 곳에 필요한 공구는?

① 콘크리트에 구멍을 뚫는다.
② 금속관의 나사 내기를 한다.
③ 분전반에 구멍을 뚫는다.
④ 금속관의 절단 부분을 다듬는다.

[해설] 드라이베이트 툴은 내부 화약을 이용하여 콘크리트에 구멍을 뚫는다.

69 소형 분전반이나 배전반을 콘크리트에 고정시키기 위하여 사용하는 공구는?

① 드라이 베이트
② 익스팬션 볼트
③ 스크루 앵커
④ 코킹 앵커

[해설] 소형 분전반이나 배전반을 콘크리트에 고정용 공구 : 드라이 베이트

70 화약의 폭발력을 이용하여 콘크리트에 구멍을 뚫는 공구는?

① 헤머 드릴
② 드라이베이트 툴
③ 카바이드 드릴
④ 익스팬션 볼트

[해설] 드라이베이트 툴은 내부 화약을 이용하여 콘크리트에 구멍을 뚫는다.

71 합성 수지관 공사를 할 때 필요하지 않은 공구는?

① 토치 램프
② 쇠톱
③ 오스터
④ 리머

정답 65. ③ 66. ④ 67. ① 68. ① 69. ① 70. ② 71. ③

해설 오스터 : 금속관의 나사내는 공구

72 전주 외등 설치 시 백열전등 및 형광등의 조명기구를 전주에 부착한 점으로부터 돌출되는 수평거리는 몇 [m] 이내로 하여야 하는가?

① 0.5
② 0.8
③ 1.0
④ 1.2

해설 전주 외등 설치 시 전주에 부착·돌출되는 수평거리는 1.0[m] 이내

73 다음 중 전선에 압착 단자를 접속시키는 공구는?

① 와이어 스트리퍼
② 프레셔 툴
③ 볼트 클리너
④ 드라이베이트

해설 프레셔 툴 : 전선에 압착 단자접속시 공구

74 조명기구의 용량 표시에 관한 사항이다. 다음 중 F40의 설명으로 맞는 것은?

① 수은등 40[W]
② 나트륨등 40[W]
③ 메탈 할라이트등 40[W]
④ 형광등 40[W]

해설 조명기구 F40 : 형광등 40[W]

75 다음 중 충전 중의 저압 옥내 배선의 접지측과 비접지측을 알아볼 수 있는 계기는?

① 메거
② 네온 검전기
③ 회로 시험기
④ 어스 테스터

해설 저압 옥내 배선의 접지측과 비접지측을 알아볼 수 있는 계기 : 네온검전기

76 220[V]옥내 배선에서 백열전구를 노출로 설치할 때 사용하는 기구는?

① 리셉터클
② 테이블 탭
③ 콘센트
④ 코드 커넥터

해설 백열전구를 노출로 설치할 때 사용하는 기구 : 리셉터클

77 물체의 두께, 깊이, 안지름 및 바깥지름 등을 모두 측정할 수 있는 공구의 명칭은?

① 버니어 켈리퍼스
② 마이크로미터
③ 다이얼 게이지
④ 와이어 게이지

해설 물체의 두께, 깊이, 안지름 모두 측정 공구 : 버니어 켈리퍼스

78 전기 난방 기구인 전기담요나 전기장판의 보호용으로 사용되는 퓨즈는?

① 플러그 퓨즈
② 온도퓨즈
③ 절연퓨즈
④ 플러그인 버스 덕트

해설 전기 난방 보호용 퓨즈 : 온도퓨즈

정답 72. ③ 73. ② 74. ④ 75. ② 76. ① 77. ① 78. ②

79 전기 공사에 사용하는 공구와 작업 내용이 잘못된 것은?

① 토오치 램프 - 합성 수지관 가공하기
② 홀소 - 분전반 구멍 뚫기
③ 와이어 스트리퍼 - 전선 피복 벗기기
④ 피시 테이프 - 전선관 보호

[해설] 피시 테이프 : 전선관에 전선넣을 때

80 활선 공법을 하는 동안 작업자가 전선에 접촉되는 것을 방지하는 목적으로 사용되는 것은?

① 전선 피박기 ② 애자 커버
③ 와이어 통   ④ 전선 커버

[해설] 전선 커버는 활선 공법을 하는 동안 작업자가 전선에 접촉되는 것을 방지하는 목적으로 사용

81 가공선의 장선에 사용되는 것은 무엇인가?

① 장선기(시메라)
② 볼트 클리퍼
③ 박스 스패너
④ 호출선

[해설] 장선기 : 가공선의 장선에 사용되는 것

82 다음 중 천장에 코드를 매달기 위하여 사용하는 소켓은 어느 것인가?

① 리셉터클   ② 로제트
③ 키 소켓   ④ 키리스 소켓

[해설] 로제트 : 천장에 코드를 매달기 위하여 사용하는 소켓

83 다음은 나이프 스위치를 표시한 것이다. 3극 쌍투형을 나타내는 것은?

① SPDT   ② SPST
③ TPST   ④ TPDT

[해설] TPDT : 나이프 스위치 3극 쌍투형

84 인입용 개폐기로서 사용될 수 없는 것은?

① 금속에 넣는 나이프 스위치
② 커버 스위치
③ 단극 스위치
④ 컷 아웃 스위치

[해설] 단극 스위치 : 전등용으로만 사용가능하다.

85 캐노피 스위치는?

① 코드 끝에 붙이는 점멸기
② 코드 중간에 붙이는 점멸기
③ 전등 기구의 플랜지에 붙이는 점멸기
④ 벽에 매입시킨 스위치

[해설] 캐노피 스위치 : 전등 기구의 플랜지에 붙이는 점멸기

정답 79. ④ 80. ④ 81. ① 82. ② 83. ④ 84. ③ 85. ③

3장 전선의 접속

1 전선의 접속

1.1 전선의 접속

전선의 접속이 불량하면 접속부위의 과열 및 단선 등으로 화재가 발생할 수 있고 접속부분의 절연 불량은 감전 및 누전 등의 위험이 따른다.
전선을 접속하는 경우에는 전선의 전기저항을 증가시키지 않도록 접속하여야 하며 다음 각호에 의하여야 한다.

(1) 나전선 상호 또는 나전선과 절연전선 또는 캡타이어 케이블과 접속하는 경우에는 다음과 같이 하여야 한다.
   ① 전선의 세기를 20[%] 이상 감소시키지 않을 것
   ② 접속부분은 접속관 기타의 기구를 사용할 것

(2) 절연전선 상호·절연전선과 코드, 캡타이어 케이블과 접속하는 경우에는 (1)의 규정에 준하는 이외의 접속부분의 절연전선에 절연물과 동등 이상의 절연효력이 있는 접속기를 사용하는 경우 이외에는 접속부분을 그 부분의 절연전선의 절연물과 동등 이상의 절연 효력이 있는 것으로 충분히 피복할 것

(3) 코드 상호, 캡타이어 케이블 상호 또는 이들 상호를 접속하는 경우에는 코드 접속기·접속함 기타의 기구를 사용할 것. 다만 공칭단면적이 10[mm^2] 이상인 캡타이어 케이블 상호를 접속하는 경우에는 접속부분을 (1) 및 (2)의 규정에 준하여 시설하고 또한, 절연피복을 완전히 유화(硫化)하거나 접속부분의 위에 견고한 금속제의 방호장치를 할 때 또는 금속 피복이 아닌 케이블 상호를 (1) 및 (2)의 규정에 준하여 접속하는 경우에는 적용하지 않는다.

(4) 도체에 알루미늄을 사용하는 전선과 동을 사용하는 전선을 접속하는 등 전기 화학적 성질이 다른 도체를 접속하는 경우에는 접속부분에 전기적 부식(電氣的腐蝕)이 생기지 않도록 할 것
즉, 자기융착테이프를 사용 다른 부분과 이상의 절연효력을 갖도록 하거나 견고한 금속제 방호장치를 한다.

(1) 전선과 기구 단자와의 접속

① 동(銅) 전선과 전기 기계 기구 단자의 접속은 접촉이 완전하고 헐거워질 우려가 없도록 한다.
  ㉮ 전선을 나사로 고정할 경우 2중 너트, 스프링 와셔 및 나사 풀림 방지 기구가 있는 것을 사용
  ㉯ 전선을 1본만 접속할 수 있는 구조의 단자는 2본 이상의 전선을 접속하지 않는다.
  ㉰ 기구단자가 누름 나사형, 클램프형이거나 이와 유사한 구조가 아닌 경우는 단면적 10[mm^2]을 초과하는 단선 또는 6[mm^2]을 초과하는 연선에 터미널 러그를 부착한다.

② 알루미늄 전선과 전기 기계 기구 단자의 접속은 접촉이 완전하고 헐거워질 우려가 없도록 한다.
  ㉮ 전기 기계 기구의 단자는 알루미늄 전선용 또는 동 전선 공용의 표시가 있는 것을 사용
  ㉯ 나사 단자에 전선을 접속하는 경우 나사의 홈에 밀착하여 $\frac{3}{4}$ 바퀴 이상 1바퀴 이하로 감는다.

1.2 전선의 접속법

(1) 동(구리) 전선의 접속

1) 전선 접속의 종류

직선접속   분기접속   종단접속

2) 직선 접속

① 단선 접속

㈎ 트위스트 직선접속(6[mm^2] 이하의 단선)

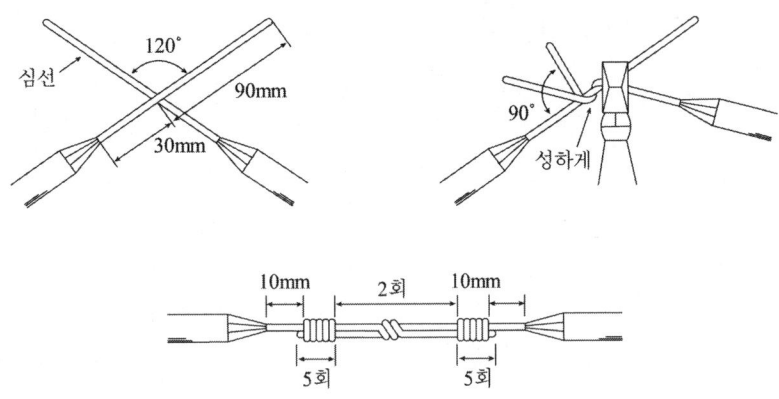

㈏ 브리타니아 직선접속(10[mm^2] 이상 단선)

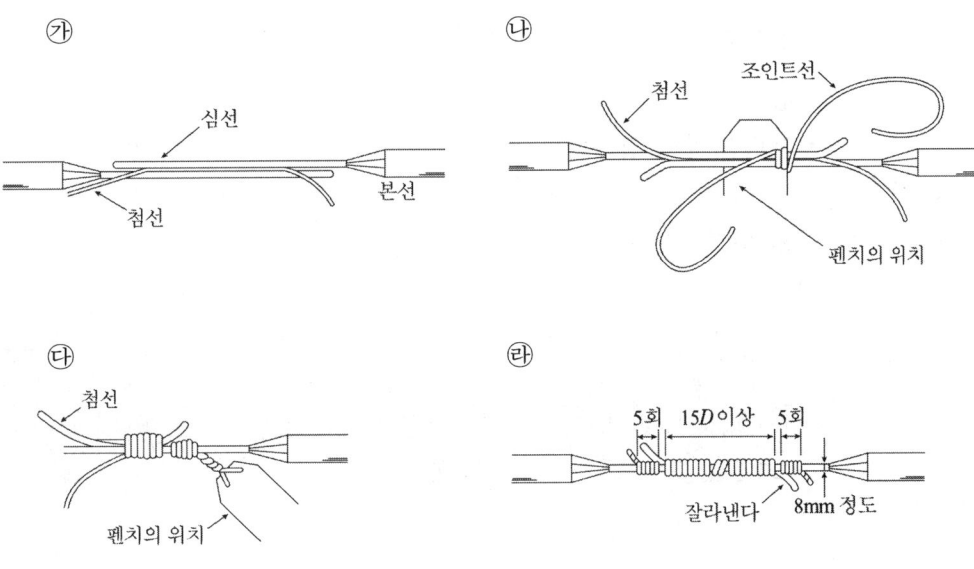

- 1.5[mm^2]의 조인트선
- 첨선 약 120[mm]

※ 피복을 벗기는 길이는 지름의 약 20배

② 연선 접속

(가) 권선 직선접속

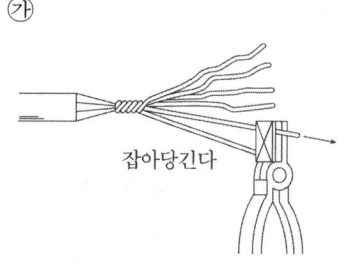

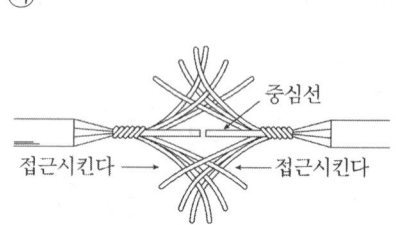

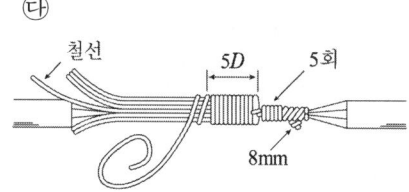

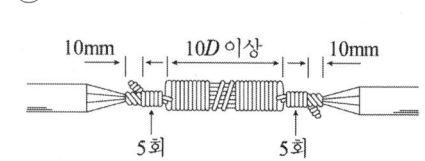

- 중심선은 $\frac{1}{4}$로 한다.
- 첨선, 조인트선
- 그림과 같이 감는다.

(나) 단권 분기접속

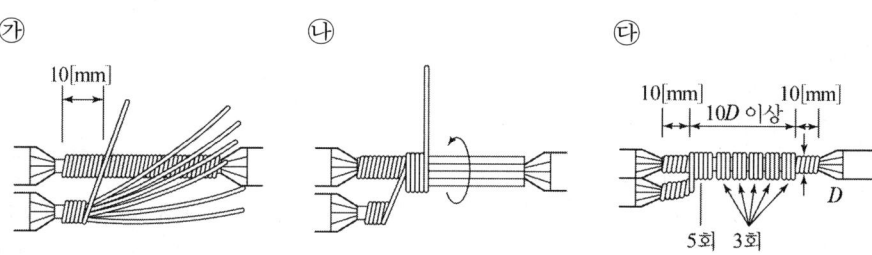

(다) 분할 권선 분기 접속

㉮
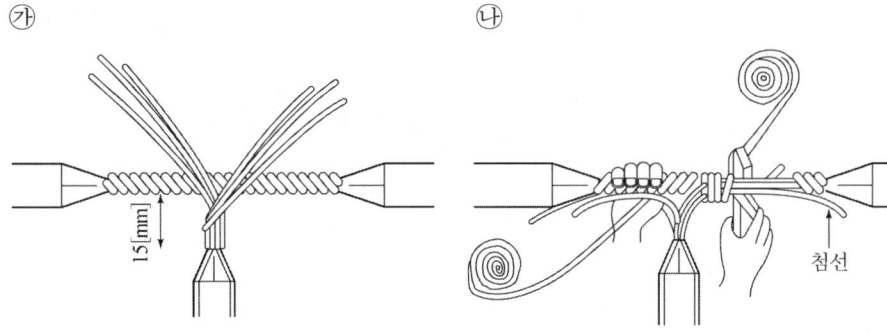
㉯

㉰
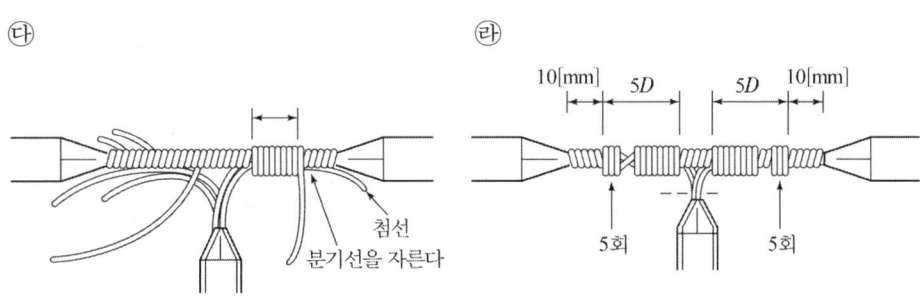
㉱

(라) 분할 단권 분기접속

㉮
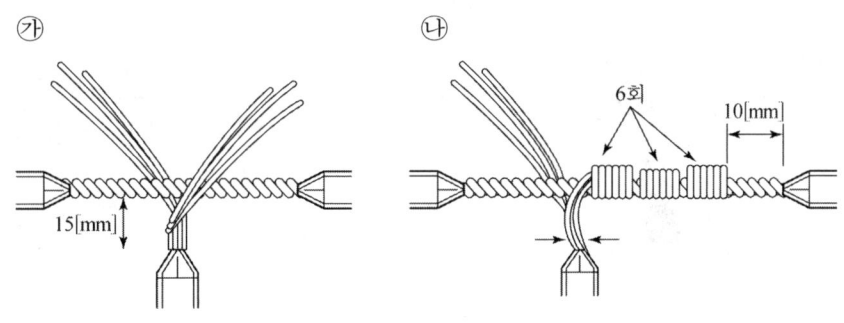
㉯

㉰
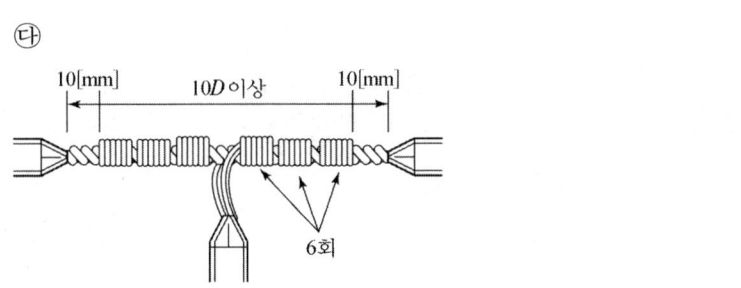

㈒ 분할 복권 분기접속

분기선의 소선을 풀어 둘로 갈라 본선을 끼고 분기선을 한꺼번에 감아 붙인다.

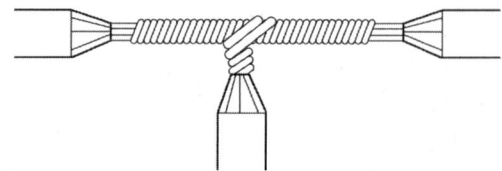

3) 종단접속

① 굵기가 같은 단선

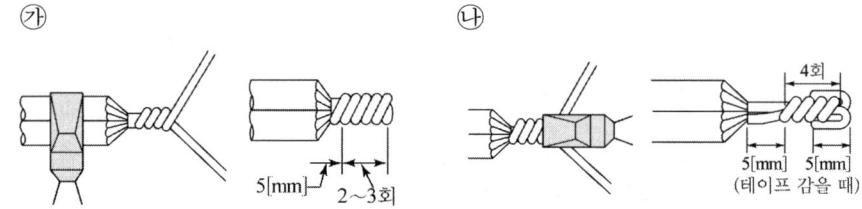

② 굵기가 다른 단선

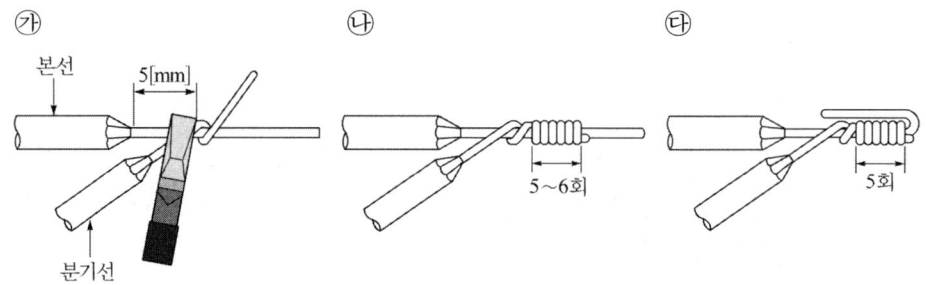

③ 와이어 커넥터를 이용한 접속

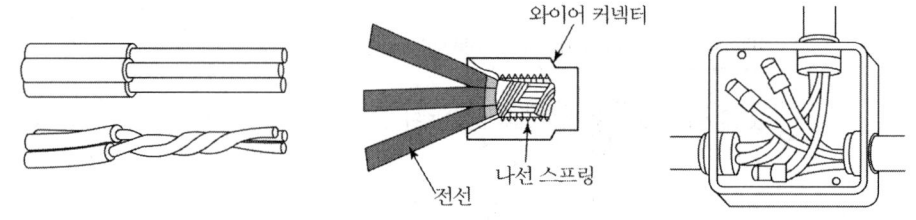

④ 링슬리브를 이용한 접속

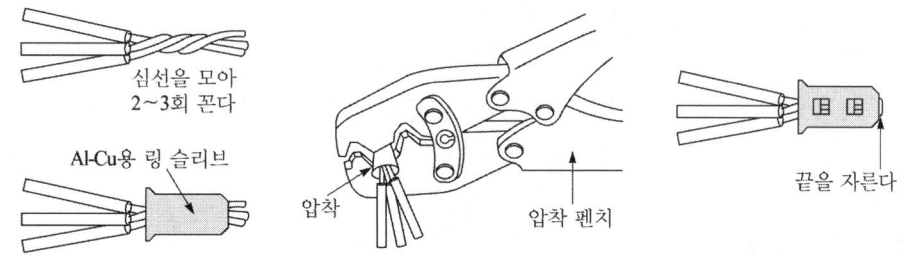

⑤ 종단 겹침용 슬리브에 의한 접속

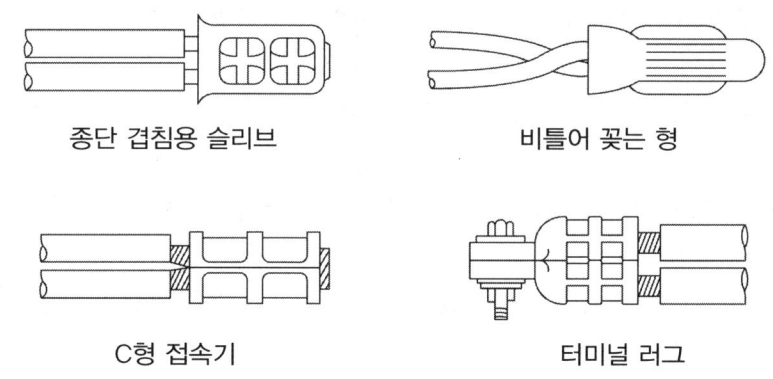

(2) 절연 테이프에 의한 피복 방법

종류	면 고무 접착 테이프 사용하는 경우	염화 비닐 접착 테이프 사용하는 경우
두께	약 : 0.5[mm]	약 : 0.2[mm]
방법	테이프를 반폭 이상 겹쳐서 2번 이상 감는다. (4겹 이상)	테이프를 반폭 이상 겹쳐서 2번이상 감는다. (4겹 이상)

테이프 감는 횟수는 위 표를 최저로 하고 굵기에 따라 증가하며 두께는 얇은 것을 사용할 때에는 겹친 폭 또는 감는 횟수를 늘려야만 한다.

(3) 옥내에서 전선을 병렬로 사용하는 경우

① 병렬로 사용하는 경우 각 전선의 굵기는 동선 $50[\text{mm}^2]$ 이상, 알루미늄 $70[\text{mm}^2]$ 이상으로 하고 전선은 동일한 도체, 동일한 재료, 동일한 길이 이어야 한다.
② 공급점 및 수전점에서 전선의 접속은 다음 각 호에 의하여 시설 하여야 한다.
㉮ 같은 극(極)의 각 전선은 동일한 터미널 러그에 완전히 접속할 것

⑭ 같은 극(極)의 각 전선은 동일한 터미널 러그는 동일한 도체에 2개 이상의 리벳 또는 2개 이상의 나사로 접속할 것
⑮ 기타 전류의 불평형을 초래하지 않도록 할 것
⑯ 병렬로 사용하는 전선은 각각에 퓨즈를 장치하지 말아야 한다.
(단, 공용 퓨즈는 지장이 없다.)

(4) 테이프의 종류

① **면 테이프** : 건조한 목면 테이프. 즉 거즈 테이프에 검은색 점착성의 고무 혼합물을 양면에 합침 시킨 것. 특징으로 점착성이 강하며 절연성이 우수
② **고무 테이프** : 절연성 혼합물을 압연하여 이를 가황한 다음 그 표면에 고무풀을 칠한 것으로 서로 밀착되지 않도록 격리물을 넣어 감은 것
③ **비닐 테이프** : 염화비닐 컴파운드로 만든 것으로 테이프의 한 면에 점착제가 있는 것과 비접착성으로 된 것이 있다.
④ **리노 테이프** : 엇갈리게 짠 건조한 목면, 즉 바이어스 테이프에 절연성 니스를 몇 차레바르고 건조시킨 것
  ㉮ 노란색 리노테이프는 배전반, 분전반, 변압기 전동기 단자 부근에서 절연의 강화, 피복보호
  ㉯ 검은색 리노 테이프는 점착성은 없으나 절연성 보온성, 내유성이 있으므로 연피 케이블에 접속에 반드시 사용
⑤ **자기 융착 테이프** : 합성수지와 합성고무를 주성분으로 만든 판상의 것을 압연하여 적당한 격리물과 함께 감아서 만든 것
  ㉮ 특징
    약 1.2배 늘려 감으면 서로 융착되어 접속력이 강하다.
  ㉯ 내오존성, 내수성, 내약품성, 내온성이 우수 비닐 외장 케이블, 틀로로프렌 외장 케이블의 접속에 사용

3장 전선의 접속 예상문제

1 절연전선을 접속할 때 어느 접속기를 사용하면 접속 부분에 절연할 필요가 없는가?

① 전선 피박기 ② 박스형 커넥터
③ 전선 커버 ④ 특대

[해설] 박스형 커넥터는 전선을 접속시 접속부분 절연이 불필요하다.

2 다음 중 나전선 상호간 또는 나전선과 절연전선 접속시 접속부분의 전선의 세기는 일반적으로 어느 정도 유지해야 하는가?

① 80[%] 이상 ② 70[%] 이상
③ 20[%] 이상 ④ 50[%] 이상

[해설] 전선 접속시 유지 : 80[%], 감소 : 20[%]

3 다음 중 단선의 브리타니아 직선 접속에 사용되는 것은?

① 조인트선 ② 파라핀선
③ 바인드선 ④ 에나멜선

[해설] 단선의 브리타니아 직선 접속 : 조인트선

4 박스 내에서 가는 전선을 접속할 때에는 어떤 방법으로 접속하는가?

① 트위스트 접속
② 쥐꼬리 접속
③ 브리타니아 접속
④ 슬리브 접속

[해설] 박스 내에서 가는 전선을 접속 : 쥐꼬리 접속

5 다음 중 동전선의 접속에서 직선 접속에 해당하는 것은?

① 직선 맞대기용 슬리브(B형)에 의한 압착 접속
② 비틀어 꽂는 형의 전선 접속기에 의한 접속
③ 종단 겹침용 슬리브(E형)에 의한 접속
④ 동선 압착단자에 의한 접속

[해설] 직선 맞대기용 슬리브(B형)에 의한 압착 접속은 동전선의 접속에서 직선 접속에 해당된다.

6 다음 중 전선 및 케이블 접속 방법이 잘못된 것은?

① 전선의 세기를 30[%] 이상 감소시키지 않을 것
② 접속 부분은 접속관 기타의 기구를 사용하거나 납땜을 할 것
③ 코드 상호, 캡타이어 케이블 상호, 케이블 상호, 또는 이들 상호를 접속하는 경우에는 코드 접속기, 접속함 기타의 기구를 사용할 것
④ 도체에 알루미늄을 사용하는 전선과 동을 상용하는 전선을 접속하는 경우에는 접속부분에 전기적인 부식이 생기지 않도록 할 것

정답 1. ② 2. ① 3. ① 4. ② 5. ① 6. ①

[해설] 전선 접속시 유지 : 80[%], 감소 : 20[%]

7 나전선 상호 또는 나전선과 절연전선, 캡타이어 케이블 또는 케이블과 접속하는 경우 바르지 못한 방법은?

① 전선의 세기를 20[%] 이상 감소시키지 않을 것
② 알루미늄 전선과 구리 전선을 접속하는 경우에는 접속 부분에 전기적 부식이 생기지 않도록 할 것
③ 코드 상호, 캡타이어 케이블 상호, 케이블 상호 또는 이들 상호를 접속하는 경우에는 코드 접속기·접속함 기타의 기구를 사용할 것
④ 알루미늄 전선을 옥외에 사용할 경우에는 반드시 트위스트 접속을 할 것

[해설] 알루미늄 전선을 옥외에 사용할 경우는 직선접속, 분기접속, 종단접속 등이 있다.

8 다음 중 전선의 접속방법에 해당 되지 않는 것은?

① 슬리브 접속　② 직접접속
③ 트위스트 접속　④ 커넥터 접속

[해설] 전선의 접속방법 : 슬리브 접속, 트위스트 접속, 커넥터 접속

9 다음 중 굵은 Al선을 박스 안에서 접속하는 방법으로 적합한 것은?

① 링 슬리브에 의한 접속
② 비틀어 꽂는 형의 전선 접속기에 의한 방법
③ C형 접속기에 의한 접속
④ 맞대기용 슬리브에 의한 압착 접속

[해설] 굵은 Al선을 박스 안에서 접속 : C형 접속기에 의한 접속

10 전선을 접속할 때 전선의 강도를 몇 [%]이상 감소시키지 않아야 하는가?

① 10[%]　② 20[%]
③ 30[%]　④ 40[%]

[해설] 전선 접속시 유지 : 80[%], 감소 : 20[%]

11 전선의 접속에 대한 설명으로 틀린 것은?

① 접속 부분의 전기저항을 20[%] 이상 증가
② 접속 부분의 인장강도를 80[%] 이상 유지
③ 접속 부분에 전선 접속 기구를 사용함
④ 알루미늄 전선과 구리선의 접속 시 전기적인 부식이 생기지 않도록 함

[해설] 접속 부분의 인장강도을 20[%] 이하로 감소시키지 말 것

12 전선과 기구단자 접속 시 나사를 덜 죄었을 경우 발생할 수 있는 위험과 거리가 먼 것은?

① 누전　② 화재위험
③ 과열 발생　④ 저항 감소

[해설] 단자 접속시 나사를 덜 죄었을 때 위험요소는 : 누전, 화재위험, 과열 발생 등이 있다.

정답　7. ④　8. ②　9. ③　10. ②　11. ①　12. ④

13 단선의 브리타니아(britania) 직선 접속 시 전선 피복을 벗기는 길이는 전선 지름의 약 몇 배로 하는가?

① 5배　　② 10배
③ 20배　　④ 30배

[해설] 단선의 브리타니아(britania) 직선 접속 시 전선 피복을 벗기는 길이는 전선 지름의 약 20배

14 코드 상호, 캡타이어 케이블 상호 접속 시 사용 하여야 하는 것은?

① 와이어 커넥터
② 코드 접속기
③ 케이블 타이
④ 테이블 탭

[해설] 코드 상호, 캡타이어 케이블 상호 접속 시 사용하여야 하는 것은 코드 접속기

15 연피 케이블을 접속할 때 반드시 사용하는 테이프는?

① 리노 테이프
② 면 테이프
③ 비닐 테이프
④ 자기 융착 테이프

[해설] 연피 케이블을 접속시 : 리노 테이프

16 단면적 6[mm^2] 이하의 가는 단선(동전선)의 트위스트 조인트에 해당되는 전선 접속법은?

① 직선 접속　　② 분기 접속
③ 슬리브 접속　　④ 종단 접속

[해설] 6[mm^2] 이하의 가는 단선(동전선)의 트위스트 조인트에 해당되는 전선 접속법 : 직선 접속

17 전선과 기계기구의 단자를 접속할 때 사용되는 것은?

① 절연 테이프　　② 동관 단자
③ 관형 슬리브　　④ 압축형 슬리브

[해설] 전선과 기계기구의 단자를 접속할 때 동관 단자를 사용한다.

18 전선 6[mm^2] 이하의 가는 단선을 직선 접속할 때 어느 방법으로 하여야 하는가?

① 브리타니아 접속
② 트위스트 접속
③ 슬리브 접속
④ 우산형 접속

[해설] 전선 6[mm^2] 이하의 가는 단선을 직선 접속 : 트위스트 접속

19 다음 중 전선 접속법에 관한 설명으로 잘못된 것은?

① 접속 부분의 전기 저항을 증가시켜서는 된다.
② 접속 슬리브나 전선 접속 기구를 사용하여 접속하거나 또는 납땜을 할 것
③ 전선의 강도를 20[%] 이상 감소시키지 아니할 것
④ 전선 접속 후 절연 테이프에 의한 절연 방법은 비닐 테이프를 반 폭 이상 겹쳐서 3번 이상 감는다.

정답　13. ③　14. ②　15. ①　16. ①　17. ②　18. ②　19. ①

[해설] 접속 부분의 전기 저항을 증가시켜서는 안된다.

20 박스 안에서 가는 전선을 접속할 때에 어떤 접속으로 하는가?
① 슬리브
② 브리타니아
③ 꽂음형 커넥터
④ 트위스트

[해설] 박스 안에서 가는 전선을 접속은 꽂음형 커넥터 접속한다.

21 다음 중 알루미늄 전선의 접속 방법으로 적합하지 않은 것은?
① 직선 접속
② 분기 접속
③ 종단 접속
④ 트위스트 접속

[해설] 알루미늄 전선의 접속 방법 : 직선 접속, 분기 접속, 종단 접속

22 다음 중 연선과 단선에 공용으로 적용되는 접속방법은?
① 전선 맞대기용 슬리브에 의한 압착 접속
② 가는 단선(6[mm^2] 이하)의 분기접속
③ S형 슬리브에 의한 직선 접속
④ 터미널 리그에 의한 접속

[해설] 연선과 단선에 공용으로 적용되는 접속 : 가는 단선(6[mm^2] 이하)의 분기 접속

23 점착성은 없으나 절연성, 내온성 및 내유성이 있으므로 연피 케이블의 접속에 사용되는 테이프는?
① 고무 테이프
② 리노 테이프
③ 비닐 테이프
④ 자기 융착 테이프

[해설] 연피 케이블의 접속에 사용되는 테이프는 리노 테이프

24 다음 중 거즈 테이프(gauze tape)에 점착성의 고무 혼합물을 양면에 합침시킨 전기용 절연 테이프는?
① 면 테이프
② 고무 테이프
③ 리노 테이프
④ 자기 융착 테이프

[해설] 면 테이프 : 거즈 테이프(gauze tape)에 점착성의 고무 혼합물을 양면에 합침시킨 전기용 절연 테이프

25 테이프를 감을 때 약 2배 정도 늘려서 감을 필요가 있는 것은?
① 비닐 테이프
② 면 테이프
③ 리노 테이프
④ 자기 융착 테이프

[해설] 자기 융착 테이프는 테이프를 감을 때 약 2배 정도 늘려서 감는다.

정답 20. ③ 21. ④ 22. ② 23. ② 24. ① 25. ④

26 전선 접속에 있어서 클로로프렌 외장 케이블의 접속에 쓰이는 테이프는?

① 블랙 테이프
② 자기 융착 테이프
③ 리노 테이프
④ 비닐 테이프

[해설] 자기 융착 테이프는 클로로프렌 외장 케이블의 접속에 사용하는 테이프

27 전선을 종단 겹침용 슬리브에 의해 종단 접속할 경우 소정의 압축공구를 사용하여 보통 몇 개소를 압착하는가?

① 1   ② 2
③ 3   ④ 4

[해설] 전선을 종단 겹침용 슬리브에 의해 종단 접속할 경우 보통 2개소 압착한다.

28 전선 접속 시 사용되는 슬리브(sleeve)의 종류가 아닌 것은?

① D형   ② S형
③ E형   ④ P형

[해설] 전선 접속 시 사용되는 슬리브(sleeve)의 종류 : S형, E형, P형

29 코드나 케이블 등을 기계기구의 단자 등에 접속할 때 몇 [mm^2]가 넘으면 그림과 같은 터미널 러그(압착 단자)를 사용하여야 하는가?

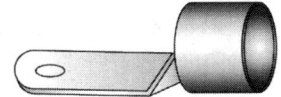

① 10   ② 6
③ 4   ④ 8

[해설] 코드나 케이블 등을 기계기구의 단자 등에 접속할 때 6[mm^2]가 넘는 경우 사용한다.

30 전선 접속시 S형 슬리브 사용에 대한 설명으로 틀린 것은?

① 전선의 끝은 슬리브의 끝에서 조금 나오는 것은 바람직하지 않다.
② 슬리브는 전선의 굵기에 적합한 것을 선정 한다.
③ 직선 접속 또는 분기 접속에서 2회 이상 꼬아 접속한다.
④ 단선과 연선 접속이 모두 가능하다.

[해설] 전선 접속시 S형 슬리브는 전선의 끝은 슬리브의 끝에서 조금 나와야 한다.

31 다음 그림과 같은 전선의 접속법은?

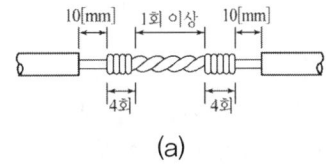

(a)

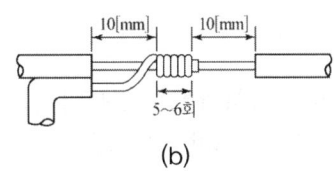

(b)

① 직선 접속, 분기접속
② 직선 접속, 종단 접속
③ 종단 접속, 직선 접속
④ 직선 접속, 슬리브에 의한 접속

[해설] (a) 직선접속, (b) 분기접속

32 동선을 직선으로 접속할 경우 동선의 굵기가 10[mm²] 이하일 때 메킹타이어 슬리브 접속 시 슬리브를 최소 몇 회 이상 비틀림을 해야 하는가?

① 3.5회 ② 2회
③ 2.5회 ④ 3회

[해설]

10[mm²]이하 - 2회 이상		양쪽 비틀림
16[mm²]이하 - 2.5회이상		한쪽 비틀림
25[mm²]이하 - 3회 이상		

33 동일 굵기의 단선을 쥐꼬리 접속하는 경우 두 전선의 피복을 벗긴 후 심선을 교차시켜서 펜치로 비틀면서 꼬아야하는데 이때 심선의 교차각은 몇 도가 되도록 해야 하는가?

① 30° ② 90°
③ 120° ④ 180°

[해설] 단선의 쥐꼬리 접속시에 심선교차각은 90° 펜치로 비틀면서 꼬아야 한다.

34 10[mm²] 이상의 굵은 단선의 분기 접속은 어떤 접속을 해야 하는가?

① 브리타니아 접속
② 쥐꼬리 접속
③ 트위스트 접속
④ 슬리브 접속

[해설] 10[mm²] 이상의 굵은 단선의 분기 접속은 브리타니아 접속을 한다.

35 절연 전선을 서로 접속할 때 사용하는 방법이 아닌 것은?

① 커플링에 의한 접속
② 와이어 커넥터에 의한 접속
③ 슬리브에 의한 접속
④ 압축 슬리브에 의한 접속

[해설] 커플링에 의한 접속은 전선관 연결시 한다.

36 다음 중 단선의 직선 접속 방법으로 옳은 것은?

① 단권 직선접속
② 트위스트 직선접속
③ 복권 직선접속
④ 권선 직선접속

[해설] 단선의 직선 접속은 트위스트 직선접속 으로 한다.

37 높은 온도 및 기름에 견디는 전기용의 절연 테이프는?

① 리노 테이프 ② 비닐 테이프
③ 고무 테이프 ④ 블랙 테이프

[해설] 리노 테이프는 높은 온도 및 기름에 견디는 전기용의 절연 테이프

38 배선에 심선을 5회 이상 감고 굵은 선의 끝을 접어 붙이고 그 위에다 다시 심선을 감고 테이핑하는 방법은?

① 배선과 기구 심선의 복권 분기 접속
② 배선과 기구 심선의 분권 분기 접속
③ 배선과 기구 심선의 트위스트 접속
④ 배선과 기구 심선의 접속

정답 32.② 33.② 34.① 35.① 36.② 37.① 38.④

[해설] 배선에 심선을 5회 이상 감고 굵은 선의 끝을 접어 붙이고 그 위에다 다시 심선을 감고 테이핑하는 방법은 배선과 기구 심선의 접속

39 연피 분기 접속은 접속선을 브리타니어 접속과 소선 자체를 이용하여 접속하는 방법이 있는데 다음 중 소선 자체를 이용하는 방법이 아닌 것은?

① 단권 분기 접속
② 복권 분기 접속
③ 직권 분기 접속
④ 분할 분기 접속

[해설] 연피 분기 접속은 접속선을 브리타니어 접속과 소선 자체를 이용하여 접속하는 방법이 있는데 다음 중 소선 자체를 이용하는 방법 : 단권 분기접, 복권 분기 접속, 분할 분기 접속

40 접속기 또는 접속함을 사용하지 않고 접속해도 좋은 것은?

① 캡타이어 케이블과 비닐외장 케이블
② 비닐 외장 케이블과 코드
③ 절연전선과 코드
④ 코드 상호

[해설] 접속기 또는 접속함을 사용하지 않고 접속해도 좋은 것은 절연전선과 코드

41 전선 약호 중 "H"는?

① 연동선
② 경동선
③ 전열기 절연전선
④ 내열용 절연전선

[해설] 전선 약호 중 "H"는 경동선

정답 39. ③ 40. ③ 41. ②

4장 옥내배선공사

1 애자 사용·몰드·덕트 배선 공사

① 옥내, 옥측 및 옥외배선은 사용전압, 시설 장소에 따라 전선이 손상 받을 우려가 없도록 시설하여야 한다.
② 제1항 이외의 저압 옥내 배선은 시설 장소 배선 방법에 따라 다음 표와 같이 시설 하여야 한다.
　㉠ 시설 장소에 따른 공사 방법

시설설비장소의 구분	공사방법
건축물 안전 공간	고정하지 않은 공사, 전선관공사, 케이블덕트공사 케이블 트레이(사다리형, 선반형 포함)
케이블 채널	고정하는 공사, 고정하지 않는 공사, 전선관 공사 케이블덕트공사, 케이블 트레이(사다리형, 선반형 포함)
지중 매설	고정하지 않은 공사, 전선관공사, 케이블덕트공사
콘크리트 매설	고정하는 공사, 고정하지 않는 공사, 전선관 공사 케이블렁킹(몰드형, 바닥매입형포함)공사, 케이블 덕트 공사
노출배선	고정하는 공사, 전선관 공사, 케이블렁킹(몰드형, 바닥매입형포함)공사, 케이블 덕트공사, 케이블 트레이(사다리형, 선반형 포함)공사, 애자사용공사
가공	케이블 트렁킹(몰드형, 바닥매입형 포함)공사, 케이블트레이(사다리형, 선반형 포함)공사, 애자사용공사, 지지용선공사
수중	고정하는 공사, 고정하지 않는 공사

　㉡ 전선에 따른 공사방법

전선의 구분		공사방법
나전선		애자사용공사
절연선		전선관공사, 케이블트렁킹(몰드형, 바닥매입형,포함)공사, 케이블 덕트공사, 애자사용공사
외장케이블 (금속 외장 및 무기절연포함)	다심	고정하는 공사, 고정하지 않는 공사, 전선관 공사 케이블 트렁킹(몰드형, 바닥매입형 포함)공사, 케이블트레이(사다리형, 선반형 포함)공사, 지지용선공사
	단심	고정하는 공사, 전선관 공사, 케이블 트렁킹(몰드형, 바닥매입형 포함)공사, 케이블 덕트공사, 케이블트레이(사다리형, 선반형 포함)공사, 지지용선공사

1.1 애자 공사

① 애자사용 배선은 조영재의 아래 면이나 옆면에 시공하고 부득이한 경우 윗면에 시공할 수 있다.

② 절연전선의 이격거리

절연전선의 이격거리

거리 \ 사용전압	400[V] 이하	400[V] 초과
전선 상호간 거리	6[cm] 이상	6[cm] 이상
전선과 조영재 거리	2.5[cm] 이상	4.5[cm] 이상 건조한 장소 2.5[cm] 이상
지지점 간의 거리	윗면 또는 옆면은 2[m]이하 400[V] 초과는 상기 장소이외는 6[m] 이하	

③ 애자는 절연성, 난연성 및 내수성의 것이어야 한다.

④ 옥내에 시설하는 저압 접촉 전선
  ㉠ 이동기중기, 자동청소기 그 밖에 이동하면서 사용하는 저압의 기계기구에 전기를 공급하기 위하여 사용하는 접촉전선을 옥내에 시설하는 경우에는 전개된 장소 또는 점검할 수 있는 은폐된 장소에 애자사용 배선 또는 버스덕트배선, 트롤리 배선에 의한다.
  ㉡ 전선의 바닥에서 높이는 3.5[m] 이상으로 하고 사람이 접촉할 우려가 없도록 할 것. 단, 전선의 사용전압이 60[V] 이하이고 건조한 장소이면 예외이다.

⑤ 전선은 다음 장소를 제외하고는 절연전선을 사용해야 한다.
  단, 옥외용 비닐절연전선과 인입용 비닐절연전선(DV 전선)은 제외한다.
  ㉠ 전기로용 전선
  ㉡ 전선 피복 절연물이 부식하는 장소
  ㉢ 취급자 이외의 자가 출입할 수 없는 설비를 한 장소

⑥ 옥측 및 옥외에 시설하는 경우
  ㉠ 400[V] 미만은 노출장소 및 점검 가능한 은폐장소에 한한다.
  ㉡ 400[V] 이상은 노출 장소에 한한다.

⑦ 애자와 전선의 굵기

애자의 종류		사용전선의 최대 굵기 [mm²]	나사못		높이 [KS에 의한다]	
			지름 [mm]	길이 [mm]	애자의 높이 [mm]	전선홈 하단의 높이 [mm]
놉애자	소	16	5.5	58	42	27
	중	50	5.5	65	50	27
	대	95	6.2	70	57	27
	특대	240	6.2	77	65	27

⑧ 바인드선 굵기

굵기	동 전선의 굵기 [mm²]
0.9[mm]	16 이하
1.2[mm](또는 0.9[mm]×2)	50 이하
1.6[mm](또는 1.2[mm]×2)	50 초과

1.2 몰드 배선공사

(1) 합성수지 몰드 배선

① 전선은 절연 전선을 사용한다.
② 사용전압은 400[V] 미만이어야 한다.
③ 몰드 안에서는 접속점을 만들어서는 안된다.
④ 합성수지제 몰드는 홈의 폭 및 깊이가 3.5[cm] 이하로 두께는 2[mm] 이상의 것으로 사람이 쉽게 접촉우려가 없도록 시설하는 경우 폭 5[cm] 이하, 두께 1[mm] 이상의 것을 사용할 수 있다.
⑤ 조영재에 부착할 경우 40~50[cm] 간격으로 견고하게 고정

(2) 금속몰드 배선 공사

① 금속몰드 배선은 절연전선을 사용한다.
② 몰드 안에서는 전선에 접촉점을 만들지 말 것
(단, 2종 금속제몰드를 사용하고 다음의 경우는 예외이다.)
㉮ 전선을 분기하는 경우로 접속점을 쉽게 접검할 수 있는 경우
㉯ 몰드 안의 전선을 외부로 인출하는 부분은 몰드의 관통 부분에서 전선의 손상될

우려가 없도록 시설
③ 금속몰드는 황동제 또는 동제의 몰드는 폭이 5[cm] 이하, 두께 0.5[mm] 이상일 것
④ 1종 금속몰드 내에 넣는 전선 수는 10본 이하일 것
2종 금속몰드 내에 넣는 전선수는 피복절연물을 포함한 단면적의 총 합계가 몰드 단면적의 20[%] 이하로 할 것

> **참고**
> 금속 몰드는 콘크리트 건물 등의 노출 공사용으로 쓰이며, 점멸 스위치, 콘센트 등의 배선 기구의 인하용으로 폭 4[cm] 미만의 것을 제1종, 4[cm] 이상 5[cm] 이하의 것은 제2종 금속 몰드라 한다.

⑤ 몰드의 지지점의 거리는 1.5[m] 이하로 한다.
⑥ 금속몰드 배선이 천장과 칸막이를 관통하는 경우 관통부분에서 접속하지 않고 접지는 접지시스템에 의한 공사를 한다.

1.3 덕트배선공사

(1) 금속 덕트 배선공사

① 금속 덕트 배선은 절연전선(옥외용 비닐 절연전선은 제외)을 사용한다.
전선은 연선일 것
② 덕트 안에서는 전선에 접촉점을 만들면 안된다. 단, 전선을 분기하는 경우로 그 접속점을 점점할 수 있는 경우는 예외이다. (접속함을 사용)
③ 폭이 5[cm]를 초과하고 두께가 1.2[mm] 이상의 철판으로 견고하게 제작
④ 절연전선을 동일 금속덕트에 넣는 경우 금속 덕트의 크기는 전선의 절연물을 포함한 단면적의 총합계가 금속덕트내 단면적의 20[%] 이하가 되도록 한다.
(단, 전광표시 기타 제어회로 배선에 사용되는 전선만을 넣는 경우 50[%] 이하가 되도록 한다.)

> **참고**   전선은 30본 이하로 한다.

⑤ 금속 덕트는 3[m](수직의 경우 6[m]) 이하로 견고하게 고정
⑥ 금속 덕트는 먼지가 침입하지 않도록 하고 끝부분은 막는다.

⑦ 접지는 시스템 접지 방법과 같다.
　※ 금속 덕트 배선은 금속관 전선 규정을 적용한다.

(2) 버스 덕트(bus duct) 공사

피터 버스덕트, 플러그 인 버스덕트, 트롤리 버스덕트의 3종류가 있으며, 버스덕트 공사는 다음에 의하여 시설하여야 한다.

① 덕트 상호간 및 전선 상호간은 견고하고 또한 전기적으로 완전하게 접속할 것
② 덕트를 조영재에 붙이는 경우에는 덕트의 지지점간의 거리를 3[m](취급자 이외의 자가 출입할 수 없도록 시설한 곳에서 수직으로 붙이는 경우에 6[m]) 이하로 하고 또한 견고하게 붙일 것
③ 덕트(환기형 제외)의 끝부분은 막을 것
④ 덕트(환기형 제외)의 내부에 먼지가 침입하지 않도록 할 것
⑤ 접지는 시스템접지공사 할 것
⑥ 빌딩, 공장 등의 변전실에서 전선을 인출하는 곳에 사용하면 굵은 전선 공사보다 경제적으로 유리하다.
⑦ 버스덕트 배선에 의해서 시설하는 도체는 단면적 20[mm^2] 이상의 띠 모양, 지름 5[mm] 이상의 판모양이나 둥근 막대모양의 동 또는 단면적 30[mm^2] 이상인 띠 모양의 알루미늄을 사용하여야 한다.

(3) 플로어 덕트 배선

① 플로어 덕트 배선은 절연전선(옥외용 비닐절연전선 제외)을 사용 한다.
② 절연전선은 연선일 것. 단, 단면적 10[mm^2](알루미늄전선은 16[mm^2]) 이하인 것은 단선을 사용한다.
③ 전선의 접속점이 없도록 할 것. 단, 분기하는 곳에 쉽게 점검할 수 있는 경우 예외
④ 옥내의 건조한 장소에 물이 고이지 않도록 할 것
⑤ 덕트의 끝부분은 막을 것

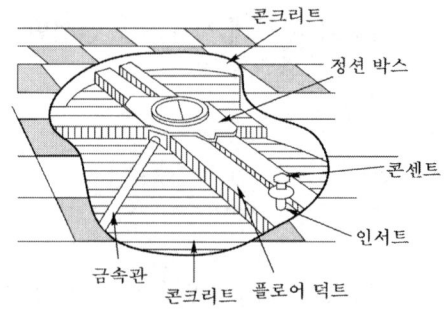

플로어 덕트공사

(4) 라이팅 덕트(lighting duct)공사

① 옥내에 있어서 건조한 노출 장소, 건조한 점검할 수 있는 은폐 장소에 한하여 시설할 수 있다.
② 조영재를 관통하여 시설하여서는 안 된다.
③ 조영재에 부착할 경우 덕트의 지지점은 매 덕트마다 2개소 이상 하고, 지지점의 거리는 2[m] 이하로 견고하게 부착할 것
④ 접지는 시스템 접지을 하고, 사람이 접촉우려가 있으면 전로에 지락이 생겼을 때 자동적으로 전로를 차단하는 설비를 한다.

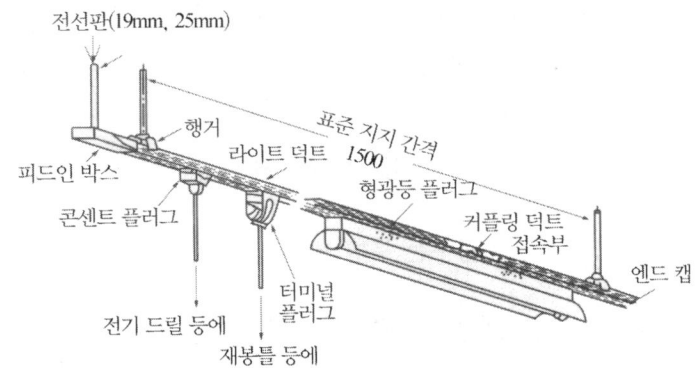

(5) 셀룰러덕트 공사

① 셀룰러덕트 배선은 절연전선(옥외용 비닐절연전선 제외)을 사용한다.
② 절연전선은 연선일 것. 단 단면적 10[mm^2](알루미늄전선은 16[mm^2]) 이하인 것은 단선을 사용한다.
③ 전선의 접속점이 없도록 할 것. 단, 분기하는곳에 쉽게 점검할 수 있는 경우 예외

덕트의 최대 폭	덕트의 판의 두께
150[mm] 이하	1.2[mm]
150[mm] 초과 200[mm] 이하	1.4[mm]
200[mm] 초과	1.6[mm]

④ 부속품의 판의 두께는 1.6[mm] 이상일 것
⑤ 인출구는 바닥위로 돌출되지 않도록 시설. 물이 스며들지 않도록 하고 끝부분은 막을 것

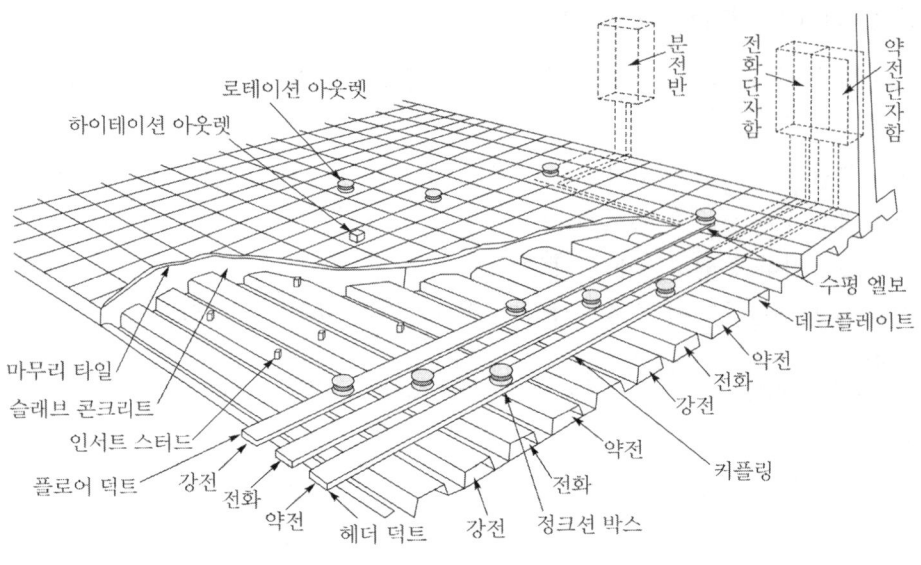

셀룰러덕트공사

2 합성수지관, 가요전선관, 케이블 배선 공사

2.1 합성수지관 공사

(1) 합성 수지관(poly vinyl conduit)의 특징

　㉠ 누전의 우려가 없다.
　㉡ 내식성이다.
　㉢ 접지가 불필요하다.
　㉣ 외상을 받을 우려가 없다.
　㉤ 비자성체이다.
　㉥ 열에 약하다
　㉦ 중량이 가볍고 시공이 용이하다.
　㉧ 기계적 강도가 약하다.
　㉨ 파열될 염려가 있다.
　㉩ 피뢰기, 피뢰침의 접지선 보호에 적당하다.
　※ 비자성체이므로 금속관처럼 전자 유도 작용이 발생하지 못한다. 따라서 왕복선을 같이 넣지 않아도 된다.

2.2 합성수지관의 호칭과 규격

(1) 1본의 길이는 4[m]가 표준이고 굵기는 관 안지름의 크기에 가까운 짝수의 [mm]로 나타낸다.

(2) 경질 비닐 전선관의 규격은 다음과 같다.

경질 비닐 전선관 규격

관의 호칭	바깥지름 [mm]	두께 [mm]	안지름 [mm]
14	18	2.0	14
16	22	2.0	18
22	26	2.0	22
28	34	3.0	28
36	42	3.5	35
42	48	4.0	40
54	60	4.5	51
70	76	4.5	67
82	89	5.9	77.2

(3) 사용전선과 전선관 굵기의 선정

  ㉠ 절연전선을 사용한다.
  ㉡ 전선은 연선일 것. (단, 짧고 가는 관에 넣는 것 또는 단면적 10[mm^2])
     (알루미늄은 16[mm^2])이하의 것은 적용하지 않는다.
  ㉢ 관안에서는 접속점이 없도록 할 것
  ㉣ 경질 비닐관은 두께가 2.0[mm]이상의 것을 사용한다.
     (단, 옥내 배선의 사용 전압이 400[V]미만으로 사람이 접촉할 우려가 없도록 시설할 경우에는 관의 두께를 1.0[mm]이상으로 할 수 있다.)
  ㉤ 습기가 많은 곳 또는 물기가 있는 곳에 시설하는 경우에는 방습장치를 할 것
  ㉥ 경질 비닐관의 굵기 선정은 다음의 표와 같다.

경질 비닐 전선관의 굵기 선정

도체 단면적 [mm²]	전선 본수(電線 本數)									
	1	2	3	4	5	6	7	8	9	10
	경질 비닐관의 최소 굵기(호칭)									
2.5	14	14	16	16	16	22	28	28	28	36
4	14	16	16	22	22	28	28	28	36	36
6	14	16	22	28	28	36	36	36	36	42
10	14	22	28	28	36	36	42	42	54	54
16	16	28	28	36	42	42	54	54	54	54
25	16	28	42	42	54	54	54	54	70	70

[비고] 1. 전서1본에 대한 숫자는 접지선 및 직류 회로의 전선에도 적용한다.
       2. 이 표는 실험결과와 경험을 기초로 결정한 것임
       3. 이 표는 KSC IEC 60227-3의 450/750[V] 일반용 단심 비닐 절연전선을 기준한 것이다.

(4) 최대 전선 본수(10본을 초과하는 전선을 넣는 경우)

도체단면적 [mm²]	전선본수					
	경질 비닐 전선관				합성수지제가요관(PF관, CD관)	
	28호	36호	42호	54호	22호	28호
2.5	12	19	25	40	11	18
4		15	20	32		18
6		12	16	27		
10			11	19		

(5) 관의 굴곡이 적어 쉽게 전선의 교체가 가능한 경우의 최대 본수

도체단면적 [mm²]	전선본수				
	경질 비닐 전선관			합성수지제가요관(PF관, CD관)	
	14호	16호	22호	16호	22호
2.5	4	7	11	9	17
4	3	6	9	7	14
6	3	5	7	4	9
10	2	3	5	3	6

(6) 관과 관의 접속 방법

① 커플링에 들어가는 관의 길이는 관 바깥지름의 1.2배 이상으로 되어있다.

② 접착제를 사용하는 경우에는 0.8배 이상으로 할 수 있다.

(7) 합성 수지관의 커플링 접속의 종류

① 1호 커플링 : 커플링을 가열하여 양쪽관이 같은 길이로 맞닿게 한다.

② 2호 커플링 : 커플링 중앙부에 관막이가 있다.

③ 3호 커플링 : 커플링 중앙부의 관막이가 2호 보다 좁아 관이 깊이 들어가고 온도 변화에 신축작용이 용이하다.

④ 4호(TS 커플링) : 커플링 양쪽 입구 지름이 중앙부 보다 크게 되어 있다.

⑤ 컴비네이션 커플링 : 커플링 한쪽은 TS 커플링으로 되어 있고, 관막이의 다른 한쪽은 고무링을 끼워 접속하게 되어있다.

⑥ 슬리브 접속에 의한 잇달은 접속 : 같은 두 관에서 한 관의 끝을 가열하여 접속한다.

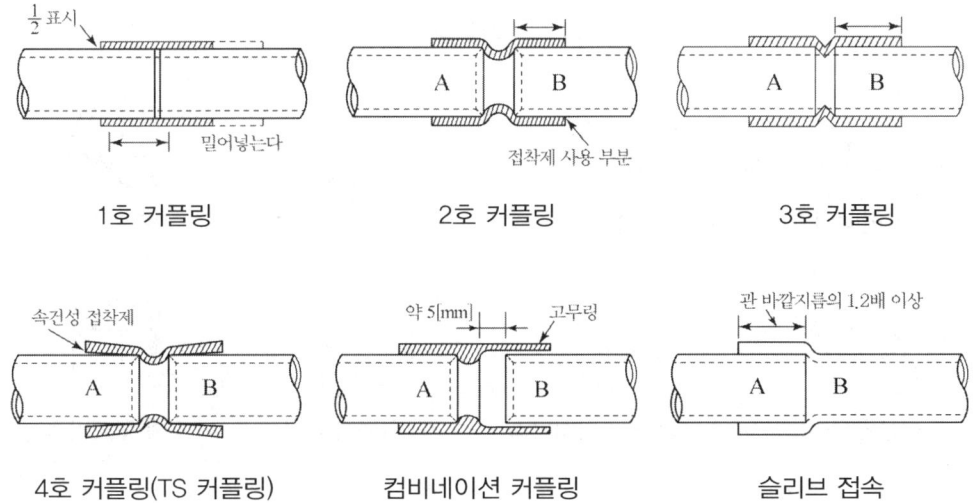

(8) 커넥터에 의한 박스와 관과의 접속

① 1호 커넥터를 사용하는 경우에는 박스 안 쪽에서 구멍에 커넥터를 꽂아 바깥쪽으로 돌출시킨다.

② 2호 커넥터를 사용하는 경우에는 박스 안쪽에서 구멍에 수나사를 꽂아 넣어 바깥쪽으로 돌출시킨 다음 암나사를 단단히 쥔다.

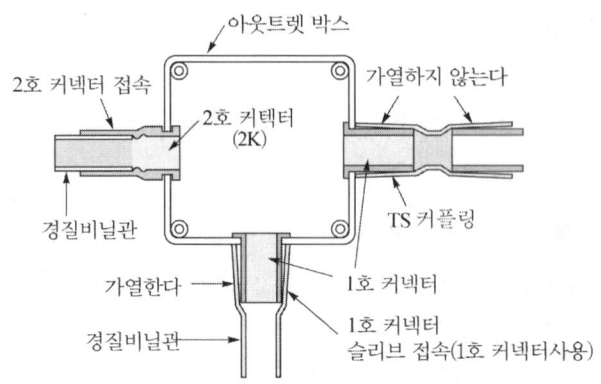

박스와 관과의 접속

(9) 합성수지관 부속품

(10) 배관의 지지

① 배관의 지지점 사이의 거리는 1.5[m] 이하로 하고, 또한 그 지지점은 관의 끝, 관과 박스의 접속점 및 관 상호간의 접속점등에 가까운 곳(0.3[m] 정도)에 시설할 것
② 합성 수지제 가요관인 경우는 그 지지점 간의 거리를 1[m] 이하로 한다.

2.3 가요 전선관 공사

가요 전선관(flexible conduct) 1종은 0.8[mm] 이상 연강대에 아연 도금을 하고 이것을 약 반폭씩 겹쳐서 나선 모양으로 만들어 자유롭게 구부릴 수 있는 전선관이다.

(1) 가요전선관 의 종류

금속제 가요 전선관은 일반 전선관과는 달리 가요성이 풍부하고 긴 것으로, 관을 접속하는 일이 적고 자유롭게 배선할 수 있으므로, 작은 증설 배선, 안전함과 전동기 사이의 배선, 엘리베이터 배선, 기차나 전차 안의 배선 등에 많이 사용된다.

① 제1종 금속제 가요 전선관

플렉시블 콘디트(flexible conduit)라고 하며, 전면을 아연 도금한 두께는 0.8[mm] 이상의 파상 연강대가 빈틈없이 나선형으로 감겨져 있으므로 유연성이 풍부하다.

② 제2종 금속제 가요 전선관

플리커 튜브(flicker tube)라고 하며, 아연 도금한 강대와 강대 사이에 별개의 파이버를 조합하여 감아서 만든 것으로 내면과 외면이 매끈하고 기밀성, 내열성, 내습성, 내진성, 기계적 강도가 우수하며, 절단이 용이하다.

③ 합성수지제 가요전선관(PE 및 CD관)

ROLL로 되어있고 무게가 가벼워 어려운 현장 여건에서도 운반 및 취급이 용이하며 금속 전선관에 비해 결로현상이 적어 영하의 온도에서도 사용할 수 있으며, PE 및 난연성 PVC로 되어있기 때문에 내약품성이 우수하고, 가요성이 뛰어나므로 굴곡된 배관 작업에 적합하며, 관의 내부가 피부형이므로 마찰계수가 적어 전선 입선이 용이하다.

(2) 사용 전선

① 연선의 절연전선을 사용한다.
② 10[mm^2](알루미늄은 16[mm^2]) 이하의 것은 단선을 사용할 수 있다.
③ 전선관 내에서는 접속점을 만들지 말아야 한다.

(3) 가요 전선관 공사(flexible conduct wiring)

① 가요 전선관은 2종 가요 전선관일 것. 다만, 전개된 장소 또는 점검할 수 있는 은폐된 장소로 건조한 장소에 사용하는 것은 1종을 사용할 수 있다.
② 작은 증설 공사, 안전함과 전동기 사이의 공사, 기차, 전차안의 배선 등의 시설에 적

당하다.
③ 2종 가요전선관을 구부리는 경우의 시설은 다음 각 호에 의하여야 한다.
  ㉮ 노출장소 또는 점검 가능한 은폐장소에서 관을 시설하고 제거하는 것이 자유로운 경우는 곡률 반지름을 2종 가요 전선관 안지름의 3배 이상으로 할 것
  ㉯ 노출장소 또는 점검 가능한 은폐장소에서 관을 시설하고 제거한 것이 부자유하거나 또는 점검이 불가능할 경우는 곡률 반지름을 2종 가요전선관 안지름의 6배 이상으로 할 것
④ 1종 가요전선관을 구부릴 경우의 곡률 반지름은 관 안지름의 6배 이상으로 한다.

(4) 가요 전선관 지지 · 접속

① 가요 전선관 상호의 접속은 커플링으로 하여야한다.
② 가요 전선관과 박스 또는 캐비닛의 접속은 접속기로 접속하여야한다.
③ 가요 전선관을 금속관 배선, 금속 몰드 배선 등과 연결하는 경우는 적당한 구조의 커플링, 접속기 등을 사용하고 양자를 기계적, 전기적으로 완전하게 접속하여야 한다.
  ⓐ 전선관의 상호 접속 : 스플릿 커플링(split coupling)
  ⓑ 금속 전선관의 접속 : 콤비네이션 커플링(combination coupling)
  ⓒ 박스와의 접속 : 스트레이트 커넥터, 앵글 커넥터, 더블 커넥터
④ 가요 전선관을 새들 등으로 지지하는 경우의 지지점 간의 거리는 다음 표에 의한다.

지지점 간의 거리

시설의 구분	지지점간의 거리[m]
조영재의 측면 또는 하면에 수평방향으로 시설한 것	1[m] 이하
사람이 접촉할 우려가 있는 곳	1[m] 이하
가요 전선관 상호 및 금속제 가요 전선관 박스 기구와의 접속 개소	접속 개소에서 0.3[m] 이하
기타	2[m] 이하

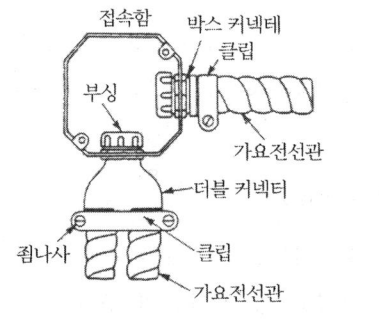

접속함과 접속

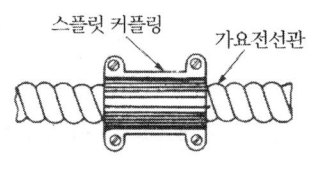

가요 전선관 상호 접속

(5) 접지 공사

사용 전압이 400[V] 미만인 경우에는 금속제 가요 전선관 및 부속품은 시스템 접지에 의하여 접지하여야 한다.
(단, 길이가 4[m] 이하에 시설하는 경우에는 그렇지 않다.)

2.4 케이블 덕팅공사

(1) 비닐 외장 케이블, 클로로프렌 외장 케이블, 폴리에틸렌 외장 케이블(케이블 배선)은 다음에 따라 시설한다.

1) 시설 방법
  ① 마루바닥, 벽, 천장, 기둥 등에 직접 매입하지 말 것
  ② 케이블을 시설하는 경우의 지지는 클리트(cleat), 새들, 스테이플 등으로 견고하게 고정

2) 케이블의 지지·굴곡
  ① 케이블을 구부리는 경우 굴곡부의 곡률반경은 외경의 6배(단심은 8배) 이상으로 한다.
  ② 케이블은 기구단자와 접속하는 경우 캐비닛, 아웃렛 박스 등 내부에서 할 것
  ③ 접속함은 노출 장소에서 점검 할 수 있도록 시설할 것
  ④ 케이블의 지지점 간의 거리는 다음과 같이 한다.

케이블 지지점 간의 거리

시설구분	지지점간의 거리
조영재의 옆면 또는 아래 면에 수평방향으로 시설하는 것	1[m] 이하
사람의 접촉 우려가 있는 곳	1[m] 이하
케이블의 상호 및 케이블과 박스 기구와의 접속 개소	접속개소에서 30[cm] 이하
수직배선	6[m](매층 지지)
기타	2[m]

(2) 캡타이어 케이블 배선

① 캡타이어 케이블의 사용 구분

시설장소 사용전압 전선의 종류	옥내 400[V] 미만	옥내 400[V] 이상	옥측, 옥외 400[V] 미만	옥측, 옥외 400[V] 이상
비닐절연 비닐 캡타이어케이블	△	×	△	×
고무 절연 클로로프렌 캡타이어 케이블	○	○	○	○

[비고] ○ : 사용할 수 있다.
△ : 노출 장소 또는 점검할 수 있는 은폐장소에서만 사용할 수 있다.
× : 사용할 수 없다.

② 중량물의 압력 또는 심한 기계적 충격을 받을 우려가 있는 장소에 시설하여서는 안된다.
③ 캡타이어 케이블을 조영재에 따라 시설하는 경우는 그 지지점간의 거리는 1[m] 이하로 하고 조영재에 따라 캡타이어 케이블이 손상될 우려가 없는 새들, 스테이플 등으로 고정한다.

(3) 미네랄 인슐레이션(MI) 케이블 배선

① 중량물의 압력 또는 심한 기계적 충격을 받는 개소에 시설하는 MI 케이블은 적당한 방호장치를 시설을 하여야 한다.
② MI 케이블을 구부리는 경우는 케이블의 금속제 외장이 손상되지 않도록 하고, 그 굴곡 부분의 곡률반경은 케이블 바깥지름의 6배 이상이 되어야 한다.

(4) 콘크리트 직매용 케이블 배선

① 케이블은 미네랄 인슐레이션 케이블·콘크리트 직매용(直埋用) 케이블을 사용하여야 한다.
② 박스는 전기용품 안전관리법 또는 산업표준화법의 적용을 받는 금속제이거나 합성 수지제의 것 또는 황동이나 동으로 견고하게 제작한 것을 사용하여야 한다.
③ 콘크리트 내에서는 접속점을 만들지 말 것
④ 케이블은 철근 등을 따라 포설하는 것을 원칙으로 하고 바인드선 등으로 철근 등에 1[m] 이하의 간격으로 고정할 것
⑤ 케이블을 구부릴 때에는 피복이 손상되지 않도록 그 굴곡부 안쪽의 반경은 케이블 외경의 6배(단심에 있어서는 8배) 이상으로 하여야 한다.

3 금속관 배선 공사

> **금속관 공사(steel conduit wiring)**
> 금속관 공사는 전개된 장소, 은폐장소, 어느 곳에서나 시설할 수 있으며 습기, 물기 있는 곳, 먼지 있는 곳 등에 시설한다.

3.1 금속전선관 배선공사

(1) 금속 전선관의 특징

① 전선이 기계적으로 보호된다.
② 단락 사고, 접지 사고 등에 있어서 화재의 우려가 적다.
③ 접지 공사를 완전하게 하면 감전의 우려가 없다.
④ 방습장치를 할 수 있으므로, 전선을 방수할 수 있다.
⑤ 전선의 노후나 배선 방법의 변경이 필요한 경우 전선의 교환이 쉽다.

(2) 전선 · 전자적 평형

① 배선은 절연전선을 사용한다.
② 절연전선은 단면적 $10[mm^2]$(알루미늄전선은 $16[mm^2]$)을 초과하는 것은 연선을 사용한다. (단, 길이가 $1[m]$ 이하 금속관은 적용하지 않는다.)
③ 교류 회로는 1회로 전부를 동일 관내에 넣는 것을 원칙으로 하며, 관내에 전자적으로 불평형이 생기지 않도록 시설하여야 한다.

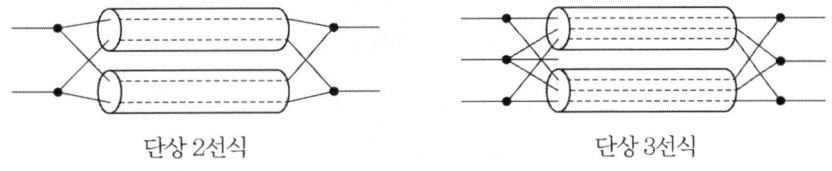

전선을 병렬로 사용하는 경우

(3) 금속관 및 부속품의 선정
① 전기용품 안전 관리법에 적합한 금속제나 황동이나 동으로 견고하게 제작한 것
② 관의 두께는 콘크리트 매입할 경우 1.2[mm] 이상, 기타의 경우는 1[mm] 이상일 것. 단, 이음매가 없는 길이 4[m] 이하의 것을 건조하고 노출된 장소에 시설하는 경우는 0.5[mm] 이상으로 한다.

(4) 관의 굵기 선정
① 동일 굵기의 절연전선을 동일 관내에 넣는 경우의 금속관 굵기는 다음 전선관 굵기의 선정에 따라 선정하여야 한다.
② 전선관 선정표
　㉠ 전선관 규격표

종류	관의호칭	바깥지름[mm]	두께[mm]	안지름[mm]
후강 전선관	16	21.0	2.3	16.4
	22	26.5	2.3	21.9
	28	33.3	2.5	28.3
	36	41.9	2.5	36.9
	42	47.8	2.5	42.8
	54	59.6	2.8	54.0
	70	75.2	2.8	69.6
	82	87.9	2.8	82.3
	92	100.7	3.5	93.7
	104	113.4	3.5	106.4
박강 전선관	19	19.1	1.6	15.9
	25	25.4	1.6	22.2
	31	31.8	1.6	28.6
	39	38.1	1.6	34.9
	51	50.8	1.6	47.6
	63	63.5	2.0	59.5
	75	76.2	2.0	72.2

※ 후강전선관 - 안지름에 가까운 짝수
※ 박강전선관 - 바깥지름에 가까운 홀수
※ 후강전선관 1본의 길이는 3.6[m] 이다.

ⓛ 후강 전선관의 굵기의 선정

도체단면적 [mm²]	전선 본수									
	1	2	3	4	5	6	7	8	9	10
	전선관의 최소 굵기 [mm²]									
2.5	16	16	16	16	22	22	22	28	28	28
4	16	16	16	22	22	22	28	28	28	28
6	16	16	22	22	22	28	28	28	36	36
10	16	22	22	28	28	28	36	36	36	36
16	16	22	28	28	36	36	36	42	42	42
25	22	28	28	36	36	42	54	54	54	54
35	22	28	36	42	54	54	54	70	70	70
50	22	36	54	54	70	70	70	82	82	82
70	28	42	54	54	70	70	70	82	82	82
95	28	54	54	70	70	82	82	92	92	104
120	36	54	54	70	70	82	82	92		
150	36	70	70	82	92	92	104	104		
185	36	70	70	82	92	104				
240	42	82	82	92	104					

[비고] 1. 전선 1본에 대한 숫자는 접지선 및 직류 회로의 전선에도 적용한다.
    2. 이 표는 실험 결과와 경험을 기초하여 결정한 것임
    3. 이 표는 KSC IEC 60227-3의 450/750[V] 일반용 단심 비닐 절연 전선을 기준 한 것이다.

ⓒ 최대 전선 본수(10본을 초과하는 전선을 넣는 경우)

10본을 초과하는 경우

도체 면적 [mm²]	전선 본수							
	후강 전선관				박강 전선관			
	28호	36호	42호	54호	31호	39호	51호	63호
2.5	12	21	28	45	12	19	35	55
4		17	23	36		15	28	44
6		14	19	30		12	23	3
10			13	21			16	2.5

㉣ 전선(피복 절연물을 포함)의 단면적

도체단면적 [mm²]	절연체 두께 [mm²]	평균 완성 바깥지름 [mm²]	전선의 단면적 [mm²]
1.5	0.7	3.3	9
2.5	0.8	4.0	13
4	0.8	4.6	17
6	0.8	5.2	21
10	1.0	6.7	35
16	1.0	7.8	48
25	1.2	9.7	74
35	1.2	10.9	93
50	1.4	12.8	128
70	1.4	14.6	167

[비고] 전선의 단면적은 평균완성 바깥지름의 상환 값을 환산한 값이다.
[비고] 이 표는 KSC IEC 60227-3의 450/750[V] 일반용 단심 비닐 절연 전선을 기준 한 것이다.

(5) 관 및 부속품의 연결과 지지

① 금속관 상호는 커플링으로 접속할 것. 금속관이 고정되어 회전할 수 없는 경우 특수 커플링(유니온 커플링)을 이용
② 금속관을 조영재에 따라서 시설하는 경우 새들 또는 행거(Hanger) 등으로 2[m] 이하로 견고하게 지지
③ 금속관과 박스, 기타 이와 유사한 것을 접속하는 경우로서 틀어 끼우는 방법에 의하지 않을 때에는 로크너트(lock net) 2개를 사용하여 박스나 캐비닛의 내외 양측을 조일 것
④ 박스나 캐비닛은 녹아웃의 지름이 로크너트 지름보다 큰 경우 박스나 캐비닛의 양측에 링리듀서(ring reducer)를 사용할 것

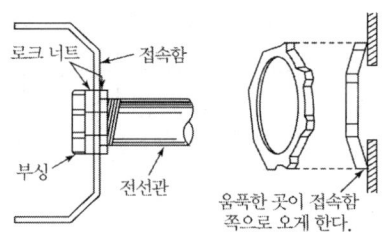

녹아웃의 크기가 적당할 때

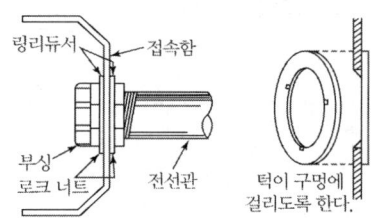

녹아웃의 크기가 지나치게 클 때

(6) 관의 굴곡

① 금속관을 구부릴 때 금속관의 단면이 변형되지 않도록 그 안측의 반지름은 관 안지름의 6배로 한다.

② 아웃렛박스 사이 또는 전선 인입구가 있는 사이의 금속관은 3개소를 초과하는 직각에 가까운 굴곡개소를 만들어서는 안된다.
(굴곡 개소가 많을 경우 또는 길이가 30[m]을 초과하는 경우 풀 박스를 설치)

③ 유니버설 엘보우, 티이, 크로스 등은 은폐 시켜서는 안 되며 덮개가 있는 것 이어야 한다. 단, 점검할 수(티이, 크로스)있는 경우는 예외이다.)

(7) 아웃렛 박스류, 풀박스 및 접속함.

① 조명기구, 콘센트, 점멸기 등의 부착 위치는 아웃렛 박스, 콘크리트 박스, 스위치 박스 등을 사용하여야 한다.

② 박스에 이미 뚫어진 불필요한 구멍은 적당한 방법으로 메워야 한다.

③ 풀박스에 설치하는 배선 회로수가 2회로 이상인 경우는 풀박스 내에서 회로 확인이 용이하도록 회로 표시를 하여야 한다.

(8) 수직 배관에서 전선의 보호.

수직으로 배관한 금속관 내의 전선은 표의 간격 이하마다 적당한 방법으로 지지하여야 한다.

도체 단면적 [mm^2]	지지점의 간격
50 이하	30
100 이하	25
150 이하	20
250 이하	15
250 초과	12

(9) 건축물에 대한 주의

금속관 배선을 하는 경우는 건축물의 강도를 감소시키지 않도록 시공 시 주의를 하여야 한다.

① 조영재에 과대한 구멍 또는 틈을 내지 말 것

② 지나치게 굵은 금속관을 사용하지 말 것

③ 콘크리트, 슬래브 내에 매입하는 경우의 금속관 바깥지름은 슬래브 두께의 $\frac{1}{3}$ 이내

로 하는 것이 바람직하다.

(10) 노출 배관 공사

① 박강 금속관 또는 EMT 전선관을 사용한다.
② 노출 배관에서 박스, 캐비닛이 있는 곳에서 반듯이 오프셋을 만들어야 한다. 뚜껑이
③ 금속관이 벽면에 따라 직각으로 구부러지는 곳은 뚜껑이 있는 엘보를 쓰며, 있는 유니버설 LB형이나 LL형을 쓰거나 서비스 엘보를 사용하여도 무방하다.
④ 굵은 금속관을 다수 배관할 때, 구부러지는 곳에 풀 박스(pul box)를 사용하면 배관도 편하고 전선 넣기도 간편하다.
⑤ 조영재에 따라 거리 2[m] 이하마다 새들로 고정시킨다.
⑥ 노출 배관 공사는 미관을 고려해서 수직이나 수평으로 시공하여야 한다.
⑦ 매입 앵커나 볼트
　㉠ 스크루 앵커(screw anchor)
　㉡ 코킹 앵커(caiking anchor)
　㉢ 익스팬션 볼트(expansion bolt)
　㉣ 토글 볼트(toggle bolt)

(11) 금속전선관 시공용 부품

순위	재료명	용도	순위	재료명	용도
1	4각아우 트랙박스	102×102[mm]로 얇은 형과 깊은 형이 있으며, 전선접속, 조명기구, 콘센트, 스위치 등의 취부에 사용된다.	2	8각 아우트랙박스	102×102[mm]로 얇은 형과 깊은형이 있으며 전선접속, 조명기구 등의 취부에 사용된다.
3	노출스위치박스	노출 배관 공사에 사용되는 스위치 박스로 스위치나 콘센트 취부에 사용된다.	4	C형 엘보	노출배관 공사에서 관을 직각으로 굽히는 곳에 사용된다.
5	T형 엘보	노출배관 공사에서 관을 3방향으로 분기하는 곳에 사용하며 4방향으로 분기하는 크로스엘보가 있다.	6	커플링	전선관 상호를 접속하는 것으로 내면에 나사가 있다

순위	재료명	용도	순위	재료명	용도
7	유니언커플링	금속관 상호 접속용으로 관의 양쪽이 고정되어 있는 경우 사용된다.	8	노출박스(4방출)	노출배관 공사에 사용되는 박스로 전선 접속 및 조명 기구류를 취부할 때 사용됨.
9	새들	전선관을 조영재에 고정할 때 사용한다.	10	로크너트	박스에 금속관을 고정할 때 사용한다.
11	부싱	전선의 절연 피복을 보호하기 위하여 금속관의 관 끝에 취부 한다.	12	링리듀셔	금속관을 아우트렛 박스 등의 녹아웃에 취부할 때 관보다 지름이 큰 관계로 로크너트만으로는 고정할 수 없을 때 보조적으로 사용한다.
13	접지클램프	금속관과 접지선 사이의 접속에 사용한다.	14	앵글박스커넥터 (방수)	박스에서 직각으로 구부러지는 곳에 노멀밴드를 사용하지 못하는 곳에 사용한다.
15	엔드렌스캡 / 터미널캡	가공인입선에 금속관 공사로 옮겨지는 곳 또는 전선관으로부터 전선을 뽑아 전동기 단자 부분에 접속할 때 전선을 보호하기 위하여 관 끝에 취부한다. ※ 엔드렌스 캡 과 터미널캡의 용도는 같다.			

※ 금속 전선관의 접지는 가능하면 금속제 수도관에 그림과 같이 접지 클램프를 써서 접속하는 것이 좋다.

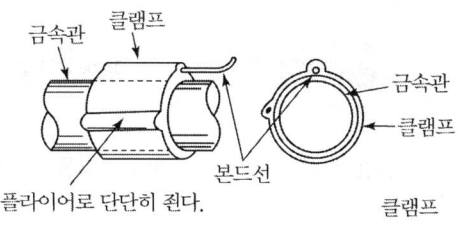

4 케이블 트레이 배선공사 및 엑세스 플로어 내의 케이블 배선공사

판단기준에서 규정하는 케이블 트레이 배선은 케이블을 지지하기 위하여 사용하는 금속제 또는 불연성 재료로 제작된 유닛 돈 유닛의 집합체 및 그에 부속하는 부속제등으로 구성된 견고한 구조물을 말하며, 통풍 채널형, 사다리형, 바닥 밀폐형, 통풍 트러프형, 기타 유사한 구조물을 포함하여 적용

4.1 케이블 트렁킹 시스템(케이블 트레이(cable tray))

(1) 금속제 케이블 트레이의 종류

① **통풍 채널형** : 바닥 통풍형, 바닥 밀폐형 또는 두 가지 복합 채널형 구간으로 구성된 조립금속 구조
② **사다리형** : 길이 방향의 양옆면 레일을 각각의 가로방향 부재로 연결한 조립금속 구조
③ **바닥 밀폐형** : 일체식 또는 분리식 직선 방향 옆면 레일에서 바닥에 통풍구가 없는 조립금속 구조
④ **바닥 통풍형** : 일체식 또는 분리식 직선방향 옆면 바닥에 통풍구가 있는 조립 금속 구조

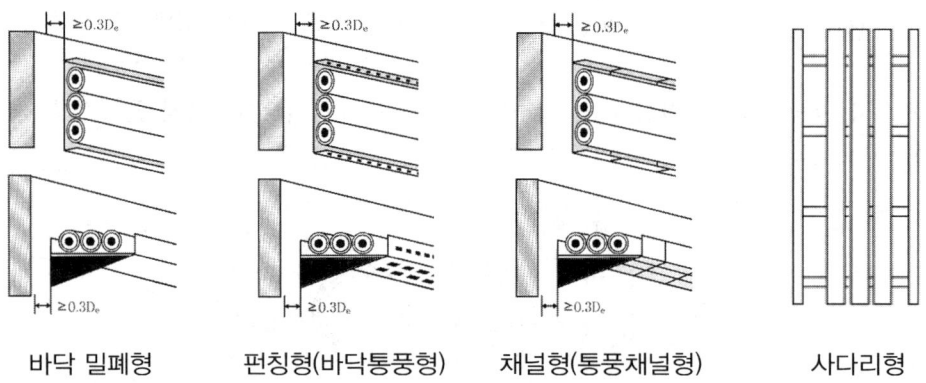

바닥 밀폐형   펀칭형(바닥통풍형)   채널형(통풍채널형)   사다리형

(2) 사용전선

① 전선은 연피 케이블, 알미늄피 케이블 등 난연성 케이블, 기타 케이블 또는 금속관 혹은 합성수지관 등에 넣은 절연전선을 사용하여야 한다.
② 케이블트레이 내에서 전선을 접속하는 경우는 전선접속부분에 사람이 접근할 수 있고 또한 그 부분이 옆면레일위로 나오지 않도록 하고 그 부분을 절연처리 하여야 한다.

(3) 케이블 트레이 및 부속제 선정

① 수용된 모든 전선을 지지할 수 있는 적합한 강도의 것이어야 한다. 이 경우 케이블 트레이의 안전율은 1.5 이상으로 하여야 한다.
② 비금속제 케이블 트레이는 난연성 재료의 것이어야 한다.
③ 케이블 트레이 공사에 사용하는 케이블 트레이 및 그 부속제의 규격은 전력산업 기술기준(KEPIC) ECD 3000(케이블 트레이)를 적용할 수 있다.

(4) 케이블 트레이 시설방법

① 저압 케이블과 고압 또는 특별고압 케이블은 동일 케이블 트레이 내에 시설하여서는 안 된다.
② 케이블 트레이가 방화구역의 벽, 마루, 천장 등을 관통하는 경우는 개구부에 연소 방지 시설 등 적절한 조치를 하여야 한다.

4.2 엑세스 플로어 내의 케이블 배선

엑세스 플로어란 주로 컴퓨터실, 통신 기계실, 사무실 등에서 배선, 기타의 용도를 위한 2중 구조의 바닥을 말한다.

(1) 전선 · 시설 방법

① 엑세스 플로어 내 및 플로어 내로부터 플로어 위로 인출되는 케이블 배선은 케이블 또는 캡타이어 케이블을 사용하여야한다.
② 플로어 내에 페인트 표시나 테이프에 의한 색 구분, 또는 세퍼레이터 등에 의해 케이블 배선과 약전류 전선의 배선 경로(route)의 식별 및 접촉방지 조치를 시행할 것.
③ 이동 전선을 인출하는 플로어 관통부는 이동전선을 손상시키지 않도록 보호제를 삽입하는 등 적절한 조치를 시행할 것

(2) 케이블 배선의 지지

① 케이블 배선을 시설하는 경우의 지지는 해당 케이블 또는 캡타이어 케이블에 적합한 새들(saddle) 또는 스테이플(staple) 등을 사용하고 또한 케이블 배선을 손상시키지 않도록 견고하게 고정시킬 것
② 케이블 배선을 조영재의 옆면 또는 아랫면에 연하여 시설하는 경우의 지지점 간의 거리는 케이블은 2[m] 이하, 캡타이어 케이블은 1[m] 이하로 할 것
③ 케이블 배선을 플로어 내의 바닥에 시설하는 경우는 그대로 할 수 있다.

(3) 케이블 배선의 굴곡

① 케이블을 구부리는 경우는 피복을 손상시키지 않도록 그 굴곡부의 내측 반경은 원칙적으로 케이블 외경의 6배(단심에 있어서 8배) 이상으로 시설하여야 한다.
② 캡타이어 케이블을 구부리는 경우는 피복을 손상시키지 않도록 하여야 한다.

(4) 콘센트 등의 시설 · 분전반의 시설

① 콘센트 기타 이와 유사한 것은 원칙적으로 플로어 면 또는 플로어 위에 시설하여야 한다.
② 분전반은 원칙적으로 플로어 안에 시설하여서는 안된다.

4장 옥내배선공사 예상문제

▶ 애자사용·몰드·덕트 배선공사 예상문제

1 지선의 중간에 넣는 애자의 명칭은?

① 구형애자 ② 곡핀애자
③ 인류애자 ④ 핀애자

[해설] 구형애자는 지선중간에 설치하는 애자

2 애자 사용공사를 건조한 장소에 시설하고자 한다. 사용전압이 400[V] 이하인 경우 전선과 조영재 사이의 이격거리는 최소 몇 [cm] 이상이어야 하는가?

① 2.5[cm] ② 4.5[cm]
③ 6[cm]   ④ 12[cm]

[해설] 애자사용공사시 400[V] 이하인 경우 전선과 조영재 사이의 이격거리는 최소 2.5[cm] 이상이어야 한다.

3 2종 금속 몰드의 구성 부품에서 조인트 금속 부품이 아닌 것은?

① 노멀밴드형
② L형
③ T형
④ 크로스형

[해설] 2종 금속 몰드의 구성 부품에서 조인트 금속 부품 : L형, T형, 크로스형

4 2종 금속 몰드공사에서 같은 몰드 내에 들어가는 전선은 피복 절연물을 포함하여 단면적의 총합이 몰드내의 내면 단면적의 몇 [%] 이하로 하여야 하는가?

① 20[%] 이하 ② 30[%] 이하
③ 40[%] 이하 ④ 50[%] 이하

[해설] 2종 금속 몰드공사에서 같은 몰드 내에 들어가는 전선은 피복 절연물을 포함하여 단면적의 총합이 몰드내의 내면 단면적의 몇 20[%] 이하로 하여야 한다.

5 금속 덕트에 넣은 전선의 단면적(절연 피복의 단면적 포함)의 합계는 덕트 내부 단면적의 몇 [%]이하로 하여야 하는가?
(단, 전광표시 장치 등 기타 이와 유사한 장치 또는 제어등의 배선만을 넣는 경우가 아니다.)

① 20[%] 이하 ② 40[%] 이하
③ 60[%] 이하 ④ 80[%] 이하

[해설] 금속덕트 20[%]

6 애자사용 공사에 의한 저압 옥내배선에서 일반적으로 전선 상호간의 간격은 몇 [cm] 이상이어야 하는가?

① 2.5[cm] ② 6[cm]
③ 25[cm]   ④ 60[cm]

정답 1.① 2.① 3.① 4.① 5.① 6.②

[해설] 애자사용 공사에 의한 저압 옥내배선에서 일반적으로 전선 상호간의 간격은 6[cm] 이상이어야 한다.

7 애자 사용 공사에 사용하는 애자가 갖추어야 할 성질이 아닌 것은?

① 절연성 ② 난연성
③ 내수성 ④ 내유성

[해설] 애자 사용 공사에 사용하는 애자가 갖추어야 할 성질은 내수성, 절연성, 난연성

8 금속 덕트 배선에서 금속 덕트를 조영재에 붙이는 경우 지지점간의 거리는?

① 0.3[m] 이하 ② 0.6[m] 이하
③ 2.0[m] 이하 ④ 3.0[m] 이하

[해설] 금속 덕트 배선에서 금속 덕트를 조영재에 붙이는 경우 지지점간의 거리는 3.0[m] 이하

9 전선로의 직선부분을 지지하는 애자는?

① 핀애자 ② 지지애자
③ 가지애자 ④ 구형애자

[해설] 핀애자 : 전선로의 직선 부분을 지지하는 애자

10 옥내 배선의 은폐, 또는 건조하고 전개된 곳의 노출 공사에 사용하는 애자는?

① 현수애자 ② 놉(노브) 애자
③ 장간 애자 ④ 구형 애자

[해설] 놉(노브) 애자 : 옥내 배선의 은폐, 또는 건조하고 전개된 곳의 노출 공사에 사용하는 애자

11 애자 사용 공사에 의한 저압 옥내배선에서 잘못된 것은?

① 600[V] 비닐 절연 전선을 사용 한다.
② 전선 상호간의 거리가 6[cm] 이다.
③ 전선과 조영재 사이의 이격 거리는 사용전압이 400[V] 이하인 경우에는 5.5[cm] 이상일 것
④ 절연성, 내열성 및 내구성이 있어야 한다.

[해설] 전선과 조영재 사이의 이격 거리는 사용전압이 400[V] 이하인 경우에는 2.5[cm] 이상일 것

12 버스 덕트 공사에서 도중에 부하를 접속할 수 있도록 제작한 덕트는?

① 피터 버스 덕트
② 플러그 인 버스 덕트
③ 트롤리 버스 덕트
④ 이동 부하 버스 덕트

[해설] 플러그 인 버스 덕트 공사는 버스 덕트 공사에서 도중에 부하를 접속할 수 있도록 제작

13 금속덕트 공사에 관한 사항이다. 다음 중 금속 덕트에 시설로서 옳지 않은 것은?

① 덕트의 끝부분은 열어 놓을 것
② 덕트를 조영재에 붙이는 경우에는 덕트의 지지점간의 거리를 3[m] 이하로 하고 견고하게 붙일 것
③ 덕트의 뚜껑은 쉽게 열리지 않도록 시설할 것
④ 덕트 상호간은 견고하고 또한 전기적으로 완전하게 접속할 것

정답 7. ④ 8. ④ 9. ① 10. ② 11. ③ 12. ② 13. ①

해설 금속덕트 공사시 덕트의 끝부분은 닫는다.

14 금속 덕트에 전광표시장치 또는 제어회로 등의 배선에 사용하는 전선만을 넣을 경우 금속 덕트의 크기는 전선의 피복절연물을 포함한 단면적의 총합계가 금속 덕트내 단면적의 몇 [%]이하가 되도록 선정하여야 하는가?

① 20[%] 이하 ② 30[%] 이하
③ 40[%] 이하 ④ 50[%] 이하

해설 금속덕트내 (전광표시 또는 제어회로 배선 시)단면적의 40[%] 이하로 선정한다.

15 다음 공사 방법 중 옳은 것은 무엇인가?

① 금속몰드 공사 시 몰드 내부에서 전선을 접속하였다.
② 합성수지관 공사 시 관 내부에서 전선을 접속하였다.
③ 합성수지몰드 공사 시 몰드내부에서 전선을 접속하였다.
④ 접속함 내부에서 전선을 쥐꼬리 접속을 하였다.

해설 접속함 내부에서 전선을 쥐꼬리 접속을 한다.

16 플로어 덕트 공사에서 금속제 박스는 강판이 몇 [mm] 이상 되는 것을 사용하여야 하는가?

① 2.0[mm] ② 1.5[mm]
③ 1.2[mm] ④ 1.0[mm]

해설 플로어 덕트 공사에서 금속제 박스는 강판두께 2.0[mm] 이상 되는 것을 사용해야 한다.

17 애자사용 공사 시 동(구리) 전선의 굵기가 50[mm²]를 초과하는 경우 사용되는 바인드선의 굵기(지름)는 몇 [mm]인가?

① 0.75[mm]
② 0.9[mm]
③ 1.2[mm]
④ 1.6[mm]

해설 애자사용 공사 시 동(구리) 전선의 굵기가 50[mm²]를 초과하는 경우 사용되는 바인드선의 굵기는 1.6[mm]

18 애자사용 공사 시 다음 중 16[mm²]이하의 절연 전선에 알맞은 노브 애자는 어느 것인가?

① 중 노브 애자
② 소 노브 애자
③ 대 노브 애자
④ 특대 노브 애자

해설 소노브 애자 16[mm²] 이하의 절연 전선에 사용한다.

19 그림은 노브 애자의 바인드법에 대한 것이다. 해당하는 바인드 법은?

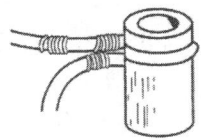

① 인류 바인드법
② 분기선 바인드법
③ 일자 (-)바인드법
④ 십자 (+)바인드법

해설 인류 바인드법을 나타낸다.

정답 14. ③ 15. ④ 16. ① 17. ④ 18. ② 19. ①

20 다음 중 노브 애자 사용 공사에서 전선 교차 시 사용하는 것은?

① 애관 ② 부목
③ 동관 ④ 테이프

[해설] 애관은 노브 애자 사용 공사에서 전선 교차 시 사용

21 다음 중 합성수지 몰드 공사의 방법으로 틀린 것은?

① 절연 전선일 것(옥외용 비닐 절연 전선은 제외)
② 합성 수지제의 박스 안에서 접속할 것
③ 몰드 상호 및 몰드와 박스 등과는 전선이 노출되지 않도록 접속할 것
④ 몰드 내에서 접속할 것

[해설] 합성수지 몰드 공사 방법에서는 몰드내에서 접속금지.

22 금속 몰드 배선의 사용 전압은 몇 [V] 미만이어야 하는가?

① 110[V] ② 220[V]
③ 400[V] ④ 600[V]

[해설] 금속 몰드 배선의 사용 전압은 400[V] 미만

23 합성수지 몰드 베이스의 홈의 폭과 깊이는 몇 [cm] 이하인가?

① 3[cm] ② 3.5[cm]
③ 4[cm] ④ 6[cm]

[해설] 합성수지 몰드 베이스의 홈의 폭과 깊이는 3.5[cm] 이하

24 다음 중 합성수지 몰드 공사의 설명으로 틀린 것은?

① 사용 전선은 옥내용 절연 전선을 사용한다.
② 몰드 안에는 전선의 접속점을 만들지 않아야 한다.
③ 전개된 장소와 점검할 수 있는 은폐 장소의 건조한 장소에 한하여 시설할 수 있다.
④ 베이스의 홈의 너비와 깊이는 10[cm] 이하이어야 한다.

[해설] 합성수지 몰드 베이스의 홈의 너비와 깊이는 3.5[cm] 이하

25 콘크리트 건물의 노출 공사용으로 금속관과 병용하여 사용하며 전자적 평형을 유지하기 위하여 1회로의 전선을 동일 몰드내에 10가닥 이하로 넣는 공사 방법은?

① 합성수지 몰드
② 금속 몰드
③ 목재 몰드
④ 와이어 몰드

[해설] 금속몰드는 전선가닥수 1회로 전선은 10가닥 이하

26 다음 중 덕트 공사의 종류가 아닌 것은?

① 금속 덕트공사
② 버스 덕트공사
③ 케이블 덕트공사
④ 플로어 덕트공사

[해설] 케이블 덕트공사는 덕트공사 종류에 해당않된다.

정답 20. ① 21. ④ 22. ③ 23. ② 24. ④ 25. ② 26. ③

27 금속 덕트 배선에 사용하는 덕트의 철판 두께 [mm]는 얼마 이상으로 하는가?

① 1.2[mm]
② 2.2[mm]
③ 3.2[mm]
④ 4.2[mm]

해설 금속 덕트 배선에 사용하는 덕트의 철판 두께는 1.2[mm] 이상

28 빌딩, 공장 등의 전기실에서 많은 간선을 입·출하는 곳에 사용하며, 건조하고 전개된 장소에서만 시설할 수 있는 공사는 무엇인가?

① 경질 비닐관 공사
② 금속관 공사
③ 금속 덕트 공사
④ 케이블 공사

해설 금속 덕트 공사는 간선을 입·출하는 곳에 사용하며, 건조하고 전개된 장소에서만 시설할 수 있는 공사

29 절연 전선을 넣어 마루 밑에 매입하는 배선용 홈통으로 마루 위의 전선 인출을 목적으로 하는 것은?

① 플로어 덕트
② 셀룰러 덕트
③ 금속 덕트
④ 라이팅 덕트

해설 플로어 덕트는 절연 전선을 넣어 마루 밑에 매입하는 덕트 방식

30 버스 덕트 공사에서 덕트를 조영재에 붙이는 경우에는 덕트의 지지점 간의 거리를 몇 [m] 이하로 하여야 하는가?

① 3[m]   ② 4.5[m]
③ 6[m]   ④ 9[m]

해설 버스 덕트 공사에서 덕트의 지지점 간의 거리는 3[m] 이하

31 저압 옥내 배선 공사에서 부득이한 경우 전선 접속을 해도 되는 곳은?

① 가요 전선관 내
② 금속관 내
③ 금속 덕트 내
④ 경질 비닐관 내

해설 저압 옥내 배선 공사에서 부득이한 경우 전선 접속을 해도 되는 곳 : 금속 덕트 내

32 인류하는 곳이나 분기하는 곳에 사용하는 애자는?

① 구형애자   ② 가지애자
③ 새클애자   ④ 현수애자

해설 현수애자는 인류하는 곳이나 분기하는 곳에 사용하는 애자

33 1종 금속 몰드 배선 공사를 할 때 몰드 내에 넣는 전선은 최대 몇 본 이하로 하여야 하는가?

① 3   ② 5
③ 10   ④ 12

해설 1종 금속 몰드 배선 공사를 할 때 몰드 내에 넣는 전선은 최대 10본 이하

정답 27. ① 28. ③ 29. ① 30. ① 31. ③ 32. ④ 33. ③

34 저압 크레인 또는 호이스트 등의 트롤리선을 애자 사용 공사에 의하여 옥내의 노출장소에 시설하는 경우 트롤리선의 바닥에서의 최소 높이는 몇 [m]이상으로 설치 하는가?

① 2
② 2.5
③ 3.5
④ 4.5

[해설] 저압 크레인 또는 호이스트 등의 트롤리선을 애자 사용 공사에 의하여 옥내의 노출장소에 시설하는 경우 트롤리선의 바닥에서의 최소 높이는 3.5[m]이상으로 설치한다.

35 주로 저압 가공전선로 또는 인입선에서 사용되는 애자로서 주로 앵글베이스 스트렙과 스트렙볼트 인류바인드선(비닐절연 바인드선)과 함께 사용하는 애자는?

① 고압 핀애자
② 저압 인류애자
③ 저압 핀애자
④ 라인포스트 애자

[해설] 저압 인류애자는 저압 가공전선로 또는 인입선에서 사용되는 애자로서 주로 앵글베이스 스트렙과 스트렙볼트 인류바인드선(비닐절연 바인드선)과 함께 사용하는 애자

36 습기가 많고 점검할 수 없는 은폐 장소에 시설할 수 없는 공사는?

① 애자 사용 은폐 공사
② 합성 수지관 공사
③ 금속관 공사
④ 케이블 공사

[해설] 습기가 많고 점검할 수 없는 은폐 장소에 시설 가능 공사 : 금속관 공사, 합성 수지관 공사, 케이블 공사

37 저압 옥내 배선에서 인입용 비닐 절연 전선을 사용해서는 안 되는 공사는?

① 애자 사용 은폐 공사
② 합성 수지관 공사
③ 금속관 공사
④ 금속 덕트 공사

[해설] 애자 사용 은폐 공사는 저압 옥내 배선에서 인입용 비닐 절연 전선을 사용해서는 안된다.

38 마루 밑, 추녀 등에 쓰이는 애자는?

① 특캡 애자
② 특대 노브
③ 중 노브
④ 핀 애자

[해설] 특캡 애자는 마루 밑, 추녀 등에 쓰이는 애자

▶ 합성수지관·가요전선관·케이블 배선 공사 예상문제

39 가요 전선관 공사에 다음의 전선을 사용하였다. 맞게 사용한 것은?

① 알루미늄 35[mm^2]의 단선
② 절연전선 16[mm^2]의 단선
③ 절연전선 10[mm^2]의 연선
④ 알루미늄 25[mm^2]의 단선

[해설] 가요 전선관 공사에 절연전선 10[mm^2]의 연선을 사용할 수 있다.

정답 34. ③ 35. ② 36. ① 37. ① 38. ① 39. ③

40 합성 수지관 상호 및 관과 박스와는 접속제에 삽입하는 깊이를 관 바깥지름의 몇 배 이상으로 하여야 하는가?(단, 접착제를 사용하지 않는다.)

① 0.8 ② 1.2
③ 2.0 ④ 2.5

[해설] 합성 수지관 상호 및 관과 박스와는 접속제에 삽입하는 깊이를 관 바깥지름의 1.2배 이상

41 합성수지관 공사에서 옥외 등 온도 차가 큰 장소에 노출 배관을 할 때 사용하는 커플링은?

① 신축커플링(0C)
② 신축커플링(1C)
③ 신축커플링(2C)
④ 신축커플링(3C)

[해설] 신축커플링(3C) : 합성수지관 공사에서 옥외 등 온도 차가 큰 장소에 노출 배관을 할 때 사용하는 커플링

42 합성수지관 공사에 대한 설명 중 옳지 않은 것은?

① 습기가 많은 장소 또는 물기가 있는 장소에 시설하는 경우에는 방습 장치를 한다.
② 관 상호간 및 박스와는 관을 삽입하는 길이를 관 바깥지름의 1.2배 이상으로 한다.
③ 관의 지지점간의 거리는 3[m] 이상으로 한다.
④ 합성수지관 안에는 전선의 접속점이 없도록 한다.

[해설] 합성수지관 공사 지지점 간 거리는 1.5[m] 이상

43 PVC 전선관의 표준 규격품의 길이는?

① 3[m] ② 3.6[m]
③ 4[m] ④ 4.5[m]

[해설] PVC 전선관의 표준 길이는 4[m]

44 합성수지관 배선에 대한 설명으로 틀린 것은?

① 합성수지관 배선은 절연전선을 사용한다.
② 합성수지관 내에서 전선의 접속점을 만들어서는 안된다.
③ 합성수지관 배선은 중량물의 압력 또는 심한 기계적 충격을 받는 장소에 시설하여서는 안 된다.
④ 합성수지관의 배선에 사용되는 관 및 박스 기타 부속품은 온도변화에 의한 신축을 고려할 필요가 없다.

[해설] 합성수지관의 배선에 사용되는 관 및 박스 기타 부속품은 온도변화에 의한 신축을 고려할 필요가 있다.

45 합성수지관 상호간을 연결하는 접속재가 아닌 것은?

① 로크너트
② TS 커플링
③ 컴비네이션 커플링
④ 2호 커넥터

[해설] 로크너트는 금속관 접속재

정답 40. ② 41. ④ 42. ③ 43. ③ 44. ④ 45. ①

46 합성수지관을 새들 등으로 지지하는 경우에는 그 지지점 간의 거리를 몇 [m] 이하로 하여야 하는가?

① 1.5[m]
② 2.0[m]
③ 2.5[m]
④ 3.0[m]

[해설] 합성수지관을 새들 등으로 지지하는 경우에는 그 지지점 간의 거리를 1.5[m] 이하

47 합성 수지관 상호 및 관과 박스와는 접속제에 삽입하는 깊이를 관 바깥지름의 몇 배 이상으로 하여야 하는가? (단, 접착제를 사용하는 경우이다.)

① 0.6배   ② 0.8배
③ 1.2배   ④ 1.6배

[해설] 합성 수지관 상호 및 관과 박스와는 접속제에 삽입하는 깊이를 관 바깥지름의 0.8배 이상

48 경질 비닐 전선관의 호칭으로 맞는 것은?

① 굵기는 관 안지름의 크기에 가까운 짝수의 [mm]로 나타낸다.
② 굵기는 관 안지름의 크기에 가까운 홀수의 [mm]로 나타낸다.
③ 굵기는 관 바깥지름의 크기에 가까운 짝수의 [mm]로 나타낸다.
④ 굵기는 관 바깥지름의 크기에 가까운 홀수의 [mm]로 나타낸다.

[해설] 경질 비닐 전선관의 호칭 : 굵기는 관 안지름의 크기에 가까운 짝수의 [mm]로 나타낸다.

49 합성수지관이 금속관과 비교하여 장점으로 볼 수 없는 것은?

① 누전의 우려가 없다.
② 온도 변화에 따른 신축 작용이 크다.
③ 내식성이 있어 부식성 가스 등을 사용하는 사업장에 적당하다.
④ 관 자체를 접지할 필요가 없고, 무게가 가볍고 시공하기 쉽다.

[해설] 성수지관이 금속관과 비교하여 온도 변화에 따른 신축 작용이 크다.

50 합성수지관의 장점이 아닌 것은?

① 절연이 우수하다.
② 기계적 강도가 높다.
③ 내 부식성이 우수하다.
④ 시공하기 쉽다.

[해설] 합성수지관의 장점
• 절연이 우수한다.
• 내부식성이 우수하다.
• 시공하기 쉽다.

51 합성수지 전선관 공사에서 하나의 관로 직각 곡률 개소는 몇 개소를 초과하여서는 안되나?

① 2개소   ② 3개소
③ 4개소   ④ 5개소

[해설] 합성수지 전선관 공사에서 하나의 관로 직각 곡률 개소는 3개소를 초과하여서는 안된다.

52 합성수지관의 규격에서 규격 [mm]이 아닌 것은?

① 22[mm]
② 29[mm]
③ 36[mm]
④ 42[mm]

[해설] 합성수지관의 규격에서 규격 [mm]은 안지름의 짝수

53 다음 설명 중 합성 수지 전선관의 특징으로 틀린 것은?

① 누전의 우려가 없다.
② 무게가 가볍고 시공이 쉽다.
③ 관 자체를 접지할 필요가 없다.
④ 비자성체이므로 교류의 왕복선을 반드시 같이 넣어야 한다.

[해설] 합성 수지 전선관의 특징
• 누전의 우려가 없다.
• 무게가 가볍고 시공이 쉽다.
• 관 자체를 접지할 필요가 없다.

54 다음 중 합성 수지 전선관의 굵기를 부르는 호칭은 무엇인가?

① 반지름
② 단면적
③ 근사 안지름의 짝수
④ 근사 바깥지름의 짝수

[해설] 합성 수지 전선관의 굵기를 부르는 호칭 : 후강전선관의 안지름의 짝수

55 경질 비닐관 공사에서 다음 중 옳지 않은 것은?

① 경질 비닐관을 구부릴 때는 더운물을 사용할 수 있다.
② 박스와 기구로 이루어지는 한 관로의 구부러지는 곳은 네 곳 이내로 제한한다.
③ 경질 비닐관의 호칭은 홀수 [mm]로 호칭한다.
④ 경질 비닐관을 구부릴 때는 안지름의 6배 이상의 반지름으로 구부린다.

[해설] 경질 비닐관의 호칭은 홀수 [mm]로 호칭할 수 없다.

56 굴곡이 많고 금속관 공사를 하기 어려운 경우나 전동기와 옥내배선을 결합하는 경우 또는 엘리베이터 배선 등에 채용되는 공사 방법은 어느 것인가?

① 애자 사용 공사
② 합성 수지관 공사
③ 금속 몰드 공사
④ 가요 전선관 공사

[해설] 가요 전선관 공사는 굴곡이 많고 금속관 공사를 하기 어려운 경우나 전동기와 옥내배선을 결합하는 경우 또는 엘리베이터 배선 등에 채용한다.

57 가요 전선관에 사용되는 부속품이 아닌 것은?

① 스플릿 커플링
② 콤비네이션 커플링
③ 앵글박스 커플링
④ 유니온 커플링

정답 52. ② 53. ④ 54. ③ 55. ③ 56. ④ 57. ④

해설 유니온 커플링은 금속관 공사의 부속품

58 1종 가요전선관을 구부릴 경우 곡률반지름은 관 안지름의 몇 배 이상으로 하여야 하는가?

① 3 ② 4
③ 5 ④ 6

해설 1종 가요전선관을 구부릴 경우 곡률반지름은 관 안지름의 6배 이상

59 가요 전선관과 금속관의 상호 접속에 쓰이는 재료는?

① 스프리트 커플링
② 콤비네이션 커플링
③ 스트레이스 복스 커넥터
④ 앵글 복스 커넥터

해설 콤비네이션 커플링은 가요 전선관과 금속관의 상호 접속에 사용한다.

60 노출장소 또는 점검 가능한 장소에서 제2종 가요전선관을 시설하고 제거하는 것이 자유로운 경우의 곡률 반지름은 안지름의 몇 배 이상으로 하여야 하는가?

① 2배 ② 3배
③ 4배 ④ 6배

해설 노출장소 또는 점검 가능한 장소에서 제2종 가요전선관을 시설하고 제거하는 것이 자유로운 경우의 곡률 반지름은 안지름의 3배 이상

61 합성수지제 가요전선관(PE관 및 CD관)의 호칭에 포함되지 않는 것은?

① 16 ② 28
③ 38 ④ 42

해설 합성수지제 가요전선관(PE관 및 CD관)의 호칭 : 16, 28, 42

62 가요 전선관 공사 방법에 대한 설명으로 잘못된 것은?

① 전선은 옥외용 비닐 절연전선을 제외한 절연전선을 사용한다.
② 일반적으로 전선은 연선을 사용한다.
③ 가요전선관 안에는 전선의 접속점이 없도록 한다.
④ 사용전압 400[V] 이하의 저압의 경우에만 사용한다.

해설 가요 전선관 공사 사용전압 400[V] 이상에 사용

63 건물의 모서리(직각)에서 가요 전선관을 박스에 연결할 때 필요한 접속기는?

① 스틀렛 박스 커넥터
② 앵글 박스 커넥터
③ 플렉시블 커플링
④ 콤비네이션 커플링

해설 앵글 박스 커넥터는 건물의 모서리(직각)에서 가요 전선관을 박스에 연결할 때 필요한 접속기

정답 58. ④ 59. ② 60. ② 61. ③ 62. ④ 63. ②

64. 가요 전선관 공사에서 가요 전선관의 상호 접속에 사용하는 것은?

① 유니온 커플링
② 2호 커플링
③ 콤비네이션 커플링
④ 스플릿 커플링

[해설] 스플릿 커플링은 가요 전선관 공사에서 가요 전선관의 상호 접속에 사용한다.

65. 가요 전선관의 크기를 호칭하는 방법은 어느 것인가?

① 안지름에 가까운 홀수
② 안지름에 가까운 짝수
③ 금속 두께에 가까운 홀수
④ 금속 두께에 가까운 짝수

[해설] 가요 전선관의 크기를 호칭은 안지름의 홀수 기준

66. 다음 중 가요 전선관 공사에 관하여 잘못된 것은?

① 크기는 안지름에 가까운 홀수로 15, 19, 25[mm]가 있다.
② 길이는 5종류로 15, 25, 35, 40, 100[mm]가 있다.
③ 부속품은 스트렛 박스 커넥터, 앵글 박스 커넥터, 플렉시블커플링, 콤비네이션 커플링이 있다.
④ 공사는 작은 증설공사, 엘리베이터의 공사, 전차안의 배선등의 시설에 적당하다.

[해설] 가요 전선관 공사 길이 50[m], 100[m]

67. 합성수지제 가요 전선관으로 옳게 짝지어진 것은?

① 후강 전선관과 박강 전선관
② PVC 전선관과 PF 전선관.
③ PVC 전선관과 제2종 가요 전선관
④ PF 전선관과 CD 전선관

[해설] 합성수지제 가요 전선관은 PF 전선관과 CD 전선관

68. 금속제 가요 전선관을 새들 등으로 지지하여 조영재의 측면에 수평 방향으로 시설하는 경우 지지점 간의 거리는 몇 [m] 이하로 하여야 하는가?

① 1[m]   ② 1.2[m]
③ 1.5[m]   ④ 2[m]

[해설] 금속제 가요 전선관을 새들 등으로 지지하여 조영재의 측면에 수평 방향으로 시설하는 경우 지지점 간의 거리는 1[m] 이하

69. 합성수지관 공사의 특징 중 옳은 것은?

① 내열성   ② 내한성
③ 내부식성   ④ 내충격성

[해설] 합성수지관 공사 내부식성 : 녹이 지정된 한계를 넘지 않도록 보호하거나 처리하는 능력

70. 콘크리트 직매용 케이블 배선에서 일반적으로 케이블을 구부릴 때는 피복이 손상되지 않도록 그 굴곡부 안쪽의 반경은 케이블 외경의 몇 배 이상으로 하여야 하는가? (단, 단심의 경우이다.)

① 4   ② 8
③ 10   ④ 12

정답 64. ④ 65. ① 66. ② 67. ③ 68. ① 69. ③ 70. ②

[해설] 콘크리트 직매용 케이블 배선에서 일반적으로 케이블을 구부릴 때는 피복이 손상되지 않도록 그 굴곡부 안쪽의 반경은 케이블 외경의 8배 이상으로 한다.

71 옥내 저압 이동 전선으로 사용하는 캡타이어 케이블 에는 단심, 2심, 3심, 4심~5심이 있다. 이 때 도체의 공칭 단면적의 값은 몇 [mm²]인가?

① 0.75[mm²]
② 2[mm²]
③ 5.5[mm²]
④ 8[mm²]

[해설] 캡타이어 케이블 저압 이동용전선의 공칭 단면적은 0.75[mm²]

72 케이블을 조영재에 지지하는 경우 이용되는 것으로 맞지 않은 것은?

① 새들   ② 클리트
③ 스태플러 ④ 터미널 캡

[해설] 케이블을 조영재에 지지하는 경우 이용되는 것 : 새들, 클리트, 스태플러

73 연피 케이블이 구부러지는 곳은 케이블 바깥지름의 최소 몇 배 이상의 반지름으로 구부려야 하는가?

① 8   ② 12
③ 15   ④ 20

[해설] 연피 케이블이 구부러지는 곳은 케이블 바깥지름의 최소 12배 이상의 반지름으로 구부려야 한다.

74 케이블의 공사에서 비닐 외장 케이블을 조영재의 측면에 따라 붙이는 경우 지지점 간의 거리의 최댓값 [m]은 얼마로 규정되어 있는가?

① 1.0[m]   ② 1.5[m]
③ 2.0[m]   ④ 2.5[m]

[해설] 케이블의 공사에서 비닐 외장 케이블을 조영재의 측면에 따라 붙이는 경우 지지점 간의 거리의 최댓값은 2.0[m]

75 캡타이어 케이블의 지지점 간의 거리는 얼마이하로 하는가?

① 2[m]   ② 3[m]
③ 1[m]   ④ 1.5[m]

[해설] 캡타이어 케이블의 지지점 간의 거리는 1[m]

76 케이블을 고층 건물에 수직으로 배선하는 경우에는 다음 중 어떤 방법으로 지지하는 것이 가장 적당한가?

① 3층 마다   ② 2층 마다
③ 매층 마다   ④ 4층 마다

[해설] 케이블을 고층 건물에 수직으로 배선하는 경우에는 매층 마다 지지한다.

77 평형 비닐 외장 케이블 서로 간을 노출한 곳에서 접속할 때는 어떤 방법이 좋은가?

① 슬리브
② 조인트 박스
③ 와이어 커넥터
④ 박스용 커넥터

정답 71. ① 72. ④ 73. ② 74. ③ 75. ③ 76. ③ 77. ②

[해설] 평형 비닐 외장 케이블 서로 간을 노출한 곳에서 접속은 조인트 박스에서 접속한다.

78 연피가 없는 케이블을 습기가 많고, 접속 박스가 없는 경우 케이블의 상호 접속은 어떻게 하는가?

① 클리트를 써서 한다.
② 납땜 접속을 한다.
③ 애자를 써서 접속한다.
④ 접속함에서 접속한다.

[해설] 연피가 없는 케이블을 습기가 많고, 접속 박스가 없는 경우 케이블의 상호 접속은 접속함에서 접속한다.

79 플로어 덕트 공사에 의한 저압 옥내 배선에서 절연 전선으로 연선을 사용하지 않아도 되는 것은 전선의 굵기가 몇 [mm²] 이하인 경우인가?

① 2.5[mm²]   ② 4[mm²]
③ 6[mm²]   ④ 10[mm²]

[해설] 플로어 덕트 공사에 의한 저압 옥내 배선에서 절연 전선으로 연선을 사용하지 않아도 되는 것은 전선의 굵기는 10[mm²] 이하

80 16 [mm]합성수지 전선관을 직각 구부리기를 할 경우 곡률 반지름은 몇 [mm]인가? (단, 16[mm]합성수지관의 안지름은 18[mm], 바깥지름은 22[mm]이다)

① 119   ② 132
③ 187   ④ 220

[해설] $r = 6d + \dfrac{D}{2} = 6 \times 18 + \dfrac{22}{2} = 119[mm]$

81 옥내 배선 공사에서 전개된 장소나 점검 가능한 은폐 장소에 시설하는 합성수지관의 최소 두께는 몇 [mm]인가?

① 1[mm]   ② 1.2[mm]
③ 2[mm]   ④ 2.3[mm]

[해설] 옥내 배선 공사에서 전개된 장소나 점검 가능한 은폐 장소에 시설하는 합성수지관의 최소 두께는 2[mm]

82 합성 수지관 규격이 아닌 것은?

① 14   ② 16
③ 18   ④ 22

[해설] 합성 수지관 규격 [mm] :
14[mm], 16[mm], 22[mm], 28[mm], 36[mm], 42[mm], 54[mm]

83 옥내 공사에서 버스 덕트 중 환기형과 비환기형이 있으며 도중에 부하를 접속할 수 없는 덕트는?

① 트롤리 버스 덕트
② 플러그인 버스 덕트
③ 피터 버스 덕트
④ 트랜스포지션 버스 덕트

[해설] 피터 버스 덕트는 버스덕트중 도중에 부하를 접속할수 없는 덕트

84 알루미늄피 케이블을 구부리는 경우는 피복이 손상되지 않도록 하고 그 굴곡부의 곡률 반경은 원칙적으로 케이블 외경의 몇 배 이상이어야 하는가?

① 8   ② 6
③ 12   ④ 10

정답 78. ④ 79. ④ 80. ① 81. ③ 82. ③ 83. ③ 84. ③

[해설] 알루미늄피 케이블을 구부리는 경우는 피복이 손상되지 않도록 하고 그 굴곡부의 곡률 반경은 원칙적으로 케이블 외경의 12배 이상

85. 제1종 금속제 가요전선관의 두께는 최소 몇 [mm]이상 이이야 하는가?

① 0.8 ② 1.2
③ 1.6 ④ 2.0

[해설] 제1종 금속제 가요전선관의 두께는 최소 0.8 [mm] 이상

86. 다음 중 버스 덕트가 아닌 것은?

① 플로어 버스 덕트
② 피터 버스 덕트
③ 트롤리 버스 덕트
④ 플러그인 버스 덕트

[해설] 버스 덕트공사의 종류
- 피터 버스 덕트
- 트롤리 버스 덕트
- 플러그인 버스 덕트

87. 전선 단면적 2.5[mm²], 접지선 한본을 포함한 전선 가닥수 6본을 동일관내에 넣는 경우의 제2종 가요전선관의 최소 굵기로 적당한 것은?

① 10[mm²]
② 15[mm²]
③ 17[mm²]
④ 24[mm²]

[해설] 2종 가요전선관의 굵기 선정

도체 단면적 [mm²]	전선본수									
	1	2	3	4	5	6	7	8	9	10
	2종 가요전선관의 최소 굵기[mm²]									
2.5	10	15	15	17	24	24	24	24	30	30
4	10	17	17	24	24	24	24	30	30	30
6	10	17	24	24	24	30	30	30	38	38
10	12	24	24	24	30	30	38	38	38	38

88. 가요 전선관은 어디에 사용되는가?

① 옥측 배선
② 천장의 배선
③ 전동기의 리드선
④ 천장에서 콘센트까지

[해설] 전동기의 리드선에는 가요전선관을 사용한다.

89. 가요 전선관의 크기는 안지름에 가까운 홀수로 최고 얼마인가?

① 15[mm]
② 19[mm]
③ 25[mm]
④ 30[mm]

[해설] 가요 전선관의 크기는 안지름에 가까운 홀수로 최고로 25[mm]

정답 85. ① 86. ① 87. ④ 88. ③ 89. ③

금속관 배선 공사 예상문제

90 다음 중 금속관 공사의 특징에 대한 설명이 아닌 것은?

① 전선이 기계적으로 완전히 보호된다.
② 접지 공사를 완전히 하면 감전의 우려가 없다.
③ 단락 사고, 접지 사고 등에 있어서 화재의 우려가 적다.
④ 중량이 가볍고 시공이 용이하다.

[해설] 금속관 공사는 중량이 무겁고 시공이 어렵다.

91 금속관 굵기 t [mm]를 부르는 것으로 옳은 것은?

① 후강관으로서는 바깥지름에 가까운 홀수
② 후강관으로서는 안지름에 가까운 짝수
③ 박강관으로서는 바깥지름에 가까운 짝수
④ 박강관으로서는 안지름에 가까운 홀수

[해설] 금속관 굵기 : 후광 관으로 안지름의 짝수 (후-안-짝)
16[mm], 22[mm], 28[mm], 36[mm], 42[mm], 54[mm], 70[mm], 82[mm], 92[mm], 104[mm]

92 금속관 공사를 할 때 앤트런스 캡의 사용으로 옳은 것은?

① 금속관이 고정되어 회전 시킬 수 없을 때 사용
② 저압 가공 인입선의 인입구에 사용
③ 배관의 직각의 굴곡부분에 사용
④ 조명기구가 무거울 때 조면기구의 부착 등에 사용

[해설] 금속관 공사를 할 때 앤트런스 캡의 용도는 저압 가공 인입선의 인입구에 사용에 사용한다.

93 다음 중 금속전선관을 박스에 고정 시킬 때 사용하는 것은?

① 새들   ② 부싱
③ 로크너트   ④ 클램프

[해설] 로크너트는 금속전선관을 박스에 고정시킬 때 사용한다.

94 금속관을 조영재에 따라서 시설하는 경우 새들 또는 행거 등으로 견고하게 지지하고 그 간격을 몇 [m] 이하로 하는 것이 가장 바람직한가?

① 2[m]   ② 3[m]
③ 4[m]   ④ 5[m]

[해설] 금속관을 조영재에 따라서 시설하는 경우 새들 또는 행거 등으로 견고하게 지지하고 그 간격을 몇 2[m] 이하로 한다.

95 아웃렛박스 등의 녹아웃의 지름이 관의 지름보다 클 때 관을 고정시키기 위해 쓰는 재료의 명칭은?

① 터미널 캡   ② 링리듀서
③ 엔드랜스 캡   ④ 유니버셜

[해설] 링리듀서는 아웃렛박스 등의 녹아웃의 지름이 관의 지름보다 클 때 관을 고정시키기 위해 사용한다.

정답 90. ④ 91. ② 92. ② 93. ③ 94. ① 95. ②

96 금속관 공사의 경우 관을 접지하는데 사용하는 것은?

① 노출배관용 박스
② 엘보우
③ 접지 클램프
④ 터미널 캡

[해설] 접지 클램프는 금속관 공사의 경우 관을 접지하는데 사용하는 기구

97 금속 전선관을 구부릴 때 금속관의 단면이 심하게 변형되지 않도록 구부려야 하며, 일반적으로 그 안측의 반지름은 관 안지름의 몇 배 이상이 되어야 하는가?

① 2배　② 4배
③ 6배　④ 8배

[해설] 금속 전선관을 구부릴 안측의 반지름은 관 안지름의 6배 이상

98 금속 전선관을 직각 구부리기 할 때 굽힘 반지름 r 은? (단, d는 금속 안지름, D는 금속 전선관의 바깥지름이다.)

① $r = 6d + \dfrac{D}{2}$　② $r = 6d + \dfrac{D}{4}$
③ $r = 6d + \dfrac{D}{6}$　④ $r = 4d + \dfrac{D}{6}$

[해설] 금속 전선관을 직각 구부리기 할 때 굽힘 반지름 : $r = 6d + \dfrac{D}{2}$

99 금속관 공사에서 금속관을 콘크리트에 매설할 경우 관의 두께는 몇 [mm] 이상의 것이어야 하는가?

① 0.8[mm]　② 1.0[mm]
③ 1.2[mm]　④ 1.5[mm]

[해설] 금속관 공사에서 금속관을 콘크리트에 매설할 경우 관의 두께는 1.2[mm] 이상으로 한다.

100 교류 전등 공사에서 금속관내에 전선을 넣어 연결한 방법 중 옳은 것은?

①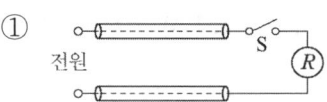
②
③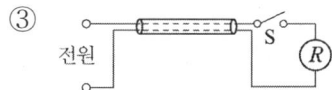
④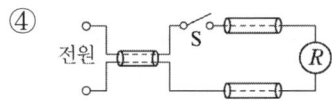

[해설] 교류 전등 공사에서 금속관내에 전선을 동시에 두 가닥을 넣는다.

101 금속관 배관 공사에서 절연 부싱을 사용하는 이유는?

① 박스내에서 전선의 접속을 방지
② 관이 손상 되는 것을 방지
③ 관 단에서 전선의 인입 및 교체시 발생하는 전선의 손상 방지
④ 관의 입구에서 조영재의 접속을 방지

[해설] 금속관 배관 공사에서는 절연 부싱을 사용하는 이유는 전선의 손상방지

102 박강 전선관의 표준 굵기가 아닌 것은?

① 15[mm]　② 16[mm]
③ 25[mm]　④ 39[mm]

해설 박강 전선관은 바깥지름의 홀수로 한다.
(박-바-홀)

103 금속관 공사에 대한 설명으로 틀린 것은?

① 전선이 금속관 속에 보호되어 안정적이다.
② 단락사고, 접지사고 등에 있어서 화재의 우려가 적다.
③ 방습 장치를 할 수 있으므로 전선을 내수적으로 시설 할 수 있다.
④ 접지 공사를 하지 않아도 감전의 우려가 없다.

해설 금속관 공사에서 접지는 반드시 해야 한다.

104 콘크리트에 매입하는 금속관 공사에서 직각으로 배관할 때 사용하는 것은?

① 노멀 밴드
② 뚜껑이 있는 엘보
③ 서비스 엘보
④ 유니버설 엘보

해설 노멀 밴드는 금속관 공사에서 직각으로 배관할 때 사용한다.

105 다음 중 금속 전선관의 호칭을 맞게 기술한 것은?

① 박강, 후강 모두 내경으로 [mm]로 나타낸다.
② 박강 내경, 후강은 외경으로 [mm]로 나타낸다.
③ 박강은 외경, 후강은 모두 내경으로 [mm]로 나타낸다.
④ 박강, 후강 모두 외경으로 [mm]로 나타낸다.

해설 금속 전선관의 호칭은 박강은 외경, 후강은 모두 내경(안지름) 으로 [mm]로 나타낸다.

106 유니언 커플링의 사용 목적은?

① 내경이 틀린 금속관의 상호 접속
② 금속관 상호 접속용으로 관이 고정되어 있을 때 또는 관 자체를 돌릴 수 없을 때에 사용
③ 금속관의 박스와 접속
④ 배관의 직각 굴곡부분에 사용

해설 유니언 커플링은 금속관 상호 접속용으로 관이 고정되어 있을 때 또는 관 자체를 돌릴 수 없을 때에 사용한다.

107 금속관이 후강일 때 그 길이는 몇 [m]인가?

① 3.4[m]　② 3.6[m]
③ 3.8[m]　④ 4.0[m]

해설 금속관이 후강일 때 그 길이는 3.66[m]

108 후강 안지름의 굵기 가운데 공칭값이 아닌 것은?

① 31[mm]　② 36[mm]
③ 42[mm]　④ 54[mm]

해설 후광 관으로 안지름의 짝수로 표시한다.
(후-안-짝)

정답 102. ② 103. ④ 104. ① 105. ③ 106. ② 107. ② 108. ①

109 다음 중 8각 박스의 한면을 금속관과 접속할 때 소요되는 로크너트의 개수는?

① 1개　　② 2개
③ 3개　　④ 4개

[해설] 8각 박스의 한면을 금속관과 접속할 때 소요되는 로크너트의 개수는 2개

110 유니언 커플링의 사용 목적은?

① 안지름이 틀린 금속관 상호의 접속
② 돌려 끼울 수 없는 금속관 상호의 접속
③ 금속관과 박스의 접속
④ 금속관 상호를 나사로 연결하는 접속

[해설] 유니언 커플링은 돌려 끼울 수 없는 금속관 상호의 접속에 사용한다.

111 금속관 배관공사를 할 때 금속관을 구부리는데 사용하는 공구는?

① 히키(hickey)
② 파이프렌치(pipe wrench)
③ 오스터(oster)
④ 파이프 커터(pipe cutter)

[해설] 금속관 배관공사를 할 때 금속관을 구부리는데 사용하는 공구는 히키와 파이프 벤더

112 가공전선에 케이블을 사용하는 경우에는 케이블은 조가용선에 행거를 사용하여 조가 한다. 사용 전압이 고압일 경우 그 행거의 간격은?

① 50[cm] 이하　② 50[cm] 이상
③ 75[cm] 이하　④ 75[cm] 이상

[해설] 가공전선에 케이블을 사용하는 경우 행거의 간격은 50[cm] 이상
금속테이핑시는 20[cm] 이상이다.

113 보통 은폐 배관에 쓰이는 전선관의 최소 두께[mm]는?

① 0.7[mm]
② 1.0[mm]
③ 1.2[mm]
④ 1.6[mm]

[해설] 보통 은폐 배관에 쓰이는 전선관의 최소 두께 1.0[mm] 이상

114 금속관 공사에서 수직 배관 내의 전선의 굵기가 250[mm^2]를 초과할 경우 지지점 간은 몇 [m]이하마다 지지하여야 하는가?

① 8[m] 이하
② 10[m] 이하
③ 12[m] 이하
④ 15[m] 이하

[해설] 금속관 공사에서 수직 배관 내의 전선의 굵기가 250[mm^2]를 초과할 경우 지지점 간은 12[m] 이하마다 지지하여야 한다.

115 링리듀서의 용도는?

① 박스내의 전선 접속에 사용
② 노크 아웃 직경이 접속하는 금속관보다 큰 경우 사용
③ 노크 아웃 구멍을 막는데 사용
④ 노크 너트를 고정하는데 사용

[해설] 링리듀서는 노크 아웃 직경이 접속하는 금속관보다 큰 경우 사용한다.

정답　109. ②　110. ②　111. ①　112. ①　113. ②　114. ③　115. ②

116 다음 중 금속관공사의 설명으로 잘못된 것은?

① 교류회로는 1회로의 전선 전부를 동일관내에 넣는 것을 원칙으로 한다.
② 교류회로에서 전선을 병렬로 사용하는 경우에는 관내에 전자적 불평형이 생기지 않도록 시설한다.
③ 금속관 내에서는 절대로 전선 접속점을 만들지 않아야 한다.
④ 관의 두께는 콘크리트에 매입하는 경우 1[mm] 이상이어야 한다.

[해설] 콘크리트에 매입하는 경우 금속관의 두께는 1.2[mm] 이상이어야 한다.

117 배관 공사 시 금속관이나 합성 수지관으로부터 전선을 뽑아 전동기에 단자 부근에 접속할 때 관 단에 사용하는 재료는?

① 부싱　　② 엔트런스 캡
③ 터미널 캡　④ 로크너트

[해설] 터미널 캡(써비스 캡) 은 전선관으로부터 전선을 뽑아 전동기에 단자 부근에 접속할 때 관 단에 사용하는 재료

118 금속관을 구부리는 경우 굴곡의 안측 반지름은?

① 전선관 안지름의 3배 이상
② 전선관 안지름의 6배 이상
③ 전선관 안지름의 8배 이상
④ 전선관 안지름의 12배 이상

[해설] 금속관을 구부리는 경우 굴곡은 전선관 안지름의 6배 이상

119 후강 전선관의 최소 굵기[mm]는?

① 12　　② 15
③ 16　　④ 18

[해설] 금속관 굵기 : 후광 관으로 안지름의 짝수 (후-안-짝)
16[mm], 22[mm], 28[mm], 36[mm], 42[mm], 54[mm], 70[mm], 82[mm], 92[mm], 104[mm]

120 금속관 공사의 인입구의 관 끝에 사용되는 것은?

① 앤트런스 캡　② 강제 부싱
③ 서비스 엘보　④ 링 리듀서

[해설] 앤트런스 캡은 금속관 공사의 인입구의 관 끝에 사용한다.

121 8[mm] 이내의 금속관을 구부릴 때 한 번에 얼마 이하로 구부려 나가면 되는가?

① 3°　　② 5°
③ 9°　　④ 10°

[해설] 8[mm] 이내의 금속관을 구부릴 때 한 번에 10° 이하로 구부려나간다.

122 금속관 공사에서 접지 공사를 생략해도 좋은 것은?

① 관의 길이가 4[m] 이하인 건조한 장소에서 시설하는 경우
② 건조한 장소의 100[V] 전등 회로로서 관의 길이가 10[m] 이상
③ 사람이 접촉할 우려가 있는 100[V] 회로로서 관의 길이가 6[m] 이상

정답 116. ④　117. ③　118. ②　119. ③　120. ①　121. ④　122. ①

④ 사람이 직접 접촉할 우려가 없는 장소의 3상, 200[V] 회로로서 관의 길이가 8[m] 이상

[해설] 금속관 공사에서 관의 길이가 4[m] 이하인 건조한 장소에서 시설하는 경우는 접지 공사를 생략해도 된다.

123 안지름의 크기가 28.3[mm], 바깥 지름의 크기가 33.3[mm]인 후강 전선관의 호칭은?

① 28[mm] 후강 전선관
② 29[mm] 후강 전선관
③ 33[mm] 후강 전선관
④ 34[mm] 후강 전선관

[해설] 후강전선관은 안지름에 가까운 홀수로 해야 하므로 28[mm] 후강 전선관으로 으로 한다.

124 금속관 구부리기에 있어서 구부러진 각의 합이 360°를 넘을 때는 어떻게 하는가?

① 플링을 사용한다.
② 정크션 박스를 시설한다.
③ 덕트를 만들어 준다.
④ 커넥터로 접속한다.

[해설] 정크션 박스는 금속관 구부리기에 있어서 구부러진 각의 합이 360°를 넘을 때 사용한다.

125 케이블 또는 절연도체의 내부 단면적이 금속관 단면적의 얼마를 초과하지 않도록 하는 것이 바람직한가?

① $\frac{1}{5}$ ② $\frac{1}{2}$
③ $\frac{1}{3}$ ④ $\frac{1}{4}$

[해설] 케이블 또는 절연도체의 내부 단면적이 금속관 단면적의 $\frac{1}{3}$을 초과하지 않도록 하는 것이 바람직하다.

▶ **케이블트렁킹 시스템(케이블 트레이) 예상문제**

126 케이블 트레이 배선공사에서 사용할 수 없는 것은?

① 합성 수지관에 넣은 절연전선
② 애자 배선공사에 의한 절연전선
③ 알루미늄피 케이블
④ 금속관에 넣은 절연전선

[해설] 애자 배선공사에 의한 절연전선은 케이블 트레이 배선공사에서 사용할 수 없다.

127 케이블 트레이(cable tray) 내에서 전선을 접속하는 경우이다. 잘못된 것은?

① 전선 접속 부분에 사람이 접근할 수 있다.
② 전선 접속 부분이 옆면 레일 위로 나오지 않도록 한다.
③ 전선 접속 부분을 절연처리 한다.
④ 전선 접속 부분에 경고 표시를 한다.

[해설] 케이블 트레이(cable tray) 내에서 전선을 접속하는 경우 전선 접속 부분에 경고 표시를 하지 않아도 된다.

정답 123. ① 124. ② 125. ③ 126. ② 127. ④

128 케이블 트레이 공사에 사용되는 케이블 트레이는 수용된 모든 전선을 지지할 수 있는 적합한 강도의 것으로서 이 경우 케이블 트레이 안전율은 얼마이상으로 하여야 하는가?

① 1.1 ② 1.2
③ 1.3 ④ 1.5

[해설] 케이블 트레이 공사에 사용되는 케이블 트레이는 수용된 모든 전선을 지지할 수 있는 적합한 강도의 것으로서 이 경우 케이블 트레이 안전율은 1.5 이상으로 한다.

129 액세스 플로어 내의 케이블 배선에서 조영재의 옆면 또는 아랫면에 연하여 캡타이어 케이블로 시설하는 경우 지지점간의 거리는?

① 1[m] 이하 ② 1.5[m] 이하
③ 2[m] 이하 ④ 2.5[m] 이하

[해설] 액세스 플로어 내의 케이블 배선에서 조영재의 옆면 또는 아랫면에 연하여 캡타이어 케이블로 시설하는 경우 지지점간의 거리는 1[m] 이하로 한다.

130 케이블 트레이 배선공사에 사용할 수 없는 케이블은?

① 연피케이블
② 난연성 케이블
③ 캡타이어 케이블
④ 알루미늄피 케이블

[해설] 캡타이어 케이블은 케이블 트레이 배선공사에 사용할 수 없는 케이블이다.

정답 128. ④ 129. ① 130. ③

5장 전선 및 기계기구의 보안

1 전선 및 전선로의 보안

> **전로(electric line)의 보호**
> 저압 전로에 접속되는 전등, 전동기, 전열기, 등에 전기를 공급하는 경우, 사람과 가축에 대한 감전이나 기계 기구에 손상을 주지 않도록 하기 위하여 보호용으로 개폐기, 과전류 개폐기, 과전류 차단기, 누전차단기 등을 시설하여야 한다.

1.1 저압 개폐기

저압 전로 중에 개폐기를 시설하는 경우는 부하의 종별 및 용량에 적합한 크기의 것을 각 극에 설치

(1) 저압 개폐기를 필요로 하는 장소

① 부하 전류를 통하게 하든가 또는 끊을 필요가 있는 장소
② 인입구 기타 고장, 점검, 측정, 수리 등에서 개로할 필요가 있는 장소
③ 퓨즈의 전원 측

1.2 과전류 차단기와 누전차단기의 시설

(1) 과전류 차단기

전로에 단락 전류나 과부하 전류가 생겼을 때, 자동적으로 전로를 차단하는 장치이다.
① 저압전로 : 퓨즈 또는 배선용 차단기
② 고압 및 특별고압 전로 : 퓨즈 또는 계전기에 의하여 작동하는 차단기

(2) 과전류 차단기의 시설 장소

① 전선 및 기계 기구를 보호하기 위한 인입구

② 간선의 전원측
③ 분기점 등 보호상 또는 보안상 필요한 곳
④ 발전기, 변압기, 전동기, 정류기 등의 기계 기구를 보호하는 곳

(3) 과전류 차단기용 퓨즈

퓨즈는 배전선로의 단락 사고 등 과대전류에 대하여 회로를 보호하는 장치이다. 과전류 차단기로 저압전로에 사용되는 퓨즈는 다음에 따라 적합하게 시설한다.

정격전류의 구분	시간	정격전류의 배수	
		불용단전류	용단전류
4[A] 이하	60 분	1.5 배	2.1배
4[A]초과 16[A]미만	60 분	1.5 배	1.9 배
16[A]이상 63[A]이하	60 분	1.25 배	1.6 배
63[A]초과 160[A] 이하	120 분	1.25 배	1.6 배
160[A]초과 400[A]이하	180 분	1.25 배	1.6 배
400[A]초과	240 분	1.25 배	1.6 배

> **참고**
> 퓨즈(fuse) : 과전류 보호 장치의 하나로 단락 전류 및 과부하 전류를 자동적으로 차단하는 가용체. 납, 주석의 합금 또는 아연 등이 있다.

(4) 배선용 차단기(circuit breaker)

① 전류가 비정상적으로 흐를 때 자동적으로 회로를 끊어서 전선 및 기계 기구를 보호하는 것으로, 노 퓨즈 브레이커(NFB : No-Fuse breaker)라 한다.
② 분기 회로용으로 사용하면 개폐기 및 자동 차단기의 두 가지 역할을 겸하게 된다.
　㉮ 바이메탈(bimetal)이라는 열 온도 팽창 계수가 판이하게 다른 2개의 금속면을 맞붙여서 온도가 높아지면 굽어지는 성질을 이용한 것이다.
　㉯ 바이메탈과 전기 장치를 병용한 것이다.
　㉰ 과전류 트립 동작 시간

㉠ 산업용 배전용 차단기

과전류 트립 동작시간(산업용 배전용 차단기)

정격전류의 구분	시간	정격전류의 배수	
		부동작 전류	용단전류
63[A] 이하	60 분	1.05 배	1.3 배
63[A] 초과	120 분	1.05 배	1.3 배

㉡ 주택용 배전용 차단기

과전류 트립 동작시간(주택용 배전용 차단기)

정격전류의 구분	시간	정격전류의 배수	
		부동작 전류	용단전류
63[A] 이하	60 분	1.13 배	1.45 배
63[A] 초과	120 분	1.13 배	1.45 배

㉣ 저압전로 중에 전동기 보호용 과전류 보호장치의 시설.
  ㉠ 과전류 차단기로 저압전로에 시설하는 과부하보호장치 [전동기가 손상될 우려가 있는 과전류가 발생했을 경우에 이것을 차단하는 것에 한한다.] 와 단락보호 전용차단기 또는 과부하 보호장치와 단락보호전용 퓨즈를 조합한 장치는 전동기에만 연결하고 다음에 따라 적합하게 시설한다.
    ⓐ 과부하 보호장치로 전자접촉기를 사용할 경우 과부하 계전기 부착.
    ⓑ 단락보호 전용차단기의 단락동작설정 전류 값은 전동기의 기동방식에 따른 기동 돌입전류를 고려할 것
    ⓒ 단락전류 용단 특성

정격전류의 배수	불 용단기간	용단시간
4 배	60초 이내	-
6.3 배	-	60초
8 배	0.5초 이내	-
10 배	0.2초 이내	-
12.5 배	-	0.5초 이내
19 배	-	0.1초 이내

  ㉡ 저압 옥내에 시설하는 보호장치의 정격전류 또는 전류설정 값은 전동기기동방식에 따른 기동전류와 다른 전기사용기구의 정격전류를 고려 설정

(5) 과전류 차단기의 시설 금지 장소

① 접지 공사의 접지선
② 접지 공사를 한 저압가공 전로의 접지측 전선
③ 다선식 전로의 중성선
④ 고압전로의 퓨즈 특성
  ㉮ 비포장 퓨즈는 정격전류 1.25배에 견디고, 2배의 전류로는 2분 안에 용단 되어야 한다.
  ㉯ 포장 퓨즈는 정격전류 1.3배에 견디고, 2배의 전류로는 120분 안에 용단되어야 한다.

(6) 누전 차단기의 시설 방법

① 주택의 옥내에 시설하는 것으로 대지전압 150[V] 초과 300[V] 이하의 저압 전로의 인입구에는 누전 차단기를 설치하여야 한다.
② 기계 기구 내에 내장되는 경우를 제외하고는 배전반 또는 분전반 내에 설치하는 것이 원칙이다.
③ 당해 전로의 전원 측에 3[kVA] 이하의 절연 변압기를 사람이 쉽게 접촉할 우려가 없도록 시설하고, 부하측을 접지하지 않는 경우에는 제외한다.
  (단, 1차 전압이 저압이고 2차 전압은 300[V] 이하의 것)
④ 저압, 고압의 전로에서 공공의 안전 확보에 지장을 초래할 경우 누전 차단기 대신 경보기를 설치한다.(비상용 조명장치, 비상용 승강기 유도등, 철도용 신호장치)

1.3 차단기(circuit breaker, CB)

(1) 차단기의 설치위치와 기능

① 변전소의 수전 인입구.
  송・배전선의 인출구, 변압기 군의 1차 및 2차측, 모선의 연결부분 등에 설치된다.
② 평상시에는 부하 전류, 선로의 충전 전류, 변압기의 여자전류 등을 개폐하고, 고장시에는 보호 계전기의 동작에서 발생하는 신호를 받아 단락 전류, 지락 전류, 고장 전류 등을 차단한다.

※ ㉠ 투입 상태에서 양호한 도체
　㉡ 개방 상태에서 양호한 절연체
　㉢ 투입시 이상 전압 발생 없이 안전하게 투입
　㉣ 개방 시 아크에 의한 접촉자 손상 없이 회로를 분리

(2) 차단기의 종류

종류	약호	소호매질	종류	약호	소호매질
진공차단기	VCB	진공상태	자기차단기	MBB	전자력
유입차단기	OCB	절연유	공기차단기	ABB	압축 공기
가스차단기	GCB	가스 $-$ SF_6	기중차단기	ACB	자연 공기

(3) 차단기의 정격 및 용량

① 정격전압 : 정한 조항(정격전압, 절연강도, 정격전류, 정격 차단시간)에 따라 그 차단기에 가할 수 있는 사용전압의 한계를 말한다.

※ 정격전압 = 공칭전압 $\times \frac{1.2}{1.1}$ 의 값을 표시. 예) 3.3[kV] ⇨ 3.6[kV]

② 정격 전류
　㉮ 정격 전압 및 정격 주파수에서 규정한 온도 상승 한도를 초과하지 않는 상태에서 연속적으로 통할 수 있는 전류의 한도를 말한다.
　㉯ 600, 1200, 2000, 3000, 4000[A]를 표준으로 하고 있다.

(4) 정격 차단 용량(rated interrupting capacity)

① 단상의 경우 : 정격 차단용량 = (정격 전압) × (정격 차단 전류)
② 3상의 경우 : 정격 차단용량 = $\sqrt{3}$ (정격 전압) × (정격 차단 전류)

1.4 간선, 분기회로와 보안

(1) 옥내 저압 간선의 시설
저압 옥내 간선을 보호하기 위하여 시설하는 과전류 차단기는 그 간선의 정격 전류의 일 것

(2) 과부하 보호장치의 설치위치
과부하 보호장치는 전로 중 도체와 단면적, 특성, 설치방법, 구성의 변경으로 도체의 허용전류 값이 줄어드는 곳(분기점)에 설치해야 한다.

① 설치위치 - 1

단락전류 보호장치는 분기점(O)에 설치해야 한다. 다만 그림과 같이 설치점(B)와 분기점(O) 사이에 다른 분기회로 또는 콘센트 접속이 없고 인체에 대한 위험이 최소화 될 경우 분기점으로부터 3[m]까지 이동하여 설치할 수 있다.

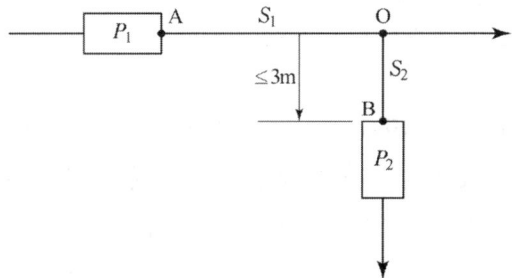

② 설치위치 - 2

도체의 단면적이 줄어들거나 다른 변경이 이뤄진 분기회로의 시작점(O)과 이 분기회로의 단락보호장치(P_2) 사이에 있는 도체가 전원측에 설치되는 보호장치(P_1)에 의해 단락보호가 되는 경우에, P_2의 설치위치는 분기점으로부터 거리제한이 없이 설치할 수 있다.

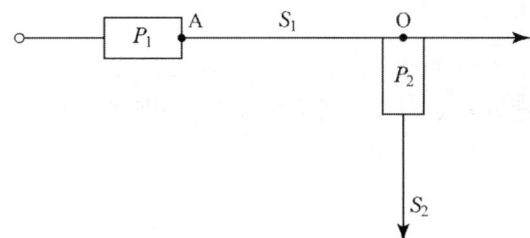

1.5 전동기 과부하 보호 장치

(1) 마그넷 스위치(magnet switch), 전자 개폐기
① 전자 접촉기와 과전류에 의해 동작하는 과부하 계전기가 조합 되어 외부의 조작 스위치에 의해 동작하는 개폐기이다.
② 과부하 계전기(overload relay)는 주 회로에 접속된 과부하 전류 히터의 발열로 바이메탈이 작용하여 전자석의 회로를 차단하는 열동 계전기(thermal relay)로 되어 있다.
③ 기계·기구의 운전과 정지, 과부하 보호 및 저전압에 동작한다.

(2) 자동 스위치(automatic switch)
전동기, 전열기구 등의 기동과 정지를 자동적으로 개폐하는 것은 마그넷 스위치와 자동 스위치를 조합하여 이루어진다.
① 부동 스위치(float switch) : 물탱크의 물의 양에 따라 동작하는 자동 스위치이다.
② 압력 스위치(pressure seilch) : 액체 또는 기체의 압력이 높고 낮음에 따라 자동 조절 되는 것으로 공기 압축기(air compressor), 가스 탱크, 기름 탱크 등의 펌프용 전동기에 쓰인다.
③ 수은 스위치(mercury switch) : 유리구에 봉입한 수은이 유리구의 기울어짐에 따라 접점이 자동적으로 바뀌는 스위치로 생산 공장 작업의 자동화, 바이메탈과 조합하여 실내 난방 장치의 자동 온도 조절에도 사용된다.
④ 타임 스위치(time switch) : 시계장치와 조합하여 자동 개폐하는 스위치로 외등 가로등, 전기 사인등의 점멸에 사용하면 정확하고 편리하다.

2 접지 시스템

> **접지의 목적**
> 기기의 대지 전위 상승 억제, 감전 방지, 기기의 손상 방지, 보호계전기 등의 동작을 확실하게 하고 기기의 영전위 확보 및 외부의 유도에 의한 장애를 방지한다.

2.1 접지 시스템의 종류와 구분

(1) 접지시스템의 구성요소
① 접지시스템은 계통접지, 보호접지, 피뢰시스템접지 등으로 구분한다.
② 접지시스템의 시설 종류에는 단독접지, 공통접지, 통합접지가 있다.

(2) 계통접지 방식
1) 저압전로의 보호도체 및 중성선의 접속 방식에 따라 접지계통은 다음과 같이 분류한다.
 - TN 계통   - TT 계통   - IT 계통

2) 계통접지에서 사용되는 문자의 정의는 다음과 같다.
 ① 제1문자 – 전원계통과 대지의 관계
  - T : 한 점을 대지에 직접 접속
  - I : 모든 충전부를 대지와 절연시키거나 높은 임피던스를 통하여 한 점을 대지에 직접 접속

 ② 제2문자 – 전기설비의 노출도전부와 대지의 관계
  - T : 노출도전부를 대지로 직접 접속. 전원계통의 접지와는 무관
  - N : 노출도전부를 전원계통의 접지점(교류 계통에서는 통상적으로 중성점, 중성점이 없을 경우는 선도체)에 직접 접속

 ③ 제3문자 – 중성선과 보호도체의 배치
  - S : 중성선 또는 접지된 선도체 외에 별도의 도체에 의해 제공되는 보호 기능
  - C : 중성선과 보호 기능을 한 개의 도체로 겸용(PEN 도체)

3) 각 계통에서 나타내는 그림의 기호는 다음과 같다.

표 2.1-1 기호 설명

기호	설명
	중성선(N), 중간도체(M)
	보호도체(PE)
	중성선과 보호도체겸용(PEN)

3 TN 계통

전원측의 한 점을 직접접지하고 설비의 노출도전부를 보호도체로 접속시키는 방식으로 중성선 및 보호도체(PE 도체)의 배치 및 접속방식에 따라 다음과 같이 분류한다.

3.1 TN-S 계통

TN-S 계통은 계통 전체에 대해 별도의 중성선 또는 PE 도체를 사용한다.

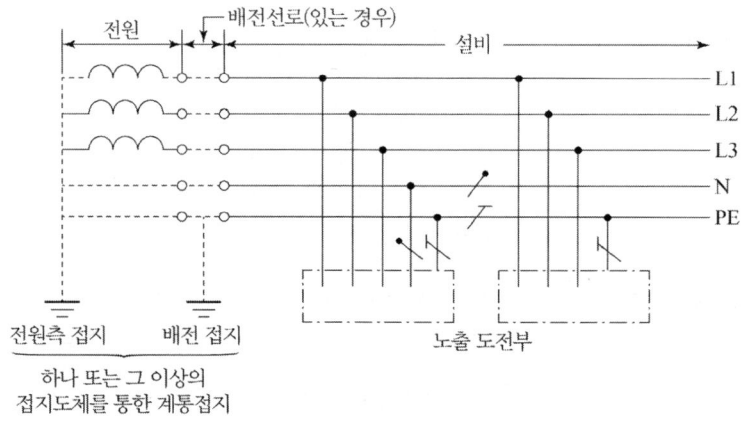

그림 2.1-2 계통 내에서 별도의 중성선과 보호도체가 있는 TN-S 계통

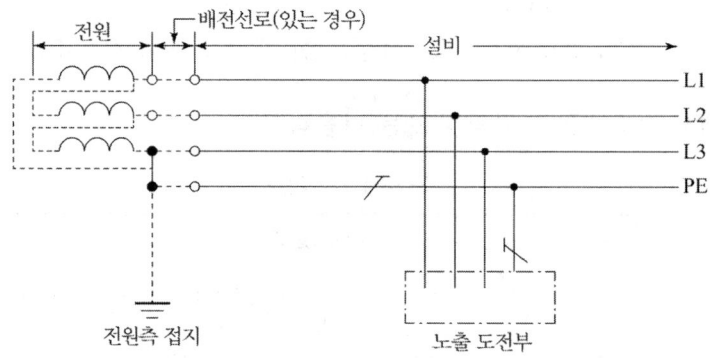

그림 2.1-3 계통 내에서 별도의 접지된 선도체와 보호도체가 있는 TN-S 계통

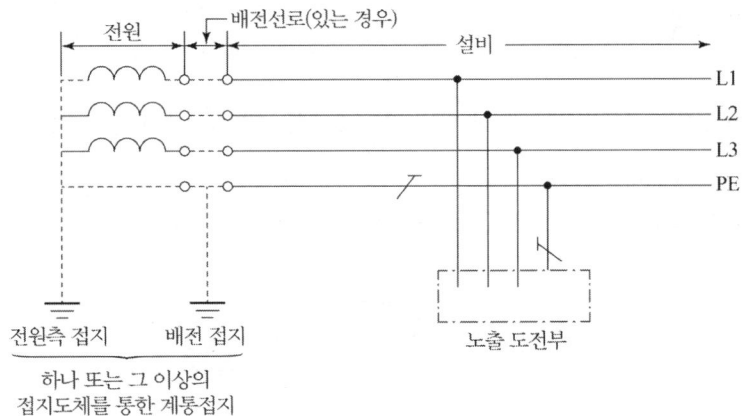

그림 2.1-4 계통 내에서 접지된 보호도체가 있으나 중성선이 배선이 없는 TN-S 계통

3.2 TN-C 계통

TN-C 계통은 그 계통 전체에 대해 중성선과 보호도체의 기능을 동일도체로 겸용한 PEN 도체를 사용한다. 배전계통에서 PEN 도체를 추가로 접지할 수 있다.

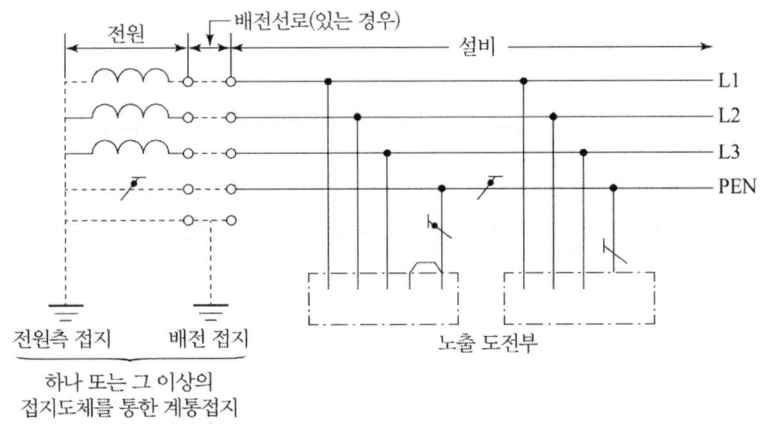

그림 2.1-5 TN-C 계통

3.3 TN-C-S 계통

TN-C-S계통은 계통의 일부분에서 PEN 도체를 사용하거나, 중성선과 별도의 PE 도체를 사용하는 방식이 있다.
배전계통에서 PEN 도체와 PE 도체를 추가로 접지할 수 있다.

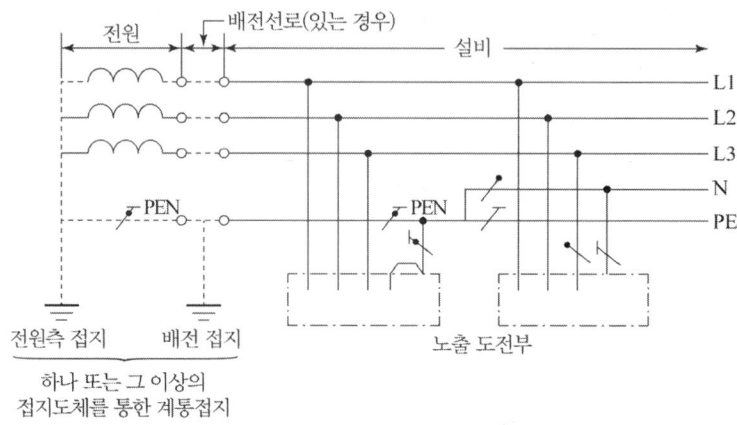

그림 2.1-6 설비의 어느 곳에서 PEN이 PE와 N으로 분리된 3상 4선식 TN-C-S 계통

4 TT 계통

전원의 한 점을 직접 접지하고 설비의 노출도전부는 전원의 접지전극과 전기적으로 독립적인 접지극에 접속시킨다. 배전계통에서 PE 도체를 추가로 접지할 수 있다.

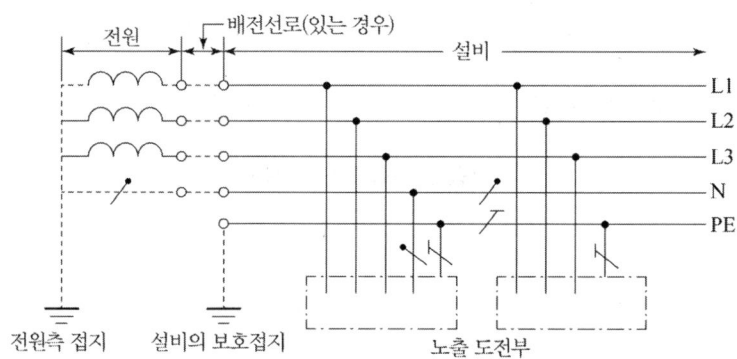

그림 2.1-7 설비 전체에서 별도의 중성선과 보호도체가 있는 TT 계통

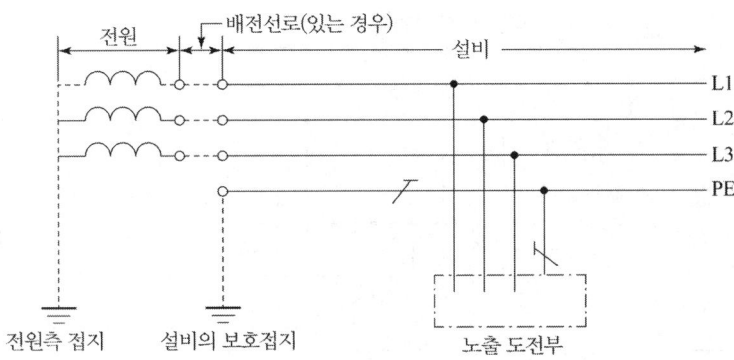

그림 2.1-8 설비 전체에서 접지된 보호도체가 있으나 배전용 중성선이 없는 TT 계통

5 IT 계통

① 충전부 전체를 대지로부터 절연시키거나, 한 점을 임피던스를 통해 대지에 접속시킨다. 전기설비의 노출도전부를 단독 또는 일괄적으로 계통의 PE 도체에 접속시킨다. 배전계통에서 추가접지가 가능하다.

② 계통은 충분히 높은 임피던스를 통하여 접지할 수 있다. 이 접속은 중성점, 인위적 중성점, 선도체 등에서 할 수 있다.
중성선은 배선할 수도 있고, 배선하지 않을 수도 있다.

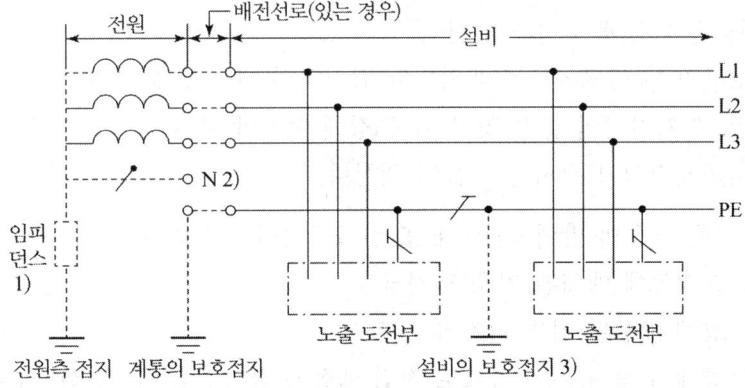

그림 2.1-9 계통 내의 모든 노출도전부가 보호도체에 의해 접속되어 일괄 접지된 IT 계통

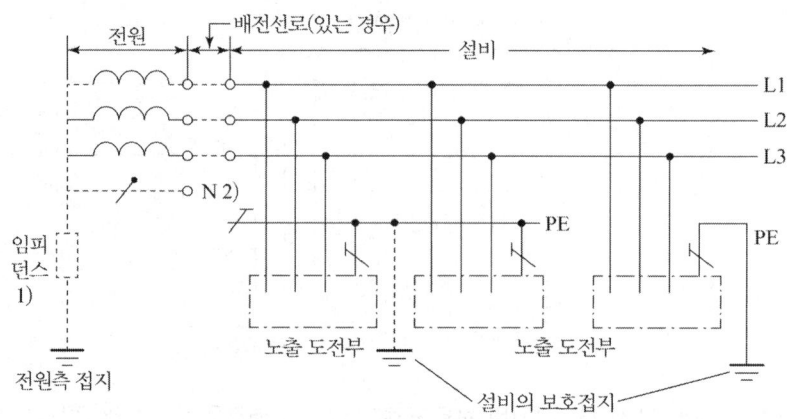

그림 2.1-10 노출도전부가 조합으로 또는 개별로 접지된 IT 계통

③ 접지시스템 요구사항
  ㉮ 접지시스템은 다음에 적합
    ㉠ 접지설비의 보호요구사항을 및 충족
    ㉡ 지락전류와 보호도체전류를 대지에 전달할 것. 이러한 전류로 인한 감전위험이 없어야 한다.
  ㉯ 접지저항 값은 다음에 의한다.
    ㉠ 부식, 건조 및 동결 등의 대지환경 변화에 충족.
    ㉡ 인체감전보호를 위한 값과 전기설비의 기계적 요구에 의하 값을 만족한다.

④ 접지극의 시설 및 접지저항
  ㉮ 접지극은 다음에 따라 시설한다.
    ㉠ 토양 또는 콘크리트에 매입되는 접지극의 재료 및 최소 굵기 등은 저압 전기설비, 전기기기의 선정 및 설치 규정에 따라야 한다.
    ㉡ 피뢰시스템의 접지는 다음에 의한다.
  ㉯ 접지극은 다음의 방법 중 하나 또는 복합하여 시설한다.
    ㉠ 콘크리트에 매입된 기초 접지극
    ㉡ 토양에 매설된 기초 접지극
    ㉢ 토양에 수직 또는 수평으로 직접 매설된 금속전극(봉, 전선, 테이프, 배관, 판 등)
    ㉣ 케이블의 금속 외장 및 그 밖의 금속 피복.

㉤ 접지극의 매설은 다음에 의한다.
　㉠ 접지극은 매설하는 토양을 오염 시키지 않도록 해야 한다.
　㉡ 접지선은 지하 75[cm] 이상으로 한다.
　㉢ 접지도체를 철주 기타의 금속체를 따라서 시설하는 경우에는 접지극을 철주의 밑면으로부터 0.3[m] 이상의 깊이에 매설하는 경우 이외에는 접지극을 지중에서 그 금속체로부터 1[m] 이상 떼어 시설한다.
　㉣ 접지극을 접속하는 경우에는 발열성 용접 압착 접속, 클램프 또는 그 밖의 적절한 기계적 접속장치로 접속
　㉤ 가연성 액체나 가스를 운반하는 금속제 배관은 접지설비의 접지극으로 사용할 수 없다. 단, 보호등전위본딩은 예외로 한다.

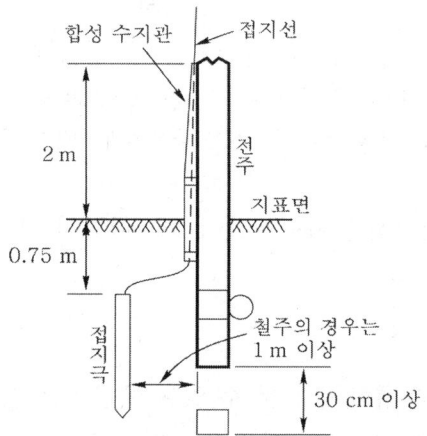

㉥ 수도관 등을 접지극으로 사용하는 경우 지중에 매설되어 있고 대지와의 전기저항 값이 3[Ω] 이하의 값을 유지하고 있는 금속제 수도관로는 다음의 따르는 경우 접지극으로 사용할 수 있다.
　㉠ 접지도체와 수도관로의 접속은 안지름 75[mm] 이상인 부분 또는 여기에서 분기한 안지름 75[mm] 미만인 수도관로는 분기점으로부터 5[m] 이내의 부분에서 하여야 한다.
　　단, 대지와의 전기저항 값이 2[Ω] 이하의 경우에는 5[m]을 넘을 수 있다.
　㉡ 접지도체와 금속제 수도관로의 접속부를 수도계량기로부터 수도 수용가 측에 설치하는 경우는 수도계량기를 사이에 두고 양측 수도관로를 등전위 본딩하여야 한다.
　㉢ 수도관로의 접속부를 사람이 접촉할 우려가 있는 경우 손상을 방지하도록 방호장치를 설치

㉰ 건축물·구조물의 철골 기타의 금속제는 이를 비접지식 고압전로에 시설하는 기계기구의 철대 또는 금속제 외함의 접지공사의 접지극으로 사용할 수 있다. 단, 전기저항 값은 2[Ω] 이하를 유지하여야 한다.

⑤ 접지도체·보호도체
  ㉮ 접지도체의 선정

상 도체의 단면적 $S[mm^2]$: 구리	보호도체의 최소단면적 $S[mm^2]$: 구리	
	보호도체의 재질	
	상도체와 같은 경우	상도체와 같은 다른 경우
$S \leq 16$	S	$(k_1/k_2) \times S$
$16 < S \leq 35$	$16(a)$	$(k_1/k_2) \times 16$
$S > 35$	$S(a)/2$	$(k_1/k_2) \times (S/2)$

위 표에서 k_1 - 도체의 절연의 재질에 따라 여러 가지 재료의 변수값
  k_2 - 저압전기설비에서 선정된 보호도체에 대한값
  a - PEN 도체의 단면적은 중성선과 동일하게 적용한다.

㉯ 보호도체의 단면적은 차단시간이 5초 이하인 경우 다음 식에 의한다.

$$S = \frac{\sqrt{I^2 t}}{k}$$

I : 보호장치를 통해서 흐를 수 있는 예상 고장전류 실효값.
t : 자동차단을 위한 보호장치의 동작시간.
k : 보호도체, 절연, 기타 부위의 재질 및 초기온도와 최종 온도에 따라 정해지는 계수

㉰ 보호도체가 케이블의 일부가 아니거나 상도체와 동일 외함에 설치되지 않으면 다음의 굵기 이상으로 한다.
  ㉠ 기계적 손상에 보호가 되는 경우 - 구리 2.5[mm²], 알루미늄 16[mm²] 이상
  ㉡ 기계적 손상에 보호가 되지 않는 경우 - 구리 4[mm²], 알루미늄 16[mm²] 이상

㉱ 접지도체의 단면적에 큰 고장전류가 흐르지 않을 경우 접지도체의 최소 단면적은 구리는 6[mm²] 이상, 철제는 50[mm²] 이상으로 한다. 접지도체에 피뢰시스템이 접촉하는 경우 구리는 16[mm²] 이상, 철제는 50[mm²] 이상으로 한다.

㉲ 접지도체는 지하 0.75[m]부터 지표 2[m]까지 합성수지관(두께 2[mm] 미만 합성 수지제 전선관 및 가연성 콤바인덕트관은 제외) 또는 이와 동등이상의 절연효

과와 강도를 가지는 몰드로 덮어야 한다.
- ㉥ 보호도체의 종류는 다음중 하나 또는 복수로 구성한다.
  - ㉠ 다심 케이블의 도체
  - ㉡ 충전도체와 같은 트렁킹에 수납된 절연도체 또는 다도체
  - ㉢ 고정된 절연도체 또는 나 도체
- ㉦ 다음과 같은 금속 부분은 보호도체 또는 보호본딩도체로 사용해서는 안된다.
  - ㉠ 금속 수도관
  - ㉡ 가스·액체·분말과 같은 잠재적인 인화성 물질을 포함하는 금속관
  - ㉢ 가요성 금속 배관, 다만 보호도체의 목적으로 설계된 경우는 제외
  - ㉣ 가요성 금속전선관
  - ㉤ 지지선, 케이블 트레이 및 이와 비슷한 것
  - ㉥ 보호도체에는 어떠한 개폐장치를 연결해서는 안된다.

⑥ 보호도체와 계통도체의 겸용
- ㉮ 보호도체와 계통도체를 겸용하는 겸용도체(중성선과 겸용[PEN], 상도체와 겸용[PEL] 중간도체와 겸용[PEM] 등)는 해당하는 계통의 기능에 대한 조건을 만족해야 한다.
- ㉯ 겸용도체는 고정된 전기설비에서만 사용할 수 있으며 단면적은 구리 10[mm^2], 알루미늄 16[mm^2] 이상으로 전기설비의 부하 측으로 시설해서는 안된다.
- ㉰ 폭발성 분위기장소는 보호도체를 전용으로 하고, 배전설비의 금속외함은 겸용 도체로 사용해서는 안된다.

5.1 전기 수용가 접지

(1) 저압 수용가 인입구 접지

수용장소 인입구 부근에서 다음의 것을 접지극으로 사용하여 변압기 중성점 접지를 한 저압 전선로의 중성선 또는 접지측 전선에 추기로 접지공사를 할 수 있다.
① 지중에 매설되어 있고 대지와의 전기저항 값이 3[Ω] 이하의 값을 유지하고 있는 금속제 수도관로
② 대지와의 전기저항 값이 3[Ω]이하의 값을 유지하는 건물의 철골

(2) 주택 등 저압수용장치의 접지

① 저압수용 장소에서 계통접지가 TN-C-S 방식인 경우에 보호도체는 다음에 따라 시설
  ㉮ 보호도체의 최소 단면적은 접지도체의 규정에 따른다.
  ㉯ 중성선 겸용 보호도체(PEN)는 고정 전기설비에만 사용할 수 있고, 구리는 10[mm^2] 이상, 알루미늄은 16[mm^2] 이상이며 그 계통의 최고전압에 절연되어야 한다.
② 위에서 계통 접지는 감전보호용 등전위본딩을 하여야 한다.

(3) 변압기 중성점 접지

변압기 중성점 접지 저항 값은 다음에 의한다. 변압기의 고압·특고압측 전로 또는 사용전압이 35[kV] 이하의 특고압전로가 저압측 전로와 혼촉하고 저압전로의 대지 전압이 150[V]를 초과하는 경우 저항값은 다음에 의한다.

※ 변압기의 접지저항 = $\dfrac{150(300\,또는\,600)}{변압기의\,고압측\,또는\,특고압측의\,1선\,지락전류[A]}$ [Ω]

① 1초 초과 2초 이내에 고압 및 특고압 전로를 자동으로 차단하는 장치를 설치할 때는 300을 나눈 값 이하
② 1초 이내에 고압 및 특고압 전로를 자동으로 차단하는 장치를 설치할 때는 600을 나눈 값 이하

(4) 공통접지 및 통합접지

고압 및 특고압과 저압 전기설비의 접지극이 서로 근접하여 시설되어 있는 변전소 또는 이와 유사한 곳에서는 공동접지시스템으로 할 수 있다.
① 저압 전기설비의 접지극이 고압 및 특고압 접지극의 접지저항 형성영역에 완전히 포함되어 있다면 위험전압이 발생하지 않도록 이들 접지극을 상호 접속한다.
② 접지시스템에서 고압 및 특고압 계통의 지락사고 시 저압계통에 가해지는 상용주파 과전압(스트레스 전압)은 다음에 정한 값을 초과해서는 안된다.

저압설비 허용 상용주파 과전압(스트레스 전압)

고압계통에서 지락고장 시간 (초)	저압설비 허용 상용주파 과전압(V)	비고
시간 > 5	U_0+250	중성선 도체가 없는 계통에서 U_0는 선간전압을 말한다.
시간 ≤ 5	U_0+1200	

[비고] 접지 상용주파 과전압에 대한 저압기기의 절연 설계기준과 관련된다.

(5) 감전 보호용 등전위본딩.

① 건축물·구조물에서 접지도체, 주 접지단자와 다음의 도전성 부분은 등전위본딩 하여야 한다. 단 이들 부분이 다른 보호도체로 주 접지단자에 연결된 경우는 제외
  ㉮ 수도관, 가스관 등 외부에서 내부로 인입되는 금속배관
  ㉯ 건축물·구조물의 철골 등 금속보강재
  ㉰ 일상생활에서 접속이 가능한 금속제 난방배관 및 공조설비 등 계통외도전부
② 주 접지단자에 보호등전위본딩 도체, 접지도체, 보호도체, 기능성 접지도체를 접속하여야 한다.
③ 보호등전위본딩 도체의 굵기는 구리는 10[mm^2] 이상, 알루미늄은 16[mm^2] 이상이며 강심도체는 50[mm^2] 이상이다.

(6) 피뢰시스템

① 피뢰시스템의 구성
  ㉮ 직격뢰로부터 대상물을 보호하기 위한 외부피뢰시스템
  ㉯ 간접뢰 및 유도뢰로부터 대상물을 보호하기 위한 내부피뢰시스템

② 적용범위
  ㉮ 전기전자설비가 설치된 건축물·구조물로서 낙뢰로부터 보호가 필요한 것 또는 지상으로부터 높이가 20[m] 이상인 것
  ㉯ 저압전기전자설비
  ㉰ 고압 및 특고압 전기설비

5.2 사용전압이 15[kV] 이하인 특고압 가공전선로의 중성선의 다중 접지 및 중성선의 시설은 다음에 의한다.

① 접지 도체는 공칭단면적 6[mm^2] 이상의 연동선
② 접지공사는 시스템 접지 지정에 의한다.
③ 접지도체를 중성선으로부터 분리하였을 경우 각 접지점의 대지 저항값은 300[Ω]이며, 1[km]마다의 중성선과 대지사이의 합성 전기저항값은 30[Ω] 이하일 것
④ 특고압 가공전선로의 다중접지를 한 중성선은 저압전로의 접지측 전선이나 중성선과 공유할 수 있다.

5장 전선 및 기계기구의 보안 예상문제

전선 및 전선로의 보안 예상문제

1 전압계, 전류계 등의 소손 방지용으로 계기 내에 장치하고 봉입하는 퓨즈는 어느 것인가?

① 통형 퓨즈   ② 판형 퓨즈
③ 온도 퓨즈   ④ 텅스텐 퓨즈

[해설] 텅스텐 퓨즈는 전압계, 전류계 등의 소손 방지용으로 계기 내에 장치하고 봉입하는 퓨즈

2 옥내 배선공사에서 대지 전압 150[V]를 초과하고 300[V] 이하 저압 전로의 인입구에 반드시 시설해야 하는 지락 차단 장치는?

① 퓨즈(F)
② 누전 차단기(ELB)
③ 배선용 차단기(MCB)
④ 커버나이프 스위치(KS)

[해설] 누전 차단기(ELB) 설치조건
• 50[V]초과 전원측
• 대지 전압 150[V]를 초과하고 300[V] 이하 저압 전로의 인입구

3 수변전 설비 중에서 동력설비 회로의 역률을 개선할 목적으로 사용되는 것은?

① 전력 퓨즈   ② MOF
③ 지락 계전기 ④ 진상용 콘덴서

[해설] 전력용(진상) 콘덴서 : 수변전 설비 중에서 동력설비 회로의 역률을 개선할 목적으로 사용

4 선로의 도중에 설치하여 회로에 고장 전류가 흐르게 되면 자동적으로 고장 전류를 감지하여 스스로 차단하는 차단기의 일종으로 단상용과 3상용으로 구분되어 있는 것은?

① 리클로저
② 선로용 퓨즈
③ 섹셔널 라이저
④ 자동 구간 개폐기

[해설] 리클로저는 재폐로 차단기로서 선로의 도중에 설치하여 회로에 고장 전류가 흐르게 되면 자동적으로 고장 전류를 감지하여 스스로 차단하는 차단기의 일종으로 단상용과 3상용으로 구분되어 있다.

5 과전류 차단기로 시설하는 퓨즈 중 고압 전로에 사용하는 포장퓨즈는 정격 전류의 몇 배의 전류에 견디어야 하는가?

① 1배   ② 1.25배
③ 1.3배   ④ 3배

[해설] 고압 전로에 사용하는 포장퓨즈는 정격 전류의 몇 1.3배의 전류에 견뎌야 한다.

정답 1. ④ 2. ② 3. ④ 4. ① 5. ③

6 다음 중 과전류 차단기를 설치하는 곳은?

① 간선의 전원측 전선
② 접지 공사의 접지선
③ 접지공사를 한 저압 가공 전선의 접지측 전선
④ 다선식 선로의 중성선

[해설] 과전류 차단기를 설치
- 간선의 전원측
- 기계기구보호를 위한 인입구
- 발전기, 변압기, 전동기 보호하는 곳

7 다음 중 용어와 약호가 바르게 짝지어진 것은?

① 유입 차단기 − ABB
② 공기 차단기 − ACB
③ 가스 차단기 − GCB
④ 자기 차단기 − OCB

[해설] 유입 차단기 − OCB
공기 차단기 − ABB
자기 차단기 − MBB

8 저압 단상 3선식 회로의 중성선에는 어떻게 하는가?

① 다른 선의 퓨즈와 같은 용량의 퓨즈를 넣는다.
② 다른 선의 퓨즈와 2배 용량의 퓨즈를 넣는다.
③ 다른 선의 퓨즈와 $\frac{1}{2}$배 용량의 퓨즈를 넣는다.
④ 퓨즈를 넣지 않고 동선으로 직결한다.

[해설] 저압 단상 3선식 회로의 중성선에는 퓨즈를 넣지 않고 동선으로 직결한다.

9 수변전설비에서 차단기의 종류 중 가스 차단기에 들어가는 가스의 종류는?

① CO_2 ② LPG
③ SF_6 ④ LNG

[해설] 가스차단기(GCB) − SF_6(육불화 유황가스)

10 자연 공기 내에서 개방할 때 접촉자가 떨어지면서 자연 소호되는 방식을 가진 차단기로 저압의 교류 또는 직류 차단기로 많이 사용되는 것은?

① 유입 차단기
② 자기 차단기
③ 가스 차단기
④ 기중 차단기

[해설] 자연 공기 내에서 개방할 때 접촉자가 떨어지면서 자연 소호되는 방식을 가진 차단기로 저압의 교류 또는 직류 차단기로 많이 사용되는 것은 기중차단기

11 다음 중 차단기를 시설해야 하는 곳으로 가장 적당한 것은?

① 다선식 전로의 중성선
② 접지공사를 항 저압 가공 전로의 접지 측 전선
③ 고압에서 저압으로 변성하는 2차측의 전압 측 전선
④ 접지공사의 접지선

[해설] 압에서 저압으로 변성하는 2차측의 전압 측 전선에는 차단기가 반드시 설치되어야 한다.

정답 6. ① 7. ③ 8. ④ 9. ③ 10. ④ 11. ③

12 가스 절연 개폐기나 가스 차단기에 사용되는 가스인 SF₆의 성질이 아닌 것은?

① 연소하지 않는 성질이다.
② 색깔, 독성, 냄새가 없다.
③ 절연유의 1/140로 가볍지만 공기보다 5배 무겁다.
④ 공기의 25배 정도로 절연내력이 낮다.

[해설] 가스차단기의 SF₆ 가는 공기에 비하여 절연이 2~3배 정도 좋다.

13 차단기 ELB의 용어는?

① 유입차단기
② 진공 차단기
③ 배전용 차단기
④ 누전 차단기

[해설] ELB약호 누전차단기

14 수변전설비의 인입구 개폐기로 많이 사용되고 있으며, 전력퓨즈의 용단 시 결상을 방지하는 목적으로 사용되는 것은?

① 부하 개폐기
② 선로 개폐기
③ 자동 고장 구분 개폐기
④ 기중 부하 개폐기

[해설] 부하 개폐기는 수변전설비의 인입구 개폐기로 많이 사용되고 있으며, 전력퓨즈의 용단 시 결상을 방지하는 목적으로 사용된다.

15 고압 또는 특별고압 가공전선로에서 공급을 받을 수용장소의 인입구 또는 이와 근접한 곳에 무엇을 시설하여야 하는가?

① 계기용 변압기
② 과전류 계전기
③ 접지 계전기
④ 피뢰기

[해설] 피뢰기는 고압 또는 특별고압 가공전선로에서 공급을 받을 수용장소의 인입구 또는 이와 근접한 곳에 무엇을 시설

16 계기용 변류기 2차측에 설치하여 부하의 과전류나 단락사고를 검출하여 차단기에 차단신호를 보내기 위하여 설치하는 것은 다음 중 어느 것인가?

① 과전류 계전기
② 과전압 계전기
③ 차동 계전기
④ 비율 차동 계전기

[해설] 계기용 변류기 2차측에 설치하여 부하의 과전류나 단락사고를 검출하여 차단기에 차단신호를 보내기 위하여 과전류 계전기를 설치하여야 한다.

17 배전선로 보호를 위하여 설치하는 보호 장치는?

① 기중 차단기
② 진공 차단기
③ 자동 재폐로 차단기
④ 누전 차단기

[해설] 자동 재폐로 차단기는 배전선로 보호를 위하여 설치 한다.

정답 12. ④ 13. ④ 14. ① 15. ④ 16. ① 17. ③

18 특고압 수전설비의 결선기호와 명칭으로 잘못된 것은?

① CB - 차단기
② DS - 단로기
③ LA - 피뢰기
④ LF - 전력퓨즈

[해설] PF-전력용퓨즈(한류형퓨즈) : 일정값이상의 과전류를 신속히 차단하는 퓨즈

19 수전설비의 저압 배전반 앞에서 계측기를 판독하기 위하여 앞면과 최소 몇 [m] 이상 유지하는 것을 원칙으로 하고 있는가?

① 0.6[m]
② 1.2[m]
③ 1.5[m]
④ 1.7[m]

[해설] 수전설비의 저압 배전반 앞에서 계측기를 판독하기 위하여 앞면과 최소 1.5[m] 이상 유지하는 것을 원칙으로 한다.

20 전자 개폐기에 부착하여 전동기의 소손 방지를 위하여 사용되는 것은?

① 퓨즈
② 열동 계전기
③ 배선용 차단기
④ 수은 계전기

[해설] 열동계전기(Thr)은 전자 개폐기에 부착하여 전동기의 소손 방지를 위하여 사용한다.

21 다음 중 단로기(DS)의 사용 목적으로 맞는 것은?

① 전압의 개폐
② 부하전류의 차단
③ 단일회선의 개폐
④ 고장전류 차단

[해설] 단로기(DS) : 무부하 회로의 개폐로 무부하 충전전류와 변압기 여자전류를 개폐할 수 있다.

22 전력용 콘덴서를 회로로부터 개방하였을 때 전하가 잔류함으로써 일어나는 위험의 방지와 재투입 할 때 콘덴서에 걸리는 과전압의 방지를 위하여 무엇을 설치하는가?

① 직렬 리액터
② 전력용 콘덴서
③ 방전 코일
④ 피뢰기

[해설] 방전 코일은 전력용 콘덴서를 회로로부터 개방하였을 때 전하가 잔류함으로써 일어나는 위험의 방지와 재투입 할 때 콘덴서에 걸리는 과전압의 방지로 인체 감전방지를 위해서 설치한다.

23 낙뢰, 수목 접촉, 일시적인 섬락 등 순간적인 사고로 계통에서 분리된 구간을 신속히 계통에서 신속히 계통에 재투입시킴으로써 계통의 안정도를 향상시키고 정전 시간을 단축시키기 위해 사용되는 계전기는?

① 재폐로 계전기
② 거리 계전기
③ 과전류 계전기
④ 차동 계전기

[해설] 재폐로 계전기(리클로우저)는 낙뢰, 수목 접촉, 일시적인 섬락 등 순간적인 사고로 계통에서 분리된 구간을 신속히 계통에서 신속히 계통에 재투입시킴으로써 계통의 안정도를 향상시키고 정전 시간을 단축시키기 위해 사용된다.

정답 18. ④ 19. ③ 20. ② 21. ① 22. ③ 23. ①

24 설치 면적과 설치비용이 많이 들지만 가장 이상적이고 효과적인 진상용 콘덴서의 설치 방법은?

① 수전단 모선에 설치
② 수전단 모선과 부하 측에 분산하여 설치
③ 부하 측에 분산하여 설치
④ 가장 큰 부하 측에만 설치

[해설] 설치 면적과 설치비용이 많이 들지만 가장 이상적이고 효과적인 진상용 콘덴서의 설치는 부하 측에 분산하여 설치 한다.

25 전동기 과부하 보호 장치에 해당되지 않는 것은?

① 전동기용 퓨즈
② 열동 계전기
③ 전동기보호용 배선용차단기
④ 전동기 기동장치

[해설] 전동기 과부하 보호 장치 : 전동기용 퓨즈, 열동 계전기(THR), 전동기보호용 배선용차단기

26 주택의 옥내에 시설하는 대지 전압 (　)초과 (　)이하의 저압 전로 인입구에는 인체 감전 보호용 누전 차단기를 시설하여야 한다. 괄호 속에 가장 알맞은 것은? (단, 특수한 경우는 제외)

① 100[V], 200[V]
② 60[V[, 150[V]
③ 150[V], 300[V]
④ 110[V], 150[V]

[해설] 주택의 옥내에 시설하는 대지 전압 150[V] 초과 300[V] 이하의 저압 전로 인입구에는 인체 감전 보호용 누전 차단기를 시설하여야 한다.

27 보호를 요하는 회로의 전류가 어떤 일정치(정정한)이상으로 흘렀을 때 동작하는 계전기는?

① 과전류계전기
② 과전압 계전기
③ 차동 계전기
④ 비율차동 계전기

[해설] 과전류계전기는 회로의 전류가 어떤 일정치(정정한)이상으로 흘렀을 때 동작한다.

28 전기회로에 과전압을 보호하는 계전기는 무엇인가?

① OCR　　② OVR
③ UVR　　④ GR

[해설] OCR : 과전류 계전기
OVR : 과전압 계전기
UVR : 부족전압 계전기
GR : 지락(접지) 계전기

29 분기회로에 설치하여 개폐 및 고장을 차단할 수 있는 것은 무엇인가?

① 전력퓨즈
② COS
③ 배선용 차단기
④ 피뢰기

[해설] 배선용 차단기(MCCB)는 분기회로에 설치하여 개폐 및 고장을 차단 하는 장치

정답 24. ③　25. ④　26. ③　27. ①　28. ②　29. ③

30 피뢰기의 약호는?

① CT ② LA
③ DS ④ CB

[해설] CT : 변류기   LA : 피뢰기
　　　DS : 단로기   CB : 차단기

31 액면이 올라간다던지 내려간다던지 하는 데에 따라 상하 운동을 하며, 접점을 개폐하는 것으로서 펌프의 자동 운전에 쓰이는 것은?

① 플로트 스위치
② 압력 스위치
③ 습도 자동 스위치
④ 스탭 컨트롤러

[해설] 플로트 스위치는 액면이 올라간다던지 내려간다던지 하는 데에 따라 상하 운동을 하며, 접점을 개폐하는 것으로서 펌프의 자동 운전에 사용한다.

32 피뢰기를 시설하지 않아도 되는 곳은?

① 발·변전소 또는 이에 준하는 장소의 가공 전선 인입구 및 인출구
② 가공 전선에 접속하는 배전용 변압기의 저압측 및 고압측
③ 고압 또는 특고압 가공 전선으로부터 공급받는 수용 장소 인입구
④ 가공 전선과 지중 전선이 접속되는 곳

[해설] 피뢰기를 시설 장소
　• 발·변전소 또는 이에 준하는 장소의 가공 전선 인입구 및 인출구
　• 고압 또는 특고압 가공 전선으로부터 공급받는 수용 장소 인입구
　• 가공 전선과 지중 전선이 접속되는 곳

33 MOF는 무엇의 약호인가?

① 계기용 변압기
② 계기용 변압 변류기
③ 계기용 변류기
④ 시험용 변압기

[해설] MOF : 전력수급용 계기용 변성기
　　　　　(계기용 변압 변류기)

34 다음 변류기의 약호는?

① CB ② CT
③ DS ④ COS

[해설] CT : 변류기
　　　CB : 차단기
　　　DS : 단로기
　　　COS : 비한류형 스위치(컷아웃 스의치)

35 한국전기설비규정에 따라 분기회로의 단락 보호장치 설치점(B)과 분기점(O)사이에 다른 분기회로 또는 콘센트의 접속이 없고 단락, 화재 및 인체에 대한 위험이 최소화될 경우, 분기회로의 단락보호장치(P_2)는 분기점(O)으로부터 몇[m]까지 이동하여 설치할 수 있는가? (단, S는 도체의 단면적이다.)

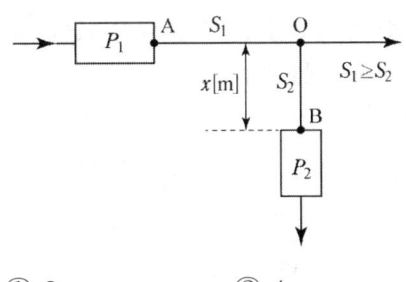

① 3 ② 4
③ 5 ④ 6

[해설] 한국전기설비규정에 따라 분기회로 최소화 이격거리는 3[m]

36 저압 옥내 배선에서 가장 먼저 시험해야 될 사항은?

① 절연 저항 시험 ② 절연 내력 시험
③ 접지 저항 시험 ④ 용량 시험

[해설] 저압 옥내 배선에서 가장 먼저 시험해야 될 사항은 절연저항 측정시험

37 저압 옥내 배선 검사의 순서가 맞게 배열된 것은?

① 절연 저항 측정 – 점검 – 통전 시험 – 접지 저항 측정
② 점검 – 절연 저항 측정 – 접지 저항 측정 – 통전 시험
③ 점검 – 통전 시험 – 절연 저항 측정 – 접지 저항 측정
④ 통전 시험 – 점검 – 접지 저항 측정 – 절연 저항 측정

[해설] 저압 옥내 배선 검사의 순서는 : 점검 → 절연 저항 측정 → 접지 저항 측정 → 통전 시험

38 정격전압 3상 24[kV], 정격차단전류 300[A]인 수전설비의 차단용량은 몇 [MVA]인가?

① 17.26 ② 28.34
③ 12.47 ④ 24.94

[해설] 차단기 용량
$P_S = \sqrt{3}\, VI_s = \sqrt{3} \times 24 \times 300 \times 10^{-3}$
$= 14.47[MVA]$

▶ **접지시스템 예상문제**

39 사람이 접촉할 우려가 있는 곳에 시설하는 경우 접지극은 지하 몇 [cm] 이상의 깊이에 매설하여야 하는가?

① 30[cm] ② 45[cm]
③ 50[cm] ④ 75[cm]

[해설] 사람이 접촉할 우려가 있는 곳에 시설하는 경우 접지극은 지하 75[cm] 이상의 깊이에 매설하여야 한다.

40 변압기 저압측 접지공사의 저항값을 결정하는 가장 큰 요인은?

① 변압기 용량
② 고압 가공 전선로의 전선 연장
③ 변압기 1차 측에 넣는 퓨즈 용량
④ 변압기 고압 또는 특고압측 전로의 1선 지락전류의 암페어 수

[해설] 변압기 저압측 접지공사의 저항값을 결정하는 가장 큰 요인변압기 고압 또는 특고압측 전로의 1선 지락전류의 크기

41 다음 중 접지의 목적으로 알맞지 않은 것은?

① 감전의 방지
② 전로의 대지 전압 상승
③ 보호 계전기의 동작 회로
④ 이상 전압의 억제

[해설] 접지의 목적 : 감전의 방지, 이상 전압의 억제, 보호 계전기의 동작 회로

정답 36. ① 37. ② 38. ③ 39. ④ 40. ④ 41. ②

42 시스템 접지공사를 다음과 같이 시행 하였다. 잘못된 접지공사는?

① 접지극은 동봉을 사용하였다.
② 접지극은 75[cm] 이상 깊이에 매설 하였다.
③ 지표, 지하 모두에 옥외용 비닐절연 전선을 사용하였다.
④ 접지선과 접지극은 은 납땜을 하여 접속하였다.

[해설] 시스템 접지공사는 옥외용 비닐절연전선을 사용할 수 없다. 접지용 전선을 사용하여야 한다.

43 접지공사의 접지선은 특별한 경우를 제외하고는 어떤 색으로 표시를 하여야 하는가?

① 적색 ② 황색
③ 녹황색 ④ 흑색

[해설] 접지공사의 접지선은 특별한 경우를 제외하고 녹황색을 사용하여 한다.

44 접지극에 대한 설명 중 바람직하지 못한 것은?

① 동판을 사용하는 경우 두께 0.7[mm] 이상, 면적 900[mm²] 평면 이상이어야 한다.
② 동봉, 동피복 강봉을 사용하는 경우에는 지름 8[mm] 이상, 길이 0.9[m] 이상이어야 한다.
③ 철봉을 사용하는 경우에는 지름 12[mm] 이상, 길이 0.9[m] 이상의 아연 도금한 것을 사용한다.
④ 접지선과 접지극을 접속하는 경우에는 납과 주석의 합금으로 땜하여 접속한다.

[해설] 접지선과 접지극을 접속하는 경우에는 납과 주석의 합금으로 땜해서는 않된다. 황동땜으로 시공하여야 한다.

45 저압 수용가의 인입구에서 접지선에서 수도관과 연결 하였을 경우에 대한 설명으로 틀린 것은?

① 접지 사고시 퓨즈를 정확히 동작시킨다.
② 접지 시스템 저항과 직렬로 되므로 그 것의 저항값을 작게 한다.
③ 고·저압 혼촉 사고시 위험을 감소시킨다.
④ 이상 전압 침입에 위해를 감소시킨다.

[해설] 접지 시스템 저항과 병렬로 되므로 그것의 저항값을 작게 한다.

46 저압 가공 전로의 접지공사를 하였을 때 이 전선을 무엇이라 하는가?

① 중성선
② 전압선
③ 피뢰선
④ 접지측 전선

[해설] 저압 가공 전로의 접지공사를 하였을 때 이 전선은 접지측 전선으로 하여야 한다.

정답 42. ③ 43. ③ 44. ④ 45. ② 46. ④

47 비접지식 고압전로에 접속하는 기계기구의 철대, 금속제 외함의 접지 공사시 건물의 철골이 몇 [Ω] 이하이면 접지극으로 사용할 수 있는가?

① 2[Ω]   ② 3[Ω]
③ 4[Ω]   ④ 5[Ω]

[해설] 비접지식 고압전로에 접속하는 기계기구의 철대, 금속제 외함의 접지 공사시 건물의 철골이 몇 2[Ω] 이하이면 접지극으로 사용할 수 있다.

48 지중에 매설되어있는 금속제 수도관로는 접지공사의 접지극으로 사용할 수 있다. 이 때 수도관로는 대지와의 전기저항치가 얼마 이하여야 하는가?

① 1[Ω]   ② 2[Ω]
③ 3[Ω]   ④ 4[Ω]

[해설] 지중에 매설되어있는 금속제 수도관로는 접지공사의 접지극으로 사용할 수 있다. 이 때 수도관로는 대지와의 전기저항치가 3[Ω] 이하여야 한다.

49 접지저항 저감 대책이 아닌 것은?

① 접지봉의 연결개수를 증가시킨다.
② 접지판의 면적을 감소시킨다.
③ 접지극을 깊게 매설한다.
④ 토양의 고유저항을 화학적으로 저감시킨다.

[해설] 접지저항 저감 대책에서 접지판의 면적은 증가시켜야 한다.

50 접지 저항값에 가장 큰 영향을 주는 것은?

① 접지선의 굵기
② 접지전극 크기
③ 온도
④ 대지저항

[해설] 접지 저항값에 가장 큰 영향을 주는 것은 대지저항

51 주상변압기의 2차측을 접지하는 목적은 무엇인가?

① 과전압에 대한 보호
② 과전류에 대한 보호
③ 뇌격에 의한 보호
④ 고·저압 혼촉시 저압측의 전위상승 억제

[해설] 주상변압기의 2차측을 접지하는 목적은 고·저압 혼촉시 저압측의 전위상승 억제

52 접지 공사에서 접지극에 동봉을 사용할 때 최소 길이는?

① 1[m]   ② 1.2[m]
③ 0.9[m] ④ 0.6[m]

[해설] 접지 공사에서 접지극에 동봉을 사용할 때 최소 길이는 0.9[m]

53 기계기구의 접지구분에서 고압용 또는 특고압용 외함 접지방법은?

① 계통접지
② 보호접지
③ 피뢰시스템접지
④ 공통접지

정답 47.① 48.③ 49.② 50.④ 51.④ 52.③ 53.②

[해설] 보호접지는 기계기구의 접지구분에서 고압용 또는 특고압용 외함 접지이다.

54 특별고압 계기용 변성기의 2차측 전로의 접지방법은?

① 피뢰시스템접지
② 계통접지
③ 공통접지
④ 보호접지

[해설] 특별고압 계기용 변성기의 2차측 전로의 접지-보호접지

55 가공배전선로에서 고압선과 저압선의 혼촉을 방지하기 위한 접지방법은?

① 피뢰시스템접지
② 공통접지
③ 계통접지
④ 보호접지

[해설] 계통접지는 가공배전선로에서 고압선과 저압선의 혼촉을 방지하기 위한 접지

56 피뢰기를 접지시스템에 연결할 경우 접지도체로 구리를 사용할 경우 접지선의 최소 굵기는?

① 2.5[mm^2]
② 6[mm^2]
③ 16[mm^2]
④ 50[mm^2]

[해설] 피뢰기를 접지시스템에 연결할 경우 접지도체로 구리를 사용 할 경우 접지선의 최소 굵기는 16[mm^2]

57 충전부 전체를 대지로부터 절연시키거나 한 점에 임피던스를 삽입하여 대지에 접속시키고, 전기기기의 노출 도전성 부분 단독 또는 일괄적으로 접지하거나 또는 계통접지로 접속하는 접지계통은?

① TT 계통
② IT 계통
③ TN-C 계통
④ TN-S 계통

[해설] IT 전비는 충전부 전체를 대지로부터 절연시키거나 한 점에 임피던스를 삽입하여 대지에 접속시키고, 전기기기의 노출 도전성 부분 단독 또는 일괄적으로 접지하거나 또는 계통접지로 접속하는 방식

58 계통의 접지에서 전원의 한 점을 직접접지하고 설비의 노출 도전성부분을 보호선(PEN)을 이용하여 전원의 한 점에 접속하는 접지계통으로 중성선과 보호선을 동일전선으로 사용하는 방식을 무엇이라 하는가?

① TT 계통
② IT 계통
③ TN-C 계통
④ TN-S 계통

[해설] TN-C 계통 접지 : 계통의 접지에서 전원의 한 점을 직접접지하고 설비의 노출 도전성부분을 보호선(PEN)을 이용하여 전원의 한 점에 접속하는 접지계통으로 중성선과 보호선을 동일전선으로 사용하는 방식

59 전원의 한 점을 직접접지하고 설비의 노출 도전성 부분을 전원계통의 접지극과는 전기적으로 독립한 접지극에 접지하는 접지계통을 무엇이라 하는가?

① TT 계통
② IT 계통
③ TN-C 계통
④ TN-S 계통

정답 54. ④ 55. ③ 56. ③ 57. ② 58. ③ 59. ①

[해설] TT 계통 접지 : 전원의 한 점을 직접접지하고 설비의 노출도전성 부분을 전원계통의 접지극과는 전기적으로 독립한 접지극에 접지하는 접지계통

60 접지극에 동봉, 동피복 강봉을 사용하는 경우는 지름 몇 [mm]이상, 길이 몇 [m] 이상의 것을 사용하여야 하는가?

① 0.5[mm], 0.7[m]
② 0.9[mm], 2.0[m]
③ 8[mm], 0.8[m]
④ 8[mm], 0.9[m]

[해설] 접지극에 동봉, 동피복 강봉을 사용하는 경우는 지름 8[mm] 이상, 길이 0.9[m] 이상의 것을 사용하여야 한다.

61 접지공사 시공방법으로 맞지 않는 것은?

① 피뢰침, 피뢰기용 접지선은 강제 금속관에 넣어 설치
② 접지극은 일반적으로 건물바닥 밑에 매설
③ 건물에 대하여 접지극을 수직으로 매설
④ 지중매설 부분은 황동땜으로 시공

[해설] 접지공사 시공 방법
- 접지극은 일반적으로 건물바닥 밑에 매설
- 건물에 대하여 접지극을 수직으로 매설
- 지중매설 부분은 황동땜으로 시공

62 이동하여 사용하는 전기기계기구의 금속제 외함에 저압의 전기설비용 접지도체를 다심 캡타이어케이블로 시설할 때의 접지선의 최소 굵기는?

① 2.5[mm²] ② 4[mm²]
③ 0.75[mm²] ④ 1.5[mm²]

[해설] 전기기계기구의 금속제 외함에 저압의 전기설비용 접지도체를 다심 캡타이어케이블로 시설할 때의 접지선의 최소 굵기는 0.75[mm²]

63 교류 고압 배전반에서 전압이 높고 위험하여 전압계를 직접 주회로에 병렬 연결할 수 없을 때 쓰이는 기기는?

① 전류 제한기
② 계기용 변압기
③ 계기용 변류기
④ 전압계용 절환 개폐기

[해설] 계기용 변압기는 교류 고압 배전반에서 전압이 높고 위험하여 전압계를 직접 주회로에 병렬 연결할 수 없을 때 쓰이는 기기로 2차측 전압은 110[V]

64 교류 배전반에서 전류가 많이 흘러 전류계를 직접 주 회로에 연결할 수 없을 때 사용하는 기기는?

① 전류 제한기
② 계기용 변압기
③ 계기용 변류기
④ 전류계용 절환 개폐기

[해설] 계기용 변류기는 교류 배전반에서 전류가 많이 흘러 전류계를 직접 주 회로에 연결할 수 없을 때 사용하는 기기로 2차측 전류는 5[A]

정답 60. ④ 61. ① 62. ③ 63. ② 64. ③

가공인입선 및 배전반 공사

1 가공 인입선 및 배전반 공사

① 가공 인입선(service drop)
가공 전선로의 지지물에서 분기하여 다른 지지물을 거치지 않고 수용장소의 지지점에 이르는 가공전선으로 수용장소에서 인입선의 회선 수는 동일 전기 방식에 대하여 한 개로 한다.

② 지지물
목주, 철주, 철근콘크리트주, 철탑

③ 기구
주상 변압기, 개폐기 및 차단기, 전력용 콘덴서, 피뢰기

1.1 가공 인입선의 시설

(1) 인입선의 구분

① 인입 간선 : 고압 또는 저압 배전선로에서 수용가에 인입을 목적으로 분기된 주요 인입 전선로이다

② 본주 인입선 : 인입 간선에서 분기한 분주에서 수용가에 이르는 전선로이다.

③ 소주 인입선 : 본주에서 분기한 소주에서 수용가에 이르는 전선로이다.

④ 이웃 연결 인입선 : 이웃 연결 인입선은 수용장소의 인입선에서 분기하여 지지물을 거치지 않고 다른 수용장소의 인입구에 이르는 부분의 전선로이다.

저압 이웃 연결 인입선의 규정

① 인입선의 분기하는 점에서 100[m]를 넘는 지역에 이르지 않아야 한다.
② 너비 5[m]를 넘는 도로를 횡단하지 않아야 한다.
③ 이웃 연결 인입선은 옥내를 통과하면 안된다.

---

(2) 인입선의 굵기 및 종류

① 사용 전압에 따른 전선의 종류와 인입선의 굵기는 다음과 같다.

전선의 종류	전선의 굵기	
	전선의 길이 15[m] 이하	전선의 길이 15[m] 초과
OW전선, DV전선, 고압절연전선 특고압 절연전선	2.0[mm] 이상	2.6[mm] 이상
450/750[V] 일반용 단심 비닐절연전선	4[mm^2] 이상	6[mm^2] 이상
케이블	기계적 강도면의 제한은 없음	

② 인입선에서의 전선의 굵기는 가공 전선과 동일 굵기이거나 이보다 굵은 전선을 접속하지 않는 것을 원칙으로 한다.

(3) 저압 구내 가공 인입선의 높이에 대한 최소 이격거리

저압 인입선의 높이에 대한 이격거리

시설 장소	높이
도로	도로(차도와 보도의 구별이 있는 도로인 경우는 차도)를 횡단하는 경우 5[m] 이상(기술상 부득이한 경우로 교통에 지장이 없을 때는 3[m] 이상)
철도 또는 궤도를 횡단하는 경우	궤조면상 6.5[m] 이상
횡단보도교 위쪽에 가설하는 경우	횡단보도교의 노면상 3[m] 이상
상기 이외의 경우	지표상 4[m] 이상 (기술상 부득이한 경우로 교통에 지장이 없을 때는 2.5[m] 이상)

1.2 배전 선로의 재료와 기구

(1) 지지물

① 목주와 철근 콘크리트주가 주로 사용되며, 필요에 따라 철주, 철탑이 사용된다.
② 목주의 크기는 말구(末口)의 지름과 길이로 표시되며, 말구의 지름이 12[cm] 이상의 것을 사용하게 되어 있다. (참고 : 저압주는 10[cm] 이상)
③ 지지물은 발판 볼트등을 지표상 1.8[m] 미만에 시설하여서는 안 된다.
단, 승주 방지시설을 하였거나 지지물에 사람이 쉽게 접근 우려가 없는 경우는 예외이다.

④ 철근 콘크리트주의 크기 표시
  ㉮ 말구의 지름, 길이 및 설계하중으로 한다.
  ㉯ 설계하중은 150, 250, 350, 500, 700[kg]을 표준으로 하고 있다.
⑤ 목주를 사용하는 경우 지선 끝에는 목제 근가를 사용하며, 철근 콘크리주는 앵커(anchor)에 콘크리트 블록을 사용한다.
⑥ 저압 가공전선로의 지지물이 목주인 경우 풍압하중 1.2배의 하중에 견디는 구조
⑦ 고압 가공전선로의 지지물로 목주의 경우는 풍압하중에 대한 안전율은 1.3 이상으로 한다. 단, 목주의 경간이 100[m]를 초과하는 경우 풍압하중의 안전율은 1.5 이상일 것
⑧ 전선로의 직선부분은 수평각도 5° 이하를 말한다.
⑨ 철주 또는 철근 콘크리트주를 고압가공 전선로의 지지물로 사용하는 것은 풍압하중 및 수직하중에 견디는 구조일 것

(2) 풍압하중의 종별과 적용

가공 전선로에 사용하는 지지물의 강도 계산에 적용하는 풍압 하중은 갑종, 을종, 병종의 3종으로 다음과 같다.

1) 갑종 풍압하중

풍압을 받는 구분				구성재의 수직 투영면적 1[m²]에 대한 풍압
목 주				588[Pa]
지지물	철근	원형의 것		588[Pa]
		삼각형 또는 마름모형의 것		1,412[Pa]
		강관에 의하여 구성되는 4각형의 것		1,117[Pa]
		기타의 것		복재가 전·후면에 겹치는 경우에는 1,627[Pa], 기타의 경우에는 1,784[Pa]
	철근 콘크리트주	원형의 것		588[Pa]
		기타의 것		882[Pa]
	철탑	단주 (완철류는 제외함)	원형의 것	588[Pa]
			기타의 것	1,117[Pa]
		강관으로 구성되는 것 (단주는 제외함)		1,255[Pa]
		기타의 것		2,157[Pa]

풍압을 받는 구분		구성재의 수직 투영면적 1[m²]에 대한 풍압
전선 기타 가섭선	다도체(구성하는 전선이 2가닥마다 수평으로 배열되고 그 전선 상호간의 거리가 전선의 바깥지름의 20배 이하인 것에 한한다. 이하 같다)를 구성하는 전선	666[Pa]
	기타의 것	745[Pa]
애자장치(특별 전선용의 것에 한한다)		1,039[Pa]
목주·철주(원형의 것에 한한다) 및 철근 콘크리트주의 완금류 (특별고압 전선로용의 것에 한한다)		단일재로서 사용하는 경우에는 1,196[Pa], 기타의 경우에는 1,627[Pa]

2) 을종 풍압하중

전선 기타의 가섭선(架涉線) 주위에 두께 6[mm], 비중 0.9의 빙설이 부착된 상태에서 수직 투영면적 372[Pa](다도체를 구성하는 전선은 333[Pa]), 그 이외의 것은 "가" 풍압의 2분의 1을 기초로 하여 계산한 것

3) 병종 풍압하중

"1"의 갑종 풍압하중의 2분의 1을 기초로 하여 계산한 것.

① 완목 및 완금(steel cross aem)
   ㉮ 지지물에 전선을 고정시키기 위하여 완목 또는 아연 도금된 완금도 많이 사용된다.
   ㉯ 완목이나 완금을 목주에 붙이는 경우에는 볼트를 사용하고, 철근 콘크리트주에 붙이는 경우에는 U볼트를 사용한다.
   ㉰ 암 타이(arm band) : 완목이나 완금이 상하로 움직이는 것을 방지하기 위해 사용하는 것이다.
   ㉱ 밴드(band)
      ㉠ 암 밴드(arm band) : 완금을 고정시키는 것이다.
      ㉡ 암 타이 밴드(armtie band) : 암 타이를 고정시키는 것
      ㉢ 지선 밴드(stay band) : 지선을 붙일 때에 사용하는 것

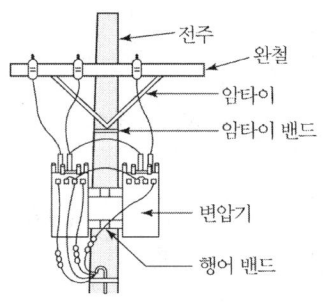

   ㉲ 저압 가공 전선로에 있어서 완금이나 완목 대신에 랙(rack)를 사용하여 전선을 수직으로 배선하는 경우도 있다.

② 애자
  ㉮ 고압가지 애자 : 전선을 다른 방향으로 돌리는 부분에 사용하는 것이다.
  ㉯ 저압 곡핀 애자 : 인입선에 사용하는 것이다.
  ㉰ 구형 애자 : 인류용과 지선용이 있으며, 지선용은 지선의 중간에 넣어 양측 지선을 절연한다.
  ㉱ 현수애자 : 특고압 배전선로에 사용하는 현수애자는 선로의 종단, 선로의 분기, 수평각 30° 이상인 인류 개소와 전선의 굵기가 변경되는 지점, 개폐기 설치 전주 등의 내장 장소에 사용된다.
  ㉲ 다구 애자 : 동력용 저압 인입선 공사시 건물 벽면에 시설할 때 사용된다.

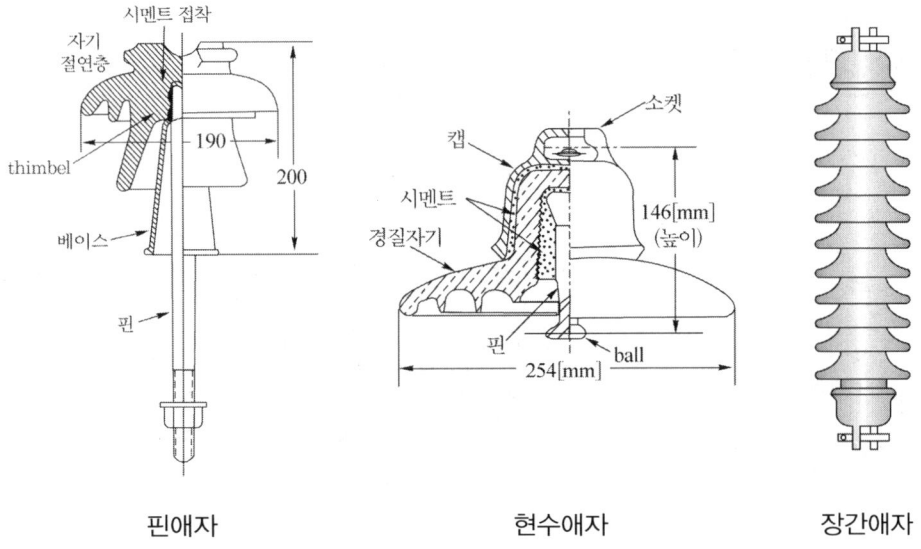

핀애자   현수애자   장간애자

1.3 장주, 건주 및 가선공사

(1) 건주(pole crecting)

① 지지물을 땅에 세우는 것을 건주라 한다.
② 가공 전선의 지지물의 기초강도는 안전율은 2이상으로 한다.
   단, 철탑의 기초 안전율은 1.33 이상으로 한다.

(2) 기초안전율은 2이상이어야 한다.(단, 지지물이 다음의 규정에 따르면 예외이다)

① 전체의 길이가 16[m] 이하이고, 설계하중이 6.8[kN] 이하의 철근콘크리트주, 강관주 및 목주
② 철근콘크리트주로서 14[m] 이상 20[m] 이하이고, 설계하중이 6.8[kN] 초과 9.8[kN] 이하의 경우로 지반이 약한 곳 이외의 장소에 시설하는 경우
③ 철근콘크리트주로서 16[m] 초과 20[m] 이하로 설계하중이 6.8[kN] 이하의 것을 지반이 약한 곳 이외의 장소에 시설하는 경우
④ 철근콘크리트주로서 14[m] 이상 20[m] 이하이고, 설계하중이 9.8[kN] 초과 14.72[kN] 이하의 경우로 지반이 약한 곳 이외의 장소에 시설하는 경우

전주의 삽입 깊이

설계하중 구분[kN]	전장 구분[m]	땅에 묻히는 깊이[m]
6.8 이하	15 이하	전장의 1/6 이상
	15 초과 16 이하	2.5[m] 이상
	16 초과 20 이하	2.8[m] 이상
6.8 초과 9.8 이하	14 이상 15 이하	(전장의 1/6 이상 + 0.3[m]) 이상
	15 초과 20 이하	2.8[m] 이상
9.8 초과 14.72 이하	15 이하	(전장의 1/6 이상 + 0.5[m]) 이상
	15 초과 18 이하	3.0[m] 이상
	18 초과	3.2[m] 이상

(3) 지선의 설치

지선은 지지물의 강도를 보강하고, 전선로의 안정성을 증가시키며, 불평형 장력을 줄이기 위해 시설

① 지선의 안전율은 2.5이상이며, 허용인장 하중의 최저는 4.31[kN]으로 한다.
② 지선은 소선 3가닥 이상의 연선으로 지름은 2.6[mm] 이상의 금속선을 사용한다. 단, 소선의 인장강도가 0.68[kN] 이상의 것을 사용하는 경우는 예외이다.
③ 지중 부분 및 지표상 30[cm]까지의 부분에는 아연 도금을 한 철봉을 사용하고 근가에 견고하게 부착
④ 지선 근가는 지선의 인장하중에 충분히 견디도록 시설
⑤ 불균형 장력에 의한 수평력에 견디는 지선을 그 전선로의 방향에 시설할 것
⑥ 지선은 이와 동등 이상의 효력이 있는 지주로 대체할 수 있다.

⑦ 지선의 시공방법

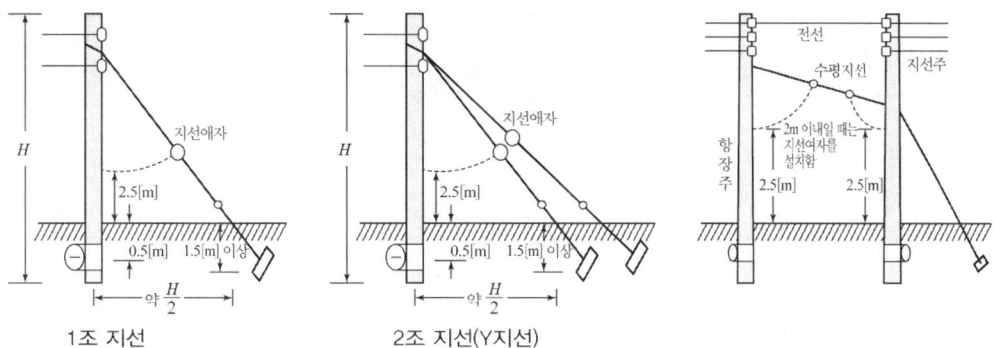

보통지선의 시공   전주와 전주사이 수평지선

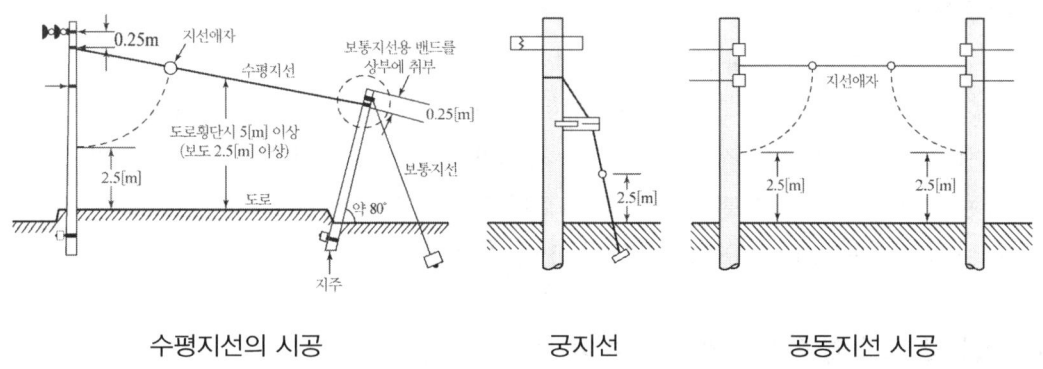

수평지선의 시공   궁지선   공동지선 시공

(4) 장주(pole fiftting

① 지지물에 완목, 완금, 애자 등을 장치하는 것을 장주라 한다.
② 배전 선로의 장주에는 저·고압선의 가설이외에도 주상 변압기, 유입 개폐기, 진상 콘덴서, 승압기, 피뢰기 등의 기구를 설치하는 경우가 있다.
③ 아래표는 전압과 가선 조수에 따라 완금 사용의 표준을 나타낸 것이다.

완금의 사용 표준   단위: [mm]

전선의 조수	저압	고압	특고압
2	900	1400	1800
3	1400	1800	2400

(5) 가공 전선로의 경간

단위: [m]

지지물 종류	표준경간	저압 고압 보안공사	1종 특고압 보안공사	2, 3종 특고압 보안공사
목주, A종 철주 A종 철근콘크리트주	150	100	/	100
B종 철주 B종 철근콘크리트주	250	150	150	200
철탑	600	400	400	400

※ 제1종 특고압 보안공사 : 35[kV]를 넘는 전선이 건조물과 제2차 접근 상태인 경우
　제2종 특고압 보안공사 : 35[kV] 이하의 전선이 건조물과 제2차 접근 상태인 경우

(6) 가선공사

① 가공전선을 애자에 바인드하는 방법
　㉮ 측부 바인드법 : 각도 선로에 있어 애자에 전선을 지지시킬 때 적용한다.
　㉯ 두부 바인드법 : 직선 선로에 있어 애자에 전선을 지지시킬 때 적용한다.
　㉰ 인류 바인드법 : 전선의 인류 개소에 적용한다.
② 바인드선은 1.6~2.0[mm]의 경동선을 사용한다.

(7) 저압 및 고압 가공 전선의 최저 높이

① 도로 횡단의 경우 : 지표상 6[m] 이상
② 철도횡단의 경우 : 레일면상 6.5[m] 이상
③ 횡단보도교 위에 시설하는 경우
　㉮ 고압의 경우 : 노면상 3.5[m] 이상
　㉯ 저압의 경우 : 노면상 3[m] 이상(절연전선, 다심형 전선, 케이블)
④ 기타(그 밖의 장소) : 지표상 5[m] 이상

1.4 특고압 가공전선로의 철탑의 종류

① 직선형 : 전선로의 직선 부분(3° 이하)에 사용하는 것
② 각도형 : 전선로 중 3°를 초과하는 수평각도를 이루는 곳에 사용하는 것
③ 인류형 : 전기섭선을 인류 하는 곳에 사용하는 것
④ 내장형 : 전선로의 지지물의 양 쪽의 경간의 차가 큰 곳에 사용하는 것

⑤ 보강형 : 전선로의 직선부분에 그 보강을 위하여 사용하는 것

1.5 배전용 기구 및 설치

(1) 주상 변압기
① 전등 부하에는 단상 변압기가 주로 쓰이고, 동력부하에는 3상 변압기를 사용하는 것이 편리하다.
② 정격 출력은 5, 7, 10, 15, 20, 30, 50, 75, 100[kVA]가 표준이다.
③ 지지물에 설치하는 방법은 변압기를 행거밴드(hanger band)를 사용하여 설치하는 것이 소형 변압기에 많이 적용되고 있다.
④ 변압기의 1차측 인하선은 고압 절연선 또는 클로로프렌 외장 케이블을 사용하고, 2차측은 옥외비닐 절연선(OW) 또는 비닐 외장 케이블을 사용하여 저압 간선에 접속한다.
⑤ 변압기를 보호하기 위한 기구 설치
　㉮ 1차측 : 애자형 개폐기 또는 프라이머리 컷아웃(PC : Primary Cutout)을 설치하며 과부하에 대한 보호, 변압기 고장시의 위험방지 및 구분 개폐를 하기 위한 것이다.
　㉯ 2차측 : 저압 가공전선을 보호하기 위하여 주상 변압기의 2차측에 과전류 차단기를 넣는 캐치 홀더(catch-holder)를 설치한다.

(2) 유입 개폐기(OS : Oil Switch)
① 고압 배전 선로의 긍장 2[km] 이하 마다에 시설하여 배전 구역의 전환, 원방 제어 또는 고장시의 구분 조작에 이용하는 구분 개폐기(section switch) 이다.
② 기중 개폐기(AS : Air Switch)를 사용할 곳도 있다.

2. 고압 및 저압 배전반 공사

(1) 배전반(Switch board)
전기 계통의 중추적인 역할을 하여 기기나 회로를 감시 제어하기 위한 계기류, 계전기류, 개폐기류 등을 한곳에 집중하여 시설한 것이다.

(2) 분전반(panel board)

간선에서 각 기계·기구로 배선하는 전선을 분기하는 곳에 주개폐기, 분기 개폐기 및 자동 차단기를 설치하기 위하여 시설한 것이다.

2.1 배전반 공사

(1) 배전반의 종류
① 라이브 프런트식 배전반 : 수직형
② 데드 프런트식 배전반 : 수직형, 포스트형, 벤치형, 조합형
③ 폐쇄식 배전반(큐비클형) : 조립형, 장갑형

(2) 라이브 프런트식 배전반(live front board)
① 보통 수직형(vertical paner)으로, 주로 저압 간선용에 많이 쓰인다.
② 개폐기의 충전 부분이 앞면에 나타나 있다.

(3) 데드 프런트식 배전반(dead front board)
① 조작이 안전하므로 고압 수전반, 고압 전동기 운전반 등에 많이 쓰인다.
② 앞면은 각종 기계와 개폐기의 조작 핸들만이 나타나 있다.
③ 철제 수직형 배전반 고압측은 데드 프런트식으로, 저압측은 라이브 프런트식으로 되어 있다.

(4) 폐쇄식 배전반(safety encloaed board)
① 프런트식 배전반의 옆면 및 뒷면을 폐쇄하여 만든 것으로 큐비클형(cubicle type)이다.
   ※ 점유면적이 적고 운전·보수에 안전하므로 공장, 빌딩 등의 전기실에 많이 쓰인다.
② 조립형(draw-out type) : 차단기 등을 철제함에 조립한 것이다.
③ 장갑형(metal encloaed type) : 회로별로 모선, 계기용변성기, 차단기등을 하나의 함 내에 장치한 것이다.

(5) 배전반 공사
① 수전반, 고압 배전반 및 저압 배전반이 설치되며, 배전반 앞은 스위치를 조작하기 위

해서 앞 벽과의 사이를 1.5[cm] 이상이 되도록 하여 배전반 및 틀을 설치하여야 한다.
② 배선은 항상 조영재와 10[cm] 이상 거리를 두고 전선 상호간은 15[cm] 이상으로 한다. 전선 지지점간의 거리 즉, 지지 애자의 위치는 조영재에 따르는 경우에는 2[m] 이하 기타는 5[m] 이하로 하여야 한다.

2.2 분전반 공사

(1) 분전반의 설치 목적과 종류
① 분전반은 간선에서 각 기계기구로 배선하는 전선을 분기하는 곳에 주 개폐기, 분기 개폐기 및 자동 차단기를 설치하기 위하여 시설된다.
② 분전반 유닛(panel board unit)의 종류에 따라 나이프식, 텀플러식, 브레이크식으로 구분된다.

(2) 분전반 설치
① 일반적으로 분전반은 철제 캐비닛(steel cabinet) 안에 나이프 스위치, 텀플러 스위치 또는 배선용 차단기를 설치하며, 내열 구조로 만든 것이 많이 사용되고 있다.
② 철제 분전반은 두께 1.2[mm] 또는 1.6[mm]의 철판으로 만들며, 문이 달린 뚜껑은 3.2[mm] 두께의 철판으로 만든다.
③ 분전반은 부하의 중심 부근이고, 각 층마다 하나 이상을 설치하나 회로수가 6이하인 경우에는 2개 층을 담당한다.
④ 하나의 분전반이 담당하는 경제 면적은 $750 \sim 1{,}000[\text{mm}^2]$로 하고 분전반에서 최종 부하까지의 거리는 30[m] 이내로 하는 것이 좋다.
⑤ 분전반에서 분기 회로를 위한 배관의 상승 하강이 용이해야 한다.
⑥ 보수 점검에 편리한 곳이어야 한다.
⑦ 분전반을 넣는 금속제의 함 및 이를 지지하는 금속 프레임 또는 구조물은 접지하여야 한다.

(3) 배선기구의 접속 방법
① 분전반 또는 배전반의 단극 개폐기, 점멸 스위치, 퓨즈, 리셉터클 등에서 전압측 전선과 접지측 전선을 구별할 필요가 있다.

② 소켓, 리셉터클 등에 전선을 접속할 때
　㉮ 전압 측 전선을 중심 접촉면에, 접지측 전선을 속 베이스(screw shell)에 연결하여야 한다.
　㉯ 이유 : 충전된 속 베이스를 만져서 감전될 우려가 있는 것을 방지하기 위해서이다.

③ 전등 점멸용 점멸 스위치를 시설할 때
　㉮ 반드시 전압측 전선에 시설하여야 한다.
　㉯ 이유 : 접지 측 전선에 접지 사고가 생기면 누설 전류가 생겨서 화재의 위험성이 있고, 또 점멸 역할도 할 수 없게 되기 때문이다.

④ 저압 옥내배선의 사용전선
　㉮ 저압 옥내배선의 전선은 다음 중 어느 하나에 적합한 것을 사용한다.
　　㉠ 단면적 2.5[mm^2] 이상의 연동선 또는 동등 이상의 강도 및 굵기일 것
　　㉡ 단면적 1[mm^2] 이상의 미네럴인슈레이션케이블
　㉯ 저압 옥내배선의 사용전압이 400[V]미만의 경우로 다음 중 어느 하나에 해당되는 경우는 ㉮에 따르지 않는다.
　　㉠ 전광표시 장치·출퇴 표시등, 기타 유사한 장치, 제어회로에 사용하는 배선은 단면적 1.5[mm^2] 이상의 연동선을 합성수지관, 금속관, 금속몰드, 금속덕트, 플로어 덕트, 셀룰러덕트 배선에 의하여 시설하는 경우
　　㉡ 전광표시 장치, 기타 유사한 장치, 제어회로에 사용하는 배선에 단면적 0.75[mm^2] 이상의 다심 케이블 또는 다심 캡타이어 케이블을 사용하고 과전류가 생겼을 때 자동적으로 차단한 설비를 시설하는 경우
　㉰ 저압옥내배선이 약전류 전선 등 수관, 가스관이나 이와 유사한 것과 접근 하거나 교차하는 경우 옥내배선을 애자사용 배선에 시설할 때 에는 이격거리는 0.1[m] (나전선은 0.3[m]) 이상으로 한다.
　㉱ 저압옥내배선이 약전류 전선 등 수관, 가스관이나 이와 유사한 것과 접근 하거나 교차하는 경우 옥내배선을 합성수지몰드, 합성수지관, 금속관, 금속몰드, 가요관, 금속덕트 케이블 트레이, 셀룰러덕트 공사에 의할 경우 시설해서는 아니된다. 단 다음의 경우는 예외이다. 약 전류 전선 사이에 견고한 격벽을 시설하고 접지공사를 한 경우
　㉲ 수용가 설비에서의 전압강하
　　다른 조건을 고려하지 않는다면 수용가설비의 인입구로부터 기기까지의 전압강하는 다음표 값 이하이어야 한다.

수용가 설비의 전압강하

설비의 유형	조명[%]	기타[%]
A - 저압으로 수전하는 경우	3	5
B - 고압이상으로 수전하는 경우	6	8

가능한 한 최종회로 내의 전압강하가 A유형을 넘지 않도록 한다.
배전설비가 100[m]을 넘는 부분의 전압강하는 미터당 0.005[%] 증가할 수 있으나 증가분은 0.5[%]를 넘지 않아야 한다.

단, 기동시간 중의 전동기, 돌입 전류가 큰 기타 기기는 더 큰 전압강하를 허용

⑤ 허용전류
  ㉮ 정상적인 사용 상태에서 전선에 흘러야 할 전류는 통상적으로 표에 따른 절연물의 허용온도 이하이어야 한다.
  ㉯ 허용전류의 적정값은 시리즈에서 규정한 방법, 시험에 의해 결정

절연물의 종류에 대한 최고허용온도

절연물의 종류	최고허용온도 [℃]
열가소성 물질 〖염화비닐(PVC)〗	70[℃](도체)
열경화성 물질 〖가교폴리에틸렌(XLPE) 또는 에틸렌프로팔렌고무혼합물(EPR)〗	90[℃](도체)
무기물(열가소성 물질 피복, 나도체로 사람에 접촉우려가 있는 것)	70[℃](시스)
무기물(사람의 접촉에 노출 되지 않는 것, 나도체로 사람에 접촉우려가 있는 것)	105[℃](시스)

⑥ 도체의 최소 단면적은 표와 같다.

배선설비의 종류		사용회로	도체	
			재료	단면적[mm^2]
고정설비	케이블과 절연전선	전력과 조명회로	구리	2.5
			알루미늄	10
		신호와 제어회로	구리	1.5
	나전선	전력회로	구리	10
			알루미늄	16
		신호와 제어회로	구리	4

3. 지중전선로의 매설방식

(1) 직접매설식

외장케이블에 간단한 보호 시설을 한 다음 직접 땅속에 묻어 주는 것이다.
시공부분을 소정의 깊이까지 파서 토관 또는 철근 콘크리트제 트로프 등의 방호물을 깔아서 이 속에 케이블을 넣고 그 주위를 모래로 꽉 채워서 철평석 또는 철근 콘크리트제의 뚜껑으로 덮어 준 다음 흙으로 묻어주는 것이다.
지면으로부터의 깊이는 차량 및 중량물의 압력을 받는 경우 1[m], 압력을 받지 않는 경우는 0.6[m] 이상으로 한다.

1) 장점
① 관로식에 비해 공사비가 싸다.
② 케이블의 열발산이 좋아 허용 전류가 크다.
③ 케이블의 도중 접속이 가능하므로 케이블의 융통성이 있고 공사기간도 짧다.

2) 단점
① 케이블이 손상을 받기 쉽다.
② 케이블의 재시공이나 증설이 곤란하다.
③ 보수점검이 불편하다.

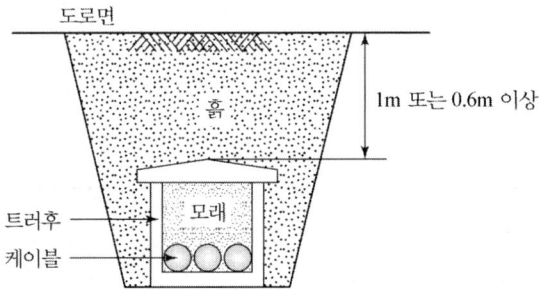

(2) 관로식

100~300[m] 간격으로 맨홀을 설치하고 맨홀 내에서 케이블의 인입 및 접속하는 방식으로 케이블의 증설 및 교체가 예상될 때 사용된다.
지중함 1[m³] 이상인 것에는 환기장치(통풍장치)가 필요하다.

1) 장점
   ① 보수점검이 용이하고 도로의 영향을 받지 않는다.
   ② 사고가 적다. 사고가 나더라도 케이블을 관로로부터 뽑아내어 쉽게 복구가능하다.

2) 단점
   ① 직접매설식과 비교하여 건설비가 많이 든다.
   ② 공사기간이 길어진다.
   ③ 회선량이 많을수록 송전 용량이 감소한다.
   ④ 케이블의 융통성이 적다.

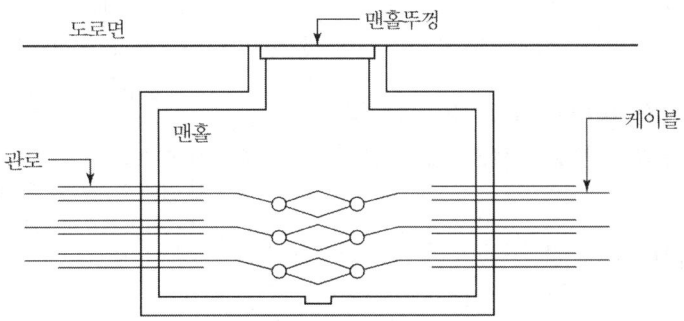

(3) 암거식

대규모 전력시설을 설치할 때 사용하며 전력구식이라고 한다.
터널과 같은 구조물 내에 케이블을 시공하는 방법으로서 일반적으로 회선수가 많은 케이블(9회선 이상)을 수용할 경우에 사용된다.
신도시와 같은 곳에 공동구식으로 사용한다.

1) 장점
   ① 열발산이 좋아 허용 전류가 크다.
   ② 많은 가닥수를 시공하는 데 편리하다.

2) 단점
   ① 공사비가 아주 많이 든다.
   ② 공사 기간이 길다.
   ③ 케이블 화재 시 피해가 파급 확산된다.

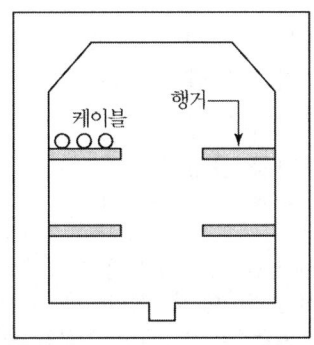

6장 가공인입선 및 배전반 공사 예상문제

전기기능사 필기

1. 다음 중 지중전선로의 매설 방법이 아닌 것은?

   ① 관로식　　② 암거식
   ③ 직접 매설식　④ 행거식

   [해설] 지중매설방법 : 직매식, 관로식, 암거식

2. 다단의 크로스암이 설치되고 또한 장력이 큰 H주일 때 보통 2단 지선으로 부설되는 지선은?

   ① 보통지선　② 공동지선
   ③ 궁지선　　④ Y지선

   [해설] Y지선 : 다단의 크로스암이 설치되고 또한 장력이 클 H주일 때 보통 2단 지선으로 부설하는 지선

3. 한 수용장소의 인입선에서 분기하여 지지물을 거치지 아니하고 다른 수용장소의 인입구에 이르는 부분의 전선을 무엇이라 하는가?

   ① 가공 전선
   ② 가공 지선
   ③ 가공 인입선
   ④ 이웃 연결 인입선

   [해설] 이웃 연결 인입선은 한 수용장소의 인입선에서 분기하여 지지물을 거치지 아니하고 다른 수용장소의 인입구에 이르는 부분의 전선

4. 다음 중 인류 또는 내장주의 선로에서 활선공법을 할 때 작업자가 현수애자 등에 접촉되어 생기는 안전사고를 예방하기 위해 사용하는 것은?

   ① 활선 커버
   ② 가스 개폐기
   ③ 데드엔드 커버
   ④ 프로텍터 차단기

   [해설] 인류 또는 내장주의 선로에서 활선공법을 할 때 작업자가 현수애자 등에 접촉되어 생기는 안전사고를 예방하기 위해 데드엔드 커버를 사용한다.

5. 다음 철탑의 사용 목적에 의한 분류에서 서로 인접하는 경간의 길이가 크게 달라 지나친 불평형 장력이 가해지는 경우 등에는 어떤 형의 철탑을 사용하여야 하는가?

   ① 직선형　　② 각도형
   ③ 인류형　　④ 내장형

   [해설] 내장형 철탑 : 경간차가 큰 곳, 직선 철탑 10기마다 한기씩 설치한다.

6. 철근 콘크리주에 완금을 고정 시키려면 어떤 벤드를 사용하는가?

   ① 암 밴드　　② 지선 밴드
   ③ 래크 밴드　④ 암타이 밴드

   [해설] 암 밴드는 철근 콘크리주에 완금을 고정시키기 위해 사용하는 밴드

정답 1.④ 2.④ 3.④ 4.③ 5.④ 6.①

7 저압 가공 인입선의 인입구에 사용하는 부속품은?

① 플로어 박스   ② 링리듀서
③ 엔트런스 캡   ④ 노멀 밴드

[해설] 엔트런스 캡은 저압 가공 인입선의 인입구에 사용한다.

8 고압 가공 전선로의 전선의 조수가 3조일 때 완금의 길이는?

① 1200[mm]   ② 1400[mm]
③ 1800[mm]   ④ 2400[mm]

[해설] 고압 가공 전선로의 전선의 조수가 3조일 때 완금의 길이는 1800[mm] 이다.

9 배전반 및 분전반의 설치 장소로 적합하지 못한 것은?

① 전기회로를 쉽게 조작할 수 있는 장소
② 개폐기를 쉽게 조작할 수 있는 장소
③ 안정된 장소
④ 은폐된 장소

[해설] 배전반 및 분전반의 설치 장소
- 전기회로를 쉽게 조작할 수 있는 장소
- 개폐기를 쉽게 조작할 수 있는 장소
- 안정된 장소

10 전선로의 종류가 아닌 것은?

① 옥측 전선로   ② 지중 전선로
③ 가공 전선로   ④ 선간 전선로

[해설] 전선로의 종류 : 옥측 전선로, 지중 전선로, 가공 전선로

11 가공 전선로의 지지물에 시설하는 지선의 안전율은 얼마이상 이어야 하는가?

① 3.5   ② 3.0
③ 2.5   ④ 1.0

[해설] 가공 전선로의 지지물에 시설하는 지선의 안전율은 2.5 이상이어야 한다.

12 가공 전선로의 지지물이 아닌 것은?

① 목주
② 지선
③ 철근 콘크리트주
④ 철탑

[해설] 지지물의 종류 : 목주, 철근 콘크리트주, 철탑

13 주상 변압기 설치시 사용하는 것은?

① 완금밴드   ② 행거밴드
③ 지선밴드   ④ 암타이밴드

[해설] 행거밴드는 주상 변압기 설치용 지지대

14 저압 옥외 전기설비(옥측의 것을 포함한다)의 내염(耐鹽)공사에서 설명이 잘못된 것은?

① 바인드선은 철제의 것을 사용하지 말 것
② 계량기함 등은 금속제를 사용할 것
③ 철제류 아연도금 또는 방청도장을 실시할 것
④ 나사못류는 동 합금(놋쇠)제의 것 또는 아연도금한 것을 사용할 것

[해설] 저압 옥외 전기설비의 내염 공사에는 계량기함 등은 금속제를 사용하면 않된다.

정답 7. ③ 8. ③ 9. ④ 10. ④ 11. ③ 12. ② 13. ② 14. ②

15 가공 전선로의 지지물에 시설하는 지선에 맞지 않는 것은?

① 지선의 안전율은 2.5 이상일 것
② 지선의 안전율은 2.5일 경우에 허용 인장하중은 최저 4.31[kN]으로 한다.
③ 소선의 지름이 1.6[mm] 이상의 동선을 사용한 것일 것
④ 지선에 연선을 사용할 경우에는 소선 3가닥 이상의 연선일 것

[해설] 가공 전선로의 지지물에 시설하는 지선의 조건
- 지선의 안전율은 2.5 이상일 것
- 지선의 안전율은 2.5일 경우에 허용 인장하중은 최저 4.31[kN]으로 한다.
- 지선에 연선을 사용할 경우에는 소선 3가닥 이상의 연선일 것
- 소선의 지름이 2.6[mm] 이상의 동선을 사용한 것일 것

16 철근 콘크리트주의 길이가 14[m]이고, 설계하중이 9.8[kN] 이하일 때, 땅에 묻히는 표준길이는 몇 [m]이어야 하는가?

① 2[m]   ② 2.3[m]
③ 2.5[m] ④ 2.7[m]

[해설] 철근 콘크리트주의 길이가 14[m]이고, 설계하중이 9.8[kN] 이하일 때, 땅에 묻히는 표준길이는 2.7[m]이어야 한다.

17 변전소에 사용되는 주요 기기로서 ABB는 무엇을 의미 하는가?

① 유입 차단기
② 자기 차단기
③ 공기 차단기
④ 진공 차단기

[해설] ABB(공기차단기) : 압축공기로 아크를 소멸하는 차단기

18 가공 전선로의 지지물에 지선을 사용해서는 안되는 곳은?

① 목주
② A종 철근콘크리트주
③ A종 철주
④ 철탑

[해설] 철탑은 가공 전선로의 지지물에 지선을 사용해서는 안된다.

19 일정 값 이상의 전류가 흘렀을 때 동작하는 계전기는?

① OCR   ② OVR
③ UVR   ④ GR

[해설] OCR(과전류계전기)는 일정 값 이상의 전류가 흘렀을 때 동작한다.

20 저압 이웃 연결 인입선 시설에서 제한 사항이 아닌 것은?

① 인입선의 분기점에서 100[m]를 넘는 지역에 이르지 말 것
② 폭 5[m]를 넘는 도로를 횡단하지 말 것
③ 다른 수용가의 옥내를 관통하지 말 것
④ 지름 2.0[mm] 이하의 경동선을 사용하지 말 것

[해설] 저압 이웃 연결 인입선 시설 제한사항
- 인입선의 분기점에서 100[m]를 넘는 지역에 이르지 말 것

정답 15. ③ 16. ④ 17. ③ 18. ④ 19. ① 20. ④

- 폭 5[m]를 넘는 도로를 횡단하지 말 것
- 다른 수용가의 옥내를 관통하지 말 것

[해설] 도로를 횡단하여 시설하는 지선의 높이는 지표상 몇 5[m] 이상이어야 한다.

21 한 분전반에 사용전압이 각각 다른 분기회로가 있을 때 분기회로를 쉽게 식별하기 위한 방법으로 가장 적합한 것은?

① 차단기별로 분리해 놓는다.
② 과전류차단기 가까운 곳에 각각 전압을 표시하는 명판을 붙여 놓는다.
③ 왼쪽은 고압 측 오른쪽은 저압 측으로 분류해 놓고 전압표시는 하지 않는다.
④ 분전반을 철거하고 다른 분전반을 새로 설치한다.

[해설] 한 분전반에 사용전압이 각각 다른 분기회로가 있을 때 분기회로를 쉽게 식별하기 위하여 과전류차단기 가까운 곳에 각각 전압을 표시하는 명판을 붙인다.

22 저압 가공전선과 고압가공전선을 동일 지지물에 시설하는 경우 상호 이격 거리는 몇 [cm] 이상이어야 하는가?

① 20[cm]   ② 30[cm]
③ 40[cm]   ④ 50[cm]

[해설] 저압 가공전선과 고압가공전선을 동일 지지물에 시설하는 경우 상호 이격 거리는 50[cm] 이상이어야 한다.

23 도로를 횡단하여 시설하는 지선의 높이는 지표상 몇 [m] 이상 이어야 하는가?

① 5[m]   ② 6[m]
③ 8[m]   ④ 10[m]

24 저·고압 가공전선이 도로를 횡단하는 경우 지표상 몇 [m] 이상으로 시설하여야 하는가?

① 4[m]   ② 6[m]
③ 8[m]   ④ 10[m]

[해설] 저·고압 가공전선이 도로를 횡단하는 경우 지표상 6[m] 이상으로 시설하여야 한다.

25 가공 전선로의 지지물에 시설하는 지선에 연선을 사용할 경우 소선수는 몇 가닥 이상이어야 하는가?

① 3가닥   ② 5가닥
③ 7가닥   ④ 9가닥

[해설] 가공 전선로의 지지물에 시설하는 지선에 연선을 사용할 경우 소선수는 3가닥 이상이어야 한다.

26 지선을 사용 목적에 따라 형태별로 분류한 것으로, 비교적 장력이 적고 다른 종류의 지선을 시설할 수 없는 경우에 적용하며, 지선용 근가를 지지물 근원 가까이 매설하여 시설하는 것은?

① 수평지선   ② 공동지선
③ 궁지선   ④ Y지선

[해설] 궁지선은 비교적 장력이 적고 다른 종류의 지선을 시설할 수 없는 경우에 적용하며, 지선용 근가를 지지물 근원 가까이 매설하여 시설하는 지선

정답 21. ② 22. ④ 23. ① 24. ② 25. ① 26. ③

27 연피 케이블을 직접 매설식에 의하여 차량 기타 중량물의 압력을 받을 우려가 있는 장소에 시설하는 경우 매설 깊이는 몇 [m] 이상이어야 하는가?

① 0.6[m] ② 1.0[m]
③ 1.2[m] ④ 1.6[m]

해설 연피 케이블을 직접 매설식에 의하여 차량 기타 중량물의 압력을 받을 우려가 있는 장소에 시설하는 경우 매설 깊이는 1.0[m] 이상 이어야 한다.

28 철근 콘크리트주가 원형의 것인 경우 풍압하중은 [Pa]은? (단, 투영면적 1[m^2]에 대한 풍압임)

① 588[Pa] ② 882[Pa]
③ 1039[Pa] ④ 1412[Pa]

해설 철근 콘크리트주가 원형의 것인 경우 풍압하중은 588[Pa]

29 일반적으로 가공전선로의 지지물에 취급자가 오르고 내리는데 사용하는 발판 볼트 등은 지표상 몇 [m] 미만에 시설하여서는 아니 되는가?

① 0.75[m]
② 1.2[m]
③ 1.8[m]
④ 2.0[m]

해설 일반적으로 가공전선로의 지지물에 취급자가 오르고 내리는데 사용하는 발판 볼트 등은 지표상 1.8[m] 미만에 시설하여서는 아니 된다.

30 전주의 길이가 15[m] 이하인 경우 땅에 묻히는 깊이는 전장의 얼마 이상인가?

① 1/8 이상 ② 1/6 이상
③ 1/4 이상 ④ 1/3 이상

해설 전주의 길이가 15[m] 이하인 경우 땅에 묻히는 깊이는 전장의 1/6 이상

31 전주의 뿌리 받침은 전선로 방향과는 어떤 상태인가?

① 평행이다.
② 직각 방향이다.
③ 평행에서 45° 정도이다.
④ 직각방향에서 30° 정도이다.

해설 전주의 뿌리 받침은 전선로 방향과 평행

32 지지물에 전선 그 밖의 기구를 고정시키기 위해 완목, 완금, 애자 등을 장치하는 것을 무엇이라 하는가?

① 장주 ② 건주
③ 터파기 ④ 가선 공사

해설 장주는 지지물에 전선 그 밖의 기구를 고정시키기 위해 완목, 완금, 애자 등을 장치하는 것을 말한다.

33 480[V] 가공 전선이 철도를 횡단할 때 레일 면상의 최저 높이는?

① 4[m] ② 4.5[m]
③ 5.5[m] ④ 6.5[m]

해설 저압 가공 전선이 철도를 횡단할 때 레일 면상의 최저 높이는 6.5[m]

정답 27. ② 28. ① 29. ③ 30. ② 31. ① 32. ① 33. ④

34 완목이나 완금을 목주에 붙이는 경우에는 볼트를 사용하고, 철근콘크리트주에 붙이는 경우에는 어느 것을 사용하는가?

① 지선밴드　② 암타이
③ 암 밴드　　④ U볼트

[해설] 완목이나 완금을 목주에 붙이는 경우에는 볼트를 사용하고, 철근콘크리트주에 붙이는 경우는 U볼트를 사용한다.

35 고·저압선을 병가시 저압선의 위치는 어떻게 되는가?

① 고압선의 하부에 설치한다.
② 동일 완금류에 시설한다.
③ 고압선의 상부에 설치한다.
④ 옆쪽으로 나란히 시설한다.

[해설] 고·저압선을 병가시 저압선의 위치는 고압선의 하부에 설치한다.

36 주상 변압기를 철근 콘크리트 전주에 설치할 때 사용되는 기구는?

① 암 밴드　　② 암타이 밴드
③ 앵커　　　④ 행거 밴드

[해설] 행거 밴드는 주상 변압기를 철근 콘크리트 전주에 설치할 때 사용한다.

37 다음 중 주상 변압기의 2차측이나 저압 분기회로의 분기점 등에 설치하는 것은?

① 개폐기
② 캐치 홀더
③ 컷 아웃 스위치
④ 전력용 콘덴서

[해설] 주상변압기 1차측 : COS-컷아웃 스위치
주상변압기 2차측 : 캐치 홀더

38 배전반 종류에 있어서 점유 면적이 좁고 운전 보수에 안전하기 때문에 공장이나 빌딩 등의 전기실에 많이 쓰이는 배전반은?

① 데드 프런트식 배전반
② 폐쇄식 배전반
③ 라이브 프런트식 배전반
④ 포스트형 배전반

[해설] 폐쇄식 배전반은 배전반 종류에 있어서 점유 면적이 좁고 운전 보수에 안전하기 때문에 공장이나 빌딩 등의 전기실에 많이 사용한다.

39 철근 콘크리트주의 크기를 표시하는 방법은?

① 말구의 지름, 길이
② 말구의 원형 단면적, 길이
③ 설계 하중, 길이
④ 말구의 지름, 길이, 설계 하중

[해설] 철근 콘크리트주의 크기를 표시하는 방법 : 말구의 지름, 길이, 설계 하중

40 일반적으로 규비클형(cubicle type)이라 하며 점유 면적이 좁고 운전 보수에 안전하므로 공장, 빌딩 등의 전기실에 많이 사용되며 조립형, 장갑형의 배전반은?

① 폐쇄식 배전반
② 데드 프런트식 배전반
③ 철제 수직형 배전반
④ 라입 프런트식 배전반

정답　34. ④　35. ①　36. ④　37. ②　38. ②　39. ④　40. ①

해설 폐쇄식 배전반은 일반적으로 규비클형 이라 하며 점유 면적이 좁고 운전 보수에 안전하므로 공장, 빌딩 등의 전기실에 많이 사용되며 조립형, 장갑형의 배전반

41 간선에서 각 기계기구로 배선하는 전선을 분기하는 곳에 주 개폐기, 분기 개폐기 및 자동 차단기를 설치하기 위하여 다음 중 무엇을 설치 하는가?

① 분전반   ② 운전반
③ 배전반   ④ 스위치반

해설 분전반 : 간선에서 각 기계기구로 배선하는 전선을 분기하는 곳에 주 개폐기, 분기 개폐기 및 자동 차단기를 설치하기 위한 것

42 접지측 전선을 접속하여 사용하여야 하는 것은?

① 캐치홀더
② 점멸 스위치
③ 단극 스위치
④ 리셉터클 베이스 단자

해설 리셉터클 베이스 단자는 접지측 전선을 접속하여 사용한다.

43 다음 중 소켓, 리셉터클 등에 전선을 접속할 때 어떤 측 전선을 중심 접촉면에 접속하여야 하는가?

① 접지측   ② 중심측
③ 단자측   ④ 전압측

해설 소켓, 리셉터클 등에 전선을 접속할 때 전압측 전선을 중심으로 접속한다.

44 가정용 전등 점멸 스위치는 반드시 무슨 측 전선에 접속해야 하는가?

① 전압측   ② 접지측
③ 중성선측   ④ 단자측

해설 가정용 전등 점멸 스위치는 반드시 전압측 전선에 접속한다.

45 고압 가공전선로의 지지물로 철탑을 사용하는 경우 경간은 몇 [m] 이하이어야 하는가?

① 100[m]   ② 200[m]
③ 500[m]   ④ 600[m]

해설 고압 가공전선로의 지지물로 철탑을 사용하는 경우 경간은 600[m] 이하이어야 한다.

46 고압 보안공사 시 고압 가공전선로의 경간은 철탑의 경우 얼마 이하이어야 하는가?

① 100[m]   ② 150[m]
③ 400[m]   ④ 600[m]

해설 고압 보안공사 시 고압 가공전선로 철탑을 사용하는 경우 경간은 400[m] 이하이어야 한다.

47 가공 전선 지지물의 기초 강도는 주체(主體)에 가하여지는 곡하중(曲河重)에 대하여 안전율은 얼마 이상으로 하여야 하는가?

① 1.0   ② 1.5
③ 1.8   ④ 2.0

해설 가공 전선 지지물의 기초 강도는 주체에 가하여지는 곡하중에 대하여 안전율은 2.0 이상으로 한다.

정답 41. ① 42. ④ 43. ④ 44. ① 45. ④ 46. ③ 47. ④

48 다음 ( ) 안에 알맞은 내용은?

고압 및 특고압용 기계기구의 시설에 있어 고압은 지표상 (㉠)이상 (시가지에 시설하는 경우), 특고압은 지표상(㉡) 이상의 높이에 설치하고 사람이 접촉될 우려가 없도록 시설하여야 한다.

① ㉠ 3.5[m] ㉡ 4[m]
② ㉠ 4.5[m] ㉡ 5[m]
③ ㉠ 5.5[m] ㉡ 6[m]
④ ㉠ 5.5[m] ㉡ 7[m]

[해설] 고압 및 특고압용 기계기구의 시설에 있어 고압은 지표상 (4.5[m])이상 (시가지에 시설하는 경우), 특고압은 지표상(5[m])이상의 높이에 설치하고 사람이 접촉될 우려가 없도록 시설하여야 한다.

49 사용전압이 35[kV] 이하인 특고압 가공전선과 220[V] 가공전선을 병가 할 때, 가공선로간의 이격거리는 몇 [m] 이상이어야 하는가?

① 0.5   ② 0.75
③ 1.2   ④ 1.5

[해설] 사용전압이 35[kV] 이하인 특고압 가공전선과 220[V] 가공전선을 병가 할 때, 가공선로 간의 이격거리는 1.2[m] 이상이어야 한다.

50 사용 전압 400[V]미만의 가공 전선로의 시설에서 절연 전선의 경우 최소 굵기는?

① 1.6[mm]   ② 2.0[mm]
③ 2.6[mm]   ④ 3.2[mm]

[해설] 사용 전압 400[V] 미만의 가공 전선로의 시설에서 절연 전선의 경우 최소 굵기 2.6[mm]

51 저압 인입선의 접속점 선정으로 잘못된 것은?

① 인입선이 옥상을 가급적 통과하지 않도록 시설할
② 인입선이 약전류 전선로와 가까이 시설할 것
③ 인입선은 장력에 충분히 견딜 것
④ 가공전선로에서 최단거리로 인입선이 시설될 수 있을 것

[해설] 저압 인입선의 접속점 선정시 인입선이 약전류 전선로와 충분히 멀리 시설할 것

52 논이나 기타 지반이 약한 곳에 건주 공사 시 전주의 넘어짐을 방지하기 위해 시설하는 것은?

① 완금
② 근가
③ 완목
④ 행거밴드

[해설] 근가는 논이나 기타 지반이 약한 곳에 건주 공사시 전주의 넘어짐을 방지하기 위해 시설한다.

53 전선의 시설에서 가공전선로의 직선부분이란 수평각도 몇 도까지 인가?

① 2   ② 3
③ 5   ④ 6

[해설] 전선의 시설에서 가공전선로의 직선부분이란 수평각도는 5[°]

54 배전반 및 분전반을 넣은 강판제로 만든 함의 두께는 몇 [mm] 이상인가? (단, 가로 세로의 길이가 30[cm] 초과한 경우이다.)

① 0.8　　② 1.2
③ 1.5　　④ 2.0

[해설] 배전반 및 분전반을 넣은 강판제로 만든 함의 두께는 1.2[mm] 이상

55 고압 가공 전선로의 지지물에 시설하는 통신선의 높이는 도로를 횡단하는 경우 교통에 지장을 줄 우려가 없다면 지표상 몇 [m]까지로 감할 수 있는가?

① 4　　② 4.5
③ 5　　④ 6

[해설] 고압 가공 전선로의 지지물에 시설하는 통신선의 높이는 도로를 횡단하는 경우 교통에 지장을 줄 우려가 없다면 지표상 5[m]까지로 감할 수 있다.

56 저압 가공전선이 지지물이 목주인 경우 풍압하중의 몇 배에 견디는 강도를 가져야 하는가?

① 2.5　　② 2.0
③ 1.5　　④ 1.2

[해설] 저압 가공전선이 지지물이 목주인 경우 풍압하중의 1.2배에 견디는 강도를 가져야 한다.

57 전기설비기술기준의 판단기준에 고압 옥측전선로를 시설할 경우 수관, 가스관 또는 이와 유사한 것과 접근하거나 교차하는 경우에는 고압 옥측전선로의 전선과 이들 사이의 이격거리[cm]는?

① 15　　② 30
③ 60　　④ 45

[해설] 전기설비기술기준의 판단기준에 고압 옥측전선로를 시설할 경우 수관, 가스관 또는 이와 유사한 것과 접근하거나 교차하는 경우에는 고압 옥측전선로의 전선과 이들 사이의 이격거리15[cm]

58 지선의 안전율은 2.5이상으로 하여야 한다. 이 경우 허용 최저 인장하중은 [kN]은 얼마 이상으로 하는가?

① 4.31[kN]　　② 6.8[kN]
③ 9.8[kN]　　④ 0.68[kN]

[해설] 지선의 안전율은 2.5이상으로 하여야 한다. 이 경우 허용 최저 인장하중은 4.31[kN] 이상으로 한다.

59 인입 개폐기가 아닌 것은?

① ASS　　② LBS
③ LS　　④ UPS

[해설] UPS : 무정전 전원공급자치

60 가공 배전선로 시설에는 전선을 지지하고 각종기기를 설치하기 위한 지지물이 필요하다. 이 지지물 중에 가장 많이 사용되는 것은?

① 철주
② 철탑
③ 강판 전주
④ 철근 콘크리트주

[해설] 철근 콘크리트주는 가공 배전선로 시설에는 전선을 지지하고 각종기기를 설치하기 위한 지지물이중에 가장 많이 사용한다.

정답 54. ② 55. ③ 56. ④ 57. ① 58. ① 59. ④ 60. ④

61 고압 이상에서 기기의 점검, 수리 시 무전압, 무전류 상태로 전로에서 단독으로 전로의 접속 또는 분리하는 것을 주목적으로 사용되는 수변전기기는?

① 기중 부하 개폐기
② 단로기
③ 절연퓨즈
④ 컷아웃 스위치

해설 단로기(DS)는 고압 이상에서 기기의 점검, 수리 시 무전압, 무전류 상태로 전로에서 단독으로 전로의 접속 또는 분리하는 것을 주목적으로 사용되는 개폐기

62 철근 콘크리트주의 길이가 16[m]이고, 설계하중이 800[kg]인 것을 지반이 약한 곳에 시설하는 경우 그 묻히는 깊이를 다음과 같이 하였다. 옳게 시공된 것은?

① 1[m] ② 1.8[m]
③ 2[m] ④ 2.8[m]

해설 철근 콘크리트주의 길이가 16[m]이고, 설계하중이 800[kg]인 것을 지반이 약한 곳에 시설하는 경우 그 묻히는 깊이 2.8[m]

63 가공전선로의 지지물에 시설하는 지선은 지표상 몇 [cm]까지의 부분에 내식성이 있는 것 또는 아연도금을 한 철봉을 사용하여야 하는가?

① 15 ② 20
③ 30 ④ 50

해설 가공전선로의 지지물에 시설하는 지선은 지표상 30[cm]까지의 부분에 내식성이 있는 것으로 사용하여야 한다.

64 저압으로 수전한다고 할 때 수용가 설비의 인입구로부터 기기까지의 전압강하는 조명인 경우 몇 [%] 이하로 하는 것을 원칙으로 하는가?

① 2 ② 3
③ 4 ④ 5

해설 저압으로 수전한다고 할 때 수용가 설비의 인입구로부터 기기까지의 전압강하는 조명인 경우 3[%] 이하로 한다.

65 현재 주상 변압기의 1차측 컷 아웃의 퓨즈가 동작하면 파이버제 빨간통이 밑으로 약 2[cm] 정도 나오게 되어 있는 퓨즈는?

① 방출형 퓨즈 ② 통형 퓨즈
③ 훅 퓨즈 ④ 실 퓨즈

해설 방출형 퓨즈는 주상 변압기의 1차측 컷 아웃의 퓨즈가 동작하면 파이버제 빨간통이 밑으로 약 2[cm] 정도 나오게 되어 있는 퓨즈

66 주상 변압기는 시가지에 있어서 지표상 얼마 높이 이상으로 하는가?

① 4[m] ② 4.5[m]
③ 5[m] ④ 6[m]

해설 주상 변압기는 시가지에 있어서 지표상 높이 4.5[m] 이상으로 한다.

67 전선을 다른 방향으로 돌리는 부분에 사용되는 애자는?

① 핀 애자 ② 옥 애자
③ 찻대 애자 ④ 가지 애자

정답 61. ② 62. ④ 63. ③ 64. ② 65. ① 66. ② 67. ④

[해설] 가지 애자는 전선을 다른 방향으로 돌리는 부분에 사용된다.

68 송전 선로의 중심점을 접지하는 목적은?

① 동량의 절감
② 송전 용량의 증가
③ 전압 강하 방지
④ 이상 전압 발생 방지

[해설] 송전 선로의 중심점을 접지하는 목적은 이상 전압 발생 방지에 있다.

69 고압 가공 전선이 다른 저압 가공 전선과 접근 상태로 시설되거나 교차할 경우 이격 거리는 몇 [m]인가?

① 0.8[m]   ② 1[m]
③ 1.2[m]   ④ 2.0[m]

[해설] 고압 가공 전선이 다른 저압 가공 전선과 접근 상태로 시설되거나 교차할 경우 이격 거리는 0.8[m]

정답 68. ④ 69. ①

7장 특수장소 및 전기응용시설공사

1 위험한 장소와 응용 시설공사

1.1 화약류 저장소에서 전기설비

① 화약류 저장소 안에는 전기설비를 시설해서는 안된다.
② 백열전등, 형광등 또는 이들에 전기를 공급하는 전기설비는 다음 각호에 시설하는 경우는 예외(개폐기, 과전류차단기 제외)
　㉠ 전로의 대지전압은 300[V] 이하
　㉡ 전기 기계기구는 전폐형
③ 화약류 저장소안의 전기설비의 전로에 저장소 이외에 전용의 개폐기를 각극에 설치하고 전로에 지락이 생겼을 때 전로의 자동차단 또는 경보장치를 시설
④ 개폐기, 차단기에서 화약고의 인입구 배선에 케이블을 사용하는 경우 지중에 시설한다.
⑤ 금속관 공사, 케이블 공사에 의한다.

1.2 부식성 가스등이 있는 장소

산류, 알카리류, 염소산칼리, 표백분, 염료 또는 인조 비료의 제조 공장, 제련소, 전기도금 공장, 개방형 축전지실 등 가스 등의 있는 장소를 말한다.
① 배선은 부식성가스 또는 용액의 종류에 따라서 애자사용배선, 금속관배선, 합성수지관배선(두께 2[mm] 미만의 합성수지관 및 난연성이 없는 CD관은 제외) 금속제 2종 가요 전선관, 케이블배선, 또는 캡타이어 케이블배선에 의한다.
② 애자사용 배선은 사람이 쉽게 접촉할 수 없는 노출장소
　㉠ 전선은 절연전선(DV전선 제외)을 사용
　㉡ 나 전선은 바닥 위 2.5[m] 이상의 높이에 시설하고 취급자 이외에 출입금지 시설
　㉢ 나전선 사용의 경우 전선과 조영재와의 거리는 4.5[cm] 이상
③ 금속관 배선 및 금속제 가요전선관 배선은 전선관과 그 부속품에 방식도료를 칠한다.

④ 이동전선은 필요에 따라서 방식도료를 칠한다.
⑤ 개폐기, 콘센트 및 과전류 차단기를 시설해서는 안된다.
　부득이한 경우는 내부에 부식성가스 및 용액이 침입할 우려가 없는 구조일 것
⑥ 접지는 접지 규정에 따라 접지한다.

1.3 위험물 등이 존재하는 장소

셀룰 노이드, 성냥, 석유류, 기타 타기 쉬운 위험한 물질을 제조하거나 저장 하는 곳.
① 금속 전선관 배선, 합성수지관배선(두께 2[mm] 미만의 합성수지관 제외) 또는 케이블 배선으로 시공
② 이동 전선은 접속점이 없는 1종 캡타이어 케이블 이외의 캡타이어 케이블을 사용한다.
③ 화약류 저장소안의 전기설비의 전로에 저장소 이외에 전용의 개폐기를 각 극에 설치하고 전로에 지락이 생겼을 때 전로의 자동차단 또는 경보장치를 시설
④ 전열기구 이외의 전기 기계 기구는 전폐형일 것
⑤ 접지는 접지 규정에 따라 접지한다.

1.4 먼지가 많은 장소의 저압의 시설

① 폭연성 분진(폭발할 우려가 있는 것)또는 화약류의 분말이 전기설비가 발화원이 되어 폭발할 우려가 있는 곳
　㉠ 금속관 공사 또는 케이블 공사에 의한다.
　㉡ 금속관은 박강 전선관으로 관상호, 관과 박스, 기타의 부속품과의 접속은 5턱 이상의 나사 조임으로 접속한다.
② 폭연성 분진이 있는 위험장소는 콘센트 및 플러그를 시설하지 말 것
③ 가연성 분진(폭연성분 제외)은 합성수지관, 금속관 공사, 케이블공사에 의한다.
　※ 합성수지관은 두께 2[mm] 이상으로 한다.
④ 불연성 먼지가 있는 장소는 애자사용공사, 금속관 공사, 가요 전선관공사, 케이블공사 , 금속덕트공사 , 버스덕트공사에 의함

1.5 가스 증기 위험 장소

가연성 가스 또는 인화성 액체의 증기가 인화점이 40[℃]를 초과 상태로 누출 우려가 있는 경우 적용
① 가스 증기 위험장소의 배선은 금속관 배선
② 작업등 기타의 이동 등에 부속되는 이동전선은 접속점이 없는 제3종 캡타이어 케이블, 3종클로로프렌 캡타이어 케이블을 사용하여야 한다.
③ 접지는 접지 규정에 따라 접지한다.
④ 전로에 지락이 생겼을 경우 이를 검출하고 전로를 자동차단하는 보호 장치를 설치하는 경우 접지저항 값은 25[Ω] 이하로 한다.

1.6 흥행장소 배선공사

① 무대, 무대 및, 오케스트라 박스, 영사실 기타 사람이나 무대 도구가 접촉될 우려가 있는 장소에 시설하는 전구선 또는 이동전선은 사용전압이 400[V] 미만이어야 한다.
② 상기 장소의 배선은 금속 전선관 배선, 합성수지관배선(두께 2[mm] 미만의 합성수지관 및 난연성이 없는 CD관은 제외),케이블 배선, 캡타이어 케이블 배선에 의한다. 전선이 외상을 받을 우려가 없고 사람의 통행이 없는 경우 애자사용 공사를 할 수 있다.
③ 보더 라이트에 부속하는 이동전선은 고무절연 클로로프렌 캡타이어 케이블을 사용하고 열에 충분히 견디는 것
④ 상기 장소의 전로에는 전용의 개폐기 및 과전류차단기를 시설
⑤ 접지는 접지 규정에 따라 접지한다.

1.7 소세력 회로의 배선

일반 가정에서 사용하는 신호용 벨, 방범 벨, 리모콘 배선의 점멸기 등을 말한다.
① 전자 개폐기의 조작회로 또는 초인종, 경보벨 등에 접속하는 전로로서 최대 사용전압 60[V] 이하의 것.
② 사용 전압은 대지전압 300[V] 이하

③ 소세력 회로는 전용의 절연 변압기에서 공급

절연 변압기의 2차 단락전류 및 과전류 차단기의 정격전류

최대사용전압	2차 단락전류	과전류차단기 정격전류[A]
15[V] 이하	8[A]	5[A]
30[V] 이하	5[A]	3[A]
60[V] 이하	3[A]	1.5[A]

④ 소세력 회로의 전선을 조영재에 부착하여 시설하는 경우는 다음에 의한다.
  (습기 많은 장소 제외)
  ㉠ 전선은 코드, 캡타이어 케이블 또는 케이블일 것
  ㉡ 전선은 케이블인 경우 이외는 1[mm^2] 이상의 연동선 일 것
  ㉢ 손상 우려가 있는 전선은 금속관, 합성수지관에 넣을 것
  ㉣ 전선은 금속제의 수관 또는 가스관과 접촉되지 않도록 할 것
⑤ 변압기의 1차측에는 전용의 과전류 차단기를 설치해야 한다.
⑥ 습기가 많은 장소 또는 물기가 있는 장소
  ㉠ 벨, 표시기, 누름버튼 스위치는 방습, 방수 구조
  ㉡ 욕실 안에서 사람이 직접 조작하는 장치는 다음에 의하여 시설 한다.
⑦ 절연 변압기의 2차 전로의 사용전압은 24[V] 이하로 한다.
⑧ 내부에 습기 및 물기가 침입할 수 없는 구조로 한다.
⑨ 전선이 금속망 또는 금속관을 목조 조영재에 붙여 시설하는 경우 애자로 지지하고 조영재 사이는 6[mm] 이상 이격. 단, 케이블을 사용하고 30[V] 이하는 적용하지 않는다.

1.8 터널 및 갱도내선규정

① 사람이 상시 통행하는 터널 내의 배선은 저압에 한하며, 애자사용, 금속전선관, 합성수지관, 금속제 가요전선관, 케이블 배선으로 시공하여야 한다.
② 애자사용 배선의 경우 전선은 노면상 2.5[m] 이상의 높이로 하고, 단면적 2.5[mm^2] 이상의 절연전선을 사용해야 한다. (단, OW, DV전선 제외)
③ 터널 인입구 가까운 곳에 전용의 개폐기를 시설 하여야한다.
④ 광산, 갱도 내의 배선은 저압 또는 고압에 한하고, 케이블 배선으로 시공하여야 한다. 단, 사용전압 400[V] 미만의 경우는 2.5[mm^2] 이상의 절연전선을 사용할 수 있다.

⑤ 터널 및 갱도에 시설하는 전구선과 이동 전선의 사용 전압은 400[V] 미만이고 0.75 [mm²] 이상의 300/300[V] 편조 고무코드 또는 0.6/1[kV] EP 고무 절연 클로로프렌 캡타이어 케이블이어야 한다.

1.9 전기울타리

① 전기울타리는 목장, 논밭 등 옥외에서 가축의 탈출 또는 야생짐승이 침임을 방지하기 위해서 시설
② 사용 전압은 250[V] 이하이어야한다.
③ 사람이 쉽게 출입하지 아니하는 곳
④ 전선의 인장강도는 1.38[kN] 이상의 것. 지름이 2[mm] 이상의 경동선
⑤ 전선과 이를 지지하는 기둥 사이의 이격거리는 25[mm] 이상의 것
⑥ 식물과의 이격거리는 0.3[m] 이상일 것
⑦ 사람이 전기 울타리 전선에 접근 가능한 모든 곳에 위험표시를 한다.

1.10 조명 설비

(1) 조명의 기초량

① 광속 F[lm] : 빛의 량
② 광도 I[cd] : 광원에서 나오는 빛의 밝기와 관계되는 것. 단위는 칸델라(candela)를 사용 한다.
③ 휘도 B(nt), (sb) : 어떤 표면에서 방사되거나 반사된 빛이 우리의 눈에 얼마나 들어오는가와 관련된 일. 즉 눈부심 정도. 단위는 [cd/m²] 이다.
④ 조도 E(ix) : 어떤 면에 투사되는 광속을 면의 면적으로 나눈값을 말한다. 단위는 [lx] 이다. 점광원 I[cd]에서 r[m] 떨어진 거리에서 그 방향과 직각인 면과 기울기 θ로 설치된 면의 조도는

$$조도(E) = \frac{I}{r^2} \cos\theta \ [\text{lx}]$$

이다.

(2) 기구 배치에 의한 조명 방식의 분류

기구 배치에 의한 조명방식의 분류는 다음과 같다.

① 전반조명

조명방식	직접조명	반직접조명	전반확산 조명	반간접조명	간접조명
상향광속	0~10[%]	10~40[%]	40~60[%]	60~90[%]	90~100[%]
조명기구					
하향광속	100~90[%]	90~60[%]	60~40[%]	40~10[%]	10~0[%]
용도	일반공장	일반사무실, 학교, 상점, 주택	고급사무실 상점, 주택	고급사무실 고급주택	대합실 회의실 임원실

② **국부조명** : 작업에 필요한 장소마다 그 곳에 필요한 조도를 얻을 수 있도록 국부적으로 조명하는 방식

③ **전반 국부 병용** : 작업면 전체는 비교적 낮은 조도의 전반조명을 실시하고 필요한 장소에만 높은 조도가 되도록 국부 조명을 하는 방식

(3) 건축화 조명 방식

① **다운 라이트(down light) 방식** : 천장에 작은 구멍을 뚫어 그 속에 등기구를 매입 시키는 방법으로 개방형, 하면 루버형, 하면 확산형 등이 있다.

② **코브(cove)조명 방식** : 간접 조명에 속하며 코브의 벽이나 천장면에 플라스틱 목재 등을 이용하여 광원을 감추고, 그 반사광으로 채광하는 조명방식

③ **코니스(cornice) 조명 방식** : 천장과 벽면의 경계구역에 건축적으로 턱을 만들어 그 내부에 조명 기구를 설치하여 아래 방향의 벽면을 조명하는 방식

(4) 조명의 계산

① 광속 보존의 법칙에 의하여, 다음 식으로 소요되는 총 광속을 구한다.

$$F_0 = \frac{AED}{U} = \frac{AE}{UM} [\text{lm}]$$

$$N = \frac{F_0}{F} = \frac{AED}{FU} [\text{개}]$$

여기서, F_0 : 총 광속[lm], A : 실내의 면적[m²]

E : 평균 조도[lx], D : 감광 보상률($D = \frac{1}{M}$)

M : 보수율, U : 조명률

N : 광원의 등수, F : 등 1개의 광속[lm]

② 실지수 $K = \dfrac{XY}{H(X+Y)}$

여기서, X : 실의 가로 길이[m]

Y : 실의 세로 길이[m]

H : 작업면에서 광원까지의 높이[m]

※ 빛의 이용에 대한 방 크기의 척도로 조명률을 구하기 위하여 사용하는 값

(5) 조명기구의 배치

① 광원의 높이

직접 조명의 경우 : $H = \dfrac{2}{3} H_0$[m]

간접 조명의 경우 : $H = \dfrac{4}{5} H_0$[m]

H_0 : 작업면에서 천장까지의 높이

② 광원의 간격

그림과 같이 광원 상호 간의 간격을 S, 벽과 광원 사이의 간격을 S_0라 할 때 광원의 간격을 나타낸 것이다.

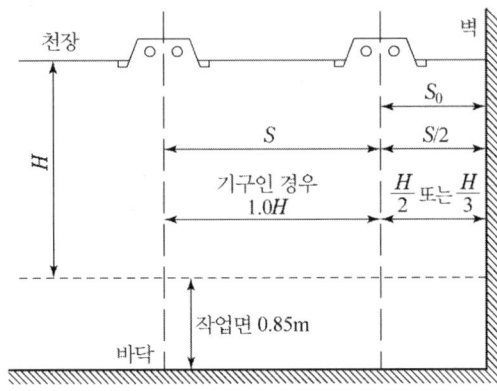

$$S \leq 1.5H$$

$$S_0 \leq \frac{H}{2} \text{ (벽측을 사용하지 않을 때)}$$

$$S_0 \leq \frac{H}{3} \text{ (벽측을 사용할 때)}$$

③ 조명 기구의 높이 H는 직접 조명 천장의 높이가 3[m] 정도이면 기구를 천장에 직접 붙이고, 높이가 5[m] 정도이면 작업 면에서 천장까지 높이의 $\frac{2}{3}$ 정도로 하는 것이 좋다.

(6) 전등 외등 설치 시 주의 사항

① 돌출되는 수평 거리 : 1[m]
② 조명 기구를 포함한 중량 : 100[kg] 이하
③ 설치높이 : 4.5[m] 이상

7장 특수 장소 및 전기응용시설공사 예상문제

1 흥행장의 400[V] 미만의 저압 전기공사를 시설하는 방법으로 적합하지 않은 것은?

① 영사실에 사용되는 이동전선은 1종 캡타이어 케이블 이외의 캡타이어 케이블을 사용한다.
② 플라이 덕트를 시설하는 경우에는 덕트의 끝부분은 막아야 한다.
③ 무대용의 콘센트 박스, 플라이 덕트 및 보더 라이트의 금속제 외함에는 규정에 따라 접지 공사를 한다.
④ 무대, 무대 마루밑, 오케스트라 박스 및 영사실의 전로에는 과전류 차단기 및 개폐기를 시설하지 않아야 한다.

[해설] 무대, 무대 마루밑, 오케스트라 박스 및 영사실의 전로에는 과전류 차단기를 시설하여야 한다.

2 화약고 등의 위험 장소의 배선공사에서 전로의 대지전압은 몇 [V] 이하로 하도록 되어 있는가?

① 300[V]   ② 400[V]
③ 500[V]   ④ 600[V]

[해설] 화약고 등의 위험 장소의 배선공사에서 전로의 대지전압은 300[V] 이하이어야 한다.

3 셀룰로이드, 성냥, 석유류 등 기타 가연성 위험물질을 제조 또는 저장하는 장소의 배선 방법 중 잘못된 것은?

① 금속관 배선
② 합성수지관 배선
③ 플로어 덕트 배선
④ 케이블 배선

[해설] 플로어 덕트 배선은 위험물질 제조 저장 장소에 설치금지

4 폭발성 분진이 존재하는 곳의 금속관 공사에 있어서 관 상호 및 관과 박스 기타의 부속품이나 풀박스 또는 전기 기계기구와의 접속은 몇 턱 이상의 나사 조임으로 접속하여야 하는가?

① 2턱   ② 3턱
③ 4턱   ④ 5턱

[해설] 폭발성 분진이 존재하는 곳의 금속관 공사에 있어서 관 상호 및 관과 박스 기타의 부속품이나 풀박스 또는 전기 기계기구와의 접속은 5턱 이상의 나사 조임으로 접속하여야 한다.

5 무대, 무대 밑, 오케스트라 박스, 영사실, 기타 사람이나 무대 도구가 접촉할 우려가 있는 장소에 시설하는 저압 옥내 배선, 전구선 또는 이동 전선은 최대 사용 전압이 몇 [V]미만이어야 하는가?

① 100[V]   ② 200[V]
③ 400[V]   ④ 700[V]

[해설] 무대, 무대 밑, 오케스트라 박스, 영사실, 기타 사람이나 무대 도구가 접촉할 우려가 있

정답 1. ④ 2. ① 3. ③ 4. ④ 5. ③

는 장소에 시설하는 저압 옥내 배선, 전구선 또는 이동 전선은 최대 사용 전압이 400[V] 미만이어야 한다.

6 부식성 가스등이 있는 장소에서 시설이 허용되는 것은?

① 과전류 차단기 ② 전등
③ 콘센트 ④ 개폐기

[해설] 전등은 부식성 가스등이 있는 장소에서 시설이 허용된다.

7 부식성 가스등이 있는 장소에 시설할 수 없는 배선은?

① 금속관 배선
② 제1종 금속제 가요전선관 공사
③ 케이블 배선
④ 캡타이어 케이블 배선

[해설] 부식성 가스등이 있는 장소에는 제1종 금속제 가요전선관 공사를 할 수가 없다.

8 폭연성 분진 또는 화약류의 분말이 전기설비가 발화원이 되어 폭발할 우려가 있는 곳에 시설하는 저압 옥내 전기 설비의 저압 옥내배선 공사는?

① 금속관 공사
② 합성수지관 공사
③ 가요전선관 공사
④ 애자 사용 공사

[해설] 금속관 공사는 폭연성 분진 또는 화약류의 분말이 전기설비가 발화원이 되어 폭발할 우려가 있는 곳에 시설 가능하다.

9 실내 전반조명을 하고자 한다. 작업대로부터 광원의 높이가 2.4[m]인 위치에 조명기구를 배치할 때 벽에서 한 기구이상 떨어진 기구에서 기구간의 거리는 일반적인 경우 최대 몇 [m]로 배치하여 설치하는가? (단, $S \leq 1.5H$를 사용하여 구한다.)

① 1.8[m] ② 2.4[m]
③ 3.2[m] ④ 3.6[m]

[해설] $S \leq 1.5H$에서 $S \leq 1.5 \times 2.4 \leq 3.6$[m]

10 폭연성 분진이 존재하는 곳의 저압 옥내배선공사 시 공사 방법으로 짝지어진 것은?

① 금속관 공사, MI 케이블 공사, 개장된 케이블 공사
② CD 케이블 공사, MI 케이블 공사, 금속관 공사
③ CD 케이블 공사, MI 케이블 공사, 제1종 캡타이어 케이블 공사
④ 개장된 케이블 공사, CD 케이블 공사, 제1종 캡타이어 케이블 공사

[해설] 금속관 공사, MI 케이블 공사, 개장된 케이블 공사 는 폭연성 분진이 존재하는 곳의 저압 옥내배선공사가 가능하다.

11 공장, 사무실, 학교, 상점 등의 옥내에 시설하는 전등은 부분조명이 가능하도록 시설하여야 하는데 이 때 전등군은 몇 등 이내로 하는 것이 바람직한가?

① 6 ② 8
③ 10 ④ 12

[해설] 공장, 사무실, 학교, 상점 등의 옥내에 시설하는 전등은 부분조명이 가능하도록 시설하여야 하는데 이 때 전등군은 6등 이내로 하는 것이 바람직한다.

정답 6. ② 7. ② 8. ① 9. ④ 10. ① 11. ①

12 습기가 많은 장소 또는 물기가 있는 장소의 바닥 위에서 사람이 접촉할 우려가 있는 장소에 시설하는 사용전압이 400[V] 미만인 전구선 및 이동전선은 최소 몇 [mm²] 이상의 것을 사용하여야 하는가?

① 0.75[mm²]
② 1.25[mm²]
③ 2.0[mm²]
④ 3.5[mm²]

해설 습기가 많은 장소 또는 물기가 있는 장소의 바닥 위에서 사람이 접촉할 우려가 있는 장소에 시설하는 사용전압이 400[V] 미만인 전구선 및 이동전선은 최소 0.75[mm²] 이상의 것을 사용하여야 한다.

13 작업면에서 천정까지의 높이가 3[m]일 때 직접 조명인 경우의 광원의 높이는?

① 1[m] ② 2[m]
③ 3[m] ④ 4[m]

해설 작업면에서 천정까지의 높이가 3[m]일 때 직접 조명인 경우의 광원의 높이는 3[m]

14 성냥, 석유류, 셀룰로이드 등 기타 가연성 물질을 제조 또는 저장하는 장소의 배선 방법으로 적당하지 않은 것은?

① 쥐꼬리 접속
② 슬리브 접속
③ 트위스트 접속
④ 브리타니아 접속

해설 성냥, 석유류, 셀룰로이드 등 기타 가연성 물질을 제조 또는 저장하는 장소의 배선방법 : 슬리브 접속, 트위스트 접속, 브리타니아 접속

15 조명을 비추면 눈으로 빛을 느끼는 밝기를 광속이라 한다. 이때 단위 면적당 입사 광속을 무엇이라고 하는가?

① 광도
② 조도
③ 휘도
④ 광속 발산도

해설 조도는 조명을 비추면 눈으로 빛을 느끼는 밝기를 광속이라 한다.

16 불연성 먼지가 많은 장소에 시설할 수 없는 저압 옥내 배선의 방법은?

① 금속관 배선
② 두께가 1.2[mm]인 합성수지관
③ 금속제 가요전선관 배선
④ 애자 사용 배선

해설 불연성 먼지가 많은 장소에 저압 옥내 배선의 방법 : 금속관 배선, 애자 사용 배선, 금속제 가요전선관 배선

17 특정한 장소만을 고 조도로 하기 위한 조명 기구의 배치 방식은?

① 국부 조명 방식
② 전반 조명 방식
③ 간접 조명 방식
④ 직접 조명 방식

해설 국부 조명 방식은 특정한 장소만을 고 조도로 하기 위한 조명 기구의 배치 방식

정답 12. ① 13. ③ 14. ① 15. ② 16. ② 17. ①

18 가로등, 경기장, 공장, 아파트 단지 등의 일반조명을 위하여 시설하는 고압 방전등의 효율은 몇 [lm/W] 이상의 것 이어야 하는가?

① 3[lm/W]　② 5[lm/W]
③ 70[lm/W]　④ 120[lm/W]

[해설] 가로등, 경기장, 공장, 아파트 단지 등의 일반조명을 위하여 시설하는 고압 방전등의 효율은 70[lm/W] 이상의 것을 사용하여야 한다.

19 옥내에서 두 개 이상의 전선을 병렬로 사용하는 경우 동선은 각 전선의 굵기가 몇 [mm^2] 이상이어야 하는가?

① 50[mm^2]　② 70[mm^2]
③ 95[mm^2]　④ 150[mm^2]

[해설] 옥내에서 두 개 이상의 전선을 병렬로 사용하는 경우 동선은 각 전선의 굵기가 50[mm^2] 이상이어야 한다.

20 지중 또는 수중에 시설되는 금속체의 부식을 방지하기 위한 전기 부식방지용 회로의 사용전압은?

① 직류 60[V] 이하
② 교류 60[V] 이하
③ 직류 750[V] 이하
④ 교류 600[V] 이하

[해설] 지중 또는 수중에 시설되는 금속체의 부식을 방지하기 위한 전기 부식방지용 회로의 사용전압은 직류 60[V] 이하

21 조명기구를 반간접 조명방식으로 설치하였을 때 위(상방향)로 향하는 광속의 양 [%]은?

① 0~10　② 10~40
③ 40~60　④ 60~90

[해설] 반간접 조명방식으로 설치하였을 때 위로 향하는 광속의 양 60~90[%]

22 저압옥외조명시설에서 전기를 공급하는 가공전선 또는 지중 전선에서 분기하여 전등 또는 개폐기에 이르는 배선에 사용하는 절연 전선의 단면적은 몇 [mm^2] 이상이어야 하는가?

① 2.0[mm^2]　② 2.5[mm^2]
③ 6[mm^2]　④ 16[mm^2]

[해설] 저압옥외조명시설에서 전기를 공급하는 가공전선 또는 지중 전선에서 분기하여 전등 또는 개폐기에 이르는 배선에 사용하는 절연 전선의 단면적은 2.5[mm^2] 이상이어야 한다.

23 화재 탐지기 회로의 전선은 최소 몇 [mm^2]로 사용하는가?

① 1.5[mm^2]　② 2.5[mm^2]
③ 4[mm^2]　④ 6[mm^2]

[해설] 화재 탐지기 회로의 전선은 최소 1.5[mm^2]로 사용해야 한다.

24 안개가 많은 장소나 터널등의 조명에 적당한 것은?

① 백열전구　② 나트륨등
③ 수은등　④ 형광 방전등

정답 18. ③　19. ①　20. ①　21. ④　22. ②　23. ①　24. ②

[해설] 나트륨등은 안개가 많은 장소나 터널 등에 사용한다.

25 목장의 전기 울타리에 사용하는 경동선의 지름은 최소 몇 [mm] 이상이어야 하는가?

① 1.6　　② 2.0
③ 2.6　　④ 3.2

[해설] 목장의 전기 울타리에 사용하는 경동선의 지름은 최소 2.0[mm] 이상이어야 한다.

26 500[kW]의 설비용량을 갖춘 공장에서 정격전압 3상 24[kV], 역률 80[%]일 때의 차단기 정격 전류는 약 몇 [A]인가?

① 8[A]　　② 15[A]
③ 25[A]　　④ 30[A]

[해설] $I = \dfrac{P}{\sqrt{3}\,V\cos\phi} = \dfrac{500}{\sqrt{3} \times 24 \times 0.8} = 15[A]$

27 배전용 전기기계기구인 COS(컷아웃스위치)의 용도로 알맞은 것은?

① 배전용 변압기의 1차측에 시설하여 변압기의 단락 보호용으로 쓰인다.
② 배전용 변압기의 2차측에 시설하여 변압기의 단락 보호용으로 쓰인다.
③ 배전용 변압기의 1차측에 시설하여 변압기의 배전구역 전환용으로 쓰인다.
④ 배전용 변압기의 2차측에 시설하여 변압기의 배전구역용으로 쓰인다.

[해설] COS(컷아웃스위치)는 배전용 변압기의 1차측에 시설하여 변압기의 단락 보호용으로 쓰인다.

28 폭연성 분진이 존재하는 곳의 금속관 공사 시 전동기에 접속하는 부분에서 가요성을 필요로 하는 부분의 배선에는 방폭형의 부속품 중 어떤 것을 사용하여야 하는가?

① 플렉시블 피팅
② 분진 플렉시블 피팅
③ 분진 방폭형 플렉시블 피팅
④ 안전 증기 플렉시블 피팅

[해설] 폭연성 분진이 존재하는 곳의 금속관 공사시 전동기에 접속하는 부분에서 가요성을 필요로 하는 부분의 배선에는 방폭형의 부속품 중 분진 방폭형 플렉시블 피팅을 사용하여야 한다.

29 조명설계시 고려해야 할 사항 중 틀린 것은?

① 적당한 조도일 것
② 휘도 대비가 높을 것
③ 균등한 광속 발산도 분포일 것
④ 적당한 그림자가 있을 것

[해설] 조명설계시 고려해야 할 사항
• 적당한 조도일 것
• 균등한 광속 발산도 분포일 것
• 적당한 그림자가 있을 것
• 휘도(눈부심정도)는 낮을 것

30 반사율 ρ, 투과율 τ, 흡수율 γ 간에는 어떠한 관계가 있는가?

① $\rho - \tau + \gamma = 1$
② $\rho + \tau - \gamma = 1$
③ $\rho + \tau + \gamma = 1$
④ $\rho - \tau - \gamma = 1$

[해설] 반사율 ρ + 투과율 τ + 흡수율 $\gamma = 1$

정답 25. ② 26. ② 27. ① 28. ③ 29. ② 30. ③

31 주위온도가 일정 상승률 이상이 되는 경우에 작동하는 것으로서 일정한 장소의 열에 의하여 작동하는 화재 감지기는?

① 차동식 스포트형 감지기
② 차동식 분포형 감지기
③ 광전식 연기 감지기
④ 이온화식 연기감지기

[해설] 차동식 스포트형 감지기는 주위온도가 일정 상승률 이상이 되는 경우에 작동하는 것으로서 일정한 장소의 열에 의하여 작동하는 화재 감지기

32 욕실 내에 방수형 콘센트를 시설하는 경우 바닥면상의 설치 높이는?

① 30[cm]   ② 60[cm]
③ 80[cm]   ④ 150[cm]

[해설] 욕실 내에 방수형 콘센트를 시설하는 경우 바닥면상의 설치 높이는 80[cm]

33 아크 용접기는 절연 변압기를 사용하고, 1차측 전로의 대지 전압은 최대 몇 [V] 이하이어야 하는가?

① 100[V] 이하   ② 200[V] 이하
③ 300[V] 이하   ④ 400[V] 이하

[해설] 아크 용접기는 절연 변압기를 사용하고, 1차측 전로의 대지 전압은 최대 300[V] 이하이어야 한다.

34 교통신호등 회로의 사용전압은 몇 [V]를 넘는 경우에 전로에 지락이 생겼을 때 자동적으로 전로를 차단하는 장치를 시설하여야 하는가?

① 100   ② 150
③ 200   ④ 300

[해설] 교통신호등 회로의 사용전압은 150[V]를 넘는 경우에 전로에 지락이 생겼을 때 자동적으로 전로를 차단하는 장치를 시설하여야 한다.

35 소맥분, 전분 기타 가연성의 분진이 존재하는 곳의 저압 옥내 배선 공사방법에 해당되는 것으로 짝지어진 것은?

① 케이블 공사, 애자 사용 공사
② 금속관 공사, 콤바인 덕트관 공사, 애자 사용 공사
③ 케이블 공사, 금속관 공사, 애자 사용 공사
④ 케이블 공사, 금속관 공사, 합성 수지관 공사

[해설] 소맥분, 전분 기타 가연성의 분진이 존재하는 곳의 저압 옥내 배선 공사방법으로는 케이블 공사, 금속관 공사, 합성 수지관 공사를 할 수 있다.

36 가로 20[m], 세로 18[m], 천정의 높이 3.85[m], 작업면의 높이 0.85[m], 간접조명 방식인 호텔연회장의 실지수는 약 얼마인가?

① 1.16   ② 2.16
③ 3.16   ④ 4.16

[해설] $K = \dfrac{X \cdot Y}{H(X+Y)}$
$= \dfrac{20 \times 18}{(3.85-0.85) \times (20+18)} = 3.16$

정답 31. ① 32. ③ 33. ③ 34. ② 35. ④ 36. ③

37 성냥을 제조하는 공장의 공사 방법으로 적당하지 않은 것은?

① 금속관 공사
② 케이블 공사
③ 합성수지관 공사
④ 금속 몰드 공사

[해설] 성냥을 제조하는 공장의 공사 방법으로는 금속관 공사, 케이블 공사, 합성수지관 공사 등이 있다.

38 조명설계시 방의 단위면적당 빛의 밝기를 나타내는 것을 무엇이라 하는가?

① 휘도
② 조도
③ 광속
④ 광도

[해설] 조도 E[lx]는 조명설계시 방의 단위면적당 빛의 밝기를 나타낸다.

39 목장의 전기 울타리에 공급되는 전압은 몇 [V] 이하인가?

① 200
② 250
③ 300
④ 400

[해설] 목장의 전기 울타리에 공급되는 전압은 250[V] 이하이어야 한다.

40 실내면적 100[m²]인 교실에 전광속이 2500[lm]인 40[W]형광등을 설치하여 평균조도를 150[lx]로 하려면 몇 개의 등을 설치하면 되겠는가? (단, 조명률은 50[%], 감광 보상률은 1.25로 한다.)

① 15개
② 20개
③ 25개
④ 50개

[해설]
$$N = \frac{F_0}{F} = \frac{AED}{FU} = \frac{150 \times 100 \times 1.25}{2500 \times 0.5}$$
$$= 15[\text{등}]$$
$$F_0 = \frac{AED}{U} = \frac{AE}{UM} [\text{lm}]$$
$$N = \frac{F_0}{F} = \frac{AED}{FU} [\text{개}]$$

여기서, F_0 : 총 광속[lm]
A : 실내의 면적[m²]
E : 평균 조도[lx]
D : 감광 보상률
M : 보수율
U : 조명률
N : 광원의 등수
F : 등 1개의 광속[lm]

41 전주 외등을 전주에 부착하는 경우 전주 외등은 하단으로부터 몇 [m]이상의 높이에 시설하여야 하는가?

① 3.0
② 3.5
③ 4.0
④ 4.5

[해설] 전주 외등을 전주에 부착하는 경우 전주 외등은 하단으로부터 4.5[m] 이상의 높이에 시설해야 한다.

42 스틸브(sb)는 무엇의 단위 인가?

① 광도
② 휘도
③ 조도
④ 광속 발산도

[해설] 휘도[sb]-눈부심 정도

43 유희용 전차에 전기를 공급하는 전로의 사용 전압은 직류인 경우 최대 몇 [V]인가?

① 60
② 40
③ 30
④ 10

정답 37.④ 38.② 39.② 40.① 41.④ 42.② 43.①

[해설] 유희용 전차에 전기를 공급하는 전로의 사용 전압은 직류인 경우 최대 60[V] 이다.

44 화약류 저장소의 배선 공사에서 전로의 대지 전압은 몇 [V] 이하로 되어 있는가?

① 400　② 300
③ 150　④ 100

[해설] 화약류 저장소의 배선 공사에서 전로의 대지 전압은 300[V] 이하여야 한다.

45 어떤 전자파의 시감도라 함은?

① $\dfrac{광속}{전력}$　② $\dfrac{광속}{복사속}$
③ $\dfrac{녹색 광속}{전광속}$　④ $\dfrac{복사속}{광속}$

[해설] 전자파의 시감도 = $\dfrac{광속}{복사속}$

46 시감도가 가장 좋은 색은 어느 것인가?

① 적색　② 등색
③ 황록색　④ 녹색

[해설] 시감도가 가장 좋은 색은 황록색

47 입체각을 나타내는 단위는 다음 중 어느 것인가?

① [lm]　② [cd/m²]
③ [lx]　④ [sr]

[해설] 입체각을 나타내는 단위 : [sr] [스텐 라디안]

48 평균 구면 광도 I[cd]의 전등에서 발산되는 전광속 수[lm]는?

① $4\pi I$　② $2\pi I$
③ πI　④ $4\pi r^2$

[해설] 평균 구면 광도 I[cd]의 전등에서 발산되는 전광속 수[lm] = $4\pi I$

49 면적 2[m²]의 책상 위에서 조도를 측정하니 100[lx]였다. 책상에 입사한 광속은 얼마인가?

① 100[lm]　② 150[lm]
③ 200[lm]　④ 250[lm]

[해설] $F = S \cdot I = 2 \times 100 = 200$[lm]

50 발광면의 면적 S[m²]마다 F[lm]의 광속이 발산되면 광속 발산도 R의 값은?

① $S \cdot F$　② $\dfrac{S}{F}$
③ $\dfrac{F}{S}$　④ $S \cdot E$

[해설] 광속 발산도 $R = \dfrac{F}{S} = \pi B$

51 휘도 B와 광속 발산도 R와의 관계는?

① $R = \pi B$　② $B = \pi R$
③ $\pi = RB$　④ $R = \dfrac{B}{\pi}$

[해설] 광속 발산도 $R = \dfrac{F}{S} = \pi B$

요점 정리

판단기준 제199조 가연성 분진이 있는 곳의 작업중 전기를 통하는 부분 상호간은 나사 조임, 리벳 조임, 슬리브 또는 바인드 선으로 보강한 납땜, 용접 등의 방법으로 견고히 접속한 것일 것

판단기준 제243조 전기부식 방지시설
① 전기부식 방지회로의 사용전압은 직류 60[V] 이하
② 양극은(지중 매설) - 매설깊이는 75[cm] 이상
③ 양극과 그 주위 1[m] 이내의 임의 점과 전위차는 10[V] 이하

판단기준 제217조 옥외등의 인하선의 시설
① 옥외 백열전등의 인하선으로서 지표상의 높이 2.5[m] 미만의 부분은 전선에 공칭단면적 2.5[mm^2] 연동선과 동등 이상의 세기 및 굵기의 절연전선(옥외용 비닐절연전선은 제외)을 사용

판단기준 제244조 소세력 회로의 시설
① 전자 개폐기의 조작회로 또는 초인벨, 경보벨 등에 접속하는 전로로서 최대 사용전압이 60[V] 이하인 것
③ 소세력 회로의 전선을 조영재에 붙여 시설하는 경우
　가. 전선은 케이블(통신용 케이블 포함)인 경우 이외에는 공칭단면적 1.0[mm^2] 이상의 연동선 또는 이와 동등이상의 세기 및 굵기의 것일 것

판단기준 제120조 특고압 가공전선과 저·고압 가공전선의 병가
* 4항 - 이격 거리는 1.2[m] 이상일 것. 단, 특고압 가공전선이 특고압 절연전선 또는 케이블인 경우 50[cm]까지 감할 수 있다.
* 5항 - 사용 전압이 35[kV]를 초과하고 100[kV] 미만의 경우는 2[m] 이상일 것. 특고압 가공전선이 케이블이고, 저·고압가공 전선이 절연전선 혹은 케이블인 경우 1[m]까지 감할 수 있다.

판단기준 제177조 점멸장치의 타임스위치 등의 시설
① 가정용 전등은 등기구마다 점멸이 가능하도록 할 것
② 공장, 사무실, 학교, 병원 등 많은 사람이 함께 사용하는 장소에 시설하는 전체 조명용 전등은 부분 조명이 가능하도록 등기구수 6개 이내의 전등군마다 점멸이 가능하도록 한다.

③ 가로등, 경기장, 공장, 아파트 단지 등의 일반 조명을 위하여 시설하는 고압 방전등은 70[lm/W] 이상의 것이어야 한다.

④ 관광 진흥법과 공중위생법에 의한 관광숙박업 또는 숙박업(여인숙 제외)에 시설로서 객실의 입구 등은 1분 이내에 소등되는 것일 것

⑤ 일반주택 및 아파트 각 호실의 현관등은 3분 이내 소등되는 것일 것

판단기준 제135조 (25[kV]이하인 특고압 가공전선로의 시설)
각 접지선을 중성선으로부터 분리 하였을 경우의 각 접지점의 대지 전기저항치와 1[km]마다의 중성선과 대지 사이의 합성 전기 저항치

사용전압	각 접지점의 대지전기 저항치	1[km]마다의 합성 전기 저항치
15[kV]이하	300[Ω]	30[Ω]
15[kV]초과 25[kV]이하	300[Ω]	15[Ω]

자동화재 탐지설비

① 자동화재 탐지설비의 구성요소
  (가) 감지기 (나) 수신기 (다) 중계기 (라) 발신기 (마) 표시등 및 음향장치

② 화재 탐지기 설비의 감지기 회로의 배선
  (가) 단면적 1.5[mm^2] 이상 절연전선을 사용
  (나) 회로의 길이가 50[m]를 넘지 않도록 한다.

※ 수전설비의 배전반 등의 최소유지 거리

	앞면 또는 조작 계측면	뒷면 또는 점검면
특고압 배전반	1.7	0.8
고압 배전반	1.5	0.6
저압 배전반	1.5	0.6
변압기 등	0.6	0.6

※ 수변전설비에 사용되는 주요 기기의 명칭

명칭	약호	명칭	약호
단로기	DS	변압기	Tr
피뢰기	LA	전력용(진상)콘덴서	SC
전력퓨즈	PF	컷 아웃 스위치	COS
교류차단기	CB	계기용 변압 변류기	MOF
계기용 변류기	CT		
계기용 변압기	PT		
영상변류기	ZCT		

판단기준 제25조 특고압과 고압의 혼촉 등에 의한 위험방지 시설
① 변압기에 의하여 특고압 전로에 결합되는 고압전로에는 사용전압의 3배 이하인 전압이 가해진 경우에 방전하는 장치를 그 변압기의 단자에 가까운 1극에 설치하여야 한다. 접지는 시스템 접지에 의한다.

판단기준 제31조
1) 고압용 : $H \geq 4.5[m]$ (시가지 내)
2) 특고압용
    사용전압이 35 [kV]이하 : $H \geq 5[m]$
    사용전압이 35 [kV]초과
          160[kV]이하 : $H \geq 6[m]$

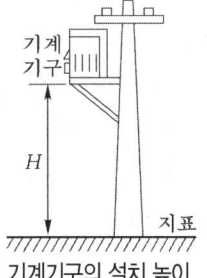

기계기구의 설치 높이

판단기준 제69조, 제106조 가공케이블의 시설
가공 전선에 케이블을 사용하는 경우에는 다음과 같이 시설한다.
① 케이블은 조가용선에 행거로 시설하며 고압 및 특고압인 경우 행거 간격을 50[cm] 이하로 한다.
② 조가용선을 케이블에 접촉시켜 금속테이프를 감는 경우에는 20[cm] 이하의 간격으로 나선상으로 한다.

판단기준 제41조 사용전압 60[V]를 초과하는 저압의 기계 기구에 전기를 공급하는 전로에는 지락이 생겼을 때에 전로를 차단하는 설비를 해야 한다.

판단기준 제206조 옥내에 시설하는 저압 접촉전선공사
1) 전개된 장소에 애자 사용 공사에 의하는 경우
    ① 전선의 바닥에서의 높이는 3.5[m] 이상일 것
    ② 전선과 건조물 또는 주행 크레인에 설치한 보도, 계단, 사다리, 점검대와의 이격거리는 상방에서 2.3 [m]이상, 측방에서 1.2[m] 이상일 것
    ③ 전선 지지점간의 거리는 6[m] 이하일 것

판단기준 제42조 피뢰기의 시설
① 발·변전소 또는 이에 준하는 장소의 가공 전선 인입구 및 인출구
② 배전용 변압기의 고압측 및 특고압측
③ 고압 및 특고압 가공 전선로로부터 공급을 받는 수용 장소의 인입구
④ 가공전선로와 지중전선로가 접속되는 곳

판단기준 제70조 저·고압 가공전선의 굵기 및 종류

사용 전압이 400[V]미만인 저압 가공전선은 케이블인 경우를 제외하고는 인장강도 3.43[kN] 이상의 것 또는 지름 3.2[mm](절연전선의 경우는 인장강도는 2.3[kN] 이상의 것 또는 지름 2.6[mm] 이상의 경동선)이상의 것이어야 한다.

판단기준 제75조 저·고압 가공 전선의 병가

저압 가공전선과 고압가공전선을 동일 지지물에 시설하는 경우는
① 별개의 완금류에 시설한다.
② 이격 거리는 50[cm]이상으로 한다. 단, 고압 가공 전선이 케이블인 경우 30[cm] 이상 이격하면 된다.

판단기준 제62조 구성재의 수직 투영면적 1[m²]에 대한 풍압하중

풍압을 받는 구분			구성재의 수직 투영면적 1[m²]에 대한 풍압하중
철주	원형의 것		588[Pa]
	삼각형 또는 마름모형의 것		588[Pa]
	강관에 의하여 구성되는 4각형의 것		1,412[Pa]
	기 타	목재가 전·후면에 겹치는 경우	1,117[Pa]
		기타의 것	1,784[Pa]
철근 콘크리트주	원형의 것		588[Pa]
	기타의 것		882[Pa]
철탑	단주(원철류는 제외)	원형의것	588[Pa]
		기타의 것	1,117[Pa]
	강관에 의하여 구성 되는 것 (단주는 제외)		1,255[Pa]
	기타의 것		2,157[Pa]

판단기준 제121조 특고압 가공 전선과 저·고압 전차선과의 병가

특고압 가공 전선과 저·고압 전차선과의 병가하는 경우 이격거리는 35[kV] 이하는 1.2[m] 이상, 22.9[kV] 중성점 다중접지의 경우는 1[m] 이상, 35[kV] 넘는 것은 2[m] 이상 이격하여야 한다.

판단기준 제122조 특고압 가공 전선과 가공 약전류전선등의 공가

① 35[kV]이하의 특고압 전로에는 2종 특고압 보안공사를 실시하고 전선의 최소굵기는 55[mm²]인 전선을 사용하고 이격거리는 2[m] 이상으로 한다.
② 35[kV]를 넘는 특고압가공 전선과 가공 약전류 전선과는 동일 지지물에 시설하여서는 안된다.

판단기준 제78조 고압 보안공사

① 저압 안전율 1.2 이상

② 고압 안전율 1.3 이상

③ 저·고압 보안 공사 안전율 1.5 이상

④ 2종 및 3종 특고압 보안공사 안전율 2 이상

판단기준 제79조 저·고압 가공전선과 건조물의 접근

사용 전압 부분 공작물의 종류		저압[m]	고압[m]
상부 조영재 상방	일반적인 경우	2	2
	전선이 고압 절연전선	1	2
	전선이 케이블인 경우	1	1
상부 조영재 또는 상부 조영재 옆쪽 또는 아래쪽	일반적인 경우	1.2	1.2
	전선이 고압 절연전선	0.4	1.2
	전선이 케이블인 경우	0.4	0.4
	사람이 쉽게 접근할 수 없는 곳	0.8	0.8

판단기준 제84, 85, 86조 저·고압 가공전선 접근 교차

구분	저압가공전선		고압가공전선	
	일반	고압절연전선 또는 케이블	일반	케이블
저압가공전선	0.6	0.3	0.8	0.4
저압가공 전선로의 지지물	0.3	/	0.6	0.3
고압전차선	/	/	1.2	/
고압가공전선	/	/	0.8	0.4
고압가공 전선로의 지지물	/	/	0.6	0.3

MEMO

PART 4
실전 모의고사

실전 모의고사 1회

1 L[H]의 코일에 I[A]의 전류가 흐를 때 저축되는 에너지[J]를 나타내는 것은?

① $\frac{1}{2}LI$ ② LI^2
③ LI ④ $\frac{1}{2}LI^2$

[해설] L[H]에 축적되는 에너지 $W = \frac{1}{2}LI^2$[J]
C[F]에 축적되는 에너지 $W = \frac{1}{2}CV^2$[J]

2 "자기저항은 자기회로의 길이에 (㉮) 하고 자로의 단면적과 투자율의 곱에 (㉯) 한다." ( )에 들어갈 말은?

① ㉮ 비례 ㉯ 반비례
② ㉮ 반비례 ㉯ 비례
③ ㉮ 비례 ㉯ 비례
④ ㉮ 반비례 ㉯ 반비례

[해설] 자기저항 $R_m = \frac{l}{\mu A}$
l : 길이, μ : 투자율, A : 단면적

3 고유저항의 단위로 맞는 것은?

① Ω ② $\Omega \cdot m$
③ AT/Wb   ④ Ω^{-1}

[해설] 고유저항 : [$\Omega \cdot m$], [오옴·미터]

4 교류에서 무효전력 P_r[VAR]은?

① VI ② $VI\cos\theta$
③ $VI\sin\theta$ ④ $VI\tan\theta$

[해설] 피상전력 $P_a = VI$[VA]
유효전력 $P = VI\cos\theta$[W]
무효전력 $P_r = VI\sin\theta$[VAR]

5 자체 인덕턴스의 단위[H]와 같은 단위를 나타낸 것은?

① [H] = [Ω/S]
② [H] = [Wb/V]
③ [H] = [A/Wb]
④ [H] = $\frac{[V][S]}{[A]}$

[해설] $e = -L\frac{dI}{dt}$ 에서
인덕턴스 L[H] $= \frac{e}{di} \cdot dt = \frac{[V][S]}{[A]}$

6 다음 설명 중 잘못된 것은?

① 양전하를 많이 가진 물질은 전위가 낮다.
② 1초 동안에 1[C]의 전기량이 이동하면 전류는 1[A]이다.
③ 전위차가 높으면 높을수록 전류는 잘 흐른다.
④ 전류의 방향은 전자의 이동방향과는 반대방향으로 정한다.

정답 1. ④ 2. ① 3. ② 4. ③ 5. ④ 6. ①

해설 양전하를 많이 가진 물질은 전위가 높다.

7 전극의 불순물로 인하여 기전력이 감소하는 현상을 무엇이라 하는가?

① 국부작용 ② 성극작용
③ 전기분해 ④ 감극현상

해설 국부작용 : 기전력 감소현상

8 $\dot{A}_1 = \dot{A}_1 \angle \theta_1$, $\dot{A}_2 = \dot{A}_2 \angle \theta_2$일 때 두 벡터의 곱 A를 구하는 식은?

① $\dot{A}_1 \dot{A}_2 = \theta_1 \theta_2$
② $\dot{A}_1 \dot{A}_2 = \theta_1 + \theta_2$
③ $\dot{A}_1 + \dot{A}_2 = \theta_1 \theta_2$
④ $\dot{A}_1 + \dot{A}_2 = \theta_1 + \theta_2$

해설 벡터곱 : $\dot{A}_1 \dot{A}_2 = \theta_1 + \theta_2$

9 비오사바르의 법칙은 어느 관계를 나타내는가?

① 기자력과 자장
② 전위와 자장
③ 전류와 자장
④ 기자력과 자속밀도

해설 비오사바르의 법칙 : 전류와 자장 관계식

10 기전력 1.5[V], 내부저항 0.15[Ω]의 전지 10개를 직렬로 접속한 전원에 저항 4.5[Ω]의 전구를 접속하면 전구에 흐르는 전류는 몇 [A]가 되겠는가?

① 0.25   ② 2.5
③ 5   ④ 7.5

해설 $I = \dfrac{nE}{nr+R} = \dfrac{10 \times 1.5}{(10 \times 0.15)+4.5} = 2.5[A]$

11 비오-사바르(Biot-Savart)의 법칙과 가장 관계가 깊은 것은?

① 전류가 만드는 자장의 세기
② 전류와 전압의 관계
③ 기전력과 자계의 세기
④ 기전력과 자속의 변화

해설 비오-사바르(Biot-Savart)의 법칙은 전류와 자장세기의 관계식이다.

12 유전율 ε의 유전체 내에 있는 전하 Q[C]에서 나오는 전기력선수는 얼마인가?

① Q ② $\dfrac{Q}{\varepsilon_0}$
③ $\dfrac{Q^2}{\varepsilon}$ ④ $\dfrac{Q}{\varepsilon}$

해설 전기력선수
$N = \dfrac{Q}{\varepsilon} = \dfrac{Q}{\varepsilon_0 \varepsilon_s}$

13 콘덴서 중 극성을 가지고 있는 콘덴서로서 교류 회로에 사용할 수 없는 것은?

① 마일러 콘덴서
② 마이카 콘덴서
③ 세라믹 콘덴서
④ 전해 콘덴서

해설 전해 콘덴서는 직류회로에 사용한다. (극성을 가지고 있다.)

정답 7. ① 8. ② 9. ③ 10. ② 11. ① 12. ④ 13. ④

14 3[Ω]의 저항 5개, 4[Ω]의 저항 5개, 5[Ω]의 저항 3개가 있다. 이들을 모두 직렬 접속할 때 합성저항[Ω]은?

① 75 ② 50
③ 45 ④ 35

해설 $R_0 = nR = (3 \times 5) + (4 \times 5) + (5 \times 3)$
$= 50[\Omega]$

15 어느 회로에 200[V]의 교류 전압을 가할 때 π/6[rad] 위상이 높은 10[A]의 전류가 흐른다. 이 회로의 무효전력[Var]은?

① 3452 ② 2361
③ 1732 ④ 1215

해설 $P_r = \sqrt{3}\,VI\sin\theta$
$= \sqrt{3} \times 200 \times 10 \times \sin 30$
$= 1732[\text{Var}]$

16 다음 중 용량 리액턴스 X_c와 반비례 하는 것은?

① 전류 ② 전압
③ 저항 ④ 주파수

해설 용량성 리액턴스 $X_C = \dfrac{1}{2\pi f C}$

17 $i = 8 + j6$[A]로 표시되는 전류의 크기 I는 몇 [A]인가?

① 6 ② 8
③ 10 ④ 14

해설 $I = \sqrt{R^2 + X^2} = \sqrt{8^2 + 6^2} = 10[\text{A}]$

18 매초 1[A]의 비율로 전류가 변하여 10[V]를 유도하는 코일의 인덕턴스는 몇 [H]인가?

① 0.01[H] ② 0.1[H]
③ 1.0[H] ④ 10[H]

해설 $e = -L\dfrac{dI}{dt}$ 에서

인덕턴스 $L[\text{H}] = \dfrac{e}{di} \cdot dt = \dfrac{10}{1} \times 1 = 10[\text{H}]$

19 브리지 회로에서 미지의 인덕턴스 L_X를 구하면?

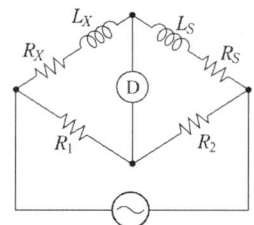

① $L_X = \dfrac{R_2}{R_1}L_S$ ② $L_X = \dfrac{R_1}{R_2}L_S$

③ $L_X = \dfrac{R_S}{R_1}L_S$ ④ $L_X = \dfrac{R_1}{R_S}L_S$

해설 휘스톤 브릿지
$L_X \times R_2 = R_1 \times L_S$ (대각선의 곱하기)
$L_X = \dfrac{R_1}{R_2}L_S$

20 코일에 그림과 같은 방향으로 유도 전류가 흘렀을 때 자석의 이동방향은?

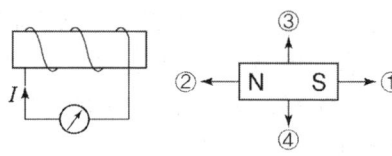

① 1의 방향 ② 2의 방향
③ 3의 방향 ④ 4의 방향

[해설] 암페어 오른손 법칙에 따라서 N극은 ② 방향이다.

21 각각 계자 저항기가 있는 직류분권 전동기와 직류분권 발전기가 있다. 이것을 직렬로 하여 전동 발전기로 사용하고자 한다. 이것을 가동할 때 계자 저항기의 저항은 각각 어떻게 조정하는 것이 가장 적합한가?

① 전동기 : 최대, 발전기 : 최소
② 전동기 : 중간, 발전기 : 최소
③ 전동기 : 최소, 발전기 : 최대
④ 전동기 : 최소, 발전기 : 중간

[해설] 계자 저항기 저항은 다음과 같다.
• 전동기 : 최소
• 발전기 : 최대

22 변압기에서 V결선의 이용률은?

① 0.577   ② 0.707
③ 0.866   ④ 0.977

[해설] V결선 이용률 : 86.6[%]
V결선 출력비 : 57.7[%]

23 권수비가 100의 변압기에 있어 2차 쪽의 전류가 1000[A]일 때, 이것을 1차 쪽으로 환산하면 얼마인가?

① 16[A]   ② 10[A]
③ 9[A]   ④ 6[A]

[해설] 권수비 $a = \dfrac{I_2}{I_1}$ 에서

$I_1 = \dfrac{I_2}{a} = \dfrac{1000}{100} = 10[A]$

24 SCR의 특성 중 적합하지 않은 것은?

① pnpn 구조로 되어있다.
② 정류 작용을 할 수 있다.
③ 정방향 및 역방향의 제어특성이 있다.
④ 고속도의 스위칭 작용을 할 수 있다.

[해설] SCR은 역방향 제어 특성 없다.

25 1차 전압이 13200[V], 2차 전압 220[V]의 단상 변압기의 1차에 6000[V]의 전압을 가하면 2차 전압은 몇 [V]인가?

① 100   ② 200
③ 1000   ④ 2000

[해설] 권수비 $a = \dfrac{V_1}{V_2} = \dfrac{1300}{220} = 60$ 이므로

$E_2 = \dfrac{E_1}{a} = \dfrac{6000}{60} = 100[V]$ 이다.

26 단상 유도 전압 조정기의 단락 권선의 역할은?

① 철손 경감
② 절연보호
③ 전압조정용이
④ 전압 강하 경감

[해설] 단상 유도전압 조정기의 단락권선은 누설자속에 의한 전압강하 방지를 한다.

27 동기 발전기의 전기자 권선을 단절권으로 하면?

① 역률이 좋아진다.
② 절연이 잘된다.
③ 고조파를 제거한다.
④ 기전력을 높인다.

정답 21. ③ 22. ③ 23. ② 24. ③ 25. ① 26. ④ 27. ③

[해설] 단절권 : 특정고조파를 제거하여 파형을 개선시킨다.

28 부하의 변화가 있어도 그 단자 전압의 변화가 작은 직류 발전기는?

① 가동 복권 발전기
② 차동복권 발전기
③ 직권 발전기
④ 분권 발전기

[해설] 분권발전기는 정전압 발전기이므로 전압 변동이 적다.

29 단락비가 큰 동기 발전기를 설명하는 일 중 틀린 것은?

① 동기 임피던스가 작다.
② 단락 전류가 크다.
③ 전기자 반작용이 크다.
④ 공극이 크고 전압변동률이 작다.

[해설] 단락비가 큰기계는 전기자 반작용이 작다.

30 변압기 내부 고장 보호에 쓰이는 계전기는?

① 접지 계전기   ② 차동 계전기
③ 과전압 계전기 ④ 역상 계전기

[해설] 차동계전기, 비율차동계전기는 발전기 또는 변압기 내부고장에 널리 사용한다.

31 자기소호 기능이 가장 좋은 소자는?

① SCR   ② GTO
③ TRIAC   ④ LASCR

[해설] 자기소호기능 또는 ON, Off 기능소자는 GTO 소자이다.

32 직류 직권 전동기에서 벨트를 걸고 운전하면 안 되는 것은?

① 벨트가 벗겨지면 위험속도로 도달하므로
② 손실이 많아지므로
③ 직결하지 않으면 속도 제어가 곤란하므로
④ 벨트의 마멸 보수가 곤란하므로

[해설] 직권 전동기 벨트가 벗겨지면 위험속도(고속)이 된다.

33 다음은 직권 전동기의 특징이다. 틀린 것은?

① 부하전류가 증가할 때 속도가 크게 감소된다.
② 전동기 기동시 기동 토크가 작다.
③ 무부하 운전이나 벨트를 연결한 운전은 위험하다.
④ 계자권선과 전기자 권선이 직렬로 접속되어 있다.

[해설] 직권 전동기는 기동시 기동 토크가 크다.

34 변압기의 1차측이란?

① 고압측   ② 저압측
③ 전원측   ④ 부하측

[해설] 변압기 1차측 : 전원측
변압기 2차측 : 부하측

정답 28. ④ 29. ③ 30. ② 31. ② 32. ① 33. ② 34. ③

35 전선의 굵기를 측정하는 공구는?

① 권척
② 메거
③ 와이어 게이지
④ 와이어 스트리퍼

해설 전선의 굵기 측정공구는 와이어 게이지

36 전기자를 고정시키고 자극 N, S를 회전시키는 동기 발전기는?

① 회전 계자법   ② 직렬 저항법
③ 회전 전기자법 ④ 회전 정류자형

해설 N극과 S극은 계자를 의미한다.
즉, 회전계자법이다.

37 유도 전동기에서 슬립이 1이면 전동기의 속도 N은?

① 동기 속도보다 빠르다.
② 정지이다.
③ 불변이다.
④ 동기속도와 같다.

해설 유도전동기 실제 속도 $N=N_s(1-S)$에서 $S=1$이면 정지이다.

38 가공전선로의 지지물에 시설하는 지선에서 맞지 않는 것은?

① 지선의 안전율은 2.5이상일 것
② 지선의 안전율은 2.5이상일 것, 이 경우 인장 하중은 4.31[kN]으로 한다.
③ 소선의 지름이 1.6[mm] 이상의 동선을 사용할 것
④ 지선에 연선을 사용할 경우에는 소선 3가닥 이상의 연선일 것

해설 지선의 조건
① 안전율은 2.5 이상일 것
② 하중은 4.31[kN]
③ 소선 3가닥 이상의 연선일 것

39 가요 전선관 공사에서 가요 전선관의 상호 접속에 사용하는 것은?

① 유니언 커플링
② 2호 커플링
③ 콤비네이션 커플링
④ 스플릿 커플링

해설 스플릿 커플링 : 가요 전선관 공사에서 가요 전선관의 상호 접속에 사용

40 동기기의 3상 단락곡선이 직선이 되는 이유는?

① 무부하 상태이므로
② 자기 포화가 있으므로
③ 전기자 반작용 이므로
④ 누설 리액턴스가 크므로

해설 동기기의 3상 단락곡선이 직선이 되는 이유는 전기자 반작용 때문이다.

41 3상 농형 유도 전동기의 속도 제어는 주로 어떤 제어를 사용하는가?

① 사이리스터 제어
② 2차 저항제어
③ 주파수 제어
④ 계자 제어

해설 농형유도전동기 속도제어에는 극수제어, 주파수제어, 전압제어가 있다.

정답 35. ③ 36. ① 37. ② 38. ③ 39. ④ 40. ③ 41. ③

42 유도 전동기의 Y-Δ 기동시 기동 토크와 기동 전류는 전전압 기동시의 몇 배가 되는가?

① $1/\sqrt{3}$　② $\sqrt{3}$
③ $1/3$　④ 3

[해설] 유도 전동기의 Y-Δ 기동시 기동 토크와 기동 전류는 전전압 기동시의 1/3 배이다.

43 직류 스테핑 모터(DC stepping motor)의 특징 설명 중 가장 옳은 것은?

① 교류 동기 서보 모터에 비하여 효율이 나쁘고 토크 발생도 작다.
② 이 전동기는 입력되는 각 전기 신호에 따라 계속하여 회전한다.
③ 이 전동기는 일반적인 공작 기계에 많이 사용된다.
④ 이 전동기의 출력을 이용하여 특수기계의 속도, 거리, 방향 등을 정확하게 제어가 가능하다.

[해설] 직류 스테핑 전동기의 출력을 이용하여 특수기계의 속도, 거리, 방향 등을 정확하게 제어가 가능하다.

44 합성수지 전선관 공사에서 하나의 관로 직각 곡률 개소는 몇 개소를 초과하여서는 안 되는가?

① 2개소　② 3개소
③ 4개소　④ 5개소

[해설] 합성수지 전선관 공사에서 하나의 관로 직각 곡률 개소는 3개소를 초과하여서는 안된다.

45 비교적 장력이 적고 타 종류의 지선을 시설할 수 없는 경우에 적용되는 지선은?

① 공동지선　② 궁지선
③ 수평지선　④ Y지선

[해설] 비교적 장력이 적고 타 종류의 지선을 시설할 수 없는 경우에는 궁지선을 적용한다.

46 화약류 저장장소의 배선공사에서 전용 개폐기에서 화약류 저장소의 인입구까지는 어떤 공사를 하여야 하는가?

① 케이블을 사용한 옥측 전선로
② 금속관을 사용한 지중 전선로
③ 케이블을 사용한 지중 전선로
④ 금속관을 사용한 옥측 전선로

[해설] 화약류 저장장소의 배선공사에서 전용 개폐기에서 화약류 저장소의 인입구까지는 케이블을 사용한 지중 전선로 공사를 한다.

47 220[V] 전선로에 사용하는 과전류 차단기용 퓨즈가 견디어야 할 전류는 정격전류의 몇 배인가?

① 1.5　② 1.25
③ 1.2　④ 1.1

[해설] 저압 전선로에 사용하는 과전류 차단기용 퓨즈는 정격전류의 1.5배에 견디어야 한다.

48 10[mm²] 이상의 굵은 단선의 분기 접속은 어떤 접속을 하여야 하는가?

① 브리타니아 접속
② 쥐꼬리 접속
③ 트위스트 접속
④ 슬리브 접속

정답 42. ③　43. ④　44. ②　45. ②　46. ③　47. ①　48. ①

해설 브리타니아 접속은 10[mm²] 이상의 굵은 단선의 분기 접속에 사용한다.

49 애자 사용공사에 의한 저압 옥내배선에서 잘못된 것은?

① 600[V] 비닐 절연 전선을 사용한다.
② 전선 상호간의 거리가 6[cm]이다.
③ 전선과 조영재 사이의 이격 거리는 사용전압이 400[V] 미만인 경우에는 5.5[cm] 이상일 것
④ 절연성, 내연성 및 내구성이 있어야 한다.

해설 전선과 조영재 사이의 이격 거리는 사용전압이 400[V] 미만인 경우에는 2.5[cm] 이하일 것

50 전압계, 전류계 등의 소손 방지용으로 계기 내에서 장치하고 봉입하는 퓨즈는 어느 것인가?

① 통형퓨즈   ② 판형퓨즈
③ 온도퓨즈   ④ 텅스텐퓨즈

해설 텅스텐퓨즈는 전압계, 전류계 등의 소손 방지용으로 계기 내에서 장치하고 봉입하는 퓨즈이다.

51 급·배수 회로 공사에서 탱크의 유량을 자동 제어하는데 사용되는 스위치는?

① 리밋 스위치
② 플로트레스 스위치
③ 텀블러 스위치
④ 타임 스위치

해설 플로트레스 스위치는 급·배수 회로 공사에서 탱크의 유량을 자동 제어에 사용하는 스위치이다.

52 1차가 22.9[kV-Y]의 배전선로이고, 2차가 220/380[V] 부하 공급시는 변압기 결선을 어떻게 하여야 하는가?

① Δ-Y   ② Y-Δ
③ Y-Y   ④ Δ-Δ

해설 우리나라 배전은 3상4선식으로 1차가 22.9[kV-Y], 2차가 220/380[V] 변압기 결선은 Y-Y 결선이다.

53 다음 중 알루미늄 전선의 접속 방법으로 적합하지 않은 것은?

① 직선 접속
② 분기 접속
③ 종단 접속
④ 트위스트 접속

해설 트위스트 접속은 알루미늄 전선의 접속을 하지 않는다.

54 박스 안에서 가는 전선을 접속할 때에 어떤 접속으로 하는가?

① 슬리브 접속
② 브리타니어 접속
③ 쥐꼬리 접속
④ 트위스트 접속

해설 쥐꼬리 접속은 박스 안에서 가는 전선을 접속할 때 사용한다.

정답 49.③ 50.④ 51.② 52.③ 53.④ 54.③

55 선로의 도중에 설치하여 회로에 고장 전류가 흐르게 되면 자동적으로 고장 전류를 감지하여 스스로 차단하는 차단기의 일종으로 단상용과 3상용으로 구분되어 있는 것은?

① 리클로저
② 선로용 퓨즈
③ 섹셔널 라이저
④ 자동구간 개폐기

[해설] 리클로저는 재폐로 차단기로서 고장이 생기면 자동적으로 고장전류를 감지하여 스스로 차단하는 장치이다.

56 1.6[mm] 19가닥의 경동연선의 바깥지름 [mm]은?

① 11 ② 10
③ 9 ④ 8

[해설] $D = (2n+1)d$
$= (2 \times 2 + 1) \times 1.6 = 8[mm]$
n : 층수 (19가닥은 $n=2$층이다.)
d : 소선 한가닥 직경

57 옥내 배선공사에서 대지전압 150[V]를 초과하고 300[V]이하 저압 전로의 인입구에 반드시 시설해야 하는 지락차단 장치는?

① 퓨즈
② 누전차단기
③ 배선용 차단기
④ 커버나이프 스위치

[해설] 누전차단기 설치조건 : 150[V] 초과 300[V] 이하 저압전로

58 점유 면적이 좁고 운전 보수에 안전하며 공장, 빌딩 등의 전기실에 많이 사용되는 배전반은 어떤 것인가?

① 데드 프런트형 ② 수직형
③ 큐비클형 ④ 라이브 프런트형

[해설] 큐비클형 점유 면적이 좁고 운전 보수에 안전하며 공장, 빌딩 등의 전기실에 많이 사용되는 배전반에 사용한다.

59 금속관 배관공사에서 절연 부싱을 사용하는 이유는?

① 박스 내에서 전선의 접속을 방지
② 관이 손상되는 것을 방지
③ 관 단에서 전선의 인입 및 교체시 발생하는 전선의 손상방지
④ 관의 인입구에서 조영재의 접속을 방지

[해설] 부싱은 전선의 손상 방지용 이다.

60 교류 전등 공사에서 금속관 내에 전선을 넣어 연결한 방법 중 옳은 것은?

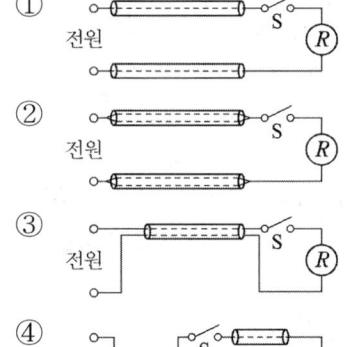

[해설] 금속관 내 전등 배선 방법은 1개 금속관을 이용한다.

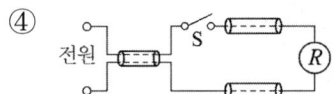

실전 모의고사 2회

1 어떤 회로의 부하전류가 10[A], 역률이 0.8일 때 부하의 유효 전류는 몇 A인가?

① 6 ② 8
③ 10 ④ 12

[해설] 유효전류 = 부하전류 × 역률
$= 10 \times 0.8 = 8[A]$

2 용량 30[AH]의 전지는 2[A]의 전류로 몇 시간[h] 사용할 수 있겠는가?

① 3 ② 7
③ 15 ④ 30

[해설] $Q = I \cdot t[C]$ 에서
$t = \dfrac{Q}{I} = \dfrac{30}{2} = 15[h]$

3 직렬공진회로에서 최대가 되는 것은?

① 전류   ② 임피던스
③ 리액턴스 ④ 저항

[해설] 직렬공진시 : 전류 최대, 임피던스 최소가 된다.
병렬공진시 : 전류 최소, 임피던스 최대가 된다.

4 RL 직렬회로에서 임피던스 $Z[\Omega]$의 크기를 나타내는 식은?

① $R^2 + X_L^2$ ② $R^2 - X_L^2$
③ $\sqrt{R^2 + X_L^2}$ ④ $\sqrt{R^2 - X_L^2}$

[해설] $Z = R + jX_L = \sqrt{R^2 + X_L^2}$

5 전압 1.5[V], 내부저항 0.2[Ω]의 전지 5개를 직렬로 접속하면 전전압은 몇 V인가?

① 5.7 ② 0.2
③ 1.0 ④ 7.5

[해설] 전전압 직렬 접속시
$E = n \cdot V = 5 \times 1.5 = 7.5[V]$

6 자장의 세기 10[AT/m]인 점에 자극을 놓았을 때 50N의 힘이 작용하였다. 이 자극의 세기는 몇 [Wb]인가?

① 5 ② 10
③ 15 ④ 25

[해설] 힘 $F = H \cdot m[N]$에서
자극의 세기 $m = \dfrac{F}{H} = \dfrac{50}{10} = 5[Wb]$

7 전기분해에 의해서 석출되는 물질의 양은 전해액을 통과한 총 전기량과 같으며, 그 물질의 화학당량에 비례한다. 이것을 무슨 법칙이라 하는가?

① 줄의 법칙
② 플레밍의 법칙
③ 키르히호프의 법칙
④ 패러데이의 법칙

정답 1. ② 2. ③ 3. ① 4. ③ 5. ④ 6. ① 7. ④

[해설] 패러데이의 법칙 :
전기분해에 의해서 석출되는 물질의 양은 전해액을 통과한 총 전기량과 같으며, 그 물질의 화학당량에 비례한다.

8 1[μF], 3[μF], 6[μF]의 콘덴서 3개를 병렬로 연결할 때 합성정전 용량은 몇 [μF]인가?

① 10　　② 8
③ 6　　④ 4

[해설] 콘덴서 병렬 합성용량
$C = 1 + 3 + 6 = 10[\mu F]$

9 단상 100[V], 800[W], 역률 80[%]인 회로의 리액턴스는 몇 [Ω]인가?

① 10　　② 8
③ 6　　④ 2

[해설] 유효전력 $P_r = \sqrt{3} \, VI\cos\theta$[W]에서
전류 $I = \dfrac{P}{V\cos\theta} = \dfrac{800}{100 \times 0.8} = 10$[A]
임피던스 $Z = \dfrac{V}{I} = \dfrac{100}{10} = 10[\Omega]$
리액턴스 $X = Z\sin\theta = 10 \times \sqrt{1 - 0.8^2} = 6[\Omega]$

10 동기 발전기의 출력 $P = \dfrac{(VE)}{X_s} \cdot \sin\delta$ [W]에서 각 항의 설명 중 잘못된 것은?

① V : 단자전압
② E : 유도 기전력
③ X_s : 동기 리액턴스
④ δ : 역률각

[해설] 역률각 : $\cos\delta$ 이다.

11 자체 인덕턴스가 L_1, L_2인 두 코일을 직렬로 접속하였을 때 합성 인덕턴스를 나타내는 식은? (단, 두 코일간의 상호 인덕턴스는 M이라고 한다.)

① $L_1 + L_2 + M$
② $L_1 - L_2 + M$
③ $L_1 + L_2 + 2M$
④ $L_1 + L_2 \pm M$

[해설] 합성 인덕턴스
가동코일 $L = L_1 + L_2 + 2M$
차동코일 $L = L_1 + L_2 - 2M$

12 권수 N[T]인 코일에 I[A]의 전류가 흘러 자속 Φ[Wb]가 발생할 때의 인덕턴스는 몇 [H]인가?

① $\dfrac{N\Phi}{I}$　　② $\dfrac{I\Phi}{N}$
③ $\dfrac{I}{N\Phi}$　　④ $\dfrac{\Phi}{NI}$

[해설] $LI = N\Phi$ 에서 인덕턴스 $L = \dfrac{N\Phi}{I}$[H] 이다.

13 긴 직선 도선에 I의 전류가 흐를 때 이 도선으로부터 r만큼 떨어진 곳의 자장의 세기는?

① 전류 I에 반비례하고 r에 비례한다.
② 전류 I에 비례하고 r에 반비례한다.
③ 전류 I의 제곱에 반비례하고 r에 반비례한다.
④ 전류 I에 반비례하고 r의 제곱에 반비례한다.

[해설] 자장의 세기 $H = \dfrac{I}{2\pi r}$[AT/m] 에서 전류 I에 비례하고, 거리 r에 반비례한다.

정답　8. ①　9. ③　10. ④　11. ③　12. ①　13. ②

14 등전위면은 전기력선과 어떤 관계가 있는가?

① 평행한다.
② 주기적으로 교차한다.
③ 직각으로 교차한다.
④ sin30도의 각으로 교차한다.

해설 등전위면과 전기력선은 교차한다.

15 $v = V_m \cdot \sin(\omega t + 30°)$ [V], $i = I_m \cdot \sin(\omega t - 30°)$ [A]일 때 전압을 기준으로 하면 전류의 위상차는?

① 60도 뒤진다. ② 60도 앞선다.
③ 30도 뒤진다. ④ 30도 앞선다.

해설 위상차 = 앞선위상 − 뒤진위상
     = 30 − (−30) = 60°

16 자속밀도 2[Wb/m²]의 평등 자장 안에 길이 20[cm]의 도선을 자장과 60°의 각도로 놓고 5[A]의 전류를 흘리면 도선에 작용하는 힘은 몇 [N]인가?

① 0.1 ② 0.75
③ 1.732 ④ 3.46

해설 $F = BIl\sin\theta = 2 \times 5 \times 0.2 \sin 60 = 1.732$

17 플레밍의 오른손 법칙에서 셋째 손가락의 방향은?

① 운동방향
② 자속밀도의 방향
③ 유도 기전력의 방향
④ 자력선의 방향

해설 플레밍의 오른손 법칙에서 셋째 손가락 은 유도 기전력의 방향 이다.

18 0.2[℧]의 컨덕턴스를 가진 저항체에 3[A]의 전류를 흘리려면 몇 [V]의 전압을 가하면 되겠는가?

① 5 ② 10
③ 15 ④ 20

해설 $V = \dfrac{I}{G} = \dfrac{3}{0.2} = 15$ [V]

19 파형률과 파고율이 모두 1인 파형은?

① 삼각파
② 정현파
③ 구형파
④ 반원파

해설

파형	파형률	파고율
정현파	1.11	1.414
정현반파	1.57	2
삼각파, 톱니파	1.15	1.73
구형반파	1.41	1.41
구형파	1	1

20 L[H]의 코일에 I[A]의 전류가 흐를 때 저축되는 에너지는 몇 [J]인가?

① LI ② $\dfrac{1}{2}LI$
③ LI^2 ④ $\dfrac{1}{2}LI^2$

해설 L[H]에 축적되는 에너지 $W = \dfrac{1}{2}LI^2$ [J]
C[F]에 축적되는 에너지 $W = \dfrac{1}{2}CV^2$ [J]

정답 14. ③ 15. ① 16. ③ 17. ③ 18. ③ 19. ③ 20. ④

21 히스테리시스 곡선이 횡축과 만나는 점의 값은 무엇을 나타내는가?

① 보자력   ② 잔류자기
③ 자속밀도 ④ 자장의 세기

[해설] 횡축(가로축) : 보자력, 자장의 값

22 출력 15[kW], 1500[rpm]으로 회전하는 전동기의 토크는 약 몇 [kg·m]인가?

① 6.54   ② 9.75
③ 47.78   ④ 95.55

[해설] $T = 0.975 \dfrac{P[\text{W}]}{N[\text{rpm}]} = 0.975 \times \dfrac{15000}{1500}$
$= 9.75[\text{kg} \cdot \text{m}]$

23 퍼센트 저항강하 3[%], 리액턴스 강하 4[%]인 변압기의 최대 전압변동률은 몇 [%]인가?

① 1   ② 3
③ 4   ④ 5

[해설] $\varepsilon = \sqrt{3^2 + 4^2} = 5[\%]$

24 역저지 3단자에 속하는 것은?

① SCR   ② SSS
③ SCS   ④ TRIAC

[해설] 역저지 3단자 : SCR

25 3상 전동기에 제동 권선을 설치하는 주된 목적은?

① 출력증가 ② 효율증가
③ 역률개선 ④ 난조방지

[해설] 제동권선 설치목적 : 난조방지(불평형 방지)

26 유도 전동기에서 슬립이 가장 큰 상태는?

① 무부하 운전시
② 경부하 운전시
③ 정격부하 운전시
④ 기동시

[해설] 기동시 슬립 $s = 1$

27 60[Hz]의 동기 전동기가 2극일 때 동기속도는 몇 [rpm]인가?

① 7200   ② 4800
③ 3600   ④ 2400

[해설] $N_s = \dfrac{120}{P}f = \dfrac{120}{2} \times 60 = 3600[\text{rpm}]$

28 3상 권선형유도 전동기에서 2차측 저항을 2배로 하면 그 최대 토크는 어떻게 되는가?

① 변하지 않는다.
② 2배로 된다.
③ $\sqrt{2}$ 배로 된다.
④ 1/2 배로 된다.

[해설] 3상 권선형 유도전동기는 최대토크가 변하지 않는다.

29 다극 중권 직류발전기의 전기자 권선에 균압 고리를 설치하는 이유는?

① 브러시에서 불꽃을 방지하기 위하여
② 전기자 반작용을 방지하기 위하여
③ 정류 기전력을 높이기 위하여
④ 전압 강하를 방지하기 위하여

[정답] 21. ① 22. ② 23. ④ 24. ① 25. ④ 26. ④ 27. ③ 28. ① 29. ①

[해설] 브러시에서 불꽃을 방지하기 위하여 전기자 권선에 균압 고리를 설치한다.

30 역률과 효율이 좋아서 가정용 선풍기, 전기세탁기, 냉장고 등에 주로 사용되는 것은?

① 분상 기동형 전동기
② 콘덴서 기동형 전동기
③ 반발 기동형 전동기
④ 셰이딩 코일형 전동기

[해설] 콘덴서 기동형 전동기 : 역률과 효율이 좋아서 가정용 선풍기, 전기세탁기, 냉장고 등에 주로 사용

31 직류를 교류로 변환하는 장치로서 초고속 전동기의 속도 제어용 전원이나 형광등의 고주파 점등에 이용되는 것은?

① 인버터　　② 컨버터
③ 변성기　　④ 변류기

[해설] 인버터 : 직류를 교류로 변환하는 장치
컨버터 : 교류를 직류로 변환하는 장치

32 분권전동기에 대한 설명으로 틀린 것은?

① 토크는 전기자 전류의 자승에 비례한다.
② 부하전류에 따른 속도 변화가 거의 없다.
③ 계자회로에 퓨즈를 넣어서는 안 된다.
④ 계자 권선과 전기자 권선이 전원에 병렬로 접속되어 있다.

[해설] 분권전동기는 토크는 전기자 전류의 비례한다.

33 회전자 입력 10[kW], 슬립 4[%]인 3상 유도전동기의 2차 동손은 몇 [kW]인가?

① 9.6　　② 4
③ 0.4　　④ 0.2

[해설] $P_{C2} = S \cdot P_2 = 0.04 \times 10 = 0.4[kW]$

34 직류기의 주요 구성 3요소가 아닌 것은?

① 전기자　　② 정류자
③ 계자　　　④ 보극

[해설] 직류기 3요소 : 계자, 전기자, 정류자

35 변압기 결선 방식에서 Δ-Δ 결선방식에 대한 설명으로 틀린 것은?

① 단상 변압기 3대중 1대의 고장이 생겼을 때 2대로 V결선하여 사용할 수 있다.
② 외부에 고조파 전압이 나오지 않으므로 통신장해의 염려가 없다.
③ 중성점 접지를 할 수 없다.
④ 100 kV 이상 되는 계통에서 사용되고 있다.

[해설] 변압기 결선 방식에서 Δ-Δ 결선은 20~30 [kV] 사이에 사용한다.

36 발전제동의 설명으로 잘못된 것은?

① 직류 전동기는 전기자 회로를 전원에서 끊고 저항을 접속한다.
② 유도 전동기는 1차 권선에 직류를 통하고 2차쪽(회전자)은 단락한다.

정답　30. ②　31. ①　32. ①　33. ③　34. ④　35. ④　36. ④

③ 전동기를 발전기로 운전하여 회전부분의 운동에너지를 전기회로 중의 저항에서 열로 소비시키면서 제동하는 방법이다.
④ 전동기의 유도 기전력을 전원 전압보다 높게 한다.

[해설] 발전제동시 전동기의 유도기전력을 전원 전압보다 높게하면 안된다.

37 변압기의 원리는 어느 작용을 이용한 것인가?

① 전자유도작용   ② 정류작용
③ 발열작용   ④ 화학작용

[해설] 변압기 원리-전자유도작용

38 계기용 변압기의 2차측 단자에 접속하여야 할 것은?

① O.C.R   ② 전압계
③ 전류계   ④ 전열부하

[해설] 계기용변압기 2차측 전압계 설치

39 변압기의 임피던스 전압에 대한 설명으로 옳은 것은?

① 여자전류가 흐를 때의 2차측 단자전압이다.
② 정격전류가 흐를 때의 2차측 단자전압이다.
③ 정격전류에 의한 변압기 내부 전압강하이다.
④ 2차 단락전류가 흐를 때의 변압기 내의 전압강하이다.

[해설] 변압기 임피던스 전압은 정격전류에 의한 변압기 내부 전압강하이다.

40 동기발전기의 병렬운전에서 같지 않아도 되는 것은?

① 위상   ② 주파수
③ 용량   ④ 전압

[해설] 동기발전기 병렬운전
기전력의 크기 같을 것
기전력의 위상 같을 것
기전력의 주파수 같을 것
기전력의 파형 같을 것

41 전선과 기계기구의 단자를 접속할 때 사용되는 것은?

① 절연테이프
② 동관단자
③ 관형 슬리브
④ 압축형 슬리브

[해설] 전선과 기계기구의 단자를 접속시 동관단자 사용

42 철근 콘크리트주의 길이가 16[m]이고 설계하중이 80[kg]인 것을 지반이 약한 곳에 시설하는 경우, 그 묻히는 깊이를 다음 보기 항과 같이 하였다. 옳게 시공된 것은?

① 1 m   ② 1.8 m
③ 2 m   ④ 2.8 m

[해설] 철근 콘크리트주의 길이가 16[m]이고 설계하중이 80[kg]인 것을 지반이 약한 곳에 시설하는 경우 묻히는 깊이는 2.8[m]

[정답] 37. ① 38. ② 39. ③ 40. ③ 41. ② 42. ④

43 전선의 공칭단면적에 대한 설명으로 옳지 않은 것은?

① 소선 수와 소선의 지름으로 나타낸다.
② 단위는 [mm^2]로 표시한다.
③ 전선의 실제단면적과 같다.
④ 연선의 굵기를 나타내는 것이다.

[해설] 전선의 공칭단면적과 전선의 실제단면적은 다르다.

44 피쉬 테이프(Fish tape)의 용도로 옳은 것은?

① 전선을 테이핑하기 위하여 사용된다.
② 전선관의 끝마무리를 위해서 사용된다.
③ 배관에 전선을 넣을 때 사용된다.
④ 합성수지관을 구부릴 때 사용된다.

[해설] 피쉬 테이프(Fish tape) - 배관에 전선을 넣을 때 사용된다.

45 분기회로 설계에서 표준부하를 20[VA/m^2]으로 하여야 하는 건물은?

① 교회   ② 학교
③ 은행   ④ 아파트

[해설] 학교, 음식점 - 표준 부하를 20[VA/m^2]

46 급수용으로 수조의 수면 높이에 의해 자동적으로 동작하는 스위치는?

① 팬던트 스위치   ② 플로트 스위치
③ 캐너피 스위치   ④ 텀블러 스위치

[해설] 플로트 스위치 - 급수용으로 수조의 수면 높이에 의해 자동적으로 동작하는 스위치

47 금속관 공사시 나사턱은?

① 3턱   ② 5턱
③ 7턱   ④ 8턱

48 단선의 접속에서 전선의 굵기가 10[mm^2] 이상 되는 굵은 전선을 직선 접속할 때 어떤 방법으로 하는가?

① 슬리브 접속   ② 우산형 접속
③ 트위스트 접속   ④ 브리타니아 접속

[해설] 브리타니아 접속 - 단선의 접속에서 전선의 굵기가 10[mm^2] 이상 되는 굵은 전선을 직선 접속

49 금속제 가요전선관을 새들 등으로 지지하여 조영재의 측면에 수평방향으로 시설하는 경우 지지점간의 거리는 몇 [m]이하로 하여야 하는가?

① 1   ② 1.2
③ 1.5   ④ 2.0

[해설] 금속제 가요전선관을 새들 등으로 지지하여 조영재의 측면에 수평방향으로 시설하는 경우 지지점간의 거리는 1[m] 이하

50 금속관 공사에 대한 설명으로 틀린 것은?

① 전선이 금속관 속에 보호되어 안정적이다.
② 단락사고, 접지사고 등에 있어서 화재의 우려가 적다.
③ 방습장치를 할 수 있으므로 전선을 내수적으로 시설할 수 있다.
④ 접지공사를 하지 않아도 감전의 우려가 없다.

정답 43. ③ 44. ③ 45. ② 46. ② 47. ② 48. ④ 49. ① 50. ④

해설 금속관 공사시 감전사고 방지를 위해서 접지는 반드시 시설해야 한다.

51 가공 인입선 중 수용장소의 인입선에서 분기하여 다른 수용장소의 인입구에 이르는 전선을 무엇이라 하는가?

① 소주인입선
② 이웃 연결 인입선
③ 본주인입선
④ 인입간선

해설 이웃 연결 인입선 – 가공 인입선 중 수용장소의 인입선에서 분기하여 다른 수용장소의 인입구에 이르는 전선

52 박강 전선관의 표준 굵기가 아닌 것은?

① 15[mm]
② 16[mm]
③ 25[mm]
④ 39[mm]

해설 16[mm]는 후광 전선관이다.

53 과전류차단기로 시설하는 퓨즈 중 고압전로에 사용하는 포장 퓨즈는 정격전류의 몇 배의 전류에 견디어야 하는가?

① 1배
② 1.25배
③ 1.3배
④ 3배

해설 과전류차단기로 시설하는 퓨즈 중 고압전로에 사용하는 포장 퓨즈는 정격전류의 1.3배의 전류에 견디어야 한다.

54 저압 단상 3선식 회로의 중성선에는 어떻게 하는가?

① 다른 선의 퓨즈와 같은 용량의 퓨즈를 넣는다.
② 다른 선의 퓨즈의 2배 용량의 퓨즈를 넣는다.
③ 다른 선의 퓨즈의 1/2배 용량의 퓨즈를 넣는다.
④ 퓨즈를 넣지 않고 동선으로 직결한다.

해설 저압 단상 3선식 회로의 중성선에는 퓨즈를 넣지 않고 동선으로 직결한다.

55 연피 케이블의 접속에 반드시 사용되는 테이프는?

① 고무테이프
② 비닐테이프
③ 리노테이프
④ 자기융착테이프

해설 리노테이프는 연피 케이블의 접속에 사용한다.

56 흥행장에 시설하는 전구선이 아크 등에 접근하여 과열 될 우려가 있을 경우 어떤 전선을 사용하는 것이 바람직한가?

① 비닐 피복전선
② 내열성 피복전선
③ 내약품성 피복전선
④ 내화학성 피복

해설 내열성 피복전선 – 흥행장에 시설하는 전구선이 아크 등에 접근하여 과열될 우려가 있을 경우

정답 51. ② 52. ② 53. ③ 54. ④ 55. ③ 56. ②

57 일정 값 이상의 전류가 흘렀을 때 동작하는 계전기는?

① OCR ② OVR
③ UVR ④ GR

[해설] OCR(과전류계전기) – 일정 값 이상의 전류가 흘렀을 때 동작

58 HIV 전선은 무슨 전선인가?

① 전열기용 캡타이어 케이블
② 전열기용 고무 절연전선
③ 전열기용 평행절연전선
④ 내열용 비닐절연전선

[해설] HIV 전선 – 내열용 비닐절연전선

59 경질 비닐관의 가공작업으로 볼 수 없는 것은?

① 90도 구부리기
② 2호 박스 커넥터 만들기
③ S형 및 반 오프셋 만들기
④ 커플링과 부싱 만들기

[해설] 경질 비닐관의 가공작업
90도 구부리기, S형 및 반 오프셋 만들기, 커플링과 부싱 만들기

60 불연성 먼지가 많은 장소에 시설할 수 없는 저압 옥내 배선의 방법은?

① 금속관 배선
② 두께가 1.2[mm]인 합성수지관 배선
③ 금속제 가요전선관 배선
④ 애자 사용 배선

[해설] 합성수지관 배선의 두께는 2.0[mm]

정답 57. ① 58. ④ 59. ② 60. ②

실전 모의고사 3회

1 반지름 r, 권수 N인 원형 코일에 전류 I [A]가 흐를 때 그 중심의 자장의 세기의 식은?

① $\dfrac{N \cdot I}{2r}$ ② $\dfrac{I}{N}$

③ $\dfrac{N \cdot I}{4r}$ ④ $\dfrac{N \cdot I}{2}\pi r$

[해설] 원형코일 자장 $H = \dfrac{N \cdot I}{2r}$

2 볼타 전지로부터 전류를 얻게 되면 양극의 표면이 수소기체에 의해 둘러싸이게 되는데 이를 무엇이라 하는가?

① 전해작용   ② 화학작용
③ 전기분해   ④ 분극작용

[해설] 분극작용은 전류를 얻게 되면 양극표면이 수소기체에 의해 둘러싸이게 된다.

3 공기 중에서 m [Wb]로부터 나오는 자력선의 총 수는?

① $\dfrac{\mu_0}{m}$ ② $\dfrac{m_0}{\mu}$

③ $\dfrac{m}{\mu_0}$ ④ $\mu_0 m$

[해설] 공기중에 자력선수 $N = \dfrac{m}{\mu_s \mu_0} = \dfrac{m}{\mu_0}$
여기서, 비투자율 $\mu_s = 1$ 이다.

4 비오-사바르의 법칙과 가장 관계가 깊은 것은?

① 전류가 만드는 자장의 세기
② 전류와 전압의 관계
③ 기전력과 자계의 세기
④ 기전력과 자속의 변화

[해설] 비오-사바르의 법칙은 전류가 만드는 자장의 세기 관계식이다.

5 1[W · sec]와 같은 것은?

① 1[J]   ② 1[F]
③ 1[kcal]   ④ 860[kWh]

[해설] 1[J]=1[W · sec]

6 교류의 파형률이란?

① $\dfrac{최대값}{실효값}$ ② $\dfrac{평균값}{실효값}$

③ $\dfrac{실효값}{평균값}$ ④ $\dfrac{실효값}{최대값}$

[해설] 파형률 = $\dfrac{실효값}{평균값}$

파고율 = $\dfrac{최대값}{실효값}$

7 다음 중 강자성체가 아닌 것은?

① 니켈   ② 철
③ 백금   ④ 망간

정답 1. ①   2. ④   3. ③   4. ①   5. ①   6. ③   7. ③

해설 강자성체 : 니켈, 철, 망간

8 자체 인덕턴스 L_1, L_2 상호 인덕턴스 M인 두 코일의 결합 계수가 1이면 어떤 관계가 되는가?

① $M = L_1 \times L_2$
② $M = \sqrt{L_1 \times L_2}$
③ $M = L_1 \sqrt{L_2}$
④ $M > \sqrt{L_1 \times L_2}$

해설 $M = k\sqrt{L_1 \times L_2} = \sqrt{L_1 \times L_2}$ [H]
여기서, 완전결합은 $k = 1$

9 정전 흡인력에 대한 설명 중 옳은 것은?

① 정전 흡인력은 전압의 제곱에 비례한다.
② 정전 흡인력은 극판 간격에 비례한다.
③ 정전 흡인력은 극판 면적의 제곱에 비례한다.
④ 정전 흡인력은 쿨롱의 법칙으로 직접 계산한다.

해설 정전 흡인력은 전압 제곱 비례한다.

10 500[Ω]의 저항에 1[A]의 전류가 1분 동안 흐를 때에 발생하는 열량은 몇 [cal]인가?

① 3,600   ② 5,000
③ 6,200   ④ 7,200

해설 발열량 $H = 0.24 I^2 Rt$
$= 0.24 \times 1^2 \times 500 \times 60$
$= 7200$[cal]

11 $e = 141.4 \sin(100\pi t)$[V]의 교류전압이 있다. 이 교류의 실효값은 몇 [V]인가?

① 100   ② 110
③ 141   ④ 282

해설 실효값$(V) = \dfrac{V_m(\text{최대값})}{\sqrt{2}} = \dfrac{141.4}{\sqrt{2}}$
$= 100$[V]

12 전자력의 방향과 관계가 없는 것은?

① 렌쯔의 법칙
② 패러데이의 법칙
③ 플레밍의 오른손법칙
④ 플레밍의 왼손법칙

해설 플레밍의 왼손법칙 – 전동기 원리로 전자력과 관계없다.

13 Y결선에서 상전압이 220[V]이면 선간전압은 약 몇 [V]인가?

① 110   ② 220
③ 380   ④ 440

해설 선간전압$(V_l) = \sqrt{3} \times$ 상전압(V_P)
$= \sqrt{3} \times 220 = 380$[V]

14 3,000/3,300[V]인 단권변압기의 자기 용량은 약 몇 [kVA]인가?
(단, 부하는 1,000[kVA] 이다.)

① 90   ② 70
③ 50   ④ 30

해설 자기용량 $= \dfrac{e_2}{V_2} \times$ 부하용량
$= \dfrac{V_2 - V_1}{V_1} \times$ 부하용량

정답 8. ② 9. ① 10. ④ 11. ① 12. ④ 13. ③ 14. ①

$$= \frac{3300-3000}{3300} \times 1000$$
$$= 90[kVA]$$

15 다음 중 저저항 측정에 사용되는 브리지는?

① 휘트스톤 브리지
② 빈브리지
③ 맥스웰 브리지
④ 켈빈 더블 브리지

[해설] 저저항 측정 - 켈빈 더블 브리지

16 $v = 100\sqrt{2} \cdot \sin(120\pi t + \pi/4)$[V], $i = 100\sin(120\pi t + \pi/2)$[A]인 경우 전류는 전압보다 위상이 어떻게 되는가?

① $\pi/2$[rad] 만큼 앞선다.
② $\pi/2$[rad] 만큼 뒤진다.
③ $\pi/4$[rad] 만큼 앞선다.
④ $\pi/4$[rad] 만큼 뒤진다.

[해설] 전압과 전류의 위상차 $\frac{\pi}{2} - \frac{\pi}{4} = \frac{\pi}{4}$가 발생한다. 여기서, 전류가 $\frac{\pi}{2}$[rad]이고 전압이 $\frac{\pi}{4}$[rad] 이므로 전류의 위상이 $\frac{\pi}{4}$[rad] 앞선다.

17 권선수 50인 코일에 5[A]의 전류가 흘렀을 때 10^{-3}의 자속이 코일 전체를 쇄교하였다면 이 코일의 자체 인덕턴스는?

① 10[mH] ② 20[mH]
③ 30[mH] ④ 40[mH]

[해설] $LI = N\Phi$ 에서
$$L = \frac{N\Phi}{I} = \frac{50 \times 10^{-3}}{5} \times 10^3 = 10[mH]$$

18 RL 병렬회로에서 합성 임피던스는 어떻게 표현되는가?

① $\frac{R}{R^2 + X_L^2}$ ② $\frac{X_L}{\sqrt{R^2 - X_L^2}}$
③ $\frac{R + X_L}{R^2 + X_L^2}$ ④ $\frac{R \cdot X_L}{\sqrt{R^2 + X_L^2}}$

[해설] RL 병렬회로에서 합성 임피던스
$$= \frac{R \cdot X_L}{\sqrt{R^2 + X_L^2}}$$

19 다음 중 직렬공진회로에서 최대가 되는 것은?

① 임피던스 ② 리액턴스
③ 저항   ④ 전류

[해설] 직렬공진 : 전류 최대, 임피던스 최소

20 자기 저항의 단위는 어느 것인가?

① H/m   ② AT/Wb
③ AT/m   ④ Wb/m

[해설] 자기저항 $R_m = \frac{NI}{\Phi} = \frac{l}{\mu A}$[AT/Wb]
l : 길이, μ : 투자율, A : 단면적

21 6[μF], 4[μF]의 두 콘덴서를 직렬 접속할 때 합성 정전용량은 몇 [μF]인가?

① 7.2   ② 2.4
③ 10   ④ 24

[해설] $C = \frac{6 \times 4}{6+4} = 2.4[\mu F]$

[정답] 15. ④ 16. ③ 17. ① 18. ④ 19. ④ 20. ② 21. ②

22 계자 철심에 잔류자기가 없어도 발전되는 직류기는?

① 분권기 ② 직권기
③ 복권기 ④ 타여자기

[해설] 타여자 발전기는 계자 철심에 잔류자기가 없어도 발전가능한다.

23 변압기에서 퍼센트 저항강하 3[%], 리액턴스 강하 4[%]일 때 역률 0.8(지상)에서의 전압변동률은?

① 2.4[%] ② 3.6[%]
③ 4.8[%] ④ 6[%]

[해설] $\epsilon = P\cos\theta + q\sin\theta$
$= 3 \times 0.8 + 4 \times 0.6 = 4.8[\%]$

24 동기전동기의 기동 토크는 몇 [N·m]인가?

① 0   ② 150
③ 100 ④ 200

[해설] 동기전동기 기동토크는 0 이다.

25 3상 유도전동기의 출력이 4[kW], 효율 80[%]의 기계적 손실은 몇 [kW]인가?

① 0.5 ② 1.0
③ 1.5 ④ 1.75

[해설] 입력 $= \dfrac{출력}{효율} = \dfrac{4}{0.8} = 5[kW]$
기계적 손실=입력-출력$=5-4=1[kW]$

26 직류 전동기를 기동할 때 전기자 전류를 제한하는 가감 저항기를 무엇이라 하는가?

① 단속기 ② 제어기
③ 가속기 ④ 기동기

[해설] 직류전동기 기동시 전기자 전류제한은 기동기라 한다.

27 동작 시한이 구동 전기량이 커질수록 짧아지고, 구동 전기량이 작을수록 시한이 길어지는 계전기는?

① 계단형 한시계전기
② 정한시 계전기
③ 순한시 계전기
④ 반한시 계전기

[해설] 반한시 계전기는 동작 시한이 구동 전기량이 커질수록 짧아지고, 구동 전기량이 작을수록 시한이 길어지는 계전기 이다.

28 3상 동기기의 제동 권선의 효용은?

① 난조방지 ② 역률개선
③ 출력증강 ④ 전압조정

[해설] 난조(불평형)방지 - 제동권선

29 주파수가 60[Hz]인 3상 4극의 유도 전동기가 있다. 슬립이 3[%]일 때 이 전동기의 회전수는 몇 [rpm]인가?

① 1,200 ② 1,526
③ 1,746 ④ 1,800

[해설] 유도전동기 속도
$N = N_S(1-S) = \dfrac{120}{P}f(1-S)$
$= \dfrac{120}{4} \times 60 \times (1-0.03)$
$= 1746[rpm]$

정답 22. ④ 23. ③ 24. ① 25. ② 26. ④ 27. ④ 28. ① 29. ③

30 전동기의 온도 상승에 대한 보호는?

① 비율차동계전기
② 부족전압계전기
③ 과전류계전기
④ 열동 계전기

[해설] 열동계전기(THR) – 전동기의 온도 상승에 대한 보호

31 다음 중 유도전동기에서 비례추이를 할 수 있는 것은?

① 출력   ② 2차 동손
③ 효율   ④ 역률

[해설] 비례추이 할 수 없는 것 : 출력, 2차동손, 효율, 동기속도는 비례추이할 수 없다.

32 변압기 명판에 나타내는 정격에 대한 설명이다. 틀린 것은?

① 변압기의 정격출력 단위는 [kW]이다.
② 변압기 정격은 2차측을 기준으로 한다.
③ 변압기의 정격은 용량, 전류, 전압, 주파수 등으로 결정된다.
④ 정격이란 정해진 규정에 적합한 범위 내에서 사용할 수 있는 한도이다.

[해설] 변압기 정격출의 단위[kVA] 이다.

33 동기발전기의 3상 단락곡선은 무엇과 무엇의 관계 곡선인가?

① 계자 전류와 단락전류
② 정격전류와 계자전류
③ 여자전류와 계자전류
④ 정격전류와 단락전류

[해설] 동기발전기의 3상 단락곡선 : 계자 전류와 단락 전류 관계

34 유도 전동기에서 회전 방향을 바꿀 수 없고, 구조가 극히 단순하며, 기동 토크가 대단히 작아서 운전 중에도 코일에 전류가 계속 흐르므로 소형 선풍기 등 출력이 매우 작은 0.05마력 이하의 소형 전동기에 사용되고 있는 것은?

① 셰이딩 코일형 유도 전동기
② 영구 콘덴서형 단상 유도 전동기
③ 콘덴서 기동형 단상 유도 전동기
④ 분상 기동형 단상 유도 전동기

[해설] 셰이딩 코일형 유도 전동기 – 회전 방향을 바꿀 수 없고, 구조가 극히 단순하며, 기동 토크가 대단히 작아서 운전 중에도 코일에 전류가 계속 흐르므로 소형 선풍기 등 출력이 매우 작은 0.05마력 이하의 소형 전동기에 사용한다.

35 인버터란?

① 교류→직류   ② 직류→교류
③ 교류→교류   ④ 직류→직류

[해설] 직류 전력을 교류 전력으로 바꾸는 장치.

36 트라이액(TRIAC)의 기호는?

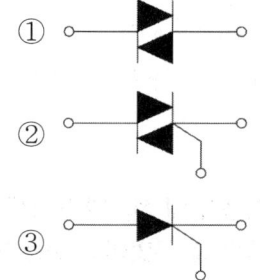

정답 30. ④ 31. ④ 32. ① 33. ① 34. ① 35. ② 36. ②

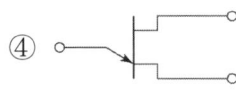

[해설] 트라이액(TRIAC)

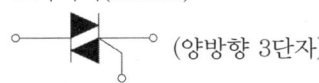 (양방향 3단자)

36 단락비가 큰 동기기는?

① 안정도가 높다.
② 기기가 소형이다.
③ 전압변동률이 크다.
④ 전기자 반작용이 크다.

[해설] 단락비가 큰 동기기는 안정도가 높다.

37 3,300/220[V] 변압기의 1차에 20[A]의 전류가 흐르면 2차 전류는 몇 [A]인가?

① 1/30
② 1/3
③ 30
④ 300

[해설] 권수비 $a = \dfrac{V_1}{V_2} = \dfrac{N_1}{N_2} = \dfrac{I_2}{I_1}$

여기서, $a = \dfrac{V_1}{V_2} = \dfrac{3300}{220} = 15$

$I_2 = I_1 \, a = 15 \times 20 = 300[A]$

38 3상 유도 전동기의 운전 중 급속 정지가 필요할 때 사용하는 제동방식은?

① 단상제동
② 회생제동
③ 발전제동
④ 역상제동

[해설] 3상 유도 전동기 급제동 - 역상제동
단상 - 기동권선 접속을 반대
3상 - 3선중 2선 반대

39 직류 분권 전동기에서 운전 중 계자 권선의 저항을 증가하면 회전속도는 어떻게 되는가?

① 감소한다.
② 증가한다.
③ 일정하다.
④ 증가하다가 계자 저항이 무한대가 되면 감소한다.

[해설] 직류 분권 전동기에서 운전 중 계자 권선의 저항을 증가하면 회전속도는 증가한다.

40 폭연성 분진이 존재하는 곳의 금속관 공사에 있어서 관 상호간 및 관과 박스 기타의 부속품, 풀박스 또는 전기기계기구와의 접속은 몇 턱이상의 나사 조임으로 접속하여야 하는가?

① 2턱
② 3턱
③ 4턱
④ 5턱

[해설] 폭연성 분진이 존재하는 곳의 금속관 공사에 있어서 관 상호간 및 관과 박스 기타의 부속품, 풀박스 또는 전기기계기구와의 접속은 5턱 이상의 나사 조임

41 지지물에 전선 그 밖의 기구를 조정하기 위하여 완금, 완목, 애자 등을 장치하는 것을 무엇이라 하는가?

① 건주
② 가선
③ 장주
④ 경간

[해설] 장주는 지지물에 전선 그 밖의 기구를 조정하기 위하여 완금, 완목, 애자 등을 장치하는 것이다.

정답 37. ④ 38. ④ 39. ② 40. ④ 41. ③

42 배전반 및 분전반의 설치장소로 적합하지 않은 곳은?

① 전기회로를 쉽게 조작할 수 있는 장소
② 개폐기를 쉽게 조작할 수 있는 장소
③ 안정된 장소
④ 은폐된 장소

[해설] 배전반 및 분전반의 설치장소는 노출된 장소 해 한다.

43 전환 스위치의 종류로 한 개의 전등을 두 곳에서 전등을 자유롭게 점멸할 수 있는 스위치는?

① 펜던트 스위치　② 3로 스위치
③ 코드 스위치　　④ 단로 스위치

[해설] 3로 스위치는 전환 스위치의 종류로 한 개의 전등을 두 곳에서 전등을 자유롭게 점멸할 수 있는 스위치이다.

44 전파정류회로의 브리지 다이오드 회로를 나타낸 것은? (단, 왼쪽은 입력 오른쪽은 출력이다)

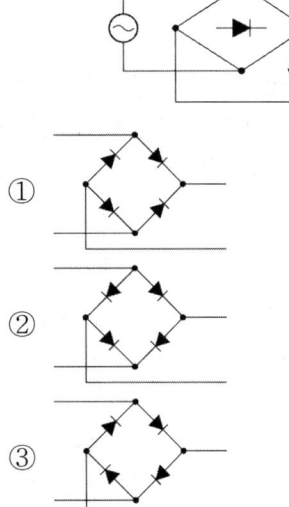

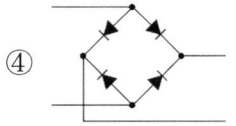

[해설] 왼쪽(입력)-교류
오른쪽(출력)-직류

45 옥외용 비닐절연전선의 약호는?

① OW　　② DV
③ IV　　　④ VV

[해설] OW : 옥외용 비닐절연전선

46 주상변압기를 철근콘크리트 전주에 설치할 때 사용되는 것은?

① 암 밴드　　② 암타이 밴드
③ 앵커　　　　④ 행거밴드

[해설] 행거밴드는 주상변압기를 철근콘크리트 전주에 고정시키기 위해 사용된다.

47 지중선로 차량 압력 받을 우려 있는 경우 깊이는?

① 0.6[m]　　② 1.0[m]
③ 1.2[m]　　④ 1.5[m]

[해설]
- 지중선로 차량 압력 받을 우려 없는 경우는 0.6[m]
- 지중선로 차량 압력 받을 우려 있는 경우는 1.0[m]

48 전선의 접속이 불완전하여 발생할 수 있는 사고로 볼 수 없는 것은?

① 감전　　② 누전
③ 화재　　④ 타박상

[해설] 전선의 접속이 불완전하여 발생할 수 있는 사고 : 감전, 누전, 화재

49 버스 덕트공사에서 도중에 부하를 접속할 수 있도록 제작한 덕트는?

① 피더 버스 덕트
② 플러그인 버스 덕트
③ 트롤리 버스 덕트
④ 이동 부하 버스 덕트

[해설] 플러그인 버스 덕트는 버스 덕트공사에서 도중에 부하를 접속할 수 있도록 제작한 덕트이다.

50 금속관을 아우트렛 박스에 로크너트만으로 고정하기 어려울 때 보조적으로 사용되는 재료는?

① 링 리듀서
② 유니온 커플링
③ 커넥터
④ 부싱

[해설] 링 리듀서는 금속관을 아우트렛 박스에 로크너트만으로 고정하기 어려울 때 보조적으로 사용되는 재료이다.

51 다음 중 과부하뿐만 아니라 정전시나 저전압일 때 자동적으로 차단되어 전동기의 소손을 방지하는 스위치는?

① 안전 스위치
② 마그네트 스위치
③ 자동 스위치
④ 압력 스위치

[해설] 마그네트 스위치는 과부하뿐만 아니라 정전시나 저전압일 때 자동적으로 차단되어 전동기의 소손을 방지하는 스위치이다.

52 우수한 조명의 조건이 되지 못하는 것은?

① 조도가 적당할 것
② 균등한 광속 발산도 분포일 것
③ 그림자가 없을 것
④ 광색이 적당할 것

[해설] 우수한 조명의 조건
① 조도가 적당할 것
② 균등한 광속 발산도 분포일 것
③ 광색이 적당할 것

53 저압 가공인입선이 횡단보도교 위에 시설되는 경우 노면상 몇 [m] 이상의 높이에 설치되어야 하는가?

① 3   ② 4
③ 5   ④ 6

[해설] 저압 가공인입선이 횡단보도교 위에 시설되는 경우 노면상 6[m] 이상의 높이에 설치되어야 한다.

54 피시 테이프(fish tape)의 용도는?

① 전선을 테이핑 하기 위해서 사용
② 전선관의 끝마무리를 위해서 사용
③ 배관에 전선을 넣을 때 사용
④ 합성수지관을 구부릴 때 사용

[해설] 피시 테이프(fish tape)는 배관에 전선을 넣을 때 사용한다.

55 조명용 백열전등을 호텔 또는 여관 객실의 입구에 설치할 때나 일반 주택 및 아파트 각 실의 현관에 설치할 때 사용되는 스위치는?

① 타임스위치   ② 누름버튼스위치
③ 토글스위치   ④ 로터리스위치

정답 49. ② 50. ① 51. ② 52. ③ 53. ④ 54. ③ 55. ①

[해설] 타임스위치는 조명용 백열전등을 호텔 또는 여관 객실의 입구에 설치할 때나 일반 주택 및 아파트 각 실의 현관에 설치할 때 사용한다.

56 콘크리트에 매입하는 금속관 공사에서 직각으로 배관할 때 사용하는 것은?

① 노멀밴드
② 뚜껑이 있는 엘보
③ 서비스 엘보
④ 유니버설 엘보

[해설] 노멀밴드는 콘크리트에 매입하는 금속관 공사에서 직각으로 배관할 때 사용

57 금속 전선관 공사에서 사용되는 후강 전선관의 규격[mm]이 아닌 것은?

① 16　　② 28
③ 36　　④ 50

[해설] 후강 전선관의 규격 : 16, 22, 28, 36, 42, 54등

58 다음 중 금속전선관의 호칭을 맞게 기술한 것은?

① 박강, 후강 모두 내경으로 [mm]로 나타낸다.
② 박강은 내경, 후강은 외경으로 [mm]로 나타낸다.
③ 박강은 외경, 후강은 내경으로 [mm]로 나타낸다.
④ 박강, 후강 모두 외경으로 [mm]로 나타낸다.

[해설] 박강전선관은 외경, 후강전선관은 내경으로 한다. 단위는 [mm]로 표시한다.

59 접지극에 대한 설명 중 바람직하지 못한 것은?

① 동판을 사용하는 경우에는 두께 0.7 [mm]이상, 면적 $900[cm^2]$ 편면 이상이어야 한다.
② 동봉, 동피복강봉을 사용하는 경우에는 지름 8[mm]이상, 길이 0.9[mm] 이상이어야 한다.
③ 철봉을 사용하는 경우에는 지름 12 [mm]이상, 길이 0.9[mm] 이상의 아연 도금한 것을 사용한다.
④ 접지선과 접지극을 접속하는 경우에는 납과 주석의 합금으로 땜하여 접속한다.

[해설] 접지선과 접지극을 접속하는 경우에는 용접한다.

60 펜치로 절단하기 힘든 굵은 전선을 절단할 때 사용하는 공구는?

① 스패너
② 프레셔 툴
③ 파이프 바이스
④ 클리퍼

[해설] 클리퍼는 펜치로 절단하기 힘든 굵은 전선을 절단할 때 사용한다.

정답　56. ①　57. ④　58. ③　59. ④　60. ④

실전 모의고사 4회

1 Y-Y 결선 회로에서 선간 전압이 200[V]일 때 상전압은 얼마인가?

① 100[V]   ② 115[V]
③ 120[V]   ④ 135[V]

[해설] 상전압 = $\dfrac{선간전압}{\sqrt{3}} = \dfrac{200}{\sqrt{3}} = 115[V]$

2 자기 인덕턴스가 각각 L_1, L_2[H]의 두 원통 코일이 서로 직교하고 있다. 두 코일간의 상호 인덕턴스는?

① $L_1 + L_2$
② $L_1 \times L_2$
③ 0
④ $\sqrt{L_1 L_2}$

[해설] 자기 인덕턴스가 각각 L_1, L_2[H]의 두 원통 코일이 서로 직교시 상호인덕턴스는 0 이다.

3 24[V]의 전원 전압에 의하여 6[A]의 전류가 흐르는 전기 회로의 컨덕턴스[℧]는?

① 0.25[℧]
② 0.4[℧]
③ 2.5[℧]
④ 4[℧]

[해설] 저항 $R = \dfrac{V}{I}[\Omega]$, 컨덕턴스 $G = \dfrac{I}{V}[℧]$이다.
컨덕턴스 $G = \dfrac{I}{V} = \dfrac{6}{24} = 0.25[℧]$

4 자기력선의 설명 중 맞는 것은?

① 자기력선은 자석의 N극에서 시작하여 S극에서 끝난다.
② 자기력선은 상호간에 교차한다.
③ 자기력선은 자석의 S극에서 시작하여 N극에서 끝난다.
④ 자기력선은 가시적으로 보인다.

[해설] 자기력선은 자석의 N극에서 시작하여 S극에서 끝난다.

5 $e = 100\sin(314t - \pi/6)$[V]인 파형의 주파수는 약 몇[Hz]인가?

① 40   ② 50
③ 60   ④ 80

[해설] $w = 2\pi f$[rad/s]
$w = 2\pi f = 314$[rad/s]에서
주파수 $f = \dfrac{w}{2\pi} = \dfrac{314}{2\pi} = 50[Hz]$

6 대칭3상 교류에서 기전력 및 주파수가 같을 경우 각 상간의 위상차는 얼마인가?

① π ② $\dfrac{\pi}{2}$
③ $\dfrac{2\pi}{3}$ ④ 2π

[해설] 상과 상간의 위상차
$\dfrac{360°}{3} = \dfrac{2\pi[\text{rad}]}{3}$

정답 1. ② 2. ③ 3. ① 4. ① 5. ② 6. ③

7 어떤 전지에 5[A]의 전류가 10분 흘렀다. 이때 도체를 통과한 전기량은 얼마인가?

① 500[C]   ② 5,000[C]
③ 300[C]   ④ 3,000[C]

해설 $Q = I \cdot t = 5 \times 10 \times 60 = 3000[C]$

8 유도 기전력은 자신이 발생 원인이 되는 자속의 변화를 방해하려는 방향으로 발생한다. 이것을 나타내는 법칙은?

① 렌쯔의 법칙
② 플레밍의 오른손법칙
③ 패러데이의 법칙
④ 줄의 법칙

해설 렌쯔의 법칙 - 유도 기전력은 자신이 발생 원인이 되는 자속의 변화를 방해하려는 방향으로 발생한다는 것을 나타내는 법칙이다.

9 자체 인덕턴스 200[mH]의 코일에서 0.1[s] 동안에 30[A]의 전류가 변화하였다. 코일에 유도되는 기전력은?

① 6[V]   ② 15[V]
③ 60[V]   ④ 150[V]

해설 $e = L \dfrac{dI}{dt} = 200 \times 10^{-3} \times \dfrac{30}{0.1} = 60[V]$

10 평균길이 10[cm], 권수 10[회]인 환산 솔레노이드에 3[A]의 전류가 흐르면 그 내부의 자장의 세기 [AT/m]는?

① 300   ② 30
③ 3   ④ 0.3

해설 자장의 세기
$H = \dfrac{NI}{l} = \dfrac{10 \times 3}{10 \times 10^{-2}} = 300[AT/m]$

11 10[μF]의 콘덴서에 45[J]의 에너지를 축적하기 위하여 필요한 충전 전압[V]은?

① 3×10^2 ② 3×10^3
③ 3×10^4 ④ 3×10^5

해설 $C[F]$에 축적되는 에너지
$W = \dfrac{1}{2}CV^2[J]$에서
$V = \sqrt{\dfrac{2W}{C}} = \sqrt{\dfrac{2 \times 45}{10 \times 10^{-6}}} = 3 \times 10^3[V]$

12 3[℧]과 4[℧]의 컨덕턴스를 병렬로 접속할 때의 합성값은 얼마인가?

① 2[℧]   ② 5[℧]
③ 7[℧]   ④ 9[℧]

해설 병렬 합성컨덕턴스
$G = G_1 + G_2 = 3 + 4 = 7[℧]$

13 전류의 발열작용과 관계가 있는 것은?

① 옴의 법칙
② 키르히호프의 법칙
③ 줄의 법칙
④ 플레밍의 법칙

해설 줄의 법칙 - 전류의 발열작용과 관계

14 유효 전력의 식으로 맞는 것은? (단, 전압은 E, 전류는 I, 역률은 $\cos\theta$ 이다.)

① $EI\cos\theta$
② $EI\sin\theta$
③ $EI\tan\theta$
④ EI

해설 피상전력 $P_a = EI[VA]$
유효전력 $P = EI\cos\theta[W]$
무효전력 $P_r = EI\sin\theta[Var]$

정답 7. ④ 8. ① 9. ③ 10. ① 11. ② 12. ③ 13. ③ 14. ①

15 직렬 공진회로에서 그 값이 최대가 되는 것은?

① 전류   ② 임피던스
③ 리액턴스   ④ 저항

해설 직렬공진 : 전류 최대, 임피던스 최소
병렬공진 : 전류 최소, 임피던스 최대

16 5[Wh]는 몇 [J]인가?

① 3600[J]   ② 18000[J]
③ 12000[J]   ④ 6000[J]

해설 [W·sec] = [J] 이므로
$5 \times 60 \times 60 [W \cdot sec] = 18000 [J]$

17 자기 저항의 단위는 어느 것인가?

① [AT/m]   ② [AT]
③ [H/m]   ④ [AT/Wb]

해설 자기저항 $R_m = \dfrac{NI}{\Phi} = \dfrac{l}{\mu A}$ [AT/Wb]

18 R-L-C 직렬 공진시의 주파수 f[Hz]는?

① $\dfrac{1}{2\pi LC}$ ② $\dfrac{1}{2\pi \sqrt{LC}}$
③ $2\pi f LC$ ④ $2\pi \sqrt{LC}$

해설 직렬공진 주파수 $f = \dfrac{1}{2\pi \sqrt{LC}}$ [Hz]

19 일정 전압을 가하고 있는 평행판 전극에 극판 간격을 1/3로 줄이면 전장의 세기는 몇 배로 되는가?

① 1/3 배   ② $1/\sqrt{3}$ 배
③ 3배   ④ 9배

해설 $E = \dfrac{V}{d}$ 에서 $E = \dfrac{V}{\dfrac{1}{3}d} = 3\dfrac{V}{d} \propto 3$배

20 그림에서 AB 단자 사이의 전압은 몇 [V]인가?

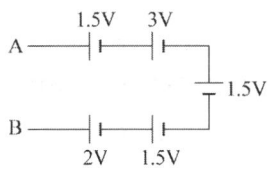

① 1.5[V]   ② 2.5[V]
③ 6.5[V]   ④ 9.5[V]

해설 $1.5 + 3 + 1.5 - 1.5 - 2 = 6 - 3.5 = 2.5$[V]

21 다음 기호 중 DIAC의 기호는?

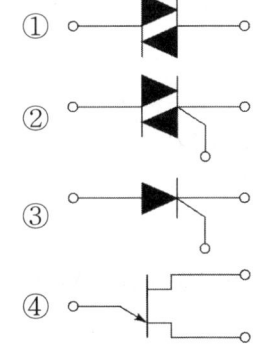

해설 다이액(DIAC)

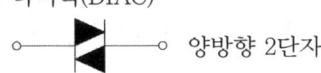
양방향 2단자

22 동기 발전기의 돌발 단락 전류를 주로 제한하는 것은?

① 누설 리액턴스
② 역상 리액턴스
③ 동기 리액턴스
④ 권선저항

정답 15. ① 16. ② 17. ④ 18. ② 19. ③ 20. ② 21. ① 22. ①

[해설] 동기 발전기의 돌발 단락 전류를 주로 제한하는 것은 누설리액턴스 이다.

23 직류 분권 발전기를 역회전 하면 어떻게 되는가?

① 섬락이 일어난다.
② 과전압이 일어난다.
③ 정회전 때와 마찬가지이다.
④ 발전되지 않는다.

[해설] 직류 분권 발전기(자여자 발전기)를 역회전하면 발전되지 않는다.

24 선풍기, 드릴, 믹서, 재봉틀 등에 주로 사용되는 전동기는?

① 단상 유도 전동기
② 권선형 유도 전동기
③ 동기 전동기
④ 직류 직권 전동기

[해설] 단상유도전동기 : 선풍기, 드릴, 믹서, 재봉틀 등에 주로 사용

25 변압기유의 열화 방지를 위해 사용하는 장치는?

① 부싱 ② 발열기
③ 주름 철판 ④ 콘서베이터

[해설] 콘서베이터 변압기유의 열화 방지를 위해 사용한다.

26 유도 전동기의 회전자에 슬립 주파수와 전압을 공급하여 속도 제어를 하는 방법은?

① 주파수 변환법 ② 2차 여자법
③ 극수 변환법 ④ 2차 저항법

[해설] 2차 여자법 - 슬립 주파수와 전압을 공급하여 속도 제어

27 동기 발전기의 단락비가 크다는 것은?

① 기계가 작아진다.
② 효율이 좋아진다.
③ 전압 변동률이 나빠진다.
④ 전기자 반작용이 작아진다.

[해설] 동기 발전기의 단락비가 큰기계
- 공극이 크고 대형기계이다.
- 철손이 크고 효율이 나쁘다.
- 전압변동이 작고 안정도 좋다.
- 전기자 반작용이 작아진다.
- 과부하 내량이 크고 충전용량이 크다.

28 극수가 10, 주파수가 50[Hz]인 동기기의 매분 회전수는 몇 [rpm]인가?

① 300 ② 400
③ 500 ④ 600

[해설] $N_s = \dfrac{120}{P}f = \dfrac{120}{10} \times 50 = 600[rpm]$

29 직류 분권 전동기의 계자 저항을 운전 중에 증가시키는 경우 일어나는 현상으로 옳은 것은?

① 자속증가 ② 속도감소
③ 부하증가 ④ 속도증가

[해설] 직류 분권 전동기의 계자 저항을 운전 중에 증가시키면 속도는 증가한다.

30 무부하 전압 137[V], 정격전압 100[V]인 발전기의 전압 변동률은 몇 [%]인가?

① 21[%] ② 37[%]
③ 54[%] ④ 63[%]

정답 23. ④ 24. ① 25. ④ 26. ② 27. ④ 28. ④ 29. ④ 30. ②

해설) $\epsilon = \dfrac{V_0 - V}{V} \times 100 = \dfrac{137-100}{100} \times 100$
$= 37[\%]$

31 3상 전원에서 2상 전력을 얻기 위한 변압기의 결선 방법은?

① V ② Δ
③ Y ④ T

해설) 3상 전원에서 2상 전력을 얻기 위한 변압기의 결선 방법
① 스코트(T) 결선
② 메이어 결선
③ 우드브리지 결선

32 9.8[kW], 1200[rpm]인 전동기의 토크는 약 몇 [kg·m]인가?

① 8.4[kg·m]
② 8.2[kg·m]
③ 7.9[kg·m]
④ 7.5[kg·m]

해설) $T = 0.975 \times \dfrac{P[\text{W}]}{N[\text{rpm}]}$
$= 0.975 \times \dfrac{9800}{1200}$
$= 7.9[\text{kg·m}]$

33 변압기에 철심의 두께를 2배로 하면 와류손은 약 몇 배가 되는가?

① 2배로 증가한다.
② 1/2배로 증가한다.
③ 1/4배로 증가한다.
④ 4배로 증가한다.

해설) 와류손 $P_e = (tfB_m)^2 \propto t^2 \propto 2^2 \propto 4$배

34 변압기의 퍼센트 저항 강하 2[%], 리액턴스 강하 3[%], 부하 역률 80[%][늦음]이 일어날 때 전압 변동률은 몇 [%]인가?

① 1.6[%] ② 2.0[%]
③ 3.4[%] ④ 4.6[%]

해설) $\epsilon = P\cos\theta + q\sin\theta$
$= 2 \times 0.8 + 3 \times 0.6 = 3.4[\%]$

35 다음 중 토크(회전력)의 단위는?

① [rpm] ② [W]
③ [N·m] ④ [N]

해설) 토크의 단위는 $T[\text{kg·m}]$ 또는 $T[\text{N·m}]$

36 브흐홀쯔 계전기로 보호되는 기기는?

① 변압기 ② 발전기
③ 전동기 ④ 회전변류기

해설) 브흐홀쯔 계전기 : 변압기 주탱크와 콘서베이터 열결되는 도중에 설치하며 변압기를 보호하가 위해 설치한다.

37 직류 전압을 직접 제어하는 것은?

① 단상 인버터 ② 3상 인버터
③ 초퍼형 인버터 ④ 브리지형 인버터

해설) 초퍼형 인버터는 직류 전압을 직접 제어 가능한다.

38 우산형 발전기의 용도는?

① 저속도 대용량기
② 고속도 소용량기
③ 저속도 소용량기
④ 고속도 대용량기

정답 31. ④ 32. ③ 33. ④ 34. ③ 35. ③ 36. ① 37. ③ 38. ①

[해설] 우산형 발전기는 저속도 대용량기에 수차발전에 사용된다.

39 슬립 링이 있는 유도 전동기는?
① 농형 ② 권선형
③ 심홈형 ④ 2중농형

[해설] 권선형 유도전동기에는 슬립 링을 가지고 있다.

40 다음 단상 유도 전동기에서 역률이 가장 좋은 것은?
① 콘덴서 기동형 ② 분상 기동형
③ 반발 기동형 ④ 세이딩 코일형

[해설] 콘덴서 기동형 단상유도기는 역률이 좋으면 기동토크가 크다.

41 다음 중 용어와 약호가 바르게 짝지어진 것은?
① 유입차단기 – ABB
② 공기차단기 – ACB
③ 가스차단기 – GCB
④ 자기차단기 – OCB

[해설] ① 유입차단기 – OCB
② 공기차단기 – ABB
③ 가스차단기 – GCB
④ 자기차단기 – MBB

42 점유 면적이 좁고 운전, 보수에 안전하므로 공장, 빌딩 등의 전기실에 많이 사용되며, 큐비클형이라고 불리는 배전방식은?
① 라이브프런트식
② 데드 프런드식
③ 포우스트형
④ 폐쇄식

[해설] 폐쇄식 배전반 : 점유 면적이 좁고 운전, 보수에 안전하므로 공장, 빌딩 등의 전기실에 많이 사용되며, 큐비클형이라고 불리는 배전방식이다.

43 고압전기 회로의 전기 사용량을 적산하기 위한 계기용 변압 변류기의 약자는?
① ZPCT
② MOF
③ DCS
④ DSPF

[해설] MOF
① 전력수급용 계기용변압기
② 한 탱크 속에 PT, CT가 들어가 있다.
③ 전력량 측정

44 고압 옥측전선로에 사용할 수 있는 전선은?
① 케이블
② 나경동선
③ 절연전선
④ 다심형 전선

[해설] 고압 옥측전선로는 전개된 장소에 전선은 케이블을 사용할 것

45 절연전선 상호간의 접속에서 옳지 않은 것은?
① 납땜 접속을 한다.
② 슬리브를 사용하여 접속한다.
③ 와이어 커넥터를 사용하여 접속한다.
④ 굵기가 6[mm^2] 이하인 것은 브리타니아 접속을 한다.

[해설] 굵기가 6[mm^2] 이하인 것은 트위스트 접속을 한다.

정답 39. ② 40. ① 41. ③ 42. ④ 43. ② 44. ① 45. ④

46 가요 전선관과 금속관의 접속에 이용되는 것은?

① 앵글 박스 커넥터
② 플렉시블 커플링
③ 컴비네이션 커플링
④ 스트레이트 박스 커넥터

해설 컴비네이션 커플링-가요 전선관과 금속관의 접속시에 사용한다.

47 저압 배전선로에서 전선을 수직으로 지지할 때 사용되는 장주용 자재명은?

① 경완철   ② 래크
③ LP애자   ④ 현수애자

해설 래크-저압 배전선로에서 전선을 수직으로 지지할 때 사용한다.

48 다음 중 과전류 차단기를 설치하는 곳은?

① 간선의 전원측 전선
② 접지 공사의 접지선
③ 접지 공사를 한 저압 가공 전선의 접지측 전선
④ 다선식 전로의 중성선

해설 과전류 차단기설치 제한하는 곳
① 접지 공사의 접지선
② 다선식 전로의 중성선
③ 접지 공사를 한 저압 가공 전선의 접지측 전선

49 간선에서 분기하여 분기 과전류 차단기를 거쳐서 부하에 이르는 사이의 배선을 무엇이라 하는가?

① 간선   ② 인입선
③ 중성선   ④ 분기회로

해설 분기회로는 간선에서 분기하여 분기 과전류 차단기를 거쳐서 부하에 이르는 사이의 배선이다.

50 배선에 대한 다음 그림 기호의 명칭은?

―――――――

① 바닥은폐선
② 천장은폐선
③ 노출배선
④ 지중매설배선

해설 ――――――― : 천장은폐선

51 진동이 있는 기계 기구의 단자에 전선을 접속할 때 사용하는 것은?

① 압착단자
② 스프링와셔
③ 코오드 패스너
④ 십자머리 볼트

해설 스프링와셔는 진동이 있는 기계 기구의 단자에 전선을 접속할 때 사용한다.

52 일반적으로 과전류 차단기를 설치하여야 할 곳은?

① 다선식 전로의 중성선
② 송배전선의 보호용, 인입선 등 분기선을 보호하는 곳
③ 저압 가공 전로의 접지측 전선
④ 접지공사의 접지선

해설 과전류 차단기 설치 제한하는 곳
① 접지 공사의 접지선
② 다선식 전로의 중성선
③ 접지 공사를 한 저압 가공 전선의 접지측 전선

정답 46. ③ 47. ② 48. ① 49. ④ 50. ② 51. ② 52. ②

53 하나의 콘센트로 2또는 3가지의 기구를 사용할 수 있는 기구의 명칭은?

① 멀티탭　　② 테이블탭
③ 아이언 플러그　④ 코오드 접속기

[해설] 멀티탭은 하나의 콘센트로 2 또는 3가지의 기구를 사용할 수 있는 기구이다.

54 학교, 사무실, 은행의 간선 굵기 선정시 수용률은 몇 [%]를 적용하는가?

① 50[%]　　② 60[%]
③ 70[%]　　④ 80[%]

[해설] 학교, 사무실, 은행의 간선 굵기 선정시 수용률은 70[%]를 적용

55 배전선로 공사에서 충전되어 있는 활선을 움직이거나 작업권 밖으로 밀어 낼 때 또는 활선을 다른 장소로 옮길 때 사용하는 활선 공구는?

① 피박기　　② 활선커버
③ 데드엔드 커버　④ 와이어통

[해설] 와이어통은 배전선로 공사에서 충전되어 있는 활선을 움직이거나 작업권 밖으로 밀어 낼 때 또는 활선을 다른 장소로 옮길 때 사용하는 활선 공구이다.

56 다음은 가요전선관을 설명한 것이다. 옳은 것은?

① 저압 옥내 배선의 사용 전압이 400[V] 이상인 경우에는 가요전선관에 제 1종 접지공사를 하여야 한다.
② 가요전선관은 건조하고 점검할 수 없는 은폐 장소에만 시설한다.
③ 가요전선관 안에는 전선에 접속점이 없도록 할 것
④ 1종 금속제 가요전선관은 두께 0.7[mm] 이하인 것일 것

[해설] 가요전선관 안에는 전선에 접속점이 없도록 해야 한다.

57 지선의 중간에 넣는 애자는?

① 저압 핀 애자　② 구형애자
③ 인류애자　　④ 내장애자

[해설] 구형애자는 지선의 중간에 넣는 애자이다.

58 계측 방법에 대한 다음 설명 중 옳은 것은?

① 어스 테스터로 절연 저항을 접속한다.
② 검전기로 전압을 측정한다.
③ 메가로서 회로의 저항을 측정한다.
④ 콜라우슈브리지로 접지 저항을 측정한다.

[해설] 콜라우슈브리지 - 접지 저항을 측정

59 유니온 커플링의 사용 목적은?

① 내경이 틀린 금속관 상호접속
② 금속관 상호 접속용으로 관이 조정되어 있을 때 또는 관 자체를 돌릴 수 없을 때에 사용
③ 금속관의 박스와 접속
④ 배관의 직각 굴곡 부분에 사용

[해설] 유니온 커플링은 금속관 상호 접속용으로 관이 조정되어 있을 때 또는 관 자체를 돌릴 수 없을 때에 사용
(유니온커플링 - 금속관 상호접속시 사용)

[정답] 53. ① 54. ③ 55. ④ 56. ③ 57. ② 58. ④ 59. ②

60 합성수지관 상호 및 관과 박스와의 접속제에 삽입하는 깊이를 관 바깥지름의 몇 배 이상으로 하여야 하는가? (단, 접착제를 사용하지 않는다.)

① 0.8 ② 1.2
③ 2.0 ④ 2.5

[해설] 합성수지관 상호 및 관과 박스와의 접속제에 삽입하는 깊이를 관 바깥지름의 1.2배 이상으로 하여야 한다.

정답 60. ②

실전 모의고사 5회

1 전류의 열작용과 관계가 있는 법칙은?

① 키르히호프의 법칙
② 줄의 법칙
③ 플레밍의 법칙
④ 전류의 옴의 법칙

[해설] 줄의 법칙 – 전류의 열작용

2 다음 중 자기저항의 단위에 해당되는 것은?

① [Ω]
② [Wb/AT]
③ [H/m]
④ [AT/Wb]

[해설] 자기저항 $R_m = \dfrac{NI}{\Phi} = \dfrac{l}{\mu A}$ [AT/Wb]

3 무한장 직선 도체에 전류를 통했을 때 10[cm] 떨어진 점의 자계의 세기가 2[AT/m]라면 전류의 크기는 약 몇 [A]인가?

① 1.26
② 2.16
③ 2.84
④ 3.14

[해설] $H = \dfrac{I}{2\pi a}$ [AT/m] 에서
전류 $I = 2\pi a H = 2\pi \times 10 \times 10^{-2} \times 2 = 1.26$ [A]

4 유도 기전력에 관계되는 사항으로 옳은 것은?

① 쇄교 자속의 1.6승에 비례한다.
② 쇄교 자속의 시간의 변화에 비례한다.
③ 쇄교 자속에 반비례한다.
④ 쇄교 자속에 비례한다.

[해설] $e = -\dfrac{d\Phi}{dt}$ [V]

5 대칭 3상 교류의 성형 결선에서 선간 전압이 220[V]일 때 상전압은 약 몇 [V]인가?

① 73
② 127
③ 172
④ 380

[해설] 상전압 $= \dfrac{선간전압}{\sqrt{3}} = \dfrac{220}{\sqrt{3}} = 127$ [V]

6 자체 인덕턴스 40[mH]의 코일에서 0.2초 동안에 10[A]의 전류가 변화하였다. 코일에 유도되는 기전력은 몇 [V]인가?

① 1
② 2
③ 3
④ 4

[해설] $e = -L\dfrac{dI}{dt}$
$= -40 \times 10^{-3} \times \dfrac{10-0}{0.2} = 2$ [V]

정답 1. ② 2. ④ 3. ① 4. ② 5. ② 6. ②

7 콘덴서의 정전용량이 커질수록 용량리액턴스의 값은 어떻게 되는가?

① 무한대로 접근한다.
② 커진다.
③ 작아진다.
④ 변화하지 않는다.

해설 $X_c = \dfrac{1}{2\pi f C}[\Omega]$
콘덴서의 정전용량이 커질수록 용량리액턴스는 작아진다.

8 기전력이 1.5[V], 내부저항 0.1[Ω]인 전지 10개를 직렬로 연결하고 2[Ω]의 저항을 가진 전구에 연결할 때 전구에 흐르는 전류는 몇 [A]인가?

① 2   ② 3
③ 4   ④ 5

해설 $I = \dfrac{nE}{nr+R} = \dfrac{10 \times 1.5}{(10 \times 0.1)+2} = 5[A]$

9 2[μF]의 콘덴서에 100[V]의 전압을 가할 때 충전 전하량은 몇 [C]인가?

① 2×10^{-4} ② 2×10^{-5}
③ 2×10^{-8} ④ 2×10^{-9}

해설 $Q = C \cdot V = 2 \times 10^{-6} \times 100$
$= 2 \times 10^{-4}[C]$

10 100[V], 100[W] 전구의 필라멘트 저항은 몇 [Ω]인가?

① 1   ② 10
③ 100   ④ 1000

해설 $R = \dfrac{V^2}{P} = \dfrac{100^2}{100} = 100[\Omega]$

11 RL 직렬회로의 시정수 T[S]는 어떻게 되는가?

① $\dfrac{R}{L}$ ② $\dfrac{L}{R}$
③ RL ④ $\dfrac{1}{RL}$

해설 시정수 $T = \dfrac{L}{R}[S]$

12 $R=3[\Omega]$, $\omega L=8[\Omega]$, $\dfrac{1}{\omega C}=4[\Omega]$인 RLC 직렬회로의 임피던스는 몇 [Ω]인가?

① 5   ② 8.5
③ 12.4   ④ 15

해설 $Z = \sqrt{R^2+X^2}$
$= \sqrt{R^2+(wL-\dfrac{1}{wC})^2}$
$= \sqrt{3^2+(8-4)^2}$
$= 5[\Omega]$

13 전선에 안전하게 흘릴 수 있는 최대 전류를 무슨 전류라 하는가?

① 과도전류   ② 전도전류
③ 허용전류   ④ 맥동전류

해설 • 허용전류 : 전선에 안전하게 흘릴 수 있는 최대 전류
• 정격전류 : 기계에 안전하게 흘릴 수 있는 최대 전류

14 복소수 $3+j4$의 절대값은 얼마인가?

① 2   ② 4
③ 5   ④ 7

해설 $Z = \sqrt{R^2+X^2} = \sqrt{3^2+4^2} = 5[\Omega]$

정답 7. ③ 8. ④ 9. ① 10. ③ 11. ② 12. ① 13. ③ 14. ③

15 전기와 자기의 요소를 서로 대칭되게 나타내지 않은 것은?

① 전계-자계
② 전속-자속
③ 유전율-투자율
④ 전속밀도-자기량

[해설] 전속밀도-자속밀도

16 3[F]와 6[F]의 콘덴서를 병렬로 접속했을 때의 합성정전 용량은 몇 [F]인가?

① 2　　② 4
③ 6　　④ 9

[해설] $C = C_1 + C_2 = 3 + 6 = 9[F]$

17 그림과 같은 회로에서 합성저항은 몇 [Ω]인가?

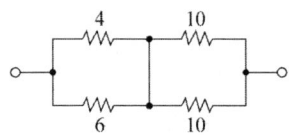

① 6.6　　② 7.4
③ 8.7　　④ 9.4

[해설] $R = \dfrac{6 \times 4}{6+4} + \dfrac{10 \times 10}{10+10} = 7.4[\Omega]$

18 저항 100[Ω]의 부하에서 10[kW]의 전력이 소비되었다면 이때 흐르는 전류는 몇 [A]인가?

① 1　　② 2
③ 5　　④ 10

[해설] $P = VI = I^2 R = \dfrac{V^2}{R}[W]$ 에서

$I = \sqrt{\dfrac{P}{R}} = \sqrt{\dfrac{10 \times 1000}{100}} = 10[A]$

19 자장 내에 있는 도체에 전류를 흘리면 힘(전자력)이 작용하는데, 이 힘의 방향은 어떤 법칙으로 정하는가?

① 플레밍의 오른손 법칙
② 플레밍의 왼손 법칙
③ 렌츠의 법칙
④ 앙페르의 오른나사 법칙

[해설] 플레밍의 왼손 법칙-전동기 원리

20 일반적인 경우 교류를 사용하는 전기난로의 전압과 전류의 위상에 대한 설명으로 옳은 것은?

① 전압과 전류는 동상이다.
② 전압이 전류보다 90도 앞선다.
③ 전류가 전압보다 90도 앞선다.
④ 전류가 전압보다 60도 앞선다.

[해설] 전기난로는 저항성분으로 전압과 전류의 위상은 동상이다.

21 50 Hz의 변압기에 60 Hz의 같은 전압을 가했을 때 자속 밀도는 50 Hz 때의 몇 배인가?

① $\dfrac{6}{5}$　　② $\dfrac{5}{6}$
③ $(\dfrac{6}{5})^2$　　④ $(\dfrac{6}{5})^{1.6}$

[해설] $\dfrac{B_{60}}{B_{50}} = \dfrac{f_{50}}{f_{60}} = \dfrac{50}{60} = \dfrac{5}{6}$

[정답] 15. ④　16. ④　17. ②　18. ④　19. ②　20. ①　21. ②

22 전부하 슬립 5[%], 2차 저항손 5.26[kW]인 3상 유도 전동기의 2차 입력은 몇 [kW]인가?

① 2.63　　② 5.26
③ 105.2　　④ 226.5

해설　2차 입력
$$P_2 = \frac{P_{C2}(2\text{차동손})}{S} = \frac{5.26}{0.05} = 105.2[\text{kW}]$$

23 단상 유도 전동기를 기동하려고 할 때 다음 중 기동 토크가 가장 작은 것은?

① 셰이딩 코일형　② 반발 기동형
③ 콘덴서 기동형　④ 분상 기동형

해설　반발기동형 → 콘덴서기동형 → 분상기동형 → 셰이딩코일형 → 모노사이클릭형

24 직류 발전기에서 계자 철심에 잔류 자기가 없어도 발전을 할 수 있는 발전기는?

① 분권 발전기　② 직권 발전기
③ 복권 발전기　④ 타여자 발전기

해설　타여자 발전기 계자 철심에 잔류 자기가 없어도 발전을 할 수 있다.

25 10극의 직류 파권 발전기의 전기자 도체수 400, 매극의 자속수 0.02[Wb], 회전수 600[rpm]일 때 기전력은 몇 [V]인가?

① 200　　② 220
③ 380　　④ 400

해설　$E = \frac{Z}{a} \cdot P \cdot \Phi \cdot \frac{N}{60}$
$= \frac{400}{2} \times 10 \times 0.02 \times \frac{600}{60} = 400[\text{V}]$
파권 $a = 2$, 중권 $a = P$

26 플레밍(Fleming)의 오른손 법칙에 따르는 기전력이 발생하는 기기는?

① 교류발전기　② 교류전동기
③ 교류정류기　④ 교류용접기

해설　플레밍(Fleming)의 오른손 법칙 - 발전기
플레밍(Fleming)의 왼손 법칙 - 전동기

27 보극이 없는 직류기의 운전 중 중성점의 위치가 변하지 않는 경우는?

① 무부하일 때　② 전부하일 때
③ 중부하일 때　④ 과부하일 때

해설　보극이 없는 직류기의 무부하일때는 운전 중 중성점의 위치가 변하지 않는다.

28 3상 변압기의 병렬운전시 병렬운전이 불가능한 결선 조합은?

① Δ-Δ 와 Y-Y
② Δ-Δ 와 Δ-Y
③ Δ-Y 와 Δ-Y
④ Δ-Δ 와 Δ-Δ

해설　3상변압기는 위상차가 같아야 병렬운전이 가능한다.
그러므로 병렬운전이 불가능한 결선 Δ-Δ 와 Δ-Y 또는 Y-Y와 Δ-Y 병렬운전이 불가능한다.

29 3상 유도 전동기의 원선도를 그리는데 필요하지 않은 것은?

① 저항측정
② 무부하시험
③ 구속시험
④ 슬립측정

정답　22. ③　23. ①　24. ④　25. ④　26. ①　27. ①　28. ②　29. ④

[해설] 3상 유도 전동기의 원선도를 그리는데 필요한 시험
① 저항측정
② 무부하시험
③ 구속시험

30 동기발전기의 권선을 분포권으로 사용하는 이유로 옳은 것은?

① 파형이 좋아진다.
② 권선의 누설 리액턴스가 커진다.
③ 집중권에 비하여 합성 유기기전력이 높아진다.
④ 전기자 권선이 과열되어 소손되기 쉽다.

[해설] 동기발전기의 권선을 분포권으로 사용하는 이유는 고조파를 제거하여 파형을 좋게 하기 위해서 이다.

31 50[kW]의 농형 유도전동기를 기동하려고 할 때, 다음 중 가장 적당한 기동 방법은?

① 분상기동형
② 기동보상기법
③ 권선형기동법
④ 슬립부하기동법

[해설] 기동보상기법 - 30[kW] 이상에 단권변압기를 이용하여 기동하는 방식

32 동기조상기를 부족여자로 운전하면 어떻게 되는가?

① 콘덴서로 작용한다.
② 리액터로 작용한다.
③ 여자 전압의 이상 상승이 발생한다.
④ 일부 부하에 대하여 뒤진 역률을 보상한다.

[해설]
• 동기조상기를 부족여자운전시 리액터로 작용한다.
• 동기조상기를 과여자운전시 콘덴서로 작용한다.

33 단중중권의 극수가 P인 직류기에서 전기자 병렬 회로수 a는 어떻게 되는가?

① 극수 P와 무관하게 항상 2가 된다.
② 극수 P와 같게 된다.
③ 극수 P의 2배가 된다.
④ 극수 P의 3배가 된다.

[해설] 중권 병렬회로수 $a = P$(극수)
파권 병렬회로수 $a = 2$

34 동기발전기의 무부하 포화곡선에 대한 설명으로 옳은 것은?

① 정격전류와 단자전압의 관계이다.
② 정격전류와 정격전압의 관계이다.
③ 계자전류와 정격전압의 관계이다.
④ 계자전류와 단자전압의 관계이다.

[해설] 동기발전기의 무부하 포화곡선 - 계자전류와 단자전압

35 정격 2차 전압 및 정격주파수에 대한 출력 [kW]과 전체손실[kW]이, 주어졌을 때 변압기의 규약효율을 나타내는 식은?

① $\dfrac{\text{입력[kW]}}{\text{입력[kW]} - \text{전체손실[kW]}} \times 100\%$

② $\dfrac{\text{출력[kW]}}{\text{출력[kW]} + \text{전체손실[kW]}} \times 100\%$

③ $\dfrac{\text{출력[kW]}}{\text{입력[kW]} - \text{철손[kW]} - \text{동손[kW]}} \times 100\%$

정답 30. ① 31. ② 32. ② 33. ② 34. ④ 35. ②

④ $\dfrac{출력[kW]-철손[kW]-동손[kW]}{입력[kW]} \times 100\%$

[해설] 변압기 규약효율
$= \dfrac{출력[kW]}{출력[kW]+전체손실[kW]} \times 100\%$

36 동기속도 1800[rpm], 주파수 60[Hz]인 동기 발전기의 극수는 몇 극인가?

① 2 ② 4
③ 8 ④ 10

[해설] $N_s = \dfrac{120}{P} f [rpm]$에서
극수 $P = \dfrac{120}{N_s} f = \dfrac{120}{1800} \times 60 = 4[극]$

37 평행 2회선의 선로에서 단락 고장회선을 선택하는데 사용하는 계전기는?

① 선택단락계전기
② 방향단락계전기
③ 차동단락계전기
④ 거리단락계전기

[해설] 선택단락계전기-평행 2회선의 선로에서 단락 고장회선을 선택하는 계전기

38 1차권수 6000, 2차권수 200인 변압기의 전압비는?

① 30 ② 60
③ 90 ④ 120

[해설] $a = \dfrac{V_1}{V_2} = \dfrac{N_1}{N_2} = \dfrac{I_2}{I_1}$ 에서
$a = \dfrac{N_1}{N_2} = \dfrac{6000}{200} = 30$

39 직류전동기의 회전방향을 바꾸기 위해서는 어떻게 하면 되는가?

① 전원의 극성을 바꾼다.
② 전류의 방향이나 계자의 극성을 바꾸면 된다.
③ 차동복권을 가동복권으로 한다.
④ 발전기로 운전한다.

[해설] 직류전동기의 회전방향을 바꾸기 위해서는 전류의 방향이나 계자의 극성을 바꾸면 된다.

40 SCR 2개를 역병렬로 접속한 그림과 같은 기호의 명칭은?

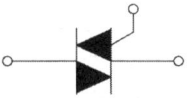

① SCR ② TRIAC
③ GTO ④ UJT

[해설] SCR 2개를 역병렬로 접속한것-TRIAC

41 가정용 전등에 사용되는 점멸스위치를 설치하여야 할 위치에 대한 설명으로 가장 적당한 것은?

① 접지측 전선에 설치한다.
② 중성선에 설치한다.
③ 부하의 2차측에 설치한다.
④ 전압측 전선에 설치한다.

[해설] 가정용 전등에 사용되는 점멸스위치는 전압측 전선에 설치한다.

42 전선의 굵기를 측정할 때 사용되는 것은?

① 와이어 게이지 ② 파이어 포트
③ 스패너 ④ 프레셔 툴

[정답] 36. ② 37. ① 38. ① 39. ② 40. ② 41. ④ 42. ①

[해설] 와이어 게이지 – 전선의 굵기를 측정할 때 사용

43 충전되어 있는 활선을 움직이거나, 작업권 밖으로 밀어 낼 때 사용되는 활선장구는?

① 애자커버   ② 데드엔드 커버
③ 와이어 통   ④ 활선 커버

[해설] 와이어 통-충전되어 있는 활선을 움직이거나, 작업권 밖으로 밀어낼 때 사용되는 활선장구

44 실내 전반 조명을 하고자 한다. 작업대로부터 광원의 높이가 2.4[m]인 위치에 조명기구를 배치할 때 벽에서 한 기구이상 떨어진 기구에서 기구간의 거리는 일반적인 경우 최대 몇 [m]로 배치하여 설치하는가? (단, $S \leq 1.5H$를 사용하여 구하도록 한다.)

① 1.8   ② 2.4
③ 3.2   ④ 3.6

[해설] 기구간 거리
$S = 1.5 \cdot H = 1.5 \times 2.4 = 3.6 [m]$

45 금속관 공사를 노출로 시공할 때 직각으로 구부러지는 곳에는 어떤 배선기구를 사용하는가?

① 유니버셜 엘보우
② 아웃렛 박스
③ 픽스처 히키
④ 유니온 커플링

[해설] 유니버셜 엘보우 – 금속관 공사를 노출로 시공할 때 직각으로 구부러지는 곳에 사용한다.

46 다음 중 과전류차단기를 시설해야 할 곳은?

① 접지공사의 접지선
② 인입선
③ 다선식 전로의 중성선
④ 저압가공전로의 접지측 전선

[해설] 과전류차단기 생략 가능한 곳
① 접지공사의 접지선
② 다선식 전로의 중성선
③ 저압가공전로의 접지측 전선

47 다음 중 금속 전선관 부속품이 아닌 것은?

① 록너트   ② 노말 밴드
③ 커플링   ④ 앵글 커넥터

[해설] 금속 전선관 부속품 : 록너트, 노말 밴드, 커플링

48 지선의 중간에 넣는 애자의 명칭은?

① 구형애자   ② 곡편애자
③ 인류애자   ④ 편애자

[해설] 구형애자 – 지선의 중간에 넣는 애자이다.

49 금속관 공사를 할 때 엔트랜스 캡의 사용으로 옳은 것은?

① 금속관이 고정되어 회전시킬 수 없을 때 사용
② 저압가공 인입선의 인입구에 사용
③ 배관의 직각의 굴곡부분에 사용
④ 조명기구가 무거울 때 조명기구 부착용으로 사용

[해설] 금속관 공사를 할 때 엔트랜스 캡은 저압가공 인입선의 인입구에 사용

[정답] 43. ③ 44. ④ 45. ① 46. ② 47. ④ 48. ① 49. ②

50 변전소의 역할로 볼 수 없는 것은?

① 전압의 변성
② 전력 생산
③ 전력의 집중과 배분
④ 전력 계통 보호

[해설] 변전소의 역할
• 전압의 변성
• 전력의 집중과 배분
• 전력 계통 보호

51 합성수지관 공사에서 옥외 등 온도 차가 큰 장소에 노출 배관을 할 때 사용하는 커플링은?

① 신축커플링(0C)
② 신축커플링(1C)
③ 신축커플링(2C)
④ 신축커플링(3C)

[해설] 신축커플링(3C) – 합성수지관 공사에서 옥외 등 온도 차가 큰 장소에 노출 배관을 할 때 사용한다.

52 2종 금속몰드의 구성 부품으로 조인트 금속의 종류가 아닌 것은?

① L형
② T형
③ 플랫 엘보
④ 크로스 형

[해설] 2종 금속몰드의 구성 부품으로 조인트 금속의 종류 : L형, T형, 크로스 형

53 다음 중 지중전선로의 매설 방법이 아닌 것은?

① 관로식
② 암거식
③ 직접 매설식
④ 행거식

[해설] 지중전선로의 매설 방법 : 직접 매설식, 관로식, 암거식

54 자연 공기 내에서 개방할 때 접촉자가 떨어지면서 자연 소호되는 방식을 가진 차단기로 저압의 교류 또는 직류차단기로 많이 사용되는 것은?

① 유입차단기
② 자기차단기
③ 가스차단기
④ 기중차단기

[해설] 기중차단기–자연 공기 내에서 개방할 때 접촉자가 떨어지면서 자연 소호되는 방식을 가진 차단기로 저압의 교류 또는 직류차단기로 많이 사용한다.

55 흥행장의 400[V] 미만의 저압 전기공사를 시설하는 방법으로 적합하지 않은 것은?

① 영사실에 사용되는 이동전선은 1종 캡타이어 케이블이외의 캡타이어 케이블을 사용한다.
② 플라이 덕트를 시설하는 경우에는 덕트의 끝부분은 막아야 한다.
③ 무대용의 콘센트 박스, 플라이 덕트 및 보더라이트의 금속제 외함에는 제3종 접지공사를 한다.
④ 무대, 무대마루 밑, 오케스트라 박스 및 영사실의 전로에는 과전류 차단기 및 개폐기를 시설하지 않아야 한다.

[해설] 무대, 무대마루 밑, 오케스트라 박스 및 영사실의 전로에는 과전류 차단기를 설치하여야 한다.

정답 50. ② 51. ④ 52. ③ 53. ④ 54. ④ 55. ④

56 다음 [보기] 중 금속관, 애자, 합성수지 및 케이블공사가 모두 가능한 특수 장소를 옳게 나열한 것은?

┤ 보기 ├
㉠ 화약고 등의 위험 장소
㉡ 부식성 가스가 있는 장소
㉢ 위험물 등이 존재하는 장소
㉣ 불연성 먼지가 많은 장소
㉤ 습기가 많은 장소

① ㉠, ㉡, ㉢
② ㉠, ㉣, ㉤
③ ㉡, ㉢, ㉣
④ ㉡, ㉣, ㉤

[해설] 금속관, 애자, 합성수지 및 케이블공사가 모두 가능한 특수 장소
① 부식성 가스가 있는 장소
② 위험물 등이 존재하는 장소
③ 불연성 먼지가 많은 장소

57 조명용 백열전등을 일반주택 및 아파트 각 호실에 설치할 때 현관등은 최대 몇 분 이내에 소등되는 타임스위치를 시설하여야 하는가?

① 1 ② 2
③ 3 ④ 4

[해설] 조명용 백열전등을 일반주택 및 아파트 각 호실에 설치할 때 현관등은 최대 3분 이내에 소등되는 타임스위치를 시설하여야 한다.

58 하나의 콘센트에 둘 또는 세 가지의 기계기구를 끼워서 사용할 때 사용되는 것은?

① 노출형 콘센트
② 키이리스 소켓
③ 멀티 탭
④ 아이언 플러그

[해설] 멀티 탭은 하나의 콘센트에 둘 또는 세 가지의 기계기구를 끼워서 사용할 때 사용한다.

59 금속관 끝에 나사를 내는 공구는?

① 오스타   ② 파이프 커터
③ 리머   ④ 스패너

[해설] 오스타 – 금속관 끝에 나사를 내는 공구

60 절연전선 서로를 접속할 때 어느 접속기를 사용하면 접속 부분에 절연을 할 필요가 없는가?

① 전선 피박이
② 박스형 커넥터
③ 전선 커버
④ 목대

[해설] 박스형 커넥터는 절연전선 서로를 접속할 때 어느 접속기를 사용하면 접속 부분에 절연을 할 필요가 없다.

정답 56. ④ 57. ③ 58. ③ 59. ① 60. ②

실전 모의고사 6회

전기기능사 필기

1 전선의 길이를 2배로 늘리면 저항은 몇 배가 되는가? (단, 동선의 체적은 일정하다.)
  ① 1   ② 2
  ③ 4   ④ 8

해설 $R = \rho \dfrac{l}{A} = \rho \dfrac{2l}{\frac{1}{2}A} = 4\rho \dfrac{l}{A} [\Omega]$

2 2[C]의 전기량이 2점간을 이동하여 12[J]의 일을 했을 때 2점간의 전위차[V]는?
  ① 6   ② 12
  ③ 24   ④ 144

해설 $V[\text{V}] = \dfrac{W[\text{J}]}{Q[\text{C}]} = \dfrac{12}{2} = 6[\text{V}]$

3 $e = 141.4 \sin(100\pi t)$[V]의 교류전압이 있다. 이 교류의 실효값은 몇 [V]인가?
  ① 100   ② 110
  ③ 141   ④ 282

해설 실효값 $V = \dfrac{V_m}{\sqrt{2}} = \dfrac{141.4}{\sqrt{2}} = 100[\text{V}]$

4 2[μF]과 3[μF]의 직렬회로에서 3[μF]의 양단에 60[V]의 전압이 가해졌다면 이 회로의 전 전기량은 몇 [μC]인가?
  ① 60   ② 180
  ③ 240   ④ 360

해설 $Q = C \cdot V = 3 \times 60 = 180 [\mu\text{C}]$

5 자계의 세기를 표시하는 단위가 아닌 것은?
  ① A/m
  ② N/Wb
  ③ AT/m
  ④ Wb/m

해설 자계의 세기를 표시하는 단위
  [A/m]=[AT/m]=[N/Wb]=[Wb/H·m]

6 Y-Y 결선 회로에서 선간 전압이 200[V]일 때 상 전압은 약 몇 [V]인가?
  ① 100   ② 115
  ③ 120   ④ 135

해설 상전압 $V_P = \dfrac{V_l}{\sqrt{3}} = \dfrac{200}{\sqrt{3}} = 115[\text{V}]$

7 10[Ω]과 15[Ω]의 병렬 회로에서 10[Ω]에 흐르는 전류가 3[A]이라면 전체 전류[A]는?
  ① 2   ② 3
  ③ 4   ④ 5

해설 전류분배법칙 $I_{10} = \dfrac{15}{10+15} \times I = 3[\text{A}]$에서
  전체전류 $I = \dfrac{(10+15) \times 3}{15} = 5[\text{A}]$

정답 1. ③ 2. ① 3. ② 4. ② 5. ④ 6. ② 7. ④

8 전류에 의해 발생되는 자장의 크기는 전류의 크기와 전류가 흐르고 있는 도체와 고찰하려는 점까지의 거리에 의해 결정된다. 이러한 관계를 무슨 법칙이라 하는가?

① 비오-사바르의 법칙
② 플레밍의 왼손법칙
③ 쿨롱의 법칙
④ 패러데이의 법칙

[해설] 비오-사바르의 법칙은 전류에 의해 발생되는 자장의 크기는 전류의 크기와 전류가 흐르고 있는 도체와 고찰하려는 점까지의 거리에 의해 결정된다는 법칙이다.

9 자기 히스테리시스 곡선의 횡축과 종축은 어느 것을 나타내는가?

① 자기장의 크기와 자속밀도
② 투자율과 자속밀도
③ 투자율과 잔류자기
④ 자기장의 크기와 보자력

[해설] 히스테리시스 곡선의 횡축은 자기장, 종축은 자속밀도

10 다음 중 삼각파의 파형률은 약 얼마인가?

① 1
② 1.155
③ 1.414
④ 1.732

[해설]

파형	파형률	파고율
정현파	1.11	1.414
정현반파	1.57	2
삼각파	1.15	1.73
구형반파	1.41	1.41
구형파	1	1

11 공기 중 자장의 세기 20[AT/m]인 곳에 8×10^{-3}[Wb]의 자극을 놓으면 작용하는 힘[N]은?

① 0.16   ② 0.32
③ 0.43   ④ 0.56

[해설] $F = H \cdot m = 20 \times 8 \times 10^{-6} = 0.16[N]$

12 전기력선의 성질 중 옳지 않은 것은?

① 음전하에서 출발하여 양전하에서 끝나는 선을 전기력선이라 한다.
② 전기력선의 접선 방향은 그 접점에서의 전기장의 방향이다.
③ 전기력선의 밀도는 전기장의 크기를 나타낸다.
④ 전기력선은 서로 교차하지 않는다.

[해설] 전기력선의 성질
- 양전하에서 출발하여 음전하에서 끝나는 선을 전기력선이라 한다.
- 전기력선의 접선 방향은 그 접점에서의 전기장의 방향이다.
- 전기력선의 밀도는 전기장의 크기를 나타낸다.
- 전기력선은 서로 교차하지 않는다.

13 기전력을 2개의 전력계 W_1, W_2로 측정해서 W_1의 지시값이 P_1, W_2의 지시값이 P_2라고 하면 3상 전력은 어떻게 표현되는가?

① $P_1 - P_2$ ② $3(P_1 - P_2)$
③ $P_1 + P_2$ ④ $3(P_1 + P_2)$

[해설] 2전력계법에서
유효전력 $P = P_1 + P_2$[W]

14 200[V], 500[W]의 전열기를 220[V] 전원에 사용하였다면 이때의 전력은?

① 400[W]
② 500[W]
③ 550[W]
④ 605[W]

해설 $200^2 : 500 = 220^2 : P$ 에서
$$P = \frac{220^2}{200^2} \times 500 = 605[W]$$

15 고유저항 ρ의 단위로 맞는 것은?

① [Ω]
② [$\Omega \cdot m$]
③ [AT/Wb]
④ [Ω^{-1}]

해설 고유저항 $\rho[\Omega \cdot m]$

16 1회 감은 코일에 지나가는 자속이 1/100[sec] 동안에 0.3[Wb]에서 0.5[Wb]로 증가하였다면 유도 기전력은[V]은?

① 5   ② 10
③ 20 ④ 40

해설 기전력
$$e = N\frac{d\Phi}{dt} = 1 \times \frac{0.5 - 0.3}{\frac{1}{100}} = 20[V]$$

17 니켈의 원자가는 2이고 원자량은 58.70이다. 이때 화학 당량의 값은?

① 29.35   ② 58.70
③ 60.70   ④ 117.4

해설 화학당량 $= \frac{원자량}{원자가} = \frac{58.70}{2} = 29.35$

18 저항 5[Ω], 유도리액턴스 30[Ω], 용량리액턴스 18[Ω]인 RLC 직렬회로에 130[V]의 교류를 가할 때 흐르는 전류[A]는?

① 10[A], 유도성
② 10[A], 용량성
③ 5.9[A], 유도성
④ 5.9[A], 용량성

해설 $I = \frac{V}{Z} = \frac{V}{\sqrt{R^2 + X^2}} = \frac{130}{\sqrt{5^2 + (30-18)^2}}$
$= 10[A]$

19 키르히호프의 법칙을 맞게 설명한 것은?

① 제1법칙은 전압에 관한 법칙이다.
② 제1법칙은 전류에 관한 법칙이다.
③ 제1법칙은 회로망의 임의의 한 폐회로 중의 전압 강하의 대수 합과 기전력의 대수 합은 같다.
④ 제2법칙은 회로망에 유입하는 전력의 합은 유출하는 전류의 합과 같다.

해설 키르히호프의 법칙
제1법칙 : 전류법칙
제2법칙 : 전압법칙

20 두 콘덴서 C_1, C_2가 병렬로 접속되어 있을 때의 합성정전 용량은?

① $C_1 + C_2$
② $\frac{1}{C_1} + \frac{1}{C_2}$
③ $\frac{C_1 C_2}{C_1 + C_2}$
④ $\frac{C_1 + C_2}{C_1 C_2}$

해설 C_1, C_2 병렬콘덴서 접속 합성콘덴서
$C_0 = C_1 + C_2$

정답 14. ④ 15. ② 16. ③ 17. ① 18. ① 19. ② 20. ①

21 3상 동기 발전기를 병렬운전 시키는 경우 고려하지 않아도 되는 것은?

① 주파수가 같을 것
② 회전수가 같을 것
③ 위상이 같을 것
④ 전압 파형이 같을 것

[해설] 동기 발전기의 병렬운전에 필요한 조건
- 기전력의 주파수가 같을 것
- 기전력의 크기가 같을 것
- 기전력의 파형이 같을 것
- 기전력의 위상이 같을 것

22 무부하 전압 250[V], 정격전압 210[V]인 발전기의 전압 변동률[%]은?

① 16   ② 19
③ 21   ④ 23

[해설] $\epsilon = \dfrac{250-210}{210} \times 100 = 19.05[\%]$

23 다음 중 변압기의 온도 상승 시험법으로 가장 널리 사용되는 것은?

① 무부하 시험법
② 절연내력 시험법
③ 단락 시험법
④ 반환부하법

[해설] 변압기 온도 상승시험법으로 가장 널리 사용하는것 : 반환부하법

24 권선형에서 비례추이를 이용한 기동법은?

① 리액터 기동법
② 기동 보상기법
③ 2차 저항법
④ Y-△ 기동법

[해설] 권선형에서 비례추이를 이용한 기동법-2차 저항기동법

25 4극 60[Hz], 200[kW]의 유도 전동기의 전부하 슬립이 2.5[%]일 때 회전수는 몇 [rpm]인가?

① 1600   ② 1755
③ 1800   ④ 1965

[해설] $N = N_S(1-S) = \dfrac{120}{P}f(1-S)$
$= \dfrac{120}{4} \times 60 \times (1-0.025)$
$= 1755[\text{rpm}]$

26 단락비가 1.25인 발전기의 %동기 임피던스[%]는 얼마인가?

① 70   ② 80
③ 90   ④ 100

[해설] $\%Z = \dfrac{100}{K_S} = \dfrac{100}{1.25} = 80[\%]$

27 역저지 3단자에 속하는 것은?

① SCR   ② SSS
③ SCS   ④ TRIAC

[해설] SCR : 역저지 3단자(단방향 3단자)

28 최소 동작값 이상의 구동 전기량이 주어지면 일정 시한으로 동작하는 계전기는?

① 반한시 계전기
② 정한시 계전기
③ 역한시 계전기
④ 반한시-정한시 계전기

정답 21.② 22.② 23.④ 24.③ 25.② 26.② 27.① 28.②

해설 정한시 계전기 : 최소 동작값 이상의 구동 전기량이 주어지면 일정 시한으로 동작하는 계전기이다.

29 변압기의 무부하시험, 단락 시험에서 구할 수 없는 것은?

① 동손　　② 철손
③ 전압변동률　　④ 절연 내력

해설 절연내력시험 : 유도시험, 가압시험, 충격전압시험

30 보통 회전 계자형으로 하는 전기 기계는?

① 교류 발전기
② 회전 변류기
③ 직류 발전기
④ 유도 발전기

해설 동기(교류)발전기는 일반적으로 회전계자형으로 한다.

31 동기 전동기에 난조 방지에 가장 유효한 것은?

① 자극면에 제동권선을 설치한다.
② 회전자 관성을 크게 한다.
③ 동기리액턴스를 작게 하고, 동기화력을 크게 한다.
④ 자극수를 작게 한다.

해설 제동권선 : 난조방지

32 출력 10[kW], 효율 90[%]인 기기의 손실은 약 몇 [kW]인가?

① 0.6　　② 1.1
③ 2　　④ 2.5

해설 $\eta(효율) = \dfrac{출력}{출력+손실} \times 100$
$= \dfrac{10}{10+손실} \times 100 = 90[\%]$ 에서
손실 = 2.5[kW]

33 아크 용접용 발전기로 가장 적당한 것은?

① 타여자기
② 분권기
③ 차동복권기
④ 화동복권기

해설 차동복권 발전기
• 용접용발전기
• 수하특성 $I \propto \dfrac{1}{V}$
• 전압변동이 제일 심하다.

34 정격 전압 230[V], 정격 전류 28[A]에서 직류 전동기의 속도가 1680[rpm]이다. 무부하세어의 속도가 1733[rpm]이라고 할 때 속도 변동률[%]은 약 얼마인가?

① 6.1　　② 5.0
③ 4.6　　④ 3.2

해설 속도 변동률
$\epsilon = \dfrac{N_0 - N}{N} \times 100 = \dfrac{1733-1680}{1680} \times 100$
$= 3.2[\%]$

35 직류를 교류로 변환하는 장치는?

① 정류기
② 충전기
③ 순변환 장치
④ 역변환 장치

해설 인버터(역변환장치) - 직류를 교류로 변환
컨버터(순변환장치) - 교류를 직류로 변환

정답 29. ④ 30. ① 31. ① 32. ② 33. ③ 34. ④ 35. ④

36 유도 전동기의 무부하시 슬립은 얼마인가?

① 4　　② 3
③ 1　　④ 0

[해설] 무부하시 슬립 $s=0$ 이다.

37 동기 전동기의 용도로 적당하지 않은 것은?

① 분쇄기
② 압축기
③ 송풍기
④ 크레인

[해설] 동기 전동기의 용도 : 분쇄기, 압축기, 송풍기

38 다음 중 접지저항을 측정하는 방법은?

① 휘스톤 브리지법
② 캘빈더블 브리지법
③ 콜라우시 브리지법
④ 테스터법

[해설] 콜라우시 브리지법 – 접지저항 측정

39 보호를 요하는 회로의 전류가 어떤 일정한 값(정정값) 이상으로 흘렀을 때 동작하는 계전기는?

① 과전류 계전기
② 과전압 계전기
③ 차동 계전기
④ 비율 차동 계전기

[해설] 과전류계전기(OCR) : 전류가 어떤 일정한 값(정정값) 이상으로 흘렀을 때 동작

40 직류 전동기를 기동할 때 전기자 전류를 제한하는 가감 저항기를 무엇이라 하는가?

① 단속기　　② 제어기
③ 가속기　　④ 기동기

[해설] 직류 전동기를 기동할 때 전기자 전류를 제한하는 가감 저항기를 기동기라 한다.

41 가요전선관과 금속관의 상호 접속에 쓰이는 재료는?

① 스프리트 커플링
② 콤비네이션 커플링
③ 스트레이트 복스커넥터
④ 앵글 복스커넥터

[해설] 콤비네이션 커플링은 가요전선관과 금속관의 상호 접속에 사용한다.

42 최대사용전압이 380[V]인 3상 유도전동기의 절연 내력 몇 [V]의 시험전압에 견디어야 하는가?

① 475　　② 500
③ 570　　④ 760

[해설] 절연내력시험 7[kV]이하는 1.5배 전압을 10분간 시험한다.
시험전압 $V=380\times1.5=570[V]$

43 과전류차단기로 시설하는 퓨즈 중 고압전로에 사용하는 포장퓨즈는 2배의 정격전류시 몇분 안에 용단되어야 하는가?

① 2　　② 30
③ 60　　④ 120

[해설] 과전류차단기로 시설하는 퓨즈 중 고압전로에 사용하는 포장퓨즈는 정격전류의 1.3배

정답 36. ④　37. ④　38. ③　39. ①　40. ④　41. ①　42. ③　43. ④

에 전류에 견디고 또한 2배의 전류로 120분 안에 용단되는 것이어야 한다.

44 저압옥내 배선에서 합성수지관 공사에 대한 설명 중 잘못된 것은?

① 합성수지관 안에는 전선에 접속점이 없도록 한다.
② 합성수지관을 새들 등으로 지지하는 경우는 그 지지점 간의 거리를 3[m] 이상으로 한다.
③ 합성수지관 상호 및 관과 박스는 접속 시에 삽입하는 깊이를 관 바깥지름의 1.2배 이상으로 한다.
④ 관 상호의 접속은 박스 또는 커플링(Coupling)등을 사용하고 직접 접속하지 않는다.

[해설] 합성수지관을 새들 등으로 지지하는 경우는 그 지지점 간의 거리를 1.5[m] 이상으로 한다.

45 그림과 같은 심벌의 명칭은?

① 금속덕트
② 버스덕트   MD
③ 피드버스덕트
④ 플러그인 버스덕트

[해설] MD : 금속덕트

46 차량 기타 중량물의 압력을 받을 우려가 없는 장소에 지중 전선로를 직접 매설식에 의하여 시설하는 경우 매설 깊이는 최소 몇 [cm] 이상으로 하면 되는가?

① 30[cm]   ② 60[cm]
③ 80[cm]   ④ 100[cm]

[해설] 직접매설식에서
- 차량 기타 중량물의 압력을 받을 우려있는 경우 : 1.0[m] 이상
- 차량 기타 중량물의 압력을 받을 우려가 없는 경우 : 0.6[m] 이상

47 일반적으로 학교 건물이나 은행 건물 등의 간선의 수용률은 얼마인가?

① 50[%]
② 60[%]
③ 70[%]
④ 80[%]

[해설] 일반적으로 학교 건물이나 은행 건물 등의 간선의 수용률은 70[%] 정도이다.

48 전압이 22.9[kV]인 중성점 접지식 전로로서 중성선이 있고 그 중성선을 다중접지하는 경우 절연내력 시험전압은 최대 사용전압의 몇 배로 하는가?

① 1.1배
② 1.25배
③ 0.72배
④ 0.92배

[해설] 전압이 22.9[kV]인 중성점 접지식 전로로서 중성선이 있고 그 중성선을 다중접지하는 경우 절연내력 시험전압은 최대 사용전압의 0.92배로 한다.

49 경질 비닐 전선관 1본의 표준 길이[m]는?

① 3   ② 3.6
③ 4   ④ 5.5

[해설] 경질 비닐 전선관 1본의 표준 길이는 4[m]이다.

50 MOF는 무엇의 약호인가?

① 계기용 변압기
② 전력수급용 계기용 변성기
③ 계기용 변류기
④ 시험용 변압기

해설 MOF : 전력수급용 계기용 변성기
• 한탱크 PT와 CT 가 들어있다.
• 전력량 측정을 한다.

51 다음 중 전선 및 케이블 접속 방법이 잘못된 것은?

① 전선의 세기를 30[%] 이상 감소시키지 않을 것
② 접속 부분은 접속관 기타의 기구를 사용하거나 납땜을 할 것
③ 코드 상호, 캡타이어 케이블 상호, 케이블 상호, 또는 이들 상호를 접속하는 경우에는 코드 접속기, 접속함 기타의 기구를 사용 할 것
④ 도체에 알루미늄을 사용하는 전선과 동을 사용하는 전선을 접속하는 경우에는 접속 부분에 전기적 부식이 생기지 않도록 할 것

해설 전선 및 케이블 접속시 전선의 세기를 20[%] 이상 감소시키지 않아야 한다.

52 부식성 가스 등이 있는 장소에서 시설이 허용되는 것은?

① 과전류 차단기   ② 전등
③ 콘센트   ④ 개폐기

해설 부식성 가스 등이 있는 장소에는 과전류 차단기, 콘센트, 개폐기 등은 설치하지 말아야 한다.

53 자가용 전기설비의 보호 계전기의 종류가 아닌 것은?

① 과전류계전기
② 과전압계전기
③ 부족전압계전기
④ 부족전류계전기

해설 자가용 전기설비의 보호에 부족전류계전기는 필요하지 않다.

54 가공 전선로의 지지물에 지선을 사용해서는 안 되는 곳은?

① 목주
② A종 철근콘크리트주
③ A종 철주
④ 철탑

해설 철탑에는 지선을 설치하지 않는다.

55 고압 또는 특별고압 가공전선로에서 공급을 받는 수용 장소의 인입구 또는 이와 근접한 곳에는 무엇을 시설하여야 하는가?

① 계기용 변성기   ② 과전류 계전기
③ 접지 계전기   ④ 피뢰기

해설 피뢰기는 뇌전류로부터 기기보호를 위해 고압 또는 특별고압 가공전선로에서 공급을 받는 수용 장소의 인입구 또는 이와 근접한 곳에 설치한다.

56 각 수용가의 최대 수용 전력이 각각 5[kW], 10[kW], 15[kW], 22[kW]이고, 합성 최대 수용전력이 50[kW]이다. 수용가 상호간의 부등률은 얼마인가?

① 1.04   ② 2.34
③ 4.25   ④ 6.94

정답 50. ② 51. ① 52. ② 53. ④ 54. ④ 55. ④ 56. ①

해설 부등율 = $\dfrac{\text{개개의 최대수용전력합}}{\text{합성최대수용전력}}$
= $\dfrac{5+10+15+22}{50}$ = 1.04

57 박스에 금속관을 고정할 때 사용하는 것은?

① 유니언 커플링
② 로크너트
③ 부싱
④ C형 엘보

해설 로크너트는 박스에 금속관을 고정할 때 사용한다.

58 가공 전선로의 지지물에 시설하는 지선의 안전율은 얼마이상 이어야 하는가?

① 2
② 2.5
③ 3
④ 3.5

해설 가공 전선로의 지지물에 시설하는 지선의 안전율은 2.5 이상이어야 한다.

59 어미자와 아들자의 눈금을 이용하여 두께, 깊이, 안지름 및 바깥지름 측정용에 사용하는 것은?

① 버니어 캘리퍼스
② 스패너
③ 와이어 스트리퍼
④ 잉글리시 스패너

해설 버니어 캘리퍼스는 어미자와 아들자의 눈금을 이용하여 두께, 깊이, 안지름 및 바깥지름 측정용에 사용한다.

60 폭연성 분진이 많은 장소의 저압 옥내배선에 적합한 배선공사방법은?

① 금속관 공사
② 애자공사
③ 합성수지관 공사
④ 가요전선관 공사

해설 폭연성 분진이 많은 장소의 저압 옥내배선에는 금속관 공사 또는 케이블 공사를 한다.

정답 57. ② 58. ② 59. ① 60. ①

실전 모의고사 7회

1 가장 일반적인 저항기로 세라믹 봉에 탄소계의 저항체를 구워 붙이고, 여기에 나선형으로 홈을 파서 원하는 저항값을 만든 저항기는?

① 금속 피막 저항기
② 탄소피막 저항기
③ 가변 저항기
④ 어레이 저항기

[해설] 탄소피막 저항기는 가장 일반적인 저항기로 세라믹 봉에 탄소계의 저항체를 구워 붙이고, 여기에 나선형으로 홈을 파서 원하는 저항값을 만든 저항기이다.

2 $R=6[\Omega]$, $X_c=8[\Omega]$일 때 임피던스 $Z=6-j8[\Omega]$으로 표시되는 것은 일반적으로 어떤 회로인가?

① RL 직렬회로
② RL 병렬회로
③ RC 병렬회로
④ RC 직렬회로

[해설] 임피던스는 직렬회로이고, $-j8[\Omega]$은 용량성 리액턴스를 의미하므로 RC 직렬회로이다.

3 히스테리시스 곡선이 횡축과 만나는 점의 값은 무엇을 나타내는가?

① 자속밀도
② 자화력
③ 보자력
④ 잔류자기

[해설] 히스테리시스 곡선이 횡축과 만나는 점은 보자력이다.

4 다음 중 전기 화학 당량에 대한 설명 중 옳지 않은 것은?

① 전기화학 당량의 단위는 [g/c]이다.
② 화학 당량은 원자량을 원자가로 나눈 값이다.
③ 전기화학 당량은 화학 당량에 비례한다.
④ 1[g]당량을 석출하는데 필요한 전기량은 물질에 따라 다르다.

[해설] 전기화학 당량은 1[g]당량을 석출하는 데 필요한 전기량은 물질과 무관한다.

5 어떤 물질이 정상 상태보다 전자의 수가 많거나 적어져서 전기를 띠는 현상을 무엇이라 하는가?

① 방전
② 전기량
③ 대전
④ 하전

[해설] 어떤 물질이 정상 상태보다 전자의 수가 많거나 적어져서 전기를 띠는 현상을 대전이라 한다.

6 다음 중 반도체로 만든 PN 접합은 주로 무슨 작용을 하는가?

① 증폭작용
② 발진작용
③ 정류작용
④ 변조작용

정답 1. ② 2. ④ 3. ③ 4. ④ 5. ③ 6. ③

해설 반도체로 만든 PN 접합은 정류작용을 한다.

7 다음 중 전류와 자장의 세기와의 관계는 어떤 법칙과 관계가 있는가?

① 패러데이의 법칙
② 플레밍의 왼손법칙
③ 비오-사바르의 법칙
④ 앙페르의 오른나사의 법칙

해설 비오-사바르의 법칙 : 전류와 자장의 세기와의 관계

8 자속밀도 0.5[Wb/m²]의 자장안에 자장과 직각으로 20[cm]의 도체를 놓고 이것에 10[A]의 전류를 흘릴 때 도체가 50[cm] 운동한 경우의 한 일은 몇 [J]인가?

① 0.5
② 1
③ 1.5
④ 5

해설 $F = B \cdot I \cdot l \cdot \sin\theta$
$= 0.5 \times 10 \times 0.2 \times 1 = 1[J]$

9 전장의 세기에 대한 단위로 맞는 것은?

① m/V
② V/m²
③ V/m
④ m²/V

해설 전장의 세기 [V/m]

10 $v = 100\sin(377t - \pi/5)$[V]의 파형 주파수는 약 몇 [Hz]인가?

① 50
② 60
③ 80
④ 100

해설 $w = 2\pi f = 377[rad/s]$ 에서
주파수 $f = \dfrac{w}{2\pi} = \dfrac{377}{2\pi} = 60[Hz]$

11 자체 인덕턴스 0.2[H]의 코일에 전류가 0.01[초] 동안에 3[A]로 변화하였을 때 이 코일에 유도되는 기전력은 몇 [V]인가?

① 40
② 50
③ 60
④ 70

해설 $e = L\dfrac{dI}{dt} = 0.2 \times \dfrac{3}{0.01} = 60[V]$

12 정전용량 C_1, C_2를 병렬로 접속하였을 때의 합성정전용량은?

① $\dfrac{C_1 C_2}{C_1 + C_2}$
② $\dfrac{1}{C_1 + C_2}$
③ $\dfrac{1}{C_1} + \dfrac{1}{C_2}$
④ $C_1 + C_2$

해설 정전용량 C_1, C_2를 병렬로 접속시
$C = C_1 + C_2$
정전용량 C_1, C_2를 직렬로 접속시
$C = \dfrac{C_1 C_2}{C_1 + C_2}$

13 10^{-2}[F]의 콘덴서에 100[V]의 전압을 가할 때 충전되는 전하는 몇 C인가?

① 0.1
② 1
③ 1.5
④ 2

해설 $Q = C \cdot V = 1 \times 10^{-2} \times 100 = 1[C]$

14 선간전압 210[V], 선전류 10[A]의 Y-Y 회로가 있다. 상전압과 상전류는 각각 얼마인가?

① 약 121[V], 5.77[A]
② 약 121[V], 10[A]
③ 약 210[V], 5.77[A]
④ 약 210[V], 10[A]

정답 7. ③ 8. ② 9. ③ 10. ② 11. ③ 12. ④ 13. ② 14. ②

[해설] 상전압 = $\dfrac{\text{선간전압}}{\sqrt{3}} = \dfrac{210}{\sqrt{3}} = 121[V]$

상전류 = 선전류 = $10[A]$

15 8[mH]의 코일에 220[V], 60[Hz]의 교류를 가할 때 전류는 약 몇 [A]인가?

① 73[A]　　② 87[A]
③ 146[A]　④ 229[A]

[해설] $I = \dfrac{V}{wL} = \dfrac{V}{2\pi fL} = \dfrac{220}{2\pi \times 60 \times 8 \times 10^{-3}}$
$= 73[A]$

16 정전용량 $C_1 = 120[\mu F]$, $C_2 = 30[\mu F]$가 직렬로 접속되었을 때 합성정전 용량은 몇 [μF]인가?

① 14　　② 24
③ 50　　④ 150

[해설] 정전용량 C_1, C_2를 직렬로 접속시
$C = \dfrac{C_1 C_2}{C_1 + C_2} = \dfrac{120 \times 30}{120 + 30} = 24[\mu F]$

17 전하의 성질에 대한 설명 중 옳지 않은 것은?

① 전하는 가장 안정한 상태를 유지하려는 성질이 있다.
② 같은 종류의 전하끼리는 흡인하고 다른 종류의 전하끼리는 반발한다.
③ 낙뢰는 구름과 지면 사이에 모인 전기가 한꺼번에 방전되는 현상이다.
④ 대전체의 영향으로 비대전체에 전기가 유도된다.

[해설] 같은 종류의 전하 반발력
다른 종류의 전하 흡인력

18 다음 (㉠)과 (㉡)에 들어갈 내용으로 알맞은 것은?

> 배율기는 (㉠)의 측정범위를 넓히기 위한 목적으로 사용하는 것으로서, 회로에 (㉡)로 접속하는 저항기를 말한다.

① ㉠ 전압계, ㉡ 병렬
② ㉠ 전류계, ㉡ 병렬
③ ㉠ 전압계, ㉡ 직렬
④ ㉠ 전류계, ㉡ 직렬

[해설] 배율기는 전압계의 측정범위를 넓히기 위한 목적으로 사용하는 것으로서, 회로에 병렬로 접속하는 저항기를 말한다.

19 자기 인덕턴스 10[mH]의 코일에 50[Hz], 314[V]의 교류전압을 가했을 때 몇 [A]의 전류가 흐르는가? (단, 코일의 저항은 없는 것으로 하며, π=3.14로 계산한다.)

① 10　　② 31.4
③ 62.8　④ 100

[해설] $I = \dfrac{V}{X_L} = \dfrac{V}{2\pi fL}$
$= \dfrac{314}{2\pi \times 50 \times 10 \times 10^{-3}}$
$= 100[V]$

20 다음 중 무효전력의 단위는 어느 것인가?

① W　　② Var
③ kW　④ VA

[해설] 피상전력 $P_a = VI[VA]$
유효전력 $P = VI\cos\theta[W]$
무효전력 $P_r = VI\sin\theta[Var]$

정답　15. ①　16. ②　17. ②　18. ③　19. ④　20. ②

21 변압기의 여자 전류가 일그러지는 이유는 무엇 때문인가?

① 와류(맴돌이 전류) 때문에
② 자기 포화와 히스테리시스 현상 때문에
③ 누설 리액턴스 때문에
④ 선간 정전용량 때문에

해설 변압기의 여자 전류가 일그러지는 이유는 자기 포화와 히스테리시스 현상 때문에

22 권수비 30의 변압기의 1차에 6600[V]를 가할 때 2차 전압은 몇 [V]인가?

① 220
② 380
③ 420
④ 660

해설 권수비 $a = \dfrac{V_1}{V_2} = \dfrac{N_1}{N_2} = \dfrac{I_2}{I_1}$ 에서

2차 전압 $V_2 = \dfrac{V_1}{a} = \dfrac{6600}{30} = 220[V]$

23 다중 중권의 극수 P인 직류기에서 전기자 병렬 회로수 a는 어떻게 되는가?

① $a = P$
② $a = 2$
③ $a = 2P$
④ $a = 3P$

해설

	중권(직렬권)	파권(직렬권)
(병렬회로수) a	P(극수)	2
(브러시수) b	P(극수)	2
용도	대전류, 저전압	소전류, 고전압
균압선 접속	4극 이상	

24 3상 유도 전동기의 공급 전압이 일정하고 주파수가 정격 값보다 수 % 감소할 때 다음 현상 중 옳지 않은 것은?

① 동기 속도가 감소한다.
② 철손이 증가한다.
③ 누설 리액턴스가 증가한다.
④ 역률이 나빠진다.

해설 3상 유도 전동기의 공급 전압이 일정하고 주파수가 정격 값보다 수 % 감소하면 누설 리액턴스는 감소한다.

25 동기 전동기에서 난조를 방지하기 위하여 자극면에 설치하는 권선을 무엇이라 하는가?

① 제동권선
② 계자권선
③ 전기자권선
④ 보상권선

해설 동기 전동기에서 난조를 방지하기 위하여 자극면에 제동권선을 설치한다.

26 변압기유로 쓰이는 절연유에 요구되는 성질이 아닌 것은?

① 점도가 클 것
② 비열이 커 냉각 효과가 클 것
③ 절연재료 및 금속재료에 화학작용을 일으키지 않을 것
④ 인화점이 높고 응고점이 낮을 것

해설 변압기유의 구비조건
- 점도가 작고 비열이 커서 냉각효과가 클 것
- 절연내력이 클 것
- 인화점이 높고, 응고점이 낮을 것
- 고온에서 석출물에 생기지 말 것
- 절연물과 화학작용이 없을 것

정답 21. ② 22. ① 23. ① 24. ③ 25. ① 26. ①

27 교류 동기 서보 모터에 비하여 효율이 훨씬 좋고 큰 토크를 발생하여 입력되는 각 전기 신호에 따라 규정된 각도만큼씩 회전하며 회전자는 축 방향으로 자화된 영구 자석으로서 보통 50개 정도의 톱니로 만들어져 있는 것은?

① 전기 동력계
② 유도 전동기
③ 직류스테핑모터
④ 동기전동기

해설 직류스테핑모터는 류 동기 서보 모터에 비하여 효율이 훨씬 좋고 큰 토크를 발생하여 입력되는 각 전기 신호에 따라 규정된 각도만큼씩 회전하며 회전자는 축 방향으로 자화된 영구 자석으로서 보통 50개 정도의 톱니로 만들어져 있다.

28 다음 정류 방식 중에서 맥동 주파수가 가장 많고 맥동률이 가장 작은 정류 방식은 어느 것인가?

① 단상 반파식
② 단상 전파식
③ 3상 반파식
④ 3상 전파식

해설 맥동 주파수가 가장 많고 맥동률이 가장 작은 정류 방식은 3상 저파식이다.

29 다음 중 단락비가 큰 동기 발전기를 설명하는 것으로 옳은 것은?

① 동기 임피던스가 작다.
② 단락 전류가 작다.
③ 전기자 반작용이 크다.
④ 전압변동률이 크다.

해설 단락비가 큰 동기 발전기는 동기 임피던스가 작다.

30 교류 전압의 실효값이 200[V]일 때 단상 반파 정류에 의하여 발생하는 직류 전압의 평균값은 약 몇 [V]인가?

① 45
② 90
③ 105
④ 110

해설 단상반파 직류평균값
$E_d = 0.45 V_s$(교류실효값) $- e$(전압강하)
$E_d = 0.45 V_s = 0.45 \times 200 = 90[V]$

31 반송보호 계전방식의 이점을 설명한 것으로 맞지 않는 것은?

① 다른 방식에 비해 장치가 간단하다.
② 고장 구간의 고속도 동시 차단이 가능하다.
③ 고장 구간의 선택이 확실하다.
④ 동작을 예민하게 할 수 있다.

해설 반송보호 계전방식은 다른 방식에 비해 장치가 복잡하다.

32 직류기에서 전기자 반작용을 방지하기 위한 보상권선의 전류 방향은 어떻게 되는가?

① 전기자 권선의 전류방향과 같다.
② 전기자 권선의 전류방향과 반대이다.
③ 계자권선의 전류 방향과 같다.
④ 계자권선의 전류 방향과 반대이다.

해설 직류기에서 전기자 반작용을 방지하기 위한 보상권선의 전류 방향은 전기자 권선의 전류 방향과 반대이다

정답 27. ③ 28. ④ 29. ① 30. ② 31. ① 32. ②

33 동기 발전기의 병렬운전에 필요한 조건이 아닌 것은?

① 기전력의 주파수가 같을 것
② 기전력의 크기가 같을 것
③ 기전력의 용량이 같을 것
④ 기전력의 위상이 같을 것

[해설] 동기 발전기의 병렬운전에 필요한 조건
- 기전력의 주파수가 같을 것
- 기전력의 크기가 같을 것
- 기전력의 파형이 같을 것
- 기전력의 위상이 같을 것

34 슬립 4[%]인 유도 전동기의 등가 부하 저항은 2차 저항의 몇 배인가?

① 5   ② 19
③ 20   ④ 24

[해설] $R_o = \left(\dfrac{1}{S} - 1\right)r_2 = \left(\dfrac{1}{0.04} - 1\right)r_2 = 24r_2$

35 임피던스 강하 5[%]인 변압기가 운전중 단락되었다. 단락전류는 정격전류의 몇 배인가?

① 10   ② 15
③ 20   ④ 25

[해설] 단락전류
$I_s = \dfrac{100}{\%Z}I_n = \dfrac{100}{5} = I_n = 20I_n$

36 유도 전동기의 특성 산정에 사용되는 다이어그램은?

① 블론델 다이어그램
② 블록 다이어그램
③ 벡터 다이어그램
④ 헤일랜드 다이어그램

[해설] 유도 전동기의 특성 산정에 사용되는 다이어그램 : 헤일랜드 다이어그램

37 동기 전동기를 송전선의 전압 조정 및 역률 개선에 사용한 것을 무엇이라 하는가?

① 동기이탈   ② 동기조상기
③ 댐퍼   ④ 제동권선

[해설] 동기조상기는 동기 전동기를 송전선의 전압 조정 및 역률 개선에 사용한다.

38 다음 중 변압기의 원리와 가장 관계가 있는 것은?

① 전자유도 작용
② 표피 작용
③ 전기자 반작용
④ 편자 작용

39 다음 중 자기 소호 제어용 소자는?

① SCR   ② TRIAC
③ DIAC   ④ GTO

[해설] 자기소호 GTO 소자이다.

40 어느 변압기의 백분율 저항 강하가 2[%], 백분율 리액턴스 강하가 3[%]일 때 역률(지역률) 80%인 경우의 전압 변동률은 몇 [%]인가?

① 0.2   ② 1.6
③ 1.8   ④ 3.4

[해설] $\epsilon = P\cos\theta + q\sin\theta$
$= 2 \times 0.8 + 3 \times 0.6 = 3.4[\%]$

정답 33. ③ 34. ④ 35. ③ 36. ④ 37. ② 38. ① 39. ④ 40. ④

41 물체의 두께, 깊이, 안지름 및 바깥지름 등을 모두 측정할 수 있는 공구의 명칭은?

① 와이어 게이지
② 마이크로미터
③ 다이얼 게이지
④ 버니어 캘리퍼스

[해설] 버니어 캘리퍼스는 물체의 두께, 깊이, 안지름 및 바깥지름 등을 모두 측정 가능하다.

42 철근 콘크리트주에 완금을 고정시키려면 어떤 밴드를 사용하는가?

① 암 밴드
② 지선밴드
③ 래크밴드
④ 암타이밴드

[해설] 암밴드는 철근 콘크리트주에 완금을 고정시킬때 사용한다.

43 다음 그림 기호의 명칭은?

———————

① 천장은폐배선
② 바닥은폐배선
③ 노출배선
④ 바닥면노출배선

[해설] ——————— : 천장은폐배선 심벌이다.

44 다단의 크로스 암이 설치되고 또한 장력이 클 때와 H주일 때 보통 지선을 2단으로 부설하는 지선은?

① 보통지선　② 공동지선
③ 궁지선　　④ Y지선

[해설] Y지선은 다단의 크로스 암이 설치되고 또한 장력이 클 때와 H주일 때 보통 지선을 2단으로 부설한다.

45 사람이 접촉될 우려가 있는 곳에 시설하는 경우 접지극은 지하 몇 [cm] 이상의 깊이에 매설하여야 하는가?

① 30　　② 45
③ 50　　④ 75

[해설] 사람이 접촉될 우려가 있는 곳에 시설하는 경우 접지극은 지하 75[cm] 이상의 깊이에 매설해야 한다.

46 공장, 사무실, 학교, 상점등의 옥내에 시설하는 전등은 부분조명이 가능하도록 시설하여야 하는데 이때 전등군은 몇 등 이내로 하는 것이 바람직한가?

① 6　　② 8
③ 10　　④ 12

[해설] 공장, 사무실, 학교, 상점등의 옥내에 시설하는 전등은 부분조명이 가능하도록 시설하여야 하는데 이때 전등군은 6등 이내로 한다.

47 다음 중 접지의 목적으로 알맞지 않은 것은?

① 감전의 방지
② 전로의 대지전압 상승
③ 보호 계전기의 동작확보
④ 이상 전압의 억제

[해설] 접지의 목적
- 감전의 방지
- 전로의 대지전압 상승억제
- 보호 계전기의 동작확보
- 이상 전압의 억제

정답　41. ④　42. ①　43. ①　44. ④　45. ④　46. ①　47. ②

48 특고압 가공전선로에 사용하는 가공지선에는 지름 몇 [mm] 이상의 나경동선을 사용하여야 하는가?

① 2.6　　② 3.5
③ 4　　　④ 5

[해설] 가공지선
- 고압 가공 전선로의 가공지선 : 4[mm] 이상의 나경동선
- 특고압 가공 전선로의 가공지선 : 5[mm] 이상의 나경동선

49 전선을 기구 단자에 접속할 때 진동 등의 영향으로 헐거워질 우려가 있는 경우에 사용하는 것은?

① 압착단자　　② 코드 페스너
③ 십자머리 볼트　　④ 스프링 와셔

[해설] 스프링 와셔는 전선을 기구 단자에 접속할 때 진동 등의 영향으로 헐거워질 우려가 있는 경우에 사용한다.

50 다음 철탑의 사용목적에 의한 분류에서 서로 인접하는 경간의 길이가 크게 달라 지나친 불평형 장력이 가해지는 경우 등에는 어떤 형의 철탑을 사용하여야 하는가?

① 직선형　　② 각도형
③ 인류형　　④ 내장형

[해설] 내장형철탑
- 경간차가 큰곳에 설치
- 직선철탑 10기마다 한기정도 설치

51 다음 중 금속 전선관을 박스에 고정시킬 때 사용되는 것은 어느 것인가?

① 새들　　② 부싱
③ 로크너트　　④ 클램프

[해설] 로크너트는 금속 전선관을 박스에 고정시킬 때 사용

52 화약고 등의 위험장소의 배선 공사에서 전로의 대지 전압은 몇 [V]이하로 하도록 되어 있는가?

① 300　　② 400
③ 500　　④ 600

[해설] 화약고 등의 위험장소의 배선 공사에서 전로의 대지 전압은 300[V] 이하로 하도록 해야 한다.

53 조명기구의 배광에 의한 분류 중 40~60[%] 정도의 빛이 위쪽과 아래쪽으로 고루 향하고 가장 일반적인 용도를 가지고 있으며 상·하 좌우로 빛이 모두 나오므로 부드러운 조명이 되는 조명 방식은?

① 직접조명방식
② 반 직접 조명방식
③ 전반 확산 조명방식
④ 반 간접 조명방식

[해설] 전반 확산 조명방식은 조명기구의 배광에 의한 분류 중 40~60[%] 정도의 빛이 위쪽과 아래쪽으로 고루 향하고 가장 일반적인 용도를 가지고 있으며 상·하 좌우로 빛이 모두 나오므로 부드러운 조명이 되는 조명 방식이다.

54 다음 중 인류 또는 내장주의 선로에서 활선공법을 할 때 작업자가 현수애자 등에 접촉되어 생기는 안전사고를 예방하기 위해 사용하는 것은?

① 활선커버　　② 가스개페기
③ 데드엔드커버　　④ 프로텍터차단기

정답 48. ④ 49. ④ 50. ④ 51. ③ 52. ① 53. ③ 54. ③

[해설] 데드앤드커버는 인류 또는 내장주의 선로에서 활선공법을 할 때 작업자가 현수애자 등에 접촉되어 생기는 안전사고를 예방하기 위해 사용한다.

55 다음 중 전선의 슬리브 접속에 있어서 펜치와 같이 사용되고 금속관 공사에서 로크너트를 조일 때 사용하는 공구는 어느 것인가?

① 펌프 플라이어 (pump plier)
② 히키(hickey)
③ 비트 익스텐션(bit extension)
④ 클리퍼(clipper)

[해설] 펌프 플라이어는 전선의 슬리브 접속에 있어서 펜치와 같이 사용되고 금속관 공사에서 로크너트를 조일 때 사용하는 공구이다.

56 저압배선 중의 전압강하는 간선 및 분기회로에서 각각 표준전압의 몇 [%] 이하로 하는 것을 원칙으로 하는가?

① 2   ② 4
③ 6   ④ 8

[해설] 저압배선 중의 전압강하는 간선 및 분기회로에서 각각 표준전압의 2[%] 이하로 하는 것을 원칙으로 한다.

57 배관의 직각 굴곡 부분에 사용하는 것은?

① 로크너트
② 절연부싱
③ 플로어박스
④ 노멀밴드

[해설] 노멀밴드는 배관의 직각 굴곡 부분에 사용한다.

58 "지중 관로"에 포함되지 않는 것은

① 지중 전선로
② 지중 레일 선로
③ 지중 약전류 전선로
④ 지중 광섬유 케이블 선로

[해설] 지중관로란 지중 전선로, 지중 약전류 전선로, 지중 광섬유 케이블 선로, 지중에 시설하는 것을 말한다.

59 다음 중 고압에 속하는 것은?

① 교류 440[V]
② 직류 600[V]
③ 교류 1700[V]
④ 직류 700[V]

[해설] 고압-교류1000[V] 초과 전압

60 한 수용 장소의 인입선에서 분기하여 지지물을 거치지 아니하고 다른 수용 장소의 인입구에 이르는 부분의 전선을 무엇이라 하는가?

① 가공전선   ② 가공지선
③ 가공인입선 ④ 이웃 연결 인입선

[해설] 이웃 연결 인입선은 한 수용 장소의 인입선에서 분기하여 지지물을 거치지 아니하고 다른 수용 장소의 인입구에 이르는 부분의 전선

정답 55. ① 56. ① 57. ④ 58. ② 59. ③ 60. ④

전기기능사 필기
실전 모의고사 8회

1 세 변의 저항 $R_a = R_b = R_c = 15[\Omega]$인 Y 결선 회로가 있다. 이것과 등가인 Δ결선 회로의 각 변의 저항은 몇 [Ω]인가?

① 5 ② 10
③ 25 ④ 45

해설 Y 결선에 Δ결선으로 변경시 저항이 같으면 3R(3배)가 되므로
$3 \times 15 = 45[\Omega]$ 이 된다.

2 1[cal]는 약 몇 [J]인가?

① 0.24 ② 0.4186
③ 2.4 ④ 4.186

해설 1[J] = 0.24[cal] 이므로
$1[\text{cal}] = \frac{1}{0.24} = 4.186[\text{J}]$ 이다.

3 저항 R_1, R_2를 병렬로 접속하면 합성 저항은?

① $R_1 + R_2$ ② $\frac{1}{R_1 + R_2}$
③ $\frac{R_1 \cdot R_2}{R_1 + R_2}$ ④ $\frac{R_1 + R_2}{R_1 \cdot R_2}$

해설
- 저항 R_1, R_2를 병렬시 합성저항
  $R_0 = \frac{R_1 \times R_2}{R_1 + R_2}[\Omega]$
- 저항 R_1, R_2를 직렬시 합성저항
  $R_0 = R_1 + R_2 [\Omega]$

4 히스테리시스 곡선이 횡축과 만나는 점은?

① 보자력
② 기자력
③ 잔류자기
④ 포화자속

해설 히스테리시스 곡선이 횡축(가로축) 보자력

5 전류가 전압에 비례하고 저항에 반비례한다. 다음 중 어느 것과 가장 관계가 있는가?

① 키르히호프의 제1법칙
② 키르히호프의 제2법칙
③ 옴의법칙
④ 중첩의 원리

해설 옴의 법칙 $I = \frac{V}{R}[\text{A}]$

6 투자율 μ의 단위는?

① AT/m ② Wb/m²
③ AT/Wb ④ H/m

해설 μ : 투자율 $= \left[\frac{\text{H}}{\text{m}}\right]$

7 반지름 5[cm] 권수 10회인 원형 코일에 15[A]의 전류가 흐르면 코일 중심의 자장의 세기는 몇 [AT/m]인가?

① 1300 ② 1500
③ 1700 ④ 1400

정답 1.④ 2.④ 3.③ 4.① 5.③ 6.④ 7.②

해설 자장의 세기
$$H = \frac{NI}{2a} = \frac{10 \times 15}{2 \times 0.05} = 1500 [\text{AT/m}]$$

8 교류 100[V]의 최대값은 약 몇 [V]인가?
① 90 ② 100
③ 111 ④ 141

해설 실효값 $(V) = \frac{V_m (\text{최대값})}{\sqrt{2}}$ [V] 에서
$V_m = \sqrt{2} \, V = 100\sqrt{2} = 141 [\text{V}]$

9 권수 200회의 코일에 5[A]의 전류가 흘러서 0.025[Wb]의 자속이 코일을 지난다고 하면, 이 코일의 자체 인덕턴스는 몇 [H]인가?
① 2 ② 1
③ 0.5 ④ 0.1

해설 $LI = N\Phi$ 에서
인덕턴스 $L = \frac{N\Phi}{I} = \frac{200 \times 0.0025}{5} = 1 [\text{H}]$

10 자기회로의 누설계수를 나타낸 식은?
① $\frac{\text{누설자속} + \text{유효자속}}{\text{전자속}}$
② $\frac{\text{누설자속}}{\text{전자속}}$
③ $\frac{\text{누설자속}}{\text{유효자속}}$
④ $\frac{\text{누설자속} + \text{유효자속}}{\text{유효자속}}$

해설 누설계수 $= \frac{\text{누설자속} + \text{유효자속}}{\text{유효자속}}$

11 자체 인덕턴스 20[mH]의 코일에 20[A]의 전류를 흘릴 때 저장 에너지는 몇 [J]인가?
① 2 ② 4
③ 6 ④ 8

해설 L[H]에 축적되는 에너지
$$W = \frac{1}{2}LI^2 = \frac{1}{2} \times 20 \times 10^{-3} \times 20^2 = 4[\text{J}]$$

12 10[V/m]의 전장에 어떤 전하를 놓으면 0.1[N]의 힘이 작용한다. 전하의 양은 몇 [C]인가?
① 10^2 ② 10^{-4}
③ 10^{-2} ④ 10^4

해설 힘 $F = EQ$[N] 에서
$Q = \frac{F}{E} = \frac{0.1}{10} = 10^{-2} [\text{C}]$

13 저항 4[Ω], 유도 리액턴스 3[Ω] 직렬로 된 회로에서의 역률은 얼마인가?
① 0.8 ② 0.7
③ 0.6 ④ 0.5

해설 $\cos\theta = \frac{R}{\sqrt{R^2 + X^2}} = \frac{4}{\sqrt{4^2 + 3^2}} = 0.8$

14 원자핵의 구속력을 벗어나서 물질 내에서 자유로이 이동 할 수 있는 것은?
① 중성자
② 양자
③ 분자
④ 자유전자

해설 자유전자는 원자핵의 구속력을 벗어나서 물질 내에서 자유로이 이동할 수 있다.

정답 8. ④ 9. ② 10. ④ 11. ② 12. ③ 13. ① 14. ④

15 평행한 두 도체에 반대 방향의 전류가 흘렀을 때 두 도체 사이에 작용하는 힘은 어떻게 되는가?

① 흡인력이 작용한다.
② 힘은 0이다.
③ 반발력이 작용한다.
④ $1/(2\pi r)$의 힘이 작용한다.

[해설] 평행한 두 도체에 반대 방향의 전류가 흘렀을 때 두 도체 사이에 작용하는 힘은 반발력이다.

16 그림에서 2[Ω]의 저항에 흐르는 전류는 몇 [A]인가?

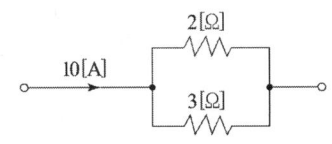

① 3 ② 4
③ 5 ④ 6

[해설] 전류분배법칙 $I_2 = \dfrac{2}{2+3} \times 10 = 6[A]$

17 평형 3상 Y결선에서 상전류 I_P와 선전류 I_l과의 관계는?

① $I_l = 3I_P$ ② $I_l = \sqrt{3} I_P$
③ $I_l = I_P$ ④ $I_l = \dfrac{1}{3} I_P$

[해설] 평형 3상 Y결선에서 상전류 I_P와 선전류 I_l는 같다 ($I_l = I_P$)

18 선간 전압이 380[V]인 전원에 $Z=8+j6$ [Ω]의 부하를 Y결선으로 접속했을 때 선 전류는 약 몇 A인가?

① 12 ② 22
③ 28 ④ 38

[해설] 선전류

$$I_l = I_P = \dfrac{V_P}{Z_P} = \dfrac{\dfrac{V_l}{\sqrt{3}}}{\sqrt{R^2+X^2}}$$
$$= \dfrac{380}{\sqrt{3} \times \sqrt{8^2+6^2}} = 22[A]$$

19 비사인파의 일반적인 구성이 아닌 것은?

① 삼각파 ② 고조파
③ 기본파 ④ 직류분

[해설] 비사인파=직류분+기본파+고조파

20 다음 중 전류의 발열 작용에 관한 법칙과 가장 관계가 있는 것은?

① 옴의 법칙
② 페러데이 법칙
③ 줄의 법칙
④ 키르히호프 법칙

[해설] 줄의 법칙-전류의 발열 작용

21 복권 발전기의 병렬 운전을 안전하게 하기 위해서 두 발전기의 전기자와 직권 권선의 접촉점에 연결해야 하는 것은?

① 균압선
② 집전환
③ 안정저항
④ 브러시

[해설] 균압선 : 복권 발전기의 병렬 운전을 안전하게 하기 위해서 설치한다.

정답 15. ③ 16. ④ 17. ③ 18. ② 19. ① 20. ③ 21. ①

22 직류전동기의 규약효율을 표시하는 식은?

① $\dfrac{출력}{출력 + 손실} \times 100[\%]$

② $\dfrac{출력}{입력} \times 100[\%]$

③ $\dfrac{입력 - 손실}{입력} \times 100[\%]$

④ $\dfrac{입력}{출력 + 손실} \times 100[\%]$

[해설]
- 직류전동기의 규약효율
  $= \dfrac{입력 - 손실}{입력} \times 100[\%]$
- 직류발전기의 규약효율
  $= \dfrac{출력}{입력 - 손실} \times 100[\%]$

23 E종 절연물의 최고 허용온도는 몇 [℃]인가?

① 40   ② 60
③ 120   ④ 125

[해설] E종 절연물의 최고 허용온도 120[℃]

24 유도 전동기에서 2차측만의 효율은? 단, s 는 슬립이라 한다.

① $1/s$에 비례
② $1 - s$에 비례
③ s에 비례
④ s^2에 비례

[해설] 2차 효율
$\eta_2 = \dfrac{P_0}{P_2} = 1 - S = \dfrac{N}{N_S} = \dfrac{\omega}{\omega_s}$

25 변압기유의 열화방지와 관계가 가장 먼 것은?

① 브리더
② 컨서베이터
③ 불활성 질소
④ 부싱

[해설] 컨서베이터 : 변압기유의 열화방지 대책

26 직류전동기 급정지 하는데 가장 좋은 제동법은?

① 발전제동   ② 회생제동
③ 단상제동   ④ 역전제동

[해설] 역전제동 : 역회전 토크를 발생하여 급제동하는 방식

27 8극 파권 직류발전기의 전기자 권선의 병렬 회로수 a는 얼마로 하고 있는가?

① 1   ② 2
③ 6   ④ 8

[해설]

	중권(직렬권)	파권(직렬권)
(병렬회로수) a	P(극수)	2
(브러시수) b	P(극수)	2
용도	대전류, 저전압	소전류, 고전압
균압선 접속	4극 이상	

28 3상 동기기에 제동 권선을 설치하는 주된 목적은?

① 출력증가   ② 효율증가
③ 역률개선   ④ 난조방지

[해설] 3상 동기기에 제동 권선을 설치하는 주된 목적은 난조(불평형)방지 이다.

정답 22. ③ 23. ③ 24. ② 25. ② 26. ④ 27. ② 28. ④

29 동기조상기를 부족여자로 운전하면 어떻게 되는가?

① 콘덴서로 작용
② 뒤진역률 보상
③ 리액터로 작용
④ 저항손의 보상

[해설]
- 동기조상기를 부족여자로 운전시 리액터로 작용한다.
- 동기조상기를 과여자로 운전시 콘덴서로 작용한다.

30 변압기 내부 고장 보호에 쓰이는 계전기로서 가장 적당한 것은?

① 차동계전기 ② 접지계전기
③ 과전류계전기 ④ 역상계전기

[해설] 차동계전기는 변압기 내부 고장 보호에 쓰이는 계전기로 두 전류차에 의해서 동작된다.

31 3상 동기 발전기에 무부하 전압보다 90도 뒤진 전기자 전류가 흐를 때 전기자 반작용은?

① 감자작용을 한다.
② 증자작용을 한다.
③ 교차 자화 작용을 한다.
④ 자기 여자 작용을 한다.

[해설] 3상 동기 발전기에 무부하 전압보다 90도 뒤진 전기자 전류가 흐를 때 감자작용을 한다.

32 전기자 전압을 전원 전압으로 일정히 유지하고, 계자 전류를 조정하여 자속 Φ[Wb]를 변화시킴으로써 속도를 제어 하는 제어법은?

① 계자제어법
② 전기자전압제어법
③ 저항제어법
④ 전압제어법

[해설] 계자제어법은 직류전동기 전기자 전압을 전원 전압으로 일정히 유지하고, 계자 전류를 조정하여 자속 Φ[Wb]를 변화시킴으로써 속도를 제어하는 방식이다.

33 각각 계자 저항기가 있는 직류분권 전동기와 직류분권 발전기가 있다. 이것을 직렬하여 전동 발전기로 사용하고자 한다. 이것을 기동할 때 계자 저항기의 저항은 각각 어떻게 조정하는 것이 가장 적합한가?

① 전동기 : 최대, 발전기 : 최소
② 전동기 : 중간, 발전기 : 최소
③ 전동기 : 최소, 발전기 : 최대
④ 전동기 : 최소, 발전기 : 중간

[해설] 각각 계자 저항기가 있는 직류분권 전동기와 직류분권 발전기가 있다. 이것을 직렬하여 전동 발전기로 사용하고자 한다. 이것을 기동할 때 계자 저항기의 저항은 각각 전동기 : 최소, 발전기 : 최대 로 한다.

34 단상 반파 정류 회로의 전원 전압 200[V], 부하저항이 10[Ω]이면 부하 전류는 약 몇 [A]인가?

① 4
② 9
③ 13
④ 18

[해설] 단상반파 부하전류
$$I = \frac{E_d}{R} = \frac{0.45\,V_s}{R} = \frac{0.45 \times 200}{10} = 9[A]$$

정답 29. ③ 30. ① 31. ① 32. ① 33. ③ 34. ②

35 변압기에서 전압변동률이 최대가 되는 부하의 역률은? (단, P :퍼센트 저항 강하, q : 퍼센트 리액턴스 강하, $\cos\theta_m$: 역률)

① $\cos\theta_m = \dfrac{P}{\sqrt{P+q}}$

② $\cos\theta_m = \dfrac{P}{\sqrt{P^2+q^2}}$

③ $\cos\theta_m = \dfrac{P}{P^2+q^2}$

④ $\cos\theta_m = \dfrac{P}{P+q}$

[해설] 전압변동률이 최대가 되는 부하의 역률
$$\cos\theta_m = \dfrac{P}{\sqrt{P^2+q^2}}$$

36 농형유도 전동기의 기동법이 아닌 것은?

① 기동보상기에 의한 기동법
② 2차 저항기법
③ 리액터 기동법
④ Y − Δ 기동법

[해설] 2차 저항기법은 권선형 유도전동기 기동법이다.

37 동기발전기를 병렬 운전하는데 필요한 조건이 아닌 것은?

① 기전력의 파형이 작을 것.
② 기전력의 위상이 같을 것.
③ 기전력의 주파수가 같을 것.
④ 기전력의 크기가 같을 것.

[해설] 동기 발전기의 병렬운전에 필요한 조건
• 기전력의 주파수가 같을 것
• 기전력의 크기가 같을 것
• 기전력의 파형이 같을 것
• 기전력의 위상이 같을 것

38 인버터의 스위칭 주기가 1[m·sec]이면 주파수는 몇 [Hz]인가?

① 20
② 60
③ 100
④ 1000

[해설] $f = \dfrac{1}{T} = \dfrac{1}{10^{-3}} = 1000[\text{Hz}]$

39 제어 정류기의 용도는?

① 교류 − 교류 변환
② 직류 − 교류 변환
③ 교류 − 직류 변환
④ 직류 − 직류 변환

[해설] 정류기는 교류 − 직류 변환

40 단락비가 큰 동기 발전기를 설명하는 것으로 옳지 않은 것은?

① 동기 임피던스가 작다.
② 단락전류가 크다.
③ 전기자 반작용이 크다.
④ 공극이 크고 전압 변동률이 작다.

[해설] 단락비가 큰 동기발전기 특성
• 동기임피던스가 작아져 전압변동률이 작으며 송전용량 충전용량이 증가한다.
• 기계의 형태 중량이 커지며 철손, 기계손이 증가하고 가격도 비싸다.
• 과부하 내량이 크고 안정도 좋다.
• 철기계라 불린다.
• 공극이 크다
• 단락비를 구하는 시험은 3상단락시험과 무부하 포화시험이다.

정답 35. ② 36. ② 37. ① 38. ④ 39. ③ 40. ③

41 고압 가공 전선로의 전선의 조사가 3조일 때 완금의 길이는?

① 1200[mm]
② 1400[mm]
③ 1800[mm]
④ 2400[mm]

[해설] 고압 가공 전선로의 전선의 조사가 3조일 때 완금의 길이는 1800[mm] 이다.

42 합성수지관 공사에 대한 설명 중 옳지 않은 것은?

① 습기가 많은 장소 또는 물기가 있는 장소에 시설하는 경우에는 방습 장치를 한다.
② 관 상호간 및 박스와는 관을 삽입하는 깊이를 관의 바깥지름의 1.2배 이상으로 한다.
③ 관의 지지점간의 거리는 3[m] 이상으로 한다.
④ 합성 수지관 안에는 전선에 접속점이 없도록 한다.

[해설] 합성수지관 공사에서 관의 지지점간의 거리는 1.5[m] 이상으로 한다.

43 특고압 가공전선로의 지지물 양쪽의 경간 차가 큰 곳에 사용되는 철탑은??

① 내장형 철탑
② 인류형 철탑
③ 각도형 철탑
④ 보강형 철탑

[해설] 내장형 철탑 : 전선로의 지지물 양쪽의 경간의 차가 큰 곳에 사용하는 철탑이다.

44 구리 전선과 전기 기계 기구 단자를 접속하는 경우에 진동 등으로 인하여 헐거워질 염려가 있는 곳에는 어떤 것을 사용하여 접속하여야 하는가?

① 평와셔 2개를 끼운다.
② 스프링 와셔를 끼운다.
③ 코드 패스너를 끼운다.
④ 정 슬리브를 끼운다.

[해설] 구리 전선과 전기 기계 기구 단자를 접속하는 경우에 진동 등으로 인하여 헐거워질 염려가 있는 곳에는 스프링 와셔를 끼운다.

45 다음 중 접지 저항의 측정에 사용되는 측정기의 명칭은?

① 회로시험기
② 변류기
③ 검류기
④ 어스테스터

[해설] 어스테스터 - 접지 저항의 측정에 사용되는 측정기

46 폭발성 분진이 존재하는 곳의 금속관 공사에 있어서 관 상호 및 관과 박스 기타의 부속품이나 풀 박스 또는 전기 기계기구와의 접속은 몇 턱 이상의 나사 조임으로 접속하여야 하는가?

① 2턱
② 3턱
③ 4턱
④ 5턱

[해설] 폭발성 분진이 존재하는 곳의 금속관 공사에 있어서 관 상호 및 관과 박스 기타의 부속품이나 풀 박스 또는 전기 기계기구와의 접속은 5턱 이상의 나사 조임으로 접속하여야 한다.

정답 41. ③ 42. ③ 43. ① 44. ② 45. ④ 46. ④

47 저압전로의 보호도체 및 중성선의 접속 방식에 따른 접지계통을 쓰시오.

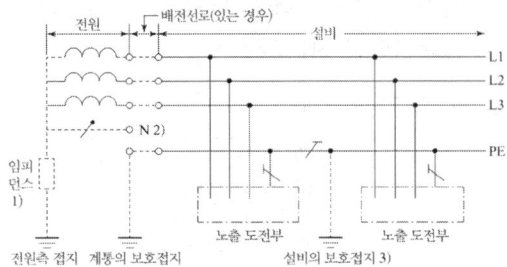

① IT 계통　　② TT 계통
③ TN-S 계통　④ TN-C 계통

[해설]
- 1문자-전원계통과 대지의 관계
- T : 한점을 대지에 직접 접속
- I : 모든 충전부를 대지와 절연시키거나 높은 임피던스를 통하여 한 점을 대지에 직접 접속
- 2문자-전기설비의 노출도전부와 대지의 관계
- T : 노출도전부를 대지로 직접접속, 전원 계통의 접지와는 무관
- N : 노출도전부를 전원계통의 접지점(교류 계통에서는 통상적으로 중성점, 중성점이 없을 경우는 선도체)에 직접 접속
- 그다음 문자가 있을 경우 – 중성선과 보호 도체의 배치
- S : 중성선 또는 접지된 선도체 외에 별도의 도체에 의해 제공되는 보호 기능
- C : 중성선과 보호 기능을 한 개의 도체로 겸용-(PEN도체)

48 셀룰로이드, 성냥, 석유류 등 기타 가연성 위험물질을 제조 또는 저장하는 장소의 배선으로 잘못된 배선은?

① 금속관 배선
② 합성수지관 배선
③ 플로어덕트 배선
④ 케이블 배선

[해설] 셀룰로이드, 성냥, 석유류 등 기타 가연성 위험물질을 제조 또는 저장하는 장소의 배선은 금속관 배선, 합성수지관 배선, 케이블 배선 등을 사용할 수 있다.

49 저압 가공 인입선의 인입구에 사용하는 부속품은?

① 플로어 박스　② 링리듀서
③ 엔트런스 캡　④ 노말밴드

[해설] 엔트런스 캡은 저압 가공 인입선의 인입구에 사용한다.

50 수변전 설비에서 차단기의 종류 중 가스 차단기에 들어가는 가스의 종류는?

① CO_2　　② LPG
③ SF_6　　④ LNG

[해설] 가스차단기-SF_6 가스 (육불화 유황가스)

51 다음 중 변류기의 약호는?

① CB　　② CT
③ DS　　④ COS

[해설] 변류기 : CT
- 1차측 전류를 2차측 5[A]로 변성
- 선전류 측정
- CT 점검시 2차측 단락한다 – 2차측 절연 보호를 위하여

52 석유류를 저장하는 장소의 공사 방법 중 틀린 것은?

① 케이블 공사
② 애자사용 공사
③ 금속관 공사
④ 합성수지관 공사

정답　47. ①　48. ③　49. ③　50. ③　51. ②　52. ②

해설 석유류를 저장하는 장소의 공사
- 케이블 공사
- 금속관 공사
- 합성수지관 공사

53 배선용 차단기의 심벌은?

① [B] ② [E]
③ [BE] ④ [S]

해설 배선용 차단기 심벌 : [B]

54 다음 중 금속덕트 공사 방법과 거리가 가장 먼 것은?

① 덕트의 말단은 열어 놓을 것
② 금속덕트는 3[m] 이하의 간격으로 견고하게 지지할 것
③ 금속덕트의 뚜껑은 쉽게 열리지 않도록 시설할 것
④ 금속덕트 상호는 견고하고 또한 전기적으로 완전하게 접속할 것

해설 금속덕트 공사 방법
- 덕트의 말단은 차단시킨다.
- 금속덕트는 3[m] 이하의 간격으로 견고하게 지지할 것
- 금속덕트의 뚜껑은 쉽게 열리지 않도록 시설할 것
- 금속덕트 상호는 견고하고 또한 전기적으로 완전하게 접속할 것

55 합성수지 몰드 배선의 사용전압은 몇[V] 미만 이어야 하는가?

① 400 ② 600
③ 750 ④ 800

해설 합성수지 몰드 배선의 사용전압은 400[V] 미만 이어야 한다.

56 단선의 직선접속 방법 중에서 트위스트 직선접속을 할 수 있는 최대 단면적은 몇 [mm^2] 이하인가?

① 2.5 ② 4
③ 6 ④ 10

해설 단선의 직선접속 방법 중에서 트위스트 직선 접속을 할 수 있는 최대 단면적은 6[mm^2] 이하

57 전선 6[mm^2] 이하의 가는 단선을 직선 접속할 때 어느 방법으로 하여야 하는가?

① 브리타니어 접속
② 트위스트 접속
③ 슬리브 접속
④ 우산형 접속

해설 트위스트 접속 : 전선 6[mm^2] 이하의 가는 단선을 직선 접속할 때 사용

58 금속 전선관 공사에 필요한 공구가 아닌 것은?

① 파이프 바이스 ② 스트리퍼
③ 리머 ④ 오스터

해설 금속 전선관 공사에 필요한 공구
- 파이프 바이스
- 리머
- 오스터

59 무대, 무대밑, 오케스트라 박스, 영사실 기타 사람이나 무대 도구가 접촉될 우려가 있는 장소에 시설하는 저압 옥내 배선, 전구선 또는 이동전선은 사용전압이 몇 [V] 미만 이어야 하는가?

① 400 ② 500
③ 600 ④ 700

정답 53. ① 54. ① 55. ① 56. ③ 57. ② 58. ② 59. ①

[해설] 무대, 무대밑, 오케스트라 박스, 영사실 기타 사람이나 무대 도구가 접촉될 우려가 있는 장소에 시설하는 저압 옥내 배선, 전구선 또는 이동전선은 사용전압이 400[V] 미만 이어야 한다.

60 습기가 많은 장소 또는 물기가 있는 장소의 바닥 위에서 사람이 접촉될 우려가 있는 장소에 시설하는 사용 전압이 400[V] 미만인 전구선 및 이동전선은 단면적이 최소 몇 [mm^2] 이상인 것을 사용하여야 하는가?

① 0.75 ② 1.25
③ 2.0   ④ 3.5

[해설] 습기가 많은 장소 또는 물기가 있는 장소의 바닥 위에서 사람이 접촉될 우려가 있는 장소에 시설하는 사용 전압이 400[V] 미만인 전구선 및 이동전선은 단면적이 최소 0.75[mm^2] 이상인 것을 사용하여야 한다.

정답 60. ①

실전 모의고사 9회

전기기능사 필기

1. 2[C]의 전기량이 두 점 사이를 이동하여 48[J]의 일을 하였다면 이 두 점 사이의 전위차는 몇 [V]인가?

   ① 12 ② 24
   ③ 48 ④ 64

   [해설] $V[\text{V}] = \dfrac{W[\text{J}]}{Q[\text{C}]} = \dfrac{48}{2} = 24[\text{V}][\text{V}]$

2. 강자성체의 투자율에 대한 설명이다. 옳은 것은?

   ① 투자율은 매질의 두께에 비례한다.
   ② 투자율은 자화력에 따라서 크기가 달라진다.
   ③ 투자율이 큰 것은 자속이 통하기 어렵다.
   ④ 투자율은 자속 밀도에 반비례한다.

   [해설] 강자성체의 투자율은 자화력에 따라서 크기가 달라진다.

3. 그림과 같은 회로에서 R-C 임피던스는?

   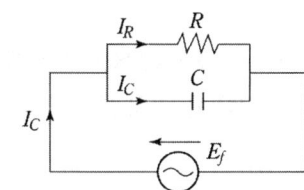

   ① $\dfrac{1}{\sqrt{\dfrac{1}{R^2} + \left(\dfrac{1}{wC}\right)^2}}$

   ② $\dfrac{1}{\sqrt{\dfrac{1}{R^2} + (wC)^2}}$

   ③ $\sqrt{\dfrac{1}{R^2} + (wC)^2}$

   ④ $\sqrt{R^2 + \left(\dfrac{1}{wC}\right)^2}$

   [해설] $Z = \dfrac{1}{\sqrt{\dfrac{1}{R^2} + (wC)^2}}[\Omega]$

4. 다음은 연 축전지에 대한 설명이다. 옳지 않은 것은?

   ① 전해액은 황산을 물에 섞어서 비중을 1.2~1.3 정도로 하여 사용한다.
   ② 충전시 양극은 PbO로 되고 음극은 PbSO₄로 된다.
   ③ 방전전압의 한계는 1.8[V]로 하고 있다.
   ④ 용량은 방전전류×방전시간으로 표시하고 있다.

   [해설] 충전시 양극은 PbO로 되고 음극은 PbSO₄로 된다.

5. 4[Wh]는 몇 [J]인가?

   ① 3600 ② 4200
   ③ 7200 ④ 14400

   [해설] $W[\text{Wh}] = 3600[\text{J}]$ 이므로
   $W[\text{Wh}] = 4 \times 3600 = 14400[\text{J}]$

정답 1. ② 2. ② 3. ② 4. ② 5. ④

6 다음 중 자기 차폐와 가장 관계가 깊은 것은?

① 상 자성체
② 강 자성체
③ 반 자성체
④ 비 투자율이 1인 자성체

해설 자기차폐는 공간의 특정 부분을 도체 혹은 강자성체로 둘러싸서 내부가 외부 전자기장으로부터 영향을 받지 않도록 하거나, 반대로 내부에서 발생한 전자기장이 외부에 미치지 않도록 하는 것을 말한다.

7 4[Ω], 6[Ω], 8[Ω]의 3개 저항을 병렬 접속할 때 합성저항은 약 몇 [Ω]인가?

① 1.8　　② 2.5
③ 3.6　　④ 4.5

해설 $R_0 = \dfrac{1}{\dfrac{1}{R_1}+\dfrac{1}{R_2}+\dfrac{1}{R_3}} = \dfrac{1}{\dfrac{1}{4}+\dfrac{1}{6}+\dfrac{1}{8}}$
$= 1.8[\Omega]$

8 전류에 의한 자기장의 방향을 결정하는 법칙은?

① 앙페르의 오른나사법칙
② 플레밍의 오른손법칙
③ 플레밍의 왼손법칙
④ 렌쯔의 법칙

해설 앙페르의 오른나사법칙은 전류에 의한 자기장의 방향을 결정하는 법칙이다.

9 구리선의 길이를 2배, 반지름을 1/2로 할 때 저항은 몇 배가 되는가?

① 2　　② 4
③ 6　　④ 8

해설 전기저항
$R = \rho\dfrac{l}{A} = \rho\dfrac{l}{\dfrac{\pi(D^2)}{4}} = \rho\dfrac{l}{\dfrac{\pi(2r)^2}{4}}[\Omega]$ 에서

$R = \rho\dfrac{l}{\dfrac{\pi(2r)^2}{4}} \propto \dfrac{l}{(r)^2}$ 에서

$R \propto \dfrac{2l}{(\frac{1}{2}r)^2} \propto 8배$

10 L[H], C[F]를 병렬로 결선하고 전압[V]를 가할 때 전류가 0이 되려면 주파수 f는 몇 [Hz] 이어야 하는가?

① $f = 2\pi\sqrt{LC}$　　② $f = \dfrac{2\pi}{\sqrt{LC}}$
③ $f = \dfrac{\sqrt{LC}}{2\pi}$　　④ $f = \dfrac{1}{2\pi\sqrt{LC}}$

해설 공진조건 $2\pi fL = \dfrac{1}{2\pi fC}$
공진주파수 $f = \dfrac{1}{2\pi\sqrt{LC}}$

11 $R = 5[\Omega]$, $L = 2$[H]인 직렬 회로의 시상수는 몇 [sec]인가?

① 0.1　　② 0.2
③ 0.3　　④ 0.4

해설 시정수 $T = \dfrac{L}{R} = \dfrac{2}{5} = 0.4[\text{sec}]$

12 평형 3상 교류 회로에서 △결선할 때 선전류 I_l과 상전류 I_P와의 관계 중 옳은 것은?

① $I_l = 3I_P$　　② $I_l = 2I_P$
③ $I_l = \sqrt{3}I_P$　　④ $I_l = I_P$

해설 I_l(선전류)$= \sqrt{3}I_P$(상전류)
V_l(선간전압)$= V_P$(상전압)

정답 6. ②　7. ①　8. ①　9. ④　10. ④　11. ④　12. ③

13 다음 중 전자력 작용을 응용한 대표적인 것은?

① 전동기 ② 전열기
③ 축전기 ④ 전등

해설 전자 작용 : 자장 내의 도체에 전류가 흐르면 도체에는 전자력이 작용한다. 전자력의 방향은 자석에 의한 자장의 방향과 도체에 흐르는 전류의 방향에 따라 변화한다.
전자력 작용을 응용한 것이 전동기 이다.

14 $R=10[k\Omega]$, $C=5[\mu F]$의 직렬 회로에 110[V]의 직류전압을 인가했을 때 시상수 T는?

① 5[ms] ② 50[ms]
③ 1[sec] ④ 2[sec]

해설 $T=RC=10\times 10^3 \times 5\times 10^{-6}$
$=50\times 10^{-3}[sec]=50[m\cdot sec]$

15 최대값 10[A]인 교류 전류의 평균값은 약 몇 [A]인가?

① 0.2 ② 0.5
③ 3.14 ④ 6.37

해설 평균값$(I_a)=\dfrac{2\cdot I_m(최대값)}{\pi}$
$=\dfrac{2\times 10}{\pi}=6.37[A]$

16 두 콘덴서 C_1, C_2를 직렬접속하고 양단에 $V[V]$의 전압을 가할 때 C_1에 걸리는 전압은?

① $\dfrac{C_1}{C_1+C_2}V[V]$
② $\dfrac{C_2}{C_1+C_2}V[V]$
③ $\dfrac{C_1+C_2}{C_1}V[V]$
④ $\dfrac{C_1+C_2}{C_2}V[V]$

해설 전압분배법칙 $V=\dfrac{C_2}{C_1+C_2}[V]$

17 전압 1.5[V], 내부저항 0.2[Ω]의 전지 5개를 직렬로 접속하면 전 전압은 몇 [V]인가?

① 0.2 ② 1.0
③ 5.7 ④ 7.5

해설 $E=nV=5\times 1.5=7.5[V]$

18 100[μF]의 콘덴서에 1000[V]의 전압을 가하여 충전한 뒤 저항을 통하여 방전시키면 저항에 발생하는 열량은 몇 [cal]인가?

① 3 ② 5
③ 12 ④ 43

해설 $C[F]$에 축적되는 에너지 $W=\dfrac{1}{2}CV^2[J]$에서
발열량 $H=0.24W=0.24\times\dfrac{1}{2}CV^2[cal]$
$H=0.24\times\dfrac{1}{2}\times 100\times 100^{-6}\times 1000^2$
$=12[cal]$

19 히스테리시스손은 최대 자속 밀도의 몇 승에 비례하는가?

① 1.1 ② 1.6
③ 2.6 ④ 3.2

해설 히스테리시스손은 최대 자속 밀도의 1.6승에 비례한다.

정답 13. ① 14. ② 15. ④ 16. ② 17. ④ 18. ③ 19. ②

20 감은 횟수 200회의 코일 P와 300회의 코일 S를 가까이 놓고 P에 1[A]의 전류를 흘릴 때 S와 쇄교하는 자속이 4×10^{-4}[Wb]이었다면 이들 코일 사이의 상호 인덕턴스는?

① 0.12[H]
② 0.12[mH]
③ 1.2×10^{-4}[H]
④ 1.2×10^{-4}[mH]

[해설] $M = \dfrac{N\Phi}{I} = \dfrac{300\times 4\times 10^{-4}}{1}$
$= 1200\times 10^{-4} = 0.12$[H]

21 부흐홀쯔 계전기의 설치 위치로 가장 적당한 것은?

① 변압기 주 탱크 내부
② 콘서베이터 내부
③ 변압기 고압측 부싱
④ 변압기 주 탱크와 콘서베이터 사이

[해설] 부흐홀쯔 계전기의 설치 위치는 변압기 주 탱크와 콘서베이터 사이에 설치한다.

22 동기기의 자기여자 현상의 방지법이 아닌 것은?

① 단락비 증대
② 리액턴스 접속
③ 발전기 직렬연결
④ 변압기 접속

[해설] 동기기의 자기여자 현상의 방지법
 • 단락비 증대
 • 리액턴스 접속
 • 변압기 접속
 • 발전기 병렬연결

23 4극 60[Hz], 슬립 5[%]인 유도 전동기의 회전수는 몇 [rpm]인가?

① 1836
② 1710
③ 1540
④ 1200

[해설] $N = N_s(1-S) = \dfrac{120}{P}f(1-S)$
$= \dfrac{120}{4}\times 60\times (1-0.05) = 1710$[rpm]

24 전기자 저항 0.1[Ω], 전기자 전류 104[A], 유도 기전력 110.4[V]인 직류 분권 발전기의 단자 전압은 몇 [V]인가?

① 98
② 100
③ 102
④ 105

[해설] 기전력 $E = V + I_a R_a$[V]에서
단자전압 $V = E - I_a R_a$
$= 110.4 - (104\times 0.1) = 100$[V]

25 효율 80[%], 출력 10[kW]일 때 입력은 몇 [kW]인가?

① 7.5
② 10
③ 12.5
④ 20

[해설] $\eta(\text{효율}) = \dfrac{\text{출력}}{\text{입력}}\times 100$[%]에서
입력 $= \dfrac{\text{출력}}{\eta(\text{효율})}\times 100 = \dfrac{10}{0.8} = 12.5$[kW]

26 동기발전기의 권선을 분포권으로 하면 어떻게 되는가?

① 권선의 리액턴스가 커진다.
② 파형이 좋아진다.
③ 난조를 방지한다.
④ 집중권에 비하여 합성유도 기전력이 높아진다.

정답 20.① 21.④ 22.③ 23.② 24.② 25.③ 26.②

[해설] 동기발전기의 권선을 분포권으로 하면 고조파를 제거하여 파형을 개선한다.

27 일정 전압 및 일정 파형에서 주파수가 상승하면 변압기 철손은 어떻게 변하는가?

① 증가한다.
② 감소한다.
③ 불변이다.
④ 어떤 기간 동안 증가한다.

[해설] 철손 $P_i \propto \dfrac{1}{f}$
철손과 주파수는 반비례 관계이므로 주파수 상승시 철손은 감소한다.

28 직류기에서 보극을 두는 가장 주된 목적은?

① 기동 특성을 좋게 한다.
② 전기자 반작용을 크게 한다.
③ 정류 작용을 돕고 전기자 반작용을 약화시킨다.
④ 전기자 자속을 증가시킨다.

[해설] 보극 : 정류 작용을 돕고(전압정류) 전기자 반작용을 약화시킨다.

29 그림의 기호는?

① SCR
② TRIAC
③ IGBT
④ GTO

[해설] IGBT(절연 게이트 양극성 트랜지스터) 심벌 기호이다.

30 1차 권수 3000, 2차 권수 100인 변압기에서 이 변압기의 전압비는 얼마인가?

① 20
② 30
③ 40
④ 50

[해설] $a = \dfrac{N_1}{N_2} = \dfrac{3000}{100} = 30$

31 변압기유가 구비해야 할 조건은?

① 절연 내력이 클 것
② 인화점이 낮을 것
③ 응고점이 높을 것
④ 비열이 작을 것

[해설] 변압기유가 구비해야 할 조건
- 절연내력이 클 것
- 인화점이 높을 것
- 응고점 낮을 것
- 침전물 생기지 말 것
- 점도 낮을 것

32 반도체 사이리스터에 의한 전동기와 속도 제어 중 주파수 제어는?

① 초퍼제어
② 인버터제어
③ 컨버터제어
④ 브리지 정류제어

[해설] 반도체 사이리스터에 의한 전동기와 속도 제어 중 주파수 제어는 인버터제어 이다.

33 3상 유도 전동기의 회전 방향을 바꾸기 위한 방법으로 가장 옳은 것은?

① △-Y 결선
② 전원의 주파수를 바꾼다.
③ 전동기에 가해지는 3개의 단자 중 어느 2개의 단자를 서로 바꾸어 준다.
④ 기동보상기를 사용한다.

정답 27. ② 28. ③ 29. ③ 30. ② 31. ① 32. ② 33. ③

[해설] 3상 유도 전동기의 회전 방향을 반대로 하기 위해서는 전동기에 가해지는 3개의 단자 중 어느 2개의 단자를 서로 바꾸어 준다.

34 전압제어에 의한 속도 제어가 아닌 것은?

① 정지형 레너드식
② 일그너식
③ 직병렬 제어
④ 회생제어

[해설] 회생제어 : 권상기, 엘리베이터, 기중기 등으로 물건을 내릴 때 또는 전차가 언덕을 내려가는 경우, 강하 중량의 위치에너지로 전동기를 발전기로 동작시켜 발생한 전력을 전원에 반환하면서 과속을 방지하는 장치이다.

35 동기 발전기의 돌발 단락 전류를 주로 제한하는 것은?

① 권선 저항
② 동기 리액턴스
③ 누설 리액턴스
④ 역상 리액턴스

[해설] 동기발전기 단락전류는 누설리액턴스를 크게하여 단락전류를 작게 한다.

36 6극 전기자 도체수 400, 매극 자속수 0.01[Wb], 회전수 600[rpm]인 파권 직류기의 유기 기전력은 몇 [V]인가?

① 120   ② 140
③ 160   ④ 180

[해설] $E = \dfrac{Z}{a} \cdot P\Phi \dfrac{N}{60}$
$= \dfrac{400}{2} \times 6 \times 0.01 \times \dfrac{600}{60}$
$= 120[V]$

37 다음 중 옥내에 시설하는 저압 전로와 대지 사이의 절연 저항 측정에 사용되는 계기는?

① 코올라시브리지
② 메거
③ 어스테스터
④ 마그넷벨

[해설] 메거 - 저압 전로와 대지 사이의 절연 저항 측정

38 단락비가 1.2인 동기발전기의 %동기 임피던스는 약 몇 [%]인가?

① 68   ② 83
③ 100 ④ 120

[해설] $\%Z = \dfrac{100}{K_s} = \dfrac{100}{1.2} = 83[\%]$

39 2극 3600[rpm]인 동기발전기와 병렬 운전하려는 12극 발전기의 회전수는 몇 [rpm]인가?

① 600   ② 1200
③ 1800 ④ 3600

[해설] $\dfrac{P_1 N_1}{120} = \dfrac{P_2 N_2}{120}$ 에서
$N_2 = \dfrac{P_1 N_1}{P_2} = \dfrac{2 \times 3600}{12} = 600[rpm]$

40 다음 중 역률이 가장 좋은 단상 유도 전동기는?

① 세이딩 코일형
② 분상형 전동기
③ 반발형 전동기
④ 콘덴서형 전동기

[정답] 34. ④ 35. ③ 36. ① 37. ② 38. ② 39. ① 40. ④

[해설] 콘덴서형 전동기 – 역률이 가장 좋고, 기동 시 기동토크가 크다.

41 분권 발전기는 잔류 자속에 의해서 잔류 전압을 만들고 이 때 여자 전류가 잔류 자속을 증가시키는 방향으로 흐르면, 여자 전류가 점차 증가하면서 단자 전압이 상승하게 된다. 이 현상을 무엇이라 하는가?

① 자기포화
② 여자 조절
③ 보상 전압
④ 전압 확립

[해설] 분권 발전기는 잔류 자속에 의해서 잔류 전압을 만들고 이때 여자 전류가 잔류 자속을 증가시키는 방향으로 흐르면, 여자 전류가 점차 증가하면서 단자 전압이 상승하게 된다. 이러한 현상을 전압확립이라 한다.

42 작업 면에서 천장까지의 높이가 3[m]일 때 조명인 경우의 광원의 높이는 몇 [m]인가?

① 1
② 2
③ 3
④ 4

[해설] 작업 면에서 천장까지의 높이가 3[m]일 때 조명인 경우의 광원의 높이는 3[m] 이다.

43 금속관 공사에서 관을 박스 내에 고정 시킬 때 사용하는 것은?

① 부싱
② 로크너트
③ 새들
④ 커플링

[해설] 로크너트는 금속관 공사에서 관을 박스 내에 고정시킬 때 사용한다.

44 전선로의 종류가 아닌 것은?

① 옥측 전선로
② 지중 전선로
③ 가공 전선로
④ 산간 전선로

[해설] 산간 전선로 는 전선로의 종류가 아니다.

45 셀룰로이드, 성냥, 석유류 등 기타 가연성 위험물질을 제조 또는 저장하는 장소에 시설해서는 안 되는 배선은?

① 애자사용배선
② 케이블배선
③ 합성수지관배선
④ 금속관배선

[해설] 셀룰로이드, 성냥, 석유류 등 기타 가연성 위험물질을 제조 또는 저장하는 장소에 사용하는 배선

46 홀더용 1종 케이블의 약호는?

① WCT
② WNCT
③ WRCT
④ WRNCT

[해설] WRCT : 홀더용 1종 케이블

47 다음 중 단선의 브리타니아 직선 접속에 사용되는 것은?

① 조인트선
② 파라핀선
③ 바인드선
④ 에나멜선

[해설] 조인트선 : 단선의 브리타니아 직선 접속에 사용

정답 41. ④ 42. ③ 43. ② 44. ④ 45. ① 46. ③ 47. ①

48 배전반 및 분전반의 설치장소로 적합하지 못한 것은?

① 전기회로를 쉽게 조작할 수 있는 장소
② 개폐기를 쉽게 조작할 수 있는 장소
③ 안정된 장소
④ 은폐된 장소

[해설] 배전반 및 분전반은 은폐된 장소에서 하면 안된다.

49 다음 중 나전선 상호간 또는 나전선과 절연전선 접속시 접속부분의 전선의 세기는 일반적으로 어느 정도 유지해야 하는가?

① 80[%] 이상   ② 70[%] 이상
③ 60[%] 이상   ④ 50[%] 이상

[해설] 나전선 상호간 또는 나전선과 절연전선 접속시 접속부분의 전선의 세기는 일반적으로 80[%] 이상 유지해야 한다.

50 다음 심벌의 명칭은?

① 과전압계전기   ② 환풍기
③ 콘센트   ④ 룸에어콘

[해설] 콘센트 심벌:

51 가스 절연 개폐기나 가스 차단기에 사용되는 가스인 SF_6의 성질이 아닌 것은?

① 연소하지 않는 성질이다.
② 색깔, 독성, 냄새가 없다.
③ 절연유의 1/140로 가볍지만 공기보다 무겁다.
④ 공기의 25배 정도로 절연내력이 낮다.

[해설] SF_6 가스는 공기에 비해 절연내력이 2~3배 정도 크다.

52 철탑의 강도 계산에 사용하는 이상시 상정 하중의 종류가 아닌것은?

① 수직 하중
② 수평 횡하중
③ 수평 종하중
④ 좌굴 하중

[해설] 이상시 상정하중 : 수직 하중, 수평 횡하중, 수평 종하중

53 고압 가공전선이 경동선 또는 내열동합금선인 경우 안전율의 최소값은?

① 4.0
② 2.5
③ 2.2
④ 2.0

[해설] 경동선 또는 내열동합금선 안전율 : 2.2 이상
그 밖의 전선의 안전율 : 2.5 이상

54 금속관을 조영재에 따라서 시설하는 경우는 새들 또는 행거 등으로 견고하게 지지하고 그 간격을 몇 [m]이하로 하는 것이 가장 바람직한가?

① 2
② 3
③ 4
④ 5

[해설] 금속관을 조영재에 따라서 시설하는 경우는 새들 또는 행거 등으로 견고하게 지지하고 그 간격을 2[m]이하로 하는 것이 가장 바람직 하다.

정답 48. ④ 49. ① 50. ③ 51. ④ 52. ④ 53. ③ 54. ①

55 무대 무대마루 밑, 오케스트라 박스, 영사실, 기타 사람이나 무대 도구가 접촉할 우려가 있는 장소에 시설하는 저압옥내 배선, 전구선 또는 이동전선은 최고 사용전압이 몇 [V] 미만 이어야 하는가?

① 100 ② 200
③ 400 ④ 700

[해설] 무대 무대마루 밑, 오케스트라 박스, 영사실, 기타 사람이나 무대 도구가 접촉할 우려가 있는 장소에 시설하는 저압옥내 배선, 전구선 또는 이동전선은 최고 사용전압이 400 [V] 미만 이어야 한다.

56 가로등, 경기장, 공장, 아파트 단지 등의 일반조명을 위하여 시설하는 고압방전등의 효율은 몇 [Lm/W] 이상의 것이어야 하는가?

① 30   ② 70
③ 90   ④ 120

[해설] 가로등, 경기장, 공장, 아파트 단지 등의 일반조명을 위하여 시설하는 고압방전등의 효율은 70[Lm/W] 이상의 것이어야 한다.

57 가요 전선관에 사용되는 부속품이 아닌 것은?

① 스플릿 커플링
② 콤비네이션 커플링
③ 앵글박스 커넥터
④ 유니온 커플링

[해설] 가요 전선관에 사용되는 부속품
• 스플릿 커플링
• 콤비네이션 커플링
• 앵글박스 커넥터

58 저압전로의 보호도체 및 중성선의 접속 방식에 따른 접지계통을 쓰시오.

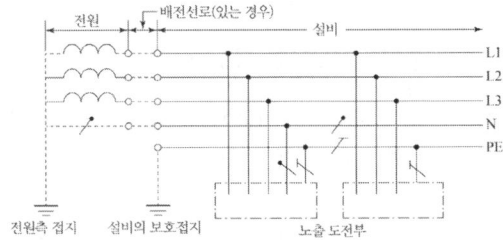

① IT 계통
② TT 계통
③ TN-S 계통
④ TN-C 계통

[해설]
• 1문자 – 전원계통과 대지의 관계
• T : 한점을 대지에 직접 접속
• I : 모든 충전부를 대지와 절연시키거나 높은 임피던스를 통하여 한 점을 대지에 직접 접속
• 2문자 – 전기설비의 노출도전부와 대지의 관계
• T : 노출도전부를 대지로 직접접속, 전원계통의 접지와는 무관
• N : 노출도전부를 전원계통의 접지점(교류계통에서는 통상적으로 중성점, 중성점이 없을 경우는 선도체)에 직접 접속
• 그다음 문자가 있을 경우 – 중성선과 보호도체의 배치
• S : 중성선 또는 접지된 선도체 외에 별도의 도체에 의해 제공되는 보호 기능
• C : 중성선과 보호 기능을 한 개의 도체로 겸용(PEN도체)

59 지선의 중간에 넣는 애자의 명칭은?

① 구형애자
② 곡핀애자
③ 현수애자
④ 핀애자

[해설] 구형애자 : 지선의 중간에 넣는 애자

정답 55. ③ 56. ② 57. ④ 58. ② 59. ①

60 가공 전선로의 지지물에 시설하는 지선의 안전율은 얼마이상이어야 하는가?

① 3.5   ② 3.0
③ 2.5   ④ 1.0

[해설] 가공 전선로의 지지물에 시설하는 지선의 안전율은 2.5 이상이어야 한다.

정답 60. ③

실전 모의고사 10회

1 10[Ω]의 저항에 2[A]의 전류가 흐를 때 저항의 단자 전압은 얼마인가?

① 5[V]　　② 10[V]
③ 15[V]　　④ 20[V]

해설 $V = I \cdot R = 10 \times 2 = 20[V]$

2 정격 전압에서 1[kW] 전력을 소비하는 저항에 정격 70[%]의 전압을 가할 때의 전력은[W]은?

① 490　　② 580
③ 640　　④ 860

해설 $P' = \dfrac{E^2}{R} = \dfrac{(0.7^2 E^2)}{\left(\dfrac{E^2}{1000}\right)} = 490[W]$

3 평행한 두 개의 도선에 전류가 서로 반대방향으로 흐를 때 두 도선 사이에서의 자계강도는 한 개의 도선일 때 보다 어떠한가?

① 더 약해진다
② 주기적으로 약해졌다 또는 강해졌다 한다.
③ 더 강해진다.
④ 강해졌다가 약해진다.

해설 평행한 두 개의 도선에 전류가 서로 반대방향으로 흐를 때 두 도선 사이에서의 자계강도는 한 개의 도선일 때 보다 더 약해진다.

4 교류 회로에서 전압과 전류의 위상차를 θ[rad]이라 할 때 $\cos\theta$는 회로의 무엇인가?

① 전압 변동률　　② 파형률
③ 효율　　　　　④ 역률

해설 $\cos\theta$ = 역률
$\sin\theta$ = 무효율

5 전선에서 길이 1[m], 단면적 1[mm²]를 기준으로 고유저항은 어떻게 나타내는가?

① [Ω]　　　　② [Ω·m²]
③ [Ω/m]　　　④ [Ω·mm²/m]

해설 고유저항 기본단위는 [Ω·mm²/m]

6 다음 중 자기저항의 단위는?

① A/Wb　　② AT/m
③ AT/Wb　　④ AT/H

해설 자기저항 $R_m = \dfrac{NI}{\Phi} = \dfrac{l}{\mu A}$ [AT/Wb]

7 Z[Ω]인 3개의 저항을 같은 전원에 △결선으로 접속시킬 때와 Y결선으로 접속시킬 때 선전류의 크기 비 $\left(\dfrac{I_\triangle}{I_Y}\right)$는?

① 3　　　　② $\sqrt{6}$
③ $\dfrac{1}{3}$　　　④ $\sqrt{3}$

정답 1.④ 2.① 3.① 4.④ 5.④ 6.③ 7.①

해설 $\left(\dfrac{I_\triangle}{I_Y}\right) = \dfrac{\dfrac{\sqrt{3}\,V}{Z}}{\dfrac{V}{\sqrt{3}\,Z}} = 3$배

8 옴의 법칙을 바르게 설명한 것은?

① 전류의 크기는 도체의 저항에 비례한다.
② 전류의 크기는 도체의 저항에 반비례한다.
③ 전압은 전류에 반비례한다.
④ 전압은 전류의 2승에 비례한다.

해설 저항 $R = \dfrac{V}{I}[\Omega]$
전류의 크기는 도체의 저항에 반비례한다.

9 다음 중 논리식을 간소화시키는 방법은?

① 카르노 도에 의한 방법
② 논리 연산자 법
③ 진리도 법
④ 2진수 법

해설 카르노 도표 : 이중 부분 사각형으로 그려진 변수의 논리 함수의 사각형 도표로서 중첩된 사각형의 각 교차는 논리 변수의 일의적인 조합을 표시하고, 또한 모든 논리 조합에 대하여 교차를 만들 수 있는 것으로 논리식을 간소화시키는 것.

10 $R_1 = 3[\Omega]$, $R_2 = 5[\Omega]$, $R_3 = 6[\Omega]$의 저항 3개를 그림과 같이 병렬로 접속한 회로에 30[V]의 전압을 가하였다면 이때 R_2 저항에 흐르는 전류[A]는 얼마인가?

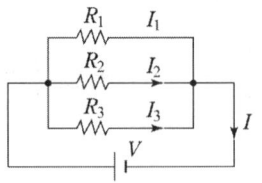

① 6   ② 10
③ 15   ④ 20

해설 R_2 저항에 흐르는 전류
$I_2 = \dfrac{V}{R_2} = \dfrac{30}{5} = 6[A]$

11 길이 10[cm]의 도선이 자속밀도 1[Wb/m²]의 평등 자장안에서 자속과 수직방향으로 3[sec] 동안에 12[m] 이동하였다. 이때 유도되는 기전력은 몇 [V]인가?

① 0.1[V]   ② 0.2[V]
③ 0.3[V]   ④ 0.4[V]

해설 기전력 $e = Blv\sin\theta$
$= 1 \times 0.1 \times \dfrac{12}{3} \times \sin 90$
$= 0.4[V]$

12 200[μF]의 콘덴서를 충전하는데 9[J]의 일이 필요하였다. 충전 전압은 몇 [V]인가?

① 200   ② 300
③ 450   ④ 900

해설 $C[F]$에 축적되는 에너지
$W = \dfrac{1}{2}CV^2[J]$ 에서
$V = \sqrt{\dfrac{2W}{C}} = \sqrt{\dfrac{2 \times 9}{200 \times 10^{-6}}} = 300[V]$

정답 8. ② 9. ① 10. ① 11. ④ 12. ②

13 전기장(電氣場)에 대한 설명으로 옳지 않은 것은?

① 대전(帶電)된 무한장 원통의 내부 전기장은 0이다.
② 대전된 구(球)의 내부전기장은 0이다.
③ 대전된 도체내부의 전하(電荷) 및 전기장은 모두 0이다.
④ 도체표면의 전기장은 그 표면에 평행이다.

[해설] 전기장(電氣場)
• 대전(帶電)된 무한장 원통의 내부 전기장은 0이다
• 대전된 구(球)의 내부전기장은 0이다.
• 대전된 도체내부의 전하(電荷)및 전기장은 모두 0이다.

14 유전율 ε의 유전체 내에 있는 전하 Q[C]에서 나오는 전기력선 수는?

① Q ② $\dfrac{Q}{\varepsilon_0}$
③ $\dfrac{Q}{\varepsilon}$ ④ $\dfrac{Q}{\varepsilon_S}$

[해설] 전기력선수 $N = \dfrac{Q}{\varepsilon} = \dfrac{Q}{\varepsilon_0 \varepsilon_S}$

15 무한히 긴 평행 2직선이 있다. 이들 도선에 같은 방향으로 일정한 전류가 흐를 때 상호간에 작용하는 힘은? (단, r은 두 도선 간의 거리이다.)

① 흡인력이며 r이 클수록 작아진다.
② 반발력이며 r이 클수록 작아진다.
③ 흡인력이며 r이 클수록 커진다.
④ 반발력이며 r이 클수록 커진다.

[해설] 무한히 긴 평행 2직선이 있다. 이들 도선에 같은 방향으로 일정한 전류가 흐를 때 상호간에 흡입력이 작용하고 거리 r에 반비례한다.

16 유도기전력은 자신의 발생 원인이 되는 자속의 변화를 방해하려는 방향으로 발생한다. 이것을 유도 기전력에 관한 무슨 법칙이라 하는가?

① 옴의 법칙 ② 렌츠의 법칙
③ 쿨롱의 법칙 ④ 앙페르의 법칙

[해설] 렌츠의 법칙은 유도기전력은 자신의 발생 원인이 되는 자속의 변화를 방해하려는 방향으로 발생한다는 법칙이다.

17 반도체로 만든 PN접합은 무슨 작용을 하는가?

① 증폭작용 ② 발진작용
③ 정류작용 ④ 변조작용

[해설] 반도체로 만든 PN접합은 정류작용을 한다.

18 자기인덕턴스 0.1[H]인 코일에 실효값 100[V], 60[Hz], 위상각 0°인 전압을 가했을 때 흐르는 전류의 실효값은 약 몇 [A]인가?

㉠ 2.65 ㉡ 2.24
㉢ 1.25 ㉣ 3.41

[해설] $I = \dfrac{V}{X_L} = \dfrac{100}{2\pi \times 60 \times 0.1} = 2.65[A]$

19 망간 건전지의 양극으로 무엇으로 사용하는가?

① 아연판 ② 구리판
③ 탄소막대 ④ 묽은황산

[정답] 13. ④ 14. ③ 15. ① 16. ② 17. ③ 18. ① 19. ③

[해설] 망간 건전지의 양극은 탄소막대로 사용한다.

20 동기발전기를 계통에 병렬로 접속시 같을 필요가 없는것은?

① 주파수 ② 위상
③ 전압 ④ 전류

[해설] 동기 발전기의 병렬운전에 필요한 조건
• 기전력의 주파수가 같을 것
• 기전력의 크기가 같을 것
• 기전력의 파형이 같을 것
• 기전력의 위상이 같을 것

21 어떤 도체에 10[V]의 전위를 주었을 때 1[C]의 전하가 축적되었다면 이 도체의 정전용량 C는?

① 0.1[μF] ② 0.1[F]
③ 0.1[pF] ④ 10[F]

[해설] $C = \dfrac{Q}{V} = \dfrac{1}{10} = 0.1[F]$

22 반도체 내에서 정공은 어떻게 생성되는가?

① 결합전자의 이탈
② 자유전자의 이동
③ 접합불량
④ 확산용량

[해설] 반도체 내에서 정공은 결합전자의 이탈로 생성된다.

23 직류기에서 브러시의 역할은?

① 기전력 유도
② 자속생성
③ 정류작용
④ 전기자 권선과 외부회로 접속

[해설] 직류기에서 브러시는 전기자 권선과 외부회로를 접속하는 것이다.

24 유도전동기의 동기속도 N_s, 회전속도 N일 때 슬립은?

① $S = \dfrac{N_s - N}{N}$ ② $S = \dfrac{N - N_s}{N}$
③ $S = \dfrac{N_s - N}{N_s}$ ④ $S = \dfrac{N_s + N}{N_s}$

[해설] 슬립 $S = \dfrac{상대속도}{동기속도} = \dfrac{N_s - N}{N_s}$

25 교류정류자 전동기가 아닌 것은?

① 만능 전동기 ② 콘덴서 전동기
③ 시라게 전동기 ④ 반발 전동기

[해설] 교류정류자 전동기 : 만능 전동기, 시라게 전동기, 반발 전동기

26 직류 전동기의 출력이 50[kW], 회전수가 1800[rpm]일 때 토크는 약 몇 [kg·m]인가?

① 12 ② 23
③ 27 ④ 31

[해설] $T = 0.975 \times \dfrac{P[W]}{N[rpm]} = 0.975 \times \dfrac{95000}{1800}$
$= 27[kg·m]$

27 주파수 60[Hz]의 전원에 2극의 동기 전동기를 연결하면 회전수는 몇[rpm]인가?

① 3600 ② 1800
③ 60 ④ 12

[해설] $N_s = \dfrac{120}{P}f = \dfrac{120}{2} \times 60 = 3600[rpm]$

정답 20. ④ 21. ② 22. ① 23. ④ 24. ③ 25. ② 26. ③ 27. ①

28 자동제어 장치의 특수전기기기로 사용되는 전동기는?

① 전기 동력계
② 3상 유도전동기
③ 직류 스테핑 모터
④ 초동기 전동기

[해설] 직류 스테핑 모터는 자동제어 장치의 특수전기기기로 사용되는 전동기이다.

29 동기 발전기에서 난조 현상에 대한 설명으로 옳지 않은 것은?

① 부하가 급격히 변화하는 경우 발생할 수 있다.
② 제동 권선을 설치하여 난조 현상을 방지한다.
③ 난조 정도가 커지면 동기 이탈 또는 탈조라고 한다.
④ 난조가 생기면 바로 멈춰야 한다.

[해설] 동기 발전기에서 난조 현상
- 부하가 급격히 변화하는 경우 발생할 수 있다.
- 제동 권선을 설치하여 난조 현상을 방지한다.
- 난조 정도가 커지면 동기 이탈 또는 탈조라고 한다.

30 다음 중 단상 유도전동기의 기동 방법에 따른 분류에 속하지 않는 것은?

① 분상 기동형
② 저항 기동형
③ 콘덴서 기동형
④ 세이딩 코일형

[해설] 단상 유도전동기의 기동 방법
- 반발 기동형
- 콘덴서 기동형
- 분상 기동형
- 세이딩 코일형
- 모노사이클릭형

31 단상 전파정류 회로에서 $\alpha = 60°$일 때 정류전압은 약 몇 [V]인가? (단, 전원측 실효값 전압은 100[V]이다.)

① 15
② 22
③ 35
④ 45

[해설] 단상전파정류
$$E_d = 0.9 V_s \cos\alpha$$
$$= 0.9 \times 100 \times \cos 60$$
$$= 45[V]$$

32 3상 변압기의 병렬 운전이 불가능한 결선은?

① Y-Y 와 Y-Y
② Y-△ 와 Y-△
③ △-△ 와 Y-Y
④ △-△ 와 △-Y

[해설]

병렬운전 가능	병렬 운전 불가능
△-△ 와 △-△	△-Y 와 △-△
Y-Y 와 Y-Y	Y-△ 와 △-△
Y-△ 와 Y-△	△-Y 와 Y-Y
△-Y 와 △-Y	Y-△ 와 Y-Y
△-△ 와 Y-Y	
V-V 와 V-V	

33 직류분권 전동기의 기동방법 중 가장 적당한 것은?

① 기동저항기를 전기자 병렬접속 한다.
② 기동 토크를 작게 한다.
③ 계자 저항기의 저항값을 크게 한다.
④ 계자 저항기의 저항값을 0으로 한다.

[해설] 직류분권 전동기의 기동시 계자 저항기의 저항값을 0으로 한다.

[정답] 28. ③ 29. ④ 30. ② 31. ④ 32. ④ 33. ④

34 유도 기전력 110[V], 전기자 저항 및 계자 저항이 각각 0.05[Ω]인 직권 발전기가 있다. 부하 전류가 100[A]이면, 단자 전압 [V]은?

① 95　　　② 100
③ 105　　　④ 110

[해설] $E = V + I_a R_a$에서
$V = E - I_a R_a = 110 - (100 \times 0.05)$
$\quad = 105[V]$

35 일반적으로 10[kW] 이하 소용량인 전동기는 동기속도의 몇 [%]에서 최대 토크를 발생시키는가?

① 2　　　② 5
③ 80　　　④ 90

[해설] 소용량인 전동기는 동기속도의 80[%]에서 최대 토크를 발생시킨다.

36 3상 유도전동기의 회전원리를 설명한 것 중 틀린 것은?

① 회전자의 회전속도가 증가할수록 도체를 관통하는 자속수가 감소한다.
② 회전자의 회전속도가 증가할수록 슬립은 증가한다.
③ 부하를 회전시키기 위해서는 회전자의 속도는 동기속도 이하로 운전 되어야 한다.
④ 3상 교류전압을 고정자에 공급하면 고정자 내부에서 회전 자기장이 발생된다.

[해설] 회전자의 회전속도가 증가할수록 슬립은 감소한다.

37 다음 변압기의 냉각 방식 종류가 아닌 것은?

① 건식 자냉식　　② 유입 자냉식
③ 유입 예열식　　④ 유입 송유식

[해설] 변압기의 냉각 방식
- 건식 자냉식　・유입 자냉식
- 유입 송유식　・유입 수냉식
- 유입 풍냉식

38 워드레오나드 속도 제어는?

① 저항제어
② 계자제어
③ 전압제어
④ 직・병렬제어 방식이다.

[해설] 전압제어-워드레오나드 방식, 일그너 방식

39 급전선의 전압강하 보상용으로 사용되는 것은?

① 분권기　　　② 직권기
③ 과복권기　　④ 차동복권기

[해설] 과복권기는 급전선의 전압강하 보상용으로 사용한다.

40 전선의 접속 방법 중 트위스트 접속의 용도는?

① 6[mm^2] 이하 전선접속
② 8[mm^2] 이상 전선접속
③ 10[mm^2] 이상 전선접속
④ 16[mm^2] 이상 전선접속

[해설] 트위스트접속은 6[mm^2] 이하 전선접속에 사용한다.

[정답] 34. ③　35. ③　36. ②　37. ③　38. ③　39. ③　40. ①

41 다음 중 과전류 차단기를 설치하는 곳은?

① 간선의 전원측 전선
② 접지 공사의 접지선
③ 다선식 전로의 중성선
④ 접지공사를 한 전압가공 전선의 접지측 전선

[해설] 과전류 차단기 설치 제한하는 곳
- 접지 공사의 접지선
- 다선식 전로의 중성선
- 접지공사를 한 전압가공 전선의 접지측 전선

42 선택 지락 계전기의 용도는?

① 단일회선에서 접지전류의 대소의 선택
② 단일회선에서 접지전류의 방향의 선택
③ 단일회선에서 접지사고 지속시간의 선택
④ 다회선에서 접지고장 회선의 선택

[해설] 선택 지락 계전기의 용도 – 다회선에서 접지고장 회선의 선택차단

43 한 분전반에서 사용전압이 각각 다른 분기회로가 있을 때 분기회로를 쉽게 식별하기 위한 방법으로 가장 적합한 것은?

① 차단기별로 분리해 놓는다.
② 차단기나 차단기 가까운 곳에 각각 전압을 표시하는 명판을 붙여놓는다.
③ 왼쪽은 고압측 오른쪽은 저압측으로 분류해 놓고 전압은 표시하지 않는다.
④ 분전반을 철거하고 다른 분전반을 새로 설치한다.

[해설] 한 분전반에서 사용전압이 각각 다른 분기회로가 있을 때 분기회로를 쉽게 식별하기 위해 명판에 붙인다.

44 가연성 가스가 존재하는 장소의 저압시설 공사 방법으로 옳은 것은?

① 가요 전선관 공사
② 합성 수지관 공사
③ 금속관 공사
④ 금속 몰드 공사

[해설] 가연성 가스가 존재하는 장소의 저압시설 공사 방법은 금속관 공사이다.

45 가공 전선로의 지지물이 아닌 것은?

① 목주
② 지선
③ 철근 콘크리트주
④ 철탑

[해설] 가공 전선로의 지지물
- 목주
- 철근 콘크리트주
- 철탑

46 합성수지관 배선에 대한 설명으로 틀린 것은?

① 합성수지관 배선은 절연전선을 사용하여야 한다.
② 합성수지관 내에서 전선의 접속점을 만들어서는 안 된다.
③ 합성수지관 배선은 중량물의 압력 또는 심한 기계적 충격을 받는 장소에 시설하여서는 안 된다.
④ 합성수지관의 배선에 사용되는 관 및 박스, 기타 부속품은 온도변화에 의한 신축을 고려할 필요가 없다.

정답 41. ① 42. ④ 43. ② 44. ③ 45. ② 46. ④

[해설] 합성수지관의 배선에 사용되는 관 및 박스, 기타 부속품은 온도변화에 의한 신축을 고려한다.

47 중성점(N)과 보호접지(PE)가 변압기나 발전기 근처에만 서로 연결되어 있고 전 구간에서 분리되어 있는 방식을 무엇이라고 하는가?

① IT 계통　　② TT 계통
③ TN-S 계통　④ TN-C 계통

[해설]
- 1문자-전원계통과 대지의 관계
- T : 한점을 대지에 직접 접속
- I : 모든 충전부를 대지와 절연시키거나 높은 임피던스를 통하여 한 점을 대지에 직접 접속
- 2문자-전기설비의 노출도전부와 대지의 관계
- T : 노출도전부를 대지로 직접접속, 전원계통의 접지와는 무관
- N : 노출도전부를 전원계통의 접지점(교류계통에서는 통상적으로 중성점, 중성점이 없을 경우는 선도체)에 직접 접속
- 그다음 문자가 있을 경우 – 중성선과 보호도체의 배치
- S : 중성선 또는 접지된 선도체 외에 별도의 도체에 의해 제공되는 보호 기능
- C : 중성선과 보호 기능을 한 개의 도체로 겸용(PEN도체)

48 광산이나 갱도 내 가스 또는 먼지의 발생에 의해서 폭발할 우려가 있는 장소의 전기공사 방법 중 옳지 않은 것은?

① 금속관은 박강 전선관 또는 이와 동등 이상의 강도를 가지는 것일 것
② 전동기는 과전류가 생겼을 때에 폭연성 분진에 착화할 우려가 없도록 시설할 것
③ 이동전선은 1종 캡타이어 케이블을 사용할 것
④ 백열전등 및 방전등용 전등기구는 조영재에 직접 견고하게 붙이거나 또는 전등을 다는 관·전등 완관 등에 의하여 조영재에 견고하게 붙일 것

[해설] 광산이나 갱도 내 가스 또는 먼지의 발생에 의해서 폭발할 우려가 있는 장소의 전기공사 방법
- 금속관은 박강 전선관 또는 이와 동등 이상의 강도를 가지는 것일 것
- 전동기는 과전류가 생겼을 때에 폭연성 분진에 착화할 우려가 없도록 시설할 것
- 백열전등 및 방전등용 전등기구는 조영재에 직접 견고하게 붙이거나 또는 전등을 다는 관·전등 완관 등에 의하여 조영재에 견고하게 붙일 것

49 한 수용장소의 인입선에서 분기하여 지지물을 거치지 아니하고 다른 수용장소의 인입구에 이르는 부분의 전선을 무엇이라 하는가?

① 이웃연결인입선　② 본딩선
③ 이동전선　　　　④ 지중 인입선

[해설] 이웃 연결 인입선은 한 수용장소의 인입선에서 분기하여 지지물을 거치지 아니하고 다른 수용장소의 인입구에 이르는 부분의 전선을 말한다.

50 과전류차단기를 설치하지 않아야 할 곳은?

① 수용가의 인입선 부분
② 고압 배전선로의 인출장소
③ 직접 접지계통에 설치한 변압기의 접지선
④ 역률조정용 고압 병렬콘덴서 뱅크의 분기선

[정답] 47. ③　48. ③　49. ①　50. ③

[해설] 과전류 차단기는 각종 접지공사의 접지선에는 설치하지 않는다.

51 PVC 전선관의 표준 규격품의 길이는?

① 3[m]
② 3.6[m]
③ 4[m]
④ 4.5[m]

[해설] PVC 전선관의 표준 규격품의 길이는 4[m]이다.

52 아웃렛 박스 등의 녹아웃의 지름이 관의 지름보다 클 때에 관을 박스에 고정시키기 위해 쓰는 재료의 명칭은?

① 터미널캡
② 링리듀서
③ 엔트랜스캡
④ 유니버셜

[해설] 링리듀서는 아웃렛 박스 등의 녹아웃의 지름이 관의 지름보다 클 때에 관을 박스에 고정시키기 위해 쓰인다.

53 폭발성 분진이 있는 위험장소에 금속관 배선에 의할 경우 관 상호 및 관과 박스 기타의 부속품이나 풀박스 또는 전기기계기구는 몇 턱 이상의 나사 조임으로 접속하여야 하는가?

① 2턱
② 3턱
③ 4턱
④ 5턱

[해설] 폭발성 분진이 있는 위험장소에 금속관 배선에 의할 경우 관 상호 및 관과 박스 기타의 부속품이나 풀박스 또는 전기기계기구는 5턱 이상의 나사 조임으로 접속하여야 한다.

54 IV전선을 사용한 옥내배선 공사시 박스 안에서 사용되는 전선 접속 방법은?

① 브리타니어 접속
② 쥐꼬리 접속
③ 복권 직선 접속
④ 트위스트 접속

[해설] 쥐꼬리 접속-옥내배선 공사시 박스 안에서 사용되는 전선 접속 방법이다.

55 아래 심벌이 나타내는 것은?

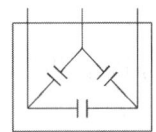

① 저항
② 진상용 콘덴서
③ 유입 개폐기
④ 변압기

[해설] 진상용 콘덴서-역률개선용 콘덴서

56 절연 전선으로 가선된 배전 선로에서 활선 상태인 경우 전선의 피복을 벗기는 것은 매우 곤란한 작업이다. 이런 경우 활선 상태에서 전선의 피복을 벗기는 공구는?

① 전선 피박기
② 애자커버
③ 와이어 통
④ 데드엔드 커버

[해설] 전선 피박기는 절연 전선으로 가선된 배전 선로에서 활선 상태인 경우 전선의 피복을 벗기는 것은 매우 곤란한 작업이다. 이런 경우 활선 상태에서 전선의 피복을 벗기는 공구이다.

57 콘크리트 직매용 케이블 배선에서 일반적으로 케이블을 구부릴 때는 피복이 손상되지 않도록 그 굴곡부 안쪽의 반경은 케이블 외경의 몇 배 이상으로 하여야 하는가? (단, 단심인 경우이다.)

① 4 ② 8
③ 10 ④ 14

[해설] 콘크리트 직매용 케이블 배선에서 일반적으로 케이블을 구부릴 때는 피복이 손상되지 않도록 그 굴곡부 안쪽의 반경은 케이블 외경의 8배 이상으로 하여야 한다.

58 금속관 공사시 관을 접지하는 데 사용하는 것은?

① 노출배관용 박스
② 엘보우
③ 접지 클램프
④ 터미널 캡

[해설] 접지 클램프는 금속관 공사시 관을 접지하는 데 사용한다.

59 금속몰드 배선시공 시 사용전압은 몇 [V] 미만이어야 하는가?

① 100 ② 200
③ 300 ④ 400

[해설] 금속몰드 배선시공시 사용전압은 400[V] 미만이어야 한다.

60 특고압 가공전선은 케이블인 경우 이외에는 단면적이 몇 [mm^2] 이상의 경동연선이어야 하는가?

① 8 ② 14
③ 22 ④ 30

[해설] 특고압 가공전선은 케이블인 경우 이외에는 단면적이 22[mm^2] 이상의 경동연선이어야 한다.

정답 57. ② 58. ③ 59. ④ 60. ③

실전 모의고사 11회

1 0.2[μF]콘덴서와 0.1[μF]콘덴서를 병렬 연결하여 40[V]의 전압을 가할 때 0.2[μF]에 축적되는 전하[μC]의 값은?

① 2 ② 4
③ 8 ④ 12

해설 $Q = C \cdot V = 0.2 \times 40 = 8[\mu C]$

2 각속도 $\omega = 377$[rad/sec]인 사인파 교류의 주파수는 약 몇 [Hz]인가?

① 30 ② 60
③ 90 ④ 120

해설 $w = 2\pi f$[rad/s]에서
주파수 $f = \dfrac{w}{2\pi} = \dfrac{377}{2\pi} = 60$[Hz]

3 기전력이 50[V], 내부저항 $r=5$[Ω]인 전원이 있다. 이 전원에 부하를 연결하여 얻을 수 있는 최대전력은 몇 [W] 인가?

① 50 ② 75
③ 100 ④ 125

해설 최대전력 $P_m = \dfrac{V^2}{4r} = \dfrac{50^2}{4 \times 5} = 125$[W]

4 자체인덕턴스 40[mH]와 90[mH]인 두 개의 코일이 있다. 양 코일 사이에 누설자속이 없다고 하면 상호 인덕턴스는 몇 [mH]인가?

① 20 ② 40
③ 50 ④ 60

해설 상호인덕턴스
$M = \sqrt{L_1 \cdot L_2} = \sqrt{40 \times 90} = 60$[mH]

5 P형 반도체의 설명 중 틀린 것은?

① 불순물은 4가의 원소이다.
② 다수 반송자는 정공이다.
③ 불순물을 억셉터(acceptor)라 한다.
④ 정공 및 전자의 이동으로 전도가 된다.

해설 P형반도체는 3가 원소이다.

6 유전체 중 유전율이 가장 큰 것은?

① 공기 ② 수정
③ 운모 ④ 고무

해설 유전체 중 유전율이 가장 큰 것은 운모이다.

7 주파수 100[Hz]의 주기는 몇 초인가?

① 0.05
② 0.02
③ 0.01
④ 0.1

해설 주기 $T = \dfrac{1}{f} = \dfrac{1}{100} = 0.01$[sec]

정답 1. ③ 2. ② 3. ④ 4. ④ 5. ① 6. ③ 7. ③

8 다음 중에서 자석의 일반적인 성질에 대한 설명으로 틀린 것은?

① N극과 S극이 있다.
② 자력선은 N극에서 나와 S극으로 향한다.
③ 자력이 강할수록 자기력선의 수가 많다.
④ 자석은 고온이 되면 자력이 증가한다.

[해설] 자석은 고온이 되면 자력이 감소한다.

9 평균 길이 40[cm]의 환상 철심에 200회의 코일을 감고, 여기에 5[A]의 전류를 흘렸을 때 철심 내의 자기장의 세기는 몇 [AT/m]인가?

① 25×10^2[AT/m]
② 2.5×10^2[AT/m]
③ 200[AT/m]
④ 8000[AT/m]

[해설] $H = \dfrac{NI}{l} = \dfrac{200 \times 5}{0.4} = 2500$[AT/m]

10 다음 중 전기력선의 성질로 틀린 것은?

① 전기력선은 양전하에서 나와 음전하에서 끝난다.
② 전기력선의 접선 방향이 그 점의 전장의 방향이다.
③ 전기력선의 밀도는 전기장의 크기를 나타낸다.
④ 전기력선은 서로 교차한다.

[해설] 전기력선의 성질
• 전기력선은 양전하에서 나와 음전하에서 끝난다.
• 전기력선의 접선 방향이 그 점의 전장의 방향이다.
• 전기력선의 밀도는 전기장의 크기를 나타낸다.
• 전기력선은 서로 교차하지 않는다.

11 자기장의 세기에 대한 설명이 잘못된 것은?

① 단위 자극에 작용하는 힘과 같다.
② 자속 밀도에 투자율을 곱한 것과 같다.
③ 수직 단면의 자력선 밀도와 같다.
④ 단위 길이 당 기자력과 같다.

[해설] 자장의 세기 $H = \dfrac{B}{\mu}$[AT/m]
자속 밀도에 투자율을 나눈 것과 같다.

12 다음 중 노튼 정리와 쌍대의 관계가 있는 것은?

① 밀만의 정리
② 중첩의 원리
③ 테브낭의 정리
④ 보상의 정리

[해설] 노튼정리와 테브낭의 정리는 쌍대관계에 있다.

13 5[μF]의 콘덴서를 1000[V]로 충전하면 축적되는 에너지는 몇 [J]인가?

① 2.5   ② 4
③ 5   ④ 10

[해설] C[F]에 축적되는 에너지 $W = \dfrac{1}{2}CV^2$[J]에서
$W = \dfrac{1}{2}CV^2 = \dfrac{1}{2} \times 5 \times 10^{-6} \times 1000^2$
$= 2.5$[J]

정답 8. ④ 9. ① 10. ④ 11. ② 12. ③ 13. ①

14 권선수 50인 코일에 5[A]의 전류가 흘렀을 때 10^{-3}[Wb]의 자속이 코일 전체를 쇄교하였다면 이 코일의 자체 인덕턴스는 몇 [mH]인가?

① 10 ② 20
③ 30 ④ 40

해설 $LI = N\Phi$ 에서 인덕턴스
$$L = \frac{N\Phi}{I} = \frac{50 \times 10^{-3}}{5} \times 10^3 = 10[\text{mH}]$$

15 유전율의 단위는?

① F/m ② V/m
③ C/m² ④ H/m

해설 유전율 : ε[F/m]
투자율 : μ[H/m]

16 비정현파를 여러 개의 정현파의 합으로 표시하는 방법은?

① 키르히호프의 법칙
② 노튼의 법칙
③ 푸리에 분석
④ 테일러의 분석

해설 푸리에 급수(분석) : 비정현파를 여러 개의 정현파의 합으로 표시하는 방법

17 전기 분해하여 금속의 표면에 산화피막을 만들어 이것을 유전체로 이용한 것은?

① 마일러 콘덴서
② 마이카 콘덴서
③ 전해 콘덴서
④ 세라믹 콘덴서

해설 전해 콘덴서는 전기 분해하여 금속의 표면에 산화피막을 만들어 이것을 유전체로 이용한 것이다.

18 자극의 세기가 20[Wb]인 길이 15[cm]의 막대자석의 자기 모멘트는 몇 [Wb·m]인가?

① 0.45 ② 1.5
③ 3.0   ④ 6.0

해설 자기모멘트
$M = ml = 20 \times 0.15 = 3[\text{Wb·m}]$

19 다음 회로에서 10[Ω]에 걸리는 전압은 몇 [V]인가?

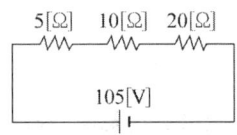

① 2   ② 10
③ 20 ④ 30

해설 10[Ω]에 걸리는 전압
$$V_{10} = \frac{10}{5+10+20} \times 105 = 30[\text{V}]$$

20 10[Ω]의 저항회로에 $e = 100\sin(377t + \frac{\pi}{3})$[V]의 전압을 가했을 때 $t=0$에 일 때 순시전류의 실효값은 몇 [A]인가?

① $5\sqrt{3}$ ② 5
③ $5\sqrt{2}$ ④ 10

해설 $I = \frac{V}{R} = \frac{\frac{100}{\sqrt{2}}}{10} = 5\sqrt{2}[\text{A}]$

21 직류복권 전동기를 분권 전동기로 사용하려면 어떻게 하여야 하는가?

① 분권계자를 단락시킨다.
② 부하단자를 단락시킨다.
③ 직권계자를 단락시킨다.
④ 전기자를 단락시킨다.

[해설] 직류복권 전동기를 분권 전동기로 사용하려면 직권계자를 단락시킨다.

22 다음 중 유도 전동기의 속도 제어에 사용되는 인버터 장치의 약호는?

① CVCF   ② VVVF
③ CVVF   ④ VVCF

[해설] 유도 전동기의 속도 제어 : VVVF(가변전압 가변주파수장치)

23 게이트(gate)에 신호를 가해야만 동작되는 소자는?

① SCR   ② MPS
③ UJT   ④ DIAC

[해설] SCR은 게이트(gate)에 신호를 가해야만 동작되는 소자이다.

24 다음 중 전기 용접기용 발전기로 가장 적당한 것은?

① 직류분권형 발전기
② 차동복권형 발전기
③ 가동복권형 발전기
④ 직류타여자식 발전기

[해설] 차동복권 발전기
- 용접용 발전기
- 수하특성 $V \propto \dfrac{1}{I}$
  (전압과 전류의 반비례특성)
- 전압변동이 제일 심한 발전기

25 회전수 1728[rpm]인 유도전동기의 슬립[%]? (단, 동기속도는 1800[rpm]이다.)

① 2   ② 3
③ 4   ④ 5

[해설] 슬립 $S = \dfrac{N_S - N}{N_S} \times 100$
$= \dfrac{1800 - 1728}{1800} \times 100 = 4[\%]$

26 다음 중 변압기의 온도 상승 시험법으로 가장 널리 사용되는 것은?

① 단락시험법
② 유도시험법
③ 절연전압시험법
④ 고조파억제법

[해설] 변압기의 온도 상승 시험법 – 단락시험법

27 인버터의 용도로 가장 적합한 것은?

① 교류-직류변환
② 직류-교류변환
③ 교류-증폭교류변환
④ 직류-증폭직류변환

[해설] 인버터 : 직류를 교류로 변환하는 장치
컨버터 : 교류를 직류로 변환하는 장치

28 동기기에서 난조(hunting)를 방지하기 위한 것은?

① 계자권선   ② 제동권선
③ 전기자 권선   ④ 난조권선

정답 21. ③ 22. ② 23. ① 24. ② 25. ③ 26. ① 27. ② 28. ②

[해설] 동기기에서 난조(hunting)를 방지 – 제동권선

29 동기 발전기의 전기자 반작용 중에서 전기자 전류에 의한 자기장의 축이 항상 주자속의 축과 수직이 되면서 자극편 왼쪽에 있는 주자속은 증가시키고, 오른쪽에 있는 주자속은 감소시켜 편자 작용을 하는 전기자 반작용은?

① 증자작용 ② 감자작용
③ 교차자화작용 ④ 직축반작용

[해설] 교차자화작용은 동기 발전기의 전기자 반작용 중에서 전기자 전류에 의한 자기장의 축이 항상 주자속의 축과 수직이 되면서 자극편 왼쪽에 있는 주자속은 증가시키고, 오른쪽에 있는 주자속은 감소시켜 편자 작용을 하는 전기자 반작용이다.

30 용량이 작은 변압기의 단락 보호용으로 주 보호방식으로 사용되는 계전기는?

① 차동전류 계전방식
② 과전류 계전방식
③ 비율차동 계전방식
④ 기계적 계전방식

[해설] 용량이 작은 변압기의 단락 보호용으로 주 보호방식으로 사용되는 계전기-과전류 계전기

31 다음 중 단상 유도 전동기의 기동방법 중 기동 토크가 가장 큰 것은?

① 분상 기동형
② 반발 유도형
③ 콘덴서 기동형
④ 반발 기동형

[해설] 단상 유도 전동기 기동 토크
반발 기동형 > 콘덴서 기동형 > 분상 기동형 > 셰이딩코일형 > 모노사이클릭형

32 동기 발전기 2대를 병렬 운전하고자 할 때 필요로 하는 조건이 아닌 것은?

① 발생 전압의 주파수가 서로 같아야 한다.
② 각 발전기에서 유도되는 기전력의 크기가 같아야 한다.
③ 발전기에서 유도된 기전력의 위상이 일치해야 한다.
④ 발전기의 용량이 같아야 한다.

[해설] 동기 발전기의 병렬운전에 필요한 조건
• 기전력의 주파수가 같을 것
• 기전력의 크기가 같을 것
• 기전력의 파형이 같을 것
• 기전력의 위상이 같을 것

33 철심에 권선을 감고 전류를 흘려서 공극(air gap)에 필요한 자속을 만드는 것은?

① 정류자 ② 계자
③ 회전자 ④ 전기자

[해설] 계자 – 철심에 권선을 감고 전류를 흘려서 공극에 필요한 자속을 만드는 것(자속발생)

34 동기 발전기의 병렬 운전에서 한 쪽의 계자 전류를 증대시켜 유기기전력을 크게 하면 어떤 현상이 발생하는가?

① 주파수가 변화되어 위상각이 달라진다.
② 두 발전기의 역률이 모두 낮아진다.
③ 속도 조정률이 변한다.
④ 무효순환 전류가 흐른다.

정답 29. ③ 30. ② 31. ④ 32. ④ 33. ② 34. ④

[해설] 동기 발전기의 병렬운전에 필요한 조건
- 기전력의 주파수가 같을 것 – 유효 순환전류
- 기전력의 크기가 같을 것 – 무효 순환전류
- 기전력의 파형이 같을 것 – 고조파 무효 순환전류
- 기전력의 위상이 같을 것 – 유효 순환전류 (동기화전류)

35 속도가 일정하고 구조가 간단하여 동기이탈이 없는 전동기로서 전기시계, 오실로그래프 등에 많이 사용되는 전동기는?

① 유도동기 전동기
② 초동기 전동기
③ 단상동기 전동기
④ 반동 전동기

[해설] 초동기 전동기는 속도가 일정하고 구조가 간단하여 동기이탈이 없는 전동기로서 전기시계, 오실로그래프 등에 많이 사용된다.

36 동기기의 전기자 권선법이 아닌 것은?

① 2층 분포권   ② 단절권
③ 중권   ④ 전절권

[해설] 전절권, 집중권 – 동기기에서 사용하지 않는다.

37 발전기의 전압변동률을 표시하는 식은? (단, V_0 :무 부하전압, V_n : 정격전압)

① $\varepsilon = \left(\dfrac{V_0}{V_n} - 1\right) \times 100[\%]$
② $\varepsilon = \left(1 - \dfrac{V_0}{V_n}\right) \times 100[\%]$
③ $\varepsilon = \left(\dfrac{V_n}{V_0} - 1\right) \times 100[\%]$
④ $\varepsilon = \left(1 - \dfrac{V_n}{V_0}\right) \times 100[\%]$

[해설] 전압변동률
$$\varepsilon = \dfrac{V_0 - V_n}{V_n} \times 100 = \left(\dfrac{V_0}{V_n} - 1\right) \times 100[\%]$$

38 회전자 입력 10[kW], 슬립 4[%]인 3상 유도 전동기의 2차 동손은 몇 [kW]인가?

① 0.4   ② 1.8
③ 4.0   ④ 9.6

[해설] 2차동손
$$P_{C2} = sP_2 = 0.04 \times 10 = 0.4[kW]$$

39 다음 제동 방법 중 급정지 하는데 가장 좋은 제동방법은?

① 발전제동   ② 회생제동
③ 역전제동   ④ 단상제동

[해설] 직류전동기 급제동 : 역전제동

40 변압기의 콘서베이터의 사용 목적은?

① 일정한 유압의 유지
② 과부하로부터의 변압기 보호
③ 냉각 장치의 효과를 높임
④ 변압 기름의 열화 방지

[해설] 유입 변압기의 콘서베이터는 변압 기름의 열화 방지 대책이다.

41 변전소의 역할에 대한 내용이 아닌 것은?

① 전압의 변성
② 전력생산
③ 전력의 집중과 배분
④ 역률개선

[해설] 변전소의 역할
- 전압의 변성

정답 35. ② 36. ④ 37. ① 38. ① 39. ③ 40. ④ 41. ②

- 전력의 집중과 배분
- 역률개선

전력생산은 발전소의 역할이다.

42 부식성 가스 등이 있는 장소에서 전기설비를 시설하는 방법으로 적합하지 않은 것은?

① 애자사용배선시 부식성 가스의 종류에 따라 절연전선인 DV전선을 사용한다.
② 애자사용배선에 의한 경우에는 사람이 쉽게 접촉될 우려가 없는 노출장소에 한 한다.
③ 애자사용배선시 부득이 나전선을 사용하는 경우에는 전선과 조영재와의 거리를 4.5[cm] 이상으로 한다.
④ 애자사용배선시 전선의 절연물이 상해를 받는 장소는 나전선을 사용할 수 있으며, 이 경우는 바닥 위 2.5[m] 이상 높이에 시설한다.

[해설] 나전선은 전선과 조영재의 이격거리는 없다.

43 애자사용 공사를 건조한 장소에 시설하고자 한다. 사용 전압이 400[V] 미만인 경우 전선과 조영재 사이의 이격 거리는 최소 몇 [cm] 이상이어야 하는가?

① 2.5[cm] 이상
② 4.5[cm] 이상
③ 6[cm] 이상
④ 12[cm] 이상

[해설] 애자사용 공사를 건조한 장소에 시설하고자 한다. 사용 전압이 400[V] 미만인 경우 전선과 조영재 사이의 이격 거리는 최소 2.5[cm] 이상 이어야 한다.

44 전압의 종별에서 특별고압이란?

① 7[kV] 넘는 것
② 5[kV] 넘는 것
③ 14[kV] 이상
④ 20[kV] 이상

[해설] 전압의 종별에서 특별고압이은 7[kV] 넘는 것을 말한다.

45 다음 중 배전반 및 분전반의 설치 장소로 적합하지 않은 곳은?

① 전기회로를 쉽게 조작할 수 있는 장소
② 개폐기를 쉽게 개폐할 수 있는 장소
③ 노출된 장소
④ 사람이 쉽게 조작할 수 없는 장소

[해설] 배전반 및 분전반의 설치 장소
- 전기 회로를 쉽게 조작할 수 있는 장소
- 노출된 장소
- 사람이 쉽게 조작할 수 없는 장소

46 금속관에 여러 가닥의 전선을 넣을 때 매우 편리하게 넣을 수 있는 방법으로 쓰이는 것은?

① 비닐전선   ② 철망그리프
③ 접지선   ④ 호밍사

[해설] 철망그리프는 금속관에 여러 가닥의 전선을 넣을 때 매우 편리하게 넣을 수 있는 방법이다.

47 저압 가공전선이 가공약전류 전선과 접근하여 시설될 때 저압 가공전선과 가공약전류 전선 사이의 이격거리는 몇 [cm] 이상이어야 하는가?

① 40   ② 50
③ 60   ④ 80

정답 42. ① 43. ① 44. ① 45. ④ 46. ② 47. ③

[해설] 저압 가공전선이 가공약전류 전선과 접근하여 시설될 때 저압 가공전선과 가공약전류 전선 사이의 이격거리는 60[cm] 이상이어야 한다.

48 전선에 압착단자 접속시 사용되는 공구는?

① 와이어 스트리퍼
② 프레셔 툴
③ 클리퍼
④ 니퍼

[해설] 프레셔 툴 - 전선에 압착단자 접속시 사용되는 공구이다.

49 목장의 전기울타리에 사용하는 경동선의 지름은 최소 몇 [mm] 이상이어야 하는가?

① 1.6 ② 2.0
③ 2.6 ④ 3.2

[해설] 목장의 전기울타리에 사용하는 경동선의 지름은 최소 2.0[mm] 이상이어야 한다.

50 저압 가공 인입선의 인입구에 사용하며 금속관 공사에서 끝 부분의 빗물 침입을 방지하는데 적당한 것은?

① 엔드
② 엔트런스캡
③ 부싱
④ 라미플

[해설] 엔트런스캡은 저압 가공 인입선의 인입구에 사용하며 금속관 공사에서 끝 부분의 빗물 침입을 방지하는데 사용되는 것

51 다음 중 충전되어 있는 활선을 움직이거나 작업권 밖으로 밀어낼 때 또는 활선을 다른 장소로 옮길 때 사용하는 절연봉은?

① 애자커버   ② 전선커버
③ 와이어통   ④ 전선피박기

[해설] 와이어통 - 충전되어 있는 활선을 움직이거나 작업권 밖으로 밀어낼 때 또는 활선을 다른 장소로 옮길 때 사용하는 절연봉이다.

52 저압 옥외 전기설비(옥측의 것을 포함한다)의 내염(耐鹽)공사에서 설명이 잘못된 것은?

① 바인드선은 철제의 것을 사용하지 말 것
② 계량기함 등은 금속제를 사용할 것
③ 철제류는 아연도금 또는 방청도장을 실시할 것
④ 나사못류는 동합금(놋쇠)제의 것 또는 아연도금한 것을 사용할 것

[해설] 저압 옥외 전기설비(옥측의 것을 포함한다)의 내염(耐鹽)공사에는 금속제 사용을 하지 않는다.

53 옥내 저압 이동전선으로 사용하는 캡타이어 케이블에는 단심, 2심, 3심, 4~5심이 있다. 이 때 도체 공칭 단면적의 최소값은 몇 [mm^2]인가?

① 0.75 ② 2
③ 5.5   ④ 8

[해설] 옥내 저압 이동전선으로 사용하는 캡타이어 케이블에는 단심, 2심, 3심, 4~5심이 있다. 이 때 도체 공칭 단면적의 최소값은 0.75[mm^2] 이다.

정답 48. ② 49. ② 50. ② 51. ③ 52. ② 53. ①

54 인류하는 곳이나 분기하는 곳에 사용하는 애자는?

① 구형애자 ② 가지애자
③ 새클애자 ④ 현수애자

[해설] 현수애자는 인류하는 곳이나 분기하는 곳에 사용하는 애자이다.

55 다음 중 저압개폐기를 생략하여도 좋은 개소는?

① 부하 전류를 단속할 필요가 있는 개소
② 인입구 기타 고장, 점검, 측정 수리 등에서 개로할 필요가 있는 개소
③ 퓨즈의 전원측으로 분기회로용 과전류차단기 이후의 퓨즈가 플러그퓨즈와 같이 퓨즈교환 시에 충전부에 접촉될 우려가 없을 경우
④ 퓨즈의 전원측

[해설] 퓨즈의 전원측으로 분기회로용 과전류차단기 이후의 퓨즈가 플러그퓨즈와 같이 퓨즈교환 시에 충전부에 접촉될 우려가 없을 경우 저압개폐기를 생략하여도 된다.

56 차단기에서 ELB의 용어는?

① 유입차단기
② 진공차단기
③ 배전용차단기
④ 누전차단기

[해설] 차단기 용어
OCB : 유입 차단기
VCB : 진공 차단기
MCCB : 배선용 차단기
ELB : 누전차단기

57 합성수지관 상호간을 연결하는 접속재가 아닌 것은?

① 로크너트
② TS커플링
③ 컴비네이션 커플링
④ 2호 커넥터

[해설] 합성수지관 상호간을 연결하는 접속재 : 컴비네이션 커플링, TS커플링, 2호 커넥터

58 가공전선로의 지지물에 시설하는 지선에서 맞지 않는 것은?

① 지선의 안전율은 2.5 이상일 것
② 지선의 안전율이 2.5 이상일 경우에 허용 인장하중의 최저는 4.31[kN]으로 한다.
③ 소선의 지름이 1.6[mm] 이상의 동선을 사용한 것일 것
④ 지선에 연선을 사용할 경우에는 소선 3가닥 이상의 연선일 것

[해설] 선의 지름이 1.6[mm] 이상의 동선을 사용하지 않는다.

59 전선 접속에 관한 설명으로 틀린 것은?

① 접속부분의 전기저항을 증가시켜서는 안 된다.
② 전선의 세기를 20[%] 이상 유지해야 한다.
③ 접속부분은 납땜을 한다.
④ 절연을 원래의 절연효력이 있는 테이프로 충분히 한다.

[해설] 전선 접속시 전선의 세기를 80[%] 이상 유지해야 한다.

정답 54. ④ 55. ③ 56. ④ 57. ① 58. ③ 59. ②

60 박스 내에서 가는 전선을 접속할 때에는 어떤 방법으로 접속하는가?

① 트위스트 접속
② 쥐꼬리 접속
③ 브리타니어 접속
④ 슬리브 접속

[해설] 박스 내에서 가는 전선을 접속할 때에는 쥐꼬리 접속을 한다.

정답 60. ②

실전 모의고사 12회

1 코일의 자체 인덕턴스는 어느 것에 따라 변화하는가?

① 투자율   ② 유전율
③ 도전율   ④ 저항율

[해설] 인덕턴스 $L = \dfrac{N\Phi}{I} = \dfrac{\mu ANI}{l} \propto \mu [H]$

2 어떤 도체에 t 초 동안에 Q[C]의 전기량이 이동하면 이때 흐르는 전류[A]는?

① $I = Q \cdot t$ [A]   ② $I = Q^2 t$ [A]
③ $I = \dfrac{t}{Q}$ [A]   ④ $I = \dfrac{Q}{t}$ [A]

[해설] 전류 $I = \dfrac{Q}{t}$ [A]

3 3[Ω]의 저항이 5개, 7[Ω]의 저항이 3개, 114[Ω]의 저항이 1개 있다. 이들을 모두 직렬로 접속할 때의 합성저항은 몇 [Ω]인가?

① 120   ② 130
③ 150   ④ 160

[해설] $R = (3 \times 5) + (7 \times 3) + (114 \times 1) = 150 [\Omega]$

4 어떤 전압계의 측정 범위를 10배로 하자면 배율기의 저항을 전압계 내부저항의 몇 배로 하여야 하는가?

① 10   ② 1/10
③ 9   ④ 1/9

[해설] 배율기 저항
$R_m = (m-1)r = (10-1)r = 9r$

5 저항 3[Ω], 유도리액턴스 4[Ω]의 직렬회로에 교류 100[V]를 가할 때 흐르는 전류와 위상각은 얼마 인가?

① 14.3[A], 37°
② 14.3[A], 53°
③ 20[A], 37°
④ 20[A], 53°

[해설] 전류 $I = \dfrac{V}{\sqrt{R^2 + X^2}} = \dfrac{100}{\sqrt{3^2 + 4^2}} = 20$ [A]

위상 $\theta = \tan^{-1} \dfrac{X}{R} = \tan^{-1} \dfrac{4}{3} = 53°$

6 5[Wh]는 몇 [J]인가?

① 720   ② 1800
③ 7200   ④ 18000

[해설] $W = 5 \times 60 \times 60 = 18000$ [J]

7 진공의 투자율 μ_0 [H/m]는?

① 6.33×10^4
② 8.55×10^{-12}
③ $4\pi \times 10^{-7}$
④ 9×10^9

[해설] $\mu = \mu_0 \cdot \mu_s = 4\pi \times 10^{-7} \times 1 = 4\pi \times 10^{-7}$ [H/m]

정답 1.① 2.④ 3.③ 4.③ 5.④ 6.④ 7.③

8 A-B 사이 콘덴서의 합성정전 용량은 얼마인가?

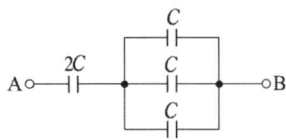

① 1C ② 1.2C
③ 2C ④ 2.4C

해설 합성콘덴서 $C = \dfrac{2C \times 3C}{2C + 3C}[F]$

9 정현파 교류의 실효값을 계산하는 식은?

① $I = \dfrac{1}{T}\displaystyle\int_0^T i^2\,dt$

② $I^2 = \dfrac{2}{T}\displaystyle\int_0^T i\,dt$

③ $I^2 = \dfrac{1}{T}\displaystyle\int_0^T i^2\,dt$

④ $I = \sqrt{\dfrac{2}{T}\displaystyle\int_0^T i^2\,dt}$

해설 교류의 실효값
$$I^2 = \dfrac{1}{T}\int_0^T i^2\,dt$$
$$I = \sqrt{\dfrac{1}{T}\int_0^T i^2\,dt}$$

10 전류에 의해 만들어지는 자기장의 자기력선 방향을 간단하게 알아내는 법칙은?

① 플레밍의 왼손법칙
② 플레밍의 오른손법칙
③ 앙페르의 오른나사법칙
④ 렌츠의 법칙

해설 앙페르의 오른나사법칙은 전류에 의해 만들어지는 자기장의 자기력선 방향을 알아내는 법칙

11 그림을 테브낭 등가회로로 고칠 때 개방전압 V와 저항 R은?

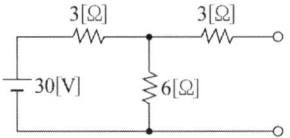

① 20[V], 5[Ω] ② 30[V], 8[Ω]
③ 15[V], 12[Ω] ④ 10[V], 1.2[Ω]

해설 합성저항 $R = 3 + \dfrac{3 \times 6}{3 + 6} = 5[Ω]$

전압 $V = \dfrac{6}{3+6} \times 30 = 20[V]$

12 한 상의 직렬임피던스가 $R=6[Ω]$, $X_L=8[Ω]$인 △결선 평형 부하가 있다. 여기에 선간 전압 100[V]인 대칭 3상 교류전압을 가하면 선전류는 몇 [A]인가?

① $\dfrac{10\sqrt{3}}{3}$ ② $3\sqrt{3}$

③ 10 ④ $10\sqrt{3}$

해설 $I_l = \sqrt{3}\,I_P = \sqrt{3} \times \dfrac{100}{\sqrt{6^2+8^2}} = 10\sqrt{3}$

13 0.02[μF]의 콘덴서에 12[μC]의 전하를 공급하면 몇 [V]의 전위차를 나타내는가?

① 600 ② 900
③ 1200 ④ 2400

해설 $V = \dfrac{Q}{C} = \dfrac{12}{0.02} = 600[V]$

14 최대값 10[A]인 교류 전류의 평균값은 약 몇 [A]인가?

① 3.34 ② 4.43
③ 5.65 ④ 6.37

정답 8. ② 9. ③ 10. ③ 11. ① 12. ④ 13. ① 14. ④

[해설] 평균값 $V_a = \dfrac{2I_m}{\pi} = \dfrac{2\times 10}{\pi} = 6.37[A]$

15 교류에서 파형률은?

① 최대값/실효값
② 실효값/평균값
③ 평균값/실효값
④ 최대값/평균값

[해설] 파고율 = $\dfrac{최대값}{실효값}$, 파형률 = $\dfrac{실효값}{평균값}$

16 200[V]에서 1[kW]의 전력을 소비하는 전열기를 100[V]에서 사용하면 소비전력은 몇 [W]인가?

① 150 ② 250
③ 400 ④ 1000

[해설] $P = \dfrac{V^2}{R}[W]$ 에서

$R = \dfrac{V^2}{P} = \dfrac{200^2}{1000} = 40[\Omega]$

100[V]에서 사용하는 소비전력

$P = \dfrac{V^2}{R} = \dfrac{100^2}{40} = 250[W]$

17 주기적인 구형파 신호의 성분은 어떻게 되는가?

① 성분 분석이 불가능하다.
② 직류분 만으로 합성된다.
③ 무수히 많은 주파수의 합성이다.
④ 교류 합성을 갖지 않는다.

[해설] 주기적인 구형파 신호의 성분은 무수히 많은 주파수의 합성이다.

18 회로에서 단자 a –b 사이의 합성저항 R_{ab}는 몇 [Ω]인가? (단, 저항의 크기는 r [Ω]이다.)

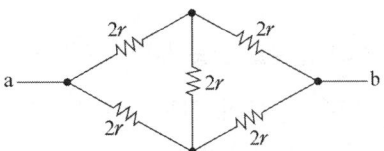

① $\dfrac{1}{3}r$ ② $\dfrac{1}{2}r$
③ r ④ $2r$

[해설] 브리지 평형조건을 만족하므로

$R_{ab} = \dfrac{4r \times 4r}{4r + 4r} = 2r$

19 자기력선의 설명 중 맞는 것은?

① 자기력선은 자석의 N극에서 시작하여 S극에서 끝난다.
② 자기력선은 상호간에 교차한다.
③ 자기력선은 자석의 S극에서 시작하여 N극에서 끝난다.
④ 자기력선은 가시적으로 보인다.

[해설] 자기력선은 자석의 N극에서 시작하여 S극에서 끝난다.

20 변압기유로 쓰이는 절연유에 요구되는 성질이 아닌 것은?

① 점도가 클 것
② 비열이 커 냉각 효과가 클 것
③ 절연재료 및 금속재료에 화학작용을 일으키지 않을 것
④ 인화점이 높고 응고점이 낮을 것

[해설] 변압기유의 구비조건
• 점도가 작고 비열이 커서 냉각효과가 클 것
• 절연내력이 클 것

- 인화점이 높고, 응고점이 낮을 것
- 고온에서 석출물에 생기지 말 것
- 절연물과 화학작용이 없을 것

21 전하의 성질을 잘못 설명한 것은?

① 같은 종류의 전하는 흡인하고 다른 종류의 전하끼리는 반발한다.
② 대전체에 들어 있는 전하를 없애려면 접지시킨다.
③ 대전체의 영향으로 비대전체에 전기가 유도된다.
④ 전하는 가장 안정한 상태를 유지하려는 성질이 있다.

[해설] 전하의 성질
- 같은 종류의 전하는 반발하고 다른 종류의 전하끼리는 흡인한다.
- 대전체에 들어 있는 전하를 없애려면 접지시킨다.
- 대전체의 영향으로 비대전체에 전기가 유도된다.
- 전하는 가장 안정한 상태를 유지하려는 성질이 있다.

22 변압기 외철형에 가장 적당한 형권은?

① 원통코일
② 원판코일
③ 사각형 평판코일
④ 평판코일

[해설] 변압기 외철형에 가장 적당한 형권 : 사각형 평판코일

23 유입 변압기에 기름을 사용하는 목적이 아닌 것은?

① 열 방산을 좋게 하기 위하여
② 냉각을 좋게 하기 위하여
③ 절연을 좋게 하기 위하여
④ 효율을 좋게 하기 위하여

[해설] 유입 변압기에 기름을 사용하는 목적
- 열 방산을 좋게 하기 위하여
- 냉각을 좋게 하기 위하여
- 절연을 좋게 하기 위하여

24 4극의 3상 유도 전동기가 60[Hz]의 전원에 연결되어 4[%]의 슬립으로 회전할 때 회전수는 몇 [rpm]인가?

① 1656   ② 1700
③ 1728   ④ 1880

[해설] $N = N_S(1-S) = \dfrac{120}{P}f(1-S)$
$= \dfrac{120}{4} \times 60 \times (1-0.04) = 1728[rpm]$

25 다음 중 농형 유도 전동기의 기동법이 아닌 것은?

① Y-△ 기동법
② 리액터 기동법
③ 2차 저항법
④ 기동 보상기법

[해설] 권선형 유도전동기 기동법 : 2차 저항기동법, 2차 임피던스 기동법

26 4극 24홈 표준 농형 3상 유도 전동기의 매극 매상당의 홈수는?

① 6   ② 3
③ 2   ④ 1

[해설] 매극매상당 슬롯수
$q = \dfrac{S}{P \cdot m} = \dfrac{24}{4 \times 3} = 2$

정답 21. ① 22. ③ 23. ④ 24. ③ 25. ③ 26. ③

27 6극 60[Hz] 3상 유도 전동기의 동기속도는 몇 [rpm]인가?

① 200 ② 750
③ 1200 ④ 1800

[해설] $N_s = \dfrac{120}{P}f = \dfrac{120}{6} \times 60 = 1200[\text{rpm}]$

28 동기 발전기의 돌발 단락전류를 주로 제한하는 것은?

① 누설리액턴스
② 역상 리액턴스
③ 동기 리액턴스
④ 권선저항

[해설] 동기 발전기의 돌발 단락전류를 주로 제한은 누설리액턴스로 한다.

29 직류 발전기의 부하 포화 곡선은 다음 어느 것의 관계인가?

① 부하 전류와 여자전류
② 단자전압과 부하전류
③ 단자 전압과 계자 전류
④ 부하 전류와 유기기전력

[해설] 직류 발전기의 부하 포화 곡선
: 단자 전압(V) - 계자 전류(I_f)

30 단락비가 큰 동기기는?

① 안정도가 높다.
② 기계가 소형이다.
③ 전압 변동률이 크다.
④ 전기자반작용이 크다.

[해설] 단락비가 큰 동기기 안정도가 높다.

31 다음 중 SCR의 기호는?

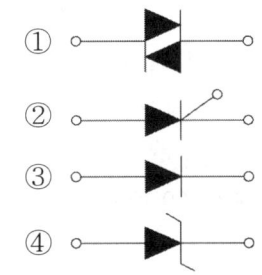

[해설] ◦―▶|―◦ (SCR) : 단방향 3단자 소자

32 계기용변압기의 2차측 단자에 접속하여야 할 것은?

① O.C.R ② 전압계
③ 전류계 ④ 전열부하

[해설] 계기용변압기의 2차측 단자에는 전압계를 접속한다.

33 플레밍(Fleming)의 오른손 법칙에 따르는 기전력이 발생하는 기기는?

① 교류 발전기 ② 교류 전동기
③ 교류 정류기 ④ 교류 용접기

[해설]
• 발전기원리
 - 플레밍(Fleming)의 오른손 법칙
• 전동기원리
 - 플레밍(Fleming)의 왼손 법칙

34 보극이 없는 직류기의 운전 중 중성점의 위치가 변하지 않는 경우는?

① 무부하일 때 ② 전부하일 때
③ 중부하일 때 ④ 과부하일 때

[해설] 무부하시 보극이 없는 직류기의 운전 중 중성점의 위치가 변하지 않는다.

정답 27. ③ 28. ① 29. ③ 30. ① 31. ② 32. ② 33. ① 34. ①

35 60[Hz] 3상 반파 정류 회로의 맥동 주파수 [Hz]는?

① 360 ② 180
③ 120 ④ 60

[해설] 3상 반파 정류 맥동주파수
$f_3 = 3 \times f = 3 \times 60 = 180[\text{Hz}]$

36 다음 중 토크(회전력)의 단위는?

① [rpm] ② [W]
③ [N·m] ④ [N]

[해설] 토크(회전력)의 단위 :
$T[\text{kg}\cdot\text{m}], [\text{N}\cdot\text{m}]$

37 직류 전동기의 속도 제어법에서 정출력 제어에 속하는 것은?

① 계자 제어법
② 전기자 저항 제어법
③ 전압 제어법
④ 워드 레오나드 제어법

[해설] 직류 전동기의 속도 제어법
전압제어 : 광범위속도 제어
계자제어 : 정출력 제어
저항제어 : 효율이 나쁘다.

38 다음 그림의 전동기는 어떤 전동기인가?

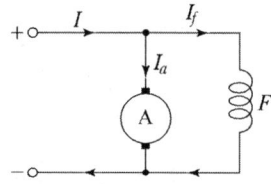

① 직권 전동기 ② 타여자 전동기
③ 분권 전동기 ④ 복권 전동기

[해설] 분권 전동기 : 전기자와 계자가 병렬접속
직권 전동기 : 전기자와 계자가 직렬접속

39 동기 발전기의 병렬 운전에 필요한 조건이 아닌 것은?

① 기전력의 크기가 같을 것
② 기전력의 위상차가 최대가 될 것
③ 기전력의 주파수가 같을 것
④ 기전력의 파형이 같을 것

[해설] 동기 발전기의 병렬운전에 필요한 조건
• 기전력의 주파수가 같을 것
• 기전력의 크기가 같을 것
• 기전력의 파형이 같을 것
• 기전력의 위상이 같을 것

40 다음 중 자기 소호 제어용 소자는?

① SCR
② TRIAC
③ DIAC
④ GTO

[해설] 자기 소호 제어용 소자 : GTO소자

41 전기욕기에 전기를 공급하기 위한 전원장치에 내장되어 있는 전원변압기의 2차측 전로의 사용전압은 몇 [V] 이하인 것을 사용하여야 하는가?

① 5   ② 10
③ 25 ④ 35

[해설] 전기욕기에 전기를 공급하기 위한 전기욕기용 전원장치(내장되는 전원 변압기 2차측 전로의 사용전압이 10[V] 이하의 것에 한한다.)는 안전기준에 적합하여야 한다.

정답 35. ② 36. ③ 37. ① 38. ③ 39. ② 40. ④ 41. ②

42 가공 인입선 중 수용장소의 인입선에서 분기하여 다른 수용장소의 인입구에 이르는 전선을 무엇이라 하는가?

① 소주인입선 ② 이웃 연결 인입선
③ 본주인입선 ④ 인입간선

해설 이웃 연결 인입선은 인입선 중 수용장소의 인입선에서 분기하여 다른 수용장소의 인입구에 이르는 전선

43 1종 금속몰드 배선공사를 할 때 동일 몰드 내에 넣는 전선수는 최대 몇 본 이하로 하여야 하는가?

① 3 ② 5
③ 10 ④ 12

해설 1종 금속몰드 배선공사를 할 때 동일 몰드 내에 넣는 전선수는 최대 10본 이하로 하여야 한다.

44 변전소에 사용되는 주요 기기로서 ABB는 무엇을 의미하는가?

① 유입차단기 ② 자기차단기
③ 공기차단기 ④ 진공차단기

해설 ABB(공기차단기)- 압축공기로 아크소호

45 부하의평균전력(1시간평균) / 최대수용전력(1시간평균)×100[%]의 관계를 가지고 있는 것은?

① 부하율 ② 부등률
③ 수용률 ④ 설비율

해설 부하율 = $\frac{부하의평균전력}{최대수용전력} \times 100[\%]$

46 수·변전 설비의 인입구 개폐기로 많이 사용 되고 있으며 전력 퓨즈의 용단시 결상을 방지하는 목적으로 사용되는 개폐기는?

① 부하 개폐기
② 선로 개폐기
③ 자동 고장 구분 개폐기
④ 기중부하 개폐기

해설 부하 개폐기(LBS) : 수·변전 설비의 인입구 개폐기로 많이 사용 되고 있으며 전력 퓨즈의 용단시 결상을 방지하는 목적으로 사용되는 개폐기

47 지중 전선로의 매설방법이 아닌것은?

① 관로식 ② 인입선
③ 암거식 ④ 직접 매설식

해설 지중전로의 매설방법 : 관로식, 암거식, 직접 매설식

48 지중전선로의 전선으로 적합한 것은?

① 케이블 ② 동북강선
③ 절연전선 ④ 나경동선

해설 지중 전선로는 전선에 케이블을 사용한다.

49 건축물의 종류에서 표준부하를 20[VA/m²]으로 하여야 하는 건축물은 다음 중 어느 것인가?

① 교회, 극장
② 학교, 음식점
③ 은행, 상점
④ 아파트, 미용원

해설 학교, 음식점 : 표준부하를 20[VA/m²]

정답 42. ② 43. ③ 44. ③ 45. ① 46. ① 47. ② 48. ① 49. ②

50 가스 절연 개폐기나 가스 차단기에 사용되는 가스인 SF₆의 성질이 아닌 것은?

① 연소하지 않는 성질이다.
② 색깔, 독성, 냄새가 없다.
③ 절연유의 1/140로 가볍지만 공기보다 5배 무겁다.
④ 공기의 25배 정도로 절연 내력이 낮다.

[해설] 가스 절연 개폐기나 가스 차단기에 사용되는 SF₆ 가스는 공기의 2~3배 정도로 절연내력이 크다.

51 성냥, 석유류, 셀룰로이드 등 기타 가연성 물질을 제조 또는 저장하는 장소의 배선 방법으로 적당하지 않은 것은?

① 케이블배선 공사
② 방습형 플렉시블배선 공사
③ 합성수지관공사
④ 금속관배선공사

[해설] 성냥, 석유류, 셀룰로이드 등 기타 가연성 물질을 제조 또는 저장하는 장소의 배선 방법 : 케이블배선 공사, 합성수지관 공사, 금속관 배선 공사

52 2종 금속 몰드의 구성 부품에서 조인트 금속 부품이 아닌 것은?

① 노멀밴드형
② L형
③ T형
④ 크로스형

[해설] 노멀밴드는 금속관 공사에 사용되는 부속품으로 매입배관공사를 할 때 관을 직각으로 굽히는 곳에 사용한다.

53 합성수지관을 새들 등으로 지지하는 경우에는 그 지지점 간의 거리를 몇 [m] 이하로 하여야 하는가?

① 1.5[m] 이하 ② 2.0[m] 이하
③ 2.5[m] 이하 ④ 3.0[m] 이하

[해설] 합성수지관을 새들 등으로 지지하는 경우에는 그 지지점 간의 거리를 1.5[m]이하로 해야 한다.

54 다음 중 동전선의 접속에서 직선 접속에 해당하는 것은?

① 직선맞대기용 슬리브(B형)에 의한 압착 접속
② 비틀어 꽂는 형의 전선접속기에 의한 접속
③ 종단겹침용 슬리브(E형)에 의한 접속
④ 동선압착단자에 의한 접속

[해설] 동전선의 접속에서 직선 접속은 슬리브(B형)에 의한 압착 접속을 한다.

55 계기용 변류기의 약호는?

① CT ② WH
③ CB ④ DS

[해설] CT : 계기용 변류기
PT : 계기용 변압기

56 금속관 공사에서 금속 전선관의 나사를 낼 때 사용하는 공구는?

① 밴더 ② 커플링
③ 로크너트 ④ 오스터

[해설] 오스터 : 금속관 공사에서 금속 전선관의 나사를 낼 때 사용하는 공구이다.

정답 50. ④ 51. ② 52. ① 53. ① 54. ① 55. ① 56. ④

57 철근 콘크리트주의 길이가 14[m]이고, 설계하중이 9.8[kN] 이하일 때, 땅에 묻히는 표준 깊이는 몇 [m]이어야 하는가?

① 2[m] ② 2.3[m]
③ 2.5[m] ④ 2.7[m]

[해설] 철근 콘크리트주의 길이가 14[m]이고, 설계하중이 9.8[kN] 이하일 때, 땅에 묻히는 표준 깊이는 2.7[m]이어야 한다.

58 폭발성 분진이 존재하는 곳의 금속관 공사에 있어서 관상호 및 관과 박스 기타의 부속품이나 풀박스 또는 전기기계기구와의 접속은 몇 턱 이상의 나사 조임으로 접속하여야 하는가?

① 2턱 ② 3턱
③ 4턱 ④ 5턱

[해설] 폭발성 분진이 존재하는 곳의 금속관 공사에 있어서 관상호 및 관과 박스 기타의 부속품이나 풀박스 또는 전기기계기구와의 접속은 5턱 이상의 나사 조임으로 접속하여야 한다.

59 옥외용 비닐절연전선의 약호는?

① OW ② DV
③ NR ④ FTC

[해설] OW : 옥외용 비닐절연전선

60 1종 가요 전선관을 구부릴 경우의 곡률 반지름은 관안지름의 몇 배 이상으로 하여야 하는가?

① 3 ② 4
③ 5 ④ 6

[해설] 1종 가요 전선관을 구부릴 경우의 곡률 반지름은 관안지름의 6배 이상으로 하여야 한다.

정답 57. ④ 58. ④ 59. ① 60. ④

실전 모의고사 13회

1 공기 중에서 반지름 10[cm]인 원형 도체에 1[A]의 전류가 흐르면 원의 중심에서 자기장의 크기는 몇 [AT/m]인가?

① 5[AT/m] ② 10[AT/m]
③ 15[AT/m] ④ 20[AT/m]

해설 $H = \dfrac{NI}{2a} = \dfrac{1 \times 1}{2 \times 0.1} = 5[AT/m]$

2 $A_1 = a_1 + jb_1$, $A_2 = a_2 + jb_2$인 두 벡터의 차 A를 구하는 식은?

① $(a_1 - a_2) + j(b_1 - b_2)$
② $(a_1 + a_2) - j(b_1 + b_2)$
③ $(a_1 - b_1) + j(a_2 - b_2)$
④ $(a_1 - b_1) - j(a_2 - b_2)$

해설 $A_1 - A_2 = a_1 + jb_1 - a_2 + jb_2$
$= (a_1 - a_2) + j(b_1 - b_2)$

3 다음 중 콘덴서 접속법에 대한 설명으로 알맞은 것은?

① 직렬로 접속하면 용량이 커진다.
② 병렬로 접속하면 용량이 적어진다.
③ 콘덴서는 직렬 접속만 가능하다.
④ 직렬로 접속하면 용량이 적어진다.

해설 콘덴서 직렬 접속은 저항의 병렬 접속과 같은 이치이므로 직렬로 접속하면 용량이 적어진다.

4 비사인파의 일반적인 구성이 아닌 것은?

① 삼각파 ② 고조파
③ 기본파 ④ 직류분

해설 비사인파=직류분+기본파+고조파

5 평형 3상 교류회로의 Y회로로부터 △회로로 등가 변환하기 위해서는 어떻게 하여야 하는가?

① 각 상의 임피던스를 3배로 한다.
② 각 상의 임피던스를 $\sqrt{3}$ 배로 한다.
③ 각 상의 임피던스를 $1/\sqrt{3}$ 배로 한다.
④ 각 상의 임피던스를 1/3로 한다.

해설 Y회로로부터 △회로로 등가 변환하기 위해서는 각 상의 임피던스를 3배로 한다.

6 공기 중에 10[μC]과 20[μC]을 1[m] 간격으로 놓을 때 발생되는 정전력[N]은?

① 1.8[N]
② $1 \times 10^{-10}[N]$
③ 200[N]
④ $981 \times 10^{-10}[N]$

해설 $F = 9 \times 10^9 \times \dfrac{10 \times 10^{-6} \times 20 \times 10^{-6}}{1^2}$
$= 1.8[N]$

정답 1.① 2.① 3.④ 4.① 5.① 6.①

7 "회로의 접속점에서 볼 때, 접속점에 흘러들어오는 전류의 합은 흘러 나가는 전류의 합과 같다"라고 정의되는 법칙은?

① 키르히호프의 제1법칙
② 키르히호프의 제2법칙
③ 플레밍의 오른손 법칙
④ 앙페르의 오른 나사 법칙

[해설] 키르히호프의 제1법칙은 회로의 접속점에서 볼 때, 접속점에 흘러들어오는 전류의 합은 흘러 나가는 전류의 합과 같다.

8 다음 중 자기력선(line of magnetic force)에 대한 설명으로 옳지 않은 것은?

① 자석의 N극에서 시작하여 S극에서 끝난다.
② 자기장의 방향은 그 점을 통과하는 자기력선의 방향으로 표시한다.
③ 자기력선은 상호간에 교차한다.
④ 자기장의 크기는 그 점에 있어서의 자기력선의 밀도를 나타낸다.

[해설] 자기력선은 서로 교차하지 않는다.

9 저항 8[Ω]과 유도리액턴스 6[Ω]이 직렬로 접속된 회로에 200[V]의 교류 전압을 인가하는 경우 흐르는 전류[A]와 역률[%]은 각각 얼마인가?

① 20[A], 80[%]
② 10[A], 80[%]
③ 20[A], 60[%]
④ 10[A], 80[%]

[해설] 전류 $I = \dfrac{V}{Z} = \dfrac{200}{\sqrt{8^2+6^2}} = 20[A]$

역률 $\cos\theta = \dfrac{R}{Z} = \dfrac{8}{\sqrt{8^2+6^2}} \times 100 = 80[\%]$

10 △-△ 평형 회로에서 $E = 200[V]$, 임피던스 $Z = 3+j4[\Omega]$ 일 때 상전류 $I_p[A]$는 얼마인가?

① 30[A] ② 40[A]
③ 50[A] ④ 66.7[A]

[해설] △-△결선
상전류 $I_P = \dfrac{V}{Z} = \dfrac{200}{\sqrt{3^2+4^2}} = 40[A]$

11 내부 저항 0.1[Ω]인 건전지 10개를 직렬로 접속하고, 이것을 한 조로 하여 5조 병렬로 접속하면 합성 내부 저항 [Ω]은?

① 5   ② 1
③ 0.5 ④ 0.2

[해설] $R_0 = \dfrac{R}{n} = \dfrac{0.1 \times 10}{5} = 0.2[\Omega]$
($R = 0.1 \times 10$)

12 전지(battery)에 관한 사항이다. 감극제(depolarizer)는 어떤 작용을 막기 위해 사용하는가?

① 분극작용
② 방전
③ 순환전류
④ 전기분해

[해설] 감극제(depolarizer)는 분극작용 작용을 막기 위해 사용

정답 7. ① 8. ③ 9. ① 10. ② 11. ④ 12. ①

13 다음 중 전력량 1[J]과 같은 것은?

① 1[cal]   ② 1[W · S]
③ 1[kg · m]   ④ 1[N · m]

해설 $W = V \times Q = V \times I \times t = [W \cdot sec] = [J]$

14 그림과 같은 회로에서 합성저항은 몇 [Ω]인가?

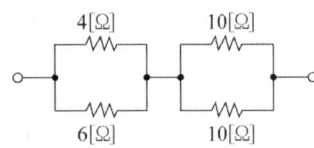

① 6.6[Ω]   ② 7.4[Ω]
③ 8.7[Ω]   ④ 9.4[Ω]

해설 $R = \dfrac{4 \times 6}{4+6} + \dfrac{10 \times 10}{10+10} = 7.4[\Omega]$

15 0.25[H]와 0.23[H]의 자체 인덕턴스를 직렬로 접속할 때 합성 인덕턴스의 최대값은 몇 [H]인가?

① 0.48[H]   ② 0.97[H]
③ 4.8[H]   ④ 9.7[H]

해설 $L = L_1 + L_2 + 2M$
$= 0.25 + 0.23 + 2\sqrt{0.25 \times 0.23}$
$= 0.97$

16 전압계의 측정 범위를 넓히기 위한 목적으로 전압계에 직렬로 접속하는 저항기를 무엇이라 하는가?

① 전위차계(potentiometer)
② 분압기(voltage divider)
③ 분류기(shunt)
④ 배율기(multiplier)

해설 배율기는 전압계의 측정 범위를 넓히기 위한 목적으로 전압계에 직렬로 접속하는 저항기이다.

17 비정현파를 여러 개의 정현파의 합으로 표시하는 방법은?

① 중첩의 원리   ② 노튼의 정리
③ 푸리에 분석   ④ 테일러의 분석

해설 푸리에 분석는 비정현파를 여러 개의 정현파의 합으로 표시하는 방법이다.

18 다음 중 콘덴서가 가지는 특성 및 기능으로 옳지 못한 것은?

① 전기를 저장하는 특성이 있다.
② 상호 유도 작용의 특성이 있다.
③ 직류 전류를 차단하고 교류 전류를 통과 시키려는 목적으로 사용된다.
④ 공진 회로를 이루어 어느 특정한 주파수만을 취급하거나 통과 시키는 곳 등에 사용된다.

해설 콘덴서가 가지는 특성
• 전기를 저장하는 특성이 있다.
• 직류 전류를 차단하고 교류 전류를 통과 시키려는 목적으로 사용된다.
• 공진 회로를 이루어 어느 특정한 주파수만을 취급하거나 통과시키는 곳 등에 사용된다.

19 다음 중 자기장 내에서 같은 크기 m[Wb]의 자극이 존재할 때 자기장의 세기가 가장 큰 물질은?

① 초합금   ② 라이트
③ 구리   ④ 니켈

정답 13. ② 14. ② 15. ② 16. ④ 17. ③ 18. ② 19. ③

[해설] 다음 보기에서 자기장의 세기가 가장 큰 물질은 구리이다.

20 두 코일이 있다. 한 코일에 매초 전류가 150[A]의 비율로 변할 때 다른 코일에 60[V]의 기전력이 발생하였다면, 두 코일의 상호 인덕턴스는 몇[H]인가?

① 0.4[H] ② 2.5[H]
③ 4.0[H] ④ 25[H]

[해설] $e = L\dfrac{di}{dt}$ [V] 에서

인덕턴스 $L = \dfrac{e \cdot dt}{di} = \dfrac{60}{150} = 0.4$[H]

21 다음 중 변압기 무부하손의 대부분을 차지하는 것은?

① 유전체손 ② 동손
③ 철손   ④ 저항손

[해설] 무부하손(고정손) → 철손
→ 히스테리시스손 + 와류손

22 1차 전압 3300[V], 2차 전압 220[V]인 변압기의 권수비 (turn ratio)는 얼마인가?

① 15   ② 220
③ 3300 ④ 7260

[해설] 권수비 $a = \dfrac{V_1}{V_2} = \dfrac{3300}{220} = 15$

23 4극인 동기 전동기가 1800[rpm]으로 회전할 때 전원 주파수는 몇 [Hz]인가?

① 50[Hz] ② 60[Hz]
③ 70[Hz] ④ 80[Hz]

[해설] $f = \dfrac{N \times P}{120} = \dfrac{1800 \times 4}{120} = 60$[Hz]

24 변압기를 △-Y 결선(delta-star connection) 한 경우에 대한 설명으로 옳지 않은 것은?

① 1차 선간전압 및 2차 선간전압의 위상차는 60°이다.
② 제 3조파에 의한 장해가 적다.
③ 1차 변전소의 승압용으로 사용된다.
④ Y결선의 중성점을 접지할 수 있다.

[해설] △-Y 결선(delta-star connection) 1차 선간전압 및 2차 선간전압의 위상차는 30°이다.

25 무부하시 유도전동기는 역률이 낮지만 부하가 증가하면 역률이 높아지는 이유로 가장 알맞은 것은?

① 전압이 떨어지므로
② 효율이 좋아지므로
③ 전류가 증가하므로
④ 2차측 저항이 증가하므로

[해설] 무부하시 유도전동기는 역률이 낮지만 부하가 증가하면 전류가 증가하므로 역률이 증가한다.

26 그림과 같은 접속은 어떤 직류 전동기의 접속인가?

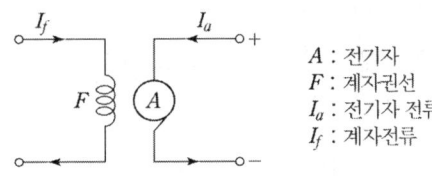

A : 전기자
F : 계자권선
I_a : 전기자 전류
I_f : 계자전류

① 타여자 전동기 ② 분권 전동기
③ 직권 전동기   ④ 복권 전동기

[해설] 타여자 전동기는 전기자와 계자가 분리 되어 있다.

27 다음 중 2대의 동기발전기가 병렬운전하고 있을 때 무효횡류(무효순환전류)가 흐르는 경우는?

① 부하 분담에 차가 있을 때
② 기전력의 주파수에 차가 있을 때
③ 기전력의 위상에 차가 있을 때
④ 기전력의 크기에 차가 있을 때

[해설]
• 기전력 크기다른 경우 : 무효횡류
• 기전력 주파수가 다른 경우 : 유효횡류
• 기전력 위상이 다른 경우 : 유효횡류 (동기화전류)
• 기전력 파형이 다른 경우 : 고조파 무효횡류

28 게이트(gate)에 신호를 가해야만 작동되는 소자는?

① SCR   ② MPS
③ UJT   ④ DIAC

[해설] SCR : 게이트(gate)에 신호를 가해야만 작동되는 소자이다

29 직류 발전기가 있다. 자극 수는 6, 전기자 총 도체수 400, 매극 당 자속 0.01[Wb], 회전수는 600[rpm]일 때 전기자에 유기되는 기전력은 몇[V]인가? (단, 전기자 권선은 파권이다.)

① 40[V]   ② 120[V]
③ 160[V]   ④ 180[V]

[해설] $E = \dfrac{Z}{a} P \cdot \Phi \cdot \dfrac{N}{60}$
$= \dfrac{400}{2} \times 6 \times \dfrac{0.01 \times 600}{60} = 120[V]$
파권에 $a = 2$ 이다.

30 200[V], 10[kW], 3상 유도전동기의 전부하 전류는 약 몇 [A]인가? (단, 효율과 역률은 각각 85[%]이다.)

① 30[A]   ② 40[A]
③ 50[A]   ④ 60[A]

[해설] $I = \dfrac{P}{\sqrt{3}\, V\cos\theta \cdot \eta}$
$= \dfrac{10 \times 10^3}{\sqrt{3} \times 200 \times 0.85 \times 0.85} = 40[A]$

31 회전자 입력 10[kW], 슬립 4[%]인 3상 유도 전동기의 2차 동손은 몇[kW]인가?

① 0.4[kW]   ② 1.8[kW]
③ 4.0[kW]   ④ 9.6[kW]

[해설] 2차 동손
$P_{C2} = sP_2 = 0.04 \times 10 = 0.4[kW]$

32 발전기를 정격 전압 220[V]로 운전하다가 무부하로 운전하였더니, 단자 전압이 253[V]가 되었다. 이 발전기의 전압 변동률은 몇 [%]인가?

① 15[%]   ② 25[%]
③ 35[%]   ④ 45[%]

[해설] 전압변동률
$\epsilon = \dfrac{V_0 - V_n}{N_n} \times 100 = \dfrac{253 - 220}{220} \times 100$
$= 15[\%]$

33 정류자와 접촉하여 전기자 권선과 외부 회로를 연결시켜주는 것은?

① 전기자   ② 계자
③ 브러시   ④ 공극

정답 27. ④ 28. ① 29. ② 30. ② 31. ① 32. ① 33. ③

해설 브러시는 정류자와 접촉하여 전기자 권선과 외부 회로를 연결해 주는 것이다.

34 변압기 외함 내에 들어 있는 기름을 펌프를 이용하여 외부에 있는 냉각 장치로 보내서 냉각시킨 다음, 냉각된 기름을 다시 외함의 내부로 공급하는 방식으로, 냉각효과가 크기 때문에 30000[kVA] 이상의 대용량 변압기에서 사용하는 냉각 방식은?

① 건식풍냉식 ② 유입자냉식
③ 유입풍냉식 ④ 유입송유식

해설 유입송유식은 변압기 외함 내에 들어 있는 기름을 펌프를 이용하여 외부에 있는 냉각 장치로 보내서 냉각시킨 다음, 냉각된 기름을 다시 외함의 내부로 공급하는 방식

35 정지된 유도전동기가 있다. 1차 권선에서 1상의 직렬 권선 회수가 100회이고, 1극당의 평균 자속이 0.02[Wb], 주파수가 60[Hz]이라고 하면, 1차 권선의 1상에 유도되는 기전력의 실효값은 약 몇 [V]인가? (단, 1차 권선 계수는 1로 한다.)

① 377[V] ② 533[V]
③ 635[V] ④ 730[V]

해설 $E = 4.44 f \phi W K_w$
    $= 4.44 \times 60 \times 0.02 \times 100 \times 1$
    $= 532.6[V]$

36 분권발전기는 잔류 자속에 의해서 잔류 전압을 만들고 이때 여자 전류가 잔류 자속을 증가시키는 방향으로 흐르면, 여자 전류가 점차 증가하면서 단자 전압이 상승하게 된다. 이러한 현상을 무엇이라 하는가?

① 자기포화 ② 여자
③ 보상   ④ 전압 확립

해설 전압 확립 현상은 잔류 자속에 의해서 잔류 전압을 만들고 이때 여자 전류가 잔류 자속을 증가시키는 방향으로 흐르면, 여자 전류가 점차 증가하면서 단자 전압이 상승하게 되는 현상이다.

37 다음 중 유도전동기의 속도제어에 사용되는 인버터 장치의 약호는?

① CVCF ② VVVF
③ CVVF ④ VVCF

해설 VVVF(가변전압 가변주파수 장치) : 유도전동기의 속도제

38 SCR 2개를 역병렬로 접속한 그림과 같은 기호의 명칭은?

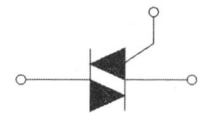

① SCR   ② TRIAC
③ GTO   ④ UJT

해설 TRIAC : 양방향 3단자 (SCR 2개를 역병렬로 접속)

39 낙뢰, 수목 접촉, 일시적인 섬락 등 순간적인 사고로 계통에서 분리된 구간을 신속히 계통에 투입시킴으로써 계통의 안정도를 향상시키고 정전 시간을 단축시키기 위해 사용되는 계전기는?

① 차동 계전기 ② 과전류 계전기
③ 거리 계전기 ④ 재폐로 계전기

[해설] 재폐로 계전기 : 낙뢰, 수목 접촉, 일시적인 섬락 등 순간적인 사고로 계통에서 분리된 구간을 신속히 계통에 투입시킴으로써 계통의 안정도를 향상시키고 정전 시간을 단축시키기 위해 사용되는 계전기이다.

40 3[kW], 1500[rpm] 유도 전동기의 토크 [N·m]는 약 얼마인가?

① 1.91[N·m] ② 19.1[N·m]
③ 29.1[N·m] ④ 114.6[N·m]

[해설] 토크 $T = 0.975 \times \dfrac{P}{N} \times 9.8$

$= 0.975 \times \dfrac{3 \times 10^3}{1500} \times 9.8$

$= 19.1[\text{N} \cdot \text{m}]$

41 다음 그림기호의 배선 명칭은?

─────────

① 천장 은폐선 ② 바닥 은폐선
③ 노출 배선   ④ 바닥면 노출배선

[해설] ───────── : 천장 은폐선

42 건물의 모서리(직각)에서 가요 전선관을 박스에 연결할 때 필요한 접속기는?

① 스트렛 박스 커넥터
② 앵글 박스 커넥터
③ 플렉시블 커플링
④ 콤비네이션 커플링

[해설] • 스트렛 커플링 : 가요전선관 상호 연결
• 콤비네이션 커플링 : 가요전선관과 금속관 연결
• 앵글 박스 커넥터 : 건물의 모서리(직각)에서 가요 전선관을 박스에 연결

43 조명기구의 용량 표시에 관한 사항이다. 다음 중 F40의 설명으로 알맞은 것은?

① 수은등 40[W]
② 나트륨등 40[W]
③ 메탈 헬라이드등 40[W]
④ 형광등 40[W]

[해설] F40 : 형광등 40[W]

44 아웃렛 박스 등의 녹아웃의 지름이 관의 지름보다 클 때에 관을 박스에 고정 시키기 위해 쓰는 재료의 명칭은?

① 터미널 캡
② 링 리듀서
③ 엔트렌스 캡
④ C형 엘보

[해설] 링 리듀서는 아웃렛 박스 등의 녹아웃의 지름이 관의 지름보다 클 때에 관을 박스에 고정시키기 위해 쓰는 재료이다.

45 전주의 길이별 땅에 묻히는 표준 깊이에 관한 사항이다. 전주의 길이가 16[m]이고, 설계하중이 6.8kN 이하의 철근 콘크리트주를 시설할 때 땅에 묻히는 표준깊이는 최소 얼마 이상이어야 하는가?

① 1.2[m] ② 1.4[m]
③ 2.0[m] ④ 2.5[m]

[해설] 전주의 길이별 땅에 묻히는 표준 깊이에 관한 사항이다. 전주의 길이가 16[m]이고, 설계하중이 6.8kN 이하의 철근 콘크리트주를 시설할 때 땅에 묻히는 표준깊이는 최소 2.5[m] 이상이어야 한다.

정답 40. ② 41. ① 42. ② 43. ④ 44. ② 45. ④

46 전선을 접속할 때 전선의 강도를 몇 [%] 이상 감소시키지 않아야 하는가?

① 10[%]   ② 20[%]
③ 30[%]   ④ 40[%]

해설 전선을 접속할 때 전선의 강도를 20[%] 이상 감소시키지 않아야 한다.

47 저압 가공전선과 고압 가공전선을 동일 지지물에 시설하는 경우 상호 이격거리는 몇 [cm] 이상이어야 하는가?

① 20[cm]   ② 30[cm]
③ 40[cm]   ④ 50[cm]

해설 저압 가공전선과 고압 가공전선을 동일 지지물에 시설하는 경우 상호 이격거리는 50[cm] 이상이어야 한다.

48 가공전선로의 지지물에 시설하는 지선의 시설에서 맞지 않는 것은?

① 지선의 안전율은 2.5 이상일 것
② 지선의 안전율이 2.5 이상일 경우 허용 인장하중의 최저는 4.31[kN]으로 할 것
③ 소선의 지름이 1.6[mm] 이상의 동선을 사용한 것일 것
④ 지선에 연선을 사용할 경우에는 소선 3가닥 이상의 연선일 것

해설 소선의 지름이 2.6[mm] 이상의 아연도금 철선 사용할 것

49 변류비 100/5[A]의 변류기(C.T)와 5[A]의 전류계를 사용하여 부하전류를 측정한 경우 전류계의 지시가 4[A]이었다. 이 때 부하전류는 몇 [A]인가?

① 30[A]   ② 40[A]
③ 60[A]   ④ 80[A]

해설 변류비가 $\frac{100}{5} = 20$ 이므로
부하전류 = 전류계의 지시치 × 변류비
= 4 × 20 = 80[A] 이다.

50 다음 중 굵은 Al 선을 박스 안에서 접속하는 방법으로 적합한 것은?

① 링 스리브에 의한 접속
② 비틀어 꽂는 형의 전선 접속기에 의한 방법
③ C형 접속기에 의한 접속
④ 맞대기용 스리브에 의한 압착접속

해설 C형 접속기에 의한 접속은 굵은 Al 선을 박스 안에서 접속하는 방법으로 적합하다.

51 금속관 공사에서 절연 부싱을 사용하는가장 주된 목적은?

① 관의 끝이 터지는 것을 방지
② 관의 단구에서 조영재의 접촉을 방지
③ 관내 해충 및 이물질 출입 방지
④ 관의 단구에서 전선 피복의 손상방지

해설 관의 끝 부분에서 전선의 피복을 손상하지 아니하도록 적당한 구조의 부싱을 사용할 것

52 애자사용 공사를 건조한 장소에 시설하고자 한다. 사용 전압이 400[V] 미만인 경우 전선과 조영재 사이의 이격 거리는 최소 몇 [cm] 이상 이어야 하는가?

① 2.5[cm] 이상   ② 4.5[cm] 이상
③ 6.0[cm] 이상   ④ 12[cm] 이상

[해설] 애자사용 공사를 건조한 장소에 시설하고자 한다. 사용 전압이 400[V] 미만인 경우 전선과 조영재 사이의 이격 거리는 최소 2.5[cm] 이상이어야 한다.

53 금속덕트 공사에 관한 사항이다. 다음 중 금속 덕트의 시설로서 옳지 않은 것은?

① 덕트의 끝부분은 열어 놓을 것
② 덕트를 조영재에 붙이는 경우에는 덕트의 지지점간의 거리를 3m 이하로 하고 견고하게 붙일 것
③ 덕트의 뚜껑은 쉽게 열리지 않도록 시설할 것
④ 덕트 상호간은 견고하고 또한 전기적으로 완전하게 접속할 것

[해설] 금속 덕트의 끝부분은 일반적으로 막아야 하며, 열어 놓는 것은 불필요한 공기 유입이나 오염을 초래할 수 있다.

54 다음 중 과전류 차단기를 설치하는 곳은?

① 간선의 전원측 전선
② 접지공사의 접지선
③ 다선식 전로의 중성선
④ 접지공사를 한 저압 가공 전선로의 접지측 전선

[해설] 과전류 차단기를 설치는 전원측 또는 전원 인입구에 설치한다.

55 전로의 중성점 접지의 목적으로 볼수 없는 것은?

① 대지 전압의 저하
② 이상전압의 억제
③ 손실 전력의 감소
④ 보호 장치의 확실한 동작의 확보

[해설] 전력손실 감소 : 조상설비 설치

56 1종 가요전선관을 구부릴 경우의 곡률 반지름은 관 안지름의 몇 배 이상으로 하여야 하는가?

① 3배 ② 4배
③ 5배 ④ 6배

[해설] 1종 가요전선관 6배
2종 가요전선관 3배

57 다음 중 금속전선관 공사에서 나사내기에 사용되는 공구는?

① 토치램프 ② 벤더
③ 리머 ④ 오스터

[해설] 오스터 : 금속전선관 공사에서 나사내기 공구

58 2종 금속몰드 공사에서 같은 몰드 내에 들어가는 전선은 피복 절연물을 포함하여 단면적의 총합이 몰드내의 내면 단면적의 몇 [%] 이하로 하여야 하는가?

① 20[%]이하 ② 30[%] 이하
③ 40[%]이하 ④ 50[%] 이하

[해설] 1종 금속몰드 폭 · 길이 4[cm]
2종 금속몰드 폭 · 길이 4~5[cm] 이며 20[%] 이하로 하여야 한다.

59 PVC(Polyvinyl chloride pipe) 전선관의 표준 규격품 1본의 길이는 몇 [m]인가?

① 3.0[m] ② 3.6[m]
③ 4.0[m] ④ 4.5[m]

정답 53. ① 54. ① 55. ③ 56. ④ 57. ④ 58. ① 59. ③

[해설] PVC(Polyvinyl chloride pipe) 전선관의 표준 규격품 1본의 길이는 4.0[m]

60 가연성 분진(소맥분, 전분, 유황 기타 가연성 먼지 등)으로 인하여 폭발한 우려가 있는 저압 옥내 설비 공사로 적절하지 않은 것은?

① 케이블 공사
② 금속관 공사
③ 합성수지관 공사
④ 플로어 덕트 공사

[해설] 가연성 분진(소맥분, 전분, 유황 기타 가연성 먼지 등)으로 인하여 폭발한 우려가 있는 저압 옥내 설비 공사
- 케이블 공사
- 금속관 공사
- 합성수지관 공사

정답 60. ④

실전 모의고사 14회

1 저항 9[Ω], 용량리액턴스 12[Ω]의 직렬 회로의 임피던스는 몇 [Ω]인가?

① 2 ② 15
③ 21 ④ 32

[해설] 임피던스 $Z = \sqrt{9^2 + 12^2} = 15[\Omega]$

2 기전력 4[V], 내부 저항 0.2[Ω]의 전지 10개를 직렬로 접속하고 두 극 사이에 부하 저항을 접속하였더니 4[A]의 전류가 흘렀다. 이 때 외부저항은 몇 [Ω]이 되겠는가?

① 6 ② 7
③ 8 ④ 9

[해설] 전류 $I = \dfrac{nV}{nr+R}$

$4 = \dfrac{10 \times 4}{10 \times 0.2 + R}$ 에서 $R = 8[\Omega]$

3 규격이 같은 축전지 2개를 병렬로 연결하였다. 다음 설명 중 옳은 것은?

① 용량과 전압이 모두 2배가 된다.
② 용량과 전압이 모두 1/2배가 된다.
③ 용량은 불변이고 전압은 2배가 된다.
④ 용량은 2배가 되고 전압은 불변이다.

[해설] 규격이 같은 축전지 2개를 병렬로 연결시 용량은 2배가 되고 전압은 불변이다.

4 다음 중 저저항 측정에 사용되는 브리지는?

① 휘이트스토운 브리지
② 비인 브리지
③ 멕스웰 브리지
④ 캘빈더블 브리지

[해설] 캘빈더블 브리지는 저저항 측정에 사용된다.

5 1[AH]는 몇 [C]인가?

① 7200 ② 3600
③ 120 ④ 60

[해설] $1[AH] = 1 \times 3600[A \cdot sec] = 3600[C]$

6 반도체의 특성이 아닌 것은?

① 전기적 전도성은 금속과 절연체의 중간적 성질을 가지고 있다.
② 일반적으로 온도가 상승함에 따라 저항은 감소한다.
③ 매우 낮은 온도에서 절연체가 된다.
④ 불순물이 섞이면 저항이 증가한다.

[해설] 반도체 특성
- 전기적 전도성은 금속과 절연체의 중간적 성질을 가지고 있다.
- 일반적으로 온도가 상승함에 따라 저항은 감소한다.
- 매우 낮은 온도에서 절연체가 된다.

정답 1. ② 2. ③ 3. ④ 4. ④ 5. ② 6. ④

7 플레밍의 왼손법칙에서 엄지손가락이 뜻하는 것은?

① 자기력선속의 방향
② 힘의 방향
③ 기전력의 방향
④ 전류의 방향

[해설] 엄지 : 힘
검지 : 자속밀도
중지 : 전류

8 전류를 계속 흐르게 하려면 전압을 연속적으로 만들어 주는 어떤 힘이 필요하게 되는데, 이 힘을 무엇이라 하는가?

① 자기력
② 전자력
③ 기전력
④ 전기장

[해설] 기전력은 전류를 계속 흐르게 하려면 전압을 연속적으로 만들어 주는 어떤 힘을 말한다.

9 Y결선에서 상전압이 13.2[kV]이면 선간전압은 약 몇 [kV]인가?

① 6.6
② 13.2
③ 22.9
④ 25.8

[해설] $V_l = \sqrt{3}\, V_P = \sqrt{3} \times 13.2 = 22.9[kV]$

10 패러데이 법칙에서 전기 분해에 의해서 석출되는 물질의 양은 전해액을 통과한 무엇과 비례하는가?

① 총 전해질
② 총 전압
③ 총 전류
④ 총 전기량

[해설] 패러데이 법칙에서 전기 분해에 의해서 석출되는 물질의 양은 전해액을 통과한 총 전기량에 비례한다.

11 2[Ω]의 저항과 3[Ω]의 저항을 직렬로 접속할 때 합성 컨덕턴스는 몇 [℧]인가?

① 5
② 2.5
③ 1.5
④ 0.2

[해설] 합성 저항 $R_0 = 2 + 3 = 5[\Omega]$
합성 컨덕턴스 $G_0 = \dfrac{1}{R_0} = \dfrac{1}{5} = 0.2[℧]$

12 비오-사바르의 법칙은 어떤 관계를 나타낸 것인가?

① 기전력과 회전력
② 기자력과 자화력
③ 전류와 자장의 세기
④ 전압과 전장의 세기

[해설] 비오-사바르의 법칙은 전류와 자장의 세기의 관계를 나타낸다.

13 비유전율이 큰 산화티탄 등을 유전체로 사용한 것으로 극성이 없으며 가격에 비해 성능이 우수하여 널리 사용되고 있는 콘덴서의 종류는?

① 마일러 콘덴서
② 마이카 콘덴서
③ 전해 콘덴서
④ 세라믹 콘덴서

[해설] 세라믹 콘덴서는 비유전율이 큰 산화티탄 등을 유전체로 사용한 것으로 극성이 없으며 가격에 비해 성능이 우수하여 널리 사용되고 있는 콘덴서 이다.

14 최대값이 V_m[V]인 사인파 교류에서 평균값 V_e[V]의 값은?

① $0.577 V_m$
② $0.637 V_m$
③ $0.707 V_m$
④ $0.866 V_m$

정답 7. ② 8. ③ 9. ③ 10. ④ 11. ④ 12. ③ 13. ④ 14. ②

[해설] 평균값 $V_a = \dfrac{2}{\pi}V_m = 0.637 V_m$
여기서, V_m은 최대값이다.

15 파형률은 어느 것인가?

① 평균값/실효값
② 실효값/최대값
③ 실효값/평균값
④ 최대값/실효값

[해설] 파형률 = $\dfrac{실효값}{평균값}$

파고율 = $\dfrac{최대값}{실효값}$

16 출력 P[KVA]의 단상변압기 전원 2대를 V결선한 때의 3상 출력[KVA]은?

① P
② $\sqrt{3}P$
③ $2 \cdot P$
④ $3 \cdot P$

[해설] $P_V = \sqrt{3}P$

17 비사인파의 일반적인 구성이 아닌 것은?

① 톱니파
② 고조파
③ 기본파
④ 직류분

[해설] 비사인파 = 기본파 + 고조파 + 직류분

18 다음 중에서 일반적으로 온도가 높아지게 되면 전도율이 커져서 온도계수가 부(-)의 값을 가지는 것이 아닌 것은?

① 구리
② 반도체
③ 탄소
④ 전해액

[해설] 온도가 높아지게 되면 전도율이 커져서 온도계수가 부(-)의 값을 가지는 것 : 반도체, 탄소, 전해액

19 자체 인덕턴스 4[H]의 코일에 18[J]의 에너지가 저장되어 있다. 이 때 코일에 흐르는 전류는 몇 [A]인가?

① 1
② 2
③ 3
④ 6

[해설] $W = \dfrac{1}{2}LI^2$[J] 에서

전류 $I = \sqrt{\dfrac{2W}{L}} = \sqrt{\dfrac{2 \times 18}{4}} = 3$[A] 이다.

20 30[μF]과 40[μF]의 콘덴서를 병렬로 접속한 다음 100[V]전압을 가했을 때 전 전하량은 몇 [C]인가?

① 17×10^{-4}[C]
② 34×10^{-4}[C]
③ 56×10^{-4}[C]
④ 70×10^{-4}[C]

[해설] $Q = CV = (30+40) \times 10^{-6} \times 100$
$= 70 \times 10^{-4}$[C]

21 직류기의 3대 요소가 아닌 것은?

① 전기자
② 계자
③ 슬립링
④ 정류자

[해설] 직류기의 3요소 : 계자, 전기자, 정류자

22 P형 반도체의 전기 전도의 주된 역할을 하는 반송자는?

① 전자
② 가전자
③ 불순물
④ 정공

[해설] +(P형) : 정공 반송자
-(N형) : 자유전자 반송자

정답 15. ③ 16. ② 17. ① 18. ① 19. ③ 20. ④ 21. ③ 22. ④

23 E종 절연물의 최고 허용온도는 몇 [℃]인가?

① 40 ② 60
③ 120 ④ 155

[해설] 절연물의 최고 허용온도

Y종	A종	E종	B종	F종	H종	C종
90℃	105℃	120℃	130℃	155℃	180℃	180℃초과

24 동기조상기를 부족여자로 운전하면 어떻게 되는가?

① 콘덴서로 작용한다.
② 리액터로 작용한다.
③ 여자 전압의 이상 상승이 발생한다.
④ 일부 부하에 대하여 뒤진 역률을 보상한다.

[해설] 동기조상기 부족여자 : 리액터로 작용
동기조상기 과여자 : 콘덴서로 작용

25 단락비가 1인 동기 발전기의 %동기 임피던스는 약 몇 [%]인가?

① 68 ② 83
③ 100 ④ 120

[해설] $\%Z = \dfrac{100}{K} = \dfrac{100}{1} = 100[\%]$

26 직류기에서 보극을 두는 가장 주된 목적은?

① 기동 특성을 좋게 한다.
② 전기자 반작용을 크게 한다.
③ 정류 작용을 돕고 전기자 반작용을 약화시킨다.
④ 전기자 자속을 증가시킨다.

[해설] 보극 : 정류 작용을 돕고 전기자 반작용을 약화시킨다.

27 정속도 및 가변속도 제어가 되는 전동기는?

① 직권기 ② 가동복권기
③ 분권기 ④ 차동복권기

[해설] 분권 전동기는 정속도 및 가변속도 제어가 가능하다.

28 동기속도 3600[rpm], 주파수 60[Hz]의 동기 발전기의 극수는?

① 2 ② 4
③ 6 ④ 8

[해설] $P = \dfrac{120}{N_s}f = \dfrac{120}{360} \times 60 = 2극$

29 직류 직권 전동기에서 벨트를 걸고 운전하면 안 되는 가장 큰 이유는?

① 벨트가 벗어지면 위험 속도에 도달하므로
② 손실이 많아지므로
③ 직결하지 않으면 속도 제어가 곤란하므로
④ 벨트가 마멸 보수가 곤란하므로

[해설] 직류직권 전동기는 벨트가 벗어지면 무부하 상태로 위험 속도에 도달한다.

30 변압기의 권선과 철심 사이의 습기를 제거하기 위하여 건조하는 방법이 아닌 것은?

① 열풍법 ② 단락법
③ 진공법 ④ 가압법

[정답] 23. ③ 24. ② 25. ③ 26. ③ 27. ③ 28. ② 29. ① 30. ④

[해설] 변압기의 권선과 철심 사이의 습기를 제거하기 위하여 건조하는 방법 : 열풍법, 단락법, 진공법

31 상 유도 전동기의 기동법 중 전전압 기동에 대한 설명으로 옳지 않은 것은?

① 소용량 농형 전동기의 기동법이다.
② 소용량의 농형 전동기에서는 일반적으로 기동 시간이 길다.
③ 기동시에는 역률이 좋지 않다.
④ 전동기 단자에 직접 정격 전압을 가한다.

[해설] 전전압 기동법은 전동기에 별도의 기동장치를 두지 않고 정격전압을 가하여 기동하는 방식으로 기동시간이 짧고 용량이 적은 유도 전동기에 적합하다. 기동 전류는 정격 전류의 4~6배 정도 흐르게 된다.

32 유도전동기의 동기속도가 1200[rpm]이고, 회전수가 1176[rpm]일 때 슬립은?

① 0.06   ② 0.04
③ 0.02   ④ 0.01

[해설] $s = \dfrac{N_s - N}{N_s} = \dfrac{1200 - 1176}{1200} = 0.02$

33 난조 방지와 관계가 없는 것은?

① 제동 권선을 설치한다.
② 전기자 권선의 저항을 작게 한다.
③ 축 세륜을 붙인다.
④ 조속기의 감도를 예민하게 한다.

[해설] 난조 방지를 위해서는 조속기의 감도는 둔감하게 해야 한다.

34 농형 유도 전동기의 기동법이 아닌 것은?

① Y-△ 기동법
② 기동보상기에 의한 기동법
③ 전 전압 기동법
④ 2차 저항 기동법

[해설] 권선형 유도전동기 기동법: 2차 저항 기동법, 2차 임피던스 기동법

35 입력이 13[kW], 출력 10[kW]일 때 기기의 손실은 몇[kW]인가?

① 2.5   ② 3
③ 4   ④ 5.5

[해설] 손실=입력 - 출력 = 13 - 10 = 3[kW]

36 변전소의 전력기기를 시험하기 위하여 회로를 분리하거나 또는 계통의 접속을 바꾸거나 하는 경우에 사용되는 것은?

① 나이프 스위치   ② 차단기
③ 퓨우즈   ④ 단로기

[해설] 단로기는 변전소의 전력기기를 시험하기 위하여 회로를 분리하거나 또는 계통의 접속을 바꾸거나 하는 경우에 사용하며 무부하시 개폐만이 가능하다.

37 SCR의 특성 중 적합하지 않은 것은?

① pnpn 구조로 되어 있다.
② 정류 작용을 할 수 있다.
③ 정방향 및 역방향의 제어 특성이 있다.
④ 고속도의 스위칭 작용을 할 수 있다.

[해설] SCR의 특성
• pnpn 구조로 되어 있다.
• 정류 작용을 할 수 있다.
• 고속도의 스위칭 작용을 할 수 있다.

정답 31. ② 32. ③ 33. ④ 34. ④ 35. ② 36. ④ 37. ③

38 브흐홀쯔 계전기로 보호되는 기기는?

① 변압기　　　② 유도전동기
③ 직류발전기　④ 교류발전기

해설　브흐홀쯔 계전기는 변압기를 보호하기 위하여 변압기와 콘서베이터 연결도중에 설치한다.

39 보호 계전기를 동작 원리에 따라 구분 할 때 해당 되지 않는 것은?

① 유도형　　　② 정지형
③ 디지털형　　④ 저항형

해설　보호 계전기를 동작 원리에 따라 구분
• 유도형　• 정지형　• 디지털형

40 직류전동기 운전 중에 있는 기동 저항기에서 정전이거나 전원 전압이 저하되었을 때 핸들을 정지 위치에 두는 역할을 하는 것은?

① 무전압 계전기
② 계자제어
③ 기동저항
④ 과부하개방기

해설　무전압 계전기는 직류전동기 운전 중에 있는 기동 저항기에서 정전이거나 전원 전압이 저하되었을 때 핸들을 정지 위치에 두는 역할을 한다.

41 다음 중 방수형 콘센트의 심벌은?

① ◐　　　② ●
③ ◐_WP　④ ◐_E

해설　◐_WP : 방수형 콘센트

42 케이블을 조영재에 지지하는 경우 이용되는 것으로 맞지 않는 것은?

① 새들　　　② 클리트
③ 스테플러　④ 터미널캡

해설　케이블을 조영재에 지지하는 경우 이용되는 것 : 새들, 클리트, 스테플러

43 과전류 차단기를 꼭 설치 해야 하는 곳은?

① 접지 공사의 접지선
② 저압 옥내 간선의 전원측 전로
③ 다선식 선로의 중성선
④ 전로의 일부에 접지 공사를 한 저압 가공 전로의 접지측 전선

해설　저압 옥내 간선의 전원측 전로에는 과전류 차단기를 설치하여야 한다.

44 다음 중 접지의 목적으로 알맞지 않은 것은?

① 감전의 방지
② 전로의 대지전압 상승
③ 보호 계전기의 동작확보
④ 이상 전압의 억제

해설　접지의 목적
• 감전의 방지
• 보호 계전기의 동작확보
• 이상 전압의 억제(전로의 대지전압 억제)

45 철근 콘크리트주에 완금을 고정 시키려면 어떤 밴드를 사용 하는가?

① 암 밴드　　② 지선 밴드
③ 래크밴드　　④ 행거 밴드

정답　38. ①　39. ④　40. ①　41. ③　42. ④　43. ②　44. ②　45. ①

해설
- 철근 콘크리트주에 완금을 고정시 밴드는 : 암밴드
- 철근 콘크리트주에 완금을 고정시 볼트는 : U볼트

46 저압 이웃연결인입선 시설에서 제한 사항이 아닌 것은?

① 인입선의 분기점에서 100[m]를 초과하는 지역에 미치지 아니할 것
② 폭 5[m]를 넘는 도로를 횡단하지 말 것
③ 다른 수용가의 옥내를 관통하지 말 것
④ 지름 2.0[mm] 이하의 경동선을 사용하지 말 것

해설 저압 이웃연결인입선은 지름 2.6[mm] 경동선을 사용한다.

47 전선 접속 방법이 잘못된 것은?

① 트위스트 접속은 2.6[mm] 이하의 가는 단선을 직접 접속할 때 적합하다.
② 브리타니어 접속은 2.6[mm] 이상의 굵은 단선의 접속에 적합하다.
③ 쥐꼬리 접속은 박스 내에서 가는 전선을 접속할 때 적합하다.
④ 와이어 커넥터 접속은 납땜과 테이프가 필요 없이 접속할 수 있고 누전의 염려가 없다.

해설 전선 접속시 쥐꼬리 접속은 박스 안에서 굵기가 같은 가는 단선을 2,3가닥 모아 서로 접속할 때 이용하는 접속법이다.

48 노출장소 또는 점검 가능한 장소에서 제1종 가요전선관을 시설하고 제거하는 것이 자유로운 경우의 곡률 반지름은 안지름의 몇 배 이상으로 하여야 하는가?

① 2배   ② 3배
③ 4배   ④ 6배

해설 1종 가요전선관 굴곡은 6배
2종 가요전선관 굴곡은 3배

49 불연성 먼지가 많은 장소에 시설할 수 없는 저압 옥내 배선의 방법은?

① 금속관 배선
② 두께가 1.2[mm]인 합성수지관 배선
③ 금속제 가요 전선관 배선
④ 애자 사용 배선

해설 불연성 먼지가 많은 장소에 시설할 수 없는 저압 옥내 배선은 두께가 2[mm]인 합성수지관 배선으로 한다.

50 저압 전로의 접지측 전선을 식별하는 데 애자의 빛깔에 의하여 표시하는 경우 어떤 빛깔의 애자를 접지측으로 하여야 하는가?

① 백색   ② 청색
③ 갈색   ④ 황갈색

해설 저압 애자색
저압전로 : 백색(흰색)
저압전로 접지측 : 청색

51 전기공사에 사용하는 공구와 작업내용이 잘못된 것은?

① 토오치 램프 – 합성 수지관 가공하기
② 홀소 – 분전반 구멍 뚫기
③ 와이어 스트리퍼 – 전선 피복 벗기기
④ 피시 테이프 – 전선관 보호

정답 46. ④ 47. ③ 48. ④ 49. ② 50. ② 51. ④

[해설] 피시 테이프(fish tape)는 전선관 내부에 전선을 끼워 넣기 위한 용도로 사용한다.

52 다음 중 단선의 브리타니아 직선 접속에 사용되는 것은?

① 조인트선 ② 파라핀선
③ 바인드선 ④ 에나멜선

[해설] 브리타니아 접속은 굵은 단선을 연결할 때 사용하는 방법으로, 별도의 조인트선과 첨선을 이용하여 연결한다.

53 셀룰로이드, 성냥, 석유류 등 기타 가연성 위험물질을 제조 또는 저장하는 장소의 배선으로 잘못된 것은?

① 금속관 배선
② 합성수지관 배선
③ 플로어덕트 배선
④ 케이블 배선

[해설] 플로어덕트 배선은 바닥에 전선을 보호·정리하기 위해 강판제 덕트를 매입해 배선하는 방식으로, 주로 사무실·백화점 등에서 사용된다.

54 고압 가공전선로의 지지물로서 사용하는 목주의 풍압 하중에 대한 안전율은?

① 1.1 이상 ② 1.2 이상
③ 1.3 이상 ④ 1.5 이상

[해설] 목주의 풍압 하중에 대한 안전율

전압의 종별	안전율
저압	1.2
고압	1.3
특고압	1.5

55 지선의 중간에 넣는 애자의 종류는?

① 저압 핀 애자 ② 구형애자
③ 인류애자 ④ 내장애자

[해설] 지선의 중간에 넣는 애자 : 구형애자

56 주상 변압기를 철근 콘크리트주에 설치할 때 사용되는 것은?

① 앵커 ② 암밴드
③ 암타이밴드 ④ 행거밴드

[해설] 행거밴드는 주상 변압기를 철근 콘크리트주에 설치할 때 사용

57 배전 선로 보호를 위하여 설치하는 보호장치는?

① 기중 차단기
② 진공차단기
③ 자동 재폐로 차단기
④ 누전 차단기

[해설] 배전선로 보호 : 자동재폐로 차단기
       (리클로우져)

58 부식성가스 등이 있는 장소에서 시설이 허용되는 것은?

① 개폐기
② 콘센트
③ 과전류 차단기
④ 전등

[해설] 전등은 부식성가스 등이 있는 장소에서 시설이 허용된다.

정답 52. ① 53. ③ 54. ③ 55. ② 56. ④ 57. ③ 58. ④

59 전기 온상용 발열선의 온도는 몇 [°C]를 넘지 아니하도록 시설하여야 하는가?

① 70 ② 80
③ 90 ④ 100

[해설] 발연선은 그 온도가 80[°C]를 넘지 않도록 시설할 것

60 절연전선 상호간의 접속에서 옳지 않은 것은?

① 납땜 접속을 한다.
② 슬리브를 사용하여 접속한다.
③ 와이어 커넥터를 사용하여 접속한다.
④ 굵기가 6[mm^2] 이하인 것은 브리타니아 접속을 한다.

[해설] 굵기가 10[mm^2] 이하인 것은 브리타니아 접속을 한다.

정답 59. ② 60. ④

실전 모의고사 15회

1 자체 인덕턴스 2[H]의 코일에 25[J]에너지가 저장되어 있다면 코일에 흐르는 전류는?

① 2[A] ② 3[A]
③ 4[A] ④ 5[A]

[해설] 자계에너지 $W = \frac{1}{2}LI^2$ 에서

전류 $I = \sqrt{\frac{2W}{L}} = \sqrt{\frac{2 \times 25}{2}} = \sqrt{25} = 5[A]$

2 자기저항의 단위는?

① [Wb/AT] ② [Ω]
③ [℧] ④ [AT/wb]

[해설] 자기저항 $R_m = \frac{NI}{\Phi} = [\frac{AT}{wb}]$

N : 권수, $I[A]$: 전류, $\Phi[Wb]$: 자속

3 $L-C$ 병렬 회로에 $E[V]$의 전압을 가할 때 전전류가 0이 되려면 주파수 $f[Hz]$는?

① $f = 2\pi\sqrt{LC}$
② $f = \frac{1}{2\pi\sqrt{LC}}$
③ $f = \frac{\sqrt{LC}}{2\pi}$
④ $f = \frac{2\pi}{\sqrt{LC}}$

[해설] 병렬공진 $wL = \frac{1}{wC} \rightarrow 2\pi fL = \frac{1}{2\pi fC}$

에서 $f = \frac{1}{2\pi\sqrt{LC}}[Hz]$

4 전선의 길이를 4배로 늘렸을 때, 처음의 저항값을 유지하기 위해서는 도선의 반지름을 어떻게 해야 하는가?

① 1/4 로 줄인다. ② 1/2 로 줄인다.
③ 2배로 늘인다. ④ 4배로 늘인다.

[해설] 저항 $R = \rho \cdot \frac{l}{A}$ 에서 길이 $l = 4$배면 반지름 $r = 2$배로 늘린다.

5 저항이 3[Ω], 유도리액턴스 4[Ω]의 병렬 회로에서 역률은?

① 1 ② 0.8
③ 0.6 ④ 0.4

[해설] 병렬역률

$\cos\theta = \frac{X}{\sqrt{R^2+X^2}} = \frac{4}{\sqrt{3^2+4^2}} = 0.8$

6 권수 200회 코일에 5[A] 전류가 흘러서 0.025[Wb]자속이 코일을 지난다고 하면, 이 코일에 자체 인덕턴스는 몇[H]인가?

① 2 ② 1
③ 0.5 ④ 0.1

[해설] 인덕턴스 $L = \frac{N\Phi}{I} = \frac{200 \times 0.025}{5} = 1$

정답 1.④ 2.④ 3.② 4.③ 5.② 6.②

7 비유전율이 큰 산화티탄 등을 유전체로 사용한 것으로 극성이 없으며 가격에 비해 성능이 우수하여 널리 사용되고 있는 콘덴서 종류는?

① 전해 콘덴서
② 세라믹 콘덴서
③ 마일러 콘덴서
④ 마이카 콘덴서

해설 비유전율이 큰 산화티탄 유전체로 극성없는 특성은 세라믹 콘덴서이다.

8 6개의 같은 저항을 병렬로 접속하여 120[V] 전원에 접속하니 30[A]전류가 흘렀다. 저항 1개의 저항값은 몇 [Ω]인가?

① 4
② 12
③ 18
④ 24

해설 저항 $R = \dfrac{V}{I} = \dfrac{120}{30} = 4[\Omega]$
병렬시 $R = \dfrac{저항\ r}{저항개수\ n}$ 에서
$r = R \times n = 4 \times 6 = 24[\Omega]$

9 납 축전지의 전해액으로 사용되는 것은?

① H_2SO_4
② $2H_2O$
③ PbO_2
④ $PbSO_4$

해설 납축전지 전해액은 H_2SO_4

10 $C_1 = 5[\mu F]$, $C_2 = 10[\mu F]$ 콘덴서를 직렬로 접속하고 직류 30[V]를 가했을 때, C_1 양단의 접압은 몇 [V]인가?

① 5
② 10
③ 20
④ 30

해설 $C_1 = \dfrac{C_2}{C_1 + C_2} \times V = \dfrac{10}{5+10} \times 30 = 20[V]$

11 기전력 1.5[V], 내부저항이 0.1[Ω] 전지 10개를 직렬로 연결하여 2[Ω] 저항을 가진 전구에 연결할 때 전구에 흐르는 전류는 몇 [A]인가?

① 2
② 3
③ 4
④ 5

해설 $I = \dfrac{nV}{nr+R} = \dfrac{10 \times 1.5}{10 \times 0.1 + 2} = 5[A]$

12 전류에 의한 자기장의 방향을 결정하는 법칙은?

① 암페어 오른나사 법칙
② 플레밍의 오른손 법칙
③ 플레밍의 왼손 법칙
④ 렌츠의 전자유도 법칙

해설 전류와 자기장 관계식은 암페어 오른나사법칙

13 진공 중에서 같은 크기의 두자극을 1[m] 거리에 놓았을 때 작용하는 힘이 $6.33 \times 10^4[N]$이 되는 자극의 단위는?

① 1[N]
② 1[J]
③ 1[Wb]
④ 1[C]

해설 자극 $m[Wb]$

14 200[V] 교류전원에 선풍기를 접속하고 전력과 전류를 측정하였더니 600[W], 5[A]이었다. 이 선풍기 역률은?

① 0.5
② 0.6
③ 0.7
④ 0.8

[해설] 역률 $\cos\theta = \dfrac{P}{VI} = \dfrac{600}{200 \times 5} = 0.6$

15 단면적 4[cm²] 자기 통로의 평균길이 50 [cm], 코일 횟수 1000회 비투자율 2000 인 환상 솔레노이드가 있다. 이 솔레노이드의 자기 인덕턴스는? (단 진공중 투자율이 μ_0는 $4\pi \times 10^{-7}$인)

① 2[H] ② 20[H]
③ 200[H] ④ 2000[H]

[해설] 솔레노이드 인덕턴스
$L = \dfrac{\mu \cdot A \cdot N^2}{l}$
$= \dfrac{4\pi \times 10^{-7} \times 2000 \times 4 \times 10^{-4} \times 1000^2}{0.5}$
$= 2[H]$

16 그림에서 2[Ω]에 저항 흐르는 전류[A]는?

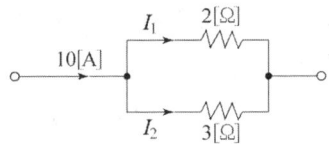

① 2 ② 4
③ 5 ④ 6

[해설] $I_2 = \dfrac{3}{2+3} \times 10 = 6[A]$

17 L_1, L_2 두 코일이 접속되어 있을 때, 누설자속이 없는 이상적인 코일 간의 상호 인덕턴스는?

① $M = \sqrt{L_1 + L_2}$
② $M = \sqrt{L_1 - L_2}$
③ $M = \sqrt{L_1 \times L_2}$
④ $M = \sqrt{\dfrac{L_1}{L_2}}$

[해설] 누설자속없는 경우 결합계수 $K=1$ 이다.
∴ 상호인덕턴스
$M = k\sqrt{L_1 \times L_2} = \sqrt{L_1 \times L_2}$

18 RL 직렬 회로의 시정수 T[sec]는 얼마인가?

① $\dfrac{R}{L}$ ② $\dfrac{L}{R}$
③ RL ④ $\dfrac{1}{RL}$

[해설] RL 직렬 회로시정수 $T = \dfrac{L}{R}$[sec]

19 $R=100[\Omega]$, $C=318[\mu F]$ 병렬 회로에 주파수 $f=60$[Hz] 크기 $V=200$[V] 사인파 전압을 가할 때 콘덴서에 흐르는 전류 I_C값은?

① 24[A] ② 31[A]
③ 41[A] ④ 55[A]

[해설] 용량리액턴스
$X_C = \dfrac{1}{2\pi fC} = \dfrac{1}{2\pi \times 60 \times 318 \times 10^{-6}}$
$= 8.35[\Omega]$
콘덴서에 흐르는 전류
$I_C = \dfrac{V}{X_C} = \dfrac{200}{8.35} = 24[A]$

20 전기력선 성질 중 맞지 않는 것은?

① 전기력선은 +전하에서 나와 １전하에서 끝난다.
② 전기력선의 접선 방향이 전장의 방향이다.

정답 15. ① 16. ④ 17. ③ 18. ② 19. ① 20. ④

③ 전기력선은 도중에 만나거나 끊어지지 않는다.
④ 전기력선은 등전위면과 교차하지 않는다.

[해설] 전기력선 성질 중 전기력선과 등전위면은 서로 교차한다.

21 $e = \sqrt{2} E \sin wt$ [V]의 정현파 전압을 가했을 때 직류 평균값 $E_{dc} = 0.45E$[V] 회로는?

① 단상 반파 정류회로
② 단상 전파 정류회로
③ 3상 반파 정류회로
④ 3상 전파 정류회로

[해설] 단상반파 정류값 0.45배
단상전파 정류값 0.9배

22 보호계전기 기능상 분류로 틀린 것은?

① 차동 계전기
② 거리 계전기
③ 저항 계전기
④ 주파수 계전기

[해설] 보호계전기 기능상 분류로 속하지 않는 계전기는 저항계전기 이다.

23 다음 중 병렬운전시 균압선을 설치해야 하는 직류발전기는?

① 분권 발전기
② 차동복권 발전기
③ 평복권 발전기
④ 부족복권 발전기

[해설] 병렬운전시 평복권 발전기와 과복권 발전기는 균압선을 설치해야 한다.

24 동기발전기 전기자 반작용 현상이 아닌 것은?

① 포화작용
② 증자작용
③ 감자작용
④ 교차자화작용

[해설] 동기발전기 전기자 반작용
직축반작용 : 감자작용, 증자작용
교차자화작용

25 인견공업에 사용되는 포트 전동기의 속도 제어?

① 극수변환에 의한 제어
② 1차 회전에 의한 제어
③ 주파수 변화에 의한 제어
④ 저항에 의한 제어

[해설] 인견공업에 사용되는 포트전동기 속도제어는 주파수 변환에 의한다.

26 동기전동기의 전기자 전류가 최소일때의 역률은

① 0.5
② 0.707
③ 0.866
④ 1.0

[해설] 동기전동기 역률 1일 때 전기자 전류 최소값이다.

27 일정 전압 및 일정 파형에서 주파수가 상승하면 변압기 철손은 어떻게 변하는가?

① 증가한다.
② 감소한다.
③ 불변이다.
④ 어떤 기간 동안 증가한다.

[해설] 변압기 주파수와 철손은 반비례관계 이므로 주파수가 상승하면 철손은 감소한다.

정답 21. ① 22. ③ 23. ③ 24. ① 25. ③ 26. ④ 27. ②

28 속도가 일정하고 구조가 간단하여 동기 이탈이 없는 전동기로서 전기시계, 오실로스코프 등에 많이 사용되는 전동기는?

① 유도 동기 전동기
② 초동기 전동기
③ 단상 동기 전동기
④ 반 동기 전동기

[해설] 속도 일정하고 구조 간단하여 전기시계, 오실로스코프에 사용되는 전동기는 반동전동기이다.

29 변압기의 2차측을 개방하였을 경우 1차측에 흐르는 전류는 무엇에 의해 결정되는가?

① 저항
② 임피던스
③ 누설리액턴스
④ 여자어드미턴스

[해설] 변압기 2차측 개방시 1차측에 흐르는 전류는 여자어드미턴스로 결정한다.

30 직류복권 전동기를 분권 전동기로 사용하려면 어떻게 하여야 하는가?

① 분권 계자를 단락시킨다.
② 부하 단자를 단락시킨다.
③ 직권 계자를 단락시킨다.
④ 전기자를 단락시킨다.

[해설] 직류복권전동기를 분권전동기로 하려면 직권 계자권선을 단락시킨다.

31 비례추이를 이용하여 속도제어가 되는 전동기는?

① 권선형 유도 전동기
② 농형 유도 전동기
③ 직류 분권 전동기
④ 동기 전동기

[해설] 비례추이를 이용하여 속도제어하는 전동기는 권선형 유도전동기이다.

32 워드 레어너드 속도제어는?

① 저항제어
② 계자제어
③ 전압제어
④ 직·병렬 제어

[해설] 전압제어-광범위속도제어-일그너방식과 워드레어너드 방식이 있다.

33 동기 발전기를 병렬 운전하는데 필요없는 조건은?

① 조속기 동작이 민감할 것
② 주파수 평형 서로 같을 때
③ 기전력 값이 서로 같을 것
④ 전압 위상이 서로 같을 것

[해설] 동기발전기 병렬운전조건
· 기전력의 크기가 같을 것
· 기전력의 위상이 같을 것
· 기전력의 주파수가 같을 것
· 기전력의 파형이 같을 것

34 분권전동기가 기동할 때 방법은?

① 기동기는 최소, 계자 조정기 최대
② 기동기, 계자저항기 모두 최대
③ 기동기는 최대, 계자 조정기 최소
④ 기동기, 계자저항기 모두 최소

[해설] 분권전동기 기동할 방법은
기동기는 최대, 계자 조정기는 최소 맞춘다.

정답 28. ④ 29. ④ 30. ③ 31. ① 32. ③ 33. ① 34. ③

35 직류전동기 회전방향을 바꾸려면?

① 전기자전류의 방향과 계자전류의 방향을 동시에 바꾼다.
② 발전기로 운전시킨다.
③ 계자 또는 전기자의 접속을 바꾼다.
④ 차동복권을 가동복권으로 바꾼다.

[해설] 직류전동기 회전 방향을 바꾸려면 계자또는 전기자 접속을 바꾼다.

36 변압기의 자속을 만드는 전류는?

① 여자전류 ② 부하전류
③ 자화전류 ④ 철손전류

[해설] 자화전류 : 변압기의 자속만을 만드는 전류이다.

37 단상 반파정류 회로에서 직류 전압과 교류 전압의 관계는? (단, 직류전압 E_d, 교류전압 E라 한다.)

① $E_d = 0.45E$ ② $E_d = 0.9E$
③ $E_d = 1.17E$ ④ $E_d = 1.35E$

[해설] 단상 반파 $E_d = 0.45E$ [V]

38 세이딩 코일형 유도전동기의 특징을 나타낸 것으로 틀린 것은?

① 역률과 효율이 좋고 구조가 간단하여 세탁기등 가정용 기기에 사용
② 회전자는 농형이고 고정자의 성층철심은 몇 개의 돌극으로 되어 있다.
③ 기동토크 작고 출력이 수10[W] 이하의 소형 전동기에 주로 사용
④ 운전 중에도 세이딩 코일에 전류가 흐르고 속도 변동율이 크다.

[해설] 세이딩 코일형 유도전동기 특징은 세탁기에 사용되는 것이 아니고 소형 전축에 사용됨

39 분권전동기 운전중 계자저항 증가시켰을 때 회전속도는?

① 증가한다.
② 감소한다.
③ 변화없다.
④ 정지한다.

[해설] 분권전동기 운전중 계자저항 증가시켰을 때 회전속도는 증가한다.

40 20[kVA] 단상변압기 2대를 사용하여 V-V 결선으로 하고 3상전원을 얻고자 한다. 이때 여기에 접속시킬 수 있는 3상 부하의 용량은 몇 [kVA]인가?

① 34.6[kVA]
② 44.6[kVA]
③ 54.6[kVA]
④ 66.6[kVA]

[해설] V결선용량
$P_V = \sqrt{3} P_1 = \sqrt{3} \times 20 = 34.6 [kVA]$

41 저압 이웃연결인입선의 시설과 관련된 설명으로 잘못된 것은?

① 옥내를 통과하지 아니할 것
② 전선굵기는 1.5[mm^2] 이하일 것
③ 폭 5[m] 넘는 도로 횡단하지 아니할 것
④ 인입선에서 분기하는 점으로 100[m] 넘는 지역에 미치지 아니할 것

[해설] 이웃연결인입선은 전선굵기 1.5[mm^2] 이하

정답 35. ③ 36. ③ 37. ① 38. ① 39. ① 40. ① 41. ②

42 금속몰드공사시 사용전압은 몇 [V] 이하인가?

① 100 ② 200
③ 300 ④ 400

[해설] 금속몰드공사 사용전압 400[V] 이하

43 합성수지관 공사의 특징 중 옳은 것은?

① 내열성 ② 내한성
③ 내부식성 ④ 내충격성

[해설] 합성수지관 공사 특징은 내부식성

44 일반적으로 저압가공 인입선이 도로를 횡단하는 경우 노면상 설치 높이는 몇 [m] 이상?

① 3[m] ② 4[m]
③ 5[m] ④ 6.5[m]

[해설] 저압 인입선 도로횡상 5[m]

45 조명기구를 배관에 따라 분류하는 경우 특정한 장소만을 고조도로 하기 위한 조명기구는?

① 직접 조명 기구
② 전반 확산 조명기구
③ 광천장 조명기구
④ 반직접 조명기구

[해설] 조명 기구에서 고조도 하기 위한 조명기는 직접 조명 기구이다.

46 일반적으로 정크션 박스내에서 사용되는 전선 접속법은?

① 슬리브 ② 코오드놋트
③ 코드 파스너 ④ 와이어커넥트

[해설] 일반적으로 정크션 박스내에서 사용되는 전선 접속법은 와이어 커넥터

47 4개소에서 한등을 자유롭게 점등할 수 있도록 하기 위해 배선하고자 하는 필요한 스위치 수는? (SW_3 : 3로 스위치, SW_4 : 4로 스위치)

① SW_3 4개
② SW_3 1개, SW_4 3개
③ SW_3 2개, SW_4 2개
④ SW_3 4개

[해설] 전동을 4개소에서 적등시 필요한 스위치는 3로 스위치 2개, 4로 스위치 2개

48 배선용 차단기 심벌?

① B ② E
③ BE ④ S

[해설] 배선용 차단기 심벌 : B

49 수·변전 설비의 고압회로에 걸리는 전압을 표시하기 위해 전압계를 시설할 때 고압 회로와 전압계 사이에 시설하는 것?

① 관통형 변압기
② 계기용 변류기
③ 계기용 변압기
④ 권선형 변류기

[해설] 수변전설비 고압회로와 전압계사이시설은 계기용변압기(PT) 설치한다.

50 피시테이프 용도는?

① 전선을 테이핑하기 위해사용
② 전선관의 끝 마무리를 위해사용
③ 전선관에 전선을 넣을 때 사용
④ 합성 수지관을 구부릴 때 사용

[해설] 피시테이프 용도는 전선관에 전선을 넣을 때 사용한다.

51 비닐 절연 비닐시스 케이블의 약호?

① VV   ② EV
③ FP   ④ CV

[해설] 비닐절연 비닐시스 케이블 약호는 : VV

52 굵은 전선을 절단할 때 사용하는 전기공사용 공구는?

① 프레서 툴   ② 노크아웃 펀치
③ 파이프 컷터   ④ 클리퍼

[해설] 클리퍼 : 굵은 전선 절단시 사용공구

53 다음 중 단선의 브리타니어 직선 접속에 사용되는 것?

① 조인트선   ② 파라핀선
③ 바인드선   ④ 에나멜선

[해설] 단선 브리타니어 직선접속에 조인트선 사용

54 고압 가공전선로의 전선의 조수가 3조일 때 완금길이?

① 1200[mm]   ② 1400[mm]
③ 1800[mm]   ④ 2400[mm]

[해설] 고압 가공전선로 3조 완금길이 1800[mm]이다.

55 인입 개폐기가 아닌 것은?

① ASS   ② LBS
③ LS   ④ UPS

[해설] UPS : 무정전 전원공급장치

56 교통신호등 제어장치로부터 신호등 전구까지 사용하는 전압?

① 60   ② 100
③ 300   ④ 440

[해설] 교통신호등 신호등전구 사용전압 : 300[V]

57 전선 약호가 CNCV-W 케이블 명칭은?

① 동심 중성선 수밀형 전력케이블
② 동심 중성선 차수형 전력케이블
③ 동심 중성선 수밀형 저독성 난연 전력케이블
④ 동심 중성선 차수형 저독성 난연 전력케이블

[해설] CNCV-W : 동심 중성선 수밀형 전력케이블

58 자연공기내에서 개방할 때 접촉자가 떨어지면서 자연 소호되는 방식을 가진 차단기로 저압의 교류 또는 직류차단기로 많이 사용되는 것?

① 유입차단기   ② 자기차단기
③ 가스차단기   ④ 기중차단기

정답 50. ③ 51. ① 52. ④ 53. ① 54. ③ 55. ④ 56. ③ 57. ① 58. ④

[해설] 저압교류 직류차단기 : 기중차단기

59 그림에서 나타내는 것은?

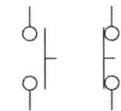

① 한시 계전기 접점
② 전자 접촉기 접점
③ 수동 조작 접점
④ 조작 개폐기 잔류접점

[해설] 그림에서 나타내는 것은 수동조작 접점이다.

60 애자공사에 의한 저압 옥내 배선에서 일반적으로 전선 상호 간격은 몇 [cm] 이상이어야 하는가?

① 2.5[cm]   ② 6[cm]
③ 25[cm]   ④ 60[cm]

[해설] 애자사용공사 전선 상호간격 6[cm]

MEMO

적중 CBT 전기기능사 필기

발 행	2025년 12월 10일
저 자	현명걸, 김동진
발 행 인	이지연
발 행 처	엔트미디어
주 소	서울시 강서구 강서로 47-8 302호 (화곡동 평인빌딩)
전 화	(02) 2608-8339
팩 스	(02) 2608-8314
등록번호	839-91-00430
ISBN	979-11-92810-69-0 13560
가 격	22,000원

저자와의
협의에
따라
인지생략

이 책은 저작권법에 의해 저작권이 보호됩니다.
엔트미디어 발행인의 승인자료 없이 무단 전재하거나 복제하는 행위는
저작권법 제136조에 의해 5년 이하의 징역 또는 5,000만원 이하의
벌금에 처하거나 이를 병과(倂科)할 수 있습니다.